全国高职高专建筑类专业规划教材

建筑工程力学

（第2版·修订版）

主　编　丁学所　佟　新　宋艳清　毕守一
副主编　李　蒙　飞俊杰　袁慧子
主　审　赵毅力

黄河水利出版社
·郑　州·

内容提要

本书是全国高职高专建筑类专业规划教材,是根据教育部对高职高专教育的教学基本要求及中国水利教育协会职业技术教育分会高等职业教育教学研究会组织制定的建筑工程力学课程标准编写完成的。本书共分15个模块,主要内容包括工程力学基本任务、静力学基本公理、结构计算简图和物体受力分析图、平面汇交力系合成与平衡、平面一般力系合成与平衡、轴向拉伸和压缩、剪切与扭转、单跨静定梁的内力计算、梁弯曲时的强度与刚度、组合变形、压杆稳定、静定结构的内力计算、静定结构的位移计算、力法、力矩分配法。

本书是高职高专院校建筑工程技术、工程管理、水利工程、道桥与市政工程等各专业学生的教学用书,也可作为机电、机械类相关专业学生的参考书。

图书在版编目(CIP)数据

建筑工程力学/丁学所等主编. —2版.—郑州:黄河水利出版社,2017.5 (2023.7 修订版重印)
全国高职高专建筑类专业规划教材
ISBN 978-7-5509-1758-3

Ⅰ.①建… Ⅱ.①丁… Ⅲ.①建筑科学-力学-高等职业教育-教材 Ⅳ.①TU311

中国版本图书馆CIP数据核字(2017)第113098号

组稿编辑:王路平 电话:0371-66022212 E-mail:hhslwlp@163.com
简 群 66026749 w_jq001@163.com

出 版 社:黄河水利出版社 网址:www.yrcp.com
地址:河南省郑州市顺河路黄委会综合楼14层 邮政编码:450003
发行单位:黄河水利出版社
发行部电话:0371-66026940、66020550、66028024、66022620(传真)
E-mail:hhslcbs@126.com
承印单位:河南承创印务有限公司
开本:787 mm×1 092 mm 1/16
印张:22.5
字数:520千字 印数:12 001—13 000
版次:2011年1月第1版 印次:2023年7月第5次印刷
2017年5月第2版
2023年7月修订版

定价:48.00元

再版前言

本书是贯彻落实《国家中长期教育改革和发展规划纲要(2010~2020年)》、《国务院关于加快发展现代职业教育的决定》(国发〔2014〕19号)、《现代职业教育体系建设规划(2014~2020年)》、《国务院关于印发国家职业教育改革实施方案的通知》(国发〔2019〕4号)和《教育部关于职业院校专业人才培养方案制订与实施工作的指导意见》(教职成〔2019〕13号)等文件精神,在中国水利教育协会指导下,由中国水利教育协会职业技术教育分会高等职业教育教学研究会组织编写的第二轮建筑类专业规划教材。本套教材力争实现项目化、模块化教学模式,突出现代学徒制的职业教育理念,以学生能力培养为主线,体现出实用性、实践性、创新性的教材特色,是一套理论联系实际、教学面向生产的高职教育精品规划教材。

本书第1版自2011年1月出版以来,因其通俗易懂,基础性和系统性统一,具有应用性和可操作性等特点,受到全国高职高专院校建筑类专业师生及广大建筑从业人员的喜爱。随着我国基本建设水平的不断发展,为进一步满足教学需要,应广大读者的要求,编者在第1版的基础上对原教材内容进行了全面修订、补充和完善。

为了不断提高教材内容质量,编者于2023年7月根据教学实践中发现的问题和错误,对全书进行了系统修订完善。

本次再版是根据本课程的培养目标和职业教育改革发展的需要,紧紧围绕全国高等职业教育招生制度改革和现代学徒制专业人才培养方案的需要不断修订,在确保基本知识体系完整的同时,坚持够用的原则,删繁就简;在修订完善过程中,力求拓宽专业面,扩大基础知识面,侧重学生对基本理论知识掌握;力求基本理论知识的综合运用和对工程实际问题认识;力求在工科教育中潜移默化融入人文教育,注重对职业道德的培养。

本教材修订补充后,具有以下特点:

(1)教材结构实行模块化,符合高职学生群体的学习特点,有利于教学组织实施;

(2)语言表述规范、清晰,深入浅出,易于学生理解基本知识点;

(3)遵循够用为度的原则,内容较难的部分及习题标注“ * ”号,满足不同专业层次学生选用,为职教高考构建立交桥奠定一定基础;

(4)教材中名词、术语、量和单位、符号及书写规则等按国家标准做了全面修订;

(5)融入人生观、价值观和励志教育于课程的教育教学中。

教育教学改革是一项在艰苦探索中不断前行的工作,教材建设随之不断地适应高职教育改革和发展新形势,《建筑工程力学》再版不仅坚持够用为度的原则,还探索校企深度合作的产教融合共同开发教材,满足以就业为导向和能力为本位的人才培养基本要求。

本书编写人员及编写分工如下:模块1由辽宁水利职业学院王蕊颖编写;模块2由贵州水利水电职业技术学院许亚运编写;模块3由重庆工贸职业技术学院袁慧子编写;模块4、7由河南水利与环境职业学院佟新编写;模块5、6由云南水利水电职业学院飞俊杰编写；模块 8、9 由安徽水安建设集团股份有限公司李蒙编写；模块 10、11 由黄河水利职业技术学院宋艳清编写；模块 12、13、附录由安徽水利水电职业技术学院丁学所编写；模块 14 由安徽水安建设集团股份有限公司叶少威编写；模块 15 由安徽水利水电职业技术学院毕守一编写。本书由丁学所、佟新、宋艳清、毕守一担任主编，丁学所负责全书统稿；李蒙、飞俊杰、袁慧子担任副主编；由杨凌职业技术学院赵毅力担任主审。

本书再版修订过程中，引用文献资料有的未在书中一一注明出处，在此向有关文献的作者深表谢意，同时也向支持和帮助本书修订再版的其他高职高专院校土木工程专业老师表示感谢！

限于编者的理论水平和实践经验所限，教材必有疏漏不妥之处，恳请读者批评指正。

编　者

2023 年 7 月

主要字符表

序号	本书字符	字符意义	国际单位
1	$P(F)$	集中力(荷载)	N
2	q	线荷载	N/m
3	R	支反力(以所在位置为下标,如 R_{Ax}、R_{Ay})、合力	N
4	m	约束反力偶(以所在位置为下标,如 m_A)	N · m
5	$M_O(\boldsymbol{F})$	力矩	N · m
6	m'	力偶矩	N · m
7	R'	主矢	N
8	M	主矩、弯矩	N · m
9	σ	正应力	Pa
10	σ_p	比例极限	Pa
11	σ_e	弹性极限	Pa
12	σ_s	屈服极限	Pa
13	σ^+	拉应力	Pa
14	σ^-	压应力	Pa
15	$[\sigma]$	许用正应力	Pa
16	$[\sigma]^+$	许用拉应力	Pa
17	$[\sigma]^-$	许用压应力	Pa
18	τ	剪应力	Pa
19	$[\tau]$	许用剪应力	Pa
20	ε	纵向线应变	无量纲量
21	ε'	横向线应变	无量纲量
22	γ	剪应变	无量纲量
23	E	弹性模量	Pa
24	G	剪切弹性模量	Pa
25	δ	延伸率	无量纲量
26	ψ	截面收缩率	无量纲量
27	μ	泊松比、压杆的长度系数、分配系数	无量纲量
28	i	线刚度	
29	M_n	扭矩	N · m

续表

序号	本书字符	字符意义	国际单位
30	I_ρ	极惯性矩	mm^4,m^4
31	W_z、W_y	抗弯截面模量	mm^3,m^3
32	i_y、i_z	惯性半径	mm ,m
33	φ	扭转角	rad
34	θ	单位长度扭转角	°/m
35	$[\theta]$	单位长度许用扭转角	°/m
36	A	截面面积	m^2
37	z_c、y_c	形心	mm,m
38	S_z、S_y	面积矩(静矩)	m^3
39	I_z、I_y、I	惯性矩	m^4
40	λ	柔度(压杆的长细比)	无量纲量
41	N	轴力	N
42	P	功率	W
43	Q	剪力	N
44	f 、y	梁的挠度	mm
45	$[y]$	梁的许可挠度	mm
46	θ	转角(角位移)	rad
47	Δ	广义位移(线位移、角位移)	
48	Δ_x、Δ_y	水平线位移、竖直线位移	mm ,m
49	P_{cr}	临界力	N
50	σ_{cr}	临界应力	Pa
51	S	转动刚度	N · m
52	C	传递系数	无量纲量
53	b	截面宽度	mm,m
54	h	截面高度	mm,m
55	d	直径	mm,m
56	D	直径	mm,m
57	e	偏心距	mm,m
58	l	梁的跨度,杆的长度	mm,m
59	r	半径	mm,m

目 录

基础篇

提高篇

模块1　工程力学基本任务

《老子》

千里之行，
始于足下。

学习心得：

课题1.1　工程力学的任务和内容

1　工程力学的任务

在生产、生活中，为了满足不同的使用要求，需要建造各种各样的建筑物，如为了工作和生活的需要而建造的各种房屋，为跨越河流渠道而建造的各种桥梁，为兴利除害而兴建的各种水利工程等。这些建筑物从开始建造到建成使用的过程中，都要承受各种作用。所谓作用，是指使结构或构件产生内力（应力）、变形（位移、应变）的各种原因的总称。作用可分为两大类：当以力的形式作用于结构或构件上时，称为直接作用，也叫结构的荷载；当以变形的形式作用于结构或构件上时，称为间接作用。工程中常见的作用多数是直接作用。例如，房屋的楼板要承受自身的重量及人、家具和设备的重量，梁要承受楼板传来的荷载或墙传来的荷载，墙或柱则要承受楼板和梁传来的荷载等，所有这些荷载最后都要通过基础传到地基上。通常所说的结构就是指建筑物中承受荷载而起骨架作用的部分。房屋结构是由梁、板、柱、墙、基础等基本构件组成的。如图1-1所示为某厂房的结构及构件的示意图。

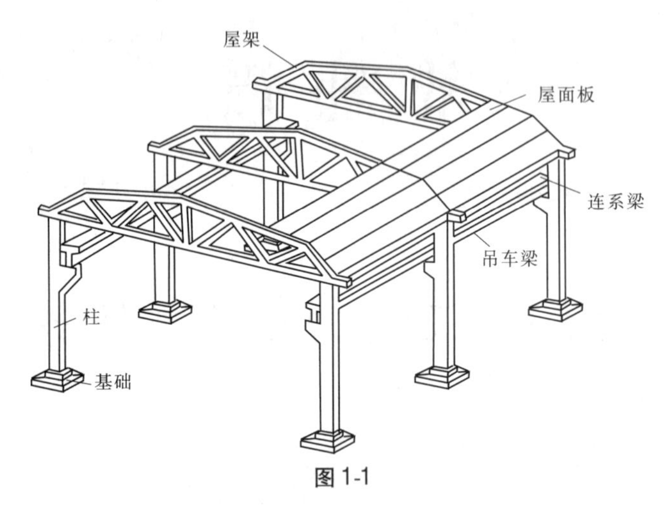

图 1-1

结构所承受的重量或主动力称为荷载。结构或构件在建造及使用过程中,均受到荷载作用,当荷载比较大时,就会发生破坏,致使结构或构件丧失承载能力,这表明结构或构件所承受的荷载大于它们本身的承载能力。要使结构或构件安全可靠,就必须同时满足强度、刚度和稳定性三个方面的要求。

1.1 强度

强度是指结构或构件抵抗破坏的能力。结构和构件能承受作用于其上的荷载而不破坏,就认为该结构或构件的强度满足要求。

2000 年 12 月 1 日 14:30 左右,东莞市厚街镇赤岭工业区内,一幢擅自由一层加至三层的私人建筑物突然发生整体倒塌(近年来发生多起类似事故)。当场上百人被埋,至少 8 人死亡,32 人受伤,如图 1-2 所示。

图 1-2

1.2 刚度

刚度是指结构或构件抵抗变形的能力。任何结构和构件在外力作用下都会产生变形,如果这种变形被限制在允许的范围内,就认为该结构或构件的刚度满足要求;结构与构件虽然有足够的强度不至于破坏,但如果产生过大的变形,则会影响它的正常使用,如图 1-3 所示。因此,在设计时还要保证构件的变形不能超过正常工作所允许的范围。

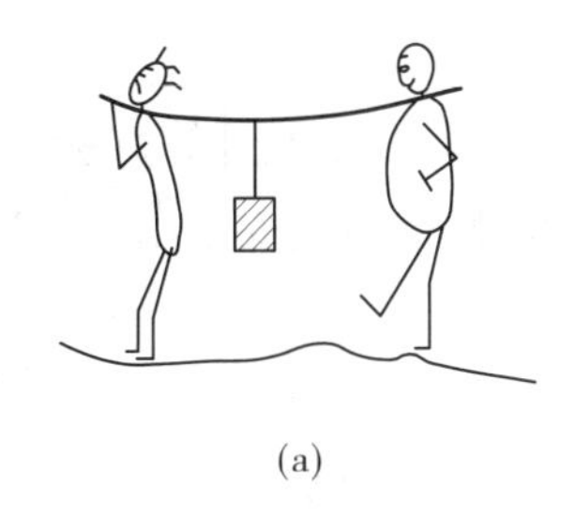

(a)

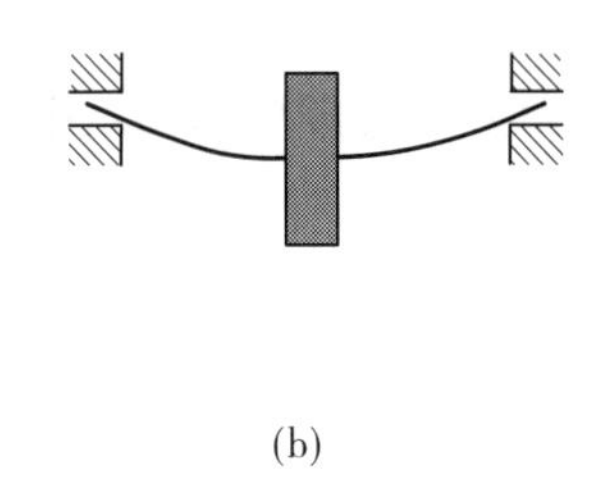

(b)

图1-3

1.3　稳定性

稳定性是指结构或构件中的细长压杆保持原有直线平衡状态的能力。工程中任何结构或构件都不允许因改变原有的平衡状态而导致破坏，这就要求结构或构件必须具有足够的稳定性，如图1-4所示。

(a)

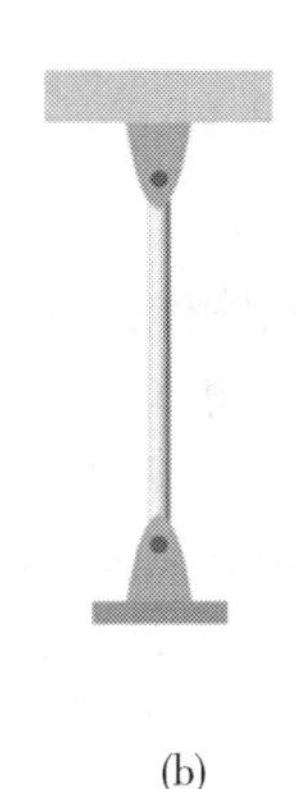

(b)

图1-4

对于细长的轴心受压构件或由这些构件组成的结构，当压力超过某一临界值时，它会突然地由直变弯，改变其原来的平衡状态直至弯曲破坏，这种现象叫丧失稳定。因此，在设计时必须保持构件和结构有足够的稳定性。

为了保证结构能安全、正常地工作，要求结构中每一个构件都要有足够的强度、刚度和稳定性。工程上要求结构或构件必须有足够的承载能力，主要是指强度、刚度和稳定性三方面性能的综合，这就是工程力学的任务。

2　工程力学的内容

工程力学的内容非常丰富，按学时大纲的教学要求，本书内容主要包含以下几个部分。

2.1　静力学基础及静定结构的内力计算

该部分主要介绍静力学公理，研究作用在物体上的力系的合成及平衡问题和静定结构的内力计算等。

2.2 强度和刚度分析

该部分主要分析构件在四种基本变形形式下的应力、强度及计算方法,保证工程中的各种构件满足强度要求;其次分析静定结构的变形及计算方法,保证结构或构件满足刚度的要求,也为研究超静定结构奠定基础知识。

2.3 稳定性问题

该部分仅研究不同约束条件下轴向受压直杆的稳定性问题。

2.4 超静定结构的内力计算

该部分主要介绍力法、力矩分配法求解超静定结构的内力计算方法。求解超静定结构的内力是为了解决超静定结构的强度和刚度问题。

课题 1.2 刚体、变形固体及其基本假设

结构和构件可统称为物体。在工程力学中,将物体抽象化为两种计算模型:刚体模型和理想变形固体模型。

在外力作用下,物体任意两点间的距离保持不变,即形状和大小都不改变的物体称为刚体。实际上,任何物体受力作用都会发生或大或小的变形,但在一些力学问题中,物体变形因素与所研究的问题无关,或对所研究的问题影响甚微时,我们就可以不考虑物体变形因素的影响,将物体视为刚体,从而使所研究的问题得到简化。在另一些力学问题中,物体变形这一因素是不可忽略的主要因素,若不予考虑就得不到问题的正确解答。这时,我们将物体视为理想变形固体。所谓理想变形固体,是将一般变形固体的材料加以理想化,作出以下假设。

1 材料均匀连续假设

材料均匀连续假设认为构成材料的固体分子在各处的分布都是均匀的,物体内部毫无空隙地、密实地充满着物质,而且各处的力学性质完全一样。实际上物体都是由许多不连续的微粒所组成的,而且是不均匀的,但是由于我们所研究的尺寸比其构成的微粒大许多,所以可以认为材料是均匀连续的。

2 材料各向同性假设

根据研究,单晶体物质的力学性质是有方向性的。一般物体的尺寸远大于晶粒,而且排列不规则;有些材料沿不同方向的力学性能是不同的,称为各向异性材料。本教材中仅研究各向同性材料,可以认为材料在各个不同方向都具有相同力学性能。

各向同性材料有钢材(见图 1-5(a))、塑料、玻璃、铁、混凝土,各向异性材料有木材(见图 1-5(b))、胶合板、钢筋混凝土。

3 小变形假设

小变形假设认为构件受力后,其几何形状的改变与原尺寸比较起来是很微小的。因

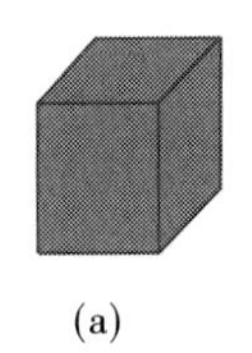
(a)

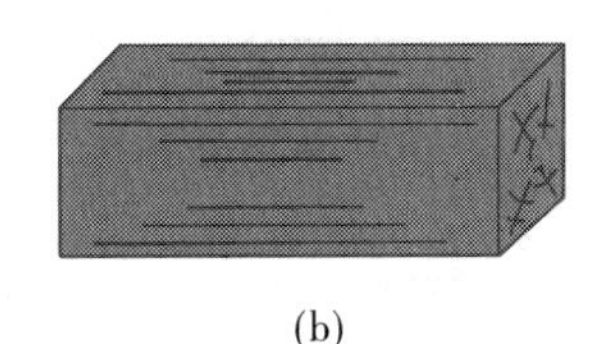
(b)

图1-5

此，在建立平衡方程或在其他一些分析中，可以不考虑外力作用点在物体变动时所产生的位移，从而使实际计算大为简化，这样计算所引起的误差是极其微小的。

按照均匀连续、各向同性和小变形假设而理想化了的物体称为理想变形固体。采用理想变形固体模型不但使理论分析和计算得到简化，而且所得结果的精度能满足工程要求。

无论是刚体还是理想变形固体模型，都是针对所研究问题的性质略去一些次要因素，保留对问题起决定性作用的主要因素，而抽象化形成的理想物体，它们在生活和生产实践中可能不存在，但解决力学问题时，它们是必不可少的理想化的力学模型。

变形固体受荷载作用时将产生变形。当荷载值不超过一定范围时，荷载撤去后，变形随之消失，物体恢复原有形状。撤去荷载后能完全恢复的变形称为弹性变形。当荷载值超过一定范围时，荷载撤去后，一部分变形随之消失，而另一部分变形却保留下来，物体不能完全恢复原有形状。撤去荷载后不能完全恢复的变形称为塑性变形。在多数工程问题中，要求构件只发生弹性变形，也有些工程问题允许构件发生塑性变形。本教材仅局限于研究弹性变形范围内的问题。

课题1.3　杆件及其变形的基本形式

1　结构的分类

结构一般可按其几何特征分为以下三种类型。

1.1　杆系结构

杆件的几何特征是其长度远远大于横截面的尺寸，如图1-6(a)所示的轴(梁)，其横截面尺寸远远小于长度方向尺寸。杆件的轴线为直线的属直杆。

1.2　薄壁结构

组成薄壁结构的构件是薄板或薄壳。薄板、薄壳的几何特征是其厚度远远小于其另两个方向的尺寸，如图1-6(b)所示的楼板和图1-6(c)所示的屋顶。

1.3　实体结构

实体结构是三个方向的尺寸基本为同量级的结构，如图1-6(d)所示的重力坝。

工程力学以杆系结构作为研究对象。

杆件的形状和尺寸可由杆的横截面和轴线两个主要几何量来确定。横截面是指与杆轴线方向垂直的截面，而此轴线是各横截面形心的连线，如图1-7(a)所示。杆系结构中杆

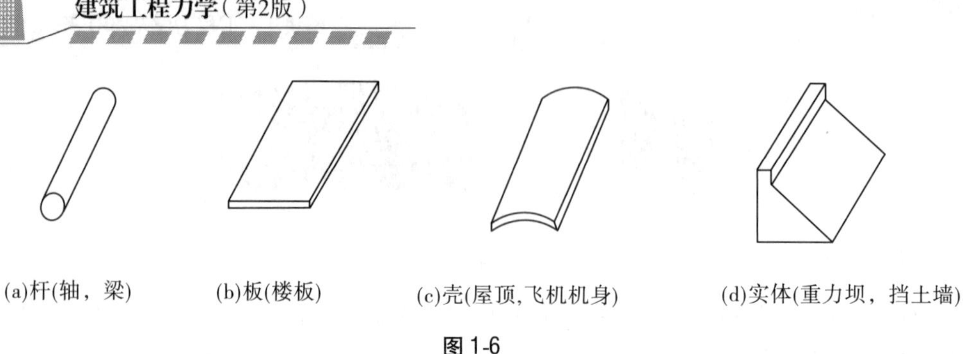

图 1-6

件的轴线多为直线,也有轴线为曲线和折线的杆件,它们分别称为直杆、曲杆和折杆,如图 1-7所示。

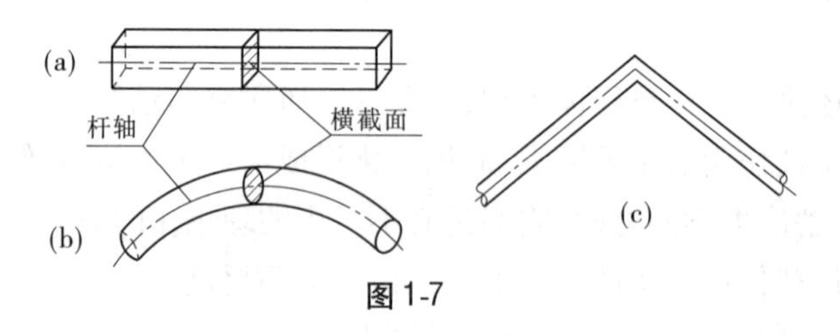

图 1-7

2　杆件的变形形式

杆件受外力作用将产生变形。变形形式是复杂多样的,它与外力施加的方式有关。无论何种形式的变形,都可归结为四种基本变形形式之一,或者是基本变形形式的组合。直杆的四种基本变形形式是轴向拉伸变形或轴向压缩变形、剪切变形、扭转变形和弯曲变形。

2.1　轴向拉伸变形或轴向压缩变形

一对大小相等、方向相反的外力沿轴线作用于杆件,杆件的变形主要表现为长度发生伸长或缩短,这种变形形式称为轴向拉伸变形或轴向压缩变形,如图 1-8(a)、(b)所示。图 1-9 所示工程三角支架中水平横杆为拉杆,倾斜支承杆为压杆。

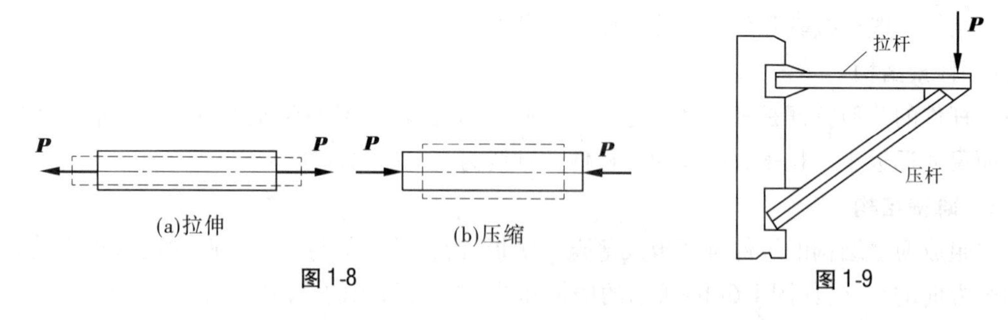

图 1-8　图 1-9

2.2　剪切变形

一对大小相等、方向相反、作用线相距很近的平行力沿横向(垂直于轴线方向)作用于杆件,杆件的变形主要表现为横截面沿力作用方向发生相对错动,这种变形形式称为剪切变形,如图 1-10 所示。工程中螺栓变形如图 1-11 所示。

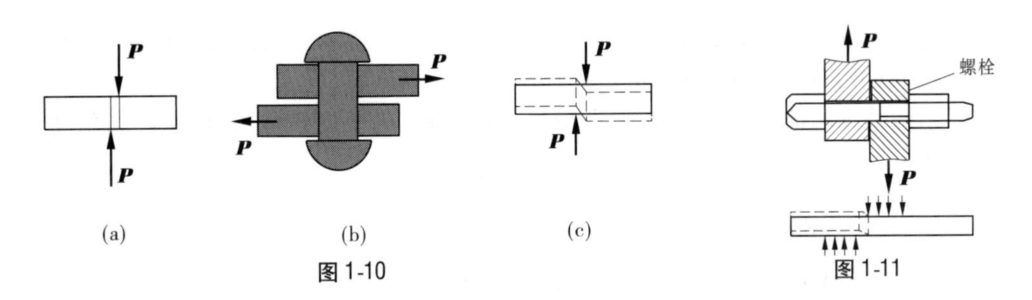

图1-10　　图1-11

2.3　扭转变形

一对大小相等、方向相反的力偶作用在垂直于杆轴线的两平面内,杆件的任意两个横截面绕轴线发生相对转动,这种变形形式称为扭转变形,如图1-12所示。工程机械中传动轴变形如图1-13所示。

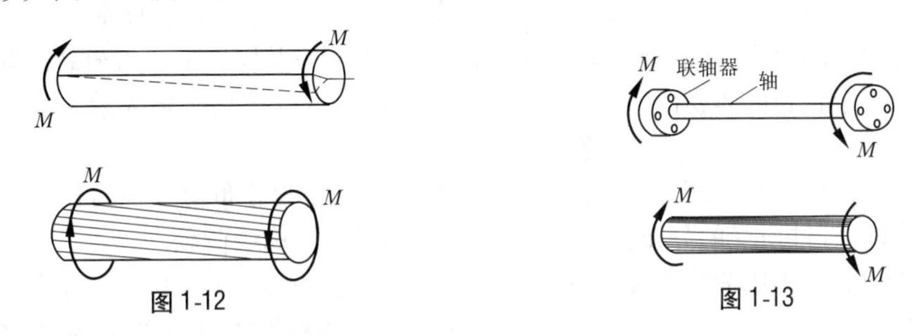

图1-12　　图1-13

2.4　弯曲变形

一对大小相等、方向相反的力偶作用于杆件的纵向平面(通过杆件轴线的平面)内,杆件的轴线由直线变为曲线,这种变形形式称为弯曲变形,如图1-14所示。工程中吊车梁变形如图1-15所示。

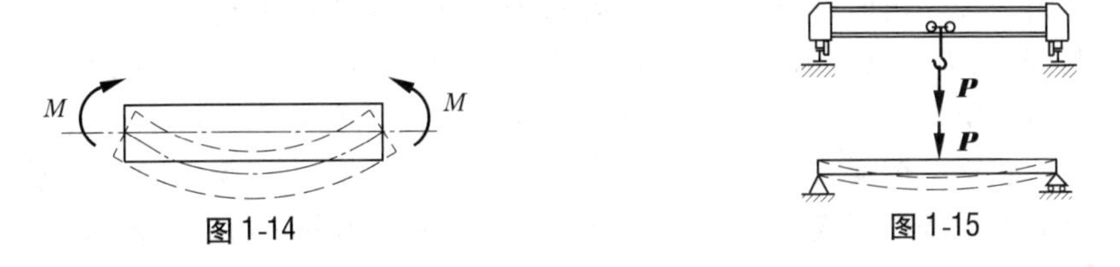

图1-14　　图1-15

以上几种基本变形形式都是在特定的受力状态下发生的,杆件正常工作时的实际受力状态往往不同于上述特定的受力状态,所以实际工程中杆件的变形多为基本变形形式的组合。当某一种基本变形形式起绝对主要作用时,可按这种基本变形形式进行分析,否则即属于组合变形的问题(见模块10)。

课题1.4　荷载的分类

作用在结构上的主动力称为荷载。确定实际结构所承受的荷载是进行结构受力分析的前提,必须慎重对待。如果将荷载估计偏高,则所设计的构件截面偏大,使用材料就多,因而造成浪费;如果将荷载估计偏低,则所设计的构件截面就偏小,构件就不安全,甚至会发生构件因不能承受实际荷载而引起破坏等严重事故。结构承受的荷载可根据《建筑结构荷载规范》（GB 50009—2019）确定其数值。

实际结构受到的荷载是相当复杂的，形式多种多样，为了便于分析，可从不同角度将荷载分类如下。

1　按荷载作用的范围分类

按荷载作用的范围可分为分布荷载和集中荷载。

1.1　分布荷载

分布荷载是指作用于整个物体或其某部分上的荷载，其作用范围不能忽略。分布作用在体积、面积和线段上的荷载分别称为体荷载、面荷载和线荷载，这些荷载统称为分布荷载。

体荷载是分布在物体的体积内的荷载，如重力分布属于体荷载。面荷载是连续分布在物体的表面上的荷载，如楼板上的荷载，水坝上的水压力及屋面上的雪荷载。线荷载是连续分布在一个狭长的体积内或狭长的面积上的荷载，可以把它简化为沿狭长方向的中心线分布的荷载，如分布在梁上的荷载。

本教材中主要研究由杆件组成的结构，可将杆件所受的分布荷载视为作用在杆件的轴线上。这样，杆件所受的分布荷载均为线性分布荷载，简称线荷载。

分布荷载的大小用荷载集度表示，荷载集度只是表示荷载分布的密集程度。物体上每单位体积、单位面积或单位长度上所承受的荷载，分别称为体荷载集度、面荷载集度或线荷载集度，分别用 γ、p、q 表示，它们的单位分别为 N/m^3、N/m^2、N/m。

分布荷载按其分布是否均匀，又可分为均布荷载和非均布荷载。均布荷载是荷载连续作用在结构上，而且大小处处相同的荷载，如板、梁的自重和渡槽的水平底面所受的水压力。非均布荷载是荷载连续作用在结构上，但大小各处都不相同的荷载，如渡槽的侧壁所受到的水压力为按三角形分布的非均布荷载，因压强与水深成正比。

必须强调：荷载集度只表示分布荷载的密集程度，并不表示一点受多大的荷载。如渡槽侧壁某点的荷载集度 $q=5.2$ kN/m，这并不是说该点就承受着 5.2 kN 的力（荷载），而是指将该点的荷载集度按其大小不变扩展到 1 m 长度时，总共才有 5.2 kN。荷载集度要乘以相应分布的体积或面积或长度后，才是力（荷载），又称为分布荷载的合力。

1.2　集中荷载

集中荷载是指荷载作用的范围很小，可以近似地看成作用在一点上的荷载，如梁端对墙或柱的压力、管道对支架的压力等。

如果荷载作用的范围与构件的尺寸相比十分微小，这时可认为荷载集中作用于一点，并称之为集中荷载。

当以刚体为研究对象时，作用在构件上的线性分布荷载可用其合力来代替，如线性分布的重力荷载可用作用在重心上的集中合力代替。当以变形固体为研究对象时，作用在构件上的分布荷载则不能用其集中合力来代替。

2　按荷载作用时间的长短分类

按荷载作用时间的长短可分为恒荷载和活荷载。

2.1　**恒荷载(恒载)**

恒荷载是指长期作用在结构上的不变荷载,如结构的自重、挡土墙的土压力、固定在结构上的永久性设备重量等。

2.2　**活荷载(活载)**

活荷载是指在建筑物施工和使用期间可能存在着的可变化的荷载,如风荷载、雪荷载、人群荷载、吊车荷载或施工荷载等。

3　按荷载作用的性质分类

按荷载作用的性质可分为静荷载和动荷载。

3.1　**静荷载**

静荷载是逐渐缓慢地加在结构上的荷载。其特点是:由零逐渐增加到最后确定值,然后它的大小、位置和方向不再随时间而变化;在施加荷载的过程中,结构上各点产生的加速度不明显,荷载达到最后值以后,结构处于平衡状态,不致引起结构的振动,可以忽略惯性力的影响。构件自重及一般的活荷载都是静荷载。

3.2　**动荷载**

动荷载是急剧地施加在结构上的荷载。其大小、位置和方向(或其中一项)是随着时间而迅速变化的,使结构受到冲击或振动,在施加荷载的过程中,结构上各点产生明显的加速度,产生的加速度不可被忽视,不能忽略惯性力的影响。结构的内力和变形都随时间而发生变化,引起结构的振动。如机器设备的运动所产生的干扰力、爆炸所产生的冲击力、地震时由于地震波使地面运动在结构上产生的惯性力等荷载均属于动荷载。

思考与练习题

1. 作用是使结构或构件产生________________________的各原因的总称。
2. 强度是指结构或构件抵抗__________________的能力。
3. 刚度是指结构或构件抵抗__________________的能力。
4. 稳定性是指结构或构件_________________________________的能力。
5. 在外力作用下,形状和大小都___________的物体称为刚体。
6. 撤去荷载后________的变形称为弹性变形。
7. 撤去荷载后________________的变形称为塑性变形。
8. 各举一实例说明:轴向拉伸或压缩变形________,剪切变形________,扭转变形________,弯曲变形________。
9. 分别举一实例说明:集中荷载________,恒荷载________,活荷载________,静荷载________,动荷载________。

模块2　静力学基本公理

【学习要求】

- 掌握力的基本概念。
- 理解刚体、平衡、力系的概念。
- 掌握静力学公理及推论。

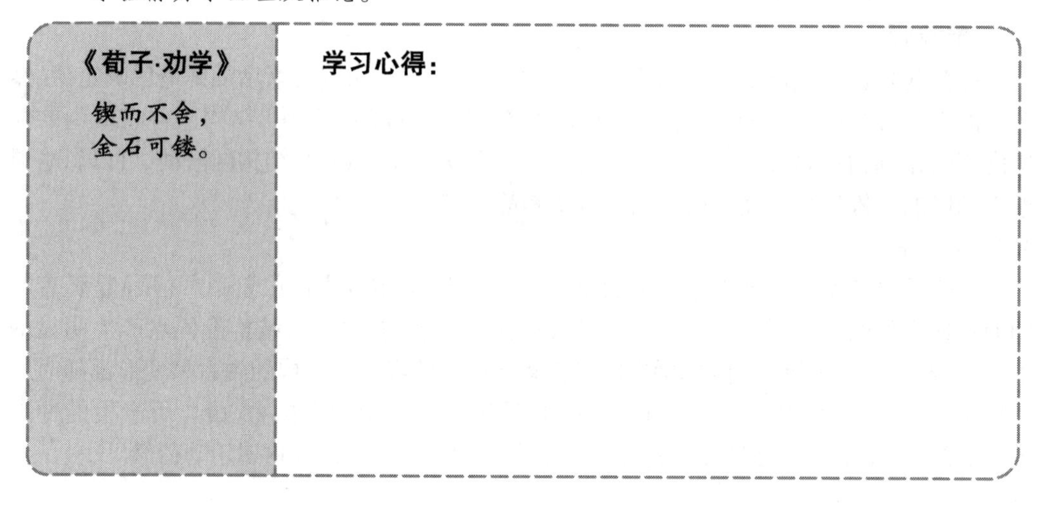

课题2.1　力的基本概念

1　力

1.1　力的概念

力是人们在长期的生产劳动和日常生活中逐步建立起来,并在实践中逐渐形成的概念。例如,当人推小车时由于肌肉紧张收缩,就会感到人对小车施加了力,使小车由静止到运动或使小车的运动速度发生变化,同时会感到小车也在推人;手用力拉弹簧时,使弹簧发生伸长变形,同时感到弹簧也在拉手,这种力的作用是物体与物体之间所发生的;自空中下落的物体由于受到地球的引力作用而运动速度加快;桥梁受行驶车辆的作用而产生弯曲变形等。这都是人们对力所产生的感性认识。

随着生产的发展,人们又进一步认识到:物体机械运动状态的改变和物体形状大小的改变,都是由于其他物体对该物体施加力的结果。例如,水流冲击水轮机叶片带动发电机转子的转动,起重机起吊构件,弹簧受力后伸长或缩短。牛顿定律给出了力的科学定义:力是物体间相互的机械作用,这种作用使物体的运动状态发生改变(外效应),或者使物

体的形状发生改变（内效应）。既然力是物体与物体之间的相互作用，因此力不可能脱离周围的物体而单独存在。也就是说，存在受力物体就必然存在施力物体。

在建筑工程力学中，力的作用方式一般有两种情况：一种是两物体相互接触时，它们之间相互产生的拉力或压力；另一种是物体与地球之间相互产生的吸引力，对物体来说，这种吸引力就是重力。

1.2 力的三要素

实践证明，力对物体的作用效应取决于以下三个要素。

1.2.1 力的大小

力的大小表明物体间相互作用的强弱程度。为了度量力的大小，在国际单位制中，力的单位是牛（N）或千牛（kN），1 kN = 1 000 N；在工程单位制中，力的单位是千克（kg）或吨（t）。两种单位制的换算关系为 1 kg = 9.8 N ≈ 10 N。

1.2.2 力的方向

力的方向包含有方位和指向两个含义，如重力的方向是“垂直向下”。

1.2.3 力的作用点

力的作用点是指力对物体作用的位置。力的作用位置实际上是有一定范围的，不过，当力的作用范围与物体的几何尺寸相比很小时，可近似地看做一个点。作用于一个点的力，称为集中力。

力对物体的作用效果取决于力的大小、方向和作用点。在这三个要素中，只要改变其中的一个要素，都会使物体产生不同的效果。所以，把力的大小、方向和作用点称为力的三要素。

1.3 力的表示法

1.3.1 图示法

为了便于对物体进行受力分析，常需要将力用图形的形式表示出来。由力的三要素可知，力是既有大小又有方向的量，所以力是矢量，可用一带箭头的线段来表示。这种表示方法称为力的图示法。

如图 2-1 所示，线段的长度（按选定的比例）表示力的大小，线段与某定直线的夹角表示力的方位，箭头表示力的指向。带箭头线段的起点 A（或终点 B）表示力的作用点，通过力的作用点沿力方向的直线 L 称为力的作用线。

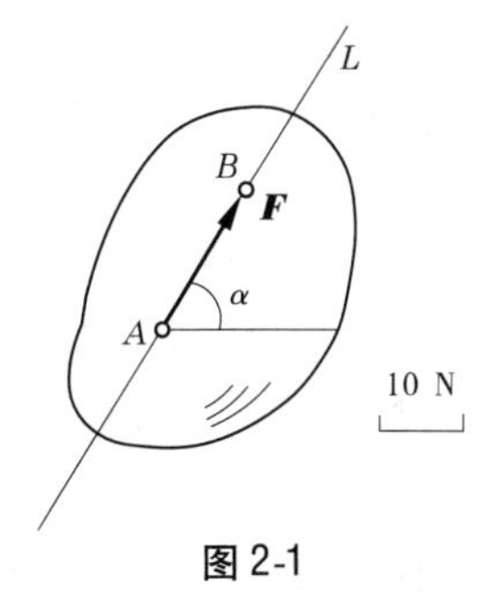

图 2-1

1.3.2 文字法

在印刷体中，用大写加粗字母表示，如 $\boldsymbol{F}$、$\boldsymbol{P}$、$\boldsymbol{R}$ 等；手写用大写字母头上加一横线表示，如 $\overline{F}$、$\overline{P}$、$\overline{R}$。

2 常用的概念

2.1 力系

在一般情况下，一个物体总是同时受到若干个力的作用。我们把作用于一个物体上的一群力统称为力系，使物体保持平衡的力系称为平衡力系。

根据力系中各力作用线的分布情况可将力系分为平面力系和空间力系两大类。各力作用线位于同一平面内的力系称为平面力系,各力作用线不在同一平面内的力系称为空间力系,空间力系不作为本教材的学习内容,感兴趣的学生可自学此部分知识。

在静力学中具体讨论两个问题:力系的简化问题和力系的平衡条件问题。在一般情况下,物体受到力系的作用会使运动状态发生变化,只有当力系满足某些条件时,才能使物体处于平衡状态。如在起吊构件时:当绳索的拉力大于或小于构件的重力时,构件就加速直线上升或减速直线上升;只有当拉力与重力相等时,构件才会匀速直线上升或静止,即构件处于平衡状态。物体在力系作用下处于平衡状态时,力系应该满足的条件称为力系的平衡条件,这是静力学讨论的主要问题。在讨论力系的平衡条件中,往往需要把作用在物体上的复杂的力系用一个与原力系作用效果相同的简单的力系来代替,使得讨论平衡条件时比较方便,这种对力系作用效果作等效代换的过程,称为力系的简化,或称为力系的合成。若两个力系分别作用于同一物体上,其效应完全相同,则称这两个力系为等效力系。在特殊情况下,如果一个力与一个力系等效,则称此力为该力系的合力,而力系中的各力称为此合力的分力。

2.2 平衡

一般将地球作为参照系,物体相对于惯性参考系保持静止或做匀速直线运动,则物体处于平衡状态。平衡是物体机械运动的一种特殊形式。例如,房屋、水坝、桥梁相对于地球是保持静止的,在直线轨道上做匀速运动的火车,沿直线匀速起吊的构件,它们相对于地球做匀速直线运动,这些都是平衡的实例。它们的共同特点就是运动状态没有变化。

建筑物中的构件在正常情况下都是处于平衡状态,因此建筑工程力学首先要研究物体的平衡问题。

课题 2.2 静力学公理

静力学是研究物体在力作用下处于平衡的一般规律。一物体在力的作用下,其内部任意两点间的距离始终保持不变,这样的物体称为刚体。它是一个抽象化的力学模型。实际上物体在力的作用下,都会产生程度不同的变形,因此绝对的刚体是不存在的。例如,建筑物中的梁,它在中央处最大的下垂一般只有梁长度的1/300。但一个物体在力的作用下变形很小,这样微小的变形对于讨论物体的平衡问题影响甚小,可以忽略不计,因而可将物体看成是不变形的。

静力学研究的物体只限于刚体,故称为刚体静力学,它是研究变形体力学的基础。

然而,当讨论物体受到力的作用后会不会破坏时,变形就是一个主要的因素,这时就不能再把物体看作刚体,而应该看作变形体。但必须指出,以刚体为对象得出的力系的平衡条件,一般也可以推广应用于变形很小的变形体的平衡问题,且计算成果完全满足实践要求。

静力学公理是人们在长期的生产和生活实践中,经过反复观察和试验总结出来的普遍规律,它不需证明即被人们所公认。静力学公理阐述了力的一些基本性质,是静力学理论的基础。

在静力学研究中,对研究对象若没有特别强调,一般分析时不再考虑杆件的自重,这

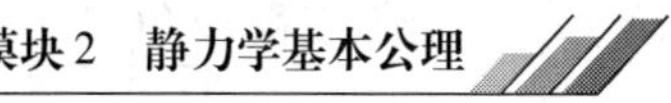

与中学物理关于力学的分析有很大不同。

1　二力平衡公理

公理：一刚体在两个力作用下，该刚体处于平衡状态，其必要和充分条件是这两个力的大小相等、方向相反且作用在同一条直线上，如图2-2所示。

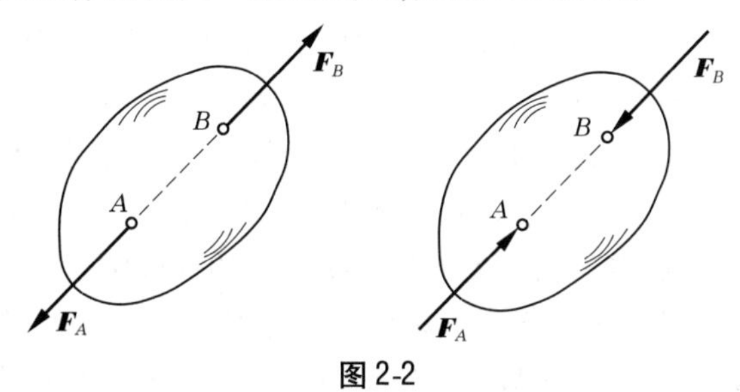

图2-2

只受两个力作用而处于平衡状态的杆件或构件称为二力杆或二力构件。二力杆或二力构件上的两个力的作用线必为这两个力作用点的连线，如图2-3所示的*AB*杆、*AC*杆均为二力杆。

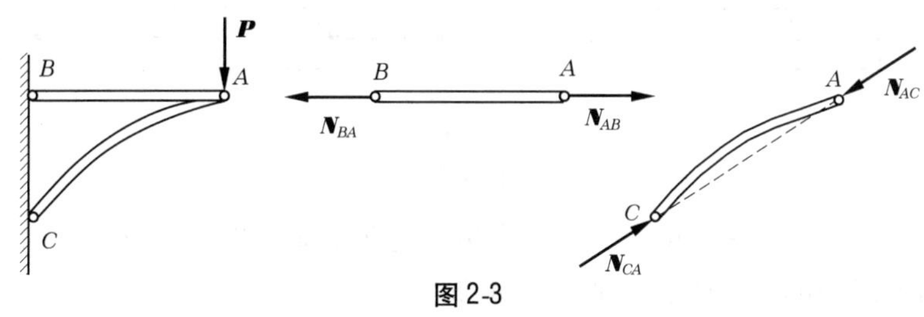

图2-3

2　加减平衡力系公理及推论

公理：在作用于刚体上的任意力系中，加上或取消一个平衡力系，并不改变原力系对刚体的作用效应。

如图2-4(a)所示，在力$\boldsymbol{F}$作用线上*B*处，加上一平衡力系$F_1=F_2=F$，则图2-4(a)与图2-4(b)等效。

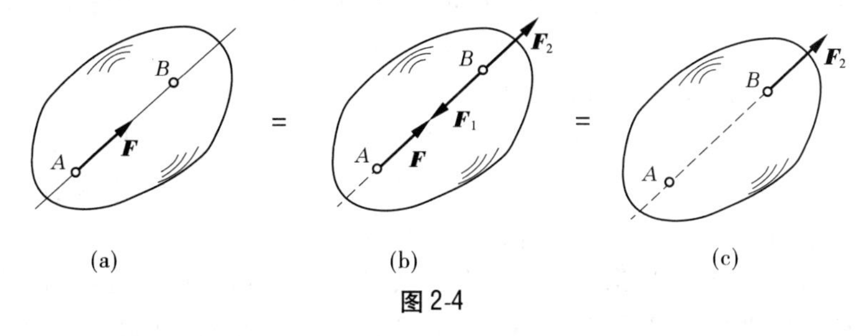

图2-4

推论Ⅰ：力的可传性原理

作用在刚体上某点的力，可沿其作用线任意滑移至刚体上的任意一点，而不改变它对刚体的作用效应。

如图2-4(a)所示，设力 $\boldsymbol{F}$ 作用在物体的 A 点，根据加减平衡力系公理，可在力的作用线上任取一点 B，加上等值、反向、共线的 $\boldsymbol{F}_1$ 和 $\boldsymbol{F}_2$ 两个力，并且使 $F_2=-F_1=F$，如图2-4(b)所示。在图2-4(b)中，$\boldsymbol{F}$ 和 $\boldsymbol{F}_1$ 是一个平衡力系，故可去掉，于是只剩下作用在 B 点的力 $\boldsymbol{F}_2$，如图2-4(c)所示。又因为力 $\boldsymbol{F}_2$ 与原力 $\boldsymbol{F}$ 相等，这就相当于把作用于 A 点的力 $\boldsymbol{F}$ 沿其作用线移到了 B 点。

力的可传性原理告诉我们，力对刚体的效应与力的作用点在作用线上的位置无关。因此，力的三要素可表述为：力的大小、方向和作用线。

必须指出：加减平衡力系公理和力的可传性原理都只适用于刚体，不适用于变形体。因为在物体上加上或去掉一个平衡力系，或将力沿其作用线移动，不改变力对物体的外效应，但要改变力对物体的内效应。例如，在图2-5所示的杆件中，直杆 AB 的两端分别受到两个等值、反向、共线的力（$F_A=-F_B$）作用而处于平衡状态。如果将这两个力沿其作用线分别移到杆的另一端，显然直杆AB仍处于平衡状态。这说明力沿其作用线移动并不改变力的外效应。但是，直杆由如图2-5(a)所示的拉伸变形转变为如图2-5(b)所示的压缩变形。

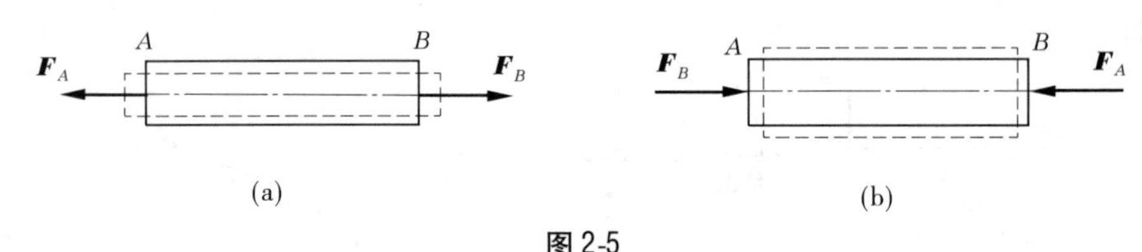

图2-5

可见，力对直杆的内效应由于力沿其作用线的移动而发生了变形形式的改变。这说明对变形体而言，力的可传性原理是不适用的。

3 平行四边形公理

公理：作用于物体上同一点的两个力，可以合成为一个合力，其合力作用线通过该点，合力的大小和方向由这两个力为邻边所构成的平行四边形从该点出发的对角线表示。该公理又称为平行四边形法则。

如图2-6(a)所示，$\boldsymbol{F}_1$、$\boldsymbol{F}_2$ 为作用于物体上 A 点的两个力，以 $\boldsymbol{F}_1$ 和 $\boldsymbol{F}_2$ 为邻边作平行四边形 $ABCD$，其对角线 AC 表示两共点力 $\boldsymbol{F}_1$ 与 $\boldsymbol{F}_2$ 的合力 $\boldsymbol{R}$。用矢量表达式表示为

$$\boldsymbol{R}=\boldsymbol{F}_1+\boldsymbol{F}_2 \tag{2-1}$$

这个公理说明力的合成遵循矢量加法，只有当两力共线时，才能用代数加法。由于平行四边形对应边相等，则力的平行四边形法则还可简化为力的三角形法则，如图2-6(b)所示。力的三角形的两边由两分力首尾相接组成，第三边即为合力，它由第一个分力的起点指向第二个分力的终点，即合力的作用点仍在两分力的交点处。

应当指出：力的平行四边形法则既是两个共点力的合成法则，又是力的分解法则。但将一个力按此法则进行分解时，若无条件限制，则有无穷多个解。因为由一条对角线可作出无穷多个平行四边形，如图2-7(a)所示。也就是说，合力的分力有无穷多个，分力的合力只有一个。

要将一个力分解为两个力，必须给予附加条件。通常是将一个力分解为方向已知的

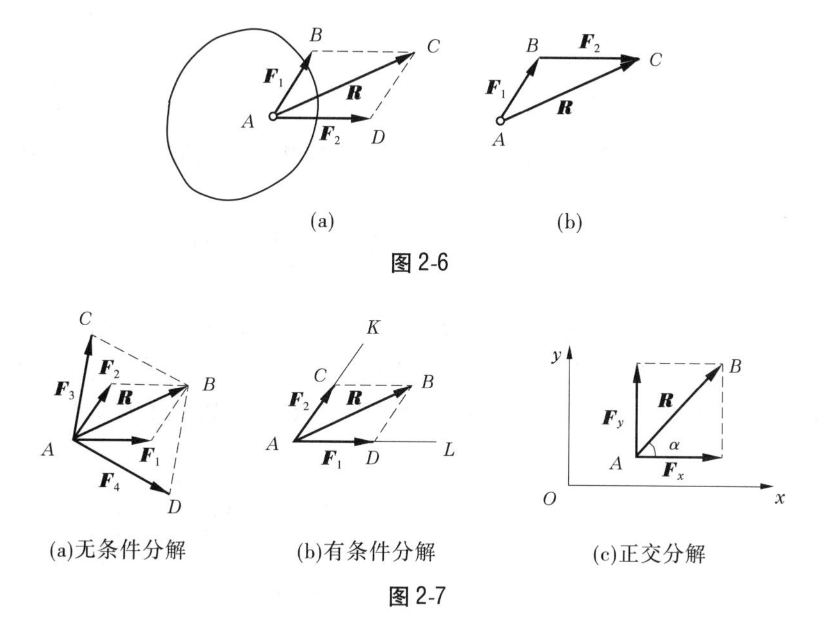

(a)　　(b)

图 2-6

(a)无条件分解　(b)有条件分解　(c)正交分解

图 2-7

两个分力。

设有一个作用于 A 点的力 $\boldsymbol{R}$，如图 2-7(b)所示，现将此力沿直线 AK 和 AL 方向分解，应用力的平行四边形法则，过力 $\boldsymbol{R}$ 的终点 B 作两直线分别平行于 AK 和 AL，得交点 C 和 D，则 $\boldsymbol{F}_1$ 和 $\boldsymbol{F}_2$ 即为所求分力。

为了计算方便，在实际工程中，常将一个力 $\boldsymbol{R}$ 沿水平 x 轴和铅垂 y 轴方向进行分解，如图 2-7(c)所示，得出互相垂直的两个分力 $\boldsymbol{F}_x$ 和 $\boldsymbol{F}_y$。这样，可用简单的三角函数关系求得每个分力大小为

$$\left.\begin{aligned} F_x &= R\cos\alpha \\ F_y &= R\sin\alpha \end{aligned}\right\} \tag{2-2}$$

式中：α 为力 $\boldsymbol{R}$ 和 x 轴正方向之间的夹角。

力的平行四边形法则是力系简化的依据之一。

推论Ⅱ：三力平衡汇交定理

一刚体受三个共面不平行的力作用而处于平衡，则这三个力的作用线必汇交于一点。

如图 2-8 所示，设有共面不平行的三个力 $\boldsymbol{F}_1$、$\boldsymbol{F}_2$、$\boldsymbol{F}_3$ 分别作用在一刚体上的 A_1、A_2、A_3 三点而使刚体处于平衡状态。

(1)根据力的可传性原理，将力 $\boldsymbol{F}_1$、$\boldsymbol{F}_2$ 滑移到该两力作用线的交点 O 点。

(2)再用力的平行四边形法则将力 $\boldsymbol{F}_1$、$\boldsymbol{F}_2$ 合成为合力 $\boldsymbol{R}_{12}$，$\boldsymbol{R}_{12}$ 也作用在 O 点。

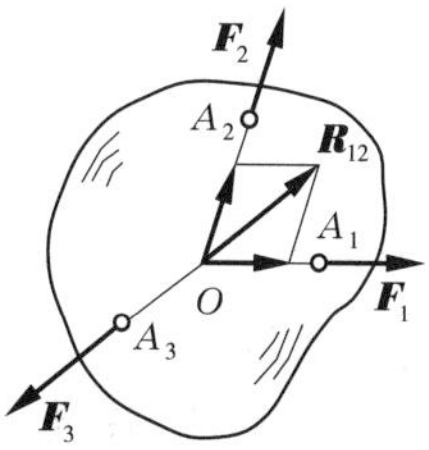

图 2-8

(3)因为 $\boldsymbol{F}_1$、$\boldsymbol{F}_2$、$\boldsymbol{F}_3$ 三力平衡，所以力 $\boldsymbol{R}_{12}$ 应与力 $\boldsymbol{F}_3$ 平衡。又由二力平衡公理可知，力 $\boldsymbol{F}_3$ 和力 $\boldsymbol{R}_{12}$ 一定大小相等、方向相反且作用在同一直线上，这就是说，力 $\boldsymbol{F}_3$ 必通过力 $\boldsymbol{F}_1$、$\boldsymbol{F}_2$ 的交点 O，即证明 $\boldsymbol{F}_1$、$\boldsymbol{F}_2$、$\boldsymbol{F}_3$ 三力的作用线必汇交于一点。

三力平衡汇交定理常用来确定物体在共面不平行的三个力作用下平衡时其中一个未

知力的作用线。

4　作用力和反作用力公理

公理:两物体间相互作用的力,总是大小相等、方向相反且沿同一直线,并分别作用在两个物体上。

这个公理说明了两物体间相互作用力的关系。力总是成对出现的,有作用力就必有反作用力,且总是同时产生又同时消失。

如图2-9(a)所示,物体A放置在物体B上,$\boldsymbol{N}_1$是物体A对物体B的作用力,作用在物体B上,$\boldsymbol{N}$是物体B对物体A的反作用力,作用在物体A上。$\boldsymbol{N}_1$和$\boldsymbol{N}$是作用力与反作用力的关系,即大小相等($N_1=N$),方向相反,沿同一直线KL,如图2-9(b)所示。

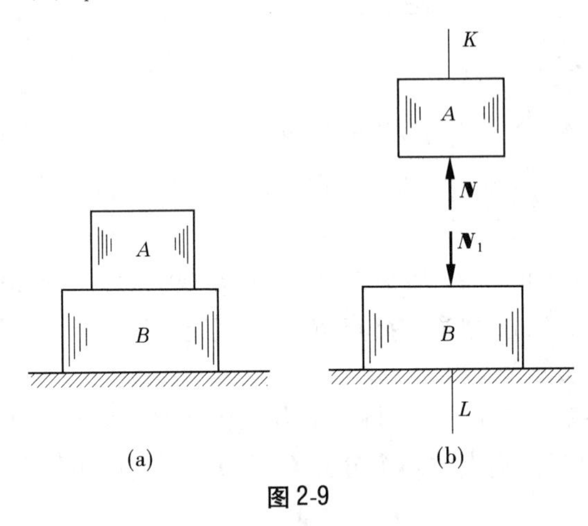

图2-9

注意,二力平衡公理与作用力和反作用力公理是有区别的。区别在于:二力平衡公理中的二力是作用在同一物体上,而作用力和反作用力公理中的二力是分别作用在两个不同的物体上。

小　结

一、基本概念

(1)刚体:在任何外力作用下,大小和形状保持不变的物体。

(2)力:物体间相互的机械作用,这种作用使物体的运动状态改变(外效应),或使物体形状改变(内效应)。力对物体的外效应取决于力的三要素:力的大小、方向和作用点(或作用线)。

(3)平衡:物体相对于参考物保持静止或做匀速直线运动的状态。

二、静力学公理

静力学公理揭示了力的基本性质,是静力学的理论基础。

(1)二力平衡公理:作用在一个刚体上的两个力的平衡关系,说明了作用在一个刚体上的两个力的平衡条件。

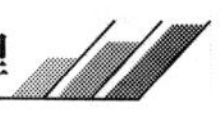

(2)加减平衡力系公理是力系等效代换的基础。

(3)力的平行四边形公理反映了力的合成规律。

(4)作用力和反作用力公理说明了物体间相互作用的关系。

思考与练习题

1. 作用在刚体上大小相等、方向相同的两个力对刚体的作用是否等效?

2. 在“作用力和反作用力公理”与“二力平衡公理”中,两者都是两力等值、反向、共线,问有什么不同?

3. 力的可传性原理的适用条件是什么?如图2-10所示,能否根据力的可传性原理,将作用于AC杆上的力$\boldsymbol{F}$沿其作用线移至BC杆上?

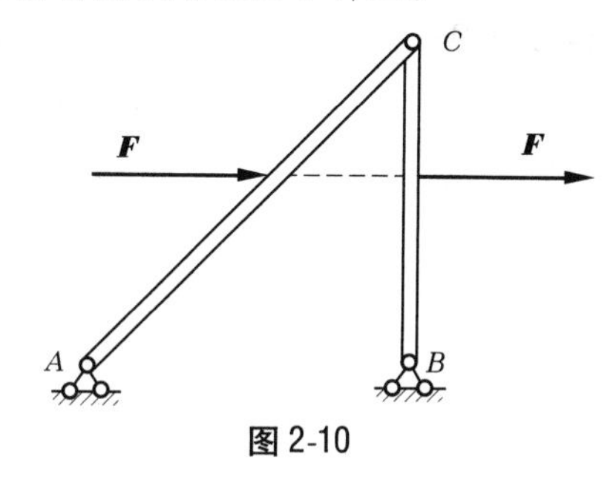

图2-10

4. 两个共面共点力的合力一定比其分力大吗?

5. 作用在刚体上的三个力位于同一平面内,其作用线汇交于一点,此刚体一定处于平衡状态吗?

模块3　结构计算简图和物体受力分析图

【学习要求】

- 了解选取结构计算简图的原则和方法。
- 了解自由体与非自由体的概念。
- 熟练掌握几种常用约束的特点和约束反力。
- 熟练掌握画单一物体和物体系统受力图的方法。

晋.陈寿《三国志·魏志·董遇传》

读书百遍，
其义自见。

学习心得：

课题3.1　结构计算简图

建筑结构的构造和受力情况往往是很复杂的,完全按照结构的实际情况进行力学分析是不可能的。因此,在对结构进行受力分析时,必须对实际结构进行简化,用一种简化的图形来代替实际结构,这种简化的图形称为结构计算简图。

结构计算简图是力学计算的基础。选取计算简图的过程是对实际结构的构造和受力状态进行分析和简化的过程。合理的计算简图是人们对实际结构进行科学抽象的结果,反映了实际结构在受力方面的基本特征。因此,选取计算简图必须遵循如下两个原则:

(1)计算简图要反映实际结构的主要特征。

(2)计算简图要便于计算,且有足够的精确性。

把实际结构简化成结构计算简图,一般应从以下几个方面进行。

1　结构体系的简化

一般结构实际上都是空间结构,各部分相连成为一空间整体,以承受各方向可能出现

的荷载。在多数情况下，常忽略一些次要的空间约束，而将实际结构分解为平面结构。

2 杆件的简化

杆件用其轴线表示，杆件之间的连接区用结点表示，杆长用结点间距表示，荷载作用于轴线上。

3 结点的简化

结构中两根或两根以上杆件联结处称为结点。各种结构的结点构造是不相同的，在计算简图中可归纳为铰结点和刚结点两种形式。

3.1 铰结点

铰结点的特点是它所联结的各杆件可绕结点中心相对转动。它的受力特点是铰接处的杆端不受转动约束作用。在工程结构中，用铰联结杆件的实例很少，但从实际构造和受力特点来分析，许多结点可近似地简化为铰结点。

如图3-1(a)所示木屋架的端结点，显然这两根杆件并不能任意自由转动，但由于联结不可能十分严密牢固，杆件可作微小的转动，所以在计算中可假定为铰结点，如图3-1(b)所示。

如图3-2(a)中的屋架端部和柱顶设置有预埋钢板，将钢板焊接在一起，构成结点。由于屋架端部和柱顶之间不能发生相对移动，但可发生微小的相对转动，故可将此结点简化为铰结点，如图3-2(b)所示。

通常木结构和钢结构杆件之间联结处的结点都简化为铰结点。

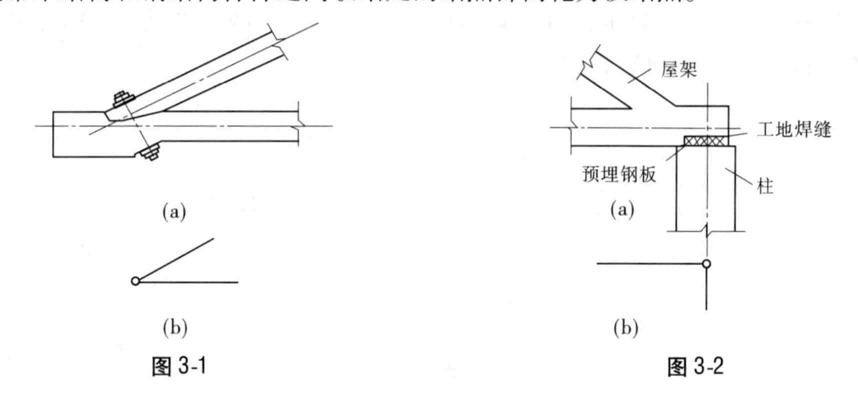

图3-1　　图3-2

3.2 刚结点

刚结点的特点是汇交于刚结点处的各杆件之间不发生相对移动，也不发生相对转动，刚结点所联结的各杆之间的夹角在结构变形前后均保持不变。刚结点的受力状态是结点对杆端有抗转动约束作用。

如图3-3(a)所示一钢筋混凝土刚架边柱和横梁的结点，它是两根杆件用钢筋联结并用混凝土浇筑在一起的，这种结点的受力和变形情况基本上符合刚结点的特点，所以在计算中通常当做刚结点，如图3-3(b)所示。

如图3-4(a)所示钢筋混凝土框架顶层的结点，梁与柱用混凝土整体浇筑，因梁端与柱端之间不能发生相对移动,也不能发生相对转动,故可将此结点简化为刚结点,如图3-4(b)所示。

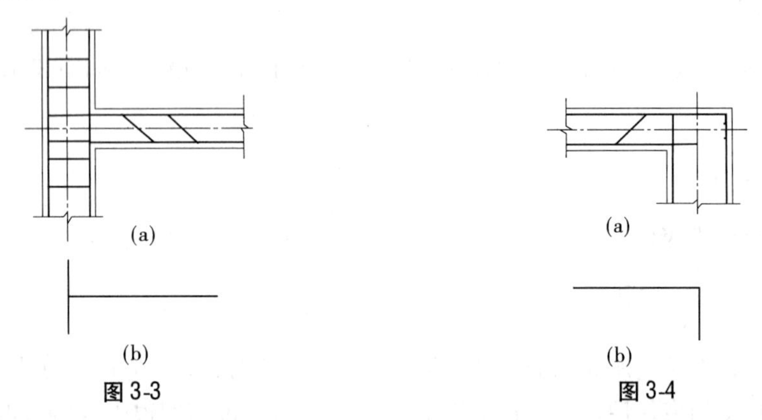

图3-3　　图3-4

杆件间的连接区通常简化成为三种理想情况:

(1)铰结点:约束各杆端不能相对移动,但可相对转动;可以传递力,不能传递力矩。

(2)刚结点:连接各杆端既不能相对移动,又不能相对转动;既可以传递力,又可传递力矩。

(3)组合结点:一些杆端为刚结,另一些杆端为铰结。

4　支座的简化

支座一般可简化为可动铰支座、固定铰支座、固定端支座三种形式。

如图3-5(a)所示为一钢筋混凝土梁,两端支承在墙上。两端支承面上的反力分布是很复杂的,而且有一定的分布长度。

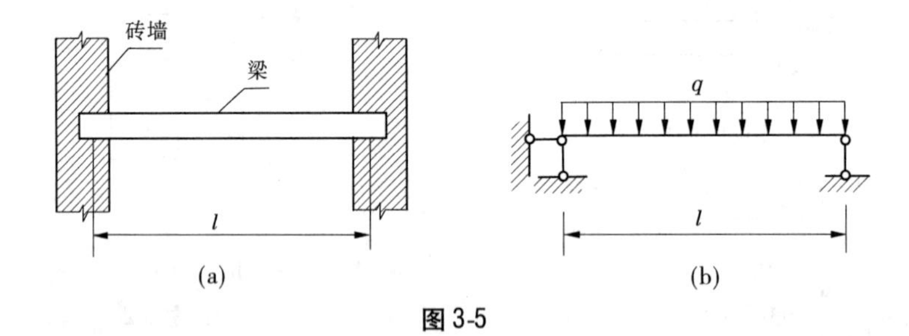

图3-5

为了简化计算,可假定反力是均匀分布的,反力的合力就通过支承面的中心。合力的位置一确定,即可用此合力代替分布的反力。这一代替仅在支承局部处与实际情况不同,对整根梁并无大的影响。

梁的实际支承情况是:

(1)梁的两端支承在墙上,考虑墙的摩擦,使梁不可能有垂直向下和水平方向的移动。

(2)梁发生弯曲时,两端能够产生微小的转动。

(3)在温度变化时,梁可自由伸长或缩短。

可见,梁端在墙内的嵌固程度有限,对梁端转动的约束能力很小,因此起不了固定端支座的作用,可以说是介于固定端支座和固定铰支座之间。为了便于计算,可将梁两端的支承简化成一端为固定铰支座、另一端为可动铰支座,本来两端支承情况相同,严格地说,应简化为相同支座,但是为了简化计算,通常将其一端简化为固定铰支座、另一端简化为可动铰支座,梁本身由其轴线代替。这样,便得到梁的结构计算简图,如图3-5(b)所示。

经过这样的简化后,梁的计算便简单多了,计算结果也有足够的精度。

图3-6(a)、(c)表示预制柱与杯形基础的两种连接方法。杯口四周用沥青麻丝填实时,柱端能发生微小转动,所以可简化为固定铰支座,如图3-6(b)所示;杯口四周用细石混凝土填实时,柱不能转动,所以可简化为固定端支座,如图3-6(d)所示。

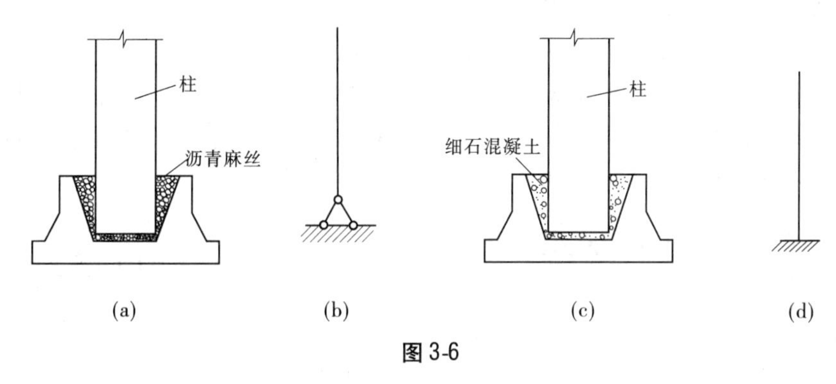

图3-6

5　荷载的简化

实际结构上的荷载,有结构自重、水压力、土压力、人群重量以及附属物体的重量等,一般分为体积力和表面力两大类。体积力是作用在结构杆件内各点的荷载,如结构自重。表面力是作用在结构表面的荷载,如水压力、土压力等。在杆系结构中,杆件用其纵轴线表示,因此不管是体积力还是表面力,都简化为分布在杆件轴线上的线荷载。依其分布状况,通常分为集中荷载(集中力、集中力偶)和分布荷载(均匀分布、直线分布、曲线分布)。

6　计算跨度的确定

一般在计算简图中应反映出支座的情况、荷载大小和计算跨度。

对于图3-7所示的简支梁、板,其计算跨度 l_0 可取下列各 l_0 值的较小者。

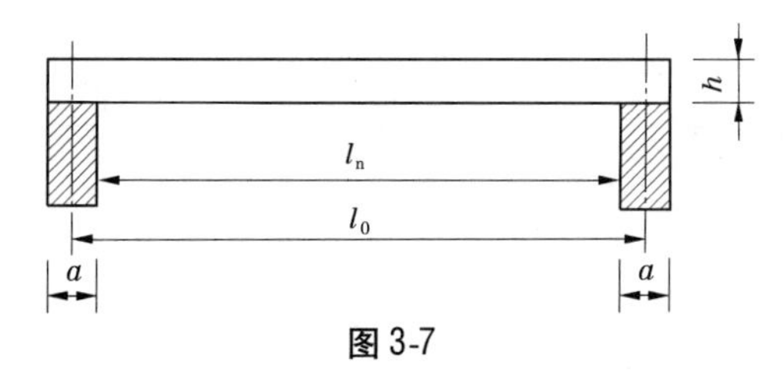

图3-7

(1)对于实心板,可取式(3-1)中较小者

$$\left.\begin{aligned} l_0 &= l_n + a \\ l_0 &= l_n + h \\ l_0 &= 1.1 l_n \end{aligned}\right\} \tag{3-1}$$

(2)对于空心板和简支梁,可取式(3-2)中较小者

$$\left.\begin{aligned} l_0 &= l_n + a \\ l_0 &= 1.05 l_n \end{aligned}\right\} \tag{3-2}$$

式中:l_n 为板或梁的净跨度;a 为板或梁的支承宽度;h 为板的厚度。

计算简图是建筑工程力学与土木工程中对结构或构件进行分析和计算的依据。建立力学计算简图,实际上就是建立力学与结构的分析模型,不仅需要必要的力学基础知识,而且需要具备一定的工程结构知识。

下面通过一个简单例子来说明计算简图的选取。

【例3-1】 如图3-8(a)所示为一厂房结构,预制钢筋混凝土柱插入杯形基础,杯口用C20细石混凝土灌缝。薄腹梁与柱顶的预埋件焊接。屋面传来的荷载为 q,左右两侧墙体传给柱的水平荷载分别为 q_1 和 q_2。试绘出结构的计算简图。

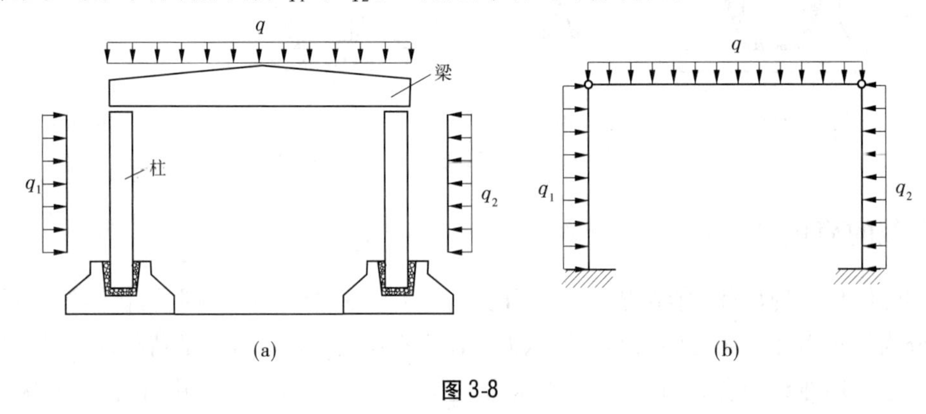

图3-8

解 在选取计算简图时,可将柱与基础的联结视为固定端支座。薄腹梁与柱顶的联结视为铰结点,因为仅靠焊缝不能阻止横梁因弯曲变形而绕柱顶的微小转动,但能阻止梁沿水平方向和竖直方向移动。用柱和梁的轴线代替柱和梁,其计算简图如图3-8(b)所示。

最后应该指出:本节主要介绍选取计算简图的原则和计算简图的概念,而实际上计算简图的确定是很复杂的,尤其是对一些新的结构形式,必须通过多次的分析与实践才能得出合理的计算简图。

7 平面杆系结构的分类

7.1 按结构形式分类

7.1.1 梁式结构

7.1.1.1 基本形式

梁式结构的基本形式有简支梁、外伸梁和悬臂梁,如图3-9所示。

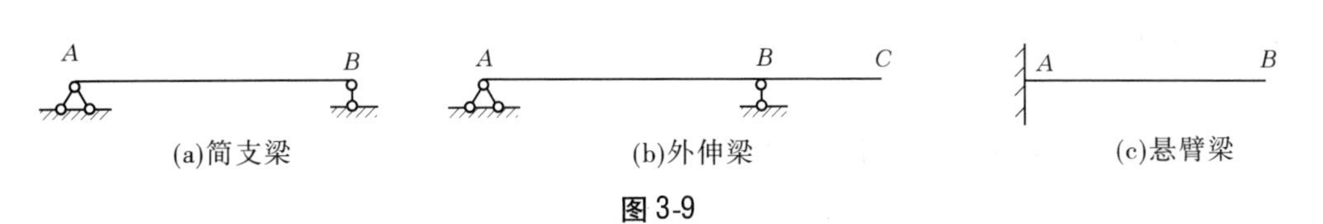

(a)简支梁 (b)外伸梁 (c)悬臂梁

图 3-9

7.1.1.2 其他形式

其他形式的梁式结构有多跨静定梁和连续梁,如图 3-10 所示。

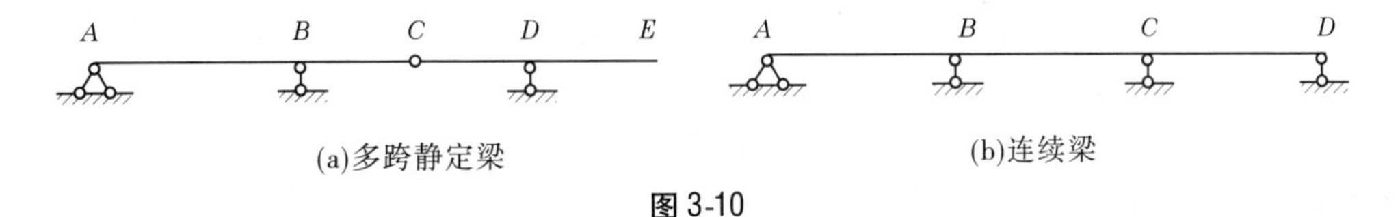

(a)多跨静定梁 (b)连续梁

图 3-10

梁式结构的特点是:在竖向荷载作用下,梁内只产生弯矩和剪力,故梁是一种受弯构件。

7.1.2 刚架结构

刚架结构的形式有悬臂刚架、简支刚架和三铰钢架,如图 3-11 所示。

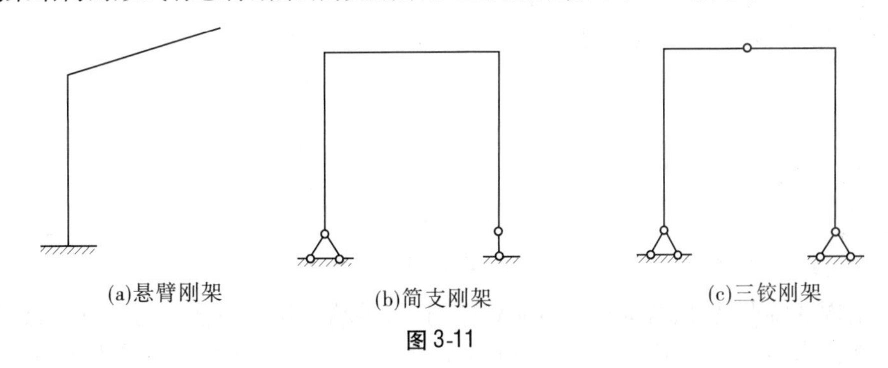

(a)悬臂刚架 (b)简支刚架 (c)三铰刚架

图 3-11

刚架结构的特点是:刚架结构由梁和柱在其杆端通过刚性结点(或某些铰结点)连接而成,刚结点可起到承担和传递弯矩的作用,杆中内力有弯矩、剪力和轴力。

7.1.3 桁架结构

桁架结构的形式有平行弦桁架和三角形桁架,如图 3-12 所示。

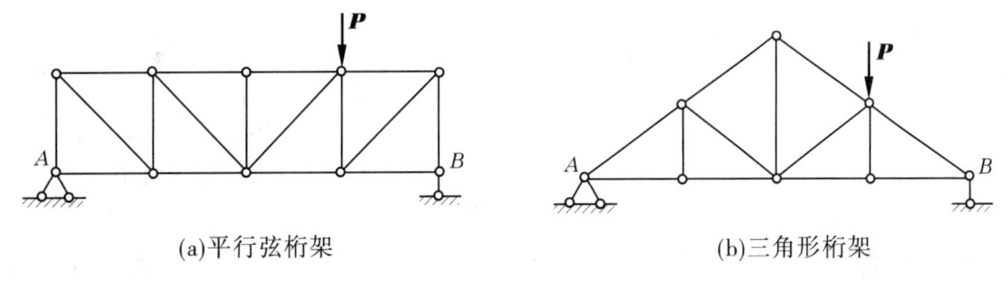

(a)平行弦桁架 (b)三角形桁架

图 3-12

桁架的特点是:组成结构的各杆端用绝对光滑的理想铰相连接,荷载作用在铰结点上,杆中只存在轴力。桁架结构自重较轻,承载能力大,适用于大跨度建筑。

7.1.4 拱结构

7.1.4.1 实体拱

实体拱的几种结构形式如图 3-13 所示。

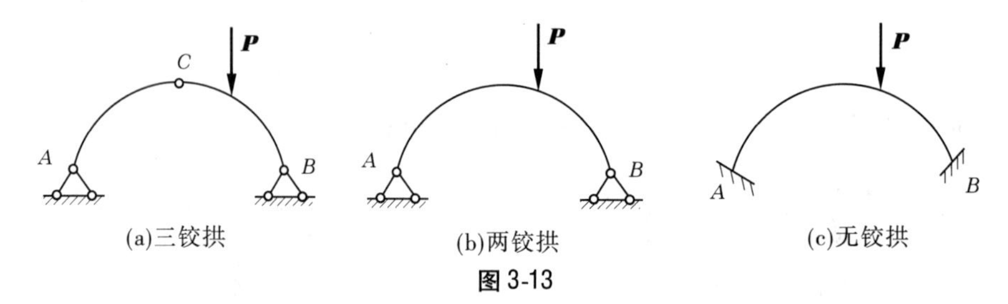

图 3-13

7.1.4.2 其他拱

其他拱的结构形式如图 3-14 所示。

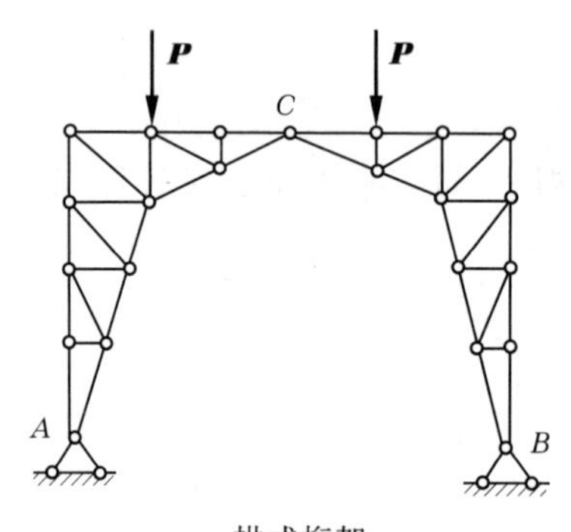

拱式桁架

图 3-14

拱结构的特点是:拱结构在竖向荷载作用下,拱端存在水平推力,亦称推力结构。由于此水平推力的作用,拱内主要内力是轴向压力,而弯矩和剪力较同跨简支梁的弯矩和剪力要小得多。所以,拱结构较能充分发挥材料的力学性能,节省材料,比较经济。

7.1.5 组合结构

组合结构的形式如图 3-15 所示。

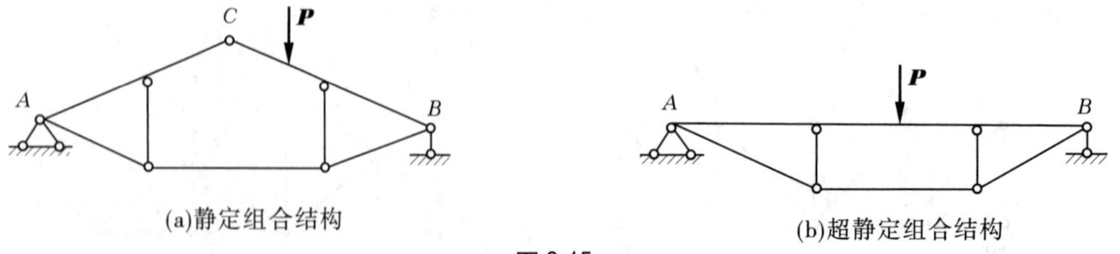

图 3-15

组合结构的特点是:组合结构是由梁式杆和铰结杆组合而成的,梁式杆承受弯矩、剪力和轴力,而铰结杆只有轴力。

7.2 **按计算条件分类**

7.2.1 静定结构

静定结构的形式如图 3-16 所示。

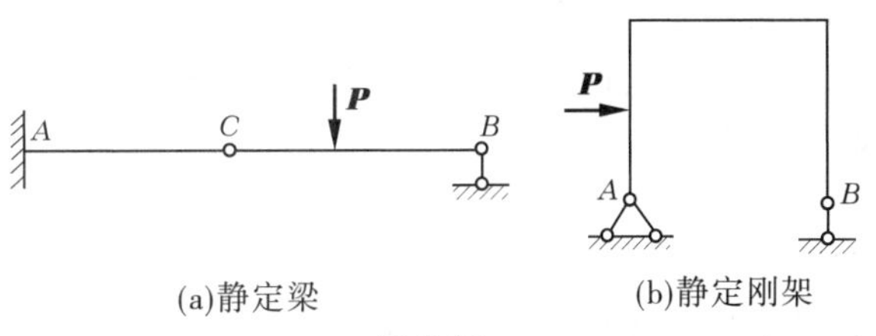

(a)静定梁　(b)静定刚架

图3-16

静定结构的特点是:用静力平衡条件就可求出结构的全部约束反力和内力。

7.2.2　超静定结构

超静定结构的形式如图3-17所示。

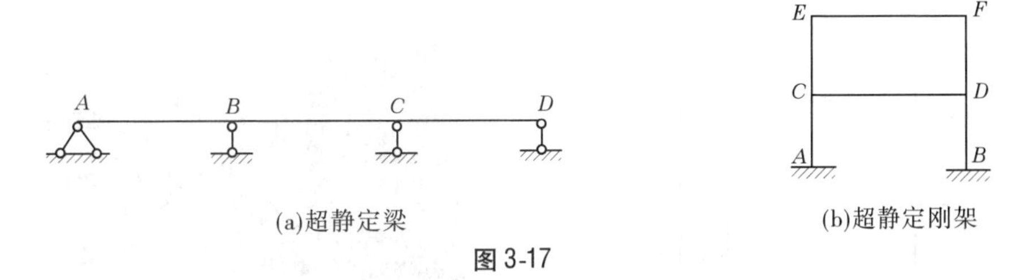

(a)超静定梁　(b)超静定刚架

图3-17

超静定结构的特点是:不能直接用静力平衡条件求出结构的全部约束反力和内力,还需要通过变形等其他条件方可求解其约束反力及内力。

课题3.2　约束与约束反力

自然界中物体一般分为自由体和非自由体。可以自由运动的物体称为自由体,其运动不受任何其他物体的限制。如飞行的飞机是自由体,它可以任意移动和旋转。平面中的自由体可以左右移动,也可以上下移动,还可以转动。不能自由地运动,其某些方向的移动和转动因受其他物体的限制而不能任意发生移动和转动的物体,称为非自由体。

工程中组成建筑物的各物体之间是相互联系的,联系的方式是复杂多样的,物体一般都是非自由体,限制非自由体运动的联系称为约束。约束的功能就是限制非自由体的某些运动。例如,桌子放在地面上,地面具有限制桌子向下移动的功能,桌子是非自由体,地面是桌子的约束。桥梁受到桥墩的约束而静止不动。约束对非自由体的作用力称为约束反力。显然,约束反力的方向总是与它所限制的运动方向相反。地面限制桌子向下移动,地面作用给桌子的约束反力指向上。为了便于理论分析和计算,只考虑其主要的约束,忽略其次要的约束,便可得到一些理想化的约束形式。这里所讨论的正是这些理想化的约束,它们在力学分析和结构设计中被广泛采用。

对物体运动起着限制作用的周围物体,称为约束。如楼板和梁支承在墙上,墙限制了楼板和梁的运动,墙便是楼板和梁的约束。柱子固定在基础上,基础便是柱子的约束。

约束限制了物体的运动,物体必然受到约束给予力的作用,这种力称为约束反力。相反,使物体运动或有运动趋势的力,称为主动力。

建筑结构都要受到主动力和约束反力的作用,若对结构进行力学计算,就要分析这两方面的力。通常，主动力是已知的，约束反力是未知的。因此，约束反力的确定是对结构进行受力分析和计算的首要工作，而约束反力的确定又与约束类型有关，现将工程中常见的几种约束及约束反力介绍如下。

1　柔性约束

绳索、链条和皮带等柔性物体用于限制物体运动时，称为柔性约束。这类约束只能限制物体沿着柔性约束伸长的方向运动，而不能限制其他方向的运动，如实际工程中皮带轮传动装置中的皮带。所以，柔性约束的约束反力通过接触点，其方向沿着柔性约束中心线背离物体，即为拉力。柔性约束反力用 ***T*** 表示，如图 3-18 所示。

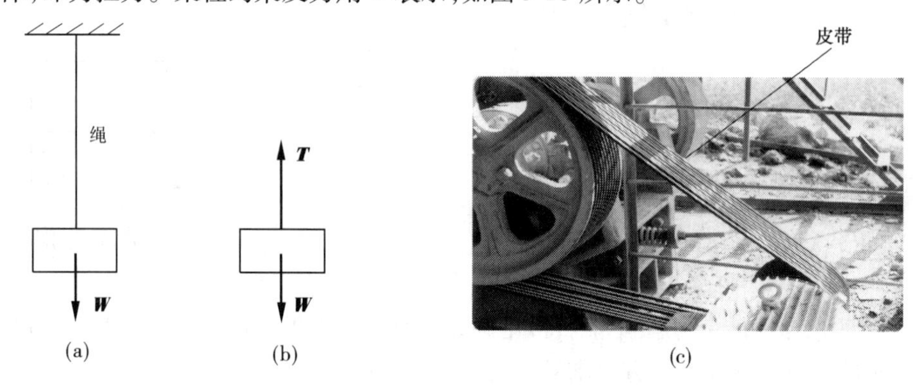

图 3-18

2　光滑面约束

物体与另一物体相互接触，当接触处的摩擦力很小可略去不计时，两物体彼此的约束就是光滑面约束。这种约束不论接触面的形状如何，都不能限制物体沿光滑接触面的公切线或离开接触面的运动，只能限制物体沿接触面的公法线指向接触面的运动，如实际工程中齿轮间的约束。所以，光滑面的约束反力通过接触点，沿着接触面的公法线指向被约束的物体，且为压力。光滑面的约束反力通常以 ***N*** 表示，如图 3-19 所示。

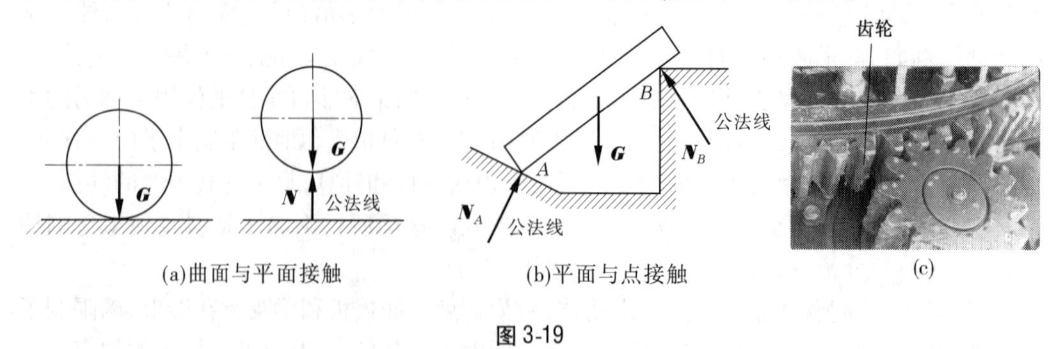

图 3-19

3　圆柱铰链约束

圆柱铰链是由一个圆柱形销钉插入两个物体的圆孔中构成的，且认为销钉与圆孔的表面很光滑，如图3-20(a)所示。其计算简图如图3-20(b)所示。

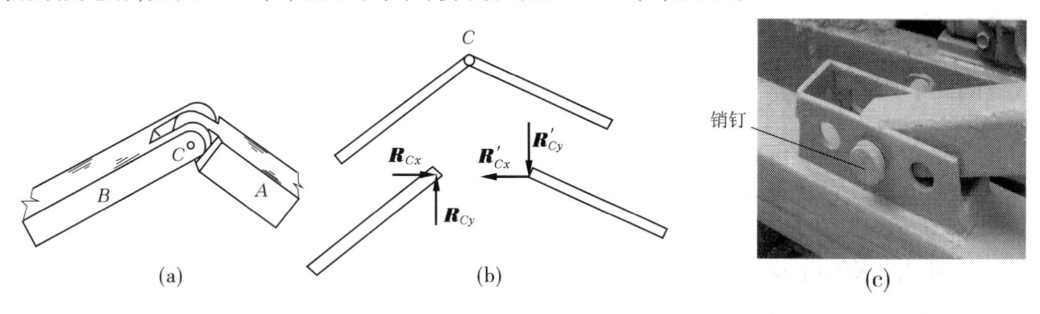

图3-20

圆柱铰链约束只能限制物体在垂直于销钉轴线的平面内沿任意方向的相对移动，而不能限制物体绕销钉做相对转动，还不能限制物体沿销钉轴线移动，如图3-20(c)所示。

当物体相对于另一物体有运动趋势时，销钉与圆孔壁便在某处光滑接触，由光滑接触面约束反力的特点可知，销钉反力应沿接触点与销钉中心的连线作用，如图3-20(b)所示。但由于接触点的位置一般不能预先确定，所以约束反力的方向也不能预先确定。也就是说，圆柱铰链的约束反力 $\boldsymbol{R}_C$ 在垂直于销钉轴线的平面内，通过销钉中心，方向未定，通常将 $\boldsymbol{R}_C$ 分解为两个相互垂直的分力 $\boldsymbol{R}_{Cx}$ 和 $\boldsymbol{R}_{Cy}$，两个分力的指向可假设为 x 轴和 y 轴的正方向，如图3-20(b)所示。

4　链杆约束

杆两端与其他物体用光滑铰链连接，杆中间不受力，且杆件的自重不计，称为链杆。它可以是直杆，也可以是曲杆或折杆。

如图3-21(a)、(b)所示的支架，横杆 AD 在 A 端用铰链与墙连接，在图3-21(a)中 B 处由 BC 直杆支承，而在图3-21(b)中 B 处由 BC 曲杆支承。BC 杆不论是直杆还是曲杆，均可以看成是 AD 杆的链杆约束。

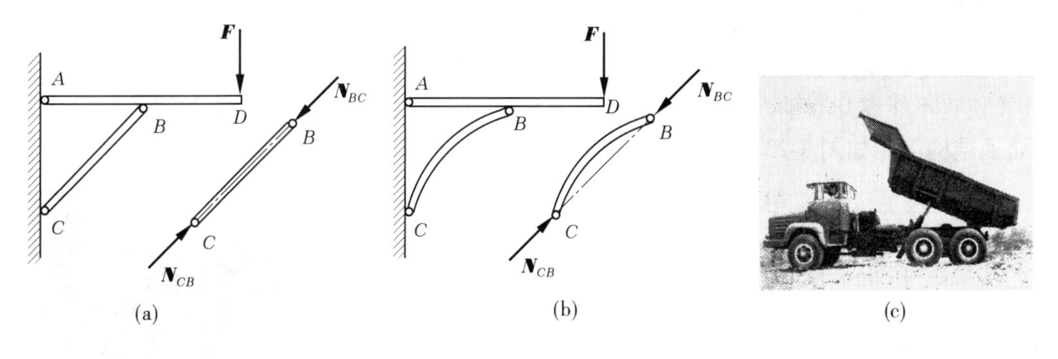

图3-21

链杆只能限制物体沿着链杆中心线方向靠近或离开，而不能限制其他方向的运动。由二力平衡公理可知，当链杆处于平衡状态时，其上所受的两个力必定大小相等、方向相反、作用在链杆两铰链中心的连线上。因此，按作用力与反作用力公理，链杆对物体的约束反力沿链杆两铰链中心的连线，其指向未定，$\boldsymbol{N}$ 的指向是假定的，如图3-21(a)、(b)所

示 BC 杆。由于链杆只在两铰链处受力,因此链杆又属二力杆。如图 3-21(c)所示为自卸车支杆。

5 固定铰支座

将结构或构件连接在墙、柱、基础等支承物上的装置称为支座。

用光滑圆柱铰链把结构或构件与支承底板连接,并将底板固定在支承物上而构成的支座,称为固定铰支座。

为避免在构件上穿孔而影响构件的强度,通常在构件上固结另一穿孔的物体,称为上摇座,而将底板称为下摇座,其构造如图 3-22(a)所示,而结构简图如图 3-22(b)所示。

这种支座只能限制构件沿垂直于销轴轴线平面内任意方向的移动,但不能限制物体绕销轴发生转动。

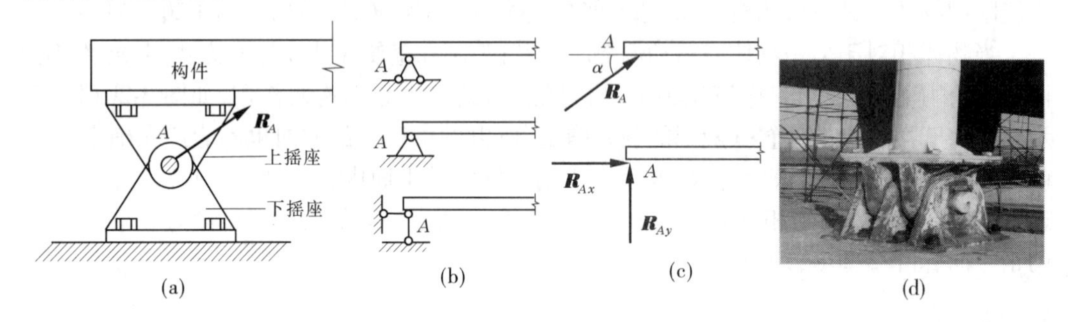

图 3-22

由此可见,固定铰支座的约束性能与圆柱铰链是相同的,所不同的是两个铰链的物体,其中一个是完全固定的。所以,固定铰支座的约束反力作用于接触点,垂直于销轴,并通过销轴轴线,其方向未定,可用 $\boldsymbol{R}_A$ 和一未知方向的 α 角表示,也可用一个水平力 $\boldsymbol{R}_{Ax}$ 和一个竖直力 $\boldsymbol{R}_{Ay}$ 表示,如图 3-22(c)所示。工程应用如图 3-22(d)所示。

6 可动铰支座

在固定铰支座底板与支承面之间安装若干个辊轴,使支座可沿支承面移动,但支座的连接使它不能离开支承面,构成了可动铰支座,又称为辊轴支座,其构造如图 3-23(a)所示,而结构简图如图 3-23(b)所示,此结构支承也称连杆支座。

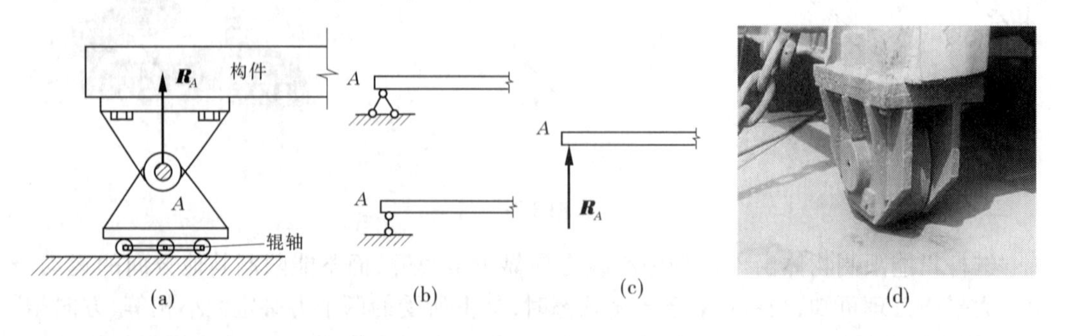

图 3-23

可动铰支座除能限制物体沿着支承面法线指向支承面的运动外,通常还附有特殊装置,使之也能限制物体沿着支承面法线背离支承面的运动,但不能限制物体沿支承面的运动,也不能限制物体绕销钉转动。所以,可动铰支座的约束反力 $\boldsymbol{R}_A$ 通过销钉中心,垂直于支承面,指向未定。指向可作假定,如图 3-23(c)所示。工程应用如图 3-23(d)所示。

7 固定端支座

固定端支座也是工程结构中常见的一种支座,它是将构件的一端插入一固定物而构成的。例如,房屋结构中的雨篷、阳台的挑梁,如图 3-24(a)、(b)所示,都是一端插入墙内,另一端悬空的。如果构件插入墙内有足够的长度,嵌固得足够牢固,则砖墙与构件连接处就称为固定端支座。其结构简图如图 3-24(c)所示。

这种支座约束的特点是:构件在连接处不发生任何相对移动和转动。

固定端支座反力分布较为复杂,但在平面问题中,可简化为阻止构件不能移动的两个分力 $\boldsymbol{R}_{Ax}$、$\boldsymbol{R}_{Ay}$ 和阻止构件不能转动的约束反力偶矩 m_A,其阻移力的指向和阻转力偶矩的转向均可作假定,如图 3-24(d)所示。

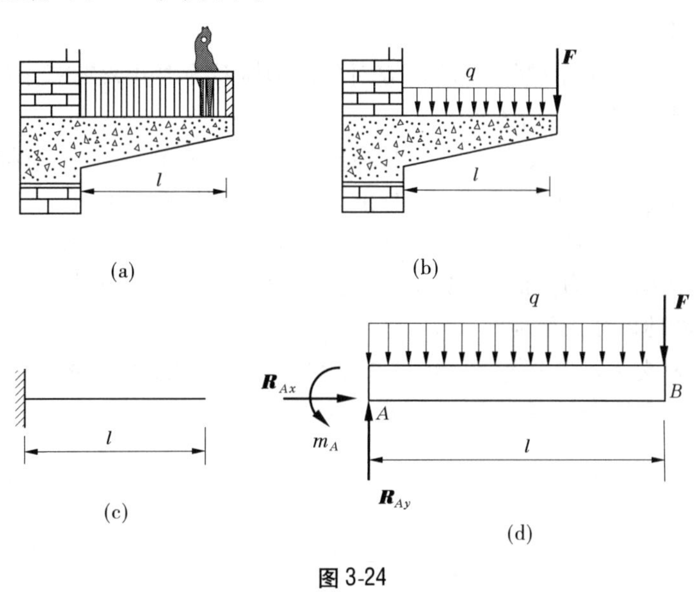

图 3-24

课题 3.3 物体的受力分析·受力图

1 物体的受力分析

在工程中,常常将若干构件通过某种连接方式组成机构或结构,用以传递运动或承受荷载。这些机构或结构统称为物体系统。

研究力学问题,首先要分析物体受哪些力作用,哪些是已知力,哪些是未知力,然后对所研究的物体进行力学计算,确定其未知力的大小和方向,这个过程称为物体的受力分析。

2　物体受力图

在对物体进行受力分析时,所研究的物体称为研究对象。为了清晰地表明物体的受力情况,必须解除研究对象周围的全部约束,并将其从周围的物体中分离出来,单独画出它的计算简图,这种解除了约束被分离出来的研究对象称为分离体。在分离体上如数画出周围物体对它的全部作用力(包括主动力和约束反力),用以表示物体受力情况的图形称为分离体的受力图。

选取合适的研究对象与正确画出受力图是解决力学问题的基础。如果物体的受力图画不出,则力学计算无法进行;如果受力图画错了,对实际问题就不可能进行正确的分析和求解。因此,画受力图是一项认真细致的分析工作,是解决力学问题的关键,是进行力学计算的依据,必须熟练掌握。

3　画物体受力图的步骤

在进行力学计算时,首先要对物体系统或其组成构件进行受力分析。完成物体受力分析图的基本步骤:

(1)根据题意确定研究对象,并将研究对象从物体系统中分离出来,研究对象可以是一个物体或几个物体组成的物体系统。

(2)在研究对象上画出原系统中作用在研究对象上所有的主动力(荷载)。

(3)分析研究对象周围的约束性质,分别画出相应的约束反力。

完成上述三个步骤后所得到的受力图称为所研究对象的受力分析图。

注意:在画物体的受力图时,不要运用力的等效变换或力的可传性改变力的作用位置,否则会改变物体的变形效应。

【例3-2】　简支梁两端分别为固定铰支座和可动铰支座,在 C 截面处作用一集中力 $\boldsymbol{P}$,如图3-25(a)所示。不计梁自重,试画出梁 AB 的受力图。

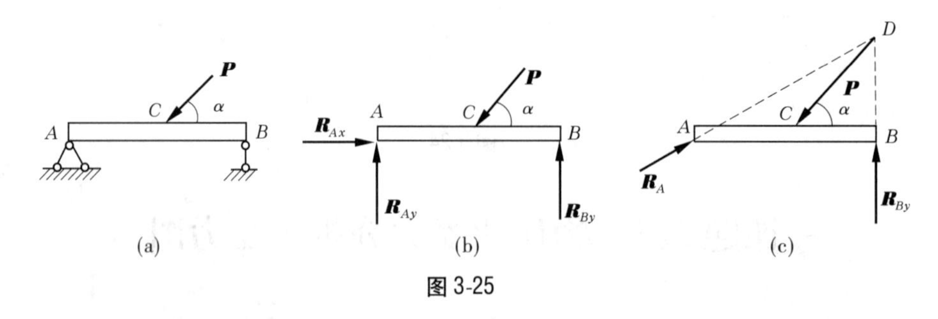

图3-25

解　(1)以梁 AB 为研究对象,并将 AB 从系统中分离出来,如图3-25(b)所示。

(2)在研究对象 AB 上画出主动力 $\boldsymbol{P}$。

(3)根据 AB 周围的约束性质分别画出约束反力。

画法1:可动铰支座 B 的约束反力 $\boldsymbol{R}_{By}$ 铅直向上,固定铰支座 A 的约束反力用过 A 点的两个正交分力 $\boldsymbol{R}_{Ax}$、$\boldsymbol{R}_{Ay}$ 表示。画出梁 AB 的受力图如图3-25(b)所示。

画法2:由于该梁受三个力作用处于平衡,应用三力平衡汇交定理可确定 A 端支座反

力 $\boldsymbol{R}_A$ 的方向，即主动力 $\boldsymbol{P}$ 与 B 端支座反力 $\boldsymbol{R}_{By}$ 两力作用线交于 D 点，而 $\boldsymbol{R}_A$ 的作用线必通过 D 点，画出梁 AB 的受力图如图 3-25(c)所示。

【例 3-3】 如图 3-26(a)所示的结构中，AD 杆 D 端受一力 $\boldsymbol{P}$ 作用，若不计杆件自重，试分别画出 AD 杆和 BC 杆的受力图。

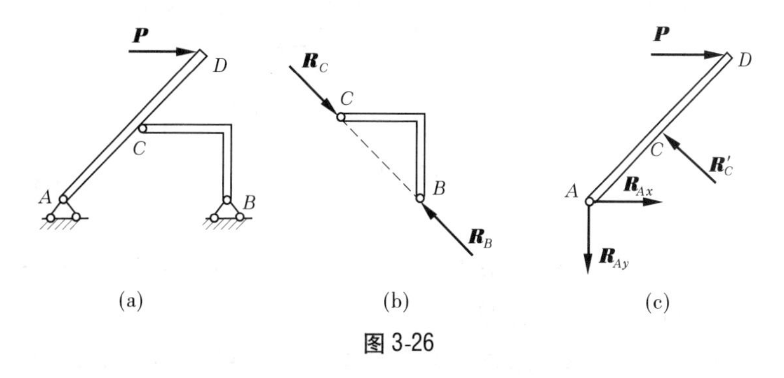

图 3-26

解 1. 画折杆 BC 的受力图

(1)以折杆 BC 为研究对象，将折杆 BC 分离出来，如图 3-26(b)所示。

(2)在分离体上画出 BC 所受的主动力。因杆 BC 的自重不计，又无主动力作用，故无主动力画出。

(3)在分离体 BC 上画出其约束反力。因杆 BC 两端为铰链约束，在无主动力作用时该杆为二力杆，根据二力平衡条件可知，B、C 两铰链处的约束反力 $\boldsymbol{R}_B$ 和 $\boldsymbol{R}_C$ 必定大小相等、方向相反、作用线沿两铰链中心的连线，指向可假定，画出受力图如图 3-26(b)所示。

2. 画杆 AD 的受力图

(1)以 AD 杆为研究对象，将杆 AD 从系统中分离出来。

(2)在分离体上画出所受的主动力 P。

(3)在分离体 AD 上分别画出其约束反力。铰 C 处的约束反力 $\boldsymbol{R}'_C$ 按与 $\boldsymbol{R}_C$ 是作用力与反作用力的关系画出，固定铰 A 处的约束反力用两个正交分力 $\boldsymbol{R}_{Ax}$ 和 $\boldsymbol{R}_{Ay}$ 表示，指向可作假定，画出受力图如图 3-26(c)所示。

建议学生还可以利用三力平衡汇交定理画出 AD 杆的受力图。

【例 3-4】 重量为 $\boldsymbol{W}$ 的圆管放置于图 3-27(a)所示的简易构架中，AB 杆的自重为 $\boldsymbol{G}$，A 端用固定铰支座与墙面连接，B 端用绳水平系于墙面的 C 点上，若所有接触面都是光滑的，试分别画出圆管和 AB 杆的受力图。

解 1. 画圆管的受力图

(1)以圆管为研究对象，将圆管从系统中分离出来，如图 3-27(b)所示。

(2)在圆管上画出所受的主动力 $\boldsymbol{W}$。

(3)在圆管上画出其约束反力。根据光滑面的约束性质，先假定 D 点、E 点的约束反力 $\boldsymbol{N}_D$、$\boldsymbol{N}_E$ 的作用线均沿其接触面的公法线，通过圆管横截面的中心，并指向圆管。画出圆管的受力图如图 3-27(b)所示。

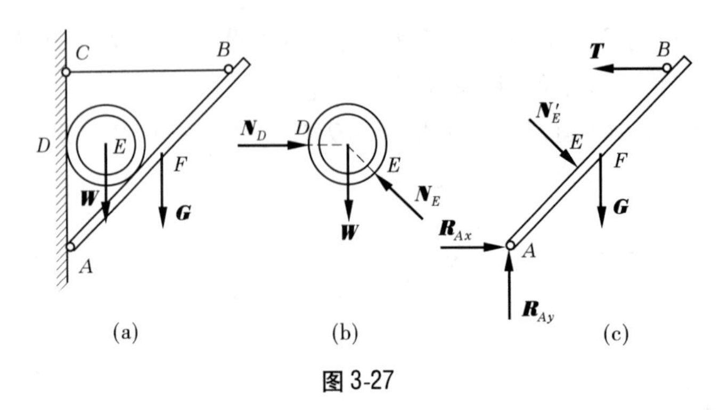

图 3-27

2. 画 AB 杆的受力图

(1)以杆 AB 为研究对象，将杆 AB 从系统中分离出来，如图 3-27(c)所示。

(2)在 AB 上画出所受的主动力 $\boldsymbol{G}$。

(3)在 AB 上分别画出其约束反力。E 点的约束反力 $\boldsymbol{N}'_E$ 与 $\boldsymbol{N}_E$ 为作用力与反作用力，以等值、反向画出；杆 AB 的 B 端为绳索约束，约束反力用 $\boldsymbol{T}$ 表示，其方向沿绳索中心线背离分离体；A 端固定铰支座的约束反力用两个正交分力 $\boldsymbol{R}_{Ax}$ 和 $\boldsymbol{R}_{Ay}$ 表示，指向可作假定。最后画出 AB 杆的受力图如图 3-27(c)所示。

【例 3-5】 三铰刚架受力如图 3-28(a)所示，不计各杆自重，试分别画出刚架 AC、BC 部分和三铰刚架整体的受力图。

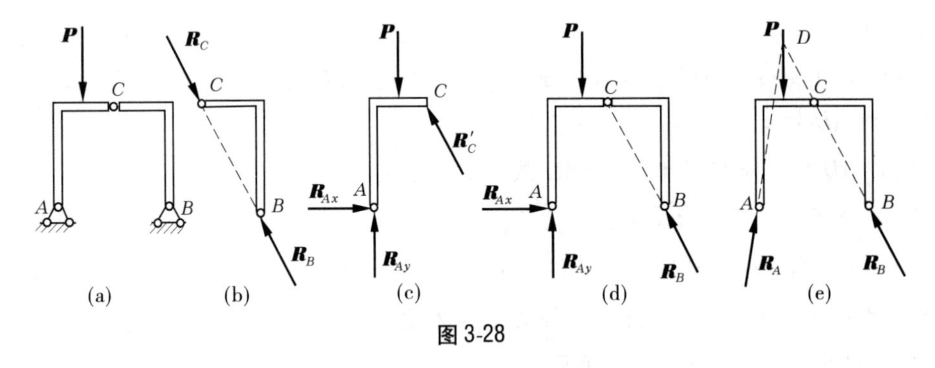

图 3-28

解 1. 画右半刚架 BC 的受力图

(1)以右半刚架 BC 为研究对象，将 BC 从系统中分离出来，如图 3-28(b)所示。

(2)在分离体 BC 上画出所受的主动力。因在右半刚架 BC 上无主动力作用，且自重又不计，故无主动力画出。

(3)在分离体 BC 上分别画出其约束反力。因右半刚架 BC 实为二力构件，其约束反力 $\boldsymbol{R}_B$、$\boldsymbol{R}_C$ 必沿 B、C 两铰链中心连线方向，指向可作假定，画出右半刚架 BC 的受力图如图 3-28(b)所示。

2. 画左半刚架 AC 的受力图

(1)以左半刚架 AC 为研究对象，将 AC 从系统中分离出来，如图 3-28(c)所示。

(2)在分离体 AC 上画出所受的主动力 $\boldsymbol{P}$。

(3)在分离体 AC 上分别画出其约束反力。铰 C 点的约束反力 $\boldsymbol{R}'_C$ 与 $\boldsymbol{R}_C$ 为作用力和

反作用力，等值、反向画出；A 端固定铰支座的约束反力用两个正交分力 $\boldsymbol{R}_{Ax}$ 和 $\boldsymbol{R}_{Ay}$ 表示，指向可作假定，最后画出 AC 杆的受力图如图3-28(c)所示。

3. 画整个刚架的受力图

(1)以整个刚架 ACB 为研究对象，将 ACB 从系统中分离出来，如图3-28(d)或(e)所示。

(2)在整个刚架 ACB 上画出所受的主动力 $\boldsymbol{P}$。

(3)在整个刚架 ACB 上分别画出其约束反力。

画法1：固定铰支座 B 的约束反力 $\boldsymbol{R}_B$ 按图3-28(b)所示方向画出，固定铰支座 A 的约束反力用过 A 点的两个正交分力 $\boldsymbol{R}_{Ax}$、$\boldsymbol{R}_{Ay}$ 表示。画出整个刚架的受力图如图3-28(d)所示。

画法2：应用三力平衡汇交定理可确定 A 端支座反力 $\boldsymbol{R}_A$ 的方向，即主动力 $\boldsymbol{P}$ 与 B 端支座反力 $\boldsymbol{R}_B$ 两力作用线交于 D 点，而 $\boldsymbol{R}_A$ 的作用线必通过 D 点，画出整个刚架的受力图如图3-28(e)所示。

【例3-6】　试分别画出图3-29(a)所示组合梁各部分和整个组合梁的受力图。

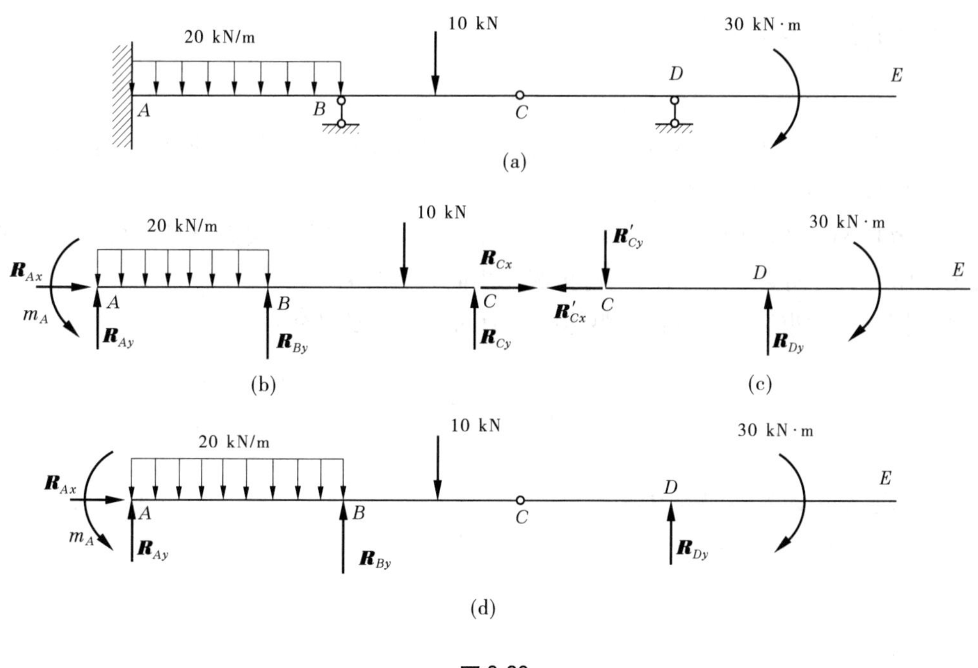

图3-29

解　1. 画梁 ABC 的受力图

(1)以梁 ABC 为研究对象，将 ABC 从系统中分离出来，如图3-29(b)所示。

(2)在梁 ABC 上画出所受的均布荷载和集中荷载。

(3)在梁 ABC 上分别画出其约束反力。梁 A 端为固定端，其约束反力用两个正交分力 $\boldsymbol{R}_{Ax}$、$\boldsymbol{R}_{Ay}$ 和约束反力偶矩 m_A 表示，B 处为可动铰支座，其约束反力 $\boldsymbol{R}_{By}$ 假定铅直向上，C

处为连接铰约束,其约束反力用两个正交分力 $\boldsymbol{R}_{Cx}$ 和 $\boldsymbol{R}_{Cy}$ 表示,指向可作假定,画出梁 ABC 的受力图如图 3-29(b)所示。

2. 画梁 CDE 受力图

(1)以梁 CDE 为研究对象,将 CDE 从系统中分离出来,如图 3-29(c)所示。

(2)在梁 CDE 上画出所受的主动力为集中力偶。

(3)在梁 CDE 上分别画出其约束反力。C 处为连接铰约束,根据作用力和反作用力关系,其约束反力用两个正交分力 $\boldsymbol{R}'_{Cx}$ 和 $\boldsymbol{R}'_{Cy}$ 表示,D 处为可动铰支座,其约束反力 $\boldsymbol{R}_{Dy}$ 假定铅直向上,画出梁 CDE 的受力图如图 3-29(c)所示。

3. 画整个梁的受力图

(1)以整个梁 AE 为研究对象,将 AE 从系统中分离出来,如图 3-29(d)所示。

(2)在 AE 上分别画出所受的主动力为均布荷载、集中荷载和集中力偶。

(3)在 AE 上分别画出其约束反力。梁 A 端为固定端,其约束反力用两个正交分力 $\boldsymbol{R}_{Ax}$、$\boldsymbol{R}_{Ay}$ 和约束反力偶矩 m_A 表示,B、D 处均为可动铰支座,其约束反力分别为 $\boldsymbol{R}_{By}$、$\boldsymbol{R}_{Dy}$,假定铅直向上,画出梁 AE 的受力图如图 3-29(d)所示。

4 画受力图的注意事项

在分析物体系统受力时应注意以下三点:

(1)当研究对象为整体或为其中某几个物体的组合时,没有解除约束的位置,不必画出相应的约束反力,靠约束本身限制物体的运动。

(2)分析两物体间相互作用力时,应遵循作用力与反作用力关系,作用力方向一经确定,则反作用力方向必与之相反,不可再假设指向。

(3)同一个约束反力在局部和整体的受力图上表示要完全一致。

小 结

一、选取结构计算简图的方法

选取结构计算简图应进行如下几个方面的简化:

(1)支座的简化。

(2)结点(铰结点、刚结点)的简化。

(3)荷载的简化。

(4)计算跨度的确定。

二、七种常见的平面约束

(1)柔性约束:只能限制物体不能离开约束物体的运动,但不能限制物体靠近约束物体的运动,故约束反力的指向总是背离被约束的物体。

(2)光滑接触面约束:只能限制物体不能靠近接触面的运动,但不能限制物体离开接触面的运动,故约束反力总是沿公法线方向指向被约束的物体。

(3)圆柱铰链约束：只能限制物体不能移动，但不能限制物体绕铰链中心转动，故约束反力用两个正交分力 $\boldsymbol{R}_x$ 和 $\boldsymbol{R}_y$ 表示，其指向可做假定。

(4)链杆约束：只能限制物体沿杆两端铰中心连线方向的运动，但不能限制物体沿其他方向的移动和转动，故约束反力总是沿链杆两端两铰中心连线方向指向或背离被约束的物体，指向可做假定。

(5)固定铰支座：只能限制物体不能移动，但不能限制物体绕铰中心转动，故支座反力用两个正交分力 $\boldsymbol{R}_x$ 和 $\boldsymbol{R}_y$ 表示，指向可做假定。

(6)可动铰支座：只能限制物体沿支承面法线方向的移动，但不能限制物体沿其他方向的移动和绕铰中心转动，故支座反力的方向垂直于支承面指向或背离被约束物体，指向可做假定。

(7)固定端支座：能限制物体不能移动和转动，故支座反力有限制移动的两个正交分力 $\boldsymbol{R}_x$、$\boldsymbol{R}_y$ 和限制转动的约束反力偶矩 m，其指向和转向可做假定。

三、画物体受力图的步骤

(1)确定研究对象，并将研究对象从系统中分离出来。

(2)在研究对象上画出所受的主动力(荷载)。

(3)分析研究对象周围的约束性质，分别画出相应的约束反力。

思考与练习题

一、简答题

1. 结构计算简图的意义是什么？
2. 平面杆系结构的基本形式有哪几类？
3. 何为约束？常见的约束有哪几种类型？各种约束的约束反力如何确定？
4. 力的可传性原理在物体受力分析时能否使用？

二、填空题

1. 光滑面的约束反力作用于________(位置)，沿接触面的________方向且指向物体。

2. 柔性约束反力通过________(位置)，方向沿柔索而________物体。

3. 固定端支座约束反力有________约束反力、________约束反力，还作用一个限制物体转动的__________。

4. 链杆对它所约束物体的约束反力必定沿着________________________作用在物体上。

5. 可动铰支座的约束反力________支承面，通过__________，指向未知。

6. 结构计算简图包括________简化、________简化和________简化。

7. 物体的受力分析有三个步骤:第一步取__________,第二步画____________,第三步分析____________。

三、作图题

1. 试画如图3-30所示物体的受力图。未画重力的物体的重量均不计,所有接触处均为光滑接触。

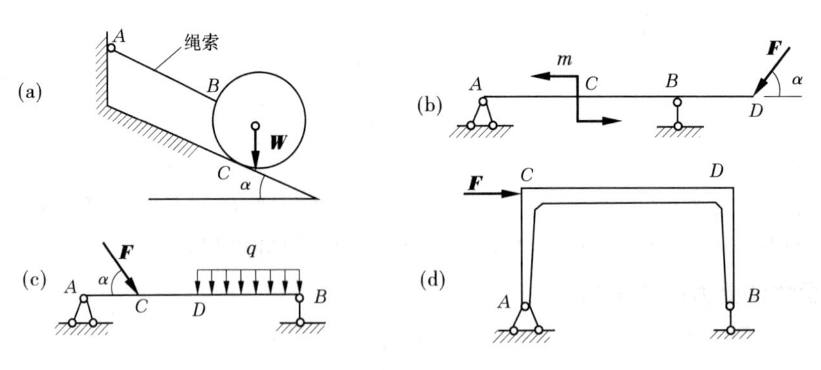

图3-30

2. 试画如图3-31所示指定物体的受力图。未画重力的物体的重量均不计,所有接触处均为光滑接触。

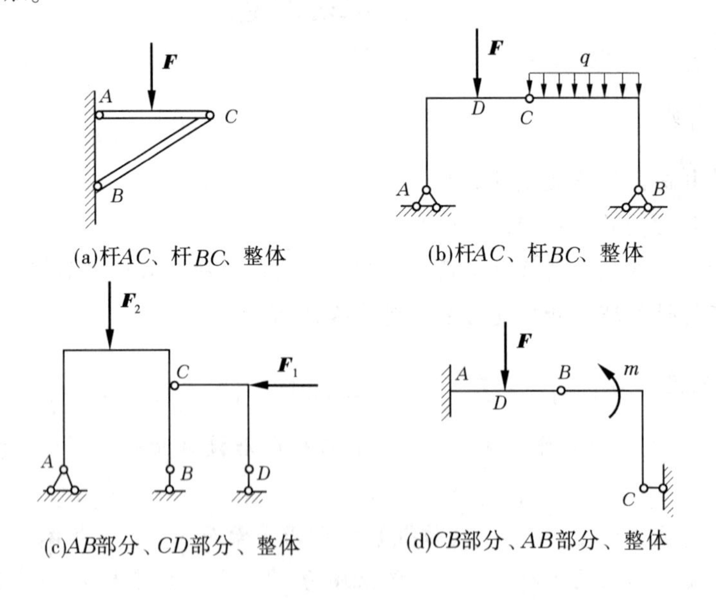

图3-31

3. 试画如图3-32所示中AB杆件的受力图。未画重力的物体的重量均不计,所有接触处均为光滑接触。

4. 试画如图3-33所示中每个物体及整体的受力图,不计杆件自重。

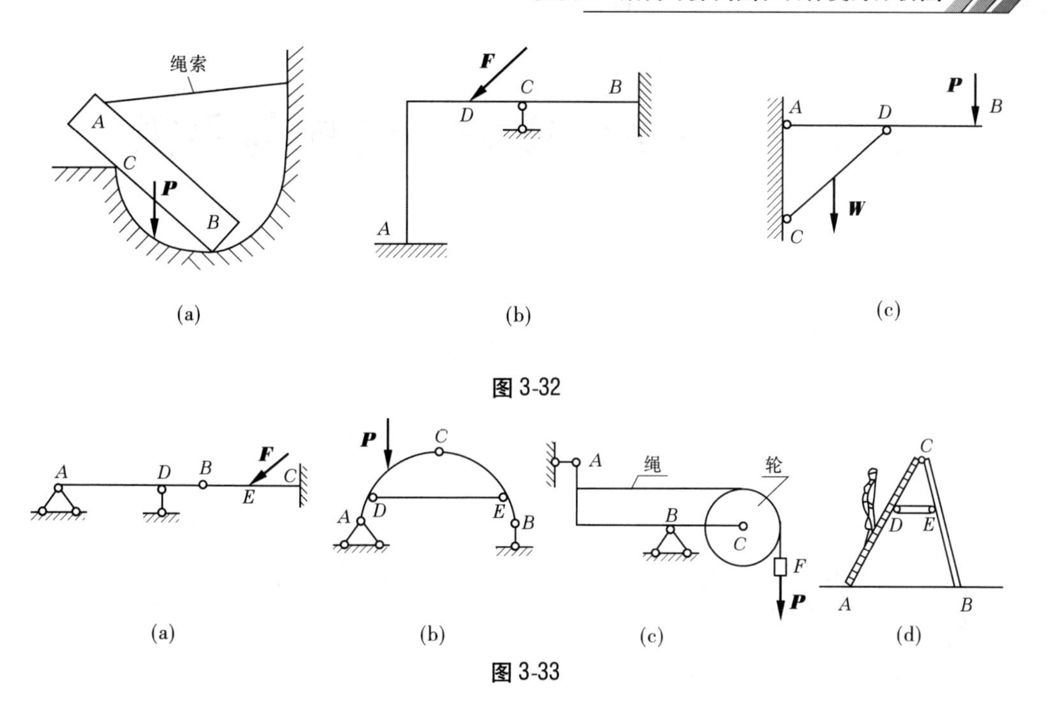

图 3-32

图 3-33

模块4　平面汇交力系合成与平衡

【学习要求】

- 理解力系的概念及力系的分类。
- 掌握力在直角坐标轴上的投影,合力投影定理。
- 熟练掌握平面汇交力系的平衡条件及应用。
- 熟练掌握力对点的矩及合力矩定理。
- 掌握平面力偶系的合成与平衡。
- 掌握力的等效平移。

韩愈《师说》 闻道有先后, 术业有专攻。	学习心得:

课题4.1　力　系

一个物体总是同时受到若干个力的作用,在前面对力系进行了初步了解,即把作用于一物体上的一群力称为力系。为便于研究,我们将力系按其作用线所处位置分为平面力系和空间力系两大类。平面力系即各力的作用线均位于同一平面的力系,空间力系即各力作用线不在同一平面的力系。

在平面力系中,各力的作用线均汇交于一点,则该力系称为平面汇交力系;各力的作用线都相互平行的力系,称为平面平行力系;各力的作用线既不汇交于一点又不相互平行的力系,称为平面一般力系;由各力构成多个力偶的力系,称为平面力偶系。

在空间力系中,对应于平面力系可分为空间汇交力系、空间平行力系、空间一般力系和空间力偶系。

在工程实际中,大多数力系都是空间力系,但由于空间力系中的各力处在空间的不同

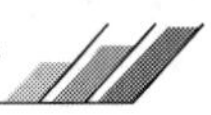

位置，给研究和分析计算带来许多不便，因此为了便于计算，通常将空间力系简化为平面力系来分析计算，对那些不能简化的空间力系也就只好按空间力系来计算。

本教材重点研究平面力系的合成与平衡问题，不再介绍空间力系的合成与平衡问题，有兴趣的学生可参考其他资料自学。

课题 4.2　力在坐标轴上的投影

1　力在直角坐标轴上的投影

由于力是矢量，而矢量在运算中很不方便，在力学计算中常常是将矢量运算转化为代数运算，力在直角坐标轴上的投影就是转化的基础。

设力 $\boldsymbol{F}$ 作用于物体的 A 点，如图 4-1 所示。在力 $\boldsymbol{F}$ 作用线所在平面内取直角坐标系 xOy，从力 $\boldsymbol{F}$ 的起点 A 和终点 B 分别向 x 轴和 y 轴作垂线，得垂足 a、b 和 a'、b'。线段 ab 加上正负号，称为力 $\boldsymbol{F}$ 在 x 轴上的投影，用 F_x 表示。线段 $a'b'$ 加上正负号，称为力 $\boldsymbol{F}$ 在 y 轴上的投影，用 F_y 表示。另外，还规定：从力的起点投影（a 或 a'）到终点投影（b 或 b'）的方向与投影轴的正向一致时，力的投影取正值；反之，取负值。力在坐标轴上的投影是代数量。

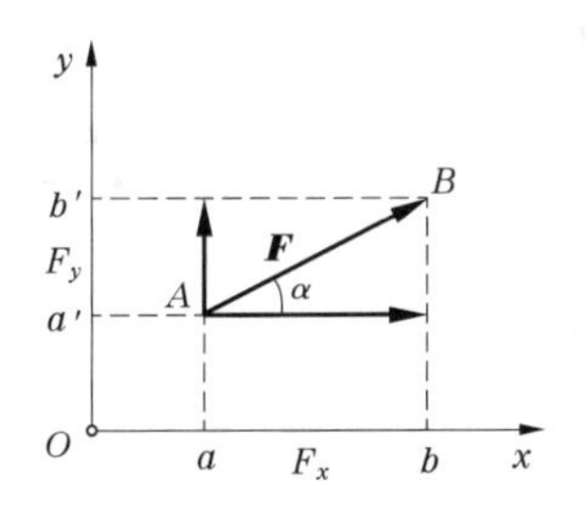

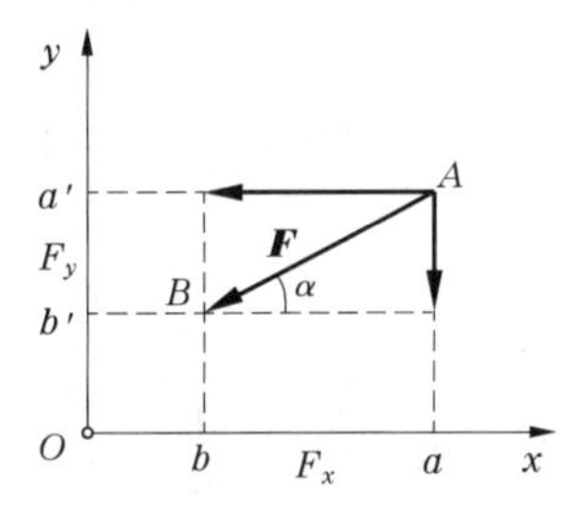

图 4-1

若已知力 $\boldsymbol{F}$ 的大小及其作用线与 x 轴所夹的锐角 α，则力 $\boldsymbol{F}$ 在坐标轴上的投影 F_x 和 F_y 可按下式计算

$$\left.\begin{aligned} F_x &= \pm F\cos\alpha \\ F_y &= \pm F\sin\alpha \end{aligned}\right\} \qquad (4\text{-}1)$$

应注意：当力与坐标轴垂直时，力在该轴上的投影等于零。当力与坐标轴平行时，力在该轴上的投影的绝对值等于力的大小。

【例 4-1】　试分别求出图 4-2 中各力在 x 轴和 y 轴上的投影。已知 $F_1 = 100$ N，$F_2 = 150$ N，$F_3 = 200$ N，$F_4 = 200$ N，各力方向如图 4-2 所示。

解　由式（4-1）可得出各力在 x、y 轴上的投影为

$$F_{1x} = F_1\cos45° = 100 \times 0.707 = 70.7(\text{N})$$

$$F_{1y} = F_1\sin45° = 100 \times 0.707 = 70.7(\text{N})$$

$$F_{2x} = -F_2\cos30° = -150 \times 0.866 = -129.9(\text{N})$$

$$F_{2y} = -F_2\sin30° = -150 \times 0.5 = -75(\text{N})$$

$$F_{3x} = -F_3\cos90° = -200 \times 0 = 0$$

$F_{3y} = -F_3\sin90° = -200 \times 1 = -200(\text{N})$

$F_{4x} = F_4\cos60° = 200 \times 0.5 = 100(\text{N})$

$F_{4y} = -F_4\sin60° = -200 \times 0.866 = -173.2(\text{N})$

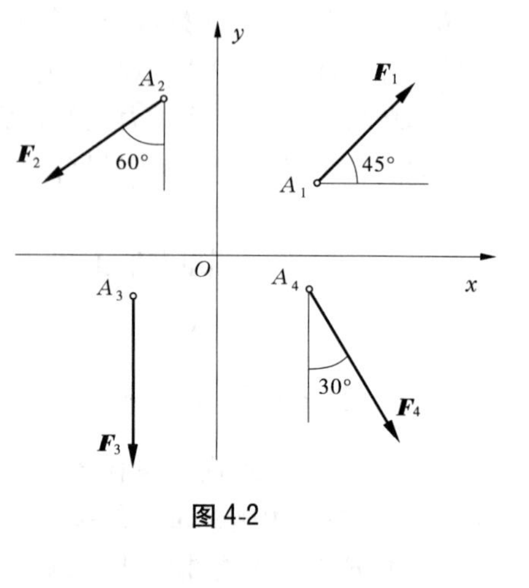

图 4-2

2 合力投影定理

合力在直角坐标轴上的投影等于各分力在同一轴上投影的代数和,即

$$\left.\begin{aligned}\sum X = R_x = F_{1x} + F_{2x} + \cdots + F_{nx} = \sum_{i=1}^{n} F_{ix}\\ \sum Y = R_y = F_{1y} + F_{2y} + \cdots + F_{ny} = \sum_{i=1}^{n} F_{iy}\end{aligned}\right\} \tag{4-2}$$

【例 4-2】 试分别求出图 4-3 中各力的合力在 x 轴和 y 轴上的投影。已知 $F_1 = 20$ kN, $F_2 = 40$ kN, $F_3 = 50$ kN,各力方向如图 4-3 所示。

解 由式(4-2)可得出各力的合力在 x、y 轴上的投影为

$$\sum X = F_1\cos90° - F_2\cos0° + F_3 \times \frac{3}{\sqrt{3^2+4^2}}$$

$$= 0 - 40 + 50 \times \frac{3}{5} = -10(\text{kN})$$

$$\sum Y = F_1\sin90° + F_2\sin0° - F_3 \times \frac{4}{\sqrt{3^2+4^2}}$$

$$= 20 + 0 - 50 \times \frac{4}{5} = -20(\text{kN})$$

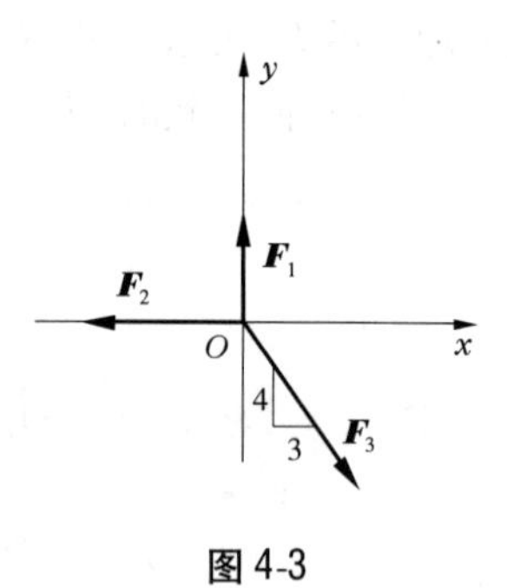

图 4-3

课题 4.3 平面汇交力系的合成与平衡

平面力系的研究与讨论,不仅在理论上,而且在工程实际中都有着重要的意义。首先,平面力系概括了平面内各种特殊力系,同时又是研究空间力系的基础。其次,平面力系是工程中最常见的一种力系,如在不少实际工程中的结构(或构件)和受力都具有同一对称面,此时作用力就可简化为作用在对称面内的平面力系。

如果在一个力系中,各力的作用线均分布在同一平面内,我们将这种力系称为平面力系;平面力系中各力的作用线均汇交于一点,则此力系称为平面汇交力系。

在工程中经常遇到平面汇交力系的例子,如在施工中起重机的吊钩所受各力就构成一个平面汇交力系,如图 4-4 所示。

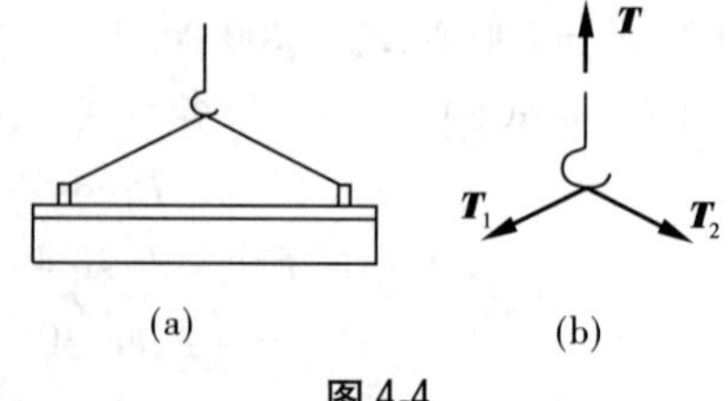

图 4-4

1　平面汇交力系的合成

1.1　两汇交力的合成

由物理学可以知道:作用在物体上同一点的两个力,可以合成为作用在该点的一合力。合力矢量的大小和方向由以这两个分力为邻边所组成的平行四边形的对角线来确定。上述结论就是力的平行四边形法则。

由矢量代数可知:合力矢量等于二分力矢量和,即

$$\boldsymbol{R} = \boldsymbol{F}_1 + \boldsymbol{F}_2 \tag{4-3}$$

在图4-5(a)中,A点上作用有两个力$\boldsymbol{F}_1$和$\boldsymbol{F}_2$,以二者为邻边做平行四边形$ABCD$,对角线AC确定了此二力的合力$\boldsymbol{R}$,即$R = \overline{AC}$。用作图法求合力矢量,做法是:选取适当的比例尺表示力的大小,按选定的比例尺依次作出两个分力矢量$\boldsymbol{F}_1$和$\boldsymbol{F}_2$,并使二矢量首尾相连。再从第一个矢量的起点向另一矢量的终点引矢量$\boldsymbol{R}$,它就是按选定的比例尺所表示的合力矢量,如图4-5(b)所示。上述方法又称为力的三角形法则。

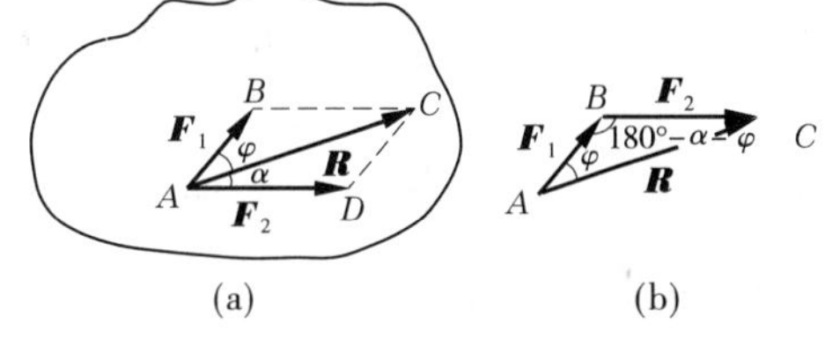

图4-5

1.2　平面汇交力系合成的几何法

如图4-6(a)所示,可以先将力系中的两个力按力的平行四边形法则合成,用所得的合力再与第三个力合成。如此连续地应用力的平行四边形法则,即可求得平面汇交力系的合力,具体做法如下:任取一点a,作矢量$\overline{ab} = \boldsymbol{F}_1$,过$b$点作矢量$\overline{bc} = \boldsymbol{F}_2$,由力的三角形法则,矢量$\boldsymbol{R}_1 = \overline{ac} = \boldsymbol{F}_1 + \boldsymbol{F}_2$,即为力$\boldsymbol{F}_1$和$\boldsymbol{F}_2$的合力矢量。再过$c$点作矢量$\overline{cd} = \boldsymbol{F}_3$,矢量$\boldsymbol{R}_2 = \overline{ad} = \boldsymbol{R}_1 + \boldsymbol{F}_3 = \boldsymbol{F}_1 + \boldsymbol{F}_2 + \boldsymbol{F}_3$,即为力$\boldsymbol{F}_1$、$\boldsymbol{F}_2$和$\boldsymbol{F}_3$的合力矢量。最后,过$d$点作矢量$\overline{de} = \boldsymbol{F}_4$,则矢量$\boldsymbol{R} = \boldsymbol{R}_2 + \boldsymbol{F}_4 = \boldsymbol{F}_1 + \boldsymbol{F}_2 + \boldsymbol{F}_3 + \boldsymbol{F}_4$,即为力系中各力矢量的合矢量。

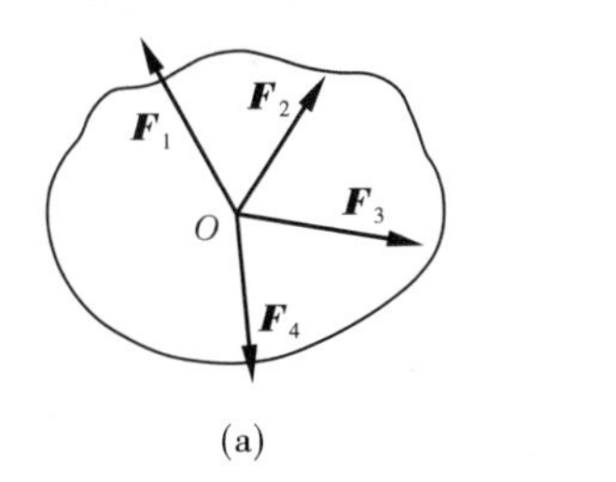

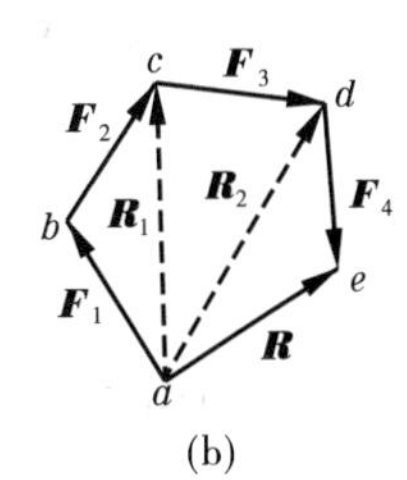

图4-6

上述过程示于图4-6(b)中。可以看出,将力系中的各力矢量首尾相连构成开口的力多边形$abcde$,然后由第一个力矢量的起点向最后一个力矢量的末端,引一矢量$\boldsymbol{R}$将力多边形封闭,力多边形的封闭边矢量$\boldsymbol{R}$即等于力系的合力矢量。这种通过几何作图求合力矢量的方法称为力多边形法。

结论:平面汇交力系的合力矢量等于力系中各分力的矢量和,即

$$\boldsymbol{R} = \boldsymbol{F}_1 + \boldsymbol{F}_2 + \cdots + \boldsymbol{F}_n = \sum_{i=1}^{n} \boldsymbol{F}_i \tag{4-4}$$

合力的作用线通过各力的汇交点。

值得注意的是，作力多边形时，改变各力的连接顺序，可得不同形状的力多边形，但合力矢量的大小和方向并不改变。

1.3　平面汇交力系合成的解析法

平面汇交力系合成的解析法是应用力在直角坐标轴上的投影来计算合力的大小，确定合力的方向。

作用于 O 点的平面汇交力系由 $\boldsymbol{F}_1$、$\boldsymbol{F}_2$、$\boldsymbol{F}_3$、$\boldsymbol{F}_4$ 组成，如图 4-7(a)所示，以汇交点 O 为原点建立直角坐标系 xOy，按合力投影定理求合力在 x、y 轴上的投影如图 4-7(b)所示，可用式(4-2)表示为

$$\left.\begin{aligned}\sum X = R_x = F_{1x} + F_{2x} + \cdots + F_{nx} = \sum_{i=1}^{n} F_{ix}\\ \sum Y = R_y = F_{1y} + F_{2y} + \cdots + F_{ny} = \sum_{i=1}^{n} F_{iy}\end{aligned}\right\}$$

则合力的大小和方向

$$\left.\begin{aligned}R &= \sqrt{R_x^2 + R_y^2} = \sqrt{\left(\sum X\right)^2 + \left(\sum Y\right)^2}\\ \tan\alpha &= \left|\frac{R_y}{R_x}\right| = \left|\frac{\sum Y}{\sum X}\right|\end{aligned}\right\} \tag{4-5}$$

式中：α 为合力 $\boldsymbol{R}$ 与 x 轴之间的锐角。合力 $\boldsymbol{R}$ 的指向可以由投影 $\sum X$ 和 $\sum Y$ 的正负号来确定。

用上述公式计算合力大小和方向的方法，称为平面汇交力系合成的解析法。

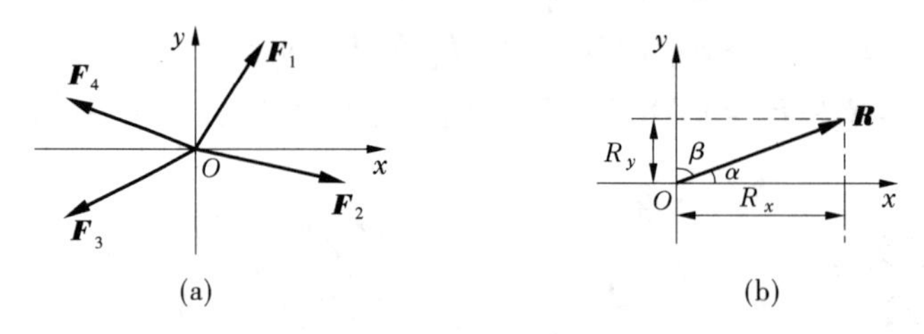

图 4-7

【例 4-3】　如图 4-8(a)所示的平面汇交力系中，各力的大小分别为 $F_1 = 30\ \text{N}$，$F_2 = 100\ \text{N}$，$F_3 = 20\ \text{N}$，各力的方向如图 4-8 所示，O 点为平面汇交力系的汇交点。求该力系的合力。

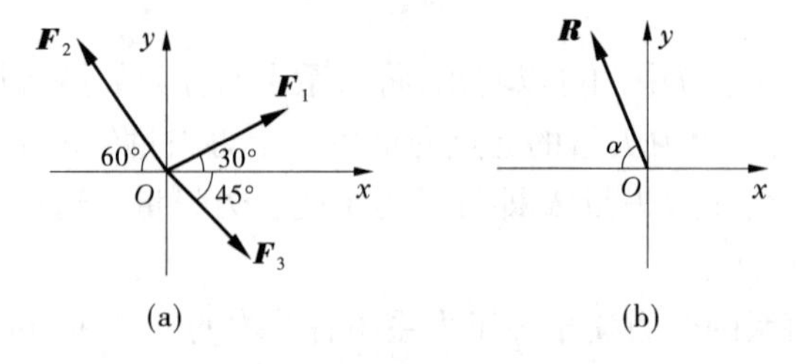

图 4-8

解　(1)取力系汇交点 O 为坐标原点，建立直角坐标系如图 4-8 所示。合力在各轴

上的投影分别为

$$\sum X = \sum_{i=1}^{n} F_{ix} = F_1\cos30° - F_2\cos60° + F_3\cos45°$$
$$= 30 \times 0.866 - 100 \times 0.5 + 20 \times 0.707 = -9.88(\mathrm{N})$$

$$\sum Y = \sum_{i=1}^{n} F_{iy} = F_1\sin30° + F_2\sin60° - F_3\sin45°$$
$$= 30 \times 0.5 + 100 \times 0.866 - 20 \times 0.707 = 87.46(\mathrm{N})$$

(2)根据式(4-5)求合力的大小和方向为

$$R = \sqrt{(\sum X)^2 + (\sum Y)^2} = \sqrt{(-9.88)^2 + 87.46^2} = 88.02(\mathrm{N})$$

$$\tan\alpha = \left|\frac{\sum Y}{\sum X}\right| = \left|\frac{87.46}{-9.88}\right| = 8.85$$

$$\alpha = 83.55°$$

合力作用于 O 点,合力的指向由投影的正负号确定,如图4-8(b)所示。

2 平面汇交力系的平衡

平面汇交力系平衡的充分和必要条件是:该力系的合力等于零,即力系中各力的矢量和为零

$$\boldsymbol{R} = 0 \tag{4-6}$$

即

$$R = \sqrt{R_x^2 + R_y^2} = \sqrt{(\sum X)^2 + (\sum Y)^2} = 0$$

该式等价于

$$\left.\begin{aligned}\sum X = 0\\ \sum Y = 0\end{aligned}\right\} \tag{4-7}$$

于是,平面汇交力系平衡的充分和必要条件是:力系中各力在两个坐标轴上投影的代数和分别为零。式(4-7)称为平面汇交力系的平衡方程。平面汇交力系有两个独立的平衡方程,可以求解两个未知量。

在实际工程中,应用平衡方程分析问题时,应根据具体情况恰当选取投影轴,尽可能使一个方程中只包含一个未知量,避免解联立方程。另外,利用平衡方程求解平衡问题时,受力图中未知力的指向可以任意假设:若计算结果为正值,表示假设的指向就是实际的指向;若计算结果为负值,表示假设的指向与实际指向相反。

【例4-4】 如图4-9(a)所示三角托架,已知 $F=10$ kN,夹角 $\alpha=30°$,不计杆自重,求系统平衡时,杆 AB、BC 的受力。

解 (1)AB、BC 杆为二力杆,取点 B 铰为研究对象,画其受力图如图4-9(b)所示。

(2)建立直角坐标系如图4-9(b)所示。

(3)列解平衡方程

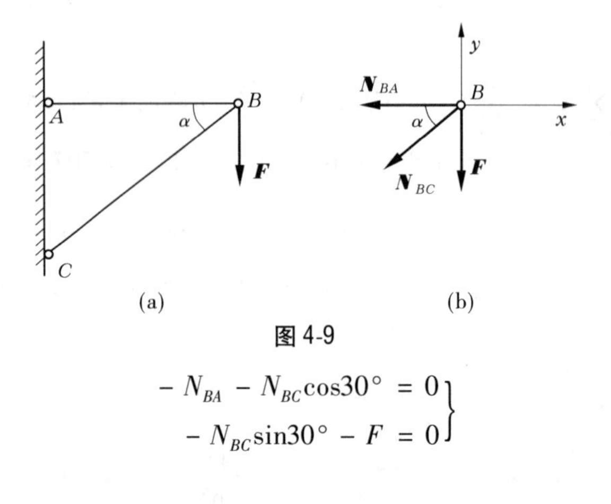

图 4-9

$$\left.\begin{aligned}-N_{BA}-N_{BC}\cos30^\circ&=0\\-N_{BC}\sin30^\circ-F&=0\end{aligned}\right\}$$

得

$$N_{BC}=-20\ \text{kN}(压)$$
$$N_{BA}=17.32\ \text{kN}(拉)$$

杆 AB 受力计算结果为正数,说明反力方向与图示假设方向相同;杆 BC 受力计算结果为负数,说明反力方向与图示假设方向相反。

【例 4-5】 重 $G=20$ kN 的物体被绞车匀速起吊,绞车的钢丝绳绕过光滑的定滑轮 A,滑轮由不计重量的 AB 杆和 AC 杆支承,如图 4-10(a)所示。求杆 AB 和杆 AC 所受的力。

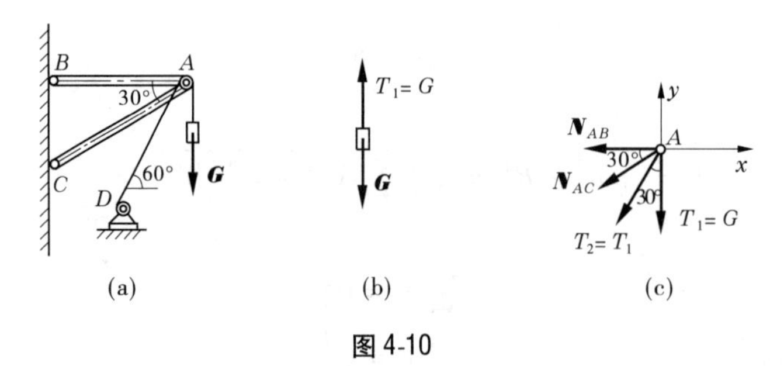

图 4-10

解 (1)取滑轮连同销钉 A 为研究对象,画受力图,如图 4-10(c)所示。

(2)由于不计杆 AB 和杆 AC 自重,故杆 AB 和杆 AC 均为二力杆,现假设两杆都受拉,重物 G 通过钢丝绳直接加在滑轮的一边。当重物匀速上升时,拉力 $T_1=G$,而钢丝绳绕滑轮的另一边具有同样大小的拉力,即 $T_2=T_1$,画出受力图和选取坐标系如图 4-10(c)所示。

(3)列平衡方程

$$\left.\begin{aligned}-N_{AB}-N_{AC}\cos30^\circ-T_2\sin30^\circ&=0\\-N_{AC}\sin30^\circ-T_2\cos30^\circ-T_1&=0\end{aligned}\right\}$$

将 $T_2=T_1=G$ 代入,联立解得

$$N_{AC}=-\frac{G\cos30^\circ+G}{\sin30^\circ}=-\frac{20\times0.866+20}{0.5}=-74.64(\text{kN})$$

$$N_{AB}=-N_{AC}\cos30^\circ-G\sin30^\circ=74.64\times0.866-20\times0.5=54.64(\text{kN})$$

可见,杆件 AC 所受力 $\boldsymbol{N}_{AC}$ 解得的结果为负值,表示该力的假设方向与实际方向相反,因此杆 AC 是受压杆。

课题 4.4　力矩和力偶

1　力对点之矩

力作用于物体上，除使物体移动外，还可以使物体发生转动。如图 4-11 所示，用扳手拧紧螺母时，作用于扳手上的力 $\boldsymbol{F}$ 使扳手绕 O 点转动，其转动效应不仅与力的大小和方向有关，而且与 O 点到力作用线的垂直距离 d 有关。将乘积 Fd 再冠以适当的正负号，对应的力绕 O 点的转动方向，称为力 $\boldsymbol{F}$ 对 O 点的矩，简称力矩，它是力 $\boldsymbol{F}$ 使物体绕 O 点转动效应的度量，用 $M_O(\boldsymbol{F})$ 表示，即

$$M_O(\boldsymbol{F}) = \pm Fd \tag{4-8}$$

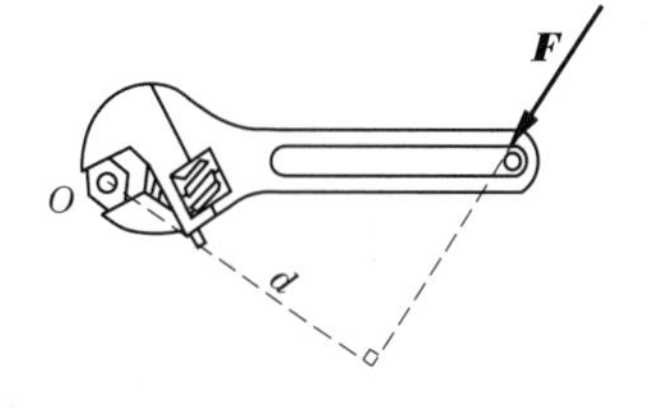

图 4-11

平面内力 $\boldsymbol{F}$ 绕 O 点产生转动方向只有两种情况，为了计算方便，用正负号来区别表示，规定力 $\boldsymbol{F}$ 使物体绕矩心 O 点逆时针转动时为正，反之为负。

力矩的单位常用 N·m 或 kN·m，有时为运算方便也采用 N·mm。其中 1 kN·m = 10^3 N·m = 10^6 N·mm。

由上述定义可得力矩的如下性质：

(1)力对点之矩不但与力的大小和方向有关，还与矩心位置有关。

(2)当力的大小为零或力的作用线通过矩心(即力臂 $d=0$)时，力矩恒等于零。

(3)当力沿其作用线移动时，因为力臂 d 不变，故力对点之矩也不变。

在计算力矩时，重要的是确定矩心与力臂。同一个力对不同的矩心有不同的力臂，因而会产生力矩的大小不同，转向可能相同也可能不相同。

【例 4-6】 如图 4-12 所示，当扳手分别受 $\boldsymbol{F}_1$、$\boldsymbol{F}_2$、$\boldsymbol{F}_3$ 作用时，求各力分别对螺帽中心 O 点的力矩。已知 $F_1 = F_2 = F_3 = 100$ N。

解　根据力矩的定义可知

$$M_O(\boldsymbol{F}_1) = -F_1 \cdot d_1 = -100 \times 0.2 = -20(\text{N} \cdot \text{m})$$

$$M_O(\boldsymbol{F}_2) = F_2 \cdot d_2 = 100 \times \frac{0.2}{\cos 30^\circ} = 23.1(\text{N} \cdot \text{m})$$

$$M_O(\boldsymbol{F}_3) = F_3 \cdot d_3 = 100 \times 0 = 0$$

【例 4-7】 如图 4-13 所示的挡土墙受自重 $G=75$ kN，铅垂土压力 $F_{\text{V}}=120$ kN，水平土压力 $F_{\text{H}}=90$ kN 作用。试分别求这三个力对 A 点的矩，并校核该挡土墙的抗倾稳定性。

解　(1)计算各力对 A 点的矩

$$M_A(\boldsymbol{G}) = -G \times 1.1 = -75 \times 1.1 = -82.5(\text{kN} \cdot \text{m})$$

$$M_A(\boldsymbol{F}_{\text{V}}) = -F_{\text{V}} \times (3-1) = -120 \times 2 = -240(\text{kN} \cdot \text{m})$$

$$M_A(\boldsymbol{F}_{\text{H}}) = F_{\text{H}} \times 1.6 = 90 \times 1.6 = 144(\text{kN} \cdot \text{m})$$

(2)校核该挡土墙抗倾稳定性。挡土墙在自重和土压力作用下会不会倾倒主要看挡土墙会不会绕 A 点发生转动。考虑挡土墙倾倒的极限状态(即挡土墙脱离基面瞬间，地

基反力为零的状态)，则使挡土墙绕 A 点产生倾覆的力矩为

$$M_{倾覆} = M_A(\boldsymbol{F}_H) = 144\ \text{kN} \cdot \text{m}$$

而挡土墙绕 A 点的抗倾覆力矩为

$$M_{抗倾} = M_A(\boldsymbol{G}) + M_A(\boldsymbol{F}_V) = -82.5 - 240 = -322.5(\text{kN} \cdot \text{m})$$

显然，$|M_{抗倾}| > M_{倾覆}$，故该挡土墙满足抗倾稳定性要求。

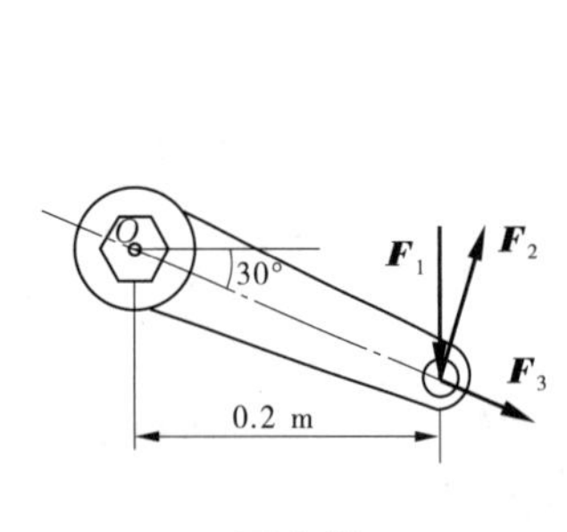

图 4-12

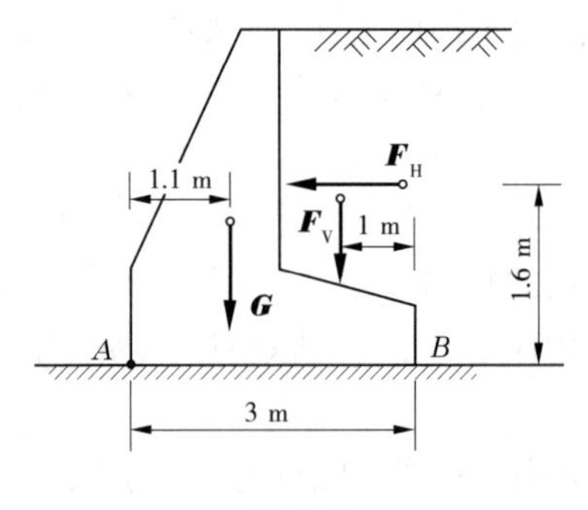

图 4-13

2　合力矩定理

由于一个力系的合力产生的效应和力系中各个分力产生的总效应是一样的，因此平面力系的合力对平面内任一点的矩等于它的所有分力对同一点的矩的代数和，这就是平面力系的合力矩定理，表达式为

$$M_O(\boldsymbol{R}) = M_O(\boldsymbol{F}_1) + M_O(\boldsymbol{F}_2) + \cdots + M_O(\boldsymbol{F}_n) = \sum_{i=1}^{n} M_O(\boldsymbol{F}_i) \qquad (4\text{-}9)$$

在计算力矩时，最重要的是确定矩心和力臂，而力臂的计算有时比较麻烦，应用合力矩定理可以简化力矩的计算。所以，在求一个力对某点的矩时，若力臂不易计算，可将该力分解为两个相互垂直的分力，使两分力对某点的力臂容易计算，求出两分力对该点矩的代数和。

【例 4-8】 试计算图 4-14 中力 $\boldsymbol{F}$ 对 A 点的力矩。

解法 1 由力矩的定义计算力 $\boldsymbol{F}$ 对 A 点的力矩。

$$\begin{aligned} M_A(\boldsymbol{F}) &= F \cdot d = F \cdot AD\sin\alpha \\ &= F \cdot (AB - DB)\sin\alpha \\ &= F \cdot (AB - BC \cdot \cot\alpha)\sin\alpha \\ &= F \cdot (a - b\cot\alpha)\sin\alpha \\ &= F(a\sin\alpha - b\cos\alpha) \end{aligned}$$

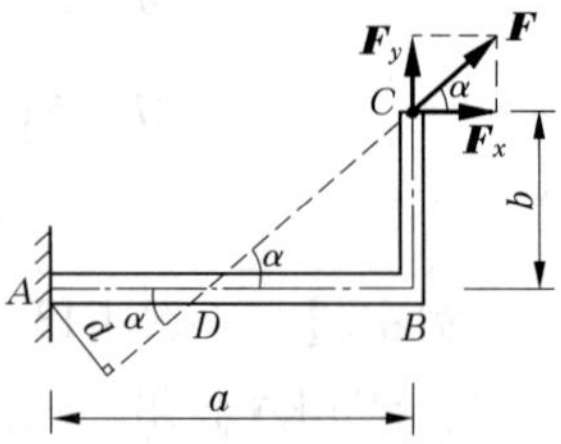

图 4-14

解法 2 应用合力矩定理计算力 $\boldsymbol{F}$ 对 A 点的力矩。将力 $\boldsymbol{F}$ 在 C 点分解为正交的两个分力 $\boldsymbol{F}_x$、$\boldsymbol{F}_y$。由合力矩定理得

$$\begin{aligned} M_A(\boldsymbol{F}) &= M_A(\boldsymbol{F}_x) + M_A(\boldsymbol{F}_y) = -F_x \cdot b + F_y \cdot a \\ &= -F\cos\alpha \cdot b + F\sin\alpha \cdot a = F(a\sin\alpha - b\cos\alpha) \end{aligned}$$

由此可见，两种解法的结果是相同的，但在解法 1 中，由几何关系推求力臂较麻烦，在解法 2 中，由合力矩定理计算则较为简便，其和就等于原力对该点之矩。

合力矩定理是力学中一个很重要的基本定理。应用合力矩定理可以很方便地计算出某些力的力矩，还可以用合力矩定理求出力系合力作用点的位置，以确定物体的重心。

【例4-9】　如图4-15所示每1 m长挡土墙所受土压力的合力 $R=150$ kN，方向如图所示。求土压力使墙倾覆的力矩。

解　土压力 $\boldsymbol{R}$ 可使挡土墙绕 A 点倾覆，故求土压力 $\boldsymbol{R}$ 使墙倾覆的力矩，就是求 $\boldsymbol{R}$ 对 A 点的力矩。由已知尺寸求力臂 d 不方便，但如果将 $\boldsymbol{R}$ 分解为两分力 $\boldsymbol{R}_x$ 和 $\boldsymbol{R}_y$，则两分力的力臂是已知的，故由式(4-9)可得

$$
\begin{aligned}
M_A(\boldsymbol{R}) &= M_A(\boldsymbol{R}_x) + M_A(\boldsymbol{R}_y) = R_x \times \frac{h}{3} - R_y \times b \\
&= 150 \times \cos30° \times 1.5 - 150 \times \sin30° \times 1.5 \\
&= 82.4(\text{kN} \cdot \text{m})
\end{aligned}
$$

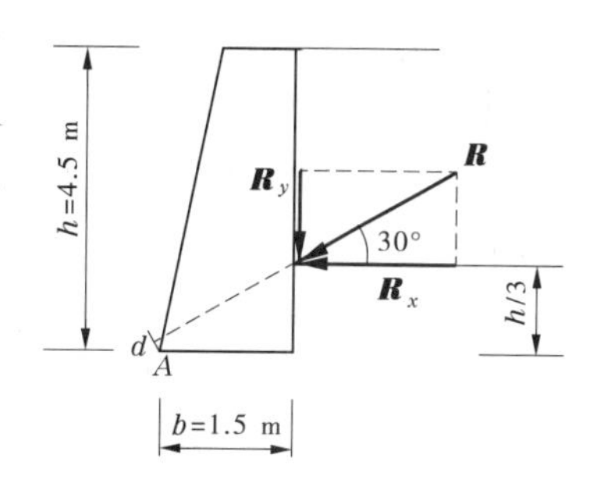

图4-15

3　力偶及其性质

3.1　力偶和力偶矩

在日常生活和工程中，经常会遇到物体受到大小相等、方向相反、作用线互相平行的两个力作用的情况。例如：拧水龙头时，如图4-16(a)所示，人手作用在开关上的两个力 $\boldsymbol{F}$ 和 $\boldsymbol{F}'$ 就是这样的；如图4-16(b)所示，汽车司机用两只手操纵方向盘驾驶汽车前进也是如此；在水利工程中，如图4-16(c)所示，常用绞盘来起吊小型闸门等，在使绞盘旋转时，也需要用两个大小相等的反向平行力($\boldsymbol{F}$,$\boldsymbol{F}'$)分别作用于绞杠的两端。

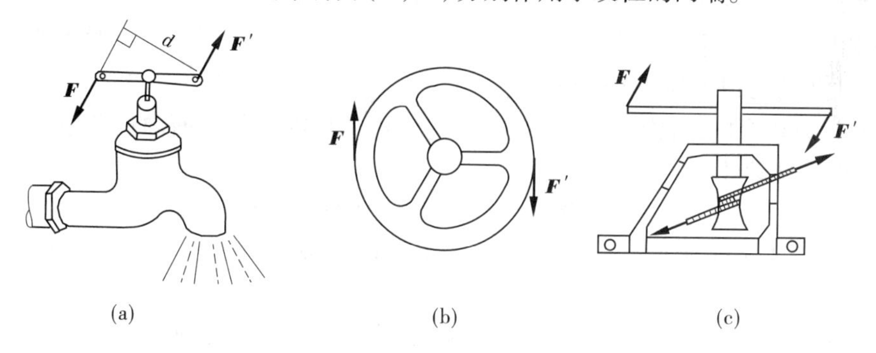

图4-16

在力学中把这种作用在同一物体上的大小相等、方向相反、作用线平行而不共线的两个力所组成的力学基本元素称为力偶，用符号($\boldsymbol{F}$,$\boldsymbol{F}'$)表示，如图4-17所示。力偶使物体只产生转动效应，而不产生移动效应。力偶所在平面称为力偶作用面。力偶作用面不同，力偶对物体的作用效果也不相同。组成力偶二力的作用线之间的垂直距离 d，称为力偶臂。

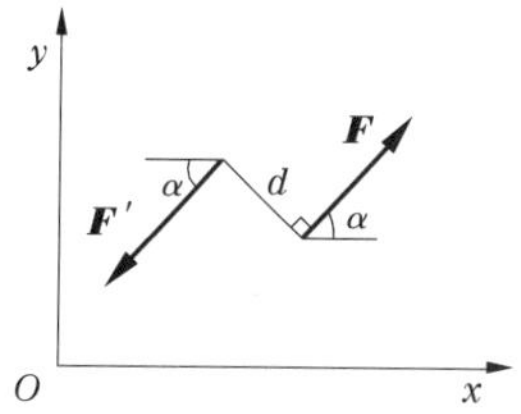

图4-17

将力偶的力 $\boldsymbol{F}$ 与力偶臂 d 的乘积冠以正负号对应力偶的转向，作为力偶对物体转动效应的度量，称为力偶矩，用 m 表示，即

$$
m = \pm Fd \tag{4-10}
$$

式中的正负号规定为:力偶的转向是逆时针时为正,反之为负。

力偶矩的单位与力矩的单位相同,用符号 N·m 或 kN·m表示,也采用符号 N·mm 表示。

3.2 力偶的性质

力和力偶是力学中两个基本要素,但力偶与力比较具有不同的性质,现分述如下。

性质 1:力偶没有合力,故不能用一个力来代替。

证明:设如图 4-17 所示的大小相等、方向相反、作用线相互平行且不共线的两个力,力与 x 轴的夹角为 α。

现求它们在任一轴上的投影,由合力投影定理得

$$\sum X = F\cos\alpha - F'\cos\alpha = F\cos\alpha - F\cos\alpha = 0$$

$$\sum Y = F\sin\alpha - F'\sin\alpha = F\sin\alpha - F\sin\alpha = 0$$

$$R = \sqrt{(\sum X)^2 + (\sum Y)^2} = 0$$

由此可见:力偶在任一轴上的投影等于零,所以力偶没有合力。既然力偶没有合力,故不能用一个力来代替,也不能与一个力构成平衡。这就是力偶只会对物体产生转动效应,而不会对物体产生移动效应的原因。而一个力可使物体产生移动和转动两种效应的组合。

性质 2:力偶对物体的转动效应用力偶矩度量而与矩心的位置无关,如图 4-18 所示。

$$m_O(\boldsymbol{F},\boldsymbol{F}') = m_O(\boldsymbol{F}) + m_O(\boldsymbol{F}') = F\cdot(d + x_1) - F\cdot x_1 = Fd$$

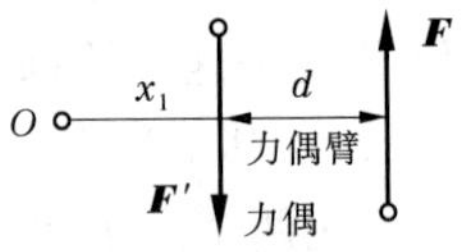

图 4-18

性质 3:在同一平面内的两个力偶,如果它们的力偶矩大小相等,转向相同,则这两个力偶等效。

从以上性质可以得到如下两个推论。

推论 1:只要保持力偶矩的大小和转向不变,力偶可在其作用面内任意搬动,而不改变它对刚体的转动效应。

这就是说,力偶对刚体的作用效应与它在作用平面的位置无关。

推论 2:只要保持力偶矩的大小和转向不变,可以同时改变组成力偶的力的大小和力偶臂的长短,而不改变力偶对物体的转动效应。

例如,用这一推论可将力偶矩 $m=100$ N·m 表示为如图 4-19 所示的多种情形。

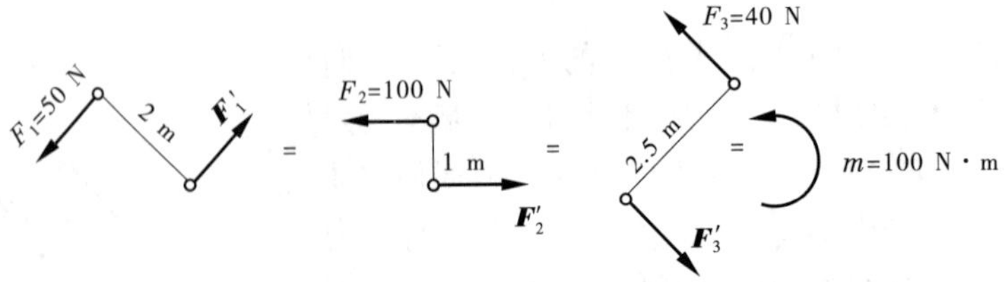

图 4-19

综上所述:力偶对物体的转动效应完全取决于力偶矩的大小、力偶的转向和力偶的作用面。这就是力偶的三要素。只要这三个要素确定,对物体的转动效应即随之确定。

必须指出,力偶的移动或用等效力偶替代,对物体的运动效应没有影响,但影响对物

体的变形效应。

3.3 平面力偶系的合成

若有 n 个力偶作用于物体的同一平面内,我们就把这种力系称为平面力偶系。物体在平面力偶系的作用下,其转动的总效应如何度量呢?这就涉及平面力偶系的合成问题。

由于力偶无合力,所以一个力偶不能用一个力来代替。同理,平面力偶系对物体的总效应也不能用一个力来代替。这就说明平面力偶系合成结果不可能是一个力,必定还是一个力偶,这个力偶叫做平面力偶系的合力偶。

一个力偶对物体的转动效应是由力偶矩(包括大小、转向)来度量的,所以平面力偶系的总效应也应由合力偶矩来度量。显然,合力偶矩等于同一个平面内的所有各分力偶矩的代数和,即

$$m = m_1 + m_2 + \cdots + m_n = \sum_{i=1}^{n} m_i \tag{4-11}$$

【例4-10】 如图4-20所示,在物体的某平面内受到三个力偶的作用。设 $F'_1 = F_1 = 200\ \text{N}, F'_2 = F_2 = 600\ \text{N}, m = 100\ \text{N}\cdot\text{m}$,求其合力偶矩。

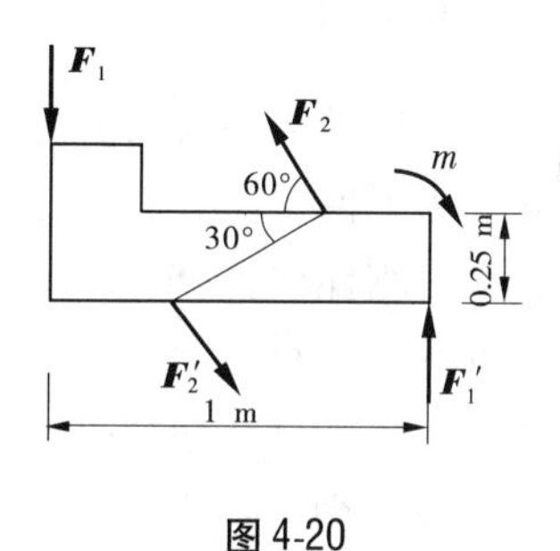

图4-20

解 各分力偶矩为

$$m_1 = F_1 d_1 = 200 \times 1 = 200(\text{N}\cdot\text{m})$$

$$m_2 = F_2 d_2 = 600 \times \frac{0.25}{\sin 30^\circ} = 300(\text{N}\cdot\text{m})$$

$$m_3 = -m = -100\text{N}\cdot\text{m}$$

由式(4-11)得合力偶矩为

$$m = m_1 + m_2 + m_3 = 200 + 300 - 100 = 400(\text{N}\cdot\text{m})$$

即合力偶的矩的大小等于400 N·m,转向为逆时针方向,与原力偶系共面。

4 平面力偶系的平衡

平面力偶系平衡的充分和必要条件是:合力偶矩等于零。

$$m = m_1 + m_2 + \cdots + m_n = \sum_{i=1}^{n} m_i = 0 \tag{4-12}$$

式(4-12)说明:物体在平面力偶系作用下保持平衡时,各分力偶矩的代数和必定等于零。这是平面力偶系的平衡条件。

一个平面力偶系只有一个独立的平衡方程,只能求解一个未知数,力偶系平衡问题求解是力偶应由力偶来平衡,所以约束反力应该是成对出现的,并且是大小相等、方向相反的一对平行力。

【例4-11】 如图4-21(a)所示梁 AB,在梁上作用两个力,求梁的支座反力。

解 由力偶只能与力偶平衡的性质解题。

(1)画受力图如图4-21(b)所示,可求得

$$R_{Ay} = R_{By}$$

(2)列平衡方程

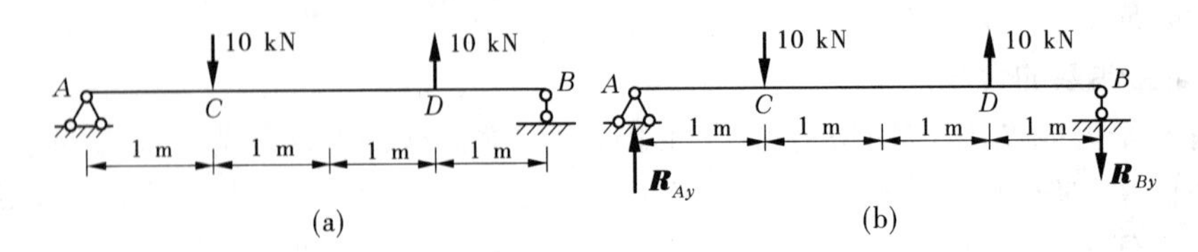

图 4-21

$$\sum_{i=1}^{n} m_i = 0$$

$$R_{Ay} \times 4 - 10 \times 2 = 0$$

$$R_{Ay} = 5 \text{ kN} = R_{By}$$

结果为正数,反力方向与假设方向相同。

5　力的平移

在作用效果等效的前提下,用最简单的力系来代替原力系对刚体的作用,称为力系的简化。为了便于研究一般力系对刚体的作用效应,常需进行力系的简化。

对于刚体而言,根据力的可传性原理,力的三要素为力的大小、方向、作用线。改变力的三要素中任意一个,力的作用效应都将发生变化。如果保持力的大小、方向不变,而将力的作用线平行移动到同一刚体的任意一点,则力对刚体的作用效应必定要发生变化;若要保持力对刚体的作用效应不变,则必须要有附加条件,如图 4-22 所示。

$$m = m_B(\boldsymbol{F}) = \pm Fd$$

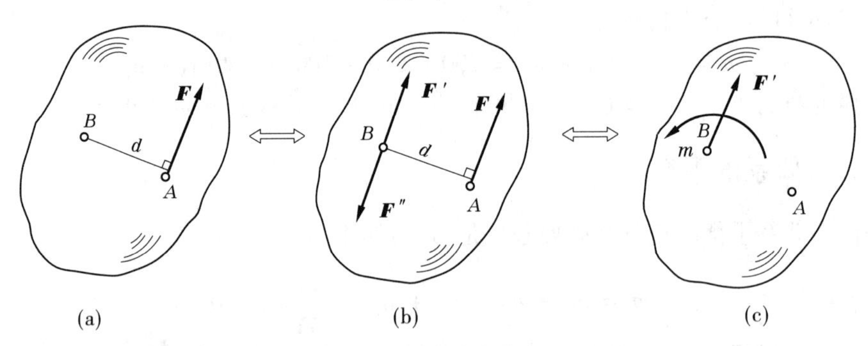

图 4-22

作用在刚体上的力可以平移到刚体上任意一个指定位置,但必须在该力和指定点所决定的平面内附加一个力偶,附加力偶的矩等于原力对指定点之矩。这个结论称为力的平移定理。

根据力向一点平移的逆过程,总可以将同平面内的一个力 $\boldsymbol{F}$ 和力偶矩为 m 的力偶简化为一个力 $\boldsymbol{F}'$,此力 $\boldsymbol{F}'$ 与原力 $\boldsymbol{F}$ 大小相等、方向相同,作用线间的距离为 $d=\dfrac{m}{F}$,至于 $\boldsymbol{F}'$ 在 $\boldsymbol{F}$ 的哪一侧,则视 $\boldsymbol{F}$ 的方向和 m 的转向而定。

【例 4-12】 钢柱受到 10 kN 的力作用,如图 4-23 所示。若将此力向钢柱中心线平移,得到一力和一力偶。已知力偶矩为 800 N · m,求原力至中心线的距离 d。

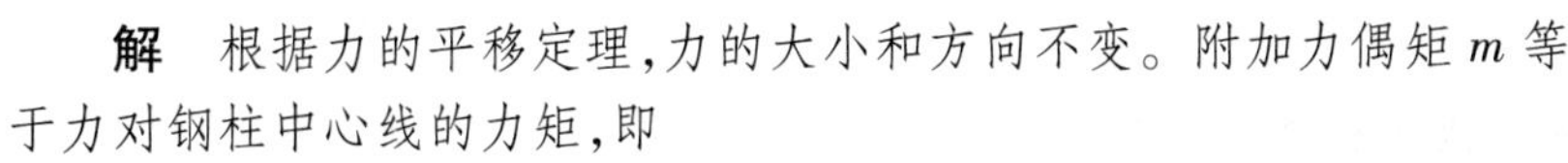

解　根据力的平移定理,力的大小和方向不变。附加力偶矩 m 等于力对钢柱中心线的力矩,即

$$m = m_O(\boldsymbol{F}) = Fd$$

故可得

$$d = \frac{m}{F} = \frac{800 \times 10^{-3}}{10} = 8 \times 10^{-2}(\mathrm{m}) = 8(\mathrm{cm})$$

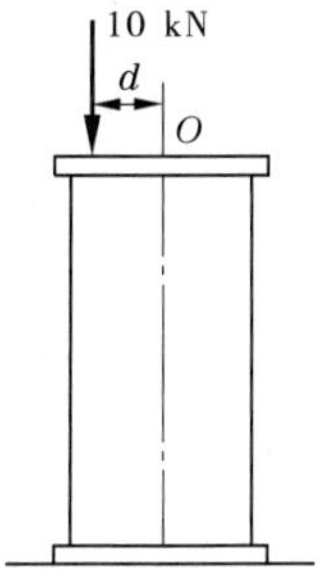

10 kN
d
O

图 4-23

小　结

(1)力在坐标轴上的投影计算,是对力进行精确计算时用到的基本量。

(2)力对点之矩、合力矩定理适用于任何一种力系。

(3)力偶矩的计算,力偶的基本性质。

(4)平面汇交力系平衡的充分和必要条件是:力系的合力等于零。也可表述为力系中各力在任意两个相交坐标轴上的投影代数和分别等于零。一个平面汇交力系只有两个独立的平衡方程,只能求解两个未知数。

(5)平面力偶系平衡的充分和必要条件是:合力偶矩等于零。一个平面力偶系只有一个独立的平衡方程,只能求解一个未知数。

(6)作用在刚体上的力可以平移到刚体上任意一个指定位置,但必须在该力和指定点所决定的平面内附加一个力偶,附加力偶的矩等于原力对指定点之矩。这个结论称为力的平移定理。力的平移定理是力系简化的基础。

思考与练习题

一、简答题

1. 在什么情况下,力在一个轴上的投影等于力本身的大小?在什么情况下,力在一个轴上的投影等于零?

2. 两个共面共点力的合力一定比其分力大吗?

3. 将图 4-24 所示 A 点的力 $\boldsymbol{F}$ 沿其作用线移至 B 点,是否改变该力对 O 点之矩?

4. 如图 4-25 所示的矩形钢板放在地面上,其边长 $a=3$ m,$b=2$ m,按图示方向加力,转动钢板需要 $F=-F'=200$ N。试问如何加力才能使转动钢板所用的力最小,并求出这个最小力的大小。

5. 力偶不能和一个力构成平衡,那为什么图 4-26 中的转轮受到一个力 F 和一个力偶

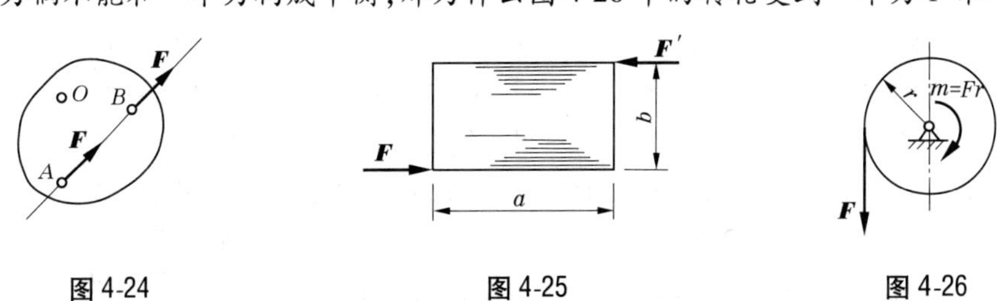

图 4-24　　图 4-25　　图 4-26

($m=Fr$)的作用又能平衡呢?

6. 试比较力矩和力偶矩有何异同点。

二、填空题

1. 力偶在任一轴上的投影等于____,且力偶没有合力。既然力偶没有合力,故不能用一个力来代替,不能与一个力构成平衡。

2. 力偶只会对物体产生______效应,不会产生______效应。而一个力可使物体产生______和______两种效应。

3. 力偶对物体的转动效应,用力偶矩度量而与______的位置无关。

4. 一个平面汇交力系只有____个独立的平衡方程,只能求解两个未知数。

5. 一个平面力偶系只有____个独立的平衡方程,只能求解一个未知数。

6. 作用在刚体上的力可以平移到刚体上任意一个指定位置,但必须在该力和指定点所决定的平面内附加一个______,附加力偶的矩等于原力对______点之矩。

三、选择题

1. 已知$\boldsymbol{F}_1$、$\boldsymbol{F}_2$、$\boldsymbol{F}_3$、$\boldsymbol{F}_4$为作用于刚体上的平面汇交力系,其力矢关系如图4-27所示,则(　　)。

A. 该力系的合力 $F=0$

B. 该力系的合力 $F=F_4$

C. 该力系的合力 $F=2F_4$

D. 该力系平衡

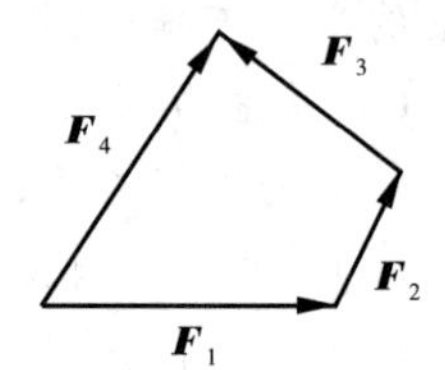

图4-27

2. 分析图4-28中画出的5个共面力偶,与图4-28(a)所示的力偶等效的力偶是(　　)。

A. 图(b)　　B. 图(c)　　C. 图(d)　　D. 图(e)

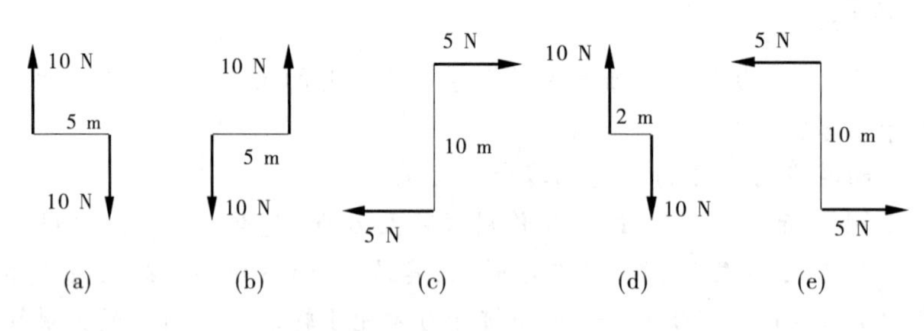

图4-28

3. 用平面汇交力系合成的几何法作力多边形时,改变各力的顺序,可以得到不同形状的力多边形,则(　　)。

A. 合力的大小改变,方向不变　　B. 合力的大小不改变,方向改变

C. 合力的大小和方向均会改变　　D. 合力的大小和方向均不变

4. 平面汇交力系有(　　)个独立的平衡方程,可用来求解未知量。

A. 1　　B. 2　　C. 3　　D. 4

5. (　　)对刚体的作用效果与其在作用面内的位置无关。

A. 力偶　　B. 力　　C. 力偶矩

6. 力偶(　　)。

A. 有合力　　B. 能用一个力等效代换

C. 能与一个力平衡　　D. 无合力,不能用一个力等效代换

7. 力偶对物体产生的运动效应为(　　)。

A. 只能使物体转动

B. 只能使物体移动

C. 既能使物体转动,又能使物体移动

D. 它与力对物体产生的运动效应有时相同,有时不同

四、解答题

1. 已知 $F_1=F_2=200$ N,$F_3=F_4=100$ N,各力的方向如图4-29所示。试求各力在 x 轴和 y 轴上的投影。

2. 如图4-30所示钢板在孔 A、B 和 C 处分别受到三个力作用,其中 $F_1=160$ N,$F_2=100$ N,$F_3=70$ N。试求这三个力的合力在 x 轴和 y 轴上的投影。

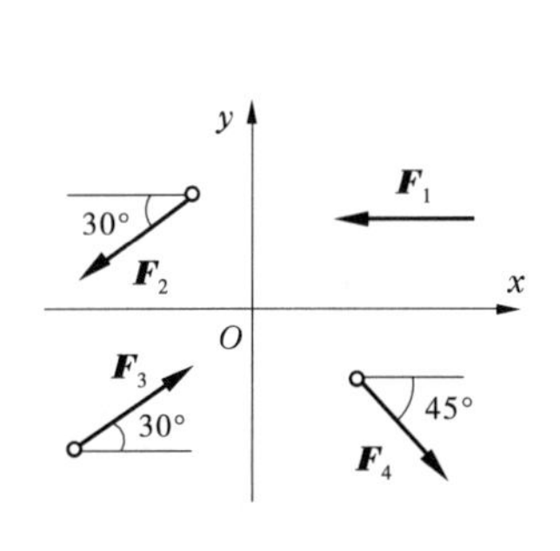

图4-29

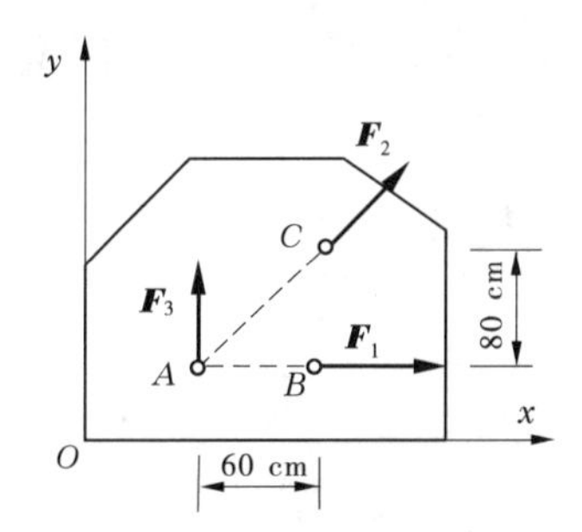

图4-30

3. 已知挡土墙重 $W_1=70$ kN,垂直土压力 $W_2=115$ kN,水平土压力 $P=85$ kN,如图4-31所示。试分别求此三力对前趾 A 之矩。

4. 如图4-32所示三角托架,已知 $F=20$ kN,夹角 $\angle ACB=30°$,不计杆自重,求系统平衡时,杆 AC、BC 所受力。

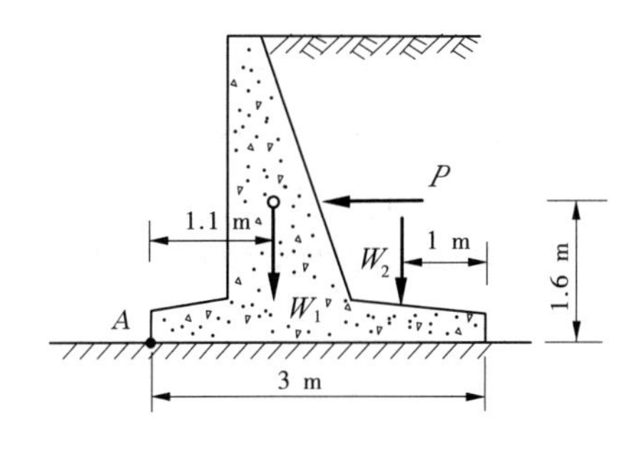

图4-31

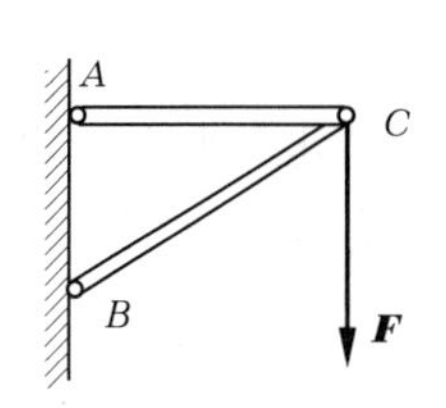

图4-32

模块5　平面一般力系合成与平衡

【学习要求】

- 掌握平面一般力系的概念。
- 重点掌握平面一般力系向一点的简化过程。
- 掌握平面一般力系简化结果(主矢与主矩)讨论。
- 熟练掌握平面一般力系的平衡方程(平衡方程的基本形式及其他形式)。
- 重点掌握平面一般力系的平衡方程三种形式的灵活应用。
- 掌握物体系统的概念及平衡。
- 了解摩擦的概念及摩擦的形式(滑动摩擦和滚动摩擦)。
- 了解摩擦力的计算。
- 基本了解考虑摩擦时物体的平衡。

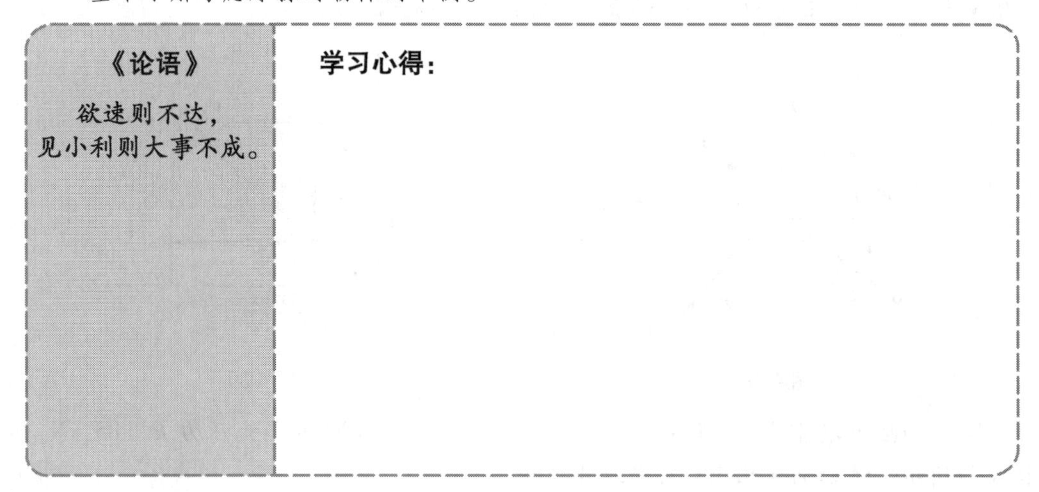

课题5.1　平面一般力系

平面一般力系是指各力的作用线同在一个平面内，作用线既不汇交于一点也不相互平行的力系，又称为平面任意力系，如图5-1所示简支刚架和桁架。第四章所介绍的平面汇交力系和平面力偶系是平面一般力系的特殊情况。在实际工程中，结构上承受荷载分析一般都可简化为平面一般力系，分析和解决平面一般力系问题的方法具有普遍性，因此对平面一般力系的研究具有重要意义。

1　力系向一点的简化

如图5-2(a)所示，设物体受平面一般力系作用，该力系由$\boldsymbol{F}_1$、$\boldsymbol{F}_2$、$\boldsymbol{F}_3$三个力组成。由

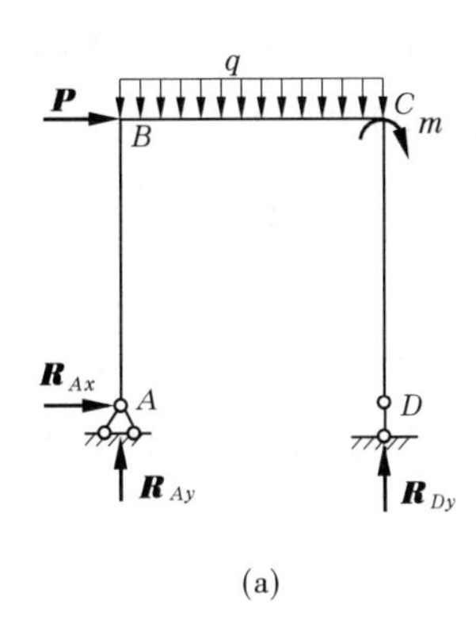

(a)

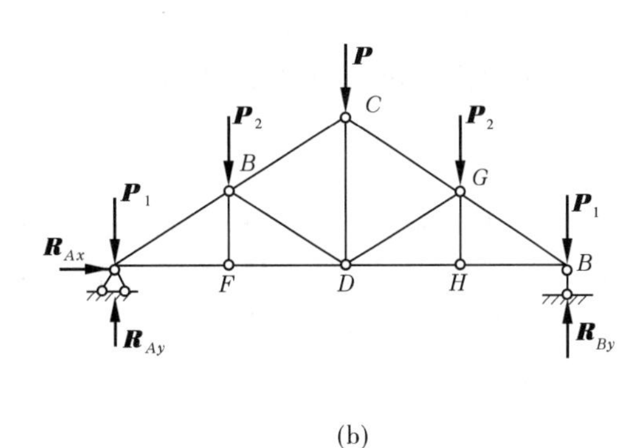

(b)

图5-1

力的平移定理，将力系中各力 $\boldsymbol{F}_1$、$\boldsymbol{F}_2$、$\boldsymbol{F}_3$ 平移至 O 点，组成汇交力系 $\boldsymbol{F}_1'$、$\boldsymbol{F}_2'$、$\boldsymbol{F}_3'$，同时加上相应的附加力偶，附加力偶矩分别为

$$m_1 = M_O(\boldsymbol{F}_1),m_2 = M_O(\boldsymbol{F}_2),m_3 = M_O(\boldsymbol{F}_3)$$

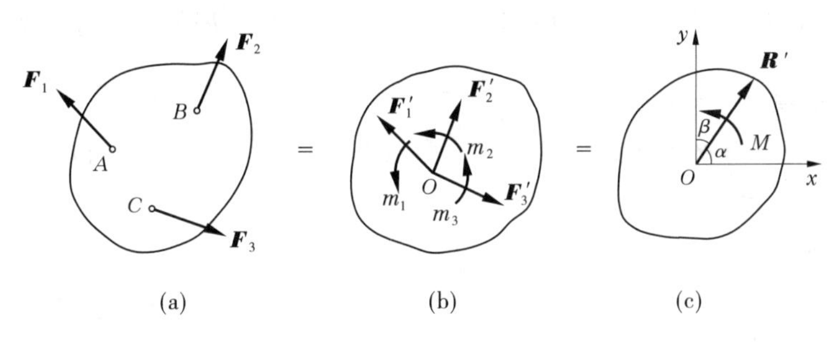

(a)　　(b)　　(c)

图5-2

如图5-2(b)所示，原力系可以用作用在 O 点的汇交力系 $\boldsymbol{F}_1'$、$\boldsymbol{F}_2'$、$\boldsymbol{F}_3'$ 和力偶系 m_1、m_2、m_3 代替，O 点称为简化中心。

对作用于 O 点的汇交力系，可合成为作用于简化中心 O 的一个力 $\boldsymbol{R}'$，该力的矢量等于各汇交力的矢量和，可用式(5-1)表示为

$$\boldsymbol{R}' = \boldsymbol{F}_1' + \boldsymbol{F}_2' + \cdots + \boldsymbol{F}_n' = \sum_{i=1}^{n} \boldsymbol{F}_i' \tag{5-1}$$

$\boldsymbol{R}'$称为平面一般力系的主矢。其中，$\boldsymbol{F}_1 = \boldsymbol{F}_1'$，$\boldsymbol{F}_2 = \boldsymbol{F}_2'$，$\cdots$，$\boldsymbol{F}_n = \boldsymbol{F}_n'$。$\boldsymbol{R}'$的大小和方向可用解析法计算，通过 O 点作直角坐标系 xOy，由合力的投影定理得

$$R_x' = F_{1x}' + F_{2x}' + \cdots + F_{nx}' = F_{1x} + F_{2x} + \cdots + F_{nx} = \sum X$$

$$R_y' = F_{1y}' + F_{2y}' + \cdots + F_{ny}' = F_{1y} + F_{2y} + \cdots + F_{ny} = \sum Y$$

于是求得主矢 $\boldsymbol{R}'$的大小和方向为

$$\left.\begin{aligned} R' &= \sqrt{R_x'^2 + R_y'^2} = \sqrt{(\sum X)^2 + (\sum Y)^2} \\ \tan\alpha &= \left|\frac{R_y'}{R_x'}\right| = \left|\frac{\sum Y}{\sum X}\right| \end{aligned}\right\} \tag{5-2}$$

对作用于 O 点的附加力偶所组成的平面力偶系，可合成为一个合力偶，合力偶矩用

M 表示。M 称为平面一般力系相对于简化中心 O 点的主矩,其大小等于力系中各力对简化中心 O 点之矩的代数和,以逆时针转向为正。可用式(5-3)表示为

$$M = m_1 + m_2 + m_3 + \cdots + m_n = \sum_{i=1}^{n} M_O(\boldsymbol{F}_i) \tag{5-3}$$

由此可见,平面一般力系向其作用面内任一点简化后,一般得到一个力和一个力偶矩,如图5-2(c)所示。这个力(主矢)等于力系中各力的矢量和,这个力偶矩(主矩)等于力系中各力对简化中心 O 点力矩的代数和。选取不同的简化中心,主矢的大小和方向不改变,但主矩一般会改变。

2 平面一般力系简化结果讨论

平面一般力系向任意点简化,一般可得主矢 $\boldsymbol{R}'$ 与主矩 M,根据主矢与主矩组合可能出现以下四种情况:

(1)$R' \neq 0, M \neq 0$,此时力系没有简化为最简单的形式,根据力平移定理的逆过程,可将它们进一步合成为一个合力,合力 $R = R'$,合力至简化中心的距离为 $d = \left|\dfrac{M}{R}\right|$,如图5-3所示。

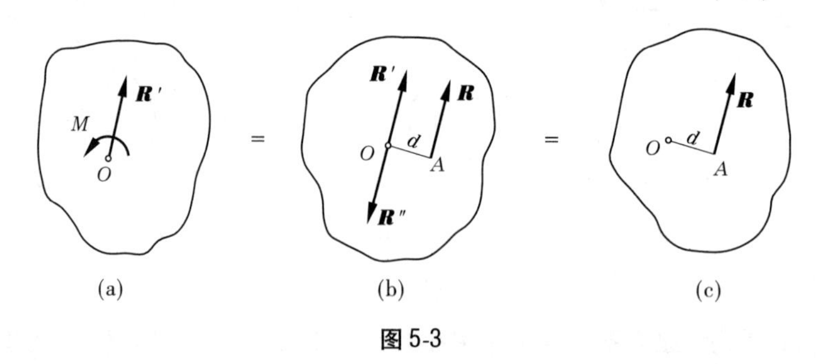

图5-3

合力 $\boldsymbol{R}$ 在 O 点的哪一侧,由 $\boldsymbol{R}$ 对 O 点的矩的转向与主矩 M 的转向相一致来确定。当 $M > 0$ 时,顺着 $\boldsymbol{R}'$的方向看,合力 $\boldsymbol{R}$ 在主矢 $\boldsymbol{R}'$的右侧;当 $M < 0$ 时,合力 $\boldsymbol{R}$ 在主矢 $\boldsymbol{R}'$的左侧。

(2)$R' \neq 0, M = 0$,此时主矢为原力系的合力,即原力系合力的作用线通过简化中心。

(3)$R' = 0, M \neq 0$,此时主矩可单独代表原力系,原力系可合成为一合力偶,此时的简化结果与简化中心的位置无关。

(4)$R' = 0, M = 0$,物体在此力系作用下处于平衡状态,属平衡力系。

【例5-1】 某办公楼楼层的预制板由矩形截面梁支承,梁支承在柱子上,梁、柱的间距如图5-4(a)所示。已知板及其面层的自重是2.25 kN/m^2,板上所受活荷载按2 kN/m^2 计,矩形梁截面尺寸 $b \times h = 200\ mm \times 500\ mm$,梁的材料密度为2.5 kg/m^3。试计算梁所受到的线荷载集度,并求其合力。

解 当荷载连续地作用在整个构件或构件的一部分上(不能看作集中荷载)时,称为分布荷载。若荷载分布在一个狭长范围内,则可以把它简化为沿狭长面的中心线分布的荷载,称为线荷载。当线荷载各点大小都相同时,称为均布线荷载;当线荷载各点大小不相同时,称为非均布线荷载。各点线荷载的大小用荷载集度 q 表示,某点的荷载集度意味

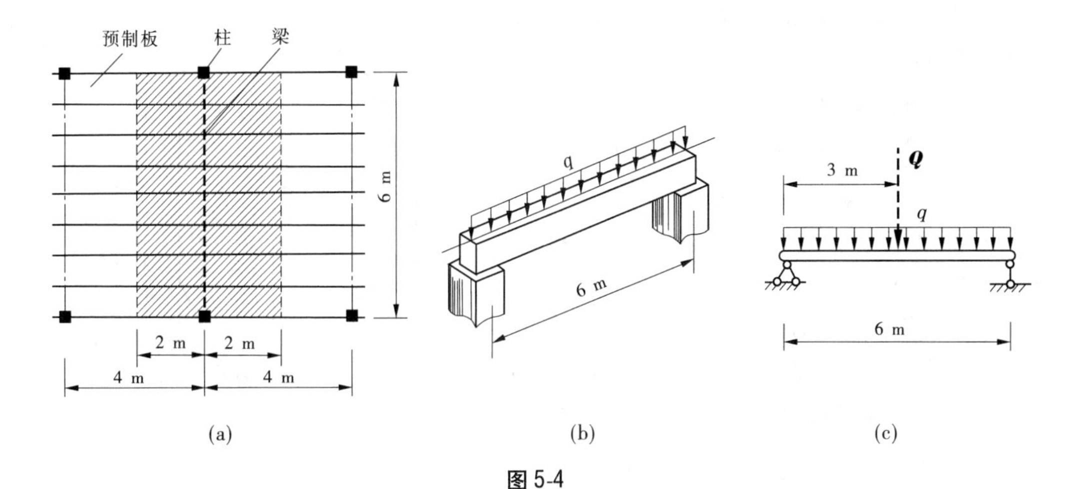

(a)　(b)　(c)

图5-4

着线荷载在该点的密集程度，其常用单位为 N/m 或 kN/m。

本题梁受到板传来的荷载及梁的自重都是分布荷载，这些荷载可简化为线荷载。由于梁的间距为4 m，所以每根梁承担板传来的荷载范围如图5-4(a)中阴影区域所示，即承担范围为4 m，则沿梁轴线方向每1 m长所承受的荷载为

板传来的荷载　$q'=\dfrac{(2.25+2)\times4\times6}{6}=17(\text{kN/m})$

梁自重　$q''=\dfrac{0.2\times0.5\times6\times2.5\times10}{6}=2.5(\text{kN/m})$

总线荷载　$q=17+2.5=19.5(\text{kN/m})$

梁所受的线荷载如图5-4(b)所示。在工程计算中，通常用梁轴表示一根梁，故梁受到的线荷载可用图5-4(c)表示。

线荷载 q 的合力为

$$Q=6q=6\times19.5=117(\text{kN})$$

作用在梁的中点。

【例5-2】　某厂房柱高9 m，柱上段 BC 重 $P_1=8$ kN，下段 CO 重 $P_2=37$ kN，柱顶水平力 $Q=6$ kN，各力作用位置如图5-5(a)所示，求以柱底中心 O 为简化中心的简化结果。

解　(1)选取直角坐标如图5-5(b)所示，O 点为简化中心，计算主矢 $\boldsymbol{R}'$ 可得

$$R'_x=\sum X=-Q=-6\text{ kN}$$

$$R'_y=\sum Y=-P_1-P_2=-8-37=-45(\text{kN})$$

$$R'=\sqrt{(\sum X)^2+(\sum Y)^2}$$

$$=\sqrt{(-6)^2+(-45)^2}=45.4(\text{kN})$$

$$\tan\alpha=\left|\frac{\sum Y}{\sum X}\right|=\frac{45}{6}=7.5$$

$$\alpha=82°24'$$

$\boldsymbol{R}'$ 的指向由投影 R'_x 和 R'_y 的正负号来确定，如图 5-5(b) 中虚线所示。

(2) 计算主矩 M

$$M = \sum M_O(\boldsymbol{F}) = P_1 \times 0.1 + Q \times 9 = 0.8 + 54 = 54.8(\mathrm{kN \cdot m})$$

M 的转向由计算结果的正负号来确定，如图 5-5(b) 所示。

(3) 确定合力 R 的作用位置。因 $R' \neq 0, M \neq 0$，可将它们进一步合成为一个合力，合力 $R = R'$，合力至简化中心 O 的距离

$$d = \left|\frac{M}{R'}\right| = \frac{54.8}{45.4} = 1.2(\mathrm{m})$$

合力 $\boldsymbol{R}$ 的作用位置如图 5-5(b) 中实线所示。

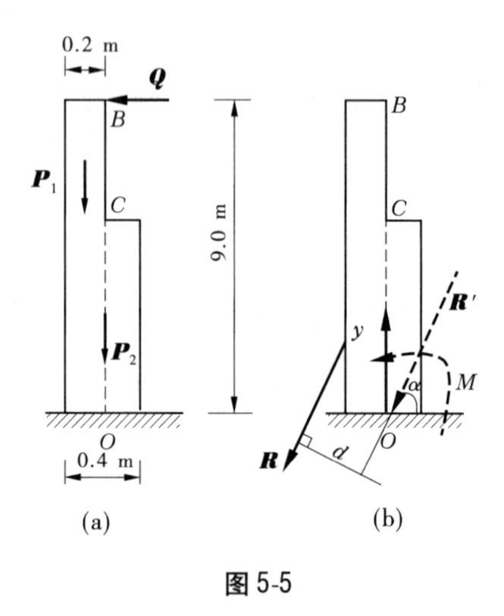

图 5-5

课题 5.2　平面一般力系的平衡方程

1　平面一般力系平衡方程的基本形式

由前面讨论结果可知，当平面一般力系向平面内任一点简化后，若主矢和主矩都为零，则说明原力系是平衡力系，即

$$\left.\begin{aligned} R' &= \sqrt{(\sum X)^2 + (\sum Y)^2} = 0 \\ M &= \sum_{i=1}^{n} M_O(F_i) = 0 \end{aligned}\right\}$$

由此得平面一般力系的平衡方程为

$$\left.\begin{aligned} \sum X &= 0 \\ \sum Y &= 0 \\ \sum M_O &= 0 \end{aligned}\right\} \tag{5-4a}$$

式(5-4a)又称为平面一般力系的平衡方程的基本方程。方程组中第一、二两个方程为投影平衡方程，即各力在任选的两个坐标轴 x、y 上的投影代数和为零，说明平面一般力系在 x 轴和 y 轴方向上没有合力，物体不会上下和左右移动；第三个方程为力矩平衡方程，即平面一般力系中的各力对任意点的力矩代数和等于零，说明物体不会转动。式(5-4a)表明既没有移动又没有转动的物体就是平衡体。

平衡方程式一方面可以用来判别平面一般力系是否平衡，另一方面可以用来对处于平衡状态的物体求解未知力，利用方程组可以用来求不多于三个未知量。

2　平面一般力系平衡方程的其他形式

平面一般力系平衡方程除式(5-4a)基本形式外，还可用二力矩式(5-4b)和三力矩

式(5-4c)来表示。

二力矩式

$$\left.\begin{array}{l}\sum X=0\text{ 或 }\sum Y=0\\ \sum M_A=0\\ \sum M_B=0\end{array}\right\}\tag{5-4b}$$

其中 A、B 两点的连线不垂直于 $x(y)$ 轴。

三力矩式

$$\left.\begin{array}{l}\sum M_A=0\\ \sum M_B=0\\ \sum M_C=0\end{array}\right\}\tag{5-4c}$$

其中 A、B、C 三点不共线。

式(5-4)三组平衡方程式是等价的,在实际计算时选用哪一组平衡方程式,需要根据物体(或分离体)的受力图具体情况而定,灵活应用可避免联立方程组求解,尽可能达到用一个方程式直接求出一个未知力,以简化计算。

3　平面平行力系的平衡方程

当力系中各力的作用线在同一平面内且相互平行时,这种力系称为平面平行力系。

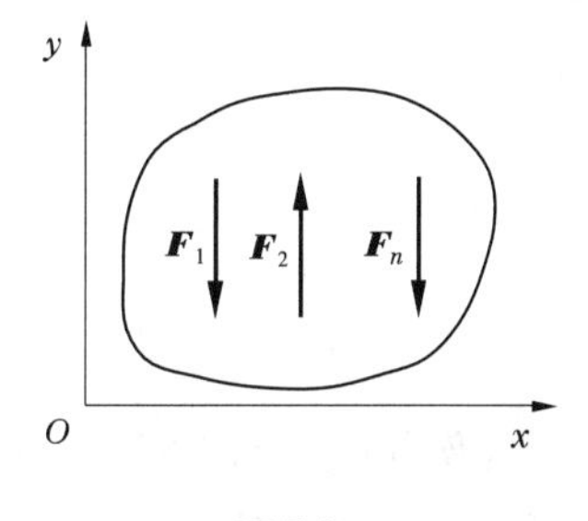

图5-6

平面平行力系可归属于平面一般力系的一种特殊情况,它的平衡方程可由平面一般力系的平衡方程导出。如图5-6所示的一个平面平行力系,取 y 轴与力系中各力的作用线平行,x 轴与力系中各力的作用线垂直。不论力系是否平衡,各力在 x 轴上的投影代数和恒等于零,即 $\sum X=0$ 自然满足,这一方程就可从平面一般力系的平衡方程组中除去。因此,由式(5-4a)就可导出平面平行力系的平衡方程为

$$\left.\begin{array}{l}\sum Y=0\\ \sum M_O=0\end{array}\right\}\tag{5-5}$$

即平面平行力系平衡的必要和充分条件是:力系中所有各力在 y 轴上的投影代数和等于零,各力对作用面内任一点的力矩的代数和等于零。

式(5-5)称为平面平行力系平衡的基本式。同理,由平面一般力系的平衡方程的二力矩式也可导出平面平行力系的平衡方程的另一种形式为

$$\left.\begin{array}{l}\sum M_A=0\\ \sum M_B=0\end{array}\right\}\tag{5-6}$$

其中 A、B 两点的连线不与各力的作用线平行。

平面平行力系只有两个独立的平衡方程,因此方程组只能求解两个未知量的平衡问题。

【例5-3】 如图5-7(a)所示为支承窗外凉台的水平梁承受均布荷载及集中荷载,试求插入端的反力及反力偶。

解 由于水平梁的A端插入砖墙较深,因而梁在A端既不容许移动,又不容许转动,这样的支座在工程中常简化为固定端支座,它的支座反力一般有限制水平移动的水平反力$\boldsymbol{R}_{Ax}$,限制竖向移动的竖向反力$\boldsymbol{R}_{Ay}$,同时还有限制转动的反力偶m_A,如图5-7(b)所示。

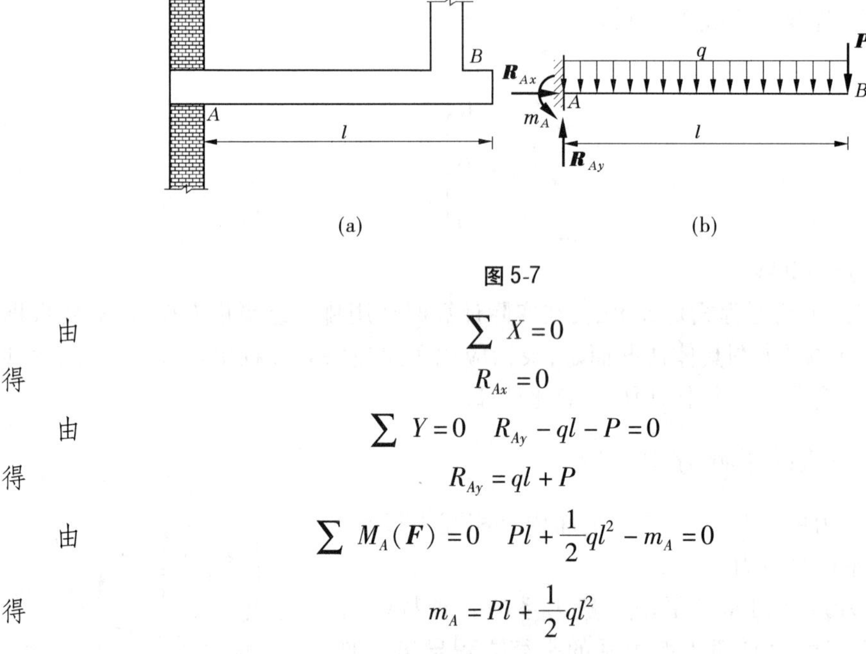

图5-7

由
$$\sum X=0$$
得
$$R_{Ax}=0$$
由
$$\sum Y=0 \quad R_{Ay}-ql-P=0$$
得
$$R_{Ay}=ql+P$$
由
$$\sum M_A(\boldsymbol{F})=0 \quad Pl+\frac{1}{2}ql^2-m_A=0$$
得
$$m_A=Pl+\frac{1}{2}ql^2$$

【例5-4】 如图5-8(a)所示的塔式起重机,已知机身重$G=250$ kN,设其作用线通过塔架中心,最大起吊重量$W=100$ kN,起重悬臂长12 m,两轨间距$b=4$ m,平衡锤重Q,至机身中心线的距离$a=6$ m。为使起重机在空载和满载时都不致倾倒,试确定平衡锤的重量。

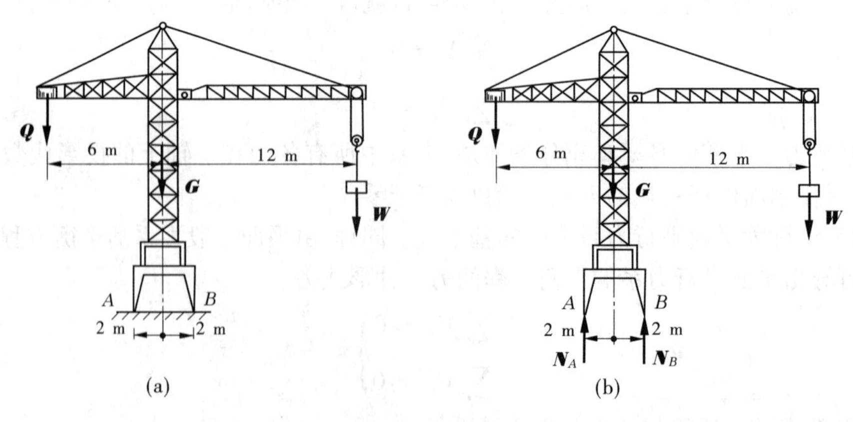

图5-8

解 取起重机为研究对象,画出受力图,其受力图如图5-8(b)所示。为确保起重机

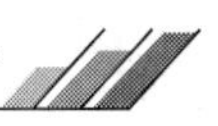

不倾倒，则必须使作用在起重机上的主动力 $\boldsymbol{G}$、$\boldsymbol{W}$、$\boldsymbol{Q}$ 和约束反力 $\boldsymbol{N}_A$、$\boldsymbol{N}_B$ 所组成的平面平行力系在空载和满载时都满足平衡条件，因此平衡锤的重量应有一定的范围。

(1)求满载时的平衡锤的重量。

当满载($W=100$ kN)时，若平衡锤重量太小，起重机可能绕 B 点向右倾倒。开始倾倒的瞬间，左轮与轨道脱离接触，这种情形称为临界状态。这时，$N_A=0$，满足临界状态时的平衡锤重量为所允许的最小平衡锤重量 $Q_{\min}$。

由　$\sum M_B=0\qquad Q_{\min}\times(6+2)+G\times2-W\times(12-2)=0$

得　$$Q_{\min}=\frac{1}{8}\times(W\times10-G\times2)=\frac{1}{8}\times(100\times10-250\times2)=62.5(\text{kN})$$

(2)求空载时的平衡锤的重量。

当空载($W=0$)时，若平衡锤太重，起重机会绕 A 点向左倾倒，在临界状态下，$N_B=0$。满足临界状态时的平衡锤重量将是所允许的最大平衡锤重量 $Q_{\max}$。

由　$\sum M_A=0\qquad Q_{\max}\times(6-2)-G\times2=0$

得　$$Q_{\max}=\frac{G\times2}{4}=\frac{250\times2}{4}=125(\text{kN})$$

综上所述，为保证起重机在空载和满载时都不致倾倒，则平衡锤的重量 Q 应满足下列不等式

$$62.5\ \text{kN}\leqslant Q\leqslant125\ \text{kN}$$

【例5-5】　简支外伸梁受荷载如图5-9(a)所示，已知均布荷载集度 $q=2$ kN/m，力偶矩 $m=40$ kN·m，集中力 $F=20$ kN，试求支座 A、B 的反力。

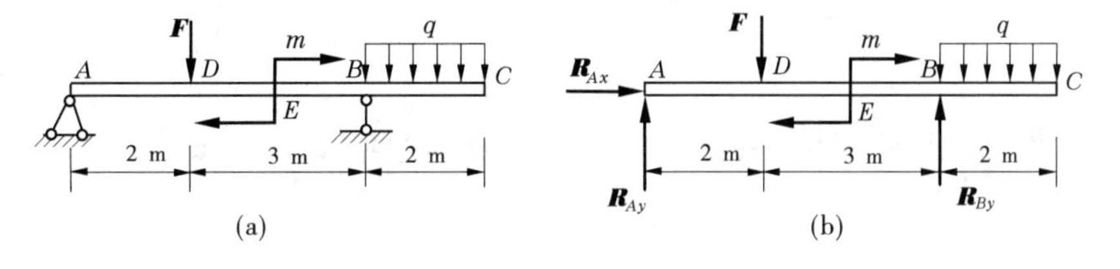

图5-9

解　(1)取梁 AB 为研究对象，画受力图如图5-9(b)所示。

(2)列平衡方程，求支座反力。

由　$$\sum X=0$$

得　$$R_{Ax}=0$$

由　$\sum M_A=0\qquad R_{By}\times5-F\times2-2q\times6-m=0$

得　$$R_{By}=\frac{1}{5}\times(F\times2+2q\times6+m)=\frac{1}{5}\times(20\times2+2\times2\times6+40)=20.8(\text{kN})(\uparrow)$$

由　$\sum M_B=0\qquad -R_{Ay}\times5+F\times3-2q\times1-m=0$

得　$$R_{Ay}=\frac{1}{5}\times(F\times3-2q\times1-m)=\frac{1}{5}\times(20\times3-2\times2\times1-40)=3.2(\text{kN})(\uparrow)$$

(3)校核。

$$\sum Y = R_{Ay} + R_{By} - F - 2q = 3.2 + 20.8 - 20 - 2 \times 2 = 0$$

表明计算结果正确。

最后,将平面一般力系平衡问题的求解步骤归纳如下:

(1)选取适当的研究对象。

(2)对选取的研究对象进行受力分析,以研究对象为分离体,画分离体的受力图。

(3)根据需要灵活建立平衡方程,应尽可能避免求解联立方程组,尽可能做到一个平衡方程中只含一个未知量。

(4)由平衡方程解出所需的未知力。

(5)用非独立的平衡方程检验求解结果的正确性。

课题 5.3　物体系统的平衡

前面研究的都是单个物体的平衡问题,但工程中的结构多为由构件组成的物体系统,即由几个物体通过约束组成的系统,简称物体系统。在研究物体系统的平衡问题时,不仅要研究外界物体对整个系统所作用的外力,还要求出系统内部各物体之间相互作用的力,即系统内力。这样,就需要将系统中某个物体或系统局部单独取出来作为研究对象,才能求出所要求的未知力。如图 5-10(a)所示的组合梁,梁 AB 和梁 BC 通过铰 B 连接,并支承在 A、C 支座上而组成一个物体系统。

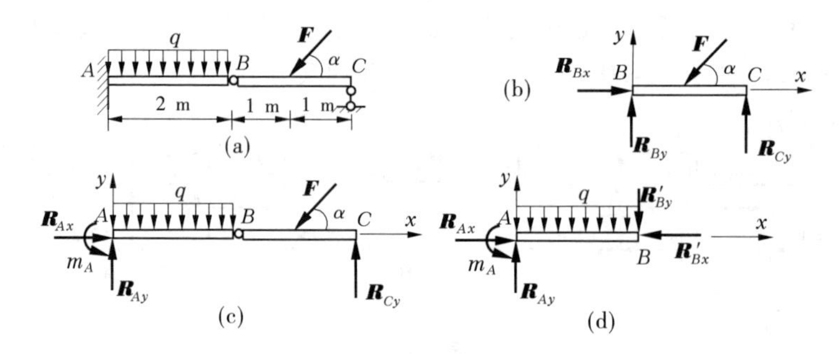

图 5-10

当整个物体系统平衡时,组成该物体系统的每一个物体也必处于平衡状态。若物体系统由 n 个物体组成,在平面问题中,对每一个物体可列出 3 个独立的平衡方程,整个物体系统中就有 $3n$ 个独立的平衡方程,可求解 $3n$ 个未知量。

在求解物体系统的平衡问题时,可将物体系统拆开,分析物体系统中局部的受力情况,对符合可解条件的物体优先求解,也可先取整个物体系统为研究对象,解出部分未知量后,再从物体系统中选取局部为研究对象逐个求解,直至求出所有未知量。

物体系统平衡问题的解题步骤与单个物体的平衡问题基本相同。现将物体系统平衡问题的解题一般步骤归纳如下:

(1)适当选取研究对象。物体系统的未知量超过 3 个时,必须拆开物体系统才能求出全部未知量。通常,先选择受力情形比较简单的某一部分(一个物体或几个物体)作为研究对象,且最好这个研究对象所包含的未知量不超过 3 个。需要将系统拆开时,要在物体各个约束连接处拆开,而不应将物体或杆件切断,但对二力杆可以切断。

(2)画受力图。画出研究对象整体或局部受力图,两个研究对象间相互作用的力要符合作用力与反作用力关系。

(3)根据选取的研究对象建立平衡方程,求解未知力。

(4)校核计算结果。将计算未知力结果代入计算过程中未用过的平衡方程,计算是否满足平衡条件。满足说明计算结果正确,否则应重新计算。

【例5-6】 组合梁由梁 AB 和梁 BC 用铰 B 连接而成,支座与荷载情况如图5-10(a)所示。已知 $F=20$ kN,$q=5$ kN/m,$\alpha=45°$。求支座 A、C 的约束反力及铰 B 处的约束反力。

解 (1)先取梁 BC 为研究对象。画出受力图及坐标图如图5-10(b)所示。

(2)列平衡方程,求支座 C 和铰 B 的约束反力。

由 $$\sum X=0 \qquad R_{Bx}-F\cos45°=0$$

得 $$R_{Bx}=F\cos45°=20\times0.707=14.14(\text{kN})(\rightarrow)$$

又由 $$\sum M_B=0 \qquad R_{Cy}\times2-F\sin45°\times1=0$$

得 $$R_{Cy}=\frac{1}{2}\times F\sin45°=\frac{1}{2}\times20\times0.707=7.07(\text{kN})(\uparrow)$$

再由 $$\sum Y=0 \qquad R_{By}+R_{Cy}-F\sin45°=0$$

得 $$R_{By}=F\sin45°-R_{Cy}=20\times0.707-7.07=7.07(\text{kN})(\uparrow)$$

(3)再取梁 AB 为研究对象。画出受力图如图5-10(d)所示。

由 $$\sum X=0 \qquad R_{Ax}-R'_{Bx}=0$$

得 $$R_{Ax}=R'_{Bx}=R_{Bx}=14.14\ \text{kN}(\rightarrow)$$

又由 $$\sum Y=0 \qquad R_{Ay}-R'_{By}-2q=0$$

得 $$R_{Ay}=R'_{By}+2q=R_{By}+2q=7.07+2\times5=17.07(\text{kN})(\uparrow)$$

再由 $$\sum M_A=0 \qquad m_A-R'_{By}\times2-2q\times1=0$$

得 $$m_A=R'_{By}\times2+2q\times1=7.07\times2+2\times5\times1=24.14(\text{kN}\cdot\text{m})$$

(4)校核。取整个组合梁为研究对象,画出受力图如图5-10(c)所示。看以上计算结果是否满足物体系统平衡。

$$\sum M_A=m_A+R_{Cy}\times4-F\sin45°\times3-2q\times1$$
$$=24.14+7.07\times4-20\times0.707\times3-2\times5\times1=0$$

可见,计算结果正确。

【例5-7】 钢筋混凝土三铰刚架受荷载如图5-11(a)所示,已知 $q=12$ kN/m,$F=24$ kN,求支座 A、B 和铰 C 的约束反力。

解 (1)根据三铰刚架的平面几何特点,可先取整个三铰刚架为研究对象。画出受力图如图5-11(b)所示。

由 $$\sum M_A=0 \qquad -q\times6\times3-F\times8+R_{By}\times12=0$$

得 $$R_{By}=\frac{1}{12}\times(q\times6\times3+F\times8)=\frac{1}{12}\times(12\times6\times3+24\times8)=34(\text{kN})(\uparrow)$$

由 $$\sum M_B=0 \qquad q\times6\times9+F\times4-R_{Ay}\times12=0$$

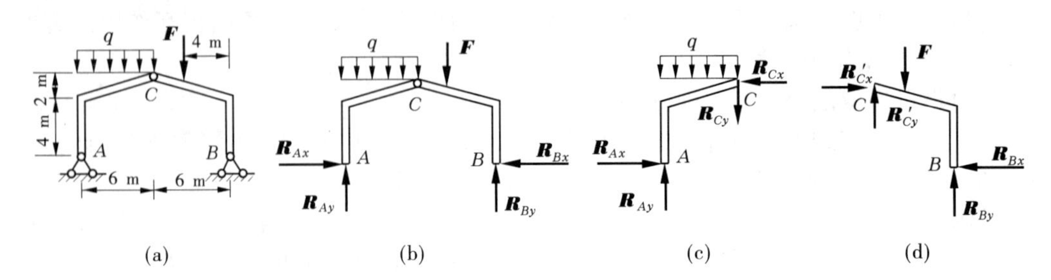

图 5-11

得 $$R_{Ay}=\frac{1}{12}\times(q\times6\times9+F\times4)=\frac{1}{12}\times(12\times6\times9+24\times4)=62(\text{kN})(\uparrow)$$

由 $$\sum X=0 \qquad R_{Ax}-R_{Bx}=0$$

得 $$R_{Ax}=R_{Bx} \tag{a}$$

(2)取左半刚架为研究对象。画出受力图如图 5-11(c)所示。

由 $$\sum M_C=0 \qquad R_{Ax}\times6+q\times6\times3-R_{Ay}\times6=0$$

得 $$R_{Ax}=\frac{1}{6}\times(R_{Ay}\times6-q\times6\times3)=\frac{1}{6}\times(62\times6-12\times6\times3)=26(\text{kN})(\rightarrow)$$

由 $$\sum Y=0 \qquad R_{Ay}-R_{Cy}-q\times6=0$$

得 $$R_{Cy}=R_{Ay}-q\times6=62-12\times6=-10(\text{kN})(\uparrow)$$

由 $$\sum X=0 \qquad R_{Ax}-R_{Cx}=0$$

得 $$R_{Cx}=R_{Ax}=26\ \text{kN}(\leftarrow)$$

将 R_{Ax} 的值代入式(a),于是求得

$$R_{Bx}=R_{Ax}=26\ \text{kN}(\leftarrow)$$

(3)校核。取右半刚架为研究对象,画出受力图如图 5-11(d)所示。

$$\sum X=R'_{Cx}-R_{Bx}=26-26=0$$

$$\sum M_C=-F\times2+R_{By}\times6-R_{Bx}\times6=-24\times2+34\times6-26\times6=0$$

$$\sum Y=R_{By}+R'_{Cy}-F=34-10-24=0$$

可见,计算正确。

*课题 5.4　考虑摩擦的平衡问题

前面我们对物体进行受力分析时,都假定两物体的接触面是完全光滑的。但是,实际上完全光滑的接触面是不存在的,两物体的接触面之间一般都有摩擦。在一些问题中,摩擦对所研究的问题不起主要作用,因而可把它略去。但是在有些实际问题中,摩擦却是重要的,甚至是决定性的因素,就必须加以考虑。例如,重力式挡土墙就是依靠摩擦力来维持抗滑稳定的,基础工程中的摩擦桩就是利用桩身表面和土体间的摩擦力来支承基础及上部结构荷载的,制动器是依靠摩擦力来制动机械运动的等。

按照两接触物体之间相对运动的形式,摩擦可分为滑动摩擦和滚动摩擦两种。当两

个接触物体沿接触面有相对滑动或有相对滑动的趋势时，在接触处就彼此阻碍滑动，或阻碍滑动的发生，这种现象称为滑动摩擦。当两物体有相对滚动或有相对滚动的趋势时，物体间会产生阻碍滚动的现象，称为滚动摩擦。本节只讨论滑动摩擦的一些基本知识。

当产生滑动摩擦时，在两物体接触面间阻碍物体相对滑动的力，称为滑动摩擦力，简称摩擦力。滑动摩擦力又分为静滑动摩擦力和动滑动摩擦力。

1　静滑动摩擦力

如图5-12所示，若将重为G的物体放在有摩擦的粗糙面上，再沿接触面的切线方向施加一力$\boldsymbol{Q}$。只要$\boldsymbol{Q}$的值不超过某一限度，物体仍处于平衡状态。这表明，在接触面处除有沿支承面法线方向的反力$\boldsymbol{N}$外，必定还有一个阻碍物体沿水平方向滑动的力$\boldsymbol{F}$，称力$\boldsymbol{F}$为静滑动摩擦力。当水平力$\boldsymbol{Q}$指向右时，静滑动摩擦力指向左。这说明：静滑动摩擦力的方向与物体相对滑动的趋势相反。这里所说的“相对滑动的趋势”是指设想不存在摩擦时，物体在主动力$\boldsymbol{Q}$作用下相对滑动的方向。由于在力$\boldsymbol{Q}$的值未超过某一限度之前，物体只有相对滑动的趋势而未发生滑动，仍然处于平衡状态，所以应由静力学平衡方程来求解静摩擦力$\boldsymbol{F}$的大小。由平衡方程$\sum X=0$，解得$F=Q$。可见，静滑动摩擦力$\boldsymbol{F}$的值随主动力$\boldsymbol{Q}$的增大而增大。

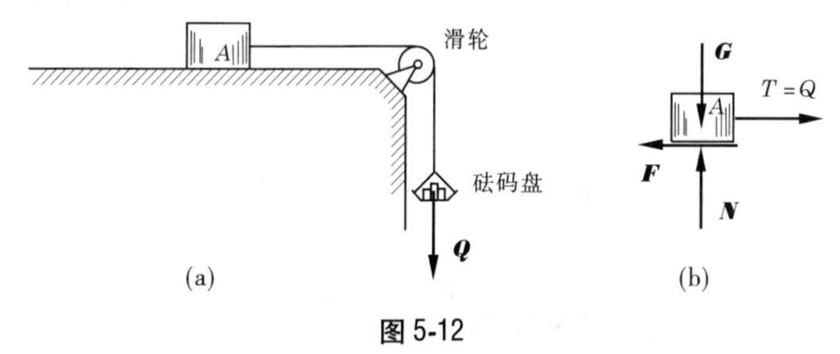

图5-12

当水平力$\boldsymbol{Q}$增大到某一限度时，若继续增大，物体的静止平衡状态将被破坏而产生滑动。物体即将滑动而尚未滑动的平衡状态称为临界平衡状态，此时，静滑动摩擦力达到最大值，称为最大静滑动摩擦力，用F_{max}表示。库仑通过大量试验，得到最大静滑动摩擦力F_{max}的近似值为

$$F_{max}=fN \tag{5-7}$$

即最大静滑动摩擦力的大小与两物体间的正压力成正比，式(5-7)称为静摩擦定律，也称库仑定律。其中，f是无量纲比例常数，称为静摩擦系数，由试验确定，f的大小与两接触面的材料及表面状况(如粗糙度、干湿度、温度等)有关，表5-1给出几种常见材料的滑动摩擦系数值。

表5-1　几种常见材料的滑动摩擦系数值

材料	摩擦系数			
	静摩擦系数(f)		动摩擦系数(f')	
	无润滑剂	有润滑剂	无润滑剂	有润滑剂
钢与钢	0.15	0.1～0.12	0.15	0.05～0.1
钢与铸铁	0.3		0.18	0.05～0.15
钢与青铜	0.15	0.1～0.15	0.15	0.1～0.15

2 动滑动摩擦力

动滑动摩擦力 $\boldsymbol{F}'$ 的大小与接触面之间的正压力大小成正比,即

$$F' = f'N \tag{5-8}$$

式(5-8)称为动滑动摩擦定律,f'称为动摩擦系数,它除与接触面材料和表面状况有关外,还与物体间相对运动速度有关,f'值一般小于f值,通常精确度要求不高时,可近似认为动摩擦系数等于静摩擦系数。

3 摩擦角与自锁

在考虑摩擦力的情况下,支承面物体的反力包括正向反力 $\boldsymbol{N}$ 和静摩擦力 $\boldsymbol{F}$ 两个力,这两个力的合力 $\boldsymbol{R}$ 称为全反力。全反力与支承面的法线的夹角为 φ,如图 5-13(a)所示。当平行于支承面的主动力 $\boldsymbol{Q}$ 增大时,在物体开始滑动之前,静摩擦力 $\boldsymbol{F}$ 以及角 φ 也随之增大。当 $\boldsymbol{Q}$ 达到临界值时,物体处于平衡的临界状态,这时,静摩擦力 $\boldsymbol{F}$ 达到最大值 F_{max},角 φ 也增至最大值 φ_m,称为摩擦角。如图 5-13(b)所示,全反力 $\boldsymbol{R}$ 与支承面的法线的夹角 φ 随着摩擦力 $\boldsymbol{F}$ 而变化,因为摩擦力只能在一定范围内变化,所以 φ 值变化也有一定范围,即

$$0 \leqslant F \leqslant F_{max} \tag{5-9}$$

$$0 \leqslant \varphi \leqslant \varphi_m \tag{5-10}$$

式(5-10)表示物体处于静止状态时,全反力作用线可能的范围。摩擦角 φ_m 的大小与 F_{max} 有关,即

$$\tan\varphi_m = \frac{F_{max}}{N} = \frac{fN}{N} = f \tag{5-11}$$

即摩擦角的正切等于静摩擦系数。摩擦角和静摩擦系数都是表示材料的摩擦性质的物理量。

如图 5-14 所示,如果作用在物体上的主动力的合力 $\boldsymbol{W}$ 的作用线在摩擦角之内,则不论其大小如何,物体必处于平衡状态,这种现象称为自锁。产生自锁现象满足的条件为 $\alpha \leqslant \varphi_m$,$\alpha$ 为主动力合力 $\boldsymbol{W}$ 与竖直方向的夹角。

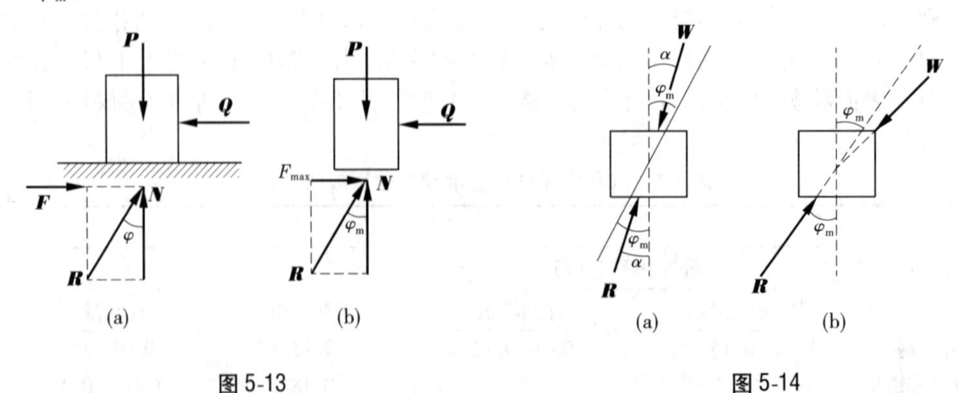

图 5-13　　　　图 5-14

工程中常利用自锁现象设计卡紧装置,如千斤顶把重物顶起后借助自锁螺纹不会滑

动;而有些情况又要避免自锁现象,如水利工程中的闸门启闭时不允许卡住。

4　考虑摩擦时物体的平衡

考虑摩擦时的平衡问题与忽略摩擦时的平衡问题在解题方法上是相同的,也是用平衡方程来求解,只是在受力分析时必须考虑摩擦力。

由于静摩擦力的方向永远与相对滑动的趋向相反,它的大小又在一定范围内变化,即 $0 \leqslant F \leqslant F_{max}$,这样允许主动力在一定范围内变化,因此问题的解答具有一定的范围,称为平衡范围。这正是考虑摩擦时物体平衡的一个特点。在求解时,通常可以假设物体处于平衡的临界状态,这时 $F_{max}=fN$,求出平衡范围的极值,然后确定平衡范围。

按静摩擦力的性质,考虑摩擦时的平衡问题大致分为如下两类。

4.1　已知物体所受的主动力,判断物体所处的状态(普通静止、临界静止、滑动)

具体解法如下:

(1)假设物体处于平衡状态,画其受力图(摩擦力的方向沿接触面的切线且与相对滑动趋势的方向相反)。

(2)列平衡方程,计算维持平衡需要的摩擦力 $\boldsymbol{F}$、法向反力 $\boldsymbol{N}$。

(3)根据静摩擦定律计算接触面能提供的最大静摩擦力:$F_{max}=fN$。

(4)比较 F 和 F_{max}:

①若 $F<F_{max}$,则物体处于稳定平衡(静止)状态,$\boldsymbol{F}$ 就是实际的摩擦力。

②若 $F_{max}=F$,则物体处于临界平衡(仍静止)状态,F_{max} 就是实际的摩擦力。

③若 $F>F_{max}$,则物体处于运动状态,用动摩擦定律计算实际的摩擦力 $F'=f'N$。

4.2　要使物体处于平衡状态,求解有关未知量的值的范围

具体解法如下:

(1)画物体临界状态的受力图。临界状态时摩擦力为最大摩擦力,其方向沿接触面的切线且与物体相对运动趋势的方向相反。

(2)列相应平衡方程。

(3)列补充方程,即静摩擦定律:$F_{max}=fN$。

(4)联立(2)和(3)中的方程解得未知量的限值,从而确定未知量的值的范围。

注意:如果物体有两种运动趋势则有两个临界状态,分别画其受力图,求解未知量的限值,从而确定未知量的值的上下范围。

【例5-8】　如图5-15所示,重量为 $G=1\ 000$ N 的物体放置于斜面上,$\sin\alpha=\dfrac{3}{5}$,$\cos\alpha=\dfrac{4}{5}$,物体与斜面之间的摩擦系数 $f=0.25$,物体受力 $P=500$ N 作用。试判断物体在斜面上是否平衡,并求出摩擦力 $\boldsymbol{F}$ 的大小。

解　这是考虑摩擦时物体平衡的一类问题,已知作用在物体上的外力,判断物体的运动状态。此时,保持平衡所需摩擦力 $\boldsymbol{F}$ 为未知,其大小由平衡方程求出。再根据 $F_{max}=fN$ 求出最大静摩擦力,将二者进行比较:当 $F \leqslant F_{max}$ 时,物体保持静止;当 $F \geqslant F_{max}$ 时,物体处于运动状态。

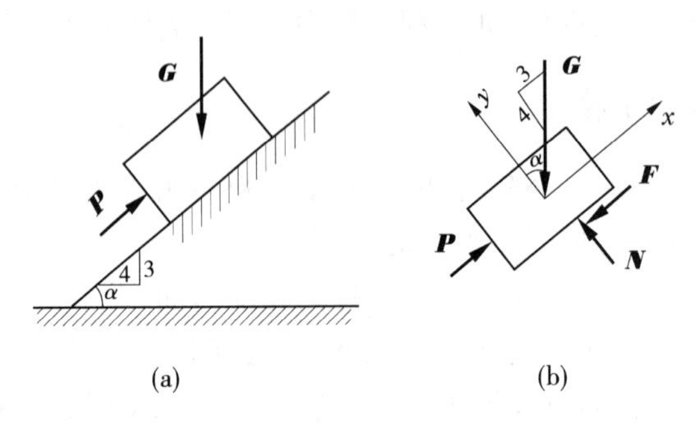

图 5-15

(1)选取物体为研究对象,画出受力图及坐标如图 5-15(b)所示。因为物体在力系作用下的滑动方向待定,先假设物体有向上滑动的趋势,故摩擦力的方向沿斜面向下。

(2)列平衡方程,计算 $\boldsymbol{F}$ 和 $\boldsymbol{N}$。

由
$$\sum X=0 \qquad P-G\sin\alpha-F=0$$
$$\sum Y=0 \qquad N-G\cos\alpha=0$$

联立解得

$$F = P - G\sin\alpha = 500 - 1\ 000 \times \frac{3}{5} = -100(\mathrm{N})$$

$$N = G\cos\alpha = 1\ 000 \times \frac{4}{5} = 800(\mathrm{N})$$

此为平衡所需的力,$\boldsymbol{F}$ 值为负号表示摩擦力方向与所设方向相反,说明物体有下滑的趋势。

(3)计算最大静摩擦力,判断物体运动状态。

$$F_{\max} = fN = 0.25 \times 800 = 200(\mathrm{N})$$

由于沿斜面向上静摩擦力 $|F| = |-100| < F_{\max} = 200$ N,所以物体在力系作用下保持平衡状态,实际摩擦力由平衡条件求得 $F=100$ N,方向沿斜面向上。

若 $F=F_{\max}$,实际摩擦力由物理条件 $F_{\max}=fN$ 求出;若 $F>F_{\max}$,则物体开始滑动,实际摩擦力由动摩擦定律求出。

【例 5-9】 图 5-16(a)所示为起重机的制动装置。已知鼓轮半径为 r,制动轮半径为 R,制动杆长为 l,制动块与制动轮间的静摩擦系数为 f,起重量为 G,其他尺寸如图 5-16 所示。若要制动鼓轮,求在手柄上要施加的最小力 $P_{\min}$。

解 当力 $\boldsymbol{P}$ 作用于手柄时,制动块压紧鼓轮,而鼓轮受主动力 $\boldsymbol{G}$ 的作用,在它与制动块的接触处二者有相对滑动的趋势,因此在接触处会产生摩擦力,鼓轮被制动就是依靠这个摩擦力的作用。当鼓轮刚好被制动,即鼓轮处于平衡的临界状态时,所加的力 $\boldsymbol{P}$ 为最小值 $P_{\min}$,且静摩擦力达到最大值 $F_{\max}$。

(1)先取鼓轮为研究对象,画其受力图如图 5-16(c)所示。

由
$$\sum M_O=0 \qquad F_{\max}R-Gr=0$$

且由
$$F_{\max}=fN$$

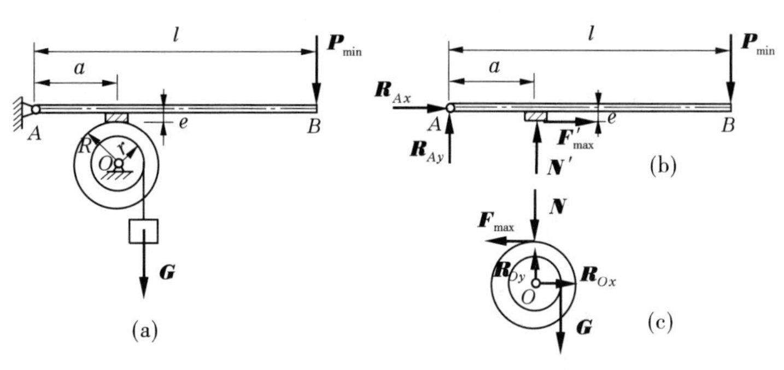

图 5-16

得 $$N=\frac{Gr}{fR}$$

(2)再取手柄为研究对象,画其受力图如图 5-16(b)所示。

由 $$\sum M_A=0 \qquad -P_{min}l+F'_{max}e+N'a=0$$

将 $F'_{max}=F_{max}=fN, N'=N=\dfrac{Gr}{fR}$代入上式,解得

$$P_{min}=\frac{Gr}{Rl}\left(\frac{a}{f}+e\right)$$

小 结

本章讨论了平面一般力系的简化和平衡条件。

一、平面一般力系简化

平面一般力系简化的最后结果如表 5-2 所示。

表 5-2 平面一般力系向平面内任一点简化的最后结果

情况	最后结果
$R'\neq0, M=0$	一个力,作用线通过简化中心,$R=R'$
$R'\neq0, M\neq0$	一个力,作用线与简化中心相距 $d=\frac{\lvert M\rvert}{R}$,$R=R'$
$R'=0, M\neq0$	一个力偶,与简化中心位置无关
$R'=0, M=0$	平衡

各种力系的平衡方程如表 5-3 所示。

表5-3　各种力系的平衡方程

力系类别	平衡方程	限制条件	可求未知量数目
平面汇交力系	$\sum X=0$ $\sum Y=0$		2
平面一般力系	基本形式 $\sum X=0$ $\sum Y=0$ $\sum M_O=0$		3
	二力矩式 $\sum X=0$ 或 $\sum Y=0$ $\sum M_A=0$ $\sum M_B=0$	$x(y)$轴不垂直于A、B两点连线	3
	三力矩式 $\sum M_A=0$ $\sum M_B=0$ $\sum M_C=0$	A、B、C三点不共线	3
平面平行力系	基本形式 $\sum Y=0$ $\sum M_O=0$	y轴平行于各力作用线	2
	二力矩式 $\sum M_A=0$ $\sum M_B=0$	A、B的连线不平行于各力作用线	2

二、平面一般力系的平衡方程应用

应用平面一般力系的平衡方程可以求解单个物体和物体系统的平衡问题。求解时要通过受力分析,恰当选取研究对象,画出其受力图。选取合适的平衡方程形式,选择好矩心和投影轴,力求做到一个方程只含有一个未知量,以便简化计算。

三、滑动摩擦

(一)滑动摩擦力

当两个物体相互接触面之间存在相对滑动趋势或发生相对滑动时,彼此之间产生阻碍滑动的力,称为滑动摩擦力。未滑动前称为静摩擦力,滑动后称为动摩擦力。静摩擦力的方向与接触面间相对滑动趋势方向相反;其大小介于零与最大静摩擦力之间,具体可由平衡方程来定。最大静摩擦力由静滑动摩擦定律确定,即 $F_{max}=fN$,其中 f 为静摩擦系数。

(二)摩擦角

当静摩擦力达到最大值时,全反力与接触面的法线间的夹角称为摩擦角。当作用于物体上的主动力的合力作用线在摩擦角范围内时,不论主动力合力的大小如何,物体总能保持平衡。

(三)考虑摩擦时物体平衡问题的解题特点

由于静摩擦力的大小有一定的范围,故物体的平衡也有一定的范围。通常,可按物体平衡的临界状态考虑,除列出平衡方程外,还可列出补充方程,求出结果后,再讨论平衡范围。最大静摩擦力方向总是与物体的相对滑动趋向相反,不能任意假设,物体的相对滑动趋向可根据主动力来观察。

思考与练习题

一、简答题

1. 平面一般力系向其平面内一点简化所得的主矢和主矩各有何物理意义?

2. 平面一般力系向作用面内任意点简化后,一般可得一个主矢和一个主矩,为什么主矢与简化中心无关,而主矩与简化中心有关?

3. 当平面一般力系简化的最后结果为一力偶时,此主矩与简化中心的位置无关,为什么?

4. 一平面一般力系向 A、B 两点简化的结果是主矢和主矩都不为零,问是否可能?

5. 平面一般力系的平衡方程有哪些形式? 应用时有什么限制条件?

6. 试从平面一般力系的平衡方程推出平面汇交力系、平面平行力系和平面力偶系的平衡方程。

7. 如图5-17所示,如选取的坐标系的 y 轴不与各力平行,则平面平行力系的平衡方程是否可写出 $\sum X=0$, $\sum Y=0$ 和 $\sum M_O=0$ 三个独立的平衡方程? 为什么?

8. 如图5-18所示的简支梁,两端均为固定铰支座,为了求得支座反力,有人写出下列四个平衡方程: $\sum X=0$, $\sum Y=0$, $\sum M_A=0$, $\sum M_B=0$。问能否从这四个方程中解出 $\boldsymbol{R}_{Ax}$、$\boldsymbol{R}_{Ay}$、$\boldsymbol{R}_{Bx}$、$\boldsymbol{R}_{By}$ 这四个未知力? 为什么?

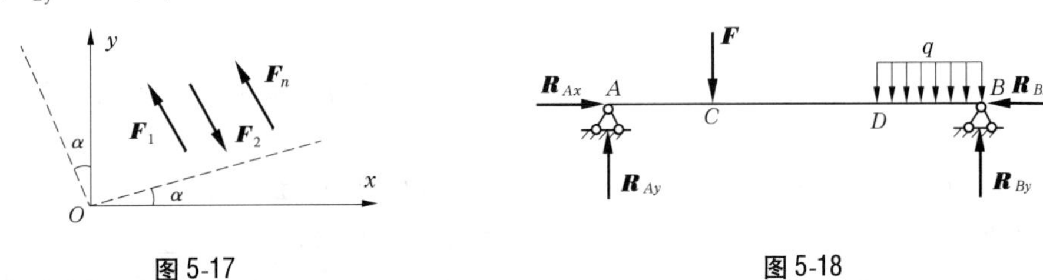

图5-17　　　　图5-18

9. 在求如图5-19所示的静定梁支座反力和铰 B 的约束反力时,能否将作用在梁 BC 上的力偶 m 移到梁 AB 上? 为什么?

10. 物块重 $G=100$ N。用力 $F=500$ N 将其压在一铅直表面上,如图5-20所示。摩擦系数 $f=0.3$,求摩擦力。要想使物块不滑下,力 $\boldsymbol{F}$ 的最小值应为多少?

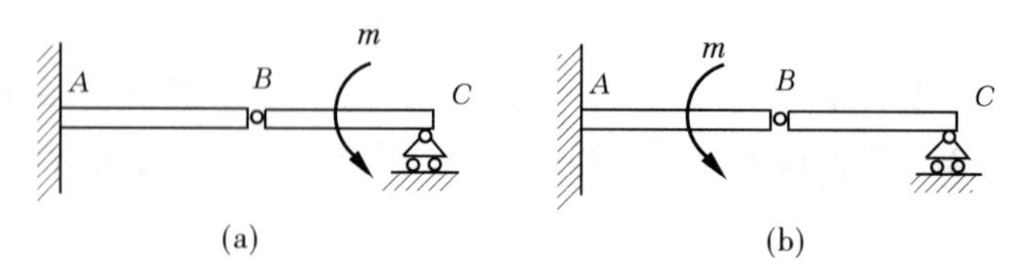

图 5-19

11. 在图 5-21 中,已知物块 A、B 重分别为 $\boldsymbol{G}_1$、$\boldsymbol{G}_2$,物块 A 与墙之间用一链杆连接,各接触面之间的摩擦系数均为 f。试分析图 5-21 中(a)、(b)、(c)三种情况下能使物块 B 滑动的水平力 $\boldsymbol{F}_1$、$\boldsymbol{F}_2$、$\boldsymbol{F}_3$ 之值,哪个最大,哪个最小?

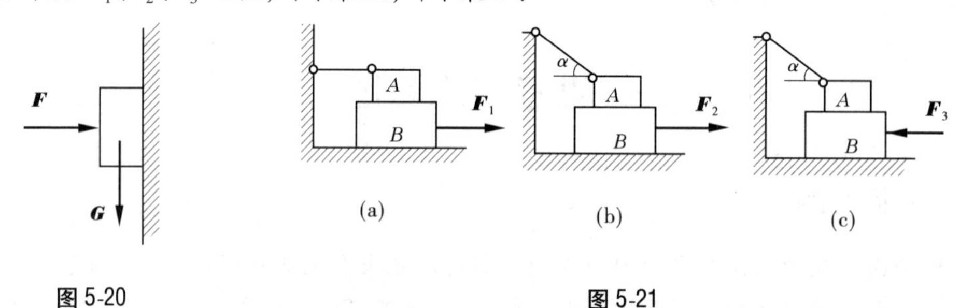

图 5-20　　图 5-21

12. 在图 5-22 中,物块重 $\boldsymbol{G}$,受斜向力 $\boldsymbol{F}$ 的作用。已知物块与支承面的摩擦系数 $f=0.65$,力 $\boldsymbol{F}$ 与支承面法线夹角 $\alpha=30°$,问力 $\boldsymbol{F}$ 能使物块移动吗?

13. 如图 5-23 所示,砂子与胶带间的静摩擦系数 $f=0.5$,问输送带的最大倾角 α 可为多少?

图 5-22　　图 5-23

二、填空题

1. 平面一般力系通过________________可以转化为等效的平面汇交力系和平面力偶系。

2. 平面一般力系向作用面内任一点简化,一般情况下,主矢与简化中心______,主矩与简化中心的位置______;当主矢________时,主矩与简化中心_______。

3. 已知某平面一般力系与某平面汇交力系等效,则此平面一般力系向平面内任一点简化的结果是________________或是_______。

4. 已知某平面一般力系与某平面力偶系等效,则此平面一般力系向平面内任一点简化的结果是____________。

5. 最大静滑动摩擦力的方向与相对滑动的趋势________,其大小与相互接触的两物体之间的________成正比。

三、选择题

1. 平面一般力系向一点简化的一般结果是(　　)。

A. 一个力　　B. 一个力偶

C. 一个力和一个力偶　　D. 一个力或一个力偶

2. 平面一般力系有(　　)个独立的平衡方程,可用来求解(　　)个未知量。

A. 1　　B. 2　　C. 3　　D. 4

3. 平面一般力系向简化中心简化时一般得到一个力和一个力偶,当(　　)时力系简化为一合力偶。

A. 主矢不为零,主矩为零　　B. 主矢与主矩均为零

C. 主矢为零,主矩不为零　　D. 主矢与主矩均不为零

4. 平面一般力系在(　　)时是一个平衡力系。

A. 主矢与主矩均为零　　B. 主矢不为零,主矩为零

C. 主矢为零,主矩不为零　　D. 主矢与主矩均不为零

5. 物体在(　　)状态下的滑动摩擦系数称为最大静摩擦系数。

A. 静止　　B. 平衡　　C. 临界平衡　　D. 运动

四、解答题

1. 某楼层的板由矩形截面梁支承,梁支承在砖墙上,如图5-24所示。已知板及其面层的自重是2.25 kN/m^2,板上承受的活荷载按2.5 kN/m^{2}计,矩形梁截面尺寸$b \times h = 200$ mm×400 mm,梁的材料密度为25 kN/m^3。试计算中间一个梁所受到的线荷载集度q,并求其合力$\boldsymbol{R}$,画出该梁的计算简图。

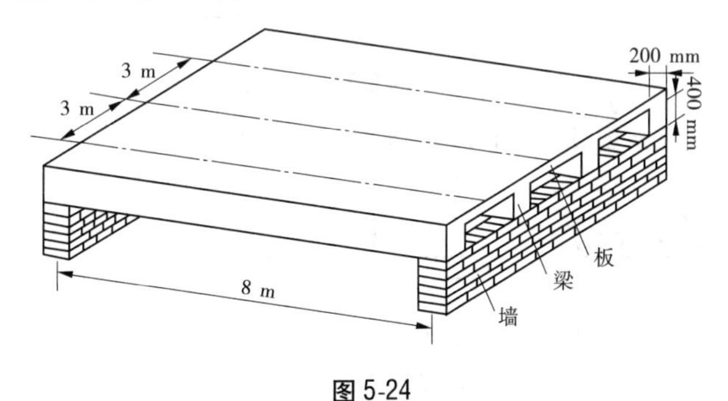

图5-24

2. 如图5-25所示挡土墙自重$W = 400$ kN,水压力$H = 176$ kN,试求这些力向底边中点O简化的结果,并求合力作用线的位置。

3. 试求如图5-26所示各梁支座A、B的反力。

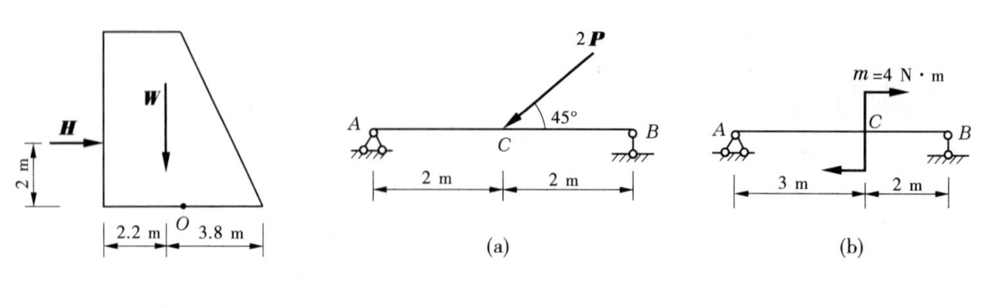

图 5-25　　　　图 5-26

4. 求如图 5-27 所示各悬臂梁的支座反力。

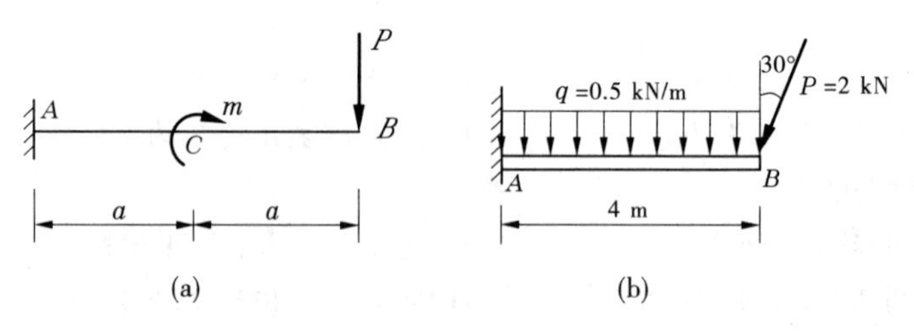

图 5-27

5. 外伸梁受力 $\boldsymbol{F}$ 和力偶矩为 m 的力偶作用,如图 5-28 所示。已知 $F=2$ kN, $m=2$ kN · m,求支座 A、B 的反力。

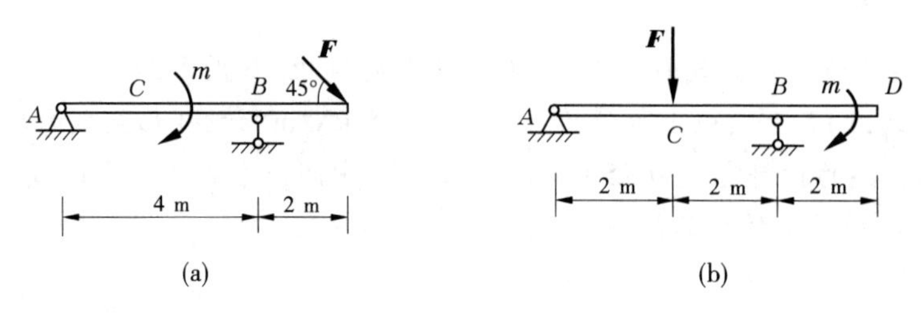

图 5-28

6. 刚架受力及支座如图 5-29 所示,求各刚架的支座反力。

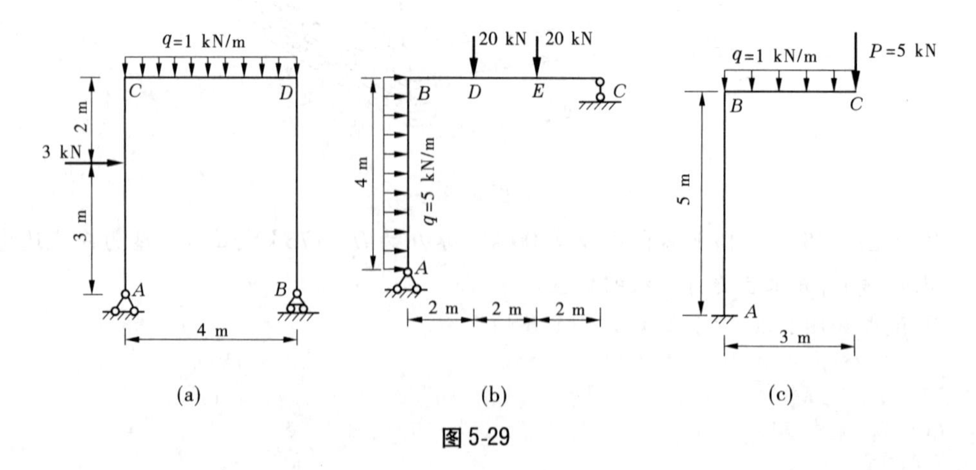

图 5-29

7. 一三角支架如图5-30所示。求在力$\boldsymbol{P}$作用下，支座A的反力和杆BC所受的力。

8. 多跨梁如图5-31所示。$q=10\ \mathrm{kN/m}$，$m=40\ \mathrm{kN\cdot m}$，求铰支座A、D的约束反力。

9. 如图5-32所示刚架所受均布荷载$q=15\ \mathrm{kN/m}$，求支座A、B和铰C的约束反力。

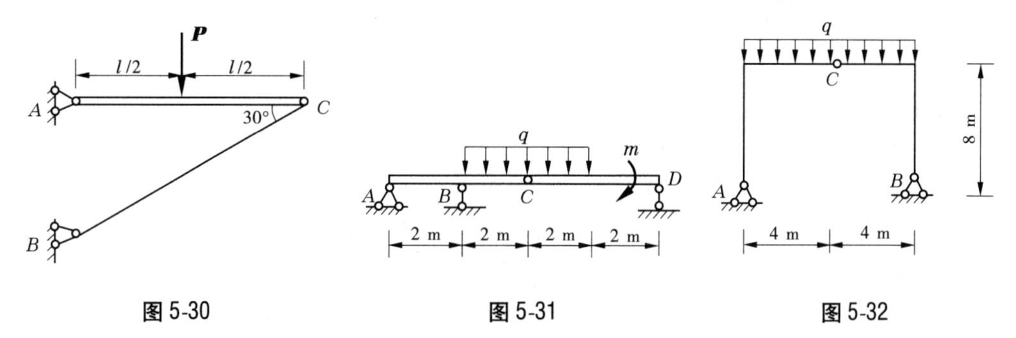

图5-30　　图5-31　　图5-32

*10. 判断图5-33中物体能否平衡？并求图中物体所受摩擦力的大小和方向。

(1) 图(a)物体重$G=200\ \mathrm{N}$，拉力$P=5\ \mathrm{N}$，$f=0.25$。

(2) 图(b)物体重$G=20\ \mathrm{N}$，压力$P=50\ \mathrm{N}$，$f=0.3$。

*11. 梯子AB长L，重为$G=200\ \mathrm{N}$，与水平面的夹角$\alpha=60°$。已知两个接触面的摩擦系数均为0.25，如图5-34所示，问重$Q=650\ \mathrm{N}$的人所能达到的最高点C处与A点的距离S应为多少？

*12. 鼓轮B重500 N，置于墙角，如图5-35所示，它与地面间的摩擦系数为0.25，墙面是光滑的。$R=20\ \mathrm{cm}$，$r=10\ \mathrm{cm}$。求平衡时物体A的最大重量P。

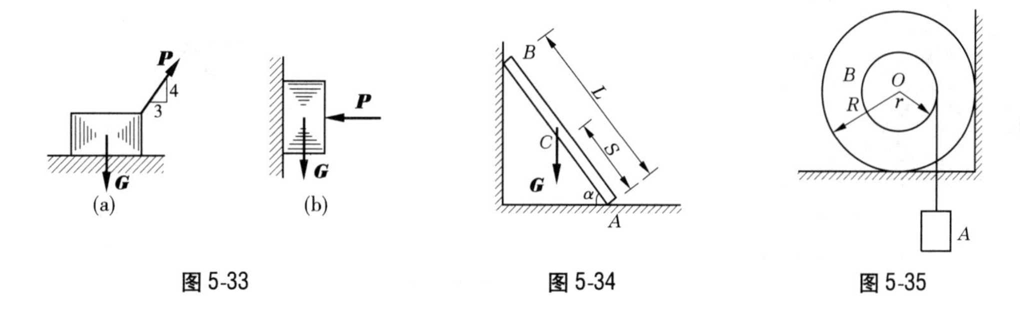

图5-33　　图5-34　　图5-35

模块6　轴向拉伸和压缩

【学习要求】

- 掌握轴向拉伸(压缩)的概念。
- 重点掌握轴向拉伸(压缩)内力(轴力)计算及轴力图绘制。
- 掌握应力的概念,轴向拉伸(压缩)杆横截面上的正应力。
- 掌握危险截面和危险点。
- 掌握容许应力、强度条件(极限应力和容许应力、强度条件)。
- 掌握强度条件应用(强度校核、截面设计、许可荷载确定)。
- 掌握轴向拉伸(压缩)时的变形。
- 掌握虎克定律、轴向拉伸(压缩)时的变形。
- 掌握材料的力学性能。

明《增广贤文》 光阴似箭, 日月如梭。	学习心得:

课题6.1　轴向拉伸和压缩的概念

轴向拉伸与压缩变形是工程上常见的受力构件,是一种最简单、最基本的变形形式。如图6-1所示屋架结构中的杆件及桥梁结构中的拉索都属于这种变形的构件。虽然这些杆件的结构形式各不相同,加载方式也不同,但它们均可抽象为一等截面的直杆。这些杆的受力特点是杆件受到与杆轴线重合的外力作用,变形特点是杆轴沿外力方向伸长或缩短。只产生轴向拉伸或压缩变形的杆件,称为轴向拉压杆。

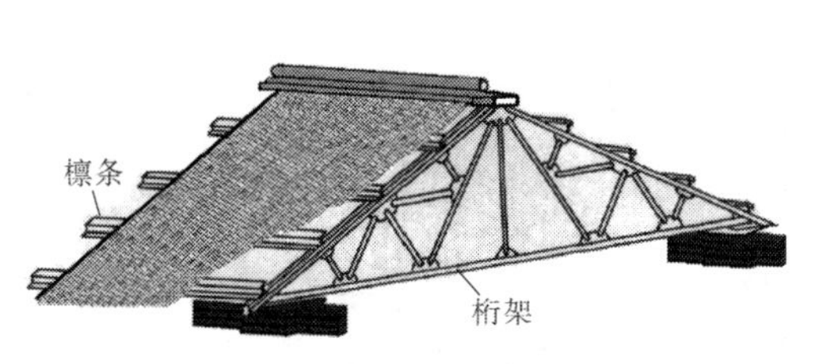

图 6-1

课题 6.2　内力(轴力)、轴力图

1　内　力

在对结构进行内力分析时,要考虑力的变形效应,这时必须把结构作为变形固体来处理。其他物体作用在所研究杆件上的力统称为杆件的外力,外力包括荷载(主动力)以及荷载引起的约束反力(被动力)。广义地讲,对构件产生作用的外界因素除荷载以及荷载引起的约束反力外,还有温度改变、支座移动、制造误差等。

组成物体的质点与质点之间原来就存在着相互作用的结合力,当外力使物体发生变形,质点发生相对位移时,由于质点的距离改变,相互之间的结合力就有所改变,原有内力发生变化。这种由于外力作用而引起的受力构件内部质点之间相互作用力的改变量称为内力。工程力学所研究的内力是由外力引起的,内力随外力的变化而变化,外力增大,内力也增大,外力撤销后,内力也随之消失。

构件的内力总是与构件的变形相联系的,内力是与变形同时产生的,内力的作用是使受力构件恢复原状,构件的内力随着变形的增加而增加。但对于确定的材料,内力的增加也是有一定限度的,超过这一限度,构件将发生破坏。因此,内力与构件的承载能力有密切的联系。构件在外力作用下某截面上的内力分析是研究构件的强度、刚度和稳定性等问题的基础。

2　截面法

确定构件任一截面上内力值的基本方法是截面法。如图 6-2(a)所示为任一受平衡力系作用的构件。为了显示并计算某一截面上的内力,可在该截面处用一假想的截面 m 将构件一分为二,弃去其中一部分。将弃去部分对保留部分的作用以力的形式表示,即为截面上的内力。

根据变形固体均匀、连续的基本假设,截面上的内力是连续分布的。通常,将截面上的分布内力用位于该截面形心处的合力(简化为主矢和主矩)来代替。尽管内力的合力是未知的,但总可以用其 6 个内力分量 N_x、Q_y、Q_z 和 m_x、m_y、m_z 来表示,如图 6-2(b)所示。截面上的内力并不一定都同时存在上述 6 个内力分量,一般可能仅存在其中的一个或几个。随着外力与变形形式的不同,截面上存在的内力分量也不同,如拉压杆横截面上的内力,只有与外力平衡的轴向内力 N_x。

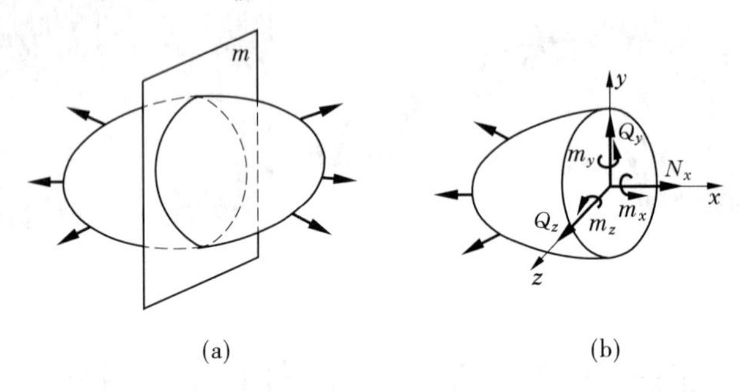

图 6-2

因为构件在外力作用下处于平衡状态,所以截开后的保留部分也应保持平衡。由此,根据空间任意力系的 6 个平衡方程

$$\left.\begin{aligned}\sum X &= 0\\ \sum Y &= 0\\ \sum Z &= 0\\ \sum M_x &= 0\\ \sum M_y &= 0\\ \sum M_z &= 0\end{aligned}\right\}$$

即可求出 N_x、Q_y、Q_z 和 m_x、m_y、m_z 等各内力分量。

截面法求内力的步骤可归纳为:

(1)截开。在欲求内力截面处,用一假想截面将构件一分为二。

(2)代替。弃去任一部分,并将弃去部分对保留部分的作用以相应内力代替(即显示内力)。

(3)平衡。根据保留部分的受力分析图列平衡方程,确定截面内力值。

注意:在研究变形体的内力和变形时,对等效力系的应用应该慎重。例如,在求内力时,截开截面之前,力的合成、分解及平移,力和力偶沿其作用线和作用面的移动等定理,均不可使用,否则将改变构件的变形效应,但在考虑研究对象的平衡问题时,仍可应用等效力系简化计算。

3 轴向拉伸和压缩杆件的内力求解

当杆件两端受到沿杆件轴线背离杆件截面方向外力作用时,杆件产生沿轴线方向的伸长变形,这种变形称为轴向拉伸,杆件称为拉杆,所受力为拉力。反之,当杆件两端受到沿杆件轴线指向杆件截面方向外力作用时,杆件产生沿轴线方向的缩短变形,这种变形称为轴向压缩,杆件称为压杆,所受力为压力。

求构件内力的基本方法是截面法,下面通过求解如图6-3(a)所示拉杆 m—m 横截面上的内力来阐明这种方法。假想沿 m—m 截面将杆截开,在 m—m 截面上由无数个点组成该截面,截开的左、右截面对应的各点有相互作用力,如图6-3(b)、(c)所示。取 m—m 截面的左段为研究对象,左段 m—m 截面上的分布内力必能合成一合力,由于整个杆件是处于平衡状态的,所以左段也处于平衡,由平衡条件 $\sum X=0$ 和二力平衡公理可知,左段 m—m 截面上的合力是与杆轴线相重合的一个力,且 $N=P$,其指向背离截面。同样,若取右段为研究对象,如图6-3(c)所示,可得出相同的结果。

对于压杆,也可通过上述方法求得其任一 m—m 截面上的轴力 N,各截面 $N=P$,从而得到:直杆在轴向力作用下,在没有外力作用段内任意一截面的内力相等,如图6-4所示。

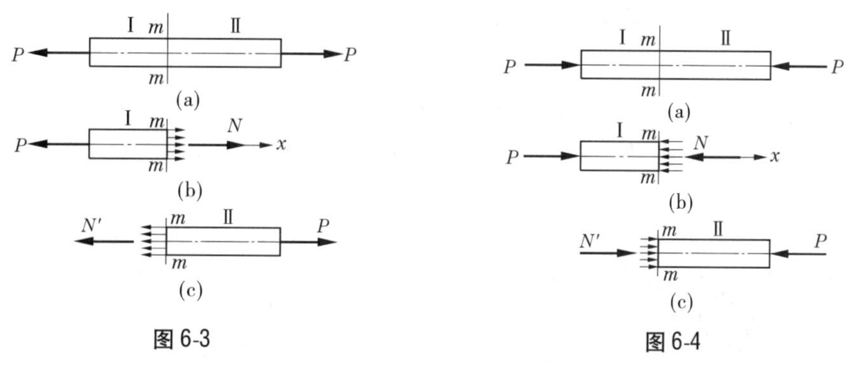

图6-3　　　　图6-4

把作用线与杆轴线相重合的分布内力的合力(也是内力)称为轴力,用符号 N 表示。这里,对轴向拉(压)杆来说,其内力就是轴力,常用 N 表示。方向背离截面的轴力称为拉力,方向指向截面的轴力称为压力。通常轴力方向规定:拉力为正,压力为负。轴力的实际方向由计算结果确定;不论截面上轴力的实际指向如何,在进行物体受力分析时,轴力一般以正值假定,这一点十分重要。若解出的结果是负值,则表明实际指向与所假设指向相反,即横截面的轴力实际是压力。轴力的单位为牛(N)或千牛(kN)。

4 轴向拉(压)杆轴力图

在工程上,有时杆件会受到多个沿轴线作用的外力,将在不同杆段的横截面上产生不同的轴力。为了直观地反映出杆的各横截面上轴力沿杆长的变化规律,并找出最大轴力及其所在截面的位置,通常需要画出轴力图。

我们可以逐次地运用截面法求得杆件所有横截面上的轴力。以与杆件轴线平行的坐标轴 x 表示各横截面位置,以纵坐标 N 表示相应的轴力值,这样作出的图形称为轴力图。轴力图清楚、完整地表示出杆件各横截面上的轴力变化,是轴向拉(压)杆进行应力、变形、强度、刚度等计算的依据。轴力为正值画在 x 轴的上方,轴力为负值则画在 x 轴的下方。

【例6-1】 如图6-5(a)所示为一等截面直杆,其受力情况如图所示。试求该杆指定截面的轴力。

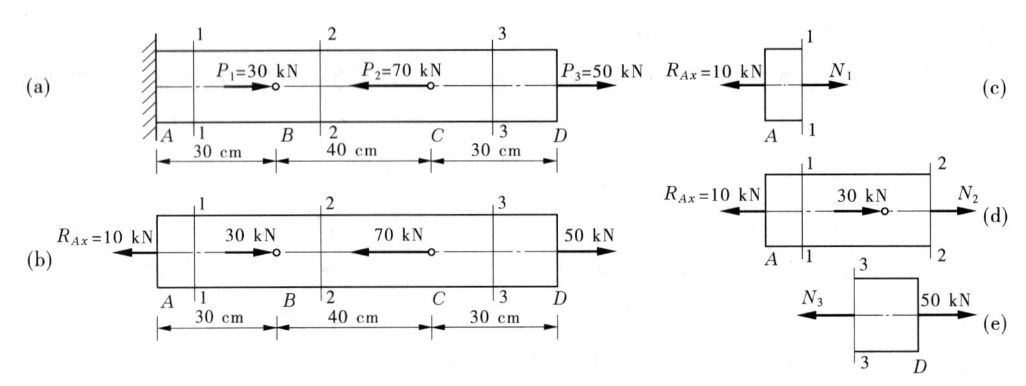

图 6-5

解 (1)求支座反力 R_{Ax}。以 AD 杆为研究对象(分离体),作 AD 杆的受力分析,如图 6-5(b)所示,由平衡方程

$$\sum X = 0 \quad -R_{Ax} + P_1 - P_2 + P_3 = 0$$

得

$$R_{Ax} = P_1 - P_2 + P_3 = 30 - 70 + 50 = 10(\text{kN})$$

因为外力作用在杆件的轴线上,所以固定端支座 A 的竖向约束反力及约束反力偶均为零。

(2)求截面 1—1 的内力。用假想的截面从 1—1 处将杆截开为两部分,取 1—1 左侧部分为研究对象(分离体),受力分析图如图 6-5(c)所示。受力图上只有 A 端反力 R_{Ax},以及截面 1—1 上的轴力 N_1。列平衡方程

$$\sum X = 0 \quad N_1 - R_{Ax} = 0$$

得

$$N_1 = R_{Ax} = 10\ \text{kN}$$

轴力 N_1 为正值,表明 N_1 是拉力。

(3)求截面 2—2 的内力。用假想的截面从 2—2 处将杆截开为两部分,取 2—2 截面左侧为研究对象(分离体),受力分析图如图 6-5(d)所示。由平衡方程

$$\sum X = 0 \quad N_2 + P_1 - R_{Ax} = 0$$

得

$$N_2 = R_{Ax} - P_1 = 10 - 30 = -20(\text{kN})$$

轴力 N_2 为负值,表明 N_2 是压力。

(4)求截面 3—3 的内力。用假想的截面从 3—3 处将杆截开为两部分,取截面 3—3 右侧为研究对象(分离体),受力分析图如图 6-5(e)所示,由平衡方程

$$\sum X = 0 \quad P_3 - N_3 = 0$$

得

$$N_3 = P_3 = 50\ \text{kN}$$

轴力 N_3 为正值,表明 N_3 是拉力。

【例 6-2】 作出图 6-6(a)所示等截面直杆的轴力图。

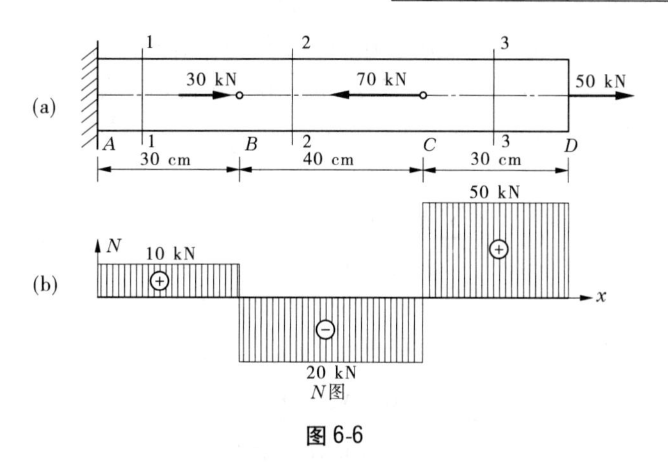

图 6-6

解 (1)在杆件的 AB、BC、CD 三段内,轴力值分别为常数。各段横截面上的轴力已在例 6-1 中算出,分别为

$$N_1 = 10\ \text{kN} \quad N_2 = -20\ \text{kN} \quad N_3 = 50\ \text{kN}$$

(2)按轴力图的作图规定,作出杆的轴力图,如图 6-6(b)所示。最大轴力 N_{max} 在 CD 段内,即 $N_{max} = 50\ \text{kN}$。

【例 6-3】 轴向拉(压)杆如图 6-7 所示,求作轴力图(不计杆的自重)。

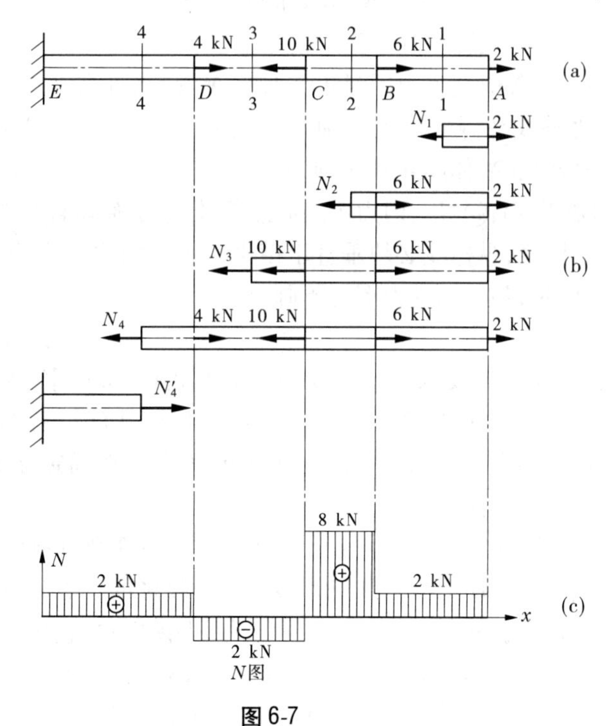

图 6-7

解 (1)根据该杆的受力特点,可知它的变形是轴向拉(压),其内力为轴力 N。

(2)一般应先由杆件整体的平衡条件求出支座反力。但对于本例题这类具有自由端的构件或结构,往往以取包括自由端部分为隔离体,这样可避免求支座反力。

(3)用截面法求内力,杆件 AB、BC、CD、DE 杆段上没有外力,所以每个杆段各截面的内力相等,每个杆段只需截开一个截面即可,各截面对应的隔离体如图6-7(b)所示,由各隔离体的平衡条件可求得各截面的内力。

对于 AB 段:

由 $$\sum X = 0 \quad N_1 - 2 = 0$$

得 $$N_1 = 2\ \text{kN}(\text{拉力})$$

对于 BC 段:

由 $$\sum X = 0 \quad N_2 - 2 - 6 = 0$$

得 $$N_2 = 8\ \text{kN}(\text{拉力})$$

对于 CD 段:

由 $$\sum X = 0 \quad N_3 - 2 - 6 + 10 = 0$$

得 $$N_3 = -2\ \text{kN}(\text{压力})$$

对于 DE 段:

由 $$\sum X = 0 \quad N_4 - 2 - 6 + 10 - 4 = 0$$

求得 $$N_4 = 2\ \text{kN}(\text{拉力})$$

(4)根据 N 值作轴力图,如图6-7(c)所示。

说明:内力图一般都应与受力图对正。对于 N 图,当杆水平放置或倾斜放置时,正值的 N 应画在与杆件轴线平行的横坐标轴 x 的正上方,而负值的 N 则画在正下方或斜下方,并必须标出符号⊕、⊖,如图6-7(c)所示。当杆件竖直放置时,正值和负值可分别画在任一侧,但必须标出⊕、⊖号。内力图上必须标出所有横截面的内力值及其单位,还应适当地画出一些纵标线,纵标线必须垂直于横坐标轴。内力图旁或正下侧应标明为何种内力及单位,当熟练时,各截面受力图可不画出。

讨论:

(1)画轴力图时不一定要求出约束反力。如本题可不求固定端的约束反力,直接取各截面的自由端部分为研究对象,求出各截面的轴力。切记“有约束,一般就有约束反力;解除约束,必代以约束反力”这一法则,绝不能认为杆在固定端 E 处不受力。读者可以采用这种方法自行计算例6-3。

(2)从求轴力的平衡方程可归纳出计算轴力的一般规则:设轴力为正时,任一横截面上的轴力等于横截面一侧所有外力在杆轴线方向上投影的代数和,背离截面的外力为正,指向截面的外力为负。据此规则,在本题中可不列平衡方程,直接写出

$$N_3 = 2 + 6 - 10 = -2(\text{kN})(\text{压力})$$

【例6-4】 试作如图6-8(a)所示等截面直杆的轴力图。

解 悬臂杆件可不求支座反力,直接从自由端依次取研究对象求各杆段截面轴力。

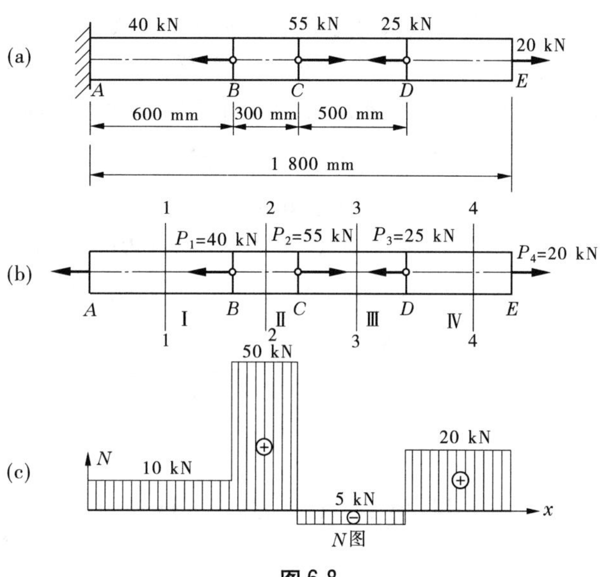

图 6-8

(1)求各截面轴力。受力分析如图 6-8(b)所示。

AB 段:

$$N_1 = -P_1 + P_2 - P_3 + P_4 = -40 + 55 - 25 + 20 = 10(\text{kN})$$

BC 段:

$$N_2 = P_2 - P_3 + P_4 = 55 - 25 + 20 = 50(\text{kN})$$

CD 段:

$$N_3 = -P_3 + P_4 = -25 + 20 = -5(\text{kN})$$

DE 段:

$$N_4 = P_4 = 20\ \text{kN}$$

(2)作轴力图。如图 6-8(c)所示,由 N 图可见,$|N_{max}| = 50$ kN 在 *BC* 段。

【例 6-5】 试画如图 6-9(a)所示钢筋混凝土厂房中柱(不计柱自重)的轴力图。

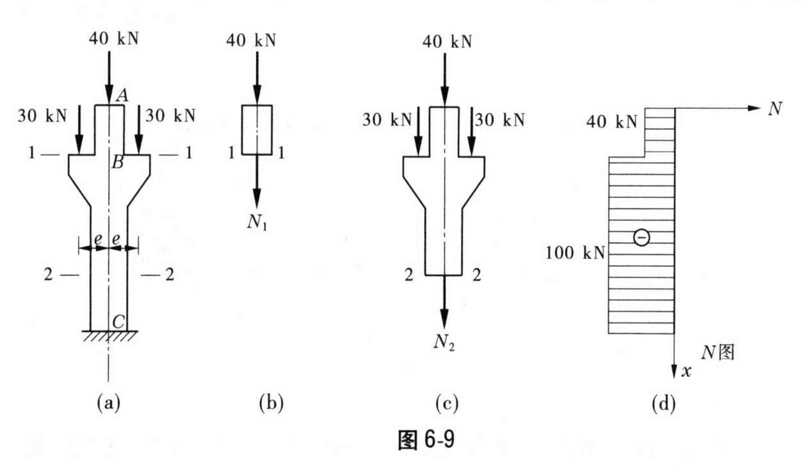

图 6-9

解 (1)计算柱各段的轴力。

因该柱各部分尺寸和荷载都对称,合力作用线通过柱轴线,故可看成是受多力作用的轴向受压构件。此柱可分为 AB、BC 两段。

AB 段:用1—1截面在 AB 段将柱截开,取上段为研究对象,受力图如图6-9(b)所示。由

$$\sum X = 0 \quad N_1 + 40 = 0$$

得

$$N_1 = -40 \text{ kN}$$

BC 段:同样用截面法取上段为研究对象,受力图如图6-9(c)所示。由

$$\sum X = 0 \quad 40 + 30 + 30 + N_2 = 0$$

得

$$N_2 = -100 \text{ kN}$$

(2)作轴力图。以平行柱轴线的 x 轴为截面位置坐标轴,N 轴垂直于 x 轴,得轴力图如图6-9(d)所示。

课题6.3 应 力

内力是截面上分布内力的合力,它只表示某截面上总的受力情况。仅用内力的大小还不能判断杆件是否会因强度不足而破坏。例如,两根材料相同、粗细不同的等直杆件,受同样大小的轴向拉力作用,显然两根杆件横截面上的内力相等,随着外力增加,细杆必然先断。这是因为轴力(即轴向拉杆的内力)是杆横截面上的分布内力的合力,而要判断杆的强度问题,还必须知道内力在截面上分布的密集程度。受力杆件某一截面上某一点处的分布内力集度即为该点处的应力。

1 平均应力

若考察受力杆件的 m—m 截面上任一点 O 的应力,则可在 O 点周围取微小的面积 ΔA,设在微面积 ΔA 上分布内力的合力为 ΔN,如图6-10(a)所示,则比值$\dfrac{\Delta N}{\Delta A}$称为在微面积 ΔA 上的平均应力,用 $\bar{p}$ 表示,表达式如下

$$\bar{p} = \frac{\Delta N}{\Delta A} \tag{6-1}$$

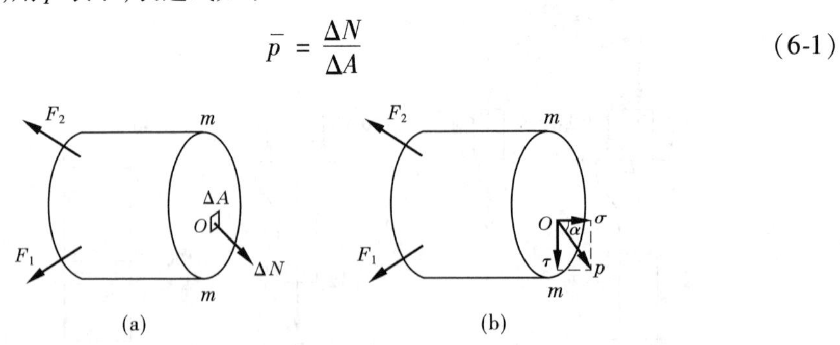

图6-10

一般,截面上的分布内力虽连续分布,但并不一定均匀,因此平均应力的大小将随微面积 ΔA 的大小而不同,它还不能表明内力在 O 点处的真实密集程度。为了更真实地反

映分布内力在 O 点处的真实密集程度，令微面积 ΔA 无限缩小而趋于零，则其极限值为

$$p = \lim_{\Delta A \to 0} \frac{\Delta N}{\Delta A} = \frac{dN}{dA} \tag{6-2}$$

即为 O 点处的内力集度，称为截面 $m—m$ 上 O 点处的全应力，全应力用 p 表示。

通常将全应力 p 分解为与截面垂直的法向分量 σ 和与截面相切的切向分量 τ，如图 6-10(b)所示，即

$$\sigma = p\cos\alpha \quad \tau = p\sin\alpha \tag{6-3}$$

σ 称为 O 点处的正应力或法向应力，τ 称为 O 点处的剪应力或切向应力。

在国际单位制中，应力的单位是帕斯卡，简称帕，符号为“Pa”，1 Pa = 1 N/m^2。在工程实际中，这一单位太小，常用帕的倍数单位：kPa（千帕）、MPa（兆帕）和 GPa（吉帕），其关系为

$$1\ \text{kPa} = 10^3\ \text{Pa},\quad 1\ \text{MPa} = 10^6\ \text{Pa},\quad 1\ \text{GPa} = 10^9\ \text{Pa}$$

在工程图纸上，长度尺寸常以 mm 为单位，则

$$1\ \text{MPa} = 10^6\ \text{N/m}^2 = 1\ \text{N/mm}^2$$

2　横截面上的应力

轴向拉（压）杆横截面上的内力为轴力，其方向垂直于横截面且过截面形心，与轴线重合，而横截面上各点的应力与微面积 dA 的乘积的合成即为该横截面上的内力。显然，横截面上各点处的剪应力不可能合成为垂直于该截面的轴力，所以与轴力相应的只可能是垂直于横截面的正应力。下面，推导等直拉杆横截面上的正应力公式。

取一等截面直杆，未受力前在杆件表面均匀地画上若干条与杆轴线平行的纵向线及与杆轴线垂直的横向线，使杆表面形成许多大小相同的矩形小格，如图 6-11(a)所示。然后沿杆的轴线作用拉力 P，使杆产生轴向拉伸变形，此时可以观察：杆件表面所有纵向线仍平行于杆轴线，但与变形前相比都有所伸长且纵向线间距减小；所有横向线仍保持直线且垂直于杆轴线，只是横向线间距增大。因此，所有的矩形小格仍为矩形，但纵向伸长横向缩短，如图 6-11(b)所示。

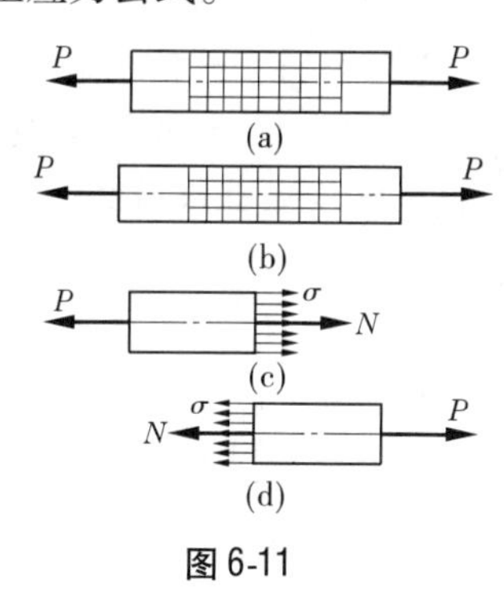

图 6-11

通过对上述现象的观察，可做如下假设：

(1)平面假设。在杆件变形前为平面的横截面，变形后仍为平面，仅沿轴向方向产生了相对平移，并与杆的轴线垂直。

(2)为便于理解，假设杆件是由许多纵向纤维组成的，根据平面假设，任意横截面之间的所有纵向纤维伸长都相同，即杆件横截面上各点的变形都相同。

基于以上假设，根据材料均匀连续性假设可知，在弹性范围内各纵向纤维受力相等，所以横截面上的内力是均匀分布的，即横截面上各点处的应力大小相等，其方向与轴力 N 的方向一致，为沿横截面法向的正应力，如图 6-11(c)、(d)所示。设杆的横截面面积为 A，该截面轴力为 N，则轴向拉（压）时在杆横截面上正应力 σ 的计算公式为

$$\sigma = \pm \frac{N}{A} \tag{6-4}$$

式中正应力的正负号规定:拉应力为正,压应力为负。

由于轴向拉(压)杆横截面上各点正应力相同,故求其应力时只需确定界面,不必指明点的位置。

【例 6-6】 一中段开槽的直杆如图 6-12(a)所示,承受轴向载荷 $P=30$ kN 的作用,已知 $h=30$ mm,$h_0=15$ mm,$b=25$ mm,试求杆内的最大正应力。

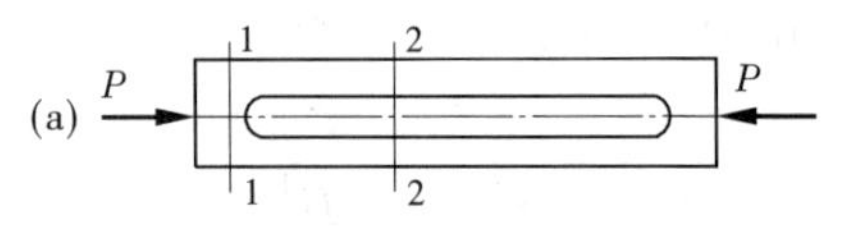

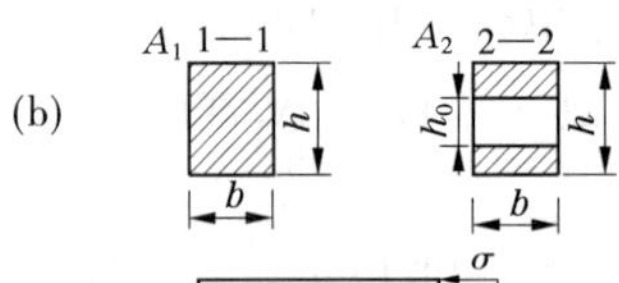

图 6-12

解 (1)计算轴力。用截面法求得杆中各处的轴力为

$$N_1 = N_2 = -P = -30 \text{ kN}$$

(2)求横截面面积。该杆有两种大小不等的横截面面积 A_1 和 A_2,如图 6-12(b)所示,显然 A_2 较小,故中段正应力大,求中段截面面积即可。

$$A_2 = (h - h_0)b = (30 - 15) \times 25 = 375(\text{mm}^2)$$

(3)计算最大正应力,有

$$\sigma_{\max} = \frac{N_2}{A_2} = -\frac{30 \times 10^3}{375} = -80(\text{MPa})$$

故杆内的最大正应力为压应力,大小为 80 MPa,如图 6-12(c)所示。

【例 6-7】 一横截面为正方形的砖柱分上、下两段,其受力情况及各段横截面尺寸如图 6-13(a)所示,$P=60$ kN,试求荷载引起的最大工作应力。

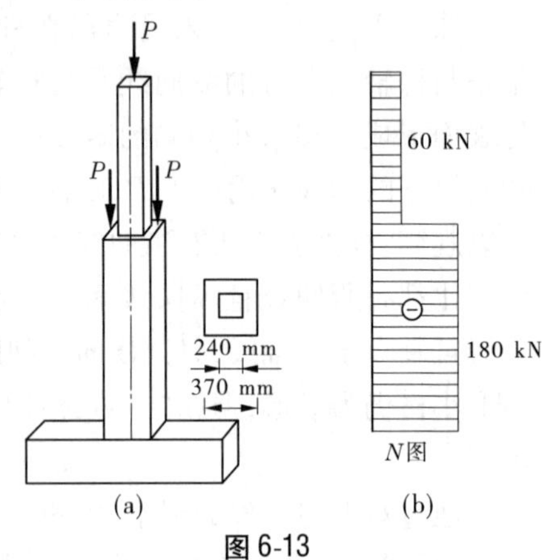

图 6-13

解 (1)首先画立柱的轴力图,如图 6-13(b)所示。

(2)由于砖柱为变截面杆,故需分段求出每段横截面上的正应力,再进行比较确定全柱的最大工作应力。

对于上段,有

$$\sigma_{上} = \frac{N_{上}}{A_{上}} = \frac{-60 \times 10^3}{240 \times 240} = -1.04(\text{N/mm}^2) = -1.04 \text{ MPa}$$

对于下段,有

$$\sigma_{下} = \frac{N_{下}}{A_{下}} = \frac{-60 \times 3 \times 10^3}{370 \times 370} = -1.31(\text{N/mm}^2) = -1.31 \text{ MPa}$$

由上述计算结果可见,砖柱的最大工作应力在柱的下段,其值为 1.31 MPa,是压应力。

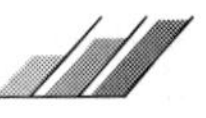

3 斜截面上的应力

以上分析了轴向拉(压)杆横截面上的正应力,但实际工程中轴向拉(压)杆的破坏界面未必都是横截面,如铸铁压缩时沿着约与轴向成45°的斜截面发生破坏。现在研究轴向拉(压)杆斜截面上的应力情况,仍以拉杆为例分析与横截面成α角的任一斜截面$k—k'$上的应力。

设一等直杆两端受到一对大小相等的轴向拉力P作用,如图6-14(a)所示,杆的横截面面积为A,现分析任意斜截面$k—k'$上的应力,截面$k—k'$的方位用它的外法线On与x轴的夹角α表示。斜截面$k—k'$的面积为A_α。用截面法可求得斜截面上的内力为

$$N_\alpha = P$$

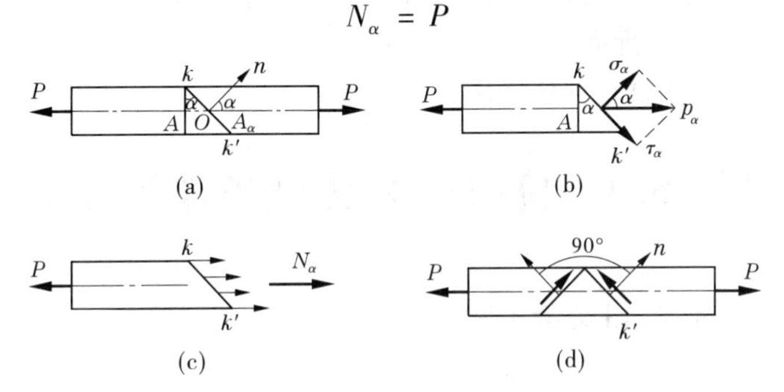

图6-14

仿照求横截面上正应力的分析过程,可得斜截面上各点的全应力p_α相等,则有

$$p_\alpha = \frac{N_\alpha}{A_\alpha} = \frac{P}{A_\alpha}$$

又根据斜截面面积A_α与横截面面积A之间的投影关系:$A_\alpha = \frac{A}{\cos\alpha}$,故

$$p_\alpha = \frac{P}{A_\alpha} = \frac{P}{A}\cos\alpha = \sigma\cos\alpha \tag{6-5}$$

式中:$\sigma = \frac{P}{A}$为横截面上的正应力。

全应力p_α是矢量,可分解成垂直于斜截面的正应力σ_α和与截面相切的剪应力τ_α,如图6-14(b)所示,则

$$\left.\begin{aligned}\sigma_\alpha &= p_\alpha\cos\alpha = \sigma\cos^2\alpha \\ \tau_\alpha &= p_\alpha\sin\alpha = \frac{\sigma}{2}\sin2\alpha\end{aligned}\right\} \tag{6-6}$$

式中:σ、σ_α以杆受拉为正,受压为负;τ_α以相对截面内任一点顺时针转动为正,逆时针转动为负;α为斜截面$k—k'$的方位角,从杆轴线到截面外法线方向逆时针为正,顺时针为负。

由式(6-6)可见,通过拉杆内任意一点的不同斜截面上的正应力σ_α和剪应力τ_α均为α角的函数,其数值随α角呈周期变化;它们的最大值及其所在截面方位可分别由式(6-6)得到

(1)当 $\alpha=0°$时,$\sigma_{0°}=\sigma=\sigma_{max}$,$\tau_{0°}=0$;

(2)当 $\alpha=45°$时,$\sigma_{45°}=\frac{1}{2}\sigma$,$\tau_{45°}=\frac{1}{2}\sigma=\tau_{max}$。

在受力构件内任一点所取的两个相互垂直的截面上,用式(6-6)计算其剪应力

$$\left.\begin{aligned}\tau_{\alpha}&=\frac{1}{2}\sigma\sin2\alpha\\ \tau_{\alpha+90°}&=\frac{1}{2}\sigma\sin2(\alpha+90°)=-\frac{1}{2}\sigma\sin2\alpha=-\tau_{\alpha}\end{aligned}\right\}\tag{6-7}$$

式(6-7)说明杆件内部某点相互垂直的两个截面上,剪应力必然成对出现,两者数值相等且都垂直于两个截面的交线,其方向则同时指向(或背离)交线,这种关系称为剪应力互等定理,如图6-14(d)所示。

以上分析结果对于压杆也同样适用。

课题6.4 拉(压)杆强度条件及应用

1 极限应力、许用应力和安全系数

1.1 极限应力

通过材料的拉伸与压缩试验可知,当塑性材料的应力达到屈服点 σ_s 时,材料将产生显著的塑性变形,不能继续正常工作;脆性材料虽不会产生显著的塑性变形,但当其应力达到强度极限 σ_b 时,材料将立即破坏。所以,任何一种材料都存在一个能承受力的固有极限,把材料断裂或产生较大塑性变形时的应力称为极限应力,用 σ^0 表示。

对于塑性材料

$$\sigma^0=\sigma_s\tag{6-8a}$$

对于脆性材料

$$\sigma^0=\sigma_b\tag{6-8b}$$

1.2 许用应力、安全系数

为了保证构件安全可靠地工作,必须使其实际的最大工作应力不超过材料的某一限值。显然,该限值应小于材料的极限应力,将极限应力 σ^0 缩小 k 倍,称为材料在拉伸(压缩)时的许用应力,用符号[σ]表示,即

$$[\sigma]=\frac{\sigma^0}{k}\tag{6-9}$$

其中,k 是一个恒大于1的系数,称为安全系数。对于塑性材料,k 取值范围为1.5~2.0;对于脆性材料,k 取值范围为2.0~5.0。安全系数是表示构件所具有安全储备量大小的系数,其值通常由设计规范规定。由式(6-9)可见,安全系数的大小直接影响着许用应力。若增大安全系数,虽然构件的强度和刚度得到了保证,但会浪费材料,加大结构自重;若安全系数选得过小,虽然比较经济,但结构的安全性与适用性就得不到可靠的保证,甚至还会引起严重的事故。因此,在选择安全系数时,应该是在满足安全要求的情况下尽

量满足经济要求。其取决于以下几方面的因素：

(1)材料性质。包括材料的质地好坏，均匀程度，是塑性材料还是脆性材料。

(2)荷载情况。包括对荷载的估算是否准确，是静荷载还是动荷载。

(3)构件在使用期内可能遇到的意外事故或其他不利的工作条件等。

(4)计算简图和计算方法的精确程度。

(5)构件的重要性。

表6-1给出了几种常用材料在常温、静载条件下的许用应力值。

表6-1　几种常用材料在常温、静载条件下的许用应力

材料名称	牌号	许用应力	
		轴向拉伸(MPa)	轴向压缩(MPa)
低碳钢	Q235	170	170
低合金钢	16Mn	230	230
灰口铸铁		35～55	160～200
混凝土	C20(200号)	0.45	7
混凝土	C30(300号)	0.6	10.5
红松(顺纹)		6.4	10

2　拉(压)杆的强度条件

要保证杆件在外力作用下有足够的强度，必须使杆内最大工作正应力σ_{max}不超过材料的许用应力，即

$$\sigma_{max}=\frac{N_{max}}{A}\leqslant[\sigma] \tag{6-10}$$

式中：N_{max}为杆内产生的最大轴力；σ_{max}为杆内最大工作应力；A为杆件横截面面积。

通常，在轴向拉(压)杆中，把σ_{max}所在截面称为危险截面，对于轴向拉(压)等直杆，其轴力最大的截面就是危险截面。把σ_{max}所在的点称为危险点。应用轴向拉(压)杆的强度条件可以解决有关强度计算的三类问题。

(1)强度校核。已知杆的材料许用应力$[\sigma]$、杆件截面面积A和承受的荷载，可用式(6-10)校核杆的强度是否满足要求。若$\sigma_{max}=\frac{N_{max}}{A}\leqslant[\sigma]$，强度满足要求；若$\sigma_{max}=\frac{N_{max}}{A}>[\sigma]$，则强度不满足要求。

(2)设计截面尺寸。已知荷载与材料的许用应力$[\sigma]$时，可将式(6-10)改写为

$$A\geqslant\frac{N_{max}}{[\sigma]} \tag{6-11}$$

以确定截面尺寸。

(3)确定许可荷载。已知构件截面面积A和材料的许用应力$[\sigma]$时，可将式(6-10)改写成

$$N_{max}\leqslant[\sigma]A \tag{6-12}$$

以确定许可荷载。

【例 6-8】 如图 6-15(a)所示的屋架,受均布荷载 q 作用。已知屋架跨度 $l=8.4$ m, $h=1.4$ m,荷载集度 $q=10$ kN/m,钢拉杆 AB 的直径 $d=22$ mm,许用应力 $[\sigma]=170$ MPa,试校核该拉杆的强度。

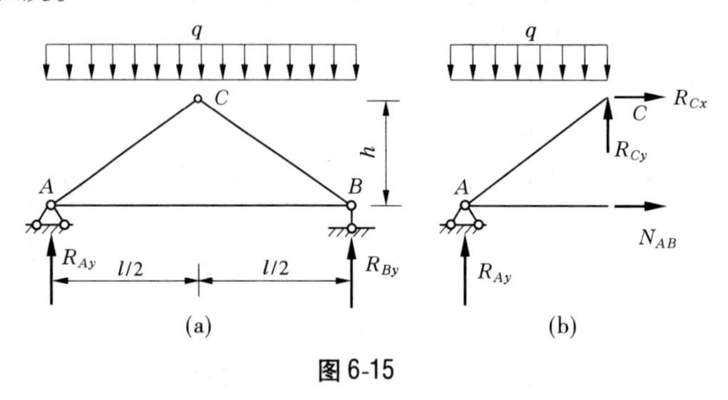

图 6-15

解 (1)求支座反力。因屋架及荷载均左右对称,所以

$$R_{Ay}=R_{By}=\frac{1}{2}\times 10\times 10^3\times 8.4=42\times 10^3(\mathrm{N})$$

(2)求拉杆 AB 的轴力。用截面法截取左半个屋架作为隔离体,如图 6-15(b)所示,由平衡方程得

$$\sum M_C=0 \quad -R_{Ay}\times\frac{1}{2}l+N_{AB}\times h+q\times\frac{1}{2}l\times\frac{1}{4}l=0$$

$$-42\times 10^3\times\frac{8.4}{2}+N_{AB}\times 1.4+10\times 10^3\times\frac{8.4^2}{8}=0$$

得

$$N_{AB}=6.3\times 10^4\ \mathrm{N}$$

(3)求拉杆 AB 横截面上的正应力。由式(6-4)得

$$\sigma_{AB}=\frac{N_{AB}}{\frac{\pi d^2}{4}}=\frac{6.3\times 10^4}{\frac{3.14}{4}\times 22^2\times 10^{-6}}=165.8\times 10^6(\mathrm{Pa})=165.8\ \mathrm{MPa}<[\sigma]=170\ \mathrm{MPa}$$

故该拉杆强度满足要求。

【例 6-9】 某屋架下弦采用两根等肢角钢制成,如图 6-16 所示,已知该下弦承受的轴力为 $N=90$ kN,许用应力 $[\sigma]=140$ MPa,试选择角钢的型号。

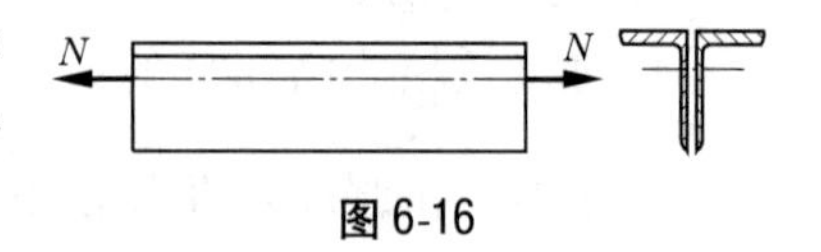

图 6-16

解 根据强度条件确定所需的角钢截面面积为

$$A\geqslant\frac{N}{[\sigma]}=\frac{90\ 000\times 10^6}{140\times 10^6}=642.9(\mathrm{mm}^2)=6.429\ \mathrm{cm}^2$$

查附录型钢表,选 2∟45×45×4,实际面积为 $2\times 3.486=6.972(\mathrm{cm}^2)$。

【例 6-10】 如图 6-17(a)所示某三角架,$\alpha=30°$,斜杆由两根 80 mm×80 mm×7 mm 的等边角钢组成,横杆由两根 10 号槽钢组成,材料均为 Q235 钢,许用应力 $[\sigma]=120$ MPa,求许用荷载 P。

解 围绕 A 点 AB、AC 两杆截开得分离体,如图 6-17(b)所示。假设 N_1 为拉力,N_2 为

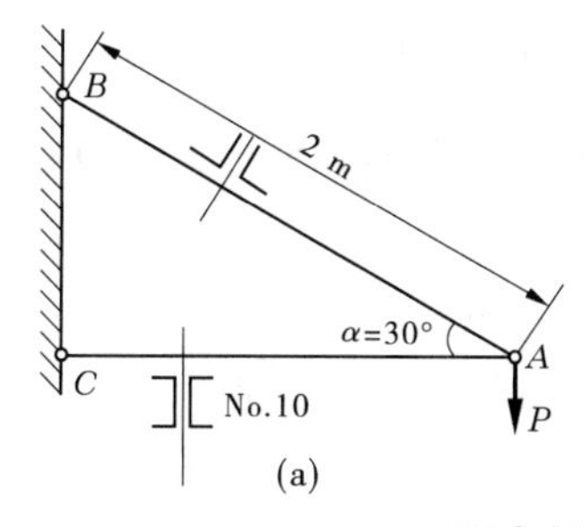

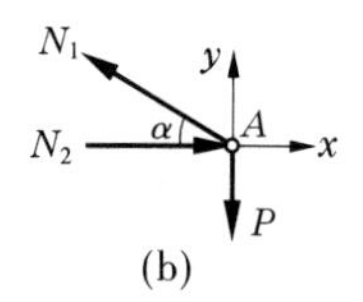

图 6-17

压力。由平衡条件

$$\sum X = 0 \quad N_2 - N_1\cos30° = 0$$

$$\sum Y = 0 \quad N_1\sin30° - P = 0$$

得

$$N_1 = 2P \qquad (a)$$

$$N_2 = 1.732P \qquad (b)$$

由附录的型钢表查得斜杆横截面面积 $A_1 = 10.86 \times 2 = 21.72(\text{cm}^2) = 2\,172\ \text{mm}^2$，横杆横截面面积 $A_2 = 12.748 \times 2 = 25.496(\text{cm}^2) = 2\,549.6\ \text{mm}^2$，由强度条件得到许可轴力

$$[N_1] = 2\,172 \times 10^{-6} \times 120 \times 10^6 = 260.6 \times 10^3(\text{N}) = 260.6(\text{kN})$$

$$[N_2] = 2\,549.6 \times 10^{-6} \times 120 \times 10^6 = 305.95 \times 10^3(\text{N}) = 305.95(\text{kN})$$

将 $[N_1]$、$[N_2]$ 代入式(a)、(b)，得到按斜杆和横杆强度计算的许可荷载

$$[P_1] = [N_1]/2 = 130.3\ \text{kN}$$

$$[P_2] = [N_2]/1.732 = 176.6\ \text{kN}$$

故许用荷载为 $[P] = [P_1] = 130.3\ \text{kN}$。

【例 6-11】 如图 6-18(a)所示结构中，BC 和 CD 都是圆截面钢杆，直径均为 $d = 20$ mm，许用应力 $[\sigma] = 160$ MPa。求此结构的许可荷载 $[P]$。

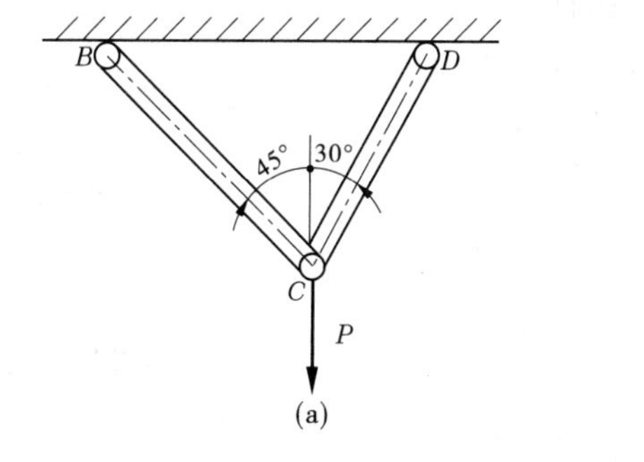

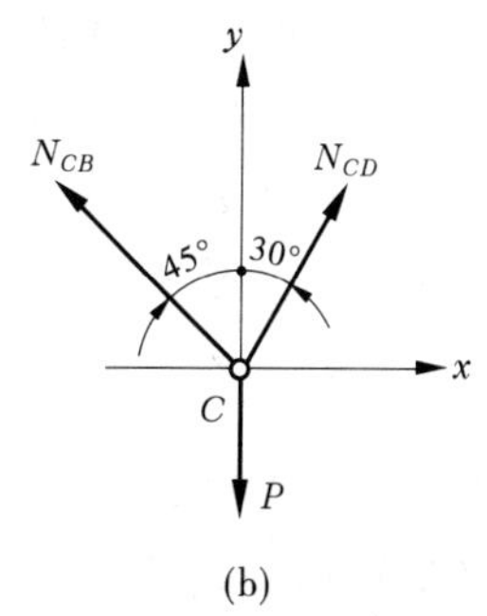

图 6-18

解 (1)求 BC、CD 杆的内力并确定危险截面。

取结点 C 为隔离体，受力分析如图 6-18(b)所示。由平衡条件确定两杆轴力与荷载 P 的关系

$$\sum X = 0 \quad N_{CD}\sin30° - N_{CB}\sin45° = 0$$

$$\sum Y = 0 \quad N_{CD}\cos30° + N_{CB}\cos45° - P = 0$$

联立方程解得

$$N_{CB} = 0.518P, \quad N_{CD} = 0.732P$$

由此可见,CB 杆所受力比 CD 杆小,而两杆的材料及截面尺寸又均相同,若 CD 杆的强度得到满足,则 CB 杆的强度也一定足够,故 CD 杆为危险杆件。

(2)确定许可荷载。由强度条件得

$$\sigma = \frac{N_{CD}}{A} = \frac{4 \times 0.732P}{\pi d^2} \leqslant [\sigma]$$

$$P \leqslant \frac{\pi d^2[\sigma]}{4 \times 0.732} = \frac{3.14 \times 20^2 \times 160}{4 \times 0.732} = 68.6 \times 10^3(\mathrm{N}) = 68.6\ \mathrm{kN}$$

故许可荷载$[P]=68.6$ kN。

课题 6.5　拉(压)杆的变形 虎克定律

1　变形和应变

杆受轴向力作用时,杆的长度会发生变化,杆件长度的改变量称为纵向变形。同时,杆在垂直于轴线方向的横向尺寸将减小(或增大),称为横向变形。下面结合轴向受拉杆的变形情况,介绍一些有关的基本概念。

如图 6-19 所示,设有一原长为 l 的杆,受到一对轴向拉力的作用后,其长度增为 l_1,则杆的纵向变形为

$$\Delta l = l_1 - l$$

拉伸时纵向变形是伸长,规定为正;压缩时纵向变形是缩短,规定为负。

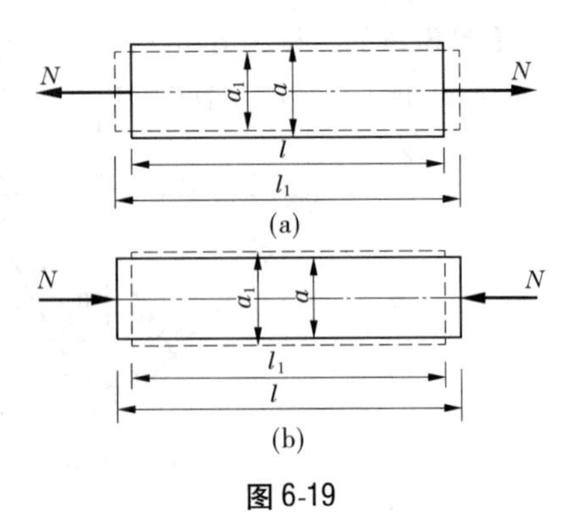

图 6-19

Δl 只反映杆的总变形量,而无法说明杆的变形程度。由于杆的各段是均匀伸长的,所以可用单位长度的变形量来反映杆的变形程度。单位长度的纵向伸长称为纵向线应变,用 ε 表示,即

$$\varepsilon = \frac{\Delta l}{l} \tag{6-13}$$

对于轴向受拉杆的横向变形,设拉杆原横向尺寸为 a,受力后缩小到 a_1,则其横向变形为

$$\Delta a = a_1 - a$$

与之相应的横向线应变 ε' 为

$$\varepsilon' = \frac{\Delta a}{a} \tag{6-14}$$

以上的这些概念同样适用于压杆。

显然，ε 和 ε'都是无量纲的量，其正负号分别与 Δl 和 Δa 的正负号一致。在拉伸时，ε 为正，ε'为负；在压缩时，ε 为负，ε'为正。

试验表明，当杆内应力不超过材料的某一极限（即弹性范围）时，横向线应变 ε'与纵向线应变 ε 的比值的绝对值为一常数，该常数称为横向变形系数或泊松比，用 μ 表示，则

$$\mu = \left|\frac{\varepsilon'}{\varepsilon}\right| \tag{6-15}$$

μ 是无量纲量，其数值因材料而异，通过试验测定。

2　虎克定律

以上所述是有关拉（压）杆变形的一些基本概念。现在来研究拉（压）杆的变形量与其所受力之间的关系。试验证明，在弹性范围内的纵向绝对变形 Δl 与杆的轴力 N、杆的长度 l 成正比，而与杆的横截面面积 A 成反比，即

$$\Delta l \propto \frac{Nl}{A}$$

引入比例常数 E，则有

$$\Delta l = \frac{Nl}{EA} \tag{6-16}$$

这一关系称为虎克定律。式中的比例常数 E 称为弹性模量，其单位为帕（Pa）。E 的数值随材料而异，通过试验测定，其值表示材料抵抗弹性变形的能力。

由式(6-16)可知，轴力 N 和变形 Δl 的正负号是相对应的，当轴力 N 是拉力（为正）时，变形 Δl 伸长为正；反之为负。此外，对长度相等且受力相同的拉（压）杆件，EA 越大，Δl 越小，EA 越小，Δl 越大，故 EA 称为杆件的抗拉（压）刚度。

引入 $\varepsilon = \dfrac{\Delta l}{l}$，$\sigma = \dfrac{N}{A}$，可得虎克定律的另一表达形式

$$\varepsilon = \frac{\sigma}{E} \tag{6-17}$$

式(6-17)表明，在弹性范围内，杆件的正应力与线应变成正比。其适用于弹性范围且要求在 l 长的杆段内，N、E、A 值为常量的单轴应力状态的杆件。虎克定律应用广泛，是工程力学的一个重要定律。

弹性模量 E 和泊松比 μ 都是材料的弹性常数。表 6-2 给出常用材料的 E、μ 值。

表 6-2　常用材料的 E、μ 值

材料名称	E(GPa)	μ
碳素钢	196～216	0.25～0.33
合金钢	186～216	0.24～0.33
灰口铸铁	60～162	0.23～0.27
球墨铸铁	150～180	—
混凝土	15.2～36	0.16～0.18
木材(顺纹)	9～12	—

【例 6-12】 一横截面为正方形的阶梯杆分上下两段,其受力情况、各段尺寸及横截面尺寸如图 6-20 所示。已知 $P=50\ \text{kN}$,若材料弹性模量 $E=3\ \text{GPa}$,试求该杆顶面的位移。

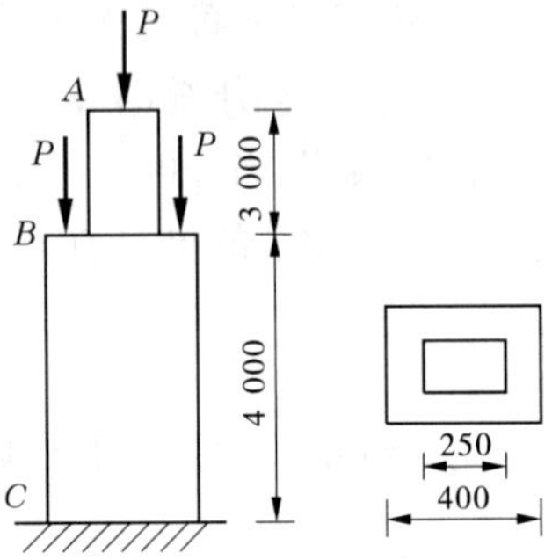

图 6-20 （单位:mm）

解 由于杆分 AB 和 BC 两段,因各段上受力情况及截面尺寸各不相同,因此应分别计算各段变形。杆顶面位移即为两段变形之和。

(1)计算轴力。

AB 段: $N_{AB}=-P=-50\ \text{kN}$

BC 段: $N_{BC}=-3P=-150\ \text{kN}$

(2)计算变形。

AB 段: $A_{AB}=250\times250=62\ 500(\text{mm}^2)$

$$\Delta l_{AB}=\frac{N_{AB}l_{AB}}{EA}=\frac{-50\times10^3\times3}{3\times10^9\times62\ 500\times10^{-6}}=-0.000\ 8(\text{m})=-0.8\ \text{mm}$$

BC 段: $A_{BC}=400\times400=160\ 000(\text{mm}^2)$

$$\Delta l_{BC}=\frac{N_{BC}l_{BC}}{EA}=\frac{-150\times10^3\times4}{3\times10^9\times160\ 000\times10^{-6}}=-0.001\ 25(\text{m})=-1.25\ \text{mm}$$

(3)计算杆顶面位移,有

$$\Delta l=\Delta l_{AB}+\Delta l_{BC}=-0.8-1.25=-2.05(\text{mm})$$

即杆件在压力作用下发生压缩变形,其顶面在力的作用下向下产生大小为 2.05 mm 的位移。

【例 6-13】 一矩形截面钢杆,其宽度 $a=80\ \text{mm}$,厚度 $b=3\ \text{mm}$。在轴向拉力作用下测得钢杆纵向 100 mm 的长度内伸长 0.05 mm,横向 60 mm 的宽度内缩小 0.009 3 mm。设钢的弹性模量 $E=2.0\times10^5\ \text{MPa}$,试求此材料的泊松比和杆件所受轴向拉力。

解 (1)计算泊松比 μ。

杆的纵向线应变为 $\varepsilon=\dfrac{\Delta l}{l}=\dfrac{0.05}{100}=50\times10^{-5}$

杆的横向线应变为 $\varepsilon'=\dfrac{\Delta b}{b}=\dfrac{-0.009\ 3}{60}=-15.5\times10^{-5}$

泊松比为

$$\mu=\left|\frac{-15.5\times10^{-5}}{50\times10^{-5}}\right|=0.31$$

(2)计算轴向拉力。由虎克定律 $\varepsilon=\dfrac{\sigma}{E}$ 得

$$\sigma=E\varepsilon=2.0\times10^5\times50\times10^{-5}=100(\text{MPa})$$

则轴力为

$$N=\sigma A=100\times80\times3=24\ 000(\text{N})=24\ \text{kN}$$

故该杆所受轴向拉力 $F=N=24\ \text{kN}$。

课题6.6　材料在拉伸和压缩时的力学性能

材料在外力作用下所呈现的有关强度和变形方向的特性，称为材料的力学性能。前面所讨论的拉(压)杆的应力和变形计算中，曾涉及材料在轴向拉(压)时的力学性能，如弹性模量和泊松比等，它们都是通过试验来测定的，试验要求在常温、静载的条件下进行。

本节主要介绍几种常用材料在拉伸和压缩时的力学性能。

1　低碳钢在拉伸时的力学性能

低碳钢是工程建设中广泛使用的材料，并且低碳钢试样在拉伸试验中所表现的力学现象比较全面、典型。因此，先来研究它在拉伸时的力学性能。

在做拉伸试验时，应将材料做成标准试件。试验前，先在试样中间较细部分上划两条横线，如图6-21所示。在拉力作用下，横线之间的一段杆各横截面上应力均相同，这一段等直的杆称为工作段，用来测量变形，其长度称为标距，用l表示。为了比较不同粗细的试件工作段的变形程度，通常对试件的标距l与横截面尺寸的关系加以限定：圆形截面标准试件的标距l与截面直径d的关系为$l=10d$(长试件)和$l=5d$(短试件)，矩形截面标准试件的标距l与截面面积A的关系为$l=11.3\sqrt{A}$和$l=5.65\sqrt{A}$。试验通常在万能试验机上进行，其方法是将标准试件安装在万能试验机上，开动试验机，对试件施加静力载荷，即载荷从零缓慢地增加直到试件拉断。在试验过程中，注意观察试验现象并记录各个时刻拉力F与试件绝对变形的数据，将F与Δl的关系按一定的比例绘制成$F\sim\Delta l$曲线，称该曲线为材料的拉伸图，如图6-22(a)所示。试验机与计算机校验，应用软件自动绘图，并可打印。

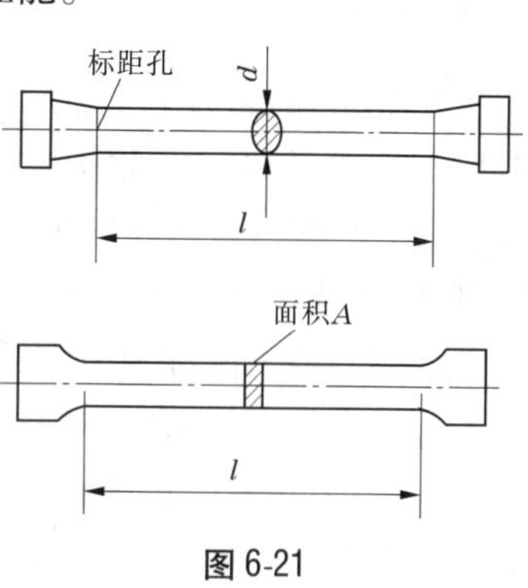

图6-21

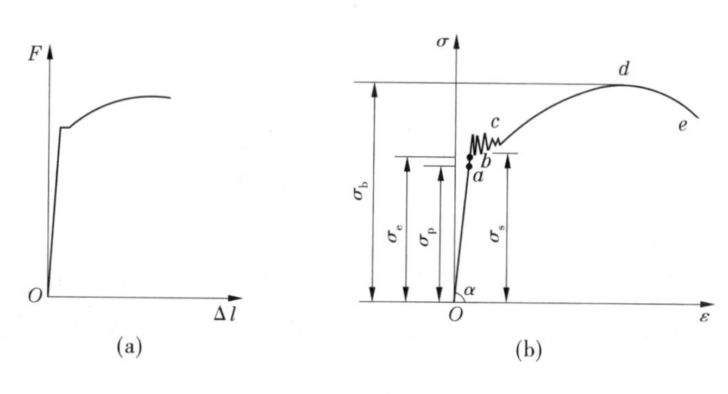

图6-22

由于Δl与原长l及横截面面积A有关，为消除原始尺寸的影响，将纵坐标F除以横截面面积A，横坐标Δl除以原长l，得到应力—应变图，即$\sigma\sim\varepsilon$图，如图6-22(b)所示。

由图 6-22(b)可知,低碳钢在整个拉伸试验过程中,其应力—应变关系大致分为以下四个阶段:

(1)弹性阶段(Ob)。此阶段中材料的变形完全是弹性的,即全部卸载后试件将恢复原长,所以称之为弹性阶段。这一阶段中的 Oa 段为直线,说明应力与应变成正比例关系,故又称为比例阶段,此阶段中的最高点 a 对应的应力值称为比例极限,用 σ_p 表示。过了 a 点以后到 b 点这一段虽然应力与应变不再成正比例关系,但是从此阶段最高点 b 卸载后试件将恢复原长,证明整个 Ob 段为弹性阶段,此段中最高点 b 对应的应力值称为弹性极限,用 σ_e 表示。

比例极限 σ_p 与弹性极限 σ_e 二者虽意义不同但数值接近,在实际测量过程中很难区分,因此实际应用中常把它们统称为弹性极限,认为在弹性极限范围内材料服从虎克定律。Oa 段为直线,其斜率 $\tan\alpha = \dfrac{\sigma}{\varepsilon} = E$ 是常数,即为材料的弹性模量。

(2)屈服阶段(bc)。应力超过弹性极限 σ_e 后应变不断增加,应力则在很小的范围内波动,$\sigma \sim \varepsilon$ 图上为一段接近水平的锯齿形线段 bc,表示试件横截面上的应力几乎不增加,但应变迅速增加,好像材料失去抵抗变形的能力。这一现象称为屈服或流动,这一阶段称为屈服阶段或流动阶段。在 $\sigma \sim \varepsilon$ 图中,屈服阶段 bc 范围内最高点的应力值称为屈服高限,最低点的应力值称为屈服低限。由于屈服高限受很多因素影响不够稳定,而屈服低限较稳定,故常将屈服低限称为材料的屈服极限或屈服点,用 σ_s 表示,屈服点是衡量材料强度的一个重要指标。低碳钢的屈服点约为 240 MPa。当材料处于屈服阶段时,若试件表面光滑,在其表面将出现许多与试件轴线约成 45°方向的斜纹,它们是由于 45°斜面上存在的最大剪应力使材料内部的颗粒间发生相对滑移而引起的,称为滑移线。

(3)强化阶段(cd)。经过屈服阶段,材料重新产生抵抗变形的能力,进入强化阶段,此阶段 $\sigma \sim \varepsilon$ 图为一段向上凸起的曲线 cd,表示若试件继续变形,应力将增大。由于强化阶段中的变形主要为塑性变形,所以比弹性阶段内试件的变形大得多,故此阶段可明显看到试件的横向尺寸在缩小。此阶段中最高点 d 对应的应力称为强度极限,用 σ_b 表示,它是材料能承受的最大值。低碳钢的强度极限约为 400 MPa。

(4)颈缩阶段(de)。当应力达到强度极限后,可以看到试件工作阶段上某一局部长度内的横截面显著收缩,如图 6-23 所示,称这一现象为颈缩现象。由于颈缩部分横截面面积急剧减小,因此荷载读数反而逐渐降低,直到试件被拉断,称此阶段为颈缩阶段,其在图上为一段 d 点后下降的曲线 de。

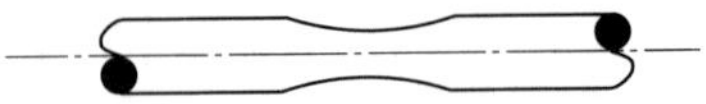

图 6-23

由试验可知,试件在荷载的作用下的变形有两种:弹性变形和塑性变形。试件断裂后,弹性变形消失,塑性变形残留下来。衡量材料塑性性能的指标有两个:伸长率和截面收缩率。

(1)伸长率。试件拉断后的标距长度 l_1 与原标距长度 l 之差再除以 l 的百分比,称为材料的断后伸长率,用 δ 表示,可用下式表示为

$$\delta = \frac{l_1 - l}{l} \times 100\% \qquad (6\text{-}18)$$

工程中常按 δ 的大小把材料分为两大类：$\delta \geq 5\%$ 的材料称为塑性材料，$\delta < 5\%$ 的材料为脆性材料。低碳钢的伸长率 δ 一般为 20% ~30%，属于典型的塑性材料。

(2)截面收缩率。试件原截面面积 A 与断裂后断口处的最小横截面面积 A_1 之差除以 A 的百分比，称为材料的截面收缩率，用 ψ 表示，即

$$\psi = \frac{A - A_1}{A} \times 100\% \tag{6-19}$$

低碳钢的 ψ 值一般为 60% ~70%。

低碳钢冷作硬化，在试验过程中，当加载到强化阶段某一点 f 时，如图 6-24(a)所示，开始逐渐卸载至零，可以发现，在卸载过程中应力—应变曲线沿直线回落到 O_1 点，且卸载直线 fO_1 与弹性阶段内的直线 Oa 基本平行。由$\sigma \sim \varepsilon$图可知，当卸载至应力为零时，试件还残留部分塑性应变(OO_1 部分)，但也恢复部分弹性变形(O_1g 部分)。

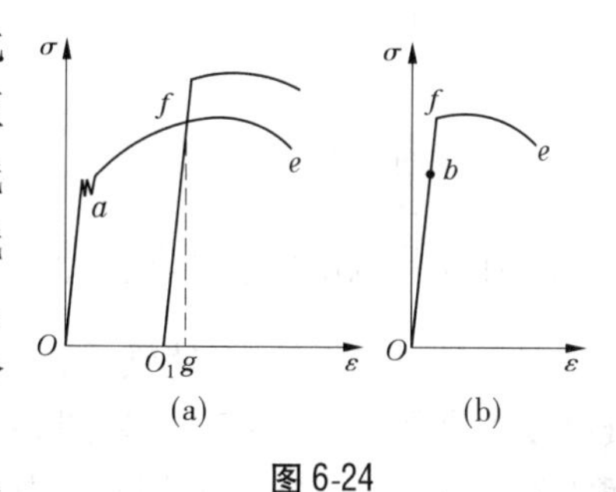

图 6-24

若卸载后立即进行二次加载，则 $\sigma \sim \varepsilon$ 关系基本上仍按卸载时的同一直线关系，直到 f 点(即开始卸载的位置)，如图 6-24(a)所示，而后大体遵循原来 $\sigma \sim \varepsilon$ 曲线关系。显然，通过二次加载，材料的弹性极限由原来 b 点的应力提高到相应于 f 点的应力，如图 6-24(b)所示。这种不经过热处理，只是冷拉到强化阶段再卸载，以此来提高材料强度的方法，称为冷作硬化。应当指出，材料经过冷作硬化后，再加载时其比例极限和屈服极限提高了，但塑性将有所降低。另外，钢筋冷拉后其拉压强度指标并不提高，所以钢筋和混凝土中受压钢筋不用冷拉。冷拉后钢筋提高的强度短时间内不稳定，常温下一般需要放 2 ~3 周才用，这种方法称为时效处理。时效处理后材料的弹性极限还可以提高，强度极限也可以适当提高。

2 其他材料在拉伸时的力学性能

不同的材料有不同的力学性能。与低碳钢在 $\sigma \sim \varepsilon$ 曲线上的相似的材料，还有锰钢以及一些高强度低合金钢，它们与低碳钢相比较，拉伸试验方法相同，屈服极限和强度极限有显著提高，材料所显示的力学性能有较大差别。图 6-25 中分别为锰钢、硬铝、退火球墨铸铁和低碳钢的应力—应变曲线。由图 6-25 比较可得：锰钢、硬铝、退火球墨铸铁不像低碳钢一样有明显的屈服阶段。但是它们断后伸长率都比较大，属于塑性材料。对于没有明显屈服阶段的塑性材料，规定以产生 0.2% 的塑性变形时所对应的应力作为屈服点，称为名义屈服极限，用 $\sigma_{0.2}$表示，如图 6-26 所示。

另外一类典型材料的共同特点是伸长率 δ 很小，为脆性材料。下面以铸铁为代表说明脆性材料拉伸时的力学性能。铸铁拉伸时，从开始受力到最终断裂，变形都不显著，如图 6-27 所示。$\sigma \sim \varepsilon$ 图上没有明显直线部分，也没有屈服阶段和颈缩阶段，只有一个强度值，即断裂时的应力——强度极限 σ_b，其值一般为 100 ~340 MPa。其断后伸长率很小，仅为 0.4% ~0.5%，是典型的脆性材料。铸铁的 $\sigma \sim \varepsilon$ 曲线点无明显的直线部分，但在较小的拉应力下，可以近似地认为服从虎克定律，通常规定某一总应变时 $\sigma \sim \varepsilon$ 曲线的割线

(见图 6-27 中虚线)的斜率作为材料的弹性模量。

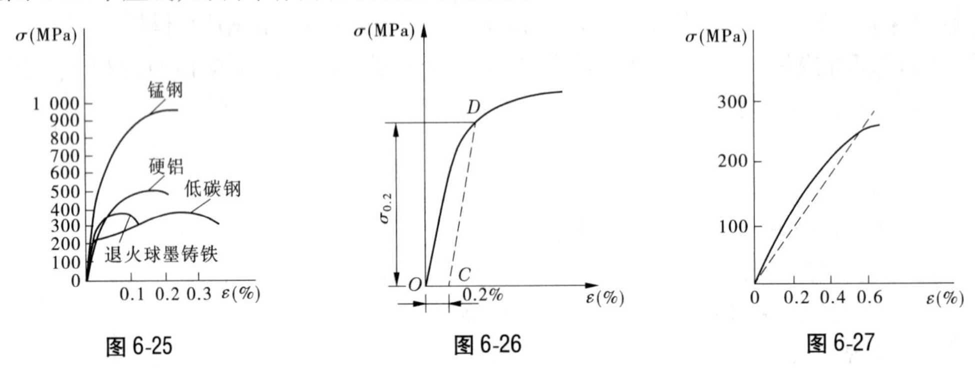

图 6-25　　图 6-26　　图 6-27

3　材料在压缩时的力学性能

金属材料如低碳钢、铸铁等,压缩试件为圆柱形,为避免试件发生弯曲变形,一般规定其高度为直径的 1.5 ~3 倍,如图 6-28(a)所示;非金属材料如石料、混凝土等,试件常采用边长为 200 mm 的立方体试块,如图 6-28(b)所示。

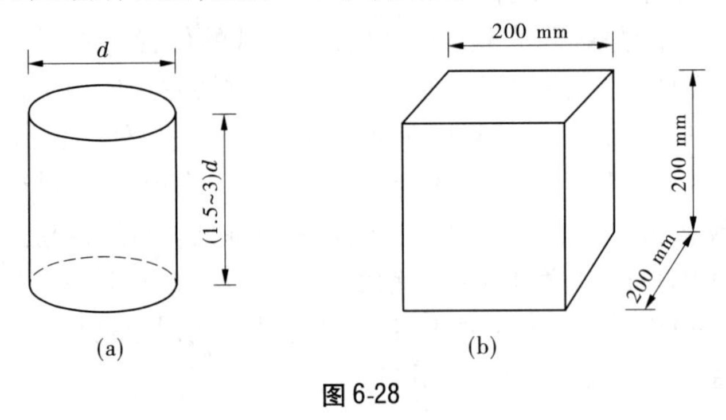

图 6-28

3.1　低碳钢

把低碳钢受压时的 $\sigma \sim \varepsilon$ 曲线(见图 6-29 中实线)和受拉时的 $\sigma \sim \varepsilon$ 曲线(见图 6-29 中虚线)进行比较可以看出:

(1)在屈服阶段前,受拉与受压两条曲线基本重合,可见受压时的弹性模量 E、比例极限 σ_p 和屈服极限 σ_s 与受拉时相同。

(2)超过屈服极限后,受压时的 $\sigma \sim \varepsilon$ 曲线不断上升,其原因是试件的截面不断增大,最后变成了薄饼形。构件受压面积越来越大,不会产生断裂,因此压缩时的强度极限 σ_b 不能测出。

由于钢材受拉和受压时的主要力学性能(E、σ_p、σ_s)相同,所以钢材的力学性能一般都由拉伸试验来测定,不必进行压缩试验。

3.2　铸铁

铸铁是典型的脆性材料,它的压缩试验表明:在 $\sigma \sim \varepsilon$ 曲线上没有明显的直线部分,也没有屈服阶段。强度极限 σ_b 可以测得,其值一般为受拉时的 4 ~5 倍。试件破坏时,沿着接近于 45°的斜面上断裂,如图 6-30 所示,这说明铸铁的抗剪强度低于抗压强度。

对于脆性材料，压缩试验是很重要的。脆性材料如铸铁、混凝土和砖石等，受压的特征也和受拉一样，在很小的变形下就发生破坏，但是抗压的能力远远大于抗拉的能力。所以，脆性材料常用做受压构件，以充分利用其抗压性能。

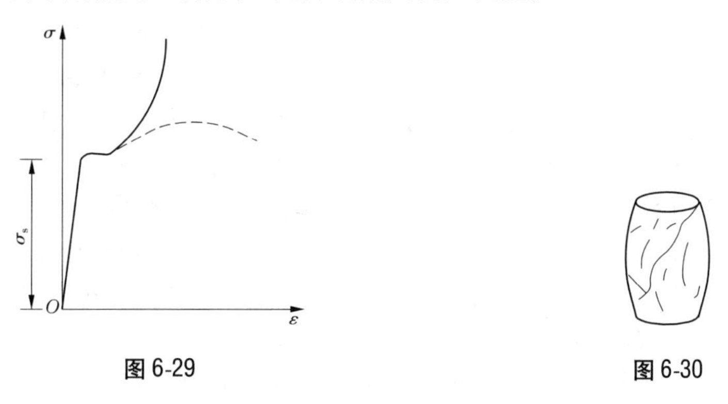

图6-29　　　　图6-30

* 课题6.7　应力集中

1　应力集中的概念

等截面直杆或截面逐渐改变的直杆在轴向拉伸和压缩时，距离作用点较远的横截面上的应力可认为是均匀分布的。但工程上由于实际情况的需要，常在构件上钻孔、开槽，如带有螺纹的拉杆或带有螺栓孔的钢板等，从而引起杆件横截面尺寸或形状发生突变。试验表明，构件在突变处的应力不是均匀分布的，如图6-31所示。由图6-31可见：在孔、槽附近，应力急剧增加；而在距孔、槽稍远处，应力又趋于均匀。这种由于截面尺寸突变而引起的应力局部增大的现象，称为应力集中。

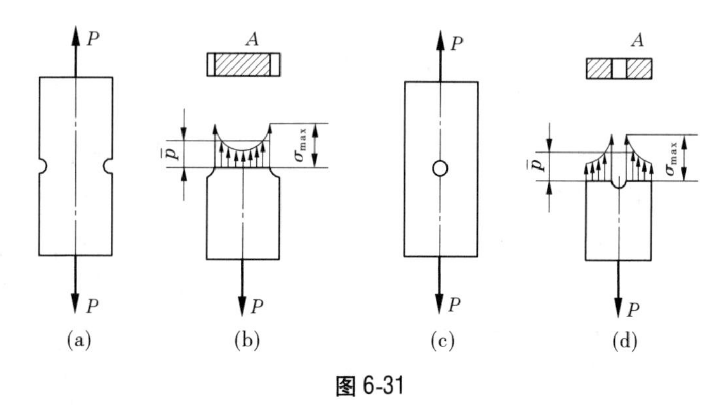

图6-31

试验表明，截面尺寸改变越突然，孔越小、角越尖、局部产生的最大应力 σ_{max} 就越大。在实际工程中，应力集中的程度可用应力集中处的 σ_{max} 与杆被削弱处横截面上的平均应力 $\bar{p}$ 的比值来衡量，此比值称为理论应力集中系数，用 α 表示，其表达式为

$$\alpha = \frac{\sigma_{max}}{\bar{p}} \tag{6-20}$$

α 是大于1的系数，与构件的形状和尺寸有关，而与材料无关。对于工程中常见的大

多数典型构件,α 值可以从有关手册中查到,其值一般为 1.2 ~ 3。

2 应力集中对杆件强度的影响

在静荷载作用下,应力集中对不同力学性能材料的杆件强度影响不同。对于塑性材料构件,因存在屈服阶段,当截面上局部的最大应力 σ_{max} 达到材料的屈服极限 σ_s 时,若继续增加荷载,应变可以继续增大,而应力数值不再增加,增加的荷载就由截面上其余尚未屈服的材料来承担,直至截面上其他点的应力相继增大到屈服极限,杆件丧失工作能力,如图 6-32 所示。上述的应力重分布现象降低了应力不均匀的程度,也限制了最大正应力 σ_{max} 的数值,减小了应力集中的不利影响。因此,静荷载作用下可以不考虑塑性材料构件应力集中的影响。对于由脆性材料制成的构件情况就不同了,因为脆性材料没有屈服阶段,当截面上局部的最大应力达到强度极限 σ_b 时,将因构件在该处产生裂纹而导致构件突然破坏。所以,静荷载作用下应力集中对脆性材料杆件的影响较大,在强度计算中应考虑。当构件受动荷载作用时,不论是塑性材料还是脆性材料都必须考虑应力集中的影响。

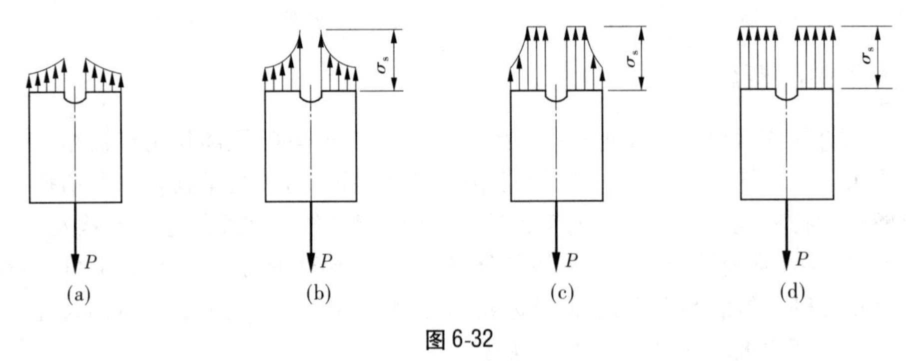

图 6-32

小　结

(1)轴向拉伸与压缩是杆件基本变形形式之一。当外力作用线沿杆件轴线作用时,杆件发生轴向拉伸或压缩变形。

(2)物体由于外力作用所引起的内力的改变量,称为附加内力,简称内力。

(3)轴向拉伸或压缩时的内力——轴力 N,规定轴力拉力为正号,压力为负号。

(4)用截面法求轴向拉(压)杆的轴力,并作出轴力图的步骤如下:

①截开。欲求某一截面的内力,则用一假想截面将杆件截为两部分。

②代替。其中取任一部分作为研究对象,而移走另一部分,用作用于截面上的内力(力或力偶)代替移走部分对留下部分的作用。

③平衡。对留下部分建立平衡方程,根据该部分的力系平衡条件,求得截面上的内力。

逐次地运用截面法,可求得杆件所有横截面上的轴力。以与杆件轴线平行的横坐标轴 x 表示各横截面位置,以纵坐标表示相应的轴力值,正的轴力画在横坐标轴的上方,负的轴力画在横坐标轴的下方,这样作出的图形称为轴力图。

(5)平面假设是研究杆件横截面上应力分布的基础,应用该假设可以推断杆件横截面上的拉(压)正应力是均匀分布的。正应力计算公式如下

$$\sigma = \pm \frac{N}{A}$$

(6)虎克定律描述了应力应变之间的关系,它是材料力学最基本的定律之一。表达式为

$$\Delta l = \frac{Nl}{EA} \quad 或 \quad \sigma = E\varepsilon$$

应用虎克定律可以求杆的纵向变形。

(7)强度计算是材料力学研究的基本问题。轴向拉伸或压缩时,构件的强度条件是

$$\sigma_{max} = \pm \frac{N_{max}}{A} \leqslant [\sigma]$$

其是进行强度校核、设计截面尺寸和确定许可荷载的依据。

思考与练习题

一、简答题

1. 什么是应力? 应力与内力有何区别,又有何联系?

2. 指出下列各概念的区别:变形与应变,弹性变形与塑性变形,正应力与剪应力,工作应力、危险应力与许用应力。

3. 在刚体静力学中介绍的力的可传性原理,在研究变形固体时是否仍然适用?

4. 两根不同材料的等截面直杆,承受着相同的拉力,它们的截面面积与长度都相等,问:①两杆的内力是否相等? ②两杆的应力是否相等? ③两杆的变形是否相等?

5. 什么是平面假设? 提出这个假设有什么实际意义?

6. 在轴向拉(压)杆中,发生最大正应力的横截面上,其剪应力等于零。在发生最大剪应力的截面上,其正应力是否也等于零?

7. 何谓强度条件? 利用强度条件可以解决哪些方面的问题?

二、填空题

1. 虎克定律的定义式为__________,它的另一表达式为__________。

2. 材料的塑性指标有__________和____________,其计算式分别为__________和__________。

3. 低碳钢整个拉伸过程的四个阶段分别为______阶段、______阶段、______阶段和______阶段。

4. 轴向拉压杆件的应力计算公式为________,应力的常用单位有____、____和____,它们的换算关系式为________________。

5. 某一等截面直杆所受的最大轴力的大小是 50 kN,此杆件的横截面面积为 250

mm^2,则其截面上的最大正应力为____ MPa。

6. 一直杆的原长为 2 m,受拉伸长后的总长为 2.04 m,则其杆件的纵向绝对伸长量为______,相对伸长量为______。若杆件材料的弹性模量是 $E=200$ MPa,则其杆件横截面上的正应力为______ MPa。

三、选择题

1. 两杆的截面面积 A、长度 l 以及荷载 P 都相同,但所用的材料不同。以下说法正确的是(　　)。

A. 两杆的变形相同,应力不同　　B. 两杆的变形不同,应力相同

C. 两杆的变形相同,应力相同　　D. 两杆的变形相同,应力相同

2. 一杆件所受的外荷载为 $P=300$ kN,构件的截面面积为 $A=60\ cm^2$,则该杆件横截面上的应力为(　　)。

A. 500 MPa　　B. 5 MPa　　C. 50 MPa　　D. 5 000 MPa

3. 关于轴向拉压杆件的变形,当材料相同时,以下说法正确的是(　　)。

A. 受力相同时,2 m 长的杆件比 1 m 长的杆件变形量大

B. 受力相同时,2 m 长的杆件比 1 m 长的杆件变形量小

C. 受力相同,截面面积相同时,2 m 长的杆件比 1 m 长的杆件变形量大

D. 受力相同,截面面积相同时,2 m 长的杆件和 1 m 长的杆件变形量相同

4. 低碳钢在整个拉伸试验过程中,材料依次经历了四个阶段,它们依次是(　　)。

A. 弹性、强化、屈服和局部收缩　　B. 强化、屈服、弹性和局部收缩

C. 局部收缩、屈服、强化和弹性　　D. 弹性、强化、局部收缩和屈服

5. 低碳钢的拉伸试验过程中,(　　)阶段的特点是应力几乎不变。

A. 弹性　　B. 强化　　C. 颈缩　　D. 屈服

四、解答题

1. 求作图 6-33 所示拉(压)杆的轴力图。

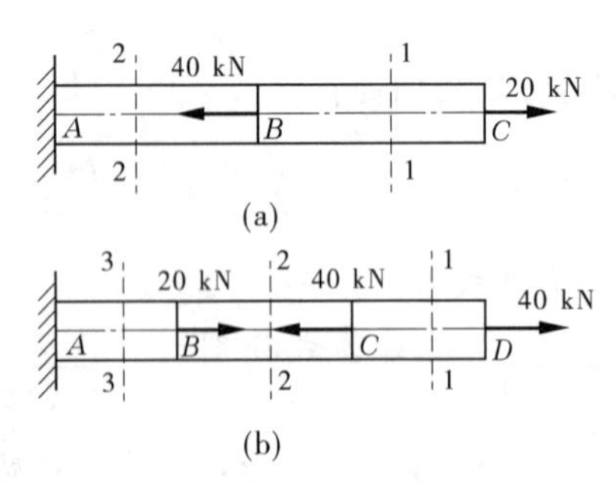

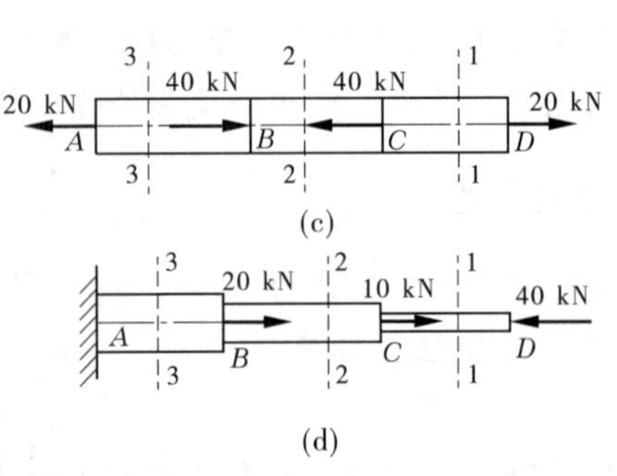

图 6-33

2. 试求图 6-34 所示杆件各指定截面的轴力。

3. 试画出图 6-35 所示各杆的轴力图。

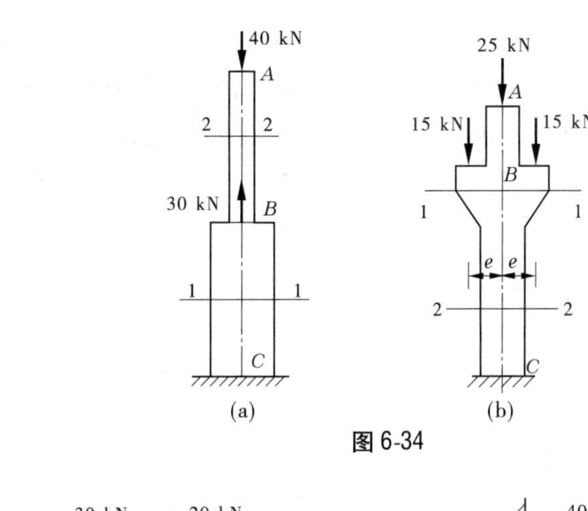

图 6-34

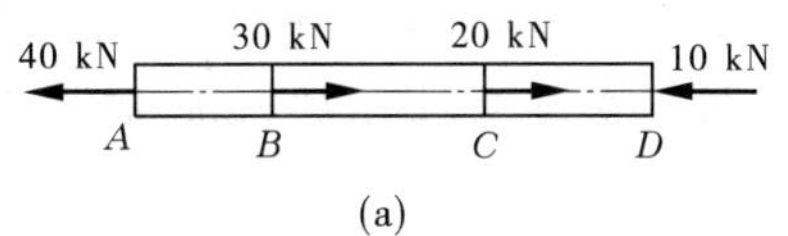

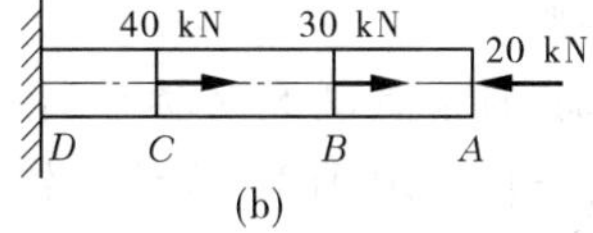

图 6-35

4. 钢杆长 $l=2.5$ m，截面面积 $A=200$ mm^2，受拉力 $P=32$ kN，钢杆的弹性模量 $E=2.0\times10^5$ MPa，试计算此拉杆的伸长量 Δl。

5. 若已知钢丝的纵向线应变 $\varepsilon=0.000\,55$，问钢丝在 10 m、20 m 内的绝对伸长量各是多少？

6. 变截面直杆如图 6-36 所示。已知：$A_1=8$ mm^2，$A_2=4$ mm^2，$E=200$ GPa，求杆的总伸长 Δl。

7. 求下列各杆内的最大正应力。如图 6-37(a)所示为变截面杆，AB 段杆横截面面积为 80 mm^2，BC 段杆横截面面积为 20 mm^2，CD 段杆横截面面积为 120 mm^2，不计自重。如图 6-37(b)所示变截面拉杆，上段 AB 的横截面面积为 40 mm^2，下段 BC 的横截面面积为 30 mm^2，不计自重。

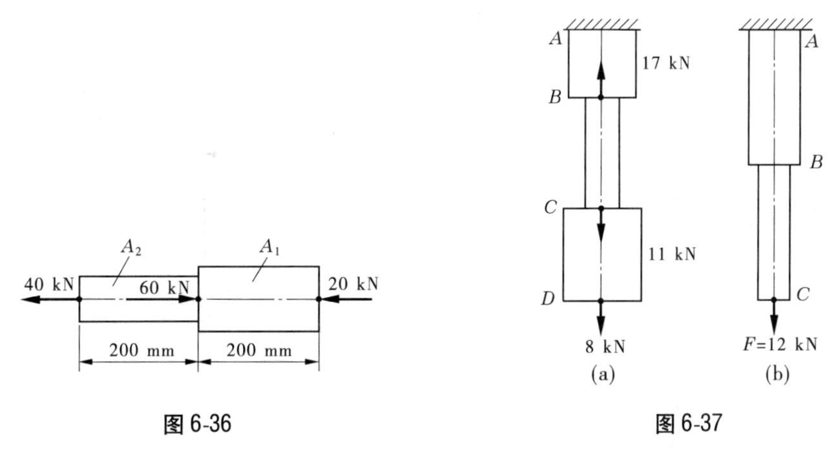

图 6-36

图 6-37

8. 求图 6-38 所示阶梯杆各段横截面上的应力。已知横截面面积 $A_{AB}=200$ mm^2，$A_{BC}=300$ mm^2，$A_{CD}=400$ mm^2。

9. 如图 6-39 所示刚性梁 AB 用两根钢杆 AC 和 BD 悬挂着,受力如图所示。已知钢杆 AC 和 BD 的直径分别为 $d_1=25$ mm 和 $d_2=20$ mm,钢的许用应力$[\sigma]=170$ MPa,弹性模量 $E=2.0\times10^5$ MPa,试校核钢杆的强度,并计算钢杆的变形 Δl_{AC}、Δl_{BD}。

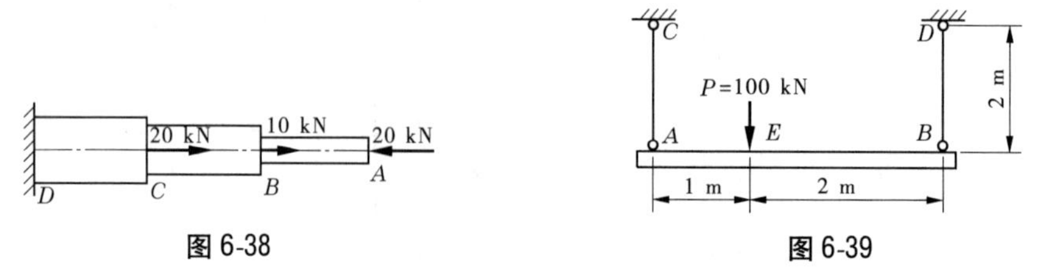

图 6-38　　　　图 6-39

10. 如图 6-40 所示起吊一重 $P=100$ kN 的物体,设绳索的直径 $d=4$ cm,许用拉应力$[\sigma]=100$ MPa,试校核绳索的强度。

11. 如图 6-41 所示,一块厚 10 mm、宽 200 mm 的旧钢板,其截面被直径 $d=20$ mm 的圆孔所削弱,圆孔的排列对称于杆轴。现用此钢板承受轴向拉力 $P=200$ kN。如材料的许用应力$[\sigma]=170$ MPa,试校核钢板的强度。

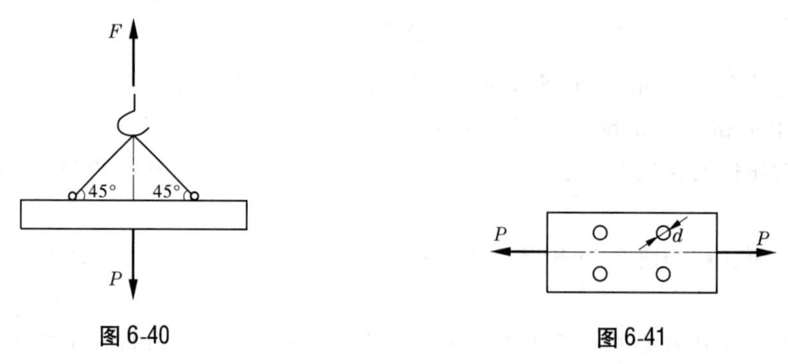

图 6-40　　　　图 6-41

12. 如图 6-42 所示结构,BC 杆由两根等边角钢组成,材料的许用应力$[\sigma]=160$ MPa,试选择此等边角钢的型号。

13. 如图 6-43 所示结构中,AC 杆横截面面积 $A_1=6\ \text{cm}^2$,$[\sigma_1]=160$ MPa,BC 杆横截面面积 $A_2=9\ \text{cm}^2$,$[\sigma_2]=100$ MPa,试确定许可荷载$[P]$。

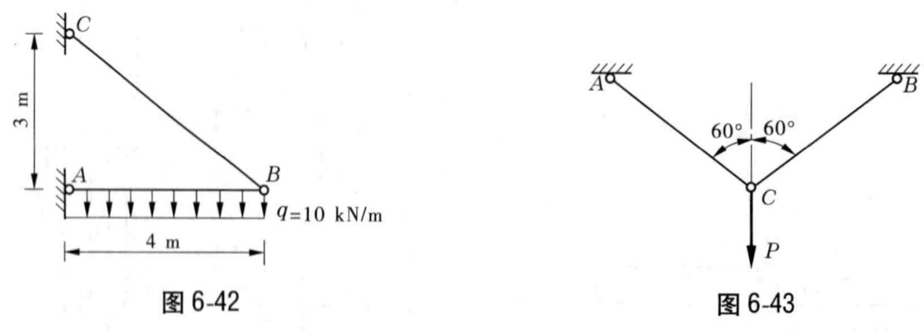

图 6-42　　　　图 6-43

模块 7　剪切与扭转

【学习要求】

- 掌握剪切的概念。
- 掌握连接构件的强度计算。
- 基本掌握扭转的概念。
- 基本掌握扭矩、外力偶矩的计算,扭矩图绘制。
- 基本掌握圆轴扭转时的应力和变形。
- 基本掌握圆轴扭转时的强度和刚度条件。

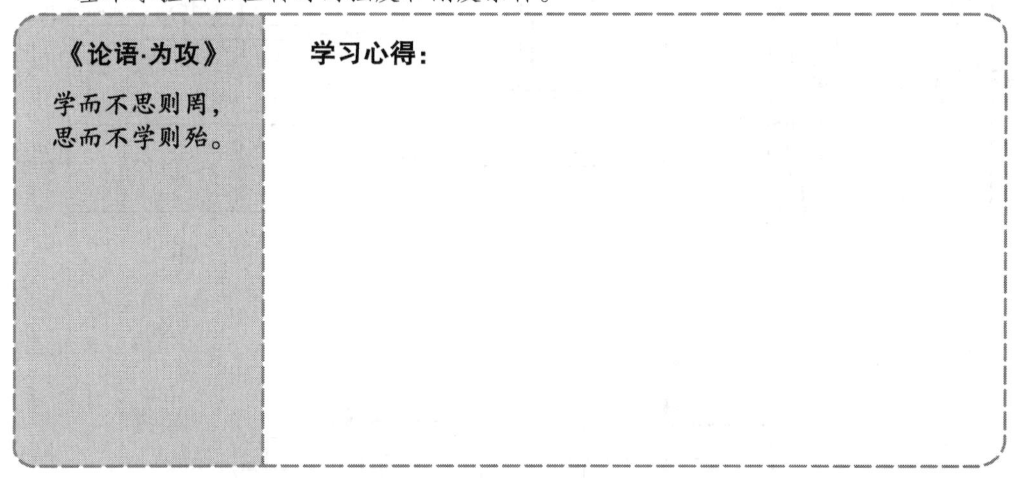

课题 7.1　剪　切

在工程实际中,经常要把若干构件连接起来组成结构。其连接形式各种各样,有螺栓连接、铆钉连接、销轴连接、键连接、榫连接、焊接等。如图 7-1 所示,剪断钢筋、螺栓和销轴连接中的螺栓和销钉,工作时在外荷载作用下,均产生剪切变形。

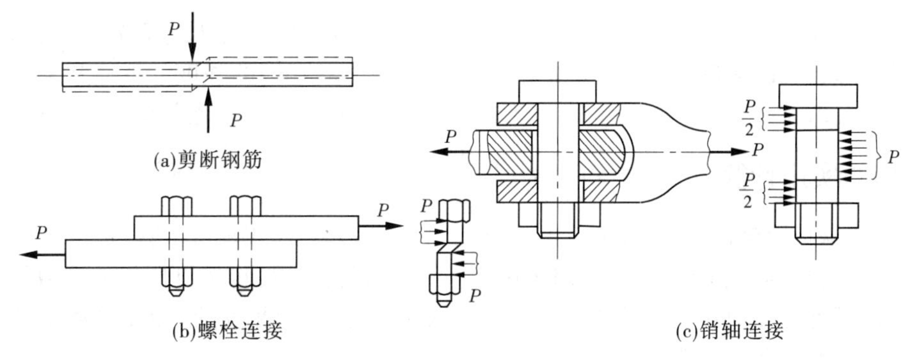

(a)剪断钢筋　(b)螺栓连接　(c)销轴连接

图 7-1

剪切变形的受力特点是:杆件受到垂直杆轴方向的一组等值、反向、作用线相距极近的平行力作用。其变形特点是:二力之间的横截面产生相对错动变形。

再如:两钢管是通过法兰用螺栓连接的,吊装重物的吊具是用销轴连接的,连接钢板通常采用焊接或铆接,机械中的轴与齿轮采用键连接,如图 7-2 所示。这些在受力构件相互连接时,起连接作用的部件,称为连接件。这类构件的受力特点是:作用在构件两侧面上外力的合力大小相等、方向相反、作用线平行,与轴线垂直且相距很近。其变形特点是:介于作用力中间部分的截面有发生相对错动的趋势,构件的这种变形称为剪切变形;发生相对错动的截面称为剪切面,剪切面平行于作用力的方向,m—m 截面为剪切面,如图 7-3 所示。连接件受力后引起的应力,如果超过材料的强度极限,连接件就要破坏而造成工程事故。因此,连接件的强度计算在结构设计中不能忽视。

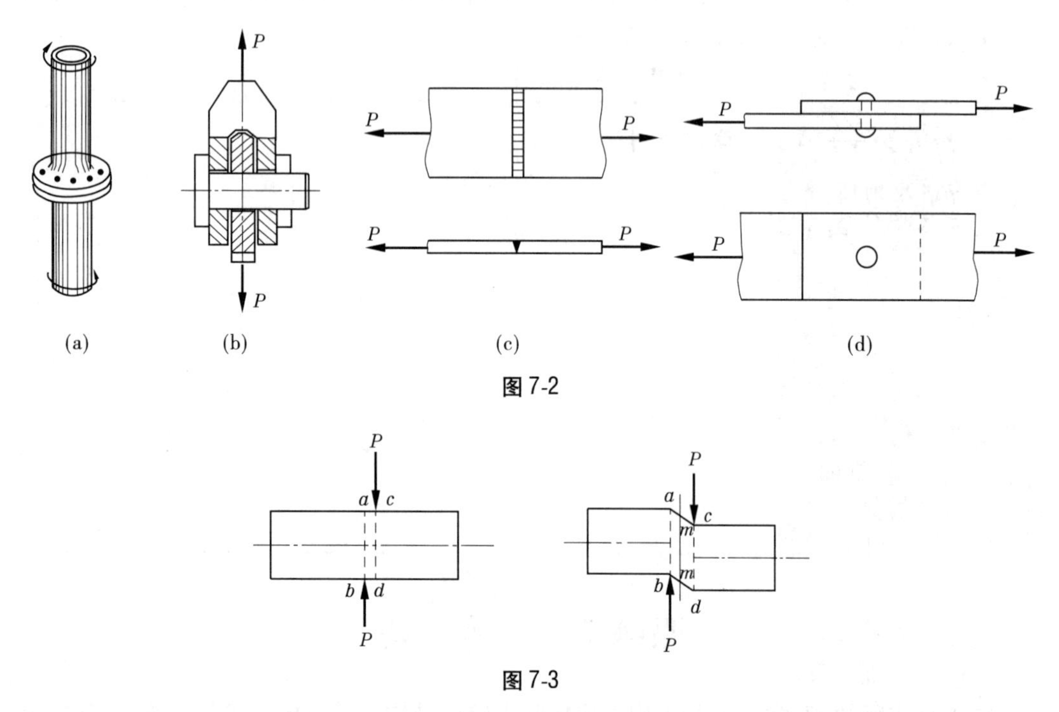

图 7-2

图 7-3

课题 7.2 连接件的实用计算

在工程实际中,广泛应用的连接件,像螺栓、铆钉、销钉等,一般尺寸都较小,受力与变形也比较复杂,难以从理论上计算它们的真实工作应力。它们的强度计算通常采用实用计算来进行,即在试验和经验的基础上,作出一些假设而得到的简化计算。

1 剪切的实用计算

设两块钢板用铆钉连接,如图 7-4(a)所示。钢板受拉时,铆钉在两钢板之间的截面处受剪切,如图 7-4(b)所示,剪切面上的内力可用截面法求得:将铆钉假想地沿剪切面截开,由平衡条件可知剪切面上存在着与外力 P 大小相等、方向相反的内力,称为剪力,用 Q 表示,如图 7-4(c)所示,则有

$$Q = P$$

横截面上的剪力是沿截面切向作用,它由截面上各点处的剪应力 τ 合成而得,如图 7-4(d)所示,剪切面上的剪应力分布情况较为复杂,如图 7-4(d)所示,实用计算中假设剪应力 τ 在剪切面上均匀分布,即

$$\tau = \frac{Q}{A} \tag{7-1}$$

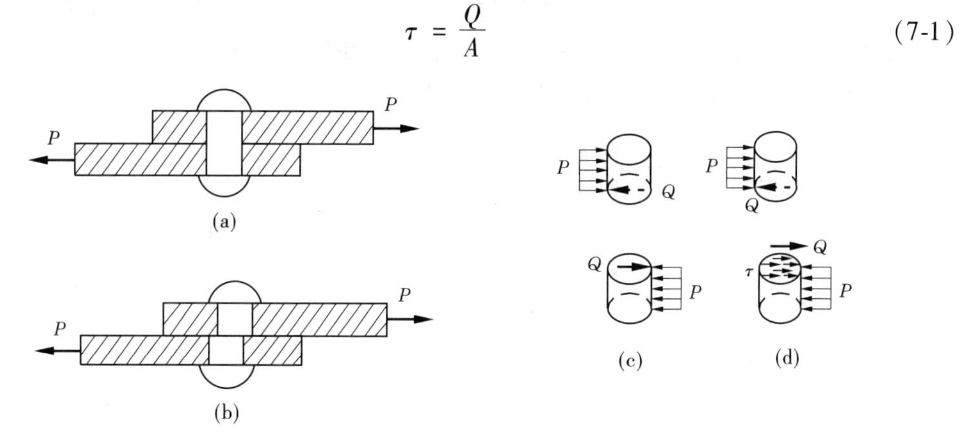

图 7-4

所以,剪切强度条件为

$$\tau_{\max} = \frac{Q_{\max}}{A} \leqslant [\tau] \tag{7-2}$$

式中:$[\tau]$为材料的许用剪应力,其值由试验确定。各种材料的许用剪应力值可在有关手册中查得。

式(7-2)与轴向拉(压)强度条件一样,可以解决三类问题,即校核强度、截面设计和确定许可荷载。

2　挤压的实用计算

连接件除可能被剪切破坏外,还可能发生挤压破坏。所谓挤压,是指两个构件相互传递压力时接触面相互压紧而产生的局部压缩变形。如图 7-5(a)所示铆钉连接中,铆钉与钢板接触面上的压力过大时,接触面上将发生显著的塑性变形或压溃,铆钉被压扁,圆孔变成了椭圆孔,连接件松动,不能正常使用,如图 7-5(b)所示。因此,连接件在满足剪切条件的同时还必须满足挤压条件。连接件与被连接件之间相互接触面上的压力称为挤压力,挤压力的作用面称为挤压面,如图 7-5(c)所示。挤压面上应力称为挤压应力。

挤压面上的挤压应力的分布也很复杂,它与接触面的形状及材料性质有关。例如,钢板上铆钉孔附近的挤压应力分布,如图 7-5(d)所示,挤压面上各点的应力大小与方向都不相同。实用计算中假设挤压应力均匀地分布在挤压面上,即

$$\sigma_c = \frac{F_c}{A_c} \tag{7-3}$$

式中:σ_c 为挤压面上的挤压应力;F_c 为挤压面上的挤压力;A_c 为挤压面的面积。

所以,挤压强度条件为

$$\sigma_{c\max} = \frac{F_{c\max}}{A_c} \leqslant [\sigma_c] \tag{7-4}$$

式中:$[\sigma_c]$为材料的许用挤压应力,其值由试验测定,各种材料的许用挤压应力可在有关手册中查得。$[\sigma_c]$与$[\sigma]$间大致有如下关系:

塑性材料 $[\sigma_c]=(1.5\sim2.5)[\sigma]$

脆性材料 $[\sigma_c]=(0.5\sim1.5)[\sigma]$

关于挤压面面积 A_c 的计算,要根据接触面的情况而定。当实际挤压面为平面时,挤压面面积为接触面面积;当受压面是半圆柱曲面时,在实际计算中,挤压面以正投影面积计算,如图 7-5(e)所示,所得的应力与实际最大应力大致相等。

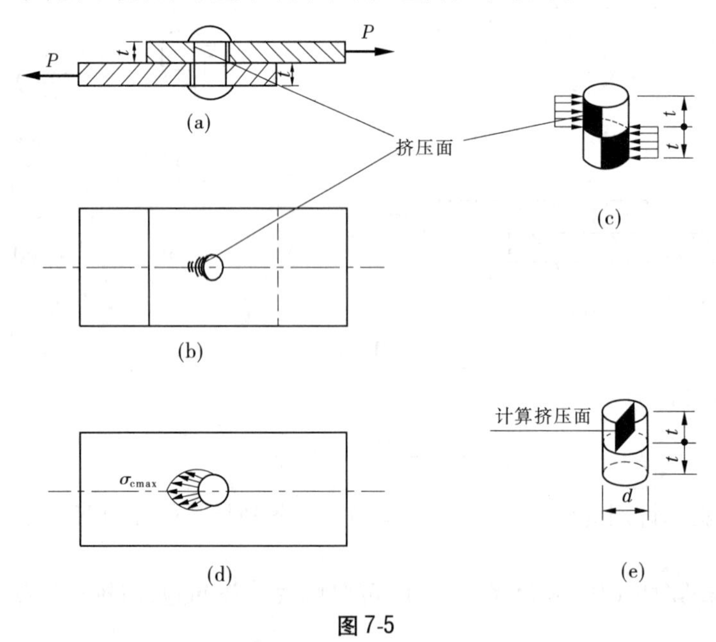

图 7-5

挤压计算中须注意,如果两个相互挤压构件的材料不同,应对挤压强度较小的构件进行计算。

【例 7-1】 如图 7-6(a)所示,已知钢板的厚度 $t=10$ mm,其许用剪应力为$[\tau]=300$ MPa,若用冲床将钢板冲出直径 $d=25$ mm 的孔,问需要多大的冲力 P?

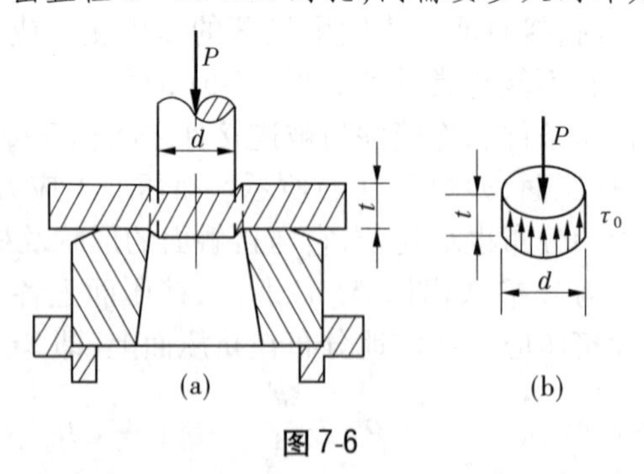

图 7-6

解 剪切面就是钢板被冲头冲出的圆柱体侧面,如图 7-6(b)所示,其面积为

$$A=\pi dt=3.14\times25\times10=785(\text{mm}^2)$$

冲孔所需要的冲力应为

$$P \leqslant A[\tau] = 785 \times 300 = 236 \times 10^3 (\text{N}) = 236 \text{ kN}$$

【例 7-2】 电瓶车挂钩用插销连接如图 7-7(a)所示。已知 $t = 8$ mm，插销的材料为 20 号钢，$[\tau] = 30$ MPa，$[\sigma_c] = 100$ MPa，牵引力 $P = 15$ kN，试确定插销的直径 d。

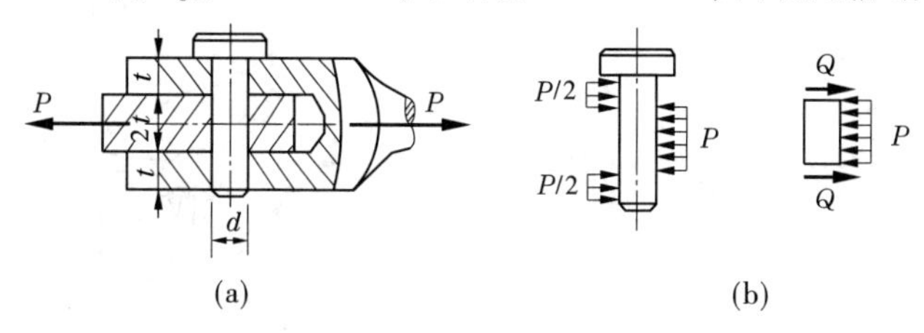

图 7-7

解　插销的受力情况如图 7-7(b)所示

$$Q = \frac{P}{2} = \frac{15}{2} = 7.5(\text{kN})$$

按剪切强度条件设计插销的直径，有

$$A \geqslant \frac{Q}{[\tau]} = \frac{7.5 \times 10^3}{30} = 250(\text{mm}^2)$$

则

$$\frac{1}{4}\pi d^2 \geqslant 250$$

$$d \geqslant 17.8 \text{ mm}$$

按挤压强度条件进行校核，由图示知挤压力为 $F_c = P$，挤压面面积 $A_c = 2td$，则挤压应力为

$$\sigma_{cmax} = \frac{F_{cmax}}{A_c} = \frac{P}{2td} = \frac{15 \times 10^3}{2 \times 8 \times 17.8} = 52.7(\text{MPa}) \leqslant [\sigma_c] = 100 \text{ MPa}$$

所以，挤压强度是足够的，取 $d = 18$ mm。

* 课题 7.3　圆轴扭转

工程上产生扭转变形的杆件称为轴，如机器中的传动轴、汽车方向盘的转向轴等，如图 7-8 所示。其受力特点是：杆件受到垂直杆轴平面内的力偶作用。变形特点是：相邻横截面绕杆轴产生相对旋转变形。

1　功率、转速与外力偶矩之间的关系

研究扭转轴的内力，首先必须确定作用在轴上的外力偶矩，而在工程中，传递转矩的动力机械往往仅标明轴的转速和传递的功率。功率、转速与外力偶矩之间的关系为

$$M_n = 9\,550 \frac{P}{n} \quad (\text{N} \cdot \text{m}) \tag{7-5}$$

式中：P 为轴传递的功率，kW；n 为轴的转速，r/min；M_n 为外力偶矩，N · m。

如果功率的单位为马力，则按式(7-6)计算

$$M_n = 7\,024 \frac{P}{n} \quad (\text{N} \cdot \text{m}) \tag{7-6}$$

式中：P 为轴传递的功率，马力；n 为轴的转速，r/min；M_n 为外力偶矩，N · m。

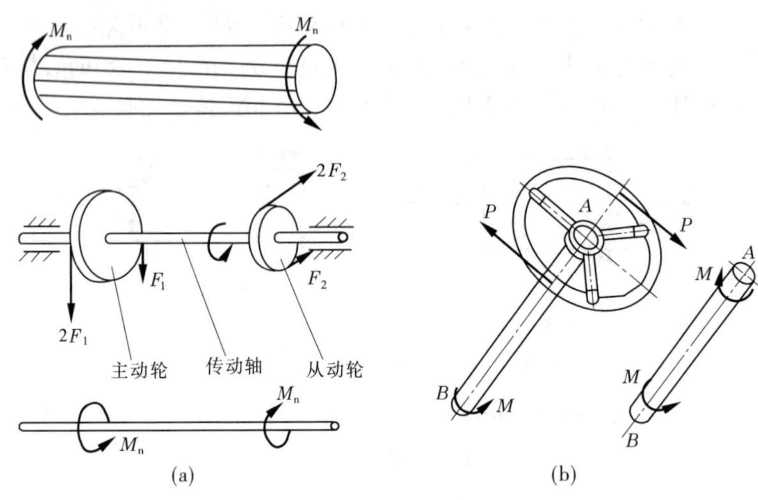

图 7-8

2 扭矩、扭矩图

扭转轴横截面的内力计算仍采用截面法。设圆轴在外力偶矩 M_{n1}、M_{n2}、M_{n3} 作用下产生扭转变形,如图 7-9(a)所示,求其横截面Ⅰ—Ⅰ的内力,步骤如下:

(1)将圆轴用假想的截面Ⅰ—Ⅰ截开,一分为二。

(2)取左段为研究对象,画其受力图如图 7-9(b)所示,去掉的右段对保留部分的作用以截面上的内力 M_n 代替。

(3)由保留部分的平衡条件确定截面上的内力。

由圆轴的平衡条件可知,横截面上与外力偶平衡的内力必为一力偶,该内力偶矩称为扭矩,用 M_n 表示。由平衡条件

$$\sum M = 0 \quad M_{n1} - M_n = 0$$

得

$$M_n = M_{n1}$$

若取右段轴为研究对象,如图 7-9(c)所示,由平衡条件

$$\sum M = 0 \qquad M_{n2} - M_{n3} - M'_n = 0$$

得

$$M'_n = M_{n2} - M_{n3} = M_n$$

为了取不同的研究对象计算同一截面的扭矩时结果相同,扭矩的符号规定为:按右手螺旋法则,以右手四指顺着扭矩的转向,若拇指指向与截面外法线方向一致,扭矩为正,如图 7-10(a)所示;反之为负,如图 7-10(b)所示。

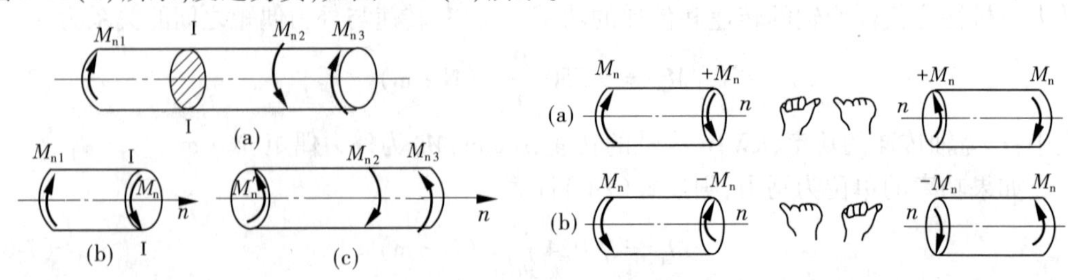

图 7-9　　　　图 7-10

多个外力偶作用的扭转轴,计算横截面上的扭矩时仍采用截面法。归纳以上计算结果,可由轴上外力偶矩直接计算截面扭矩。任一截面上的扭矩等于该截面一侧轴上的所有外力偶矩的代数和,即 $M_n = \sum M_{ni}$,扭矩的符号仍用右手螺旋法则判断:凡拇指指向离开截面的外力偶矩在截面上产生正扭矩,反之产生负扭矩。

为了直观地反映扭矩随截面位置变化的规律,以便确定危险截面,与轴力图相仿可绘出扭矩图。绘制扭矩图要求:选择合适比例将正值的扭矩画在轴线上侧,负值的扭矩画在轴线下侧;图中标明截面位置,截面的扭矩值、单位,并标出正负号。

【例7-3】 传动轴如图7-11(a)所示,主动轮 A 轮输入功率 $P_A = 50$ kW,从动轮 B、C、D 输出功率分别为 $P_B = P_C = 15$ kW,$P_D = 20$ kW,轴转速为 $n = 300$ r/min。试绘制轴的扭矩图。

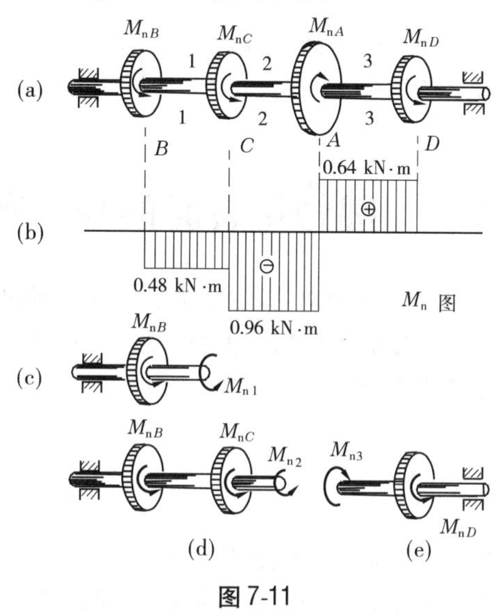

图7-11

解 (1)计算外力偶矩。

$$M_{nA} = 9\,550\frac{P_A}{n} = 9\,550 \times \frac{50}{300} = 1.6 \times 10^3(\text{N} \cdot \text{m}) = 1.6\ \text{kN} \cdot \text{m}$$

$$M_{nB} = M_{nC} = 9\,550\frac{P_B}{n} = 9\,550 \times \frac{15}{300} = 0.48 \times 10^3(\text{N} \cdot \text{m}) = 0.48\ \text{kN} \cdot \text{m}$$

$$M_{nD} = 9\,550\frac{P_D}{n} = 9\,550 \times \frac{20}{300} = 0.64 \times 10^3(\text{N} \cdot \text{m}) = 0.64\ \text{kN} \cdot \text{m}$$

(2)分段计算扭矩。

BC 段:用1—1截面将轴一分为二,取左段为研究对象,画其受力图,假设该截面扭矩为正转向,如图7-11(c)所示。由平衡方程得

$$\sum M = 0 \qquad M_{n1} + M_{nB} = 0$$

$$M_{n1} = -M_{nB} = -0.48\ \text{kN} \cdot \text{m}$$

计算结果为负,说明假设扭矩转向与实际转向相反,为负扭矩。

CA 段:取2—2截面以左段为研究对象,计算2—2截面扭矩,其受力图如图7-11(d)所示。由平衡方程得

$$\sum M = 0 \qquad M_{n2} + M_{nB} + M_{nC} = 0$$

$$M_{n2} = -M_{nB} - M_{nC} = -0.96\ \text{kN}\cdot\text{m}$$

AD 段:取3—3截面右段为研究对象,计算3—3截面扭矩,如图7-11(e)所示。由平衡方程得

$$\sum M = 0 \qquad M_{n3} - M_{nD} = 0$$

$$M_{n3} = M_{nD} = 0.64\ \text{kN}\cdot\text{m}$$

(3)绘扭矩图。

由于扭矩在各段的数值不变,故该轴扭矩图由三段水平线组成,最大扭矩在 *CA* 段,$|M_{nmax}| = 0.96$ kN·m,如图7-11(b)所示。

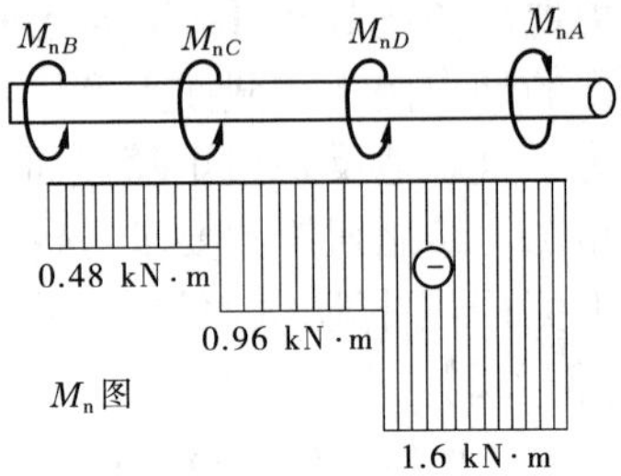

若将该轴主动轮 *A* 装置在轴右端,则其扭矩图如图7-12所示。此时,轴的最大扭矩为$|M_{nmax}| = 1.6$ kN·m。显然,图7-11(a)所示的轮布置比较合理。

M_{nB} M_{nC} M_{nD} M_{nA}
0.48 kN·m
0.96 kN·m
1.6 kN·m
⊖
M_n图

图7-12

*课题7.4 圆轴扭转时的应力和变形

圆轴扭转时横截面上也只有与扭矩对应的剪应力。研究圆轴扭转时剪应力的方法,首先通过试验、观察、假设,然后再由变形的几何关系、变形与应力之间的物理关系以及静力学关系求解横截面上应力和变形的基本公式。

1 圆轴扭转时的应力

1.1 几何关系

观察圆轴的扭转变形,加载前在圆轴表面上画纵向平行线和横向圆周线,如图7-13(a)所示。在外力矩作用下,弹性范围内所观察到的圆轴表面变形现象与薄壁圆管扭转时管表面变形现象完全相同。根据观察到的变形现象可以提出如下假设:圆轴扭转时,原横截面变形后仍为平面,其形状、大小不变,横截面只是刚性地绕轴线转动一个角度,这一假设称为平面假设。

在圆轴上取 d*x* 微段,如图7-13(b)所示,再从微段中用夹角很小的两个径向截面切出楔形体,如图7-13(c)所示。在圆轴扭转变形中,若截面 *n*—*n* 相对截面 *m*—*m* 转动 dφ,由平面假设,截面 *m*—*m* 上的两个半径 O_2c 和 O_2d 均旋转了同一个角度 dφ。圆周表面的矩形 *abdc* 变成了平行四边形 $abd'c'$,*cd* 边相对 *ab* 边的错动为 $cc' = R\mathrm{d}\varphi$,圆周表面上任意点的直角改变量 γ 即为该点的剪应变,即

$$\gamma \approx \tan\gamma = \frac{cc'}{ac} = \frac{R\mathrm{d}\varphi}{\mathrm{d}x}$$

根据平面假设,得到距圆心为 ρ 的任意点的剪应变为

$$\gamma_\rho = \frac{hh'}{\mathrm{d}x} = \rho\frac{\mathrm{d}\varphi}{\mathrm{d}x} = \rho\theta \tag{7-7}$$

式中:$\theta = \dfrac{\mathrm{d}\varphi}{\mathrm{d}x}$为扭转角沿杆长的变化率,称为单位长度扭转角,其单位为 rad/m。对于给定截面,θ 为常数,可见剪应变 γ_ρ 与 ρ 成正比。

式(7-7)表明:横截面上任一点的剪应变 γ_ρ 与该点到圆心的距离 ρ 成正比。因此,所有距

圆心等距离的点，其剪应变都相等。这就是扭转圆轴横截面上任一点剪应变的变化规律。

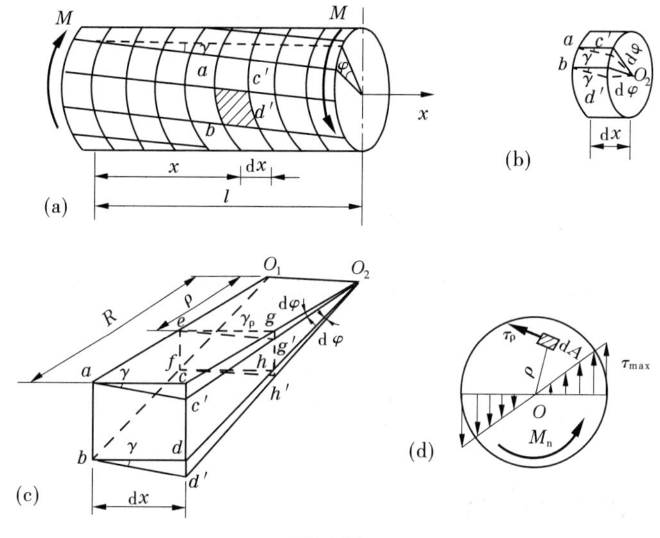

图 7-13

1.2　物理关系

在剪切比例极限范围内，根据剪切虎克定律，得

$$\tau_{\rho} = G\gamma_{\rho} = G\rho\theta \tag{7-8}$$

式中：τ_{ρ} 为横截面上任一点的剪应力；G 为材料的剪切弹性模量，Pa；ρ 为横截面任意一点到圆心的距离；θ 为单位长度扭转角。

式(7-8)表明：扭转圆轴横截面上任一点的剪应力 τ_{ρ} 与该点到圆心的距离 ρ 成正比。由此可见，所有距圆心等距离的点，其剪应力都相等。因为 γ_{ρ} 是垂直于半径平面内的剪应变，所以 τ_{ρ} 的方向应垂直于半径。剪应力沿任一半径的变化情况如图 7-13(d)所示。

1.3　静力学关系

几何关系、物理关系已确定了剪应力在横截面上的分布规律，因为单位长度扭转角 θ 还是个待定的参数，故不能由此计算 τ_{ρ}。θ 的确定，尚需研究静力学关系。

在横截面上距圆心 ρ 处取一微面积 dA，如图 7-13(d)所示。作用在微面积 dA 上的微内力为 $\tau \mathrm{d}A$，此力对 x 轴的力矩为 $\tau \mathrm{d}A\rho$。整个横截面上各点处微内力对轴之矩为 M_{n}，即

$$M_{\mathrm{n}} = \int_A \rho\tau \mathrm{d}A = \int_A G\rho^2\theta \mathrm{d}A = G\theta\int_A \rho^2 \mathrm{d}A$$

式中：积分 $\int_A \rho^2 \mathrm{d}A$ 为圆截面对圆心的极惯性矩 I_{ρ}；直径为 D 的实心圆轴 $I_{\mathrm{p}} = \dfrac{\pi D^4}{32}$。

于是

$$\theta = \frac{\mathrm{d}\varphi}{\mathrm{d}x} = \frac{M_{\mathrm{n}}}{GI_{\rho}} \tag{7-9}$$

式中：M_{n} 为横截面扭矩，N · m；I_{ρ} 为截面对圆心的极惯性矩；GI_{ρ} 为截面抗扭刚度，它反映了材料及截面形状、尺寸对扭转变形的影响。

GI_{ρ} 越大，单位长度扭转角 θ 越小。将式(7-9)代入式(7-8)得

$$\tau_{\rho} = \frac{M_{\mathrm{n}}\rho}{I_{\rho}} \tag{7-10}$$

式(7-10)即扭转圆轴横截面上剪应力的计算公式。它说明圆轴扭转时横截面上的剪应力

τ_ρ 与扭矩 M_n 成正比,且沿半径方向呈线性分布,在圆心处,剪应力为零,在横截面周边各点处,剪应力达到最大值,其值为

$$\tau_{\max} = \frac{M_n}{I_\rho}R$$

令

$$W_\rho = \frac{I_\rho}{R}$$

则有

$$\tau_{\max} = \frac{M_n}{W_\rho} \tag{7-11}$$

式中:W_ρ 称为抗扭截面模量,是反映材料抵抗扭转变形的几何量,其单位为 m^3 或 mm^3。

对于直径为 D 的实心圆轴

$$W_\rho = \frac{I_\rho}{R} = \frac{\frac{\pi D^4}{32}}{\frac{D}{2}} = \frac{\pi D^3}{16} \tag{7-12}$$

对于外径为 D、内径为 d 的空心圆轴,则

$$W_\rho = \frac{I_\rho}{R} = \frac{\frac{\pi D^4}{32}(1-\alpha^4)}{\frac{D}{2}} = \frac{\pi D^3}{16}(1-\alpha^4) \tag{7-13}$$

式中:$\alpha = d/D$。

式(7-9)、式(7-10)、式(7-11)是在材料符合虎克定律的前提下推导出来的,因此这些公式只能是等直圆杆在线弹性范围内扭转时使用。

2 圆轴扭转时的变形

圆轴扭转时,两横截面绕轴线相对转动,产生扭转角 φ。由式(7-9)可得相距为 dx 的两个横截面间的相对扭转角为

$$d\varphi = \frac{M_n}{GI_\rho}dx$$

当扭矩 M_n、抗扭刚度 GI_ρ 为常量时,相距为 l 的两横截面间的扭转角为

$$\varphi = \int_l d\varphi = \int_l \frac{M_n}{GI_\rho}dx = \frac{M_n}{GI_\rho}\int_0^l dx = \frac{M_n l}{GI_\rho} \tag{7-14}$$

式中:φ 为横截面间的扭转角,rad;其他符号意义同前。

式(7-14)表明:扭转角 φ 与扭矩 M_n、轴长 l 成正比;与抗扭刚度 GI_ρ 成反比。在 M_n、l 一定时,GI_ρ 越大,扭转角 φ 越小。

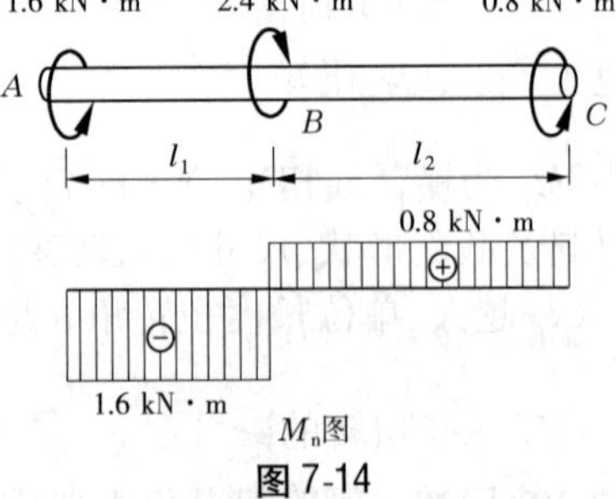

图 7-14

【例 7-4】 如图 7-14 所示的实心圆截面轴,直径 $d=70$ mm,第一段的长度 $l_1=0.4$ m,第二段的长度 $l_2=0.6$ m,所受的荷载如图 7-14 所示。材料的剪切弹性模量 $G=8\times10^4$ MPa。求轴的扭转角 φ。

解 (1)求得两段中的扭矩分别为

$$M_{n1} = -1.6\ \text{kN}\cdot\text{m}$$
$$M_{n2} = 0.8\ \text{kN}\cdot\text{m}$$

(2)计算截面几何参数,有

$$I_{\rho}=\frac{\pi d^{4}}{32}=\frac{3.14\times0.07^{4}}{32}=236\times10^{-8}(\mathrm{m}^{4})$$

(3)计算扭转角,有

$$\varphi=\frac{M_{n1}l_{1}}{GI_{\rho}}+\frac{M_{n2}l_{2}}{GI_{\rho}}=\frac{-1.6\times10^{3}\times0.4+0.8\times10^{3}\times0.6}{8\times10^{4}\times10^{6}\times236\times10^{-8}}=-0.00085(\mathrm{rad})$$

* 课题7.5　圆轴扭转时的强度和刚度条件

1　圆轴扭转时的强度条件

为了保证受扭圆轴安全可靠地工作,必须使圆轴的最大工作剪应力 τ_{max} 不超过材料的扭转许用剪应力$[\tau]$。因此,圆轴的强度条件为

$$\tau_{max}\leqslant[\tau]$$

对于等直圆轴,其强度条件为

$$\tau_{max}=\frac{M_{nmax}}{W_{\rho}}\leqslant[\tau]\tag{7-15}$$

式中:M_{nmax}是扭矩图上绝对值最大的扭矩,最大剪应力 τ_{max} 发生在$|M_{nmax}|$所在截面的圆周上。对于阶梯形变截面圆轴,因为 W_{ρ} 不是常量,故 τ_{max} 不一定发生在 M_{nmax} 所在的截面上。这就要综合考虑扭矩 M_{n} 和抗扭截面模量 W_{ρ} 两者的变化情况来确定 τ_{max}。

在静荷载作用下,扭转许用剪应力$[\tau]$与许用拉应力$[\sigma]$之间有如下关系:

对于塑性材料　　$[\tau]=(0.5\sim0.6)[\sigma]$

对于脆性材料　　$[\tau]=(0.8\sim1.0)[\sigma]$

与轴向拉压相似,应用式(7-15)可解决圆轴扭转时的三类强度问题:

(1)强度校核。已知材料的许用剪应力$[\tau]$、截面尺寸以及所受荷载,直接应用式(7-15)检查构件是否满足强度要求。

(2)选择截面。已知圆轴所受的荷载及所用材料,可按式(7-15)计算 W_{ρ} 后,再进一步确定截面直径。此时,式(7-15)改写为

$$W_{\rho}\geqslant\frac{M_{nmax}}{[\tau]}\tag{7-16}$$

(3)确定许可荷载。已知构件的材料和尺寸,按强度条件计算出构件所能承担的扭矩 M_{nmax},再根据扭矩与外力偶的关系,计算出圆轴所能承担的最大外力偶。此时,式(7-15)改写为

$$M_{nmax}\leqslant[\tau]W_{\rho}\tag{7-17}$$

2　圆轴扭转时的刚度条件

对于承受扭转的圆轴,不仅要满足强度条件,还必须满足刚度条件,即要求轴的扭转变形不能超过一定的限度。通常,规定单位长度扭转角的最大值不应超过规定的允许值

$[\theta]$,即

$$\theta_{max} = \frac{M_{nmax}}{GI_{\rho}} \leqslant [\theta] \tag{7-18}$$

式中:$[\theta]$为许用单位长度扭转角,rad/m。

在工程中,许用单位长度扭转角$[\theta]$的单位常改用度/米(°/m),故式(7-18)可改写为

$$\theta_{max} = \frac{M_{nmax}}{GI_{\rho}} \times \frac{180}{\pi} \leqslant [\theta] \tag{7-19}$$

【例7-5】 一电机传动钢轴,直径 $d = 40$ mm,轴传递的功率为 30 kW,转速 $n = 1\ 400$ r/min。轴的许用剪应力$[\tau] = 40$ MPa,剪切弹性模量 $G = 8 \times 10^4$ MPa,轴的许用扭转角$[\theta] = 2°/\text{m}$,试校核此轴的强度和刚度。

解 (1)计算外力偶矩和扭矩。

求外力偶距为

$$M_n = 9.55\frac{P}{n} = 9.55 \times \frac{30}{1\ 400} = 0.205(\text{kN} \cdot \text{m}) = 205 \times 10^3\ \text{N} \cdot \text{mm}$$

由截面法求得轴横截面上的扭矩为

$$M_{nmax} = 205 \times 10^3\ \text{N} \cdot \text{mm}$$

(2)强度校核。

将 $M_{nmax} = 205 \times 10^3\ \text{N} \cdot \text{mm}$,$W_{\rho} = \frac{\pi}{16}D^3 = \frac{\pi}{16} \times 40^3 = 1.257 \times 10^4(\text{mm}^3)$,代入式(7-15)得

$$\tau_{max} = \frac{M_{nmax}}{W_{\rho}} = \frac{205 \times 10^3}{1.257 \times 10^4} = 16.3(\text{MPa}) < [\tau] = 40\ \text{MPa}$$

故强度条件满足。

(3)刚度校核。由式(7-19)得

$$\theta_{max} = \frac{M_{nmax}}{GI_{\rho}} \times \frac{180}{\pi} = \frac{205 \times 10^3}{8 \times 10^4 \times 2.51 \times 10^5} \times \frac{180}{3.14}$$

$$= 0.59 \times 10^{-3}(°/\text{mm}) = 0.59\ °/\text{m} < 2\ °/\text{m}$$

故刚度条件满足。

【例7-6】 如图7-15(a)所示某汽车传动轴简图,轴选用无缝钢管,其外径 $D = 90$ mm,内径 $d = 85$ mm。许用剪应力$[\tau] = 60$ MPa,剪切弹性模量 $G = 8 \times 10^4$ MPa,许用扭转角$[\theta] = 2\ °/\text{m}$。试求:

(1)轴能承受的最大扭矩;

(2)在最大扭矩作用下钢管内外壁的剪应力,并画出横截面的应力分布图。

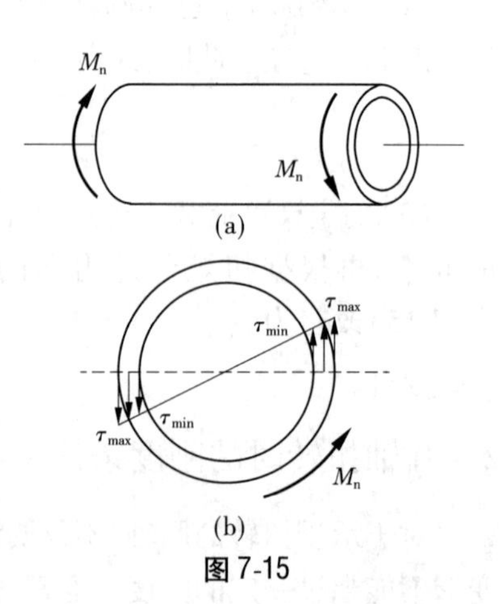

图7-15

解 1.确定最大扭矩

(1)按强度条件计算,有

$$\alpha = \frac{d}{D} = \frac{85}{90} = 0.944$$

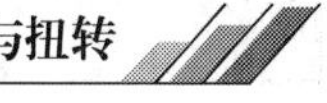

$$W_\rho = \frac{\pi D^3}{16}(1-\alpha^4) = \frac{3.14\times 90^3}{16}\times(1-0.944^4) = 29\ 454(\text{mm}^3)$$

$$M_{\text{nmax}} \leqslant [\tau]W_\rho = 60\times 29\ 454 = 1.77\times 10^6(\text{N}\cdot\text{mm}) = 1.77\ \text{kN}\cdot\text{m}$$

(2)按刚度条件校核,则有

$$\theta = \frac{M_{\text{nmax}}}{GI_\rho}\times\frac{180}{\pi} = \frac{1.77\times 10^6}{8\times 10^4\times 29\ 454\times\dfrac{90}{2}}\times\frac{180}{3.14} = 0.956\ 9\times 10^{-3}(°/\text{mm})$$

$$= 0.956\ 9\ °/\text{m} < [\theta] = 2\ °/\text{m}$$

刚度条件满足要求,所以轴能承受的最大扭矩为 1.77 kN·m。

2.求 $\tau_{外}$ 和 $\tau_{内}$

$$I_\rho = \frac{\pi D^4}{32}\left[1-\left(\frac{85}{90}\right)^4\right] = 1.32\times 10^6(\text{mm}^4)$$

在最大扭矩作用下,有

$$\tau_{外} = \tau_{\max} = [\tau] = 60\ \text{MPa}$$

$$\tau_{内} = \tau_{\min} = \frac{M_{\text{nmax}}\cdot\rho}{I_\rho} = \frac{1.77\times 10^6\times 85}{1.32\times 10^6\times 2} = 56.99(\text{MPa})$$

横截面剪应力的分布如图 7-15(b)所示。

【例7-7】 如果把例 7-6 的轴改为实心圆轴,求在最大扭矩相同情况下的实心圆轴直径,并比较空心轴与实心轴的重量。

解 设与空心轴承受的最大扭矩相同情况下的实心轴直径为 d_1,该实心轴的许用剪应力$[\tau]=60$ MPa,在两轴长度相等、材料相同的情况下,空心轴与实心轴重量之比即其横截面面积之比。

(1)按强度条件确定实心圆轴直径。

$$\tau_{\max} = \frac{M_{\text{nmax}}}{W_\rho} = \frac{1.77\times 10^6}{\dfrac{\pi}{16}d_1^3} \leqslant 60(\text{MPa})$$

$$d_1 \geqslant \sqrt[3]{\frac{16\times 1.77\times 10^6}{3.14\times 60}} = 53.2(\text{mm})$$

则

$$\frac{A_{空}}{A_{实}} = \frac{\dfrac{\pi}{4}(D^2-d^2)}{\dfrac{\pi}{4}d_1^2} = \frac{90^2-85^2}{53.2^2} = 0.31$$

(2)比较空心轴与实心轴重量。

由此可见,在荷载相同的条件下,空心轴的重量仅为实心轴的 31%,其减轻自重节省材料是非常明显的。这是因为横截面上的剪应力沿半径按直线规律分布,轴心部分的剪应力很小,材料未能充分发挥作用。若把轴心附近的材料向边缘移动,使其成为空心圆轴,就能增大 I_ρ 和 W_ρ,从而提高轴的强度。

小　结

(1)剪切变形的受力特点:杆件受到垂直杆轴方向的一组等值、反向、作用线相距极近的平行力作用。变形特点:二力之间的横截面产生相对错动变形。

(2)剪切强度条件为

$$\tau_{max} = \frac{Q_{max}}{A} \leqslant [\tau]$$

(3)挤压强度条件为

$$\sigma_{cmax} = \frac{F_{cmax}}{A_c} \leqslant [\sigma_c]$$

(4)扭转是杆件四种基本变形之一,主要讨论圆截面等直杆的扭转。扭转变形的受力特点:杆件受到垂直杆轴平面内的力偶作用。变形特点:相邻横截面绕杆轴产生相对旋转变形。

(5)功率、转速与外力偶矩之间的关系如下:

功率单位为 kW 时　　$M_n = 9\ 550\frac{P}{n}$　(N·m)

功率单位为马力时　　$M_n = 7\ 024\frac{P}{n}$　(N·m)

(6)扭转时杆件横截面上的内力可用截面法求得。它是作用在横截面所在平面的内力偶,称为扭矩。

(7)圆轴扭转时,变形符合平面假设。由此可得变形的几何关系,再用剪切虎克定律和静力关系,导出圆轴扭转时横截面上的剪应力公式

$$\tau_\rho = \frac{M_n \rho}{I_\rho}$$

(8)圆轴扭转时变形公式为

$$\theta = \frac{M_n}{GI_\rho}$$

(9)圆轴扭转时的强度、刚度条件为

$$\tau_{max} = \frac{M_{nmax}}{W_\rho} \leqslant [\tau]$$

$$\theta_{max} = \frac{M_n}{GI_\rho} \times \frac{180}{\pi} \leqslant [\theta]$$

(10)用强度、刚度条件解决实际问题的步骤如下:

①求出轴上外力偶矩;

②计算扭矩和作出扭矩图;

③分析危险截面;

④列出危险截面的强度、刚度条件并进行计算。

思考与练习题

一、简答题

1. 什么是挤压？挤压和压缩有什么区别？

2. 什么是剪切面和挤压面？

3. 挤压面与计算挤压面是否相同？举例说明。

4. 直径和长度相同而材料不同的两根轴，在相同的扭矩作用下，它们的最大剪应力是否相同？扭转角是否相同？

5. 试分析如图 7-16 所示扭转剪应力分布是否正确。为什么？

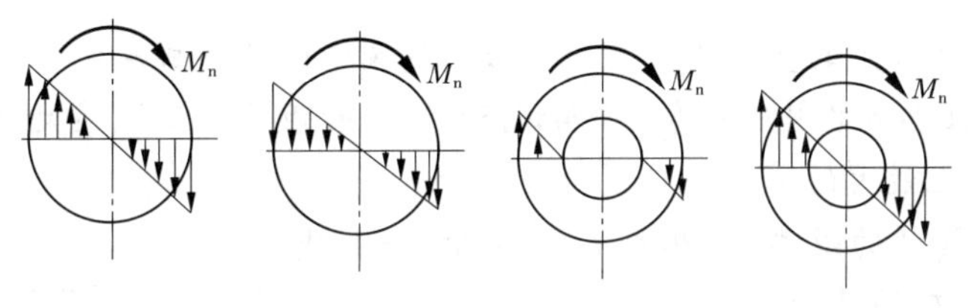

图 7-16

6. 阶梯轴的最大扭转剪应力是否一定发生在最大扭矩所在的截面上，为什么？

7. 空心圆杆截面如图 7-17 所示，其极惯性矩及抗扭截面模量是否按下式计算？为什么？

$$I_\rho = \frac{\pi D^4}{32} - \frac{\pi d^4}{32}$$

$$W_\rho = \frac{\pi D^3}{16} - \frac{\pi d^3}{16}$$

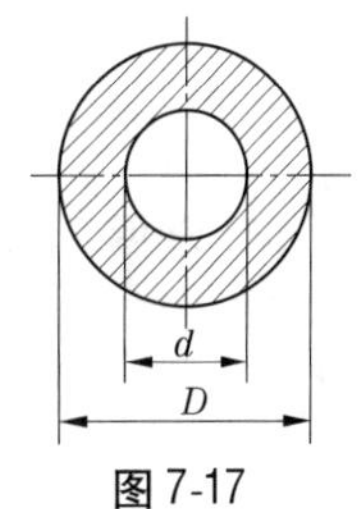

图 7-17

二、填空题

1. 剪切变形的受力特征为：受有一对垂直于杆件轴线的大小______、方向______、作用线相距很近的平行外力的作用。

2. 对扭矩正负号的规定是右手螺旋法则：以右手拇指表示截面外法线方向，扭矩与四指的握向______时为正值，________时为负值。

3. 圆形截面杆的直径为 D，则其截面对圆心的极惯性矩为__________。

4. 某圆轴两端受有一对等大、反向 80 kN · m 的集中力偶作用，如图 7-18 所示，该圆轴的扭矩大小为____ kN · m。

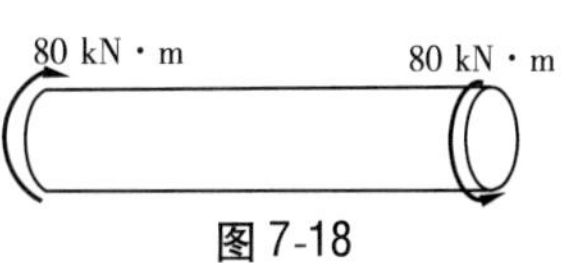

图 7-18

三、选择题

1. 圆环形截面的内径为 d，外径为 D，$\alpha = \dfrac{d}{D}$，则其对圆心的极惯性矩 I_ρ 和抗扭截面模量 W_ρ 的公式中，错误的是(　　)。

A. $I_{\rho}=\frac{\pi}{32}(D^4-d^4)$　　B. $I_{\rho}=\frac{\pi}{32}D^4(1-\alpha^4)$

C. $W_{\rho}=\frac{\pi}{16}D^3(1-\alpha^4)$　　D. $W_{\rho}=\frac{\pi}{16}D^3(1-\alpha^3)$

2. 关于剪切面上剪应力的分布情况,以下说法错误的是(　　)。

A. 剪切面上的剪应力分布较复杂

B. 剪切面上的剪应力分布是均匀的

C. 在实用计算中,假设剪切面上的剪应力分布是均匀的

D. 在实用计算中,剪应力的计算公式是 $\tau=\frac{Q}{A}$

3. 圆轴扭转时,其横截面上的剪应力分布情况,以下说法正确的是(　　)。

A. 横截面上各点的剪应力都相等

B. 横截面上各点的剪应力的大小与该点到圆心的距离成反比

C. 横截面上各点的剪应力的大小与该点到圆心的距离成正比,最大的剪应力在圆周上

D. 横截面上最大的剪应力在圆心处

4. 利用扭矩计算的规律,计算图 7-19 所示 1—1 截面的扭矩的过程中,正确的是(　　)。

A. $M_{n1}=M_B-M_C$　　B. $M_{n1}=-M_B+M_C$

C. $M_{n1}=M_B+M_C$　　D. $M_{n1}=-M_A$

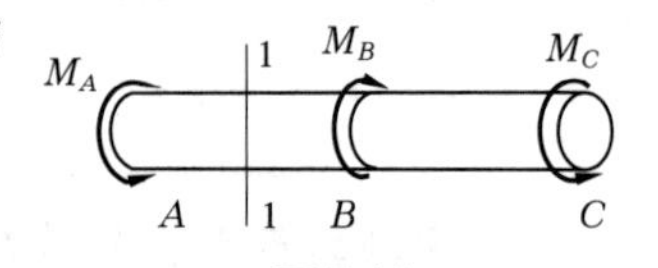

图 7-19

四、解答题

1. 求图 7-20 所示各轴中各段扭矩,并画出扭矩图。

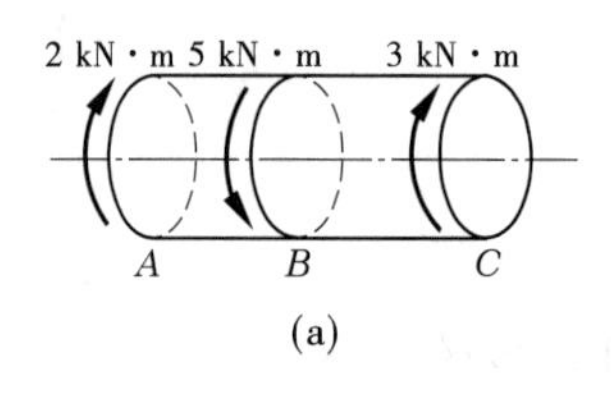

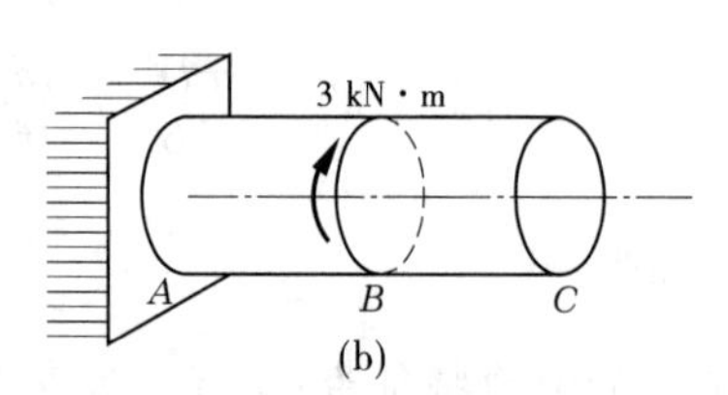

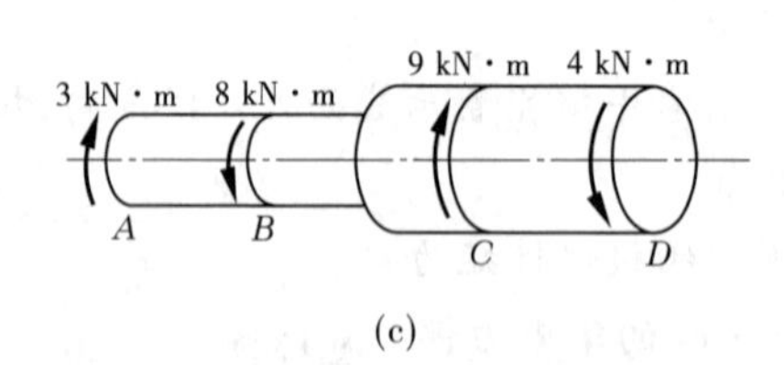

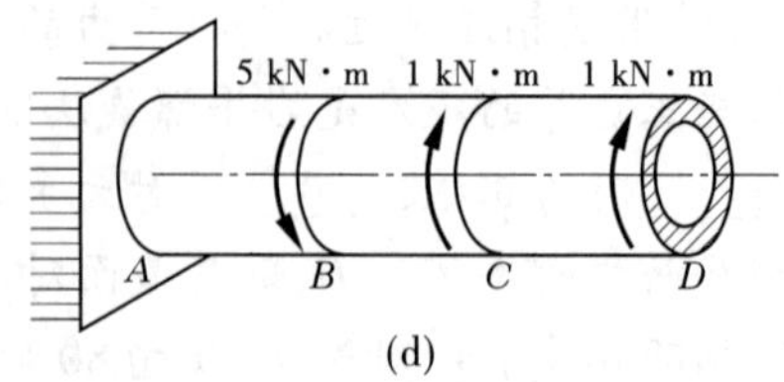

图 7-20

2. 如图 7-21 所示,一直径 $d=40$ mm 的螺栓受拉力 $P=100$ kN 作用,已知$[\tau]=60$ MPa,求螺母所需的高度 h。

3. 如图 7-22 所示,两块板由一个螺栓连接。已知螺栓直径 $d=24$ mm,每块板厚 $\delta=12$ mm,拉力 $P=27$ kN,螺栓许用应力$[\tau]=60$ MPa,$[\sigma_c]=120$ MPa。试对螺栓作强度

校核。

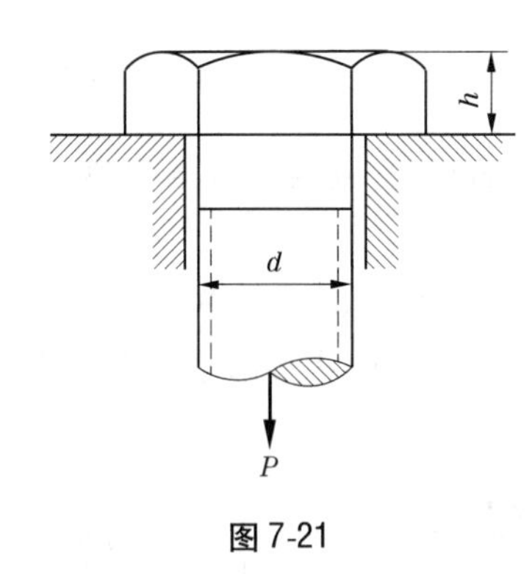

图 7-21

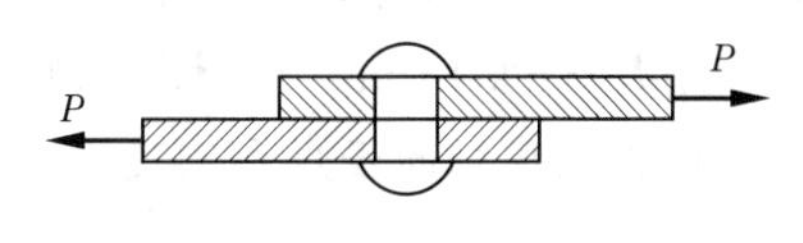

图 7-22

4. 如图 7-23 所示，两块厚度为 10 mm 的钢板，用两个直径为 17 mm 的铆钉搭接在一起，钢板受拉力 $P = 60$ kN。已知 $[\tau] = 140$ MPa，$[\sigma_c] = 280$ MPa，$[\sigma] = 160$ MPa。试校核该铆接件的强度（假定每个铆钉的受力相等）。

5. 试校核如图 7-24 所示连接销钉的剪切强度。已知 $P = 100$ kN，销钉直径 $d = 30$ mm，材料的许用应力 $[\tau] = 60$ MPa。若强度不够，应选择多大直径的销钉？

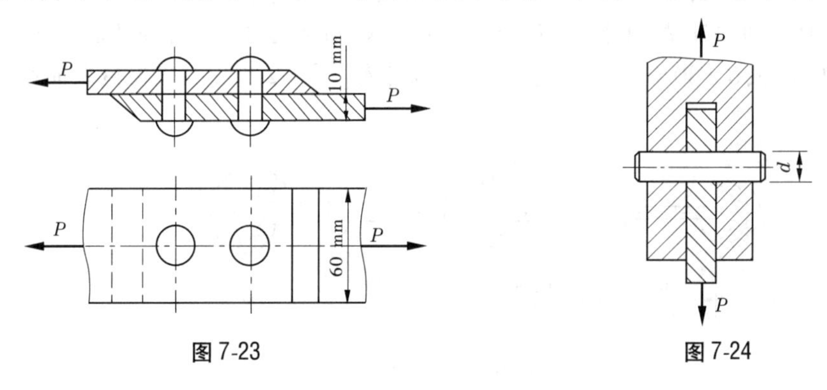

图 7-23　　图 7-24

6. 某机器传动系统的主轴如图 7-25 所示，轴的转速为 $n = 960$ r/min。主动轮 A 轮输入功率 $P_A = 45$ kW，从动轮 B、C 轮输出功率分别为 $P_B = 20$ kW，$P_C = 25$ kW，在不计轴承摩擦等功率损耗的情况下，试绘制轴的扭矩图。

*7. 如图 7-26 所示，圆轴直径 $d = 100$ mm，长 $l = 1$ m，两端作用外力偶 $M = 14$ kN · m，材料的剪切弹性模量 $G = 80$ GPa。试求：

（1）图示截面上 A、B、C 三点处的剪应力及方向；

（2）最大剪应力 τ_{max}。

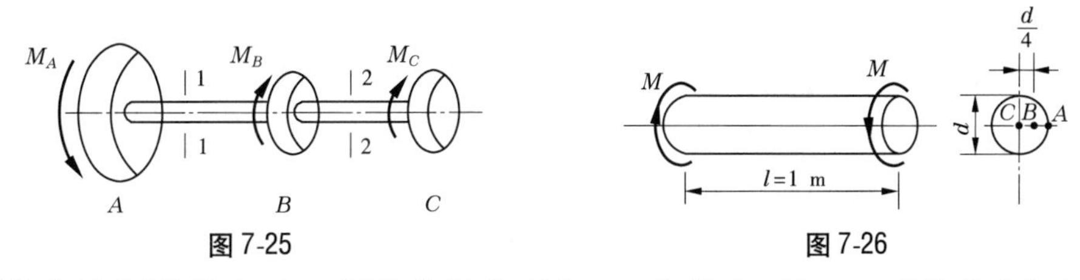

图 7-25　　图 7-26

*8. 如图 7-27 所示，空心圆轴外径 $D = 80$ mm，内径 $d = 62$ mm，两端承受扭矩 M_n =

1 kN · m的作用。试求：

(1)最大剪应力和最小剪应力；

(2)在图 7-27(b)上绘横截面上剪应力的分布图。

*9. 一钢轴长 $l=1$ m，承受扭矩 $M_n=18$ kN · m 的作用，材料的许用剪应力$[\tau]=40$ MPa，试按强度条件确定圆轴的直径 d。

*10. 如图 7-28 所示，实心圆轴直径 $D=76$ mm，$M_1=4.5$ kN · m，$M_2=2$ kN · m，$M_3=1.5$ kN · m，$M_4=1$ kN · m。设材料的剪切弹性模量 $G=80$ GPa，$[\tau]=60$ MPa，$[\theta]=1.2$ °/m。试校核该轴的强度和刚度。

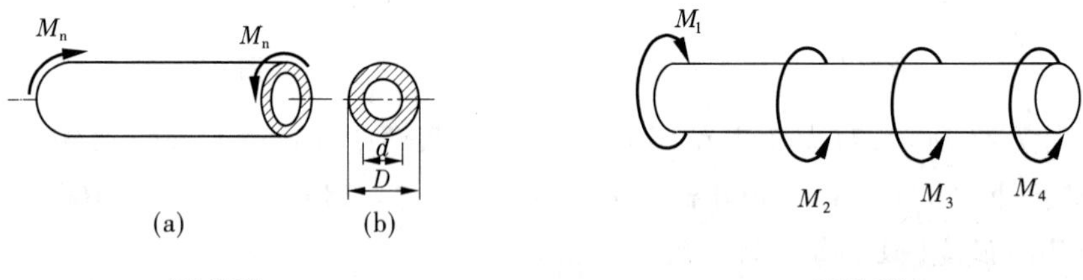

图 7-27　　　图 7-28

*11. 阶梯杆直径分别为 $d_1=40$ mm，$d_2=70$ mm，轴上装有三个轮盘，如图 7-29 所示，轮 B 输入功率 $P_B=30$ kN，轮 A 输出功率 $P_A=13$ kN，轴做匀速转动，轴的转速 $n=200$ r/min，$[\tau]=60$ MPa，$G=80$ GPa，单位长度许用扭转角$[\theta]=2$ °/m。试校核轴的强度与刚度。

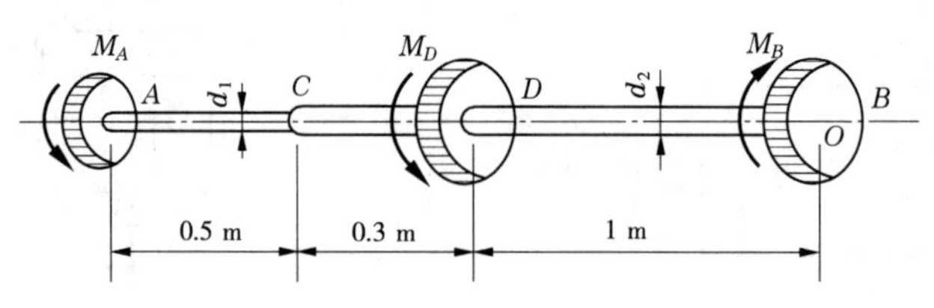

图 7-29

模块 8　单跨静定梁的内力计算

【学习要求】

- 熟练掌握单跨静定梁的基本形式。
- 熟练掌握截面法求内力及各内力的正负号规定。
- 掌握绘制内力图的三种方法，要求至少熟练掌握其中的一种方法。

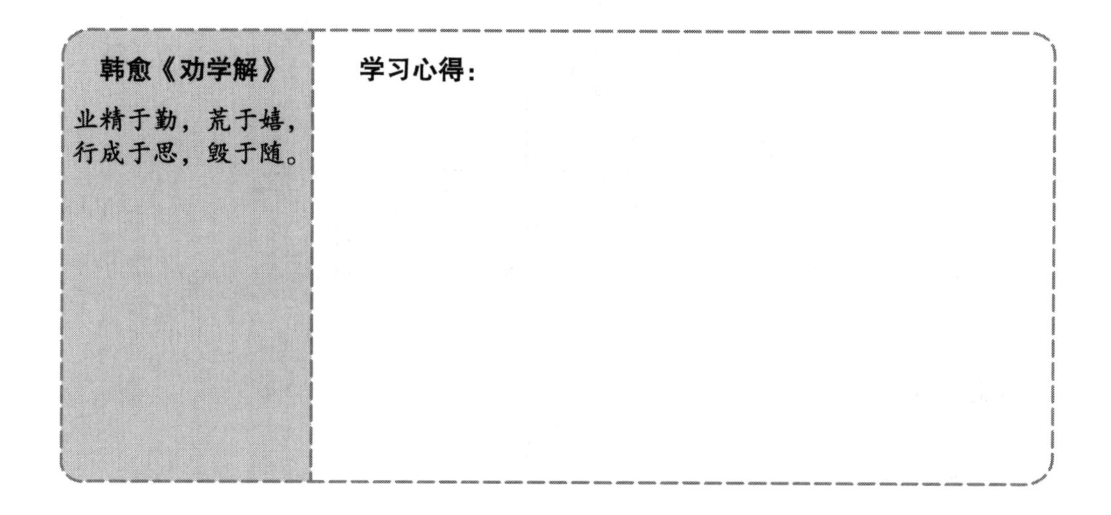

课题 8.1　单跨静定梁的内力及求解

1　单跨静定梁的分类

工程中单跨静定梁按其支座情况分为以下三种形式：

(1)悬臂梁。梁的一端为固定端，另一端为自由端，如图 8-1(a)所示。

(2)简支梁。梁的一端为固定铰支座，另一端为可动铰支座，如图 8-1(b)所示。

(3)简支外伸梁。梁的一端或两端外伸的简支梁，如图 8-1(c)所示。

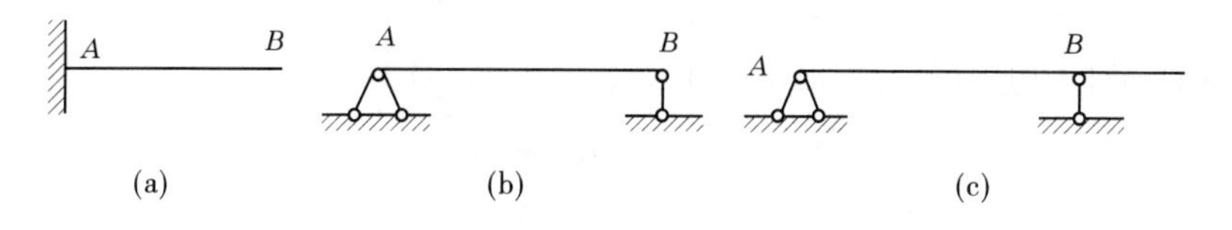

图 8-1

2 单跨静定梁的内力

2.1 单跨静定梁的内力——剪力和弯矩

单跨静定梁在外力作用下产生弯曲变形时,要求其任一横截面上的内力,同样可采用截面法求得。如图8-2(a)所示的简支梁在竖向荷载作用下,求 $m—m$ 截面上的内力。

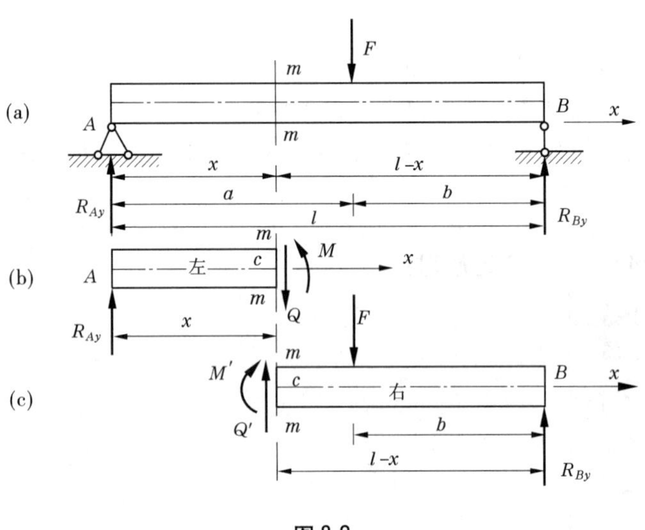

图8-2

对此,先用静力平衡条件求得其支座反力为

$$R_{Ay} = \frac{Fb}{l}(\uparrow)$$

$$R_{By} = \frac{Fa}{l}(\uparrow)$$

然后用假想的 $m—m$ 截面将梁截开,将梁分成左、右两段梁,取其任一段为研究对象。如取 $m—m$ 截面以左段梁为研究对象,画出受力图如图8-2(b)所示。现分析 $m—m$ 截面上的内力,因左段梁上作用有一个向上的支座反力 R_{Ay},要维持平衡,则在 $m—m$ 截面上必定存在一个与反力 R_{Ay} 大小相等而指向下方的内力分量 Q。又因截面上存在内力 Q,而内力 Q 和反力 R_{Ay} 组成了一个力偶,要维持平衡,则在 $m—m$ 截面上必定还存在着另一内力分量力偶 M,M 的转向必定与上述的力偶转向相反,且与 Q 和 R_{Ay} 组成的力偶矩相等。

通过以上内力分析得出,在梁产生弯曲变形时,横截面上存在有如下两种内力分量:

(1)横截面切线方向上的内力分量 Q 称为剪力。其单位为牛(N)或千牛(kN)。

(2)垂直于梁轴线且作用在纵向对称平面内的内力分量力偶,其力偶矩 M 称为弯矩,其单位为牛·米(N·m)或千牛·米(kN·m)。

$m—m$ 截面上的剪力和弯矩值可由平衡条件求得,即

由 $$\sum Y = 0 \qquad R_{Ay} - Q = 0$$

得 $$Q = R_{Ay} = \frac{Fb}{l}$$

又由 $$\sum M_c = 0 \qquad -R_{Ay}x + M = 0$$

得
$$M = R_{Ay}x = \frac{Fb}{l}x$$

同理,若取 $m—m$ 截面以右段梁为研究对象,画出受力图如图 8-2(c)所示。$m—m$ 截面上的剪力和弯矩值也可由平衡条件求得,即

由
$$\sum Y = 0 \qquad R_{By} + Q' - F = 0$$

得
$$Q' = F - R_{By} = F - \frac{Fa}{l} = \frac{F(l-a)}{l} = \frac{Fb}{l} = Q$$

又由
$$\sum M_c = 0 \qquad R_{By}(l-x) - F(a-x) - M' = 0$$

得
$$M' = R_{By}(l-x) - F(a-x) = \frac{Fa}{l}(l-x) - F(a-x) = \frac{F}{l}(l-a)x = \frac{Fb}{l}x = M$$

上述计算表明:计算 $m—m$ 截面上的内力时,不论取左段梁或取右段梁为研究对象,所得结果是相同的,完全符合作用力与反作用力关系,即它们大小相等、方向(或转向)相反。所以,在计算梁横截面上的内力时,是取截面以左梁段为研究对象,还是取截面以右梁段为研究对象,应视其计算是否简单而定,应灵活掌握,一般选择受力较为简单的一侧为研究对象。

2.2　轴力、剪力、弯矩的正负号规定

为了使取左梁段或取右段梁为研究对象求得的同一截面上内力具有相同的正负符号,为计算和应用的方便,现将轴力、剪力和弯矩的正负号做如下规定。

(1)轴力符号:当截面上的轴力使研究对象(分离体)受拉时为正,如图 8-3(a)所示;反之为负,如图 8-3(b)所示。

(2)剪力符号:当截面上的剪力使研究对象(分离体)作顺时方向转动时为正,如图 8-4(a)所示;反之为负,如图 8-4(b)所示。

(3)弯矩符号:当截面上的弯矩使研究对象(分离体)上部纤维受压、下部纤维受拉(即构件凹向上弯曲)时为正,如图 8-5(a)所示;反之为负,如图 8-5(b)所示。

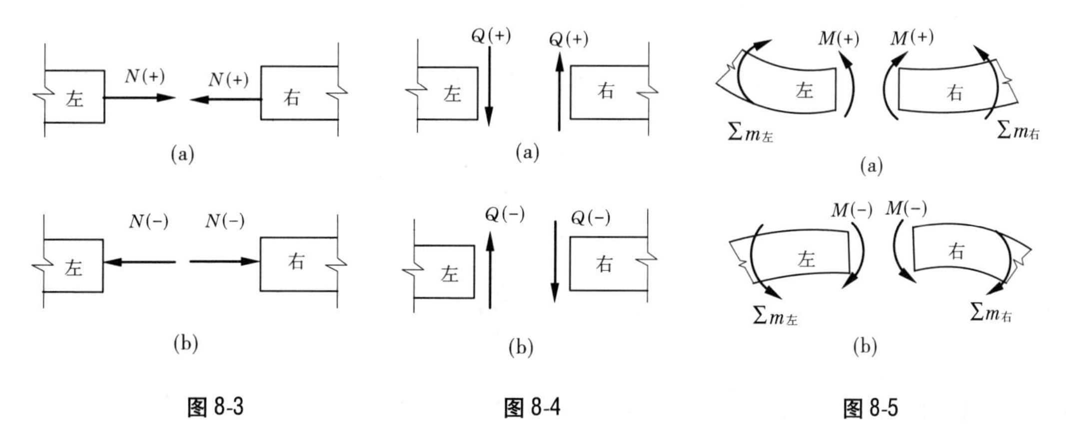

图 8-3　　图 8-4　　图 8-5

画受力分析图时,为计算方便,内力一般先按正方向假定画出。用截面法求内力,实质上是以截面为界,求截面两侧的两部分的相互作用力。

3 内力求解的基本原理

基本原理:在内力实际计算时,可不必将梁假想地截开,而可直接从横截面的任一边梁上的外力来计算该截面上的 N、Q、M。

剪力在数值上等于该截面的左边或右边所有横向力的代数和,按上述剪力符号规定可知:在左边向上的外力或右边向下的外力应该产生正剪力,反之则产生负剪力。

弯矩在数值上等于该截面的左边或右边所有外力对截面形心力矩的代数和,按上述弯矩符号规定可知:向上的外力不论在截面的左边或右边都应产生正弯矩,而向下的外力则产生负弯矩。

若遇有外力偶,在截面左边顺时针转向的产生正弯矩,逆时针转向的产生负弯矩;在截面右边逆时针转向的产生正弯矩,顺时针转向的产生负弯矩。

内力计算一般步骤如下:

(1)求支座反力。

(2)取研究对象(分离体)。在需要求内力的截面处用假想截面将构件截开,将其构件分割为两部分,任选二者中的一个作为研究对象(分离体)。通常以计算方便为原则,选作用力较少的一部分作为研究对象(分离体)。

(3)画受力分析图。画出研究对象(分离体)上所受的全部外力。此时,待求的截面内力部分作为研究对象(分离体)的外力,在截面中心画出轴力 N、剪力 Q 和弯矩 M。

(4)按平面一般力系平衡列平衡方程,求解轴力 N、剪力 Q 和弯矩 M 的值。

由于未知的轴力、剪力和弯矩均按正向假设:当计算所得的内力值为正值时,说明内力的实际方向与假设的方向一致;当计算所得的内力值为负值时,说明内力的实际方向与假设的方向相反。

【例 8-1】 求图 8-6(a)所示简支单外伸梁 1—1 截面、2—2 截面、3—3 截面和 4—4 截面的剪力和弯矩。

解 (1)求支座反力。

由 $\sum M_B = 0 \qquad F \times 3a - m - R_{Ay} \times 2a = 0$

得
$$R_{Ay} = \frac{3Fa - m}{2a} = \frac{3Fa - \dfrac{Fa}{2}}{2a} = \frac{5}{4}F(\uparrow)$$

又由 $\sum Y = 0 \qquad R_{Ay} + R_{By} - F = 0$

得
$$R_{By} = F - R_{Ay} = F - \frac{5}{4}F = -\frac{F}{4}(\downarrow)$$

(2)求 1—1 截面的内力 Q_1、M_1。

取 1—1 截面以左段梁为研究对象,画出其受力图如图 8-6(b)所示。

由 $\sum Y = 0 \qquad -F - Q_1 = 0$

得
$$Q_1 = -F$$

又由 $\sum M_1 = 0 \qquad M_1 + Fa = 0$

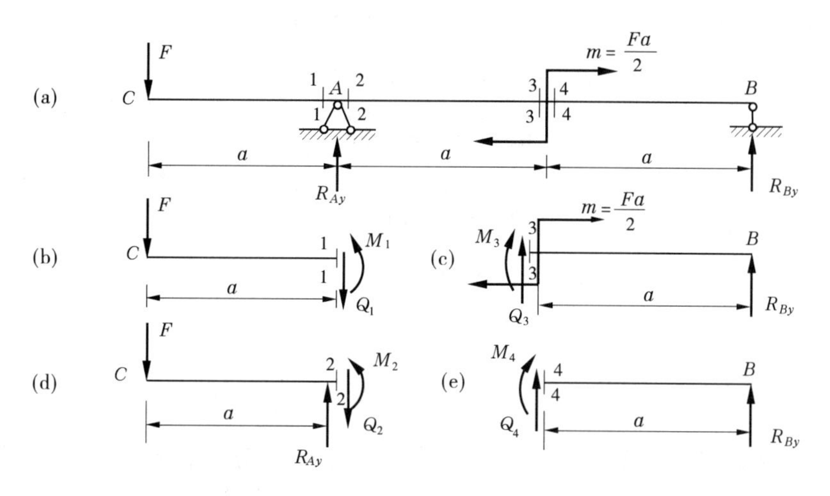

图 8-6

得
$$M_1 = -Fa$$

(3)求2—2截面的内力 Q_2、M_2。

取2—2截面以左段梁为研究对象，画出其受力图如图8-6(d)所示。

由
$$\sum Y = 0 \qquad R_{Ay} - F - Q_2 = 0$$

得
$$Q_2 = R_{Ay} - F = \frac{5}{4}F - F = \frac{F}{4}$$

又由
$$\sum M_2 = 0 \qquad M_2 + Fa = 0$$

得
$$M_2 = -Fa$$

(4)求3—3截面的内力 Q_3、M_3。

取3—3截面以右段梁为研究对象，画出其受力图如图8-6(c)所示。

由
$$\sum Y = 0 \qquad Q_3 + R_{By} = 0$$

得
$$Q_3 = -R_{By} = \frac{F}{4}$$

又由
$$\sum M_3 = 0 \qquad -M_3 - m + R_{By}a = 0$$

得
$$M_3 = -m + R_{By} \cdot a = -\frac{Fa}{2} - \frac{1}{4}Fa = -\frac{3}{4}Fa$$

(5)求4—4截面的内力 Q_4、M_4。

用4—4截面截取右段梁为研究对象，画出其受力图如图8-6(e)所示。

由
$$\sum Y = 0 \qquad Q_4 + R_{By} = 0$$

得
$$Q_4 = -R_{By} = \frac{F}{4}$$

又由
$$\sum M_4 = 0 \qquad -M_4 + R_{By}a = 0$$

得
$$M_4 = R_{By} \cdot a = -\frac{Fa}{4}$$

(6)内力分析:比较1—1截面和2—2截面的内力,可得

$$Q_2 - Q_1 = \frac{F}{4} - (-F) = \frac{5}{4}F = R_{Ay}$$

$$M_2 = M_1 = -Fa$$

分析表明:在集中力R_{Ay}左右两侧无限接近的横截面上,剪力有突变,其突变值等于该集中力R_{Ay}的大小,而弯矩相同,此规律具有普遍性,可直接应用。

再比较3—3截面和4—4截面的内力,可得

$$Q_3 = Q_4 = \frac{F}{4}$$

$$M_4 - M_3 = -\frac{Fa}{4} - (-\frac{3}{4}Fa) = \frac{Fa}{2} = m$$

分析表明:在集中力偶矩m两侧无限接近的横截面上,剪力相同,而弯矩发生突变,其突变值等于该集中力偶矩m的大小,而剪力相同,此规律具有普遍性,可直接应用。

4 简易法计算截面Q、M

通过上例的内力计算,我们不难总结出计算剪力和弯矩的两条规律:

(1)剪力的计算规律。

$Q = \sum F_{左}$,即截面左侧梁段所有外力沿截面切线方向投影的代数和;或$Q = \sum F_{右}$,即截面右侧梁段所有外力沿截面切线方向投影的代数和。

等式右边$\sum F_{左}$、$\sum F_{右}$的正负号可根据梁段上的外力按“左上右下剪力正,左下右上剪力负”的口诀来确定。

(2)弯矩的计算规律。

$M = \sum M_c(F_{左})$,即截面左侧梁段所有外力对截面形心c的力矩代数和;或$M = \sum M_c(F_{右})$,即截面右侧梁段所有外力对截面形心c的力矩代数和。

等式右边$\sum M_c(F_{左})$、$\sum M_c(F_{右})$的正负号可根据梁段上的外力按“左顺右逆弯矩正,左逆右顺弯矩负”的口诀来确定。

掌握了上述两条计算规律后,在求梁某截面的剪力和弯矩时,可不画受力图,也不必列写出平衡方程,根据梁上作用的外力就可直接计算出截面上剪力和弯矩。从而简化了计算过程,达到快速计算横截面上内力的目的,这种计算内力的方法称为“简易法”。

【例8-2】 用简易法计算图8-7所示的简支外伸梁中F截面和D截面左侧上的剪力和弯矩。

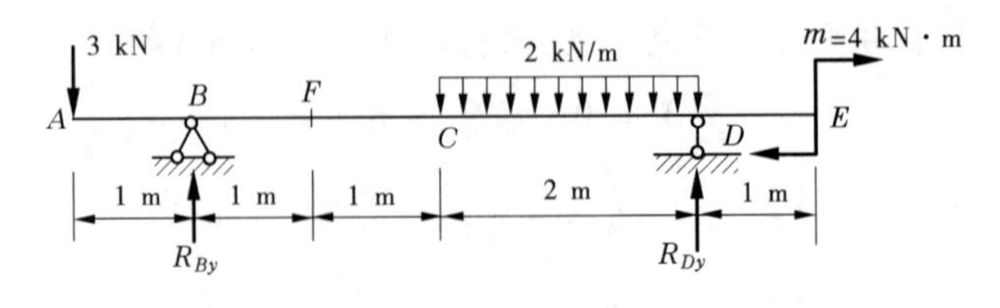

图8-7

解 (1)求支座反力。

由　$\sum M_D = 0 \quad 3 \times 5 + 2 \times 2 \times 1 - 4 - R_{By} \times 4 = 0$

得　$$R_{By} = \frac{3 \times 5 + 2 \times 2 \times 1 - 4}{4} = 3.75(\text{kN})(\uparrow)$$

又由　$\sum Y = 0 \quad R_{By} + R_{Dy} - 3 - 2 \times 2 = 0$

得　$$R_{Dy} = 3 + 2 \times 2 - R_{By} = 3 + 4 - 3.75 = 3.25(\text{kN})(\uparrow)$$

(2)求 F 截面上的剪力和弯矩,有

$$Q_F = \sum F_{左} = -3 + 3.75 = 0.75(\text{kN})$$

$$M_F = \sum M_F(F_{左}) = -3 \times 2 + 3.75 \times 1 = -2.25(\text{kN} \cdot \text{m})$$

(3)求 D 截面左侧上的剪力和弯矩,有

$$Q_D^{左} = \sum F_{左} = -3 + 3.75 - 2 \times 2 = -3.25(\text{kN})$$

$$M_D^{左} = \sum M_D(F_{左}) = -3 \times 5 + 3.75 \times 4 - 2 \times 2 \times 1 = -4(\text{kN} \cdot \text{m})$$

【例8-3】　一简支外伸梁如图8-8(a)所示。已知 $P = 10\ \text{kN}, q = 4\ \text{kN/m}$。求截面1—1及截面2—2的剪力和弯矩。

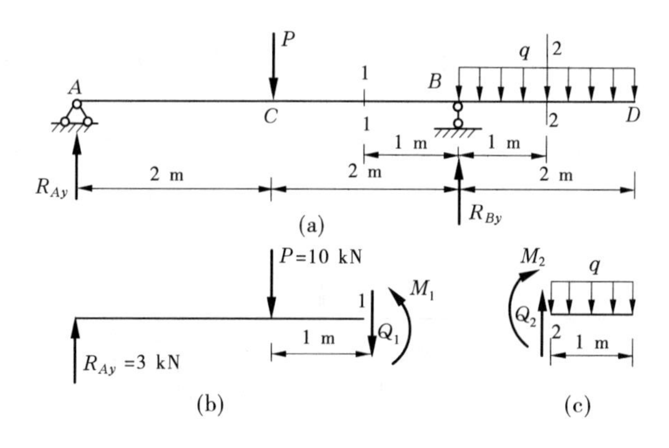

图8-8

解　(1)求梁的支座反力。

以整个梁为研究对象(分离体),受力分析图如图8-8(a)所示。

由　$\sum M_B = 0 \quad -R_{Ay} \times 4 + P \times 2 - q \times 2 \times 1 = 0$

得　$$R_{Ay} = \frac{1}{4} \times (10 \times 2 - 4 \times 2 \times 1) = 3(\text{kN})(\uparrow)$$

由　$\sum Y = 0 \quad R_{Ay} + R_{By} - P - q \times 2 = 0$

得　$$R_{By} = P + q \times 2 - R_{Ay} = 10 + 4 \times 2 - 3 = 15(\text{kN})(\uparrow)$$

因为外力在水平方向上的投影等于零,所以支座 A 的水平反力也等于零,一般梁的结构若外荷载作用线垂直于杆轴线,则支座的水平反力均为零。

(2)求1—1截面上的内力。

用假想的截面从1—1处将梁截开,取左段为研究对象(分离体)。因为左段梁上的约束反力和外力在梁轴线上的投影等于零,所以该截面上的轴力等于零。受力分析如

图 8-8(b)所示。

由 $$\sum Y = 0 \qquad R_{Ay} - P - Q_1 = 0$$

得 $$Q_1 = R_{Ay} - P = 3 - 10 = -7(\text{kN})(\uparrow)$$

由 $$\sum M_1 = 0 \qquad -R_{Ay} \times 3 + P \times 1 + M_1 = 0$$

得 $$M_1 = R_{Ay} \times 3 - P \times 1 = 3 \times 3 - 10 \times 1 = -1(\text{kN} \cdot \text{m})$$

求得的 Q_1、M_1 均为负值,说明实际方向与假设方向相反。

(3)求 2—2 截面上的内力。

用假想的截面从 2—2 处将梁截开,为计算方便,取截开的右段为研究对象(分离体),受力分析如图 8-8(c)所示。横截面上只有剪力 Q_2 和弯矩 M_2,轴力为零。

由 $$\sum Y = 0 \qquad Q_2 - q \times 1 = 0$$

得 $$Q_2 = q \times 1 = 4(\text{kN})(\uparrow)$$

由 $$\sum M_2 = 0 \qquad -M_2 - q \times 1 \times \frac{1}{2} = 0$$

得 $$M_2 = -q \times 1 \times \frac{1}{2} = -2(\text{kN} \cdot \text{m})$$

求得的 Q_2 为正值,说明实际方向与假设方向相同;M_2 为负值,说明实际方向与假设方向相反。

【例 8-4】 简支梁如图 8-9 所示。已知 $P_1 = 10$ kN,$P_2 = 25$ kN。求截面 1—1 的剪力和弯矩。

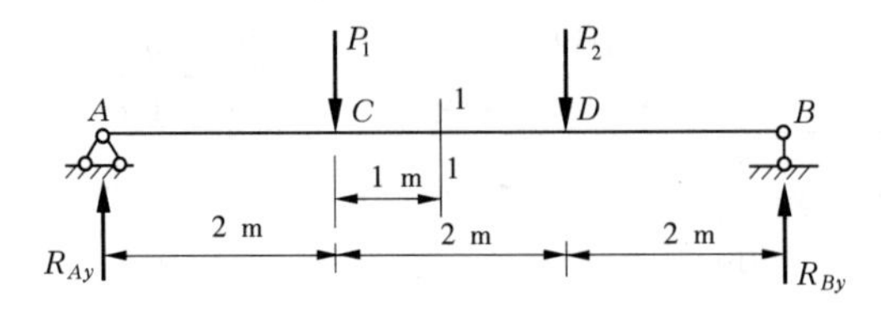

图 8-9

解 (1)求支座反力。

以梁为研究对象(分离体),由平衡方程求各支座反力。

由 $$\sum M_B = 0 \qquad -R_{Ay} \times 6 + P_1 \times 4 + P_2 \times 2 = 0$$

得 $$R_{Ay} = \frac{1}{6} \times (10 \times 4 + 25 \times 2) = 15(\text{kN})(\uparrow)$$

由 $$\sum M_A = 0 \qquad R_{By} \times 6 - P_1 \times 2 - P_2 \times 4 = 0$$

得 $$R_{By} = \frac{1}{6} \times (10 \times 2 + 25 \times 4) = 20(\text{kN}) \quad (\uparrow)$$

(2)求截面 1—1 的剪力和弯矩。

1—1 截面上的剪力等于该截面左侧(右侧)所有竖向外力的代数和。

R_{Ay}是向上的,它使 1—1 截面产生向下的剪力,使左段梁顺时针转动,所以 R_{Ay}产生的剪力为正值。P_1 是向下的,它使 1—1 截面产生的剪力是负值。所以,1—1 截面的剪力值

为

$$Q_1 = R_{Ay} - P_1 = 15 - 10 = 5(\text{kN})$$

1—1 截面上的弯矩等于该截面左侧所有外力对该截面形心的矩的代数和。R_{Ay}使梁上边受压、下边受拉，所以 R_{Ay}对截面形心的矩是正值，P_1 使梁上边受拉、下边受压，所以 P_1 对截面形心的矩是负的。1—1 截面上的弯矩为

$$M_1 = R_{Ay} \times 3 - P_1 \times 1 = 15 \times 3 - 10 \times 1 = 35(\text{kN} \cdot \text{m})$$

上例中，在计算任一横截面内力时，由于省略了选取研究对象（分离体）及写平衡方程的过程，因而使得计算变得非常简便。但应指出，截面法是求内力的最基本方法，上述简单方法只有在熟练掌握平面一般力系的平衡方程及截面法后，才能熟能生巧。

课题 8.2 单跨静定梁的内力方程和内力图

在一般情况下，梁在不同截面上的内力是不同的，即剪力、弯矩是随截面位置而变化的。设横截面位置用沿梁轴线的坐标 x 表示，则梁各个横截面上的剪力和弯矩可以表示为坐标 x 的函数，即 $Q=Q(x)$、$M=M(x)$，通常把它们称为剪力方程和弯矩方程，剪力方程和弯矩方程统称内力方程。

在进行梁的强度计算时，需要知道梁中剪力、弯矩的最大值以及它们所在截面的位置，并以此作为强度计算的依据。为了便于直观、形象地显示出内力的变化规律，通常是将剪力方程、弯矩方程沿梁轴线方向的变化情况用图形来描述，这种描述剪力和弯矩变化规律的图形分别称为剪力图和弯矩图。

绘制剪力图、弯矩图的基本步骤：

（1）求支座反力。

（2）以横坐标表示梁的截面位置，纵坐标表示相应截面的剪力值、弯矩值。

（3）分别列写出剪力、弯矩随截面位置而变化的函数表达式。

（4）由函数表达式画出函数图形。

这种求作剪力图和弯矩图的方法，又称为函数法。绘剪力图时一般规定将正号的剪力画在横轴上侧，负号的剪力画在横轴下侧，并分别标以⊕、⊖；绘弯矩图时弯矩总画在梁的受拉纤维一侧，因此在弯矩图中不标以⊕、⊖。

【例 8-5】 如图 8-10（a）所示悬臂梁，自由端作用一集中荷载 P，绘制该悬臂梁的剪力图和弯矩图。

解 （1）将坐标原点取在梁的右端，取距右端为 x 的任意截面，以右梁段为研究对象（分离体）作受力分析，如图所示，由平衡方程求出该截面上的剪力和弯矩的表达式为

$$Q(x) = P \qquad (0 \leqslant x \leqslant l) \tag{1}$$

$$M(x) = -Px \qquad (0 \leqslant x \leqslant l) \tag{2}$$

（2）内力图绘制：式（1）表明梁的各截面上的剪力均相同，其值为 P，所以剪力图是一条平行于轴线的直线，如图 8-10（c）所示，将它画在轴线的上方；由式（2）可知弯矩为 x 的线性函数，因此弯矩图为一斜直线，画直线时只需确定两点即可画其图形。当 $x=0$ 时，$M(0)=0$；当 $x=l$ 时，$M(l)=-Pl$（上侧受拉），弯矩图应画在受拉一侧，如图 8-10（b）所

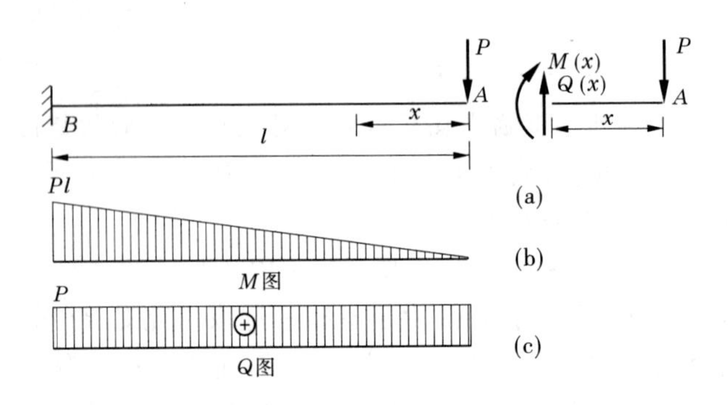

图 8-10

示。从图 8-10(b)可知,在固定端处的 B 横截面上弯矩值最大,$M_{B\max}=-Pl$。

【例 8-6】 如图 8-11(a)所示悬臂梁,自由端作用一集中力偶 m,绘制出该悬臂梁的剪力图和弯矩图。

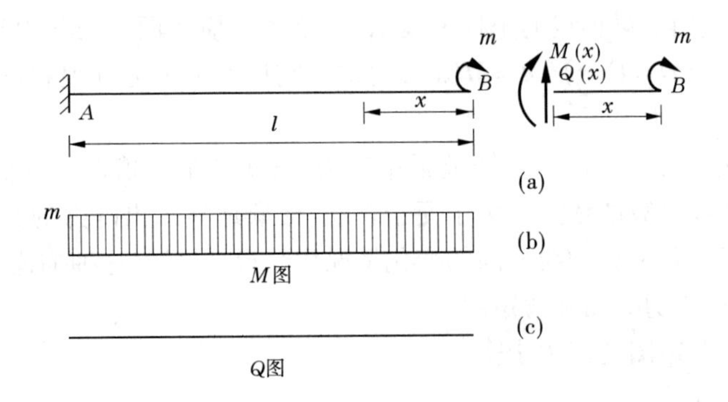

图 8-11

解 (1)将坐标原点取在梁的右端,取距右端为 x 的任意截面,以右梁段为研究对象(分离体)作受力分析,如图所示,由平衡方程求出该截面上的剪力和弯矩的表达式为

$$Q(x)=0 \quad (0\leqslant x\leqslant l) \tag{1}$$

$$M(x)=-m \quad (0\leqslant x\leqslant l) \tag{2}$$

(2)内力图绘制:式(1)表明梁的各截面上的剪力均相同,其值为 0,所以剪力图是一条与轴线重合的水平直线,如图 8-11(c)所示;由式(2)可知弯矩为一常数 m,因此弯矩图为一平行于轴线的水平直线,弯矩值为负,表明上侧受拉,弯矩图应画在受拉一侧,如图 8-11(b)所示,从图 8-11(b)可知,梁的各截面上弯矩值为定值,也是最大值,$M_{\max}=-m$。

【例 8-7】 如图 8-12(a)所示悬臂梁,受均布荷载 q 的作用,绘制出该悬臂梁的剪力图和弯矩图。

解 (1)将坐标原点取在梁的右端,取距右端为 x 的任意截面 C,以右梁段为研究对象(分离体)作受力分析,如图所示,由平衡方程求出该截面上的剪力和弯矩的表达式为

$$Q(x)=qx \quad (0\leqslant x\leqslant l) \tag{1}$$

$$M(x)=-\frac{1}{2}qx^2 \quad (0\leqslant x\leqslant l) \tag{2}$$

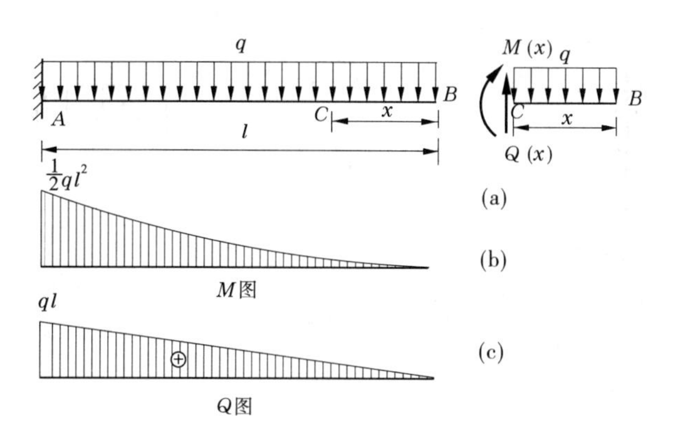

图 8-12

(2)内力图绘制。

式(1)表明,梁的各截面上的剪力为 x 的线性函数。当 $x=0$ 时,$Q(0)=0$;当 $x=l$ 时,$Q(l)=ql$。所以,剪力图是一条斜直线,如图 8-12(c)所示,将它画在轴线的上方。

由式(2)可知弯矩为 x 的二次函数,因此弯矩图为抛物线,画抛物线至少需确定三点才可描绘其图形走向:当 $x=0$ 时,$M(0)=0$;当 $x=\frac{1}{2}l$ 时,$M(\frac{1}{2}l)=-\frac{1}{8}ql^2$(上侧受拉);当 $x=l$ 时,$M(l)=-\frac{1}{2}ql^2$(上侧受拉)。弯矩图应画在受拉一侧,如图 8-12(b)所示。

从图 8-12(b)、(c)可知:在固定端处的 A 横截面上弯矩值最大,$M_{A\max}=-\frac{1}{2}ql^2$,剪力也最大,$Q_{A\max}=ql$。

【例 8-8】 绘制图 8-13(a)所示简支梁的剪力图和弯矩图。

解 (1)求支座反力 R_{Ay} 和 R_{By}。

可由对称关系求得

$$R_{Ay}=R_{By}=\frac{1}{2}ql(\uparrow)$$

(2)建立剪力方程和弯矩方程。

$$Q(x)=\frac{1}{2}ql-qx \qquad (0\leqslant x\leqslant l)$$

$$M(x)=\frac{1}{2}qlx-\frac{1}{2}qx^2 \qquad (0\leqslant x\leqslant l)$$

(3)绘制剪力图和弯矩图。

由 $Q(x)=\frac{1}{2}ql-qx$ 可知,$Q(x)$ 是 x 的一次函数,即 Q 图的函数图形为一斜直线。可由下列两点确定:当 $x=0$ 时,$Q_A=Q(0)=\frac{ql}{2}$;当 $x=l$ 时,$Q_B=Q(l)=-\frac{ql}{2}$。于是,由 A、B 两截面的剪力值 Q_A 和 Q_B 可作出 Q 图,如图 8-13(b)所示,并标注相应的正负号。

由 $M(x)=\frac{1}{2}qlx-\frac{1}{2}qx^2$ 可知,$M(x)$ 是 x 的二次函数,则 M 图为二次曲线。可由以下

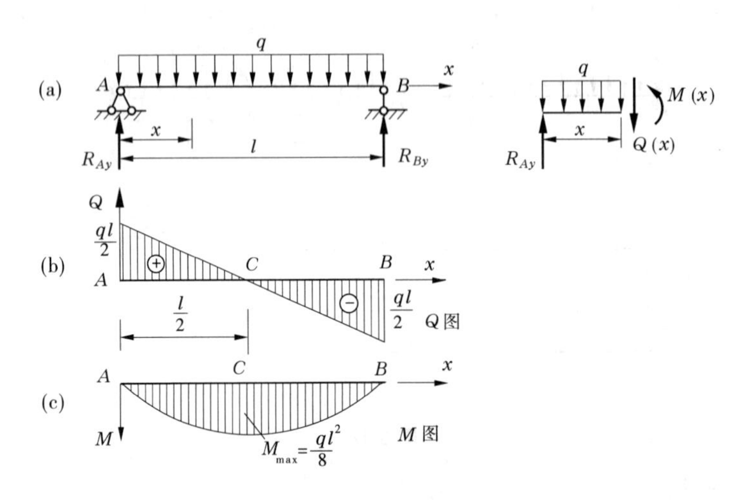

图 8-13

三点确定:当 $x=0$ 时,$M_A=M(0)=0$;当 $x=\frac{l}{2}$ 时,$M_C=M(\frac{l}{2})=\frac{ql^2}{8}$;当 $x=l$ 时,$M_B=M(l)=0$。于是,由 A、B、C 三个截面的弯矩值 M_A、M_B 和 M_C 作出 M 图,如图 8-13(c)所示。

(4)弯矩极值的计算。

根据函数求极值的方法,令$\frac{dM(x)}{dx}=\frac{ql}{2}-qx=0$,求得 $x=\frac{l}{2}$,于是可得

$$M_{max}=M\left(\frac{l}{2}\right)=\frac{1}{2}ql\times\frac{l}{2}-\frac{1}{2}q\times\left(\frac{l}{2}\right)^2=\frac{1}{8}ql^2$$

上述计算表明:当简支梁受满跨均布荷载作用时,最大弯矩发生在梁跨中截面,其值 $M_{max}=\frac{1}{8}ql^2$,而最大剪力发生在简支梁的两端,其值 $|Q_{max}|=\frac{1}{2}ql$。

【例 8-9】 如图 8-14(a)所示,简支梁 AB 在 C 处作用一集中荷载 P,绘制该梁的剪力图和弯矩图。

解 (1)求出梁的支座反力。

$$R_{Ay}=\frac{b}{l}P(\uparrow)$$

$$R_{By}=\frac{a}{l}P(\uparrow)$$

(2)建立内力方程。

由于 AC、CB 段的内力方程无法用统一的函数表达式来表示,因此需要分段建立内力方程:

AC 段

$$Q(x_1)=\frac{b}{l}P \qquad (0\leqslant x_1\leqslant a) \qquad (1)$$

$$M(x_1)=\frac{b}{l}Px_1 \qquad (0\leqslant x_1\leqslant a) \qquad (2)$$

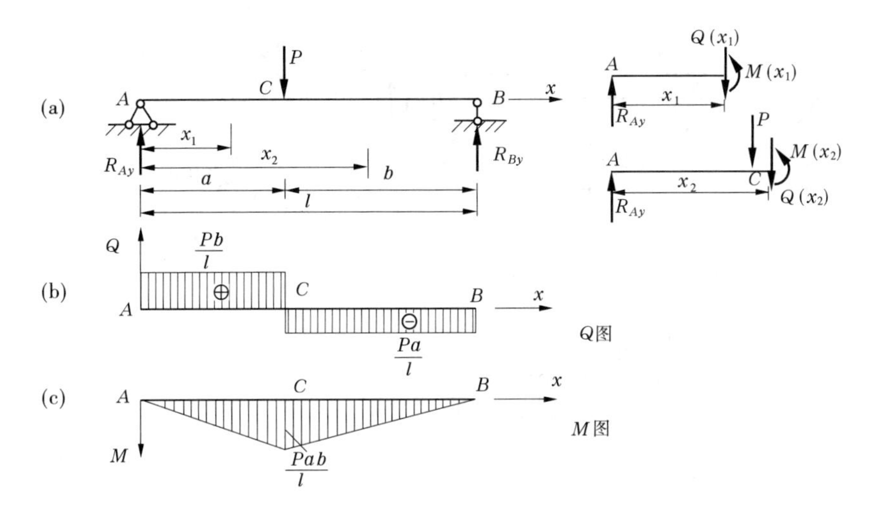

图 8-14

CB 段

$$Q(x_2) = \frac{b}{l}P - P = -\frac{a}{l}P \qquad (a \leqslant x_2 \leqslant l) \tag{3}$$

$$M(x_2) = \frac{b}{l}Px_2 - P(x_2 - a) = \frac{Pa}{l}(l - x_2) \quad (a \leqslant x_2 \leqslant l) \tag{4}$$

(3)绘制剪力图和弯矩图,如图 8-14(b)、(c)所示。

由剪力方程可知,在 C 点左、右两段梁的剪力图各是一条平行于梁轴线的直线,剪力图如图 8-14(b)所示。由弯矩方程可知,左、右两段梁的弯矩图各是一条斜直线,弯矩图如图 8-14(c)所示,弯矩最大值为$\frac{Pab}{l}$,位置在集中荷载 P 作用处。

从图 8-14(b)中可以得到,剪力图在集中荷载 P 的作用点是不连续的,C 截面左侧的剪力值为$\frac{Pb}{l}$,右侧的剪力值为 $-\frac{Pa}{l}$,剪力图在 C 截面处发生了突变,从图中可以得出,该突变的绝对值等于集中荷载 P 值,这是普遍性。

由此得出结论:在集中荷载 P 作用处,左右剪力值大小不一样,剪力图发生突变,突变值等于该集中荷载值,且从左到右顺 P 的指向突变;左右弯矩不变,但弯矩图顺 P 的指向出现尖角,尖角的方向与集中荷载 P 的方向一致。

【例 8-10】 如图 8-15(a)所示,简支梁 AB 在 C 处作用一集中力偶 m,绘制该梁的剪力图和弯矩图。

解 (1)求出梁的支座反力。

$$R_{Ay} = -R_{By} = -\frac{m}{l}$$

(2)建立内力方程。

因为梁上只作用一个集中力偶,没有横向外力,所以剪力方程为

$$Q(x_1) = Q(x_2) = R_{Ay} = -\frac{m}{l}$$

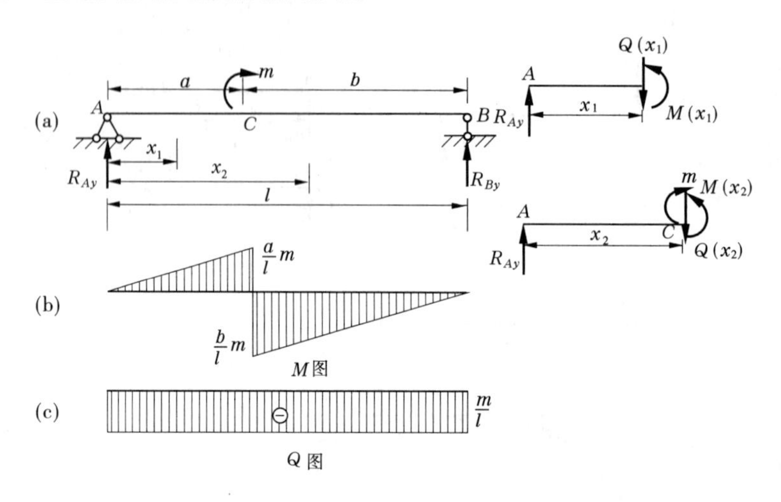

图 8-15

由于 C 点作用一集中力偶 m,AC、CB 段弯矩方程无法用统一的函数表达式来表示,因此要分段建立弯矩方程:

AC 段

$$M(x_1) = R_{Ay}x_1 = -\frac{m}{l}x_1 \qquad (0 \leqslant x_1 \leqslant a)$$

CB 段

$$M(x_2) = R_{Ay}x_2 + m = m - \frac{m}{l}x_2 \qquad (a \leqslant x_2 \leqslant l)$$

(3)内力图绘制:由剪力方程可知,剪力图是一条平行于梁轴线的直线,剪力图如图 8-15(c)所示。由弯矩方程可得,C 截面的左、右两段梁的弯矩图各是一条斜直线,弯矩图如图 8-15(b)所示。

从图 8-15(b)中可以得到,弯矩图在集中力偶 m 的作用点是不连续的,C 截面左侧的弯矩值为 $-\frac{a}{l}m$,右侧的弯矩值为 $\frac{b}{l}m$,弯矩图在 C 截面发生了突变,从图中可以得出,该突变的绝对值等于集中力偶 m,这也是普遍性。

由此得出结论:在集中力偶 m 作用处,左右弯矩值大小不一样,此处弯矩图发生突变,突变值等于该集中力偶矩的值,且从左到右顺 m 的转向突变;左右剪力图数值不变。

由上述例题可知,在集中荷载(集中力偶)的作用处,剪力图(弯矩图)发生突变,突变值大小等于相应的集中荷载(集中力偶)。

因此,该处截面两侧的内力是不相同的。梁的最大弯矩可能发生在集中荷载或集中力偶的作用处。

【例 8-11】 一简支外伸梁如图 8-16(a)所示,已知 $q=5$ kN/m,$P=15$ kN,试画出该梁的内力图。

解 (1)求梁的支座反力。

$$R_{By} = 20\ \text{kN}(\uparrow) \quad R_{Dy} = 5\ \text{kN}(\uparrow)$$

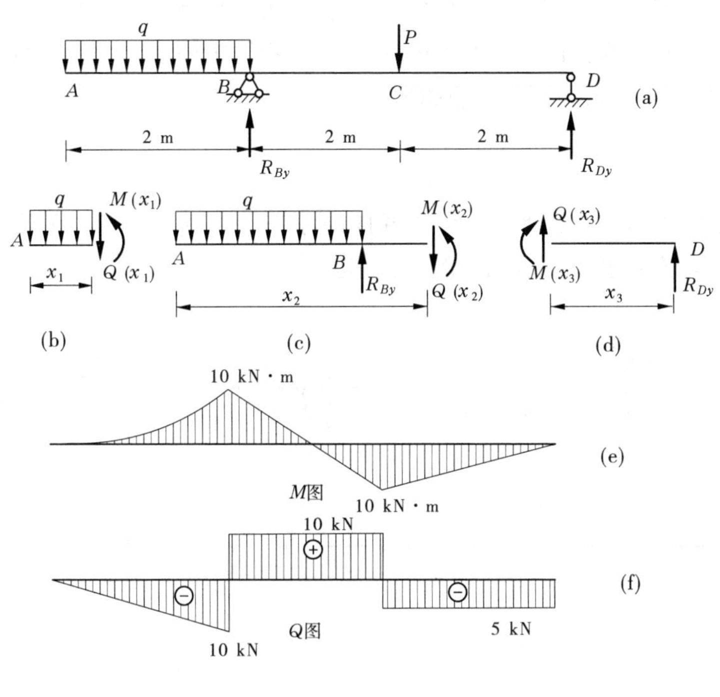

图 8-16

(2)建立内力方程。

因为梁上作用均布荷载和一个集中力,没有横向外力,分段列内力方程。

AB 段,如图 8-16(b)所示,有

$$Q(x_1) = -qx_1 = -5x_1 \qquad (0 \leqslant x_1 \leqslant 2)$$

$$M(x_1) = -\frac{1}{2}qx_1^{\ 2} = -\frac{5}{2}x_1^{\ 2} \qquad (0 \leqslant x_1 \leqslant 2)$$

BC 段,如图 8-16(c)所示,有

$$Q(x_2) = 20 - 2q = 10 \qquad (2 \leqslant x_2 \leqslant 4)$$

$$M(x_2) = 20(x_2 - 2) - 2q(x_2 - 1) = 10x_2 - 30 \qquad (2 \leqslant x_2 \leqslant 4)$$

CD 段,如图 8-16(d)所示,有

$$Q(x_3) = -5 \qquad (0 \leqslant x_3 \leqslant 2)$$

$$M(x_3) = 5x_3 \qquad (0 \leqslant x_3 \leqslant 2)$$

(3)内力图绘制:根据 *AB*、*BC*、*CD* 三段上剪力方程和弯矩方程,按其对应的定义域分别绘制剪力图和弯矩图,剪力图如图 8-16(f)所示,弯矩图如图 8-16(e)所示。

从剪力图和弯矩图上可以很方便地确定梁的最大剪力和最大弯矩,以及最大剪力和最大弯矩所在的截面位置。

课题 8.3 叠加法绘制单跨静定梁的内力图

当单跨静定梁上作用的荷载比较复杂时,我们可以先画出梁在各个荷载单独作用下

的剪力图和弯矩图,然后将各图相应截面的纵坐标叠加起来,就得到梁在全部荷载作用下的剪力图和弯矩图,这种作图的方法叫做叠加法。运用叠加法作剪力图和弯矩图时,需要熟练掌握单荷载作用下的剪力图和弯矩图形状。

1 叠加原理

叠加原理是力学中经常用到的一个普遍性的原理。现以图 8-17(a)所示的悬臂梁 AB 受集中力 F 和均布荷载 q 的情况为例,阐明叠加原理。

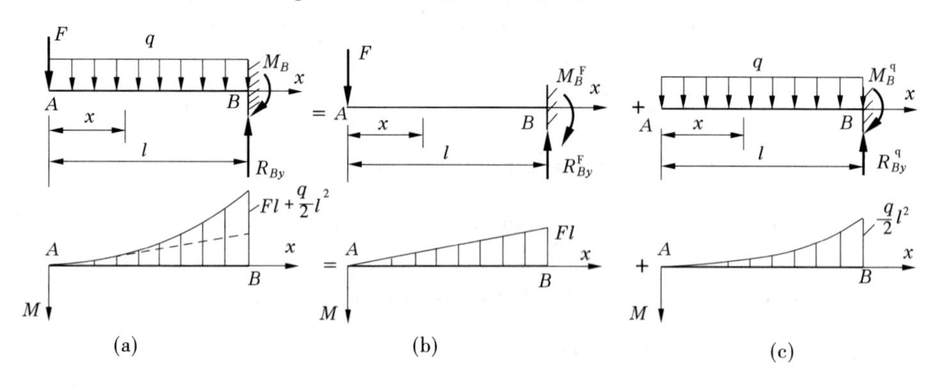

图 8-17

分析每种情况下的固定端支座反力和任意 x 截面上的弯矩。

(1)如图 8-17(a)所示,悬臂梁在 F、q 共同作用时,其固定端支座反力、弯矩和任意 x 截面上的弯矩为

$$\left.\begin{aligned} R_{By} &= F + ql \\ M_B &= -Fl - \frac{ql^2}{2} \\ M(x) &= -Fx - \frac{qx^2}{2} \end{aligned}\right\} \tag{a}$$

(2)如图 8-17(b)所示,悬臂梁在集中力 F 单独作用时,其固定端支座反力和任意 x 截面上的弯矩为

$$\left.\begin{aligned} R_{By}^{F} &= F \\ M_B^{F} &= -Fl \\ M(x)^{F} &= -Fx \end{aligned}\right\} \tag{b}$$

(3)悬臂梁在均布荷载 q 单独作用时,如图 8-17(c)所示,其固定端支座反力和任意 x 截面上的弯矩为

$$\left.\begin{aligned} R_{By}^{q} &= ql \\ M_B^{q} &= -\frac{ql^2}{2} \\ M(x)^{q} &= -\frac{qx^2}{2} \end{aligned}\right\} \tag{c}$$

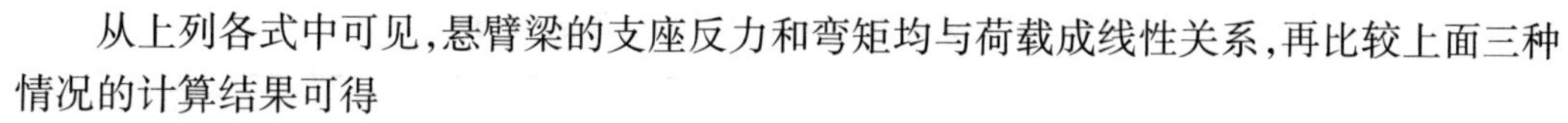

从上列各式中可见，悬臂梁的支座反力和弯矩均与荷载成线性关系，再比较上面三种情况的计算结果可得

$$\left.\begin{aligned} R_{By} &= R_{By}^{\mathrm{F}} + R_{By}^{\mathrm{q}} = F + ql \\ M_B &= M_B^{\mathrm{F}} + M_B^{\mathrm{q}} = -Fl - \frac{q}{2}l^2 \\ M(x) &= M(x)^{\mathrm{F}} + M(x)^{\mathrm{q}} = -Fx - \frac{qx^2}{2} \end{aligned}\right\} \tag{d}$$

式(d)表明：梁在 F、q 共同作用时所产生的反力和弯矩等于 F 与 q 单独作用时所产生的反力或弯矩的代数和。

这种关系不仅在本例中计算反力和弯矩时存在，在计算其他量值（如应力、变形）时也同样存在。由此得出如下结论：由 n 个荷载共同作用时所引起的某参数（反力、内力、应力、变形）等于各个荷载单独作用时所引起的该参数的代数和。这个结论称为叠加原理。

叠加原理的适用条件是：

(1) 必须是该参数与荷载成线性关系。因为只有存在线性关系时，各荷载所产生的该参数值才彼此独立。

(2) 梁在荷载作用下的变形是很微小的，故梁跨长的改变可忽略不计。

只要满足这两个条件，就可以应用叠加原理。

2　用“叠加法”绘制弯矩图

根据叠加原理，内力可以叠加，故表达内力沿梁轴线变化情况的内力图也可以叠加。

在常见荷载作用下，求作梁的剪力图比较简单，一般不采用叠加法作剪力图，故只介绍用叠加法求作弯矩图的方法。

用叠加法绘制单跨静定梁弯矩图的步骤如下：

(1) 将作用在梁上的复杂荷载分为几种单独荷载作用于梁上。

(2) 分别作出在各单独荷载作用下梁的弯矩图。

(3) 将各单独荷载作用下对应截面梁的弯矩值相应叠加，即得梁在复杂荷载作用下的弯矩图。

值得注意的是：所谓弯矩叠加，是将同一截面上的弯矩值代数相加，并非是将几个弯矩图图形进行简单拼合。

为了便于应用叠加法绘制弯矩图，现将单跨静定梁在常见荷载作用下的 M 图列于表 8-1 中，以供查用。

【例 8-12】　试用叠加法绘制图 8-18(a) 所示梁的弯矩图。

解　(1) 将图 8-18(a) 所示的梁上的荷载分解为 F 与 m 单独作用两种情况的叠加，如图 8-18(b)、(c) 所示。

(2) 分别画出梁在 F 与 m 单独作用下的弯矩图，如图 8-18(e)、(f) 所示。

(3) 用叠加法绘制弯矩图。

表 8-1 常见荷载作用下单跨静定梁的 M 图

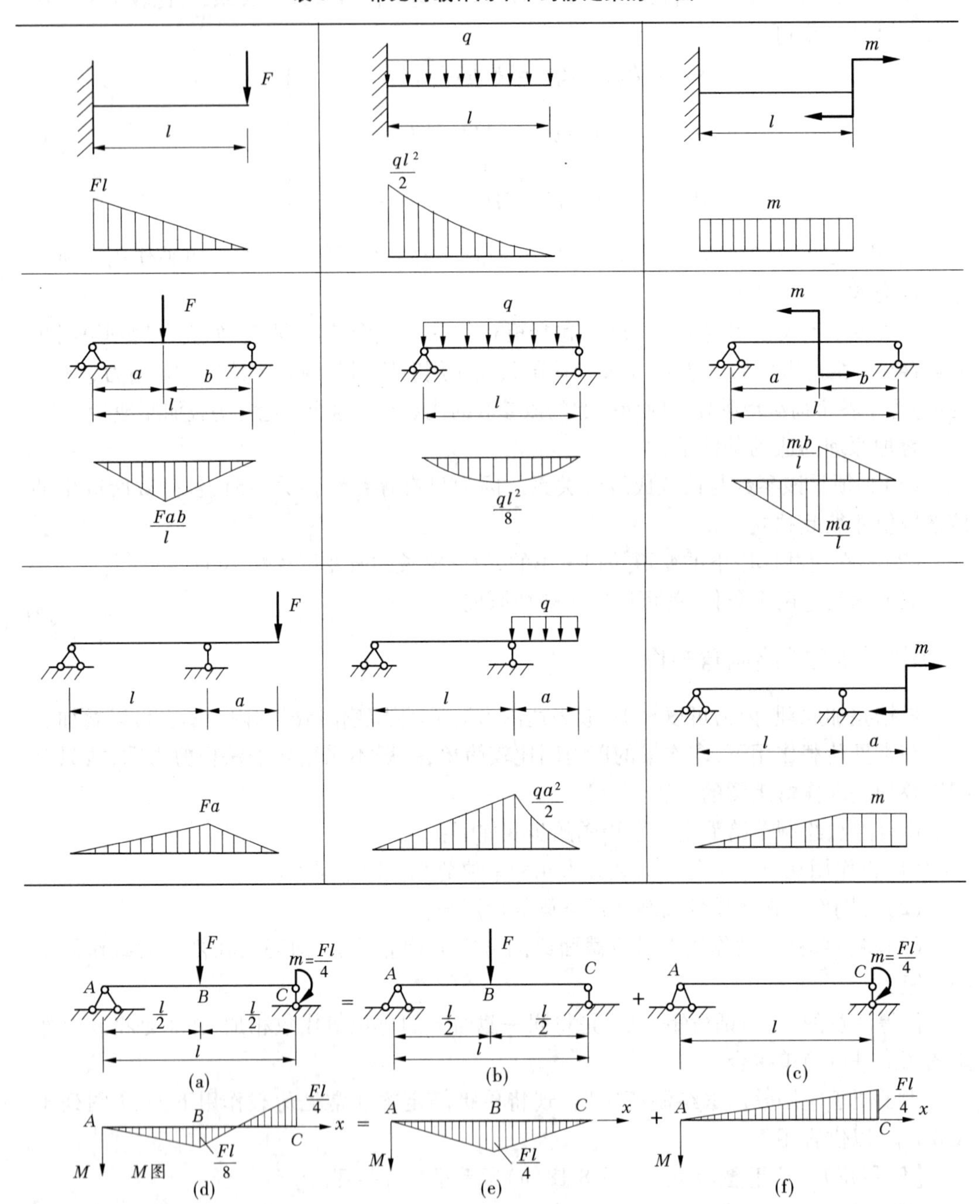

图 8-18

注意:在叠加时是将图 8-18(e)、(f) 中相应的纵坐标代数相加,如要求梁 A、B、C 三个截面的弯矩值,即

$$M_A = 0 + 0 = 0$$

$$M_B = \frac{Fl}{4} - \frac{Fl}{8} = \frac{Fl}{8}$$

$$M_C = 0 + \left(-\frac{Fl}{4}\right) = -\frac{Fl}{4}$$

最后根据上述三个控制截面的弯矩值作出此梁的弯矩图，如图8-18(d)所示。

【例8-13】 试用叠加法绘制如图8-19(a)所示梁的弯矩图。

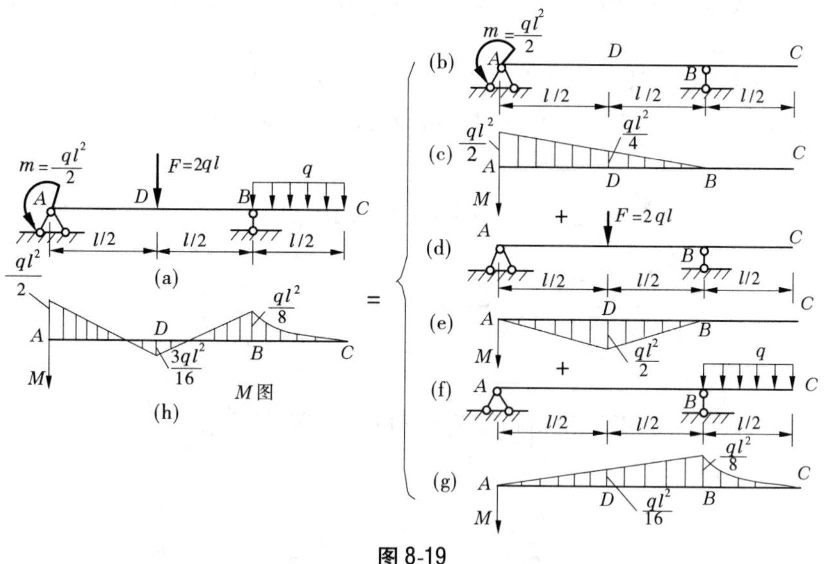

图8-19

解 (1)将图8-19(a)所示的梁上的荷载分为由 m、F 和 q 单独作用三种情况的叠加，如图8-19(b)、(d)、(f)所示。

(2)分别画出梁在 m、F 和 q 单独作用下的弯矩图，如图8-19(c)、(e)、(g)所示。

(3)用叠加法绘制弯矩图。

将图8-19(c)、(e)、(g)中相应的截面纵坐标代数相加，如要求梁 A、B、C、D 四个截面上的弯矩值，即叠加得

$$M_A = -\frac{ql^2}{2} + 0 + 0 = -\frac{ql^2}{2}$$

$$M_B = 0 + 0 - \frac{ql^2}{8} = -\frac{ql^2}{8}$$

$$M_C = 0 + 0 + 0 = 0$$

$$M_D = -\frac{ql^2}{4} + \frac{ql^2}{2} - \frac{ql^2}{16} = \frac{3ql^2}{16}$$

最后根据上述四个控制截面的弯矩值作出此梁的弯矩图，如图8-19(h)所示。

通过上例求解可见，用叠加法求单跨静定梁的弯矩图时，只要熟练掌握了梁在一些常见荷载单独作用下的弯矩图，采用弯矩叠加法即可作出梁在复杂荷载作用下的弯矩图。其计算简单，作图既快速又不会出错，是一种行之有效的方法。因此，建议读者熟记表8-1中所列弯矩图的图形，以方便用这种叠加的方法来绘制单跨静定梁的弯矩图，同时也为求解复杂荷载作用下的弯矩图奠定基础。

3　用“区段叠加法”绘制弯矩图

所谓“区段叠加法”,就是将梁分成若干区段梁,而每个区段梁均可视为简支梁或简支外伸梁受相应荷载和分段截面处弯矩作用的问题,只要计算出分段截面上的两端弯矩值,则该区段梁的弯矩图就可用由前所述的弯矩叠加法求出,作出了每个区段梁的弯矩图后,再按其顺序连成一体,即得整个梁的弯矩图。用这种方法绘制梁在复杂荷载作用下的弯矩图是十分有效的。

下面举例说明用“区段叠加法”绘制弯矩图的具体作法。

【例 8-14】 试用“区段叠加法”绘制图 8-20(a)所示梁的弯矩图。

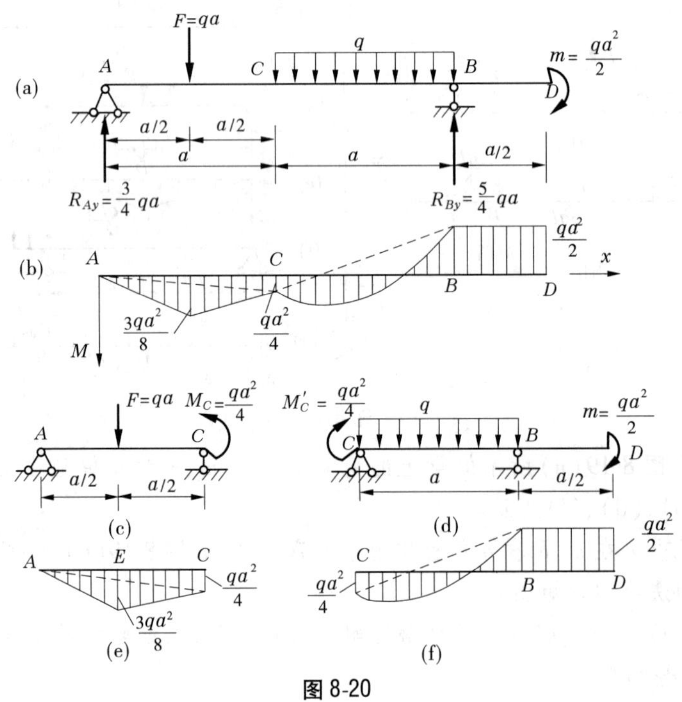

图 8-20

解　(1)求梁的支座反力。

由　$\sum M_B = 0 \qquad -R_{Ay} \times 2a + qa \times \frac{3}{2}a + qa \times \frac{a}{2} - \frac{qa^2}{2} = 0$

得

$$R_{Ay} = \frac{3}{4}qa(\uparrow)$$

又由　$\sum Y = 0 \qquad R_{Ay} + R_{By} - qa - qa = 0$

得

$$R_{By} = \frac{5}{4}qa(\uparrow)$$

(2)求分段截面处的弯矩值。

本例可将该梁分为两个区段梁,即 AC 区段梁和 CD 区段梁,则分段 C 截面处的弯矩值可用“简易法”求得

$$M_C = M'_C = \frac{1}{4}qa^2$$

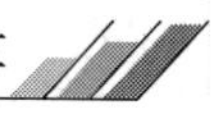

求出 M_C 和 M'_C 后，则可将梁分为一个简支梁和一个简支外伸梁，画出其受力图如图8-20(c)、(d)所示。

(3)绘制各区段梁的弯矩图。

要绘制 AC 区段梁和 CD 区段梁的弯矩图，则由前所述的叠加法很容易求作出弯矩图如图8-20(e)、(f)所示。

(4)绘制整个梁的弯矩图。

将图8-20(e)、(f)连成一体，即得整个梁的弯矩图，如图8-20(b)所示。

从上述求作过程可见，用区段叠加法求作弯矩图有两个主要环节：一是将梁分区段，二是用叠加法求作弯矩图。所以，区段叠加法其实还是叠加法，只不过是多了一个分区段的环节，分区段的目的就是将复杂问题简单化。

小　结

本章主要对单跨静定梁作内力分析。

一、内力

单跨静定梁在竖向荷载作用下产生平面弯曲时，横截面上的内力有两个内力分量，即剪力 Q 和弯矩 M。截面上的剪力使所考虑的梁段顺时针方向转动时为正，反之为负。截面上的弯矩使所考虑的梁段产生向下凸的变形时为正，反之为负。

二、内力计算一般步骤

(1)求出支座反力。

(2)取研究对象(分离体)。在需要求内力的截面处用假想截面将构件截开，将其构件分割为两部分，任选二者中的一个作为研究对象(分离体)。通常以计算方便为原则，选作用力较少的一部分作为研究对象(分离体)计算。

(3)画受力分析图。画出研究对象(分离体)上所受的全部外力。此时，待求的截面内力部分作为研究对象(分离体)的外力，应在截面中心画出轴力 N、剪力 Q 和弯矩 M。

(4)按平面一般力系平衡列平衡方程，求解轴力 N、剪力 Q 和弯矩 M 的值。

三、绘制内力图

内力图是表示构件内力沿轴线的变化规律的图形。

绘制梁的内力图主要有如下几种：

(1)用函数法绘制梁的内力图。

(2)用简易法绘制梁的内力图。

(3)用叠加法绘制梁的内力图。

四、绘制内力图注意事项

(1)注重支座反力的校核。若支座反力求错，将导致后续计算全错。

(2)注意分段考虑。在集中力、力偶作用处和分布荷载集度突变处等都要分段考虑。

(3)注意内力的正、负号。在绘制剪力图时都要标明正、负号,绘制弯矩图可不标明正、负号,但必须画在梁的受拉一侧。

(4)所有内力图上需要标明控制点数值及单位和图名。

思考与练习题

一、简答题

1. 什么是截面法?截面内力符号是如何规定的?
2. 内力求解的基本原理是什么?
3. 简易法计算 Q、M 的基本思路是什么?
4. 如何绘制剪力图、弯矩图?
5. 叠加法的基本原理是什么?
6. 区段叠加法的基本含义是什么?
7. 作用均布荷载的梁,求内力时能否用静力等效的集中荷载代替分布荷载?

二、填空题

1. 单跨静定梁结构常见的基本形式为________、________、____________。

2. 平面弯曲梁的内力有两种:一是______,二是______。______作用在与轴垂直的截面内,______作用在纵向对称平面内。

3. 内力是指____;常见的内力有________、________和________。内力的正方向规定____________,____________________,____________________。

4. 结构或构件内力求解的基本方法是________。

5. 内力方程是____,内力图是____。

6. 叠加法作弯矩图的含义是____________________。

三、选择题

1. 静定结构在荷载与结构几何尺寸不变的情况下,其内力的大小(   )。

   A. 与杆件材料的性质和截面的大小有关　　B. 与杆件材料和粗细无关

   C. 是可变的,与其他因素有关,如支座沉陷　　D. 与温度有关

2. 静定结构因支座移动(   )。

   A. 会产生内力,但无位移　　B. 会产生位移,但无内力

   C. 内力和位移都不会产生　　D. 同时产生内力和位移

3. 一个平衡力系作用在静定结构上时,在支座处(   )。

A. 一定产生支座反力　　B. 不一定产生支座反力
C. 支座反力等于零　　D. 支座反力小于零

4. 在梁的(　　)的截面，弯矩具有极大值或极小值。
A. 剪力为零　B. 剪力为极大值　C. 剪力为极小值　D. 和剪力无关

四、解答题

1. 试用截面法求图8-21所示梁中$n—n$截面上的剪力和弯矩。

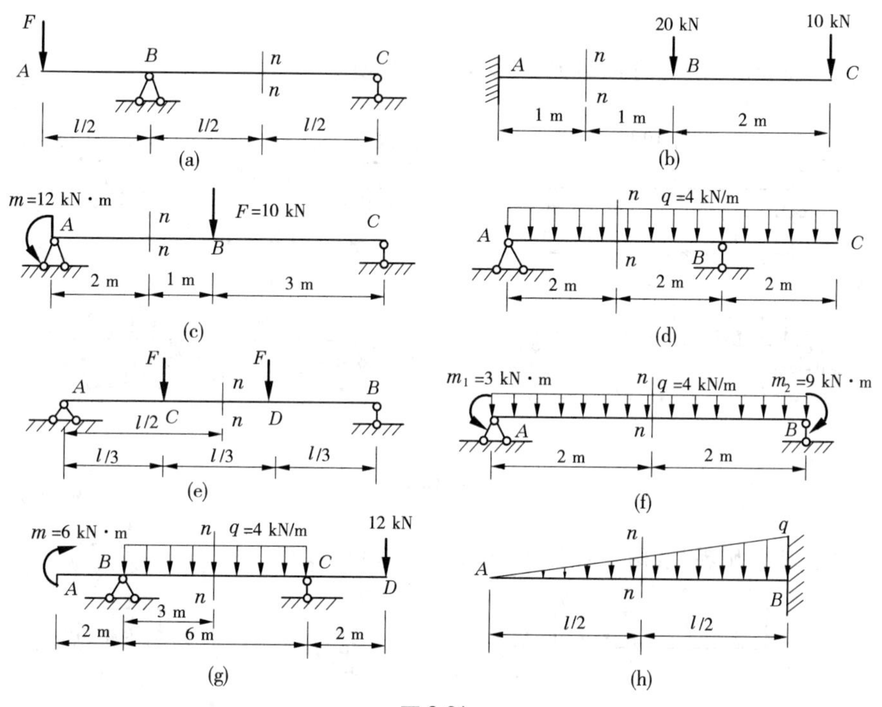

图8-21

2. 试绘制图8-21中所示各梁的剪力图和弯矩图。

3. 用“简易法”绘制图8-22所示各梁的剪力图和弯矩图。

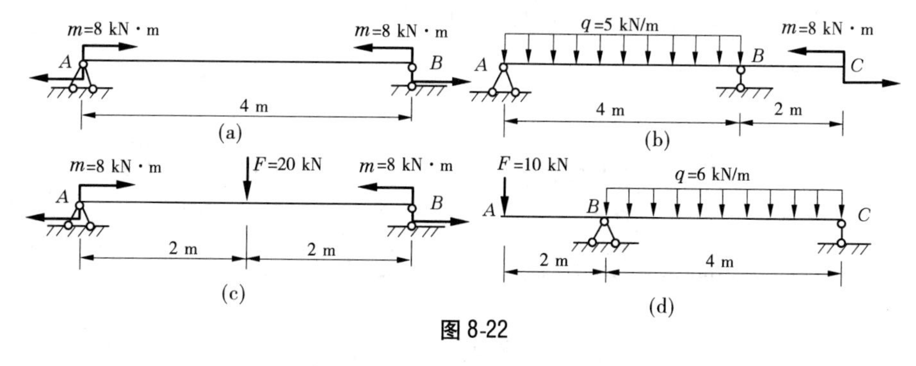

图8-22

4. 已知简支梁的剪力图如图8-23所示，试根据剪力图画出梁的荷载图和弯矩图(已知梁上无集中力偶作用)。

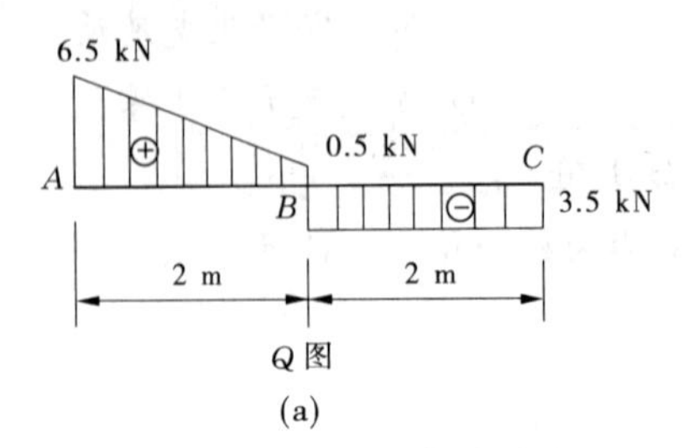

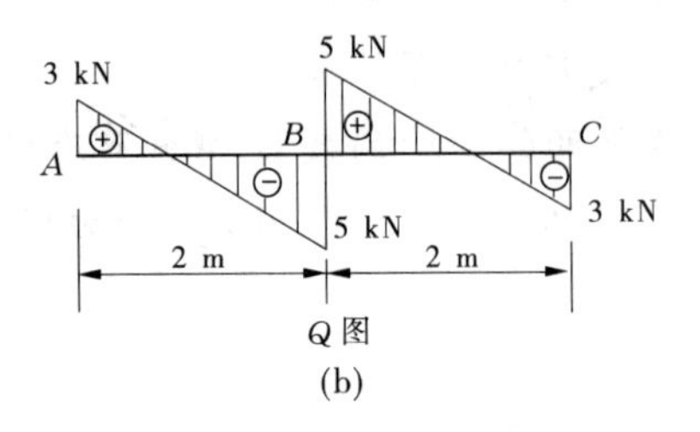

图 8-23

5. 试用“叠加法”绘制图 8-24 所示各梁的弯矩图。

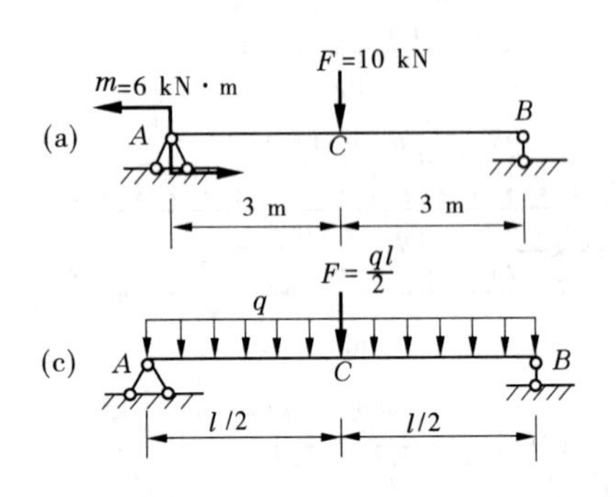

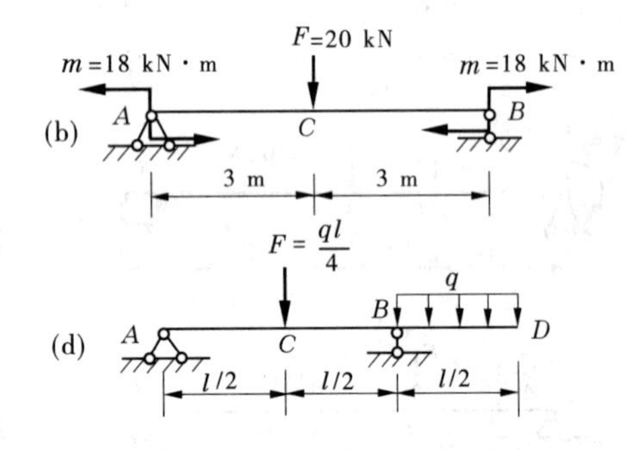

图 8-24

6. 用“区段叠加法”绘制图 8-25 所示各梁的弯矩图。

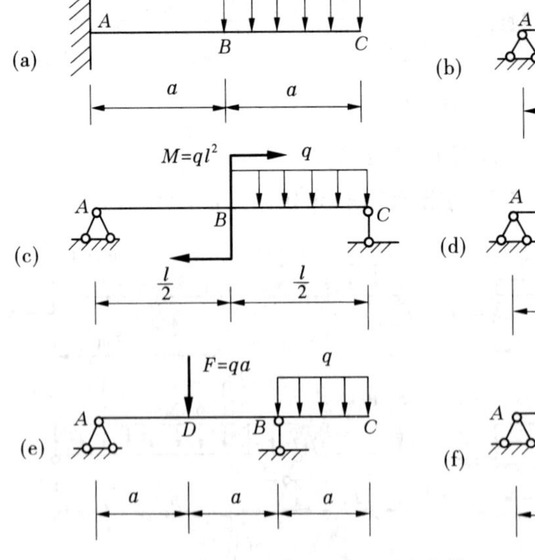

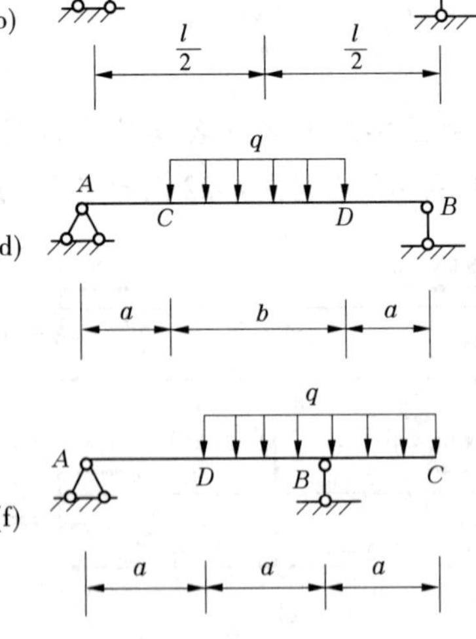

图 8-25

模块9　梁弯曲时的强度与刚度

【学习要求】

- 掌握平面弯曲的概念。
- 重点掌握常用截面的几何量(形心、面积矩、惯性矩)的计算。
- 重点掌握梁的正应力计算。
- 掌握剪应力计算(常用截面梁的剪应力计算)。
- 重点掌握梁的强度条件应用(强度校核、设计截面、许可荷载确定)。
- 了解剪应力强度条件。
- 掌握梁弯曲时的变形和刚度计算。
- 了解引起结构位移的因素,理解计算结构位移的目的。
- 了解提高梁弯曲强度的措施。

曾子《大学》	学习心得:
物格而后知至, 知至而后意诚, 意诚而后心正, 心正而后身修, 身修而后家齐, 家齐而后国治, 国治而后天下平。 自天子以至于庶人, 皆以修身为本。	

课题9.1　平面弯曲

梁的弯曲变形是工程中常见的一种基本变形形式,如图9-1(a)所示桥梁的主梁,如图9-1(b)所示支承闸门启闭机的纵梁,如图9-1(c)所示挡土墙,都是以弯曲变形为主的构件。

工程中常见的梁,其横截面一般都具有对称轴,如图9-2(a)所示。截面纵向对称轴与梁轴线组成的平面称为纵向对称面,如图9-2(b)所示。如果所有外力都作用在纵向对称平面内,且各力都与梁的轴线垂直,梁的轴线将在外力作用的同一纵向对称平面之内弯成一条平面曲线,这种弯曲称为平面弯曲,本章所研究的弯曲问题都属于这种平面弯曲。

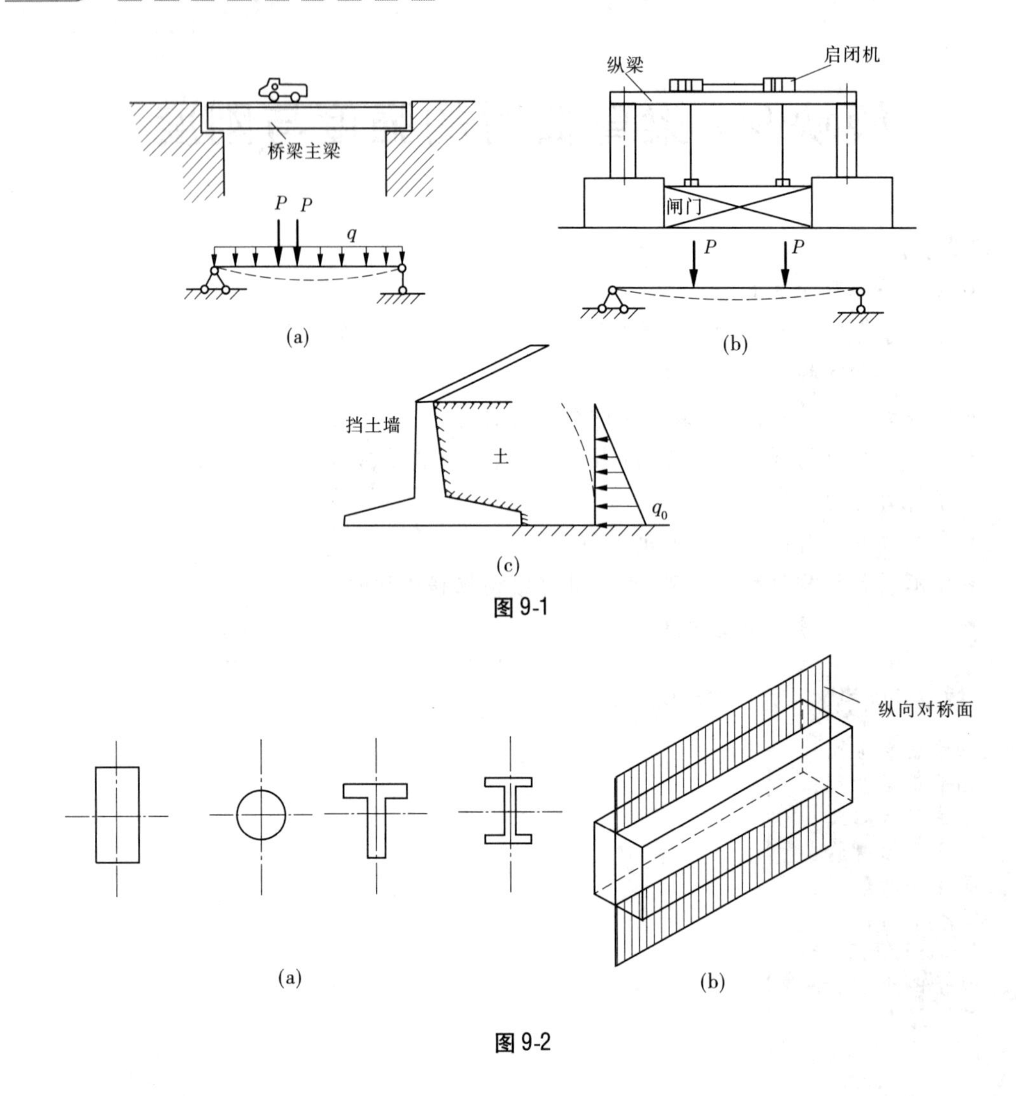

(a)　(b)

(c)

图 9-1

(a)　(b)

图 9-2

课题 9.2　平面图形的几何性质

力学中所研究的杆件,其横截面都是有一定几何形状的平面图形。与平面图形形状及尺寸有关的几何量统称为平面图形的几何性质。根据截面尺寸经过一系列运算可得一些几何数据,如面积、惯性矩、截面系数等。构件的强度、刚度与这些几何数据有着直接的关系。

如图 9-3 所示,将一塑料尺分别平放于两个支点上和竖放于两个支点上,然后加上相同的力 P,显然前一种放置方式下所发生的弯曲变形要远大于后一种放置方式下所发生的弯曲变形。这种差异仅是截面放置方式不同造成的,这就说明构件的承载能力与截面几何数据有直接的关系。下面介绍几种有关的截面几何性质。

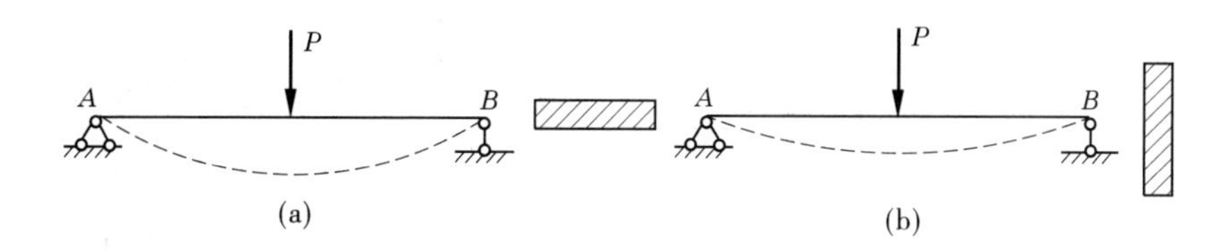

图 9-3

1 截面形心

截面形心是指截面的几何中心。一般用字母 c 表示中心位置，其坐标记为(y_c, z_c)。在工程实践中，经常遇到具有对称轴或对称中心的截面，这种截面的形心一定在对称轴或者对称中心上。例如，圆形截面的形心位于圆心，矩形截面的形心位于两对角线的交点处，T 形截面的形心在其对称轴上等。通常，截面图形的形心与匀质薄板物体的重心是一致的。对于简单图形的位置，可以从工程手册中查出，表 9-1 给出了几种常见简单图形的形心位置。

表 9-1 常见图形的面积、形心和惯性矩

序号	图形	面积	形心位置	惯性矩(形心轴)
1	y, z, c, h, b	$A = bh$	$z_c = \frac{b}{2}$ $y_c = \frac{h}{2}$	$I_z = \frac{bh^3}{12}$ $I_y = \frac{hb^3}{12}$
2	y, z, c, h, h_1, b_1, b	$A = bh - b_1 h_1$	$z_c = \frac{b}{2}$ $y_c = \frac{h}{2}$	$I_z = \frac{1}{12}(bh^3 - b_1 h_1^3)$ $I_y = \frac{1}{12}(hb^3 - h_1 b_1^3)$
3	y, z, c, D	$A = \frac{\pi D^2}{4}$	$z_c = y_c = \frac{D}{2}$	$I_z = I_y = \frac{\pi D^4}{64}$

续表 9-1

序号	图形	面积	形心位置	惯性矩(形心轴)
4		$A=\frac{\pi}{4}(D^2-d^2)$	$z_c=y_c=\frac{D}{2}$	$I_z=I_y=\frac{\pi D^4}{64}(1-\alpha^4)$ $\alpha=\frac{d}{D}$
5		$A=\frac{\pi R^2}{2}$	$z_c=\frac{D}{2}$ $y_c=\frac{4R}{3\pi}$	$I_z=(\frac{1}{8}-\frac{8}{9\pi^2})\pi R^4$ $\approx 0.11R^4$ $I_y=\frac{\pi D^4}{128}=\frac{\pi R^4}{8}$
6		$A=\frac{1}{2}bh$	$z_c=\frac{b}{3}$ $y_c=\frac{h}{3}$	$I_z=\frac{bh^3}{36}$ $I_y=\frac{hb^3}{36}$

设图 9-4 所示截面图形的形心坐标为(y_c,z_c),面积为A。工程实践中的构件,其截面图形往往由几个简单图形组成,则截面形心的计算公式为

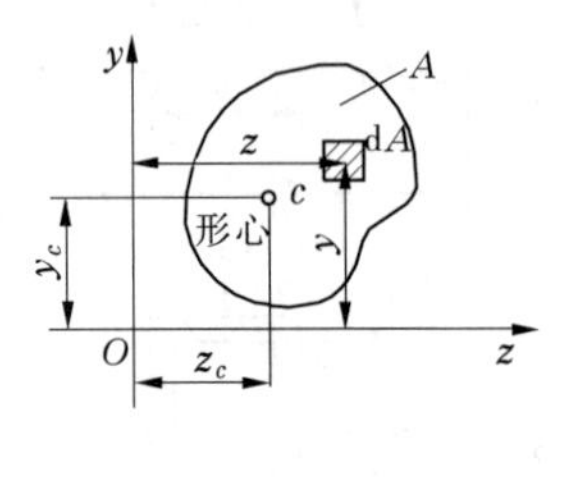

图 9-4

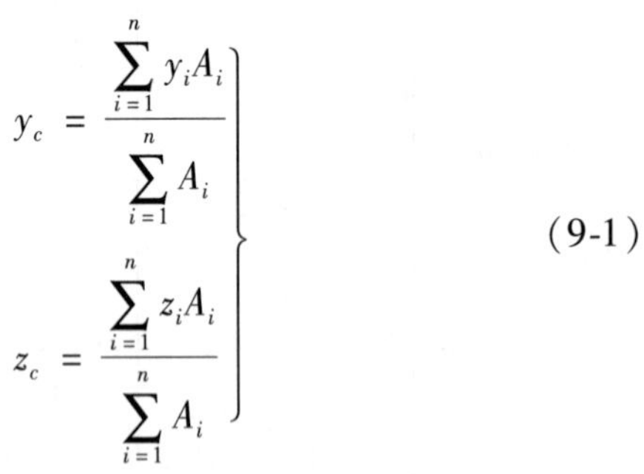

$$\left.\begin{aligned} y_c &= \frac{\sum_{i=1}^{n} y_i A_i}{\sum_{i=1}^{n} A_i} \\ z_c &= \frac{\sum_{i=1}^{n} z_i A_i}{\sum_{i=1}^{n} A_i} \end{aligned}\right\} \tag{9-1}$$

【例 9-1】 试计算如图 9-5 所示 T 形截面的形心坐标。

解 由于 y 轴是截面的对称轴,故形心 c 必在 y 轴上,则有 $z_c=0$。将 T 形截面分割为Ⅰ、Ⅱ两个矩形,每个矩形的面积及其形心坐标分别为

矩形 Ⅰ

$$y_1 = 170 + 15 = 185(\text{mm})$$
$$A_1 = 200 \times 30 = 6\,000(\text{mm}^2)$$

矩形 Ⅱ

$$y_2 = 85 \text{ mm}$$

$$A_2 = 170 \times 30 = 5\ 100(\text{mm}^2)$$

由式(9-1)可得

$$y_c = \frac{\sum_{i=1}^{n} A_i y_i}{\sum_{i=1}^{n} A_i} = \frac{A_1 y_1 + A_2 y_2}{A_1 + A_2} = \frac{6\ 000 \times 185 + 5\ 100 \times 85}{6\ 000 + 5\ 100}$$

$$= 139(\text{mm})$$

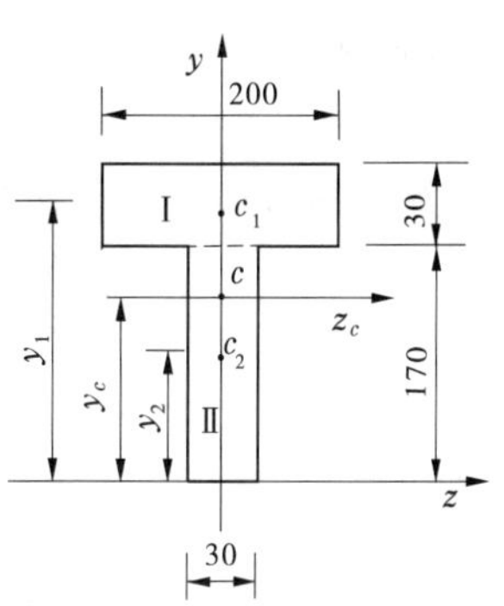

图9-5　(单位:mm)

2　面积矩

如图9-4所示为一任意形状的平面图形，其面积为A，在平面图形内选取坐标系zOy。取其中一微面积$\mathrm{d}A$，$\mathrm{d}A$的形心到z轴(或y轴)的距离为y(或z)，事实上因$\mathrm{d}A$很微小，故可视为一点，则$\mathrm{d}A$与坐标y(或z)的乘积称为该微面积对z轴(或y轴)的面积矩，用$\mathrm{d}S_z$(或$\mathrm{d}S_y$)表示，即

$$\mathrm{d}S_z = y\mathrm{d}A \quad \mathrm{d}S_y = z\mathrm{d}A$$

平面图形所有微面积对z轴(或y轴)的面积矩之和，称为该平面图形对z轴(或y轴)的面积矩，用S_z(或S_y)表示，即

$$\left.\begin{aligned} S_z &= \int_A \mathrm{d}S_z = \int_A y\mathrm{d}A \\ S_y &= \int_A \mathrm{d}S_y = \int_A z\mathrm{d}A \end{aligned}\right\} \tag{9-2}$$

式(9-2)说明截面的面积矩与坐标轴有关，坐标轴不同面积矩的大小也不同。面积矩的量纲为长度的三次方，其常用单位为m^3或mm^3，其值可以是正的，可以是负的，也可以是零。式(9-2)也可改写为

$$\left.\begin{aligned} S_z &= Ay_c \\ S_y &= Az_c \end{aligned}\right\} \tag{9-3}$$

即截面的面积矩是截面面积与其形心到$z(y)$轴的距离$y_c(z_c)$的乘积。式(9-3)中A是图形的面积，(y_c, z_c)是图形的形心坐标。当面积矩为零时，由于面积A不为零，只有$y_c(z_c)$为零，这意味着坐标轴通过形心，是一根形心轴。反之，坐标轴是一根形心轴，则$y_c(z_c)$为零，从而面积矩为零。可见，截面图形关于某坐标轴的面积矩为零的充分必要条件是该坐标轴通过截面图形的形心。

式(9-2)说明整个平面图形关于某个坐标轴的面积矩等于该图形各部分关于同一坐标轴的面积矩之和。在工程中，构件的截面图形往往由几个简单图形组成，因此式(9-2)的无限项求和的积分式可转变为按简单图形分割计算的有限项求和式，即

$$\left.\begin{aligned} S_z &= \sum_{i=1}^{n} y_{ic} A_i \\ S_y &= \sum_{i=1}^{n} z_{ic} A_i \end{aligned}\right\} \tag{9-4}$$

式中:A_i为简单图形面积;y_{ic}、z_{ic}为简单图形的形心坐标。

【例9-2】 如图9-6所示,矩形截面宽为 b,高为 h,试求该矩形截面阴影部分对 z、y 轴的面积矩。

解 阴影部分面积 A_1 和形心坐标 y_{1c}、z_{1c} 计算如下

$$A_1 = \frac{bh}{4} \quad z_{1c} = 0 \quad y_{1c} = \frac{3h}{8}$$

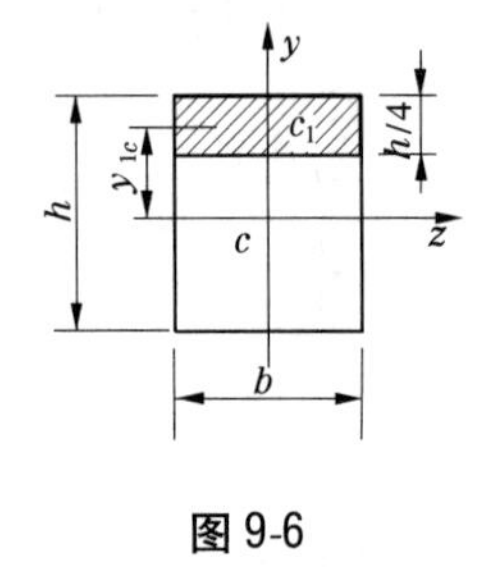

图9-6

则由式(9-4)得

$$S_z = A_1 y_{1c} = \frac{bh}{4} \times \frac{3h}{8} = \frac{3}{32}bh^2$$

$$S_y = A_1 z_{1c} = 0$$

3 截面惯性矩

3.1 定义

如图9-4所示,图中微面积 $\mathrm{d}A$ 与它到 z 轴(或 y 轴)距离平方的乘积的总和称为该图形对 z 轴(或 y 轴)的惯性矩,用 I_z 或 I_y 表示,即

$$\left.\begin{aligned} I_z &= \int_A y^2 \mathrm{d}A \\ I_y &= \int_A z^2 \mathrm{d}A \end{aligned}\right\} \tag{9-5}$$

截面惯性矩与坐标轴有关,同一图形对不同轴的惯性矩是不同的。惯性矩的量纲为长度的四次方,其常用单位为 m^4,其值恒为正。

3.2 简单图形截面惯性矩的计算

简单图形的惯性矩可以直接用式(9-5)通过积分计算求得,也可以按表9-1查得。

【例9-3】 图9-7所示矩形截面宽为 b,高为 h。试求该矩形对通过形心的轴 z、y 的惯性矩 I_z 和 I_y。

解 (1)计算 I_z。取平行于 z 轴的微面积 $\mathrm{d}A = b\mathrm{d}y$,$\mathrm{d}A$ 到 z 轴的距离为 y,应用式(9-5)得

$$I_z = \int_A y^2 \mathrm{d}A = \int_{-\frac{h}{2}}^{\frac{h}{2}} y^2 b \mathrm{d}y = \frac{bh^3}{12}$$

(2)计算 I_y。同理,可得

$$I_y = \int_A z^2 \mathrm{d}A = \int_{-\frac{b}{2}}^{\frac{b}{2}} z^2 h \mathrm{d}z = \frac{hb^3}{12}$$

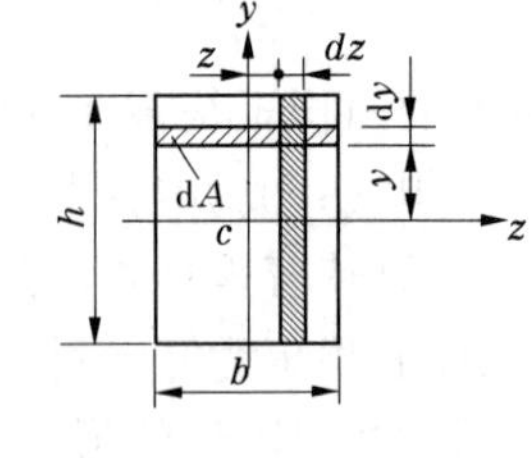

图9-7

4 惯性半径

在工程中,为某些计算的需要,将图形的惯性矩 $I_z(I_y)$ 除以截面面积 A,然后开方得出的值用 $i_z(i_y)$ 表示,称为截面对 $z(y)$ 轴的惯性半径。其可用式(9-6)表示

$$\left.\begin{aligned} i_z &= \sqrt{\frac{I_z}{A}} \\ i_y &= \sqrt{\frac{I_y}{A}} \end{aligned}\right\} \tag{9-6}$$

式中：A 为截面面积；$I_z(I_y)$ 为截面对 $z(y)$ 轴的惯性矩。

对于矩形截面，其惯性半径为

$$i_z = \sqrt{\frac{I_z}{A}} = \sqrt{\frac{bh^3/12}{bh}} = \frac{h}{\sqrt{12}}$$

$$i_y = \sqrt{\frac{I_y}{A}} = \sqrt{\frac{b^3h/12}{bh}} = \frac{b}{\sqrt{12}}$$

对于圆形截面，其惯性半径为

$$i_z = i_y = \sqrt{\frac{I_z}{A}} = \sqrt{\frac{\pi d^4/64}{\pi d^2/4}} = \frac{d}{4}$$

课题9.3　梁弯曲时的强度计算

在第八章中已经学习了梁的横截面上的内力——弯矩 M 和剪力 Q 的计算。为了进行梁的强度计算，本节首先需要探讨梁横截面上的应力情况。由图9-8可知，梁横截面上的剪力 Q 应由截面上的微内力 $\tau\mathrm{d}A$ 组成，而弯矩 M 应由微内力 $\sigma\mathrm{d}A$ 对 z 轴之矩组成。因此，当梁的横截面上同时有弯矩和剪力时，横截面上各点也就同时有正应力 σ 和剪应力 τ。本节研究等截面直梁在平面弯曲时这两种应力的计算公式及相应的强度计算。

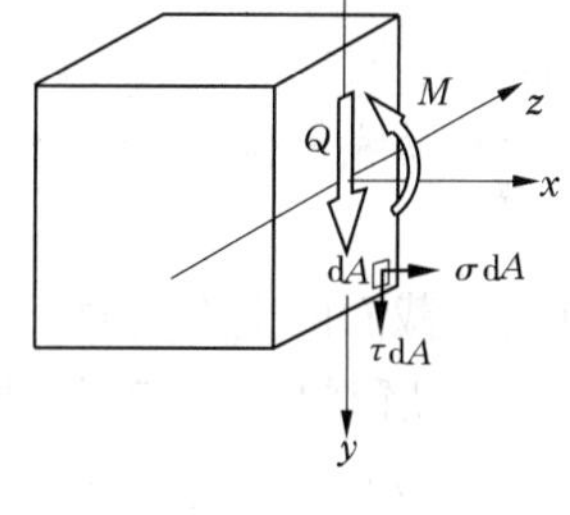

图9-8

1　横截面上的正应力和强度计算

1.1　正应力计算

平面弯曲时，某梁段各横截面上只有弯矩而没有剪力，这种弯曲称为纯弯曲。如果某梁段各横截面上不仅有弯矩而且有剪力，这种平面弯曲称为剪切弯曲或横力弯曲。

为了方便研究，下面以矩形截面梁为例，分析纯弯曲时梁横截面上的正应力。

梁发生纯弯曲时，可以通过对变形的观察、分析，推测出梁的内部变形的规律，由此进一步找出应力的分布规律，从而得出正应力的计算公式。

1.1.1　变形几何关系

为了观察梁发生纯弯曲时的变形情况，试验前在矩形截面梁的表面上画出若干条与梁轴平行的纵向纤维和与纵向纤维垂直的横线，如图9-9(a)所示。然后，在梁的两端施加一对力偶 m，梁将发生如图9-9(b)所示的纯弯曲变形。于是观察到如下的一些现象：

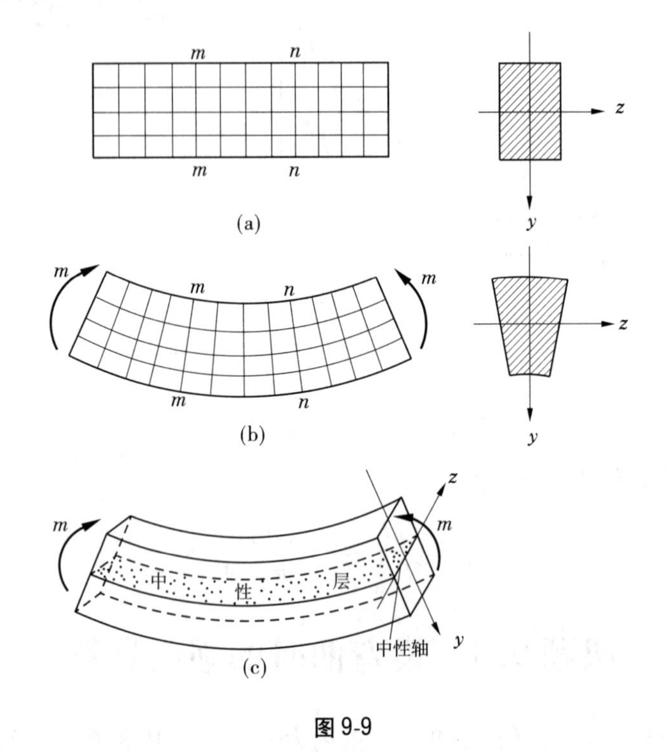

图 9-9

(1)所有纵向纤维都弯成曲线,靠近底面(凸边)的纵向纤维伸长了,而靠近顶面(凹边)的纵向纤维缩短了。

(2)所有横线仍保持为直线,只是相互倾斜了一个角度,但仍与弯曲的纵向纤维垂直。

(3)矩形截面的上部变宽,下部变窄。

根据上面所观察到的现象,推测梁的内部变形,可作出如下的假设和推断:

(1)平面假设。在纯弯曲时,梁的横截面在梁弯曲后仍保持为平面,且仍垂直于弯曲后的梁轴线。

(2)单向受力假设。将梁看成由无数根纵向纤维组成,各纤维只受到轴向拉伸或压缩,不存在相互挤压。

根据平面假设,上部的纵向纤维缩短而使截面变宽,下部的纵向纤维伸长而使截面变窄,在同一高度上的纤维有相同的变形。由变形的连续性知,从上部各层纤维缩短到下部各层纤维伸长的变化过程中,中间必存在着一层纤维既不伸长也不缩短,这一层称为中性层,如图 9-9(c)所示。中性层与横截面的交线称为中性轴。中性轴将横截面分为受压和受拉两个区域。由于梁变形后各横截面仍保持与纵线正交,所以剪应力变为零,故纯弯曲梁的横截面上没有剪应力。

由平面假设可知,纵向纤维的伸长或缩短是横截面绕中性轴转动的结果。为了研究任意一根纤维的线应变,可用两相邻横截面 $m—m$ 和 $n—n$ 从梁上截出一微段 $\mathrm{d}x$,如图 9-10所示。设 O_1O_2 为中性层(它的具体位置还不知道),两相邻横截面 $m—m$ 和 $n—n$ 转动后延长相交于 O 点,O 点为中性层的曲率中心。中性层的曲率半径用 ρ 表示,两个截

面间的夹角以 $d\theta$ 表示。现求距中性层为 y 处的纵向纤维 ab 的线应变。纤维 ab 的原长 $\overline{ab} = dx = O_1O_2 = \rho d\theta$，变形后的长度为 $\widehat{a_1b_1} = (\rho + y)d\theta$，故纤维 ab 的线应变为

$$\varepsilon = \frac{\widehat{a_1b_1} - \overline{ab}}{\overline{ab}} = \frac{(\rho + y)d\theta - \rho d\theta}{\rho d\theta} = \frac{y}{\rho} \tag{9-7}$$

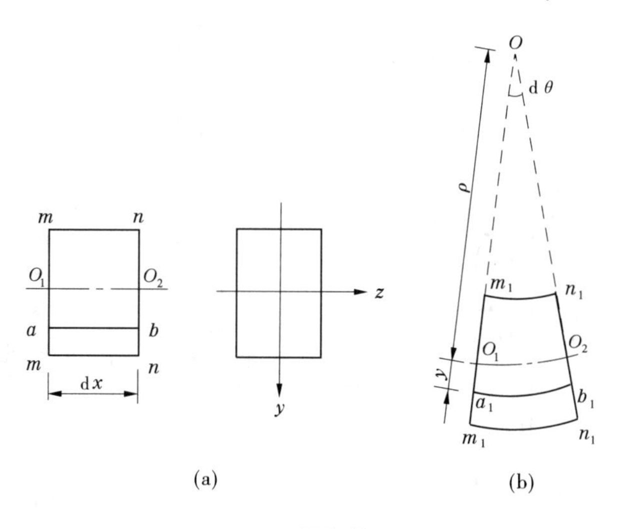

图 9-10

对于确定的截面来说，ρ 是常量。所以，各层纤维的应变与它到中性层的距离成正比，并且梁愈弯（即曲率 $1/\rho$ 愈大），同一位置的线应变也愈大。

1.1.2 物理关系

由于假设纵向纤维只受单向拉伸或压缩，在正应力不超过比例极限时，由虎克定律得

$$\sigma = E\varepsilon = E\frac{y}{\rho} \tag{9-8}$$

式(9-8)表明：距中性轴等远的各点正应力相同，并且横截面上任一点处的正应力与该点到中性轴的距离成正比，即弯曲正应力沿截面高度按线性规律分布，中性轴上各点的正应力均为零，如图 9-11 所示。

1.1.3 静力学平衡关系

梁发生纯弯曲时，横截面上只有正应力 σ。如图 9-8 所示，在横截面上取微面积 dA，横截面上法向分布内力 σdA 组成一空间平行力系。因为整个横截面轴力为零，只有弯矩 M，故可得

$$N = \int_A \sigma dA = 0 \tag{9-9}$$

$$M = \int_A \sigma y dA \tag{9-10}$$

将式(9-8)代入式(9-9)得

$$\frac{E}{\rho}\int_A y dA = 0$$

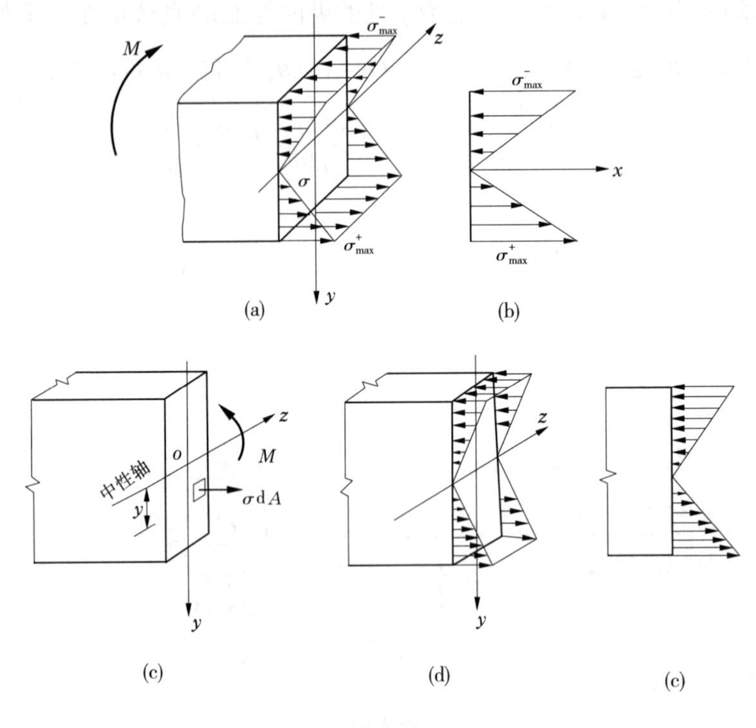

图 9-11

由于$\dfrac{E}{\rho}\neq 0$,故有

$$\int_A y\mathrm{d}A = 0$$

上式表明截面对中性轴的面积矩等于零。由此可知,直梁弯曲时中性轴 z 必定通过截面的形心。

将式(9-8)代入式(9-10),得

$$M = \int_A \frac{E}{\rho}y^2\mathrm{d}A = \frac{E}{\rho}\int_A y^2\mathrm{d}A = \frac{E}{\rho}I_z$$

于是可得

$$\frac{1}{\rho} = \frac{M}{EI_z} \tag{9-11}$$

式(9-11)是计算梁变形的基本公式,后面讨论压杆稳定时也要用到它。由式(9-11)可知,曲率 $1/\rho$ 与 M 成正比,与 EI_z 成反比。这表明:梁在外力作用下,某横截面上的弯矩愈大,该处梁的弯曲程度就愈大;而 EI_z 值愈大,则梁愈不易弯曲,故 EI_z 称为梁的抗弯刚度,其物理意义是表示梁抵抗弯曲变形的能力。

将式(9-11)代入式(9-8),便得纯弯曲梁横截面上任一点处正应力的计算公式

$$\sigma = \frac{My}{I_z} \tag{9-12}$$

式(9-12)表明:梁横截面上任一点的正应力 σ 与该截面上的弯矩 M 和该点到中性轴

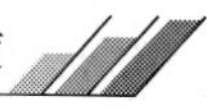

的距离 y 成正比，而与该截面对中性轴的惯性矩 I_z 成反比。当 M 为正时，中性轴以下各点为拉应力，取正值；中性轴以上各点为压应力，取负值，如图 9-11（b）所示。若 M 为负值，则相反。

1.1.4　正应力公式应用的推广

虽然从式（9-12）的推导过程知，它的适用条件是纯弯曲梁的最大正应力不超过材料的比例极限，但纯弯曲正应力公式的应用可推广到以下情况：

（1）若梁跨度与横截面高度之比 l/h 大于 5，式（9-12）可用于横力弯曲时横截面正应力的计算。横力弯曲时梁横截面上不仅有正应力而且有剪应力，梁受荷载作用后其横截面将发生不同程度的翘曲，故平面假设不成立。但当 l/h 小于 5 时，剪应力对正应力的影响甚小，所以式（9-12）仍然可以使用。

（2）式（9-12）虽然是由矩形截面推导出来的，但对于横截面为其他对称形状的梁，如圆形、圆环形、工字形和 T 形截面等，在发生平面弯曲时均可适用。

1.2　正应力强度条件

1.2.1　危险点的应力

要进行梁的正应力强度计算，需要先算出梁危险点的正应力。最大正应力所在的截面称为危险截面。对于等直梁，弯矩绝对值最大的截面就是危险截面。危险截面上出现最大应力的点称为危险点，它位于距中性轴最远的上、下边缘处。

对截面中性轴为对称轴的梁，最大正应力为

$$\sigma_{\max} = \frac{M_{\max} y_{\max}}{I_z}$$

令

$$W_z = \frac{I_z}{y_{\max}}$$

则

$$\sigma_{\max} = \frac{M_{\max}}{W_z} \tag{9-13}$$

式中：W_z 称为抗弯截面模量，它是一个与截面形状、尺寸有关的几何量，常用单位是 m^3 或 mm^3。对于工字钢、槽钢等型钢截面，W_z 值可在附录的型钢表中查得。显然，W_z 值愈大，梁中的最大正应力值愈小，从强度角度看，就愈有利。矩形和圆形截面的抗弯截面模量分别为

对于矩形截面

$$W_z = \frac{I_z}{y_{\max}} = \frac{\frac{bh^3}{12}}{\frac{h}{2}} = \frac{1}{6}bh^2$$

对于圆截面

$$W_z = \frac{I_z}{y_{\max}} = \frac{\frac{\pi d^4}{64}}{\frac{d}{2}} = \frac{\pi d^3}{32}$$

对于中性轴不是对称轴的截面梁，如 T 形截面梁，梁的上、下边缘上各点处产生最大

拉压应力,其值分别为

$$\left.\begin{aligned}\sigma_{max}^{+} &= \frac{M_{max}y_{max}^{+}}{I_z}\\ \sigma_{max}^{-} &= \frac{M_{max}y_{max}^{-}}{I_z}\end{aligned}\right\} \tag{9-14}$$

式中:y_{max}^{+}为最大拉应力所在点距中性轴的距离;y_{max}^{-}为最大压应力所在点距中性轴的距离。

1.2.2　正应力强度条件

要使梁能安全工作,必须使梁的最大工作正应力σ_{max}不超过其材料的许用应力$[\sigma]$,即得正应力强度条件为

$$\sigma_{max} = \frac{M_{max}}{W_z} \leqslant [\sigma] \tag{9-15}$$

对于脆性材料,其抗压与抗拉许用应力是不同的。为了充分利用材料,通常将梁的横截面做成与中性轴不对称的形状。因此,梁的拉应力和压应力都不能超过材料相应的许用应力,即

$$\left.\begin{aligned}\sigma_{max}^{+} &\leqslant [\sigma]^{+}\\ \sigma_{max}^{-} &\leqslant [\sigma]^{-}\end{aligned}\right\} \tag{9-16}$$

式中:σ_{max}^{+}、σ_{max}^{-}为梁的最大拉应力和最大压应力;$[\sigma]^{+}$、$[\sigma]^{-}$为材料的许用拉应力和许用压应力。

应用正应力强度条件,可解决梁以下三方面问题的计算。

(1)强度校核。

在已知梁的材料和横截面的形状、尺寸以及所受荷载时,对梁作强度校核,即

$$\sigma_{max} = \frac{M_{max}}{W_z} \leqslant [\sigma]$$

检查梁是否满足正应力强度条件。

(2)设计截面。

当已知荷载和所用材料时,根据强度条件计算所需的抗弯截面模量,即

$$W_z \geqslant \frac{M_{max}}{[\sigma]}$$

然后按选择的截面形状,进一步确定截面的具体尺寸。

(3)确定许可荷载。

已知梁的材料和截面尺寸,根据强度条件计算梁所能承受的最大弯矩,即

$$M_{max} \leqslant [\sigma]W_z$$

然后由M_{max}确定出梁的许可荷载。

【例9-4】　一简支木梁受均布荷载q作用,如图9-12所示。已知$q=5.6$ kN/m,梁的跨度$l=3$ m,木材的许用应力$[\sigma]=10$ MPa,截面为矩形,$b=120$ mm,$h=180$ mm。试求:

(1)计算C截面上a、b两点的正应力;

(2)试校核木梁的正应力强度。

解　(1)计算C截面上a、b两点的正应力。

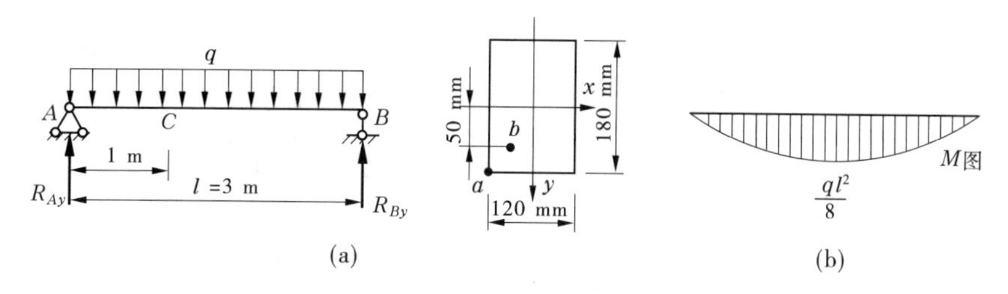

图 9-12

由于结构及荷载具有对称性，故梁的支座反力为

$$R_{Ay}=R_{By}=\frac{ql}{2}=\frac{5.6\times 3}{2}=8.4(\mathrm{kN})(\uparrow)$$

于是 C 截面的弯矩为

$$M_C=R_{Ay}\times 1-\frac{q\times 1^2}{2}=8.4\times 1-\frac{5.6\times 1^2}{2}=5.6(\mathrm{kN\cdot m})$$

截面对中性轴 z 的惯性矩

$$I_z=\frac{bh^3}{12}=\frac{1}{12}\times 120\times 180^3=58.3\times 10^6(\mathrm{mm}^4)$$

则 a、b 两点的正应力为

$$\sigma_a=\frac{M_C y_a}{I_z}=\frac{5.6\times 10^6\times 90}{58.3\times 10^6}=8.64(\mathrm{MPa})(拉)$$

$$\sigma_b=\frac{M_C y_b}{I_z}=\frac{5.6\times 10^6\times 50}{58.3\times 10^6}=4.80(\mathrm{MPa})(拉)$$

(2)校核木梁的正应力强度。

由弯矩图可知，最大弯矩在跨中截面，其值为

$$M_{\max}=\frac{ql^2}{8}=\frac{1}{8}\times 5.6\times 3^2=6.3(\mathrm{kN\cdot m})$$

等截面梁的最大正应力应发生在 $M_{\max}$ 截面的上、下边缘处，最大正应力的值为

$$\sigma_{\max}=\frac{M_{\max}y_{\max}}{I_z}=\frac{6.3\times 10^6\times 90}{58.3\times 10^6}=9.73(\mathrm{MPa})<[\sigma]=10\ \mathrm{MPa}$$

所以，该木梁满足正应力强度要求。

【例 9-5】　如图 9-13 所示，简支梁长 $l=4$ m，受均布荷载 $q=3$ kN/m 的作用，截面为宽度 $b=140$ mm、高 $h=210$ mm 的矩形，材料的许用应力为$[\sigma]=10$ MPa，校核梁的正应力强度。

解　由于最大弯矩发生在跨中截面，即

$$M_{\max}=\frac{ql^2}{8}=\frac{3\times 4^2}{8}=6(\mathrm{kN\cdot m})$$

抗弯截面模量为

$$W_z=\frac{bh^2}{6}=\frac{140\times 210^2}{6}=1\ 029\ 000(\mathrm{mm}^3)$$

校核梁的正应力强度，有

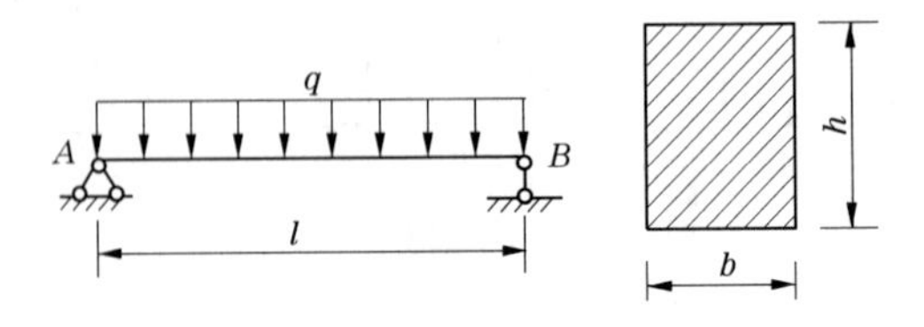

图 9-13

$$\sigma_{max} = \frac{M_{max}}{W_z} = \frac{6 \times 10^6}{1\ 029\ 000} = 5.83(\text{MPa}) < [\sigma] = 10\ \text{MPa}$$

故正应力强度满足要求。

【例 9-6】 例 9-5 中,求该梁能承受的最大荷载。

解 根据强度条件 $\sigma_{max} = \frac{M_{max}}{W_z} \leqslant [\sigma]$ 可得

$$M_{max} \leqslant W_z[\sigma]$$

将 $M_{max} = \frac{ql^2}{8}$ 代入可导出

$$q \leqslant \frac{8W_z[\sigma]}{l^2} = \frac{8 \times 1\ 029\ 000 \times 10}{4\ 000^2} = 5.145(\text{N/mm}) = 5.145\ \text{kN/m}$$

即

$$q_{max} = 5.145\ \text{kN/m}$$

【例 9-7】 一根工字钢悬臂梁,如图 9-14(a)所示。梁长 $l=6$ m,自由端受集中力 $F=40$ kN 作用,材料的许用应力 $[\sigma]=160$ MPa,不计梁的自重。试按正应力强度来选择工字钢的型号。

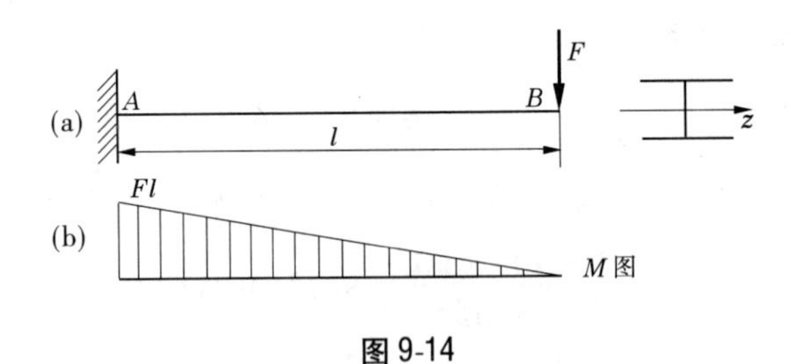

图 9-14

解 (1)求最大弯矩。

求作出该梁的弯矩图如图 9-14(b)所示,可见最大弯矩在固定端截面处,大小为

$$M_{max} = Fl = 40 \times 6 = 240(\text{kN} \cdot \text{m})$$

(2)确定 W_z,选择工字钢的型号。

根据正应力强度条件,梁所需的抗弯截面模量为

$$W_z = \frac{M_{max}}{[\sigma]} = \frac{240 \times 10^6}{160} = 1.5 \times 10^6(\text{mm}^3) = 1\ 500\ \text{cm}^3$$

查附录工字钢表,45b 工字钢的抗弯截面模量 $W_z = 1\ 500\ \text{cm}^3$,可以满足要求,故可选择 45b 工字钢。

【例 9-8】 ∟形截面悬臂梁尺寸及荷载如图 9-15 所示。若材料的许用拉应力

$[\sigma]^+ = 40$ MPa，许用压应力 $[\sigma]^- = 160$ MPa，截面对形心轴 z 的惯性矩 $I_z = 10\ 180\ \text{cm}^4$，$h_1 = 96.4$ mm，试按正应力强度确定该梁的许可荷载 $[F]$。

解　(1) 确定最大弯矩。

作弯矩图如图 9-15 所示。由图可见，在固定端截面 A 处有最大正弯矩，$M_A = 0.8F$。在 C 截面有最大负弯矩，大小为 $M_C = 0.6F$。由于中性轴不是截面的对称轴，而材料的拉、压许用应力又不相等，应分别考虑 A、C 两截面的强度来确定许可荷载 $[F]$。

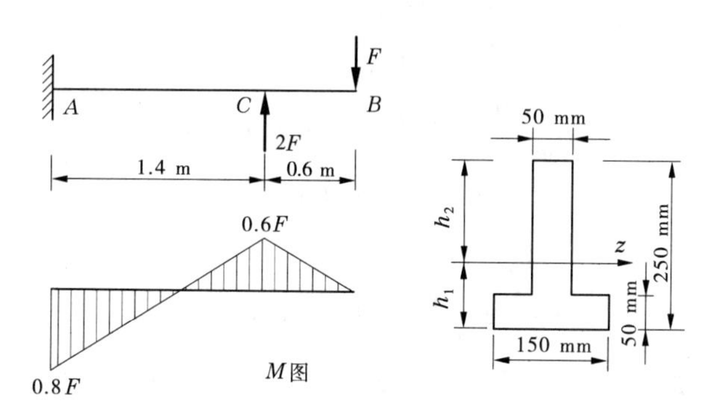

图 9-15

(2) 由 A 截面强度要求确定 $[F]$。

A 截面为正弯矩，下拉上压。根据强度条件，由

$$\sigma_{\max}^+ = \frac{M_A h_1}{I_z} \leqslant [\sigma]^+$$

求得 $M_A \leqslant \dfrac{I_z[\sigma]^+}{h_1} = \dfrac{10\ 180 \times 10^4 \times 40}{96.4} = 42.24 \times 10^6 (\text{N} \cdot \text{mm}) = 42.24\ \text{kN} \cdot \text{m}$

即

$$0.8[F] \leqslant 42.24$$

于是，许可荷载为

$$[F] \leqslant \frac{42.24}{0.8} = 52.8(\text{kN})$$

又由

$$\sigma_{\max}^- = \frac{M_A h_2}{I_z} \leqslant [\sigma]^-$$

得

$$M_A \leqslant \frac{I_z[\sigma]^-}{h_2} = \frac{10\ 180 \times 10^4 \times 160}{250 - 96.4} = 106 \times 10^6 (\text{N} \cdot \text{mm}) = 106\ \text{kN} \cdot \text{m}$$

即

$$0.8[F] \leqslant 106$$

于是，许可荷载为

$$[F] \leqslant \frac{106}{0.8} = 132.5(\text{kN})$$

(3) 由 C 截面强度要求确定 $[F]$。

C 截面为负弯矩，上拉下压。根据强度条件，由

$$\sigma_{\max}^+ = \frac{M_C h_2}{I_z} \leqslant [\sigma]^+$$

得 $M_C \leqslant \dfrac{I_z[\sigma]^+}{h_2} = \dfrac{10\ 180 \times 10^4 \times 40}{250 - 96.4} = 26.5 \times 10^6(\mathrm{N \cdot mm}) = 26.5\ \mathrm{kN \cdot m}$

即
$$0.6[F] \leqslant 26.5$$

于是,许可荷载为

$$[F] \leqslant \frac{26.5}{0.6} = 44.2(\mathrm{kN})$$

由
$$\sigma_{\max}^{-} = \frac{M_C h_1}{I_z} \leqslant [\sigma]^-$$

得 $M_C \leqslant \dfrac{I_z[\sigma]^-}{h_1} = \dfrac{10\ 180 \times 10^4 \times 160}{96.4} = 169 \times 10^6(\mathrm{N \cdot mm}) = 169\ \mathrm{kN \cdot m}$

即
$$0.6[F] \leqslant 169$$

于是,许可荷载为

$$[F] \leqslant \frac{169}{0.6} = 281.67(\mathrm{kN})$$

综合以上计算结果,为保证梁的正应力强度安全,应取最小的$[F]=44.2$ kN。

2 横截面上的剪应力计算

2.1 剪应力计算公式

在横力弯曲时,梁的横截面上既有弯矩又有剪力,因而在横截面上既有正应力又有剪应力。如果梁的剪应力的数值过大而导致材料抗剪强度不足,也会发生剪切破坏。下面对几种常用截面梁的剪应力作简要介绍。

2.1.1 矩形截面梁横截面上的剪应力

如图9-16(a)所示矩形截面的高度为h,宽度为b,截面上的剪力Q沿截面的对称轴y作用在梁上。

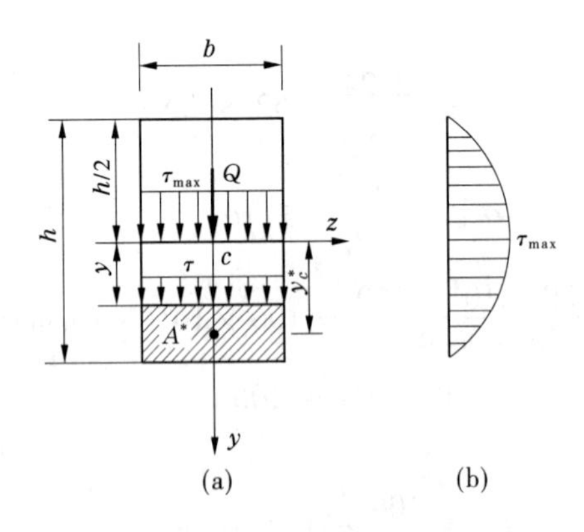

图9-16

因为梁的侧面没有剪应力,根据剪应力互等定理,在横截面上靠近两侧面边缘的剪应力方向一定平行于横截面的侧边。一般矩形截面的宽度相对于高度较小,可以认为沿截面宽度方向切应力的大小和方向都不会有明显变化。所以,对横截面上剪应力分布规律作如下假设:

(1)横截面上各点处的剪应力方向都平行于剪力 Q。

(2)剪应力沿截面宽度均匀分布,即离中性轴等距离的各点处的剪应力相等。

根据上面的假设,可以得出横截面上剪应力的计算公式

$$\tau = \frac{QS_z}{I_z b} \tag{9-17}$$

式中:Q 为所求剪应力的点所在横截面上的剪力;b 为所求剪应力的点处的截面宽度;I_z 为整个截面对中性轴的惯性矩;S_z 为所求剪应力的点处横线以下(或以上)的面积 A^* 对中性轴的面积矩。

下面讨论剪应力沿截面高度的分布规律。如图 9-16 所示,面积 A^* 对中性轴的面积矩为

$$S_z = A^* y_c^* = \frac{b}{2}\left(\frac{h^2}{4} - y^2\right)$$

将上式代入式(9-17),可得

$$\tau = \frac{6Q}{bh^3}\left(\frac{h^2}{4} - y^2\right)$$

上式表明:剪应力沿截面高度按二次抛物线规律变化。当 $y = \pm h/2$ 时,$\tau = 0$,即截面上、下边缘处的剪应力为零。当 $y = 0$ 时,$\tau = \tau_{\max}$,即中性轴上剪应力最大,其值为

$$\tau_{\max} = \frac{3}{2}\frac{Q}{A} \tag{9-18}$$

式中:$\frac{Q}{A}$称为截面上的平均剪应力。

式(9-18)说明矩形截面上的最大剪应力为截面上平均剪应力的$\frac{3}{2}$倍。

2.1.2　圆形截面梁横截面上的剪应力

对于圆形截面,弯曲时最大剪应力仍发生在中性轴上,如图 9-17(a)所示,且沿中性轴均匀分布,其值为

$$\tau_{\max} = \frac{4}{3}\frac{Q}{A} \tag{9-19}$$

式中:Q 为截面上的剪力;A 为圆截面的面积。

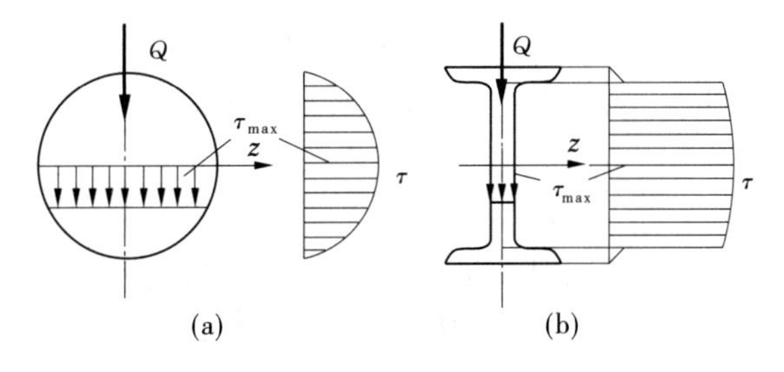

图 9-17

2.1.3　工字形截面梁横截面上的剪应力

工字形截面由腹板和上、下翼缘板组成,如图 9-17(b)所示,横截面上的剪力 Q 的绝

大部分由腹板所承担。在上、下翼缘板上,也有平行于 Q 的剪应力分量,但分布情况比较复杂,且数值较小,通常并不进行计算。因腹板为一狭长的矩形,关于矩形截面上剪应力分布规律的两个假设仍然适用,所以腹板上的剪应力可用公式(9-17)计算。剪应力沿腹板高度的分布规律仍是按抛物线规律分布,最大剪应力仍发生在截面的中性轴上,且腹板上的最大剪应力与最小剪应力相差不大,其中最大剪应力为

$$\tau_{max} = \frac{Q_{max}}{d(I_z/S_{zmax})} \tag{9-20}$$

式中:d 为腹板的宽度。

对于工字钢,式(9-20)中的 I_z/S_{zmax} 可由附录型钢规格表中查得。

当腹板的厚度较小时,可将横截面上的剪力 Q 除以腹板面积,近似地作为工字形截面梁的最大剪应力,即

$$\tau_{max} \approx \frac{Q_{max}}{hd}$$

2.2 剪应力强度条件

对等直截面梁来说,最大剪应力一般发生在最大剪力 Q_{max} 所在截面的中性轴上各点处。为了保证梁的剪切强度,梁在荷载作用下产生的最大剪应力也不能超过材料的许用剪应力[τ],即剪应力强度条件为

$$\tau_{max} = \frac{Q_{max}S_{zmax}}{I_z b} \leqslant [\tau] \tag{9-21}$$

【例 9-9】 例 9-4 中的简支木梁受均布荷载 q 作用,如图 9-12 所示。试求:

(1)横截面上最大剪应力 τ_{max};

(2)τ_{max} 与 σ_{max} 的比值。

解 (1)计算最大剪应力。

根据木梁的受力情况可得

$$Q_{max} = R_{Ay} = \frac{1}{2}ql = \frac{1}{2} \times 5.6 \times 3 = 8.4(\text{kN})$$

$$\tau_{max} = \frac{3}{2} \times Q_{max}/A = \frac{3}{2} \times 8.4 \times 10^3 \div (120 \times 180) = 0.58(\text{MPa})$$

(2)计算 τ_{max} 与 σ_{max} 的比值。

$$\tau_{max}/\sigma_{max} = 0.58/9.73 = 0.06$$

可见,τ_{max} 与 σ_{max} 相比很小,故在一般情况下,梁的正应力往往是梁强度的控制条件。

3 梁的强度条件

对梁进行强度计算时,必须同时满足正应力强度条件和剪应力强度条件,即

$$\left.\begin{aligned} \sigma_{max} &= \frac{M_{max}}{W_z} \leqslant [\sigma] \\ \tau_{max} &= \frac{Q_{max}S_{zmax}}{I_z b} \leqslant [\tau] \end{aligned}\right\} \tag{9-22}$$

一般情况下,梁的正应力强度条件为梁强度的控制条件,故一般先按正应力强度条件

选择截面或确定许可荷载,然后再按剪应力强度条件进行校核。

【例9-10】 一简支梁受力如图9-18(a)所示,横截面为矩形 $b\times h=16\ \text{cm}\times 24\ \text{cm}$,已知材料的$[\sigma]=10\ \text{MPa}$,$[\tau]=1.2\ \text{MPa}$,试校核梁的强度。

解 (1)确定最大弯矩和最大剪力,作梁的剪力图和弯矩图,如图9-18(b)所示。由图中可以看出

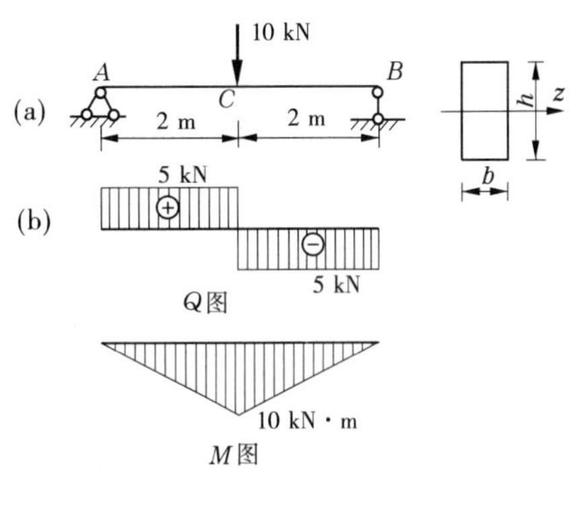

图9-18

$$M_{\max}=10\ \text{kN}\cdot\text{m}$$
$$Q_{\max}=5\ \text{kN}$$

(2)正应力强度校核。

$$\sigma_{\max}=\frac{M_{\max}}{W_z}=\frac{10\times10^6}{\dfrac{160\times240^2}{6}}=6.51(\text{MPa})<[\sigma]$$
$$=10\ \text{MPa}$$

故正应力强度满足要求。

(3)剪应力强度校核。

$$\tau_{\max}=1.5\frac{Q_{\max}}{A}=1.5\times\frac{5\times10^3}{160\times240}=0.2(\text{MPa})<[\tau]=1.2\ \text{MPa}$$

故剪应力强度满足要求。

由于梁的正应力和剪应力强度均满足,所以该梁满足强度条件。

【例9-11】 矩形截面木梁如图9-19(a)所示,$q=3\ \text{kN/m}$,$l=4\ \text{m}$,$[\sigma]=10\ \text{MPa}$,$[\tau]=2\ \text{MPa}$,若 $b/h=2/3$,试选择此梁截面尺寸。

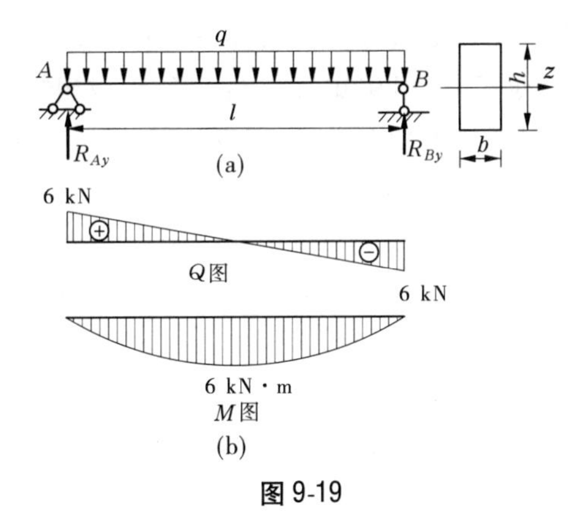

图9-19

解 (1)求支座反力。

$$R_{Ay}=R_{By}=\frac{1}{2}ql=\frac{1}{2}\times3\times4=6(\text{kN})$$

(2)绘梁的内力图如图9-19(b)所示,由图中可以看出

$$Q_{\max}=6\ \text{kN}$$
$$M_{\max}=\frac{1}{8}ql^2=\frac{1}{8}\times3\times4^2=6(\text{kN}\cdot\text{m})$$

(3)按正应力强度设计截面尺寸。

由$\frac{b}{h}=\frac{2}{3}$得

$$b=\frac{2}{3}h$$

$$W_z=\frac{bh^2}{6}=\frac{h^3}{9}$$

则

$$W_z \geqslant \frac{M_{max}}{[\sigma]}=\frac{6\times10^6}{10}=6\times10^5(\text{mm}^3)$$

$$h^3 \geqslant 9\times6\times10^5=54\times10^5(\text{mm}^3)$$

$$h \geqslant \sqrt[3]{54\times10^5}=175.44(\text{mm})$$

$$b=\frac{2}{3}h=\frac{2}{3}\times175.44=117(\text{mm})$$

故取$h=180$ mm,$b=120$ mm。

(4)剪切强度校核。

$$\tau_{max}=1.5\frac{Q_{max}}{A}=1.5\times\frac{6\times10^3}{120\times180}=0.42(\text{MPa})<[\tau]=2\ \text{MPa}$$

因此,选择此梁截面尺寸为$b=120$ mm,$h=180$ mm。

【例9-12】 如图9-20(a)所示的一个32a工字钢截面的简支外伸梁,已知钢材的许用应力$[\sigma]=160$ MPa,许用剪应力$[\tau]=100$ MPa,试校核此梁强度。

解 (1)求支座反力。

$$R_{Ay}=45\ \text{kN}(\uparrow)\qquad R_{By}=75\ \text{kN}(\uparrow)$$

(2)作梁的剪力图和弯矩图,如图9-20(b)、(c)所示,由图可得

$$M_{max}=90\ \text{kN}\cdot\text{m}\qquad Q_{max}=55\ \text{kN}$$

(3)查型钢表得到32a型工字钢有关的量为

$$W_z=692\ \text{cm}^3、\ d=9.5\ \text{mm}、\ I_z/S_z=27.5\ \text{cm}$$

(4)确定正应力危险点的位置,校核正应力强度。梁的最大正应力发生在最大弯矩所在的横截面C的上、下边缘处,其大小为

$$\sigma_{max}=\frac{M_C}{W_z}=\frac{90\times10^6}{692\times10^3}=130(\text{MPa})<[\sigma]=160\ \text{MPa}$$

故该梁满足正应力强度条件。

(5)确定剪应力危险点的位置,校核剪应力强度。

由剪力图可知,最大剪力发生在BC段上,其值$Q_{max}=55$ kN。这些横截面的中性轴处各点均为剪应力危险点,其剪应力为

$$\tau_{max}=\frac{Q_{max}}{d(I_z/S_z)}=\frac{55\times10^3}{9.5\times27.5\times10}=21.05(\text{MPa})<[\tau]=100\ \text{MPa}$$

故该梁也满足剪应力强度条件。

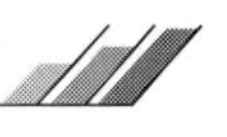

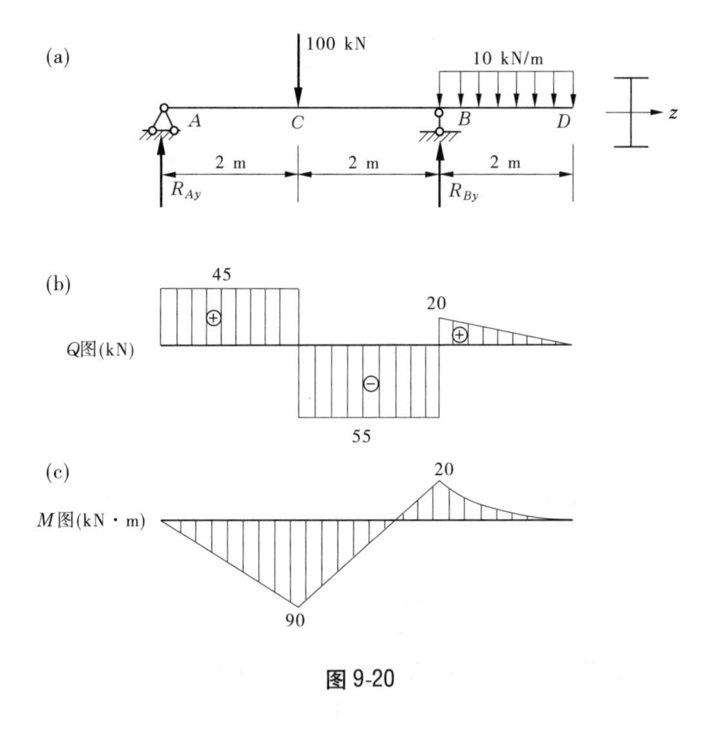

图 9-20

课题 9.4　梁弯曲时的变形和刚度

梁在外力作用下将产生弯曲变形,如果弯曲变形过大,就会影响结构的正常工作。例如,桥梁的变形过大,在机车通过时会产生较大的振动;楼面梁的变形过大,容易使下面的抹灰层开裂;水闸的工作闸门若变形过大,则会影响闸门的正常启闭。因此,对有些刚度要求高的构件不但要满足强度条件,还应把梁的变形限制在许可的范围内,所以需要分析梁的变形。

1　梁弯曲时的挠度和转角

如图 9-21 所示,在平面弯曲的情况下,梁的轴线 AB 在 xAy 平面内弯成一光滑连续的平面曲线 AB',称为梁的挠曲线。由图可见,梁变形后任一横截面将产生挠度和转角两种位移。

1.1　**挠度**

梁任一横截面的形心 C 沿 y 轴方向的线位移 CC',称为该截面的挠度,通常用 y 表示,并以向下为正,反之为负,单位为 mm 或 m。虽然横截面形心产生沿 x 轴方向的线位移,但因为很小,故常忽略不计。梁横截面的挠度 y 是随截面位置 x 而变化的函数,可用方程 $y=f(x)$ 来表示,称为梁的挠曲线方程。常用 f 表示梁的最大挠度,即 $f=y_{\max}$。

1.2　**转角**

梁任一横截面相对于原来位置所转动的角度,称为该截面的转角,用 θ 表示,并以顺

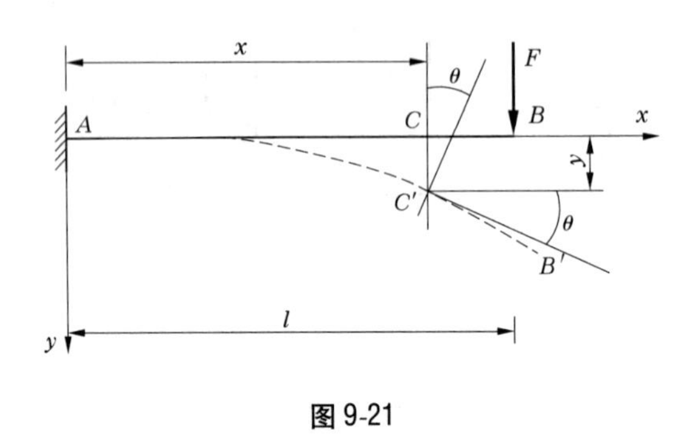

图 9-21

时针转向为正,反之为负。

根据平面假设,梁的横截面在梁弯曲前垂直于轴线,弯曲后仍将垂直于挠曲线在该处的切线,因此截面转角 θ 就等于挠曲线在该处的切线与 x 轴的夹角。挠曲线上任意一点处的斜率为

$$\tan\theta = \frac{\mathrm{d}y}{\mathrm{d}x} \tag{9-23}$$

由于实际变形 θ 是很小的量,可认为 $\tan\theta \approx \theta$。于是式(9-23)可写成

$$\theta = \frac{\mathrm{d}y}{\mathrm{d}x} \tag{9-24}$$

式(9-24)表明,梁任一横截面的转角 θ 等于挠曲线方程的一阶导数。可见,只要确定了挠曲线方程,就可以计算任意截面的挠度和转角。因此,计算的关键在于确定挠曲线方程。

2 梁的挠曲线近似微分方程

由公式(9-11)知,梁在纯弯曲时的曲率表达式为

$$\frac{1}{\rho} = \frac{M}{EI}$$

对于跨度远远大于截面高度的梁,在横力弯曲时,剪力对弯曲变形的影响很小,可以略去不计,所以上式仍可应用。但这时的 M、ρ 都是 x 的函数,故对等截面梁,可将上式改写为

$$\frac{1}{\rho(x)} = \frac{M(x)}{EI} \tag{9-25}$$

又由高等数学可知,平面曲线的曲率与曲线方程之间存在下列关系

$$\frac{1}{\rho(x)} = \pm \frac{\dfrac{\mathrm{d}^2 y}{\mathrm{d}x^2}}{\left[1 + \left(\dfrac{\mathrm{d}y}{\mathrm{d}x}\right)^2\right]^{\frac{3}{2}}} \tag{9-26}$$

由于梁在小变形的条件下,$\left(\frac{\mathrm{d}y}{\mathrm{d}x}\right)^2$ 与 1 相比十分微小,可以略去,于是式(9-26)可简化为

$$\frac{1}{\rho(x)} = \pm \frac{d^2y}{dx^2}$$

从而得出

$$\frac{d^2y}{dx^2} = \pm \frac{M(x)}{EI} \tag{9-27}$$

式(9-27)中的正负号与弯矩的符号规定和选取的坐标有关。若 y 坐标以向下为正，弯矩的正负号按以前的规定，则正弯矩对应二阶导数$\frac{d^2y}{dx^2}$的负值，而负弯矩对应二阶导数$\frac{d^2y}{dx^2}$的正值。因此，式(9-27)等号右边应取负号，即

$$\frac{d^2y}{dx^2} = -\frac{M(x)}{EI}$$

$$EIy'' = -M(x) \tag{9-28}$$

式(9-28)称为梁的挠曲线近似微分方程。对该方程进行积分，即可得到转角方程和挠度方程，关于梁的挠曲线近似微分方程的应用将在第十三章介绍，本章主要介绍利用查表法求梁的挠度和转角。

3 用叠加法求梁的挠度和转角

当梁上有几个荷载同时作用时，用积分法固然可以求出梁指定截面的位移，但计算过程较麻烦。利用叠加法计算通常会简便得多，故工程上常用叠加法来求梁的挠度和转角。

将梁上所承受的复杂荷载分解为几种简单荷载，分别计算每种荷载单独作用下使梁产生的挠度和转角，然后再将这些位移代数相加，就求得梁相应截面的位移。这就是所谓的叠加法。梁在简单荷载作用下的转角和挠度可从表9-2中查得。

表9-2 单跨静定梁在简单荷载作用下的变形

序号	梁的简图	端截面转角	挠曲线方程	挠度
1	A B m x l y	$\theta_B = \frac{ml}{EI}$	$y = \frac{mx^2}{2EI}$	$y_B = \frac{ml^2}{2EI}$
2	A F B x l y	$\theta_B = \frac{Fl^2}{2EI}$	$y = \frac{Fx^2}{6EI}(3l - x)$	$y_B = \frac{Fl^3}{3EI}$
3	q A B x l y	$\theta_B = \frac{ql^3}{6EI}$	$y = \frac{qx^2}{24EI}(x^2 + 6l^2 - 4lx)$	$y_B = \frac{ql^4}{8EI}$

续表 9-2

序号	梁的简图	端截面转角	挠曲线方程	挠度
4	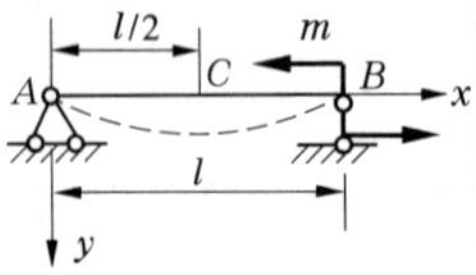	$\theta_A=\frac{ml}{6EI}$ $\theta_B=-\frac{ml}{3EI}$	$y=\frac{mx}{6lEI}(l^2-x^2)$	在 $x=\frac{l}{\sqrt{3}}$ 处 $y=\frac{ml^2}{9\sqrt{3}EI}$ $y_C=\frac{ml^2}{16EI}$
5	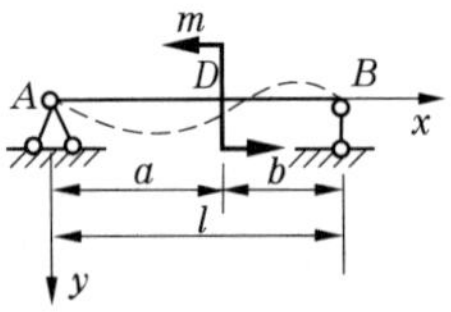	$\theta_A=\frac{ml}{6lEI}(l^2-3b^2)$ $\theta_B=\frac{m}{6lEI}(l^2-3a^2)$ $\theta_D=\frac{m}{6lEI}(l^2-3a^2-3b^2)$	当 $0\leqslant x\leqslant a$ 时 $y=\frac{mx}{6lEI}(l^2-3b^2-x^2)$ 当 $a\leqslant x\leqslant l$ 时 $y=\frac{m(l-x)}{6lEI}(3a^2-2lx+x^2)$	在 $x=\sqrt{\frac{l^2-3b^2}{3}}$ 处 $y=-\frac{m(l^2-3b^2)^{\frac{3}{2}}}{9\sqrt{3}lEI}$ 在 $x=\sqrt{\frac{l^2-3a^2}{3}}$ 处 $y=\frac{m(l^2-3a^2)^{\frac{3}{2}}}{9\sqrt{3}lEI}$
6	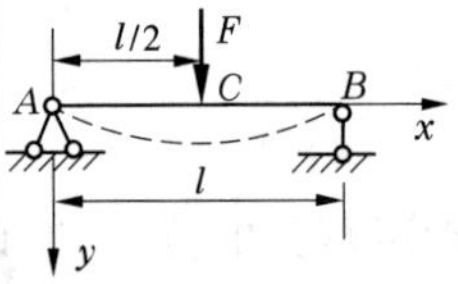	$\theta_A=-\theta_B=\frac{Fl^2}{16EI}$	$0\leqslant x\leqslant\frac{l}{2}$ $y=\frac{Fx}{48EI}(3l^2-4x^2)$	$y_C=\frac{Fl^3}{48EI}$
7	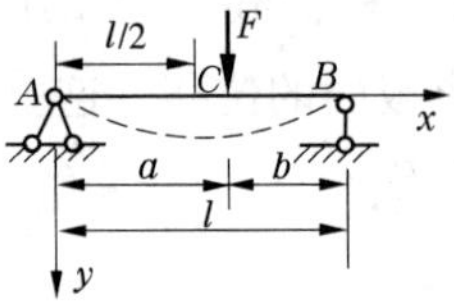	$\theta_A=\frac{Fab(l+b)}{6lEI}$ $\theta_B=-\frac{Fab(l+a)}{6lEI}$	$0\leqslant x\leqslant a$ $y=\frac{Fbx}{6lEI}(l^2-x^2-b^2)$ $a\leqslant x\leqslant l$ $y=\frac{Fb}{6lEI}[(l^2-b^2)x-x^3+\frac{l}{b}(x-a)^3]$	若 $a>b$ 在 $x=\sqrt{\frac{l^2-b^2}{3}}$ 处 $y=\frac{\sqrt{3}Fb}{27lEI}(l^2-b^2)^{\frac{3}{2}}$ $y_C=\frac{Fb}{48EI}(3l^2-4b^2)$
8	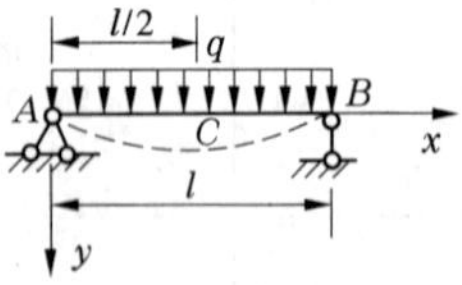	$\theta_A=-\theta_B=\frac{ql^3}{24EI}$	$y=\frac{qx}{24EI}(l^3-2lx^2+x^3)$	$y_C=\frac{5ql^4}{384EI}$
9	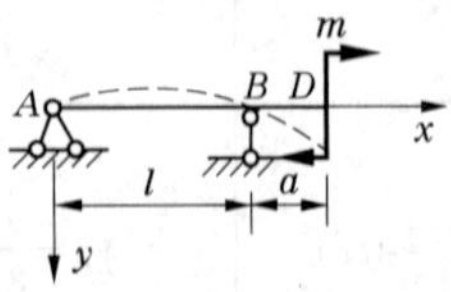	$\theta_A=-\frac{ml}{6EI}$ $\theta_B=\frac{ml}{3EI}$ $\theta_D=\frac{m}{3EI}(l+3a)$	$0\leqslant x\leqslant l$ $y=\frac{mx}{6lEI}(x^2-l^2)$ $l\leqslant x\leqslant l+a$ $y=\frac{m}{6EI}(3x^2-4lx+l^2)$	在 $x=\frac{l}{\sqrt{3}}$ 处 $y=-\frac{ml^2}{9\sqrt{3}EI}$ 在 $x=l+a$ 处 $y_D=\frac{ma}{6EI}(2l+3a)$

续表 9-2

序号	梁的简图	端截面转角	挠曲线方程	挠度
10		$\theta_A=-\dfrac{Fal}{6EI}$ $\theta_B=\dfrac{Fal}{3EI}$ $\theta_D=\dfrac{Fa}{6EI}(2l+3a)$	$0\leqslant x\leqslant l$ $y=-\dfrac{Fax}{6lEI}(l^2-x^2)$ $l\leqslant x\leqslant l+a$ $y=\dfrac{F(x-l)}{6EI}[a(3x-l)-(x-l)^2]$	在 $x=\dfrac{l}{\sqrt{3}}$ 处 $y=-\dfrac{Fal^2}{9\sqrt{3}EI}$ 在 $x=l+a$ 处 $y_D=\dfrac{Fa^2}{3EI}(l+a)$
11		$\theta_A=-\dfrac{qa^2l}{12EI}$ $\theta_B=\dfrac{qa^2l}{6EI}$ $\theta_D=\dfrac{qa^2}{6EI}(l+a)$	$0\leqslant x\leqslant l$ $y=-\dfrac{qa^2}{12EI}\left(lx-\dfrac{x^2}{l}\right)$ $l\leqslant x\leqslant l+a$ $y=\dfrac{q(x-l)}{24EI}[2a^2(3x-l)+(x-l)^2(x-l-4a)]$	在 $x=\dfrac{l}{\sqrt{3}}$ 处 $y=-\dfrac{qa^2l^2}{18\sqrt{3}EI}$ 在 $x=l+a$ 处 $y_D=\dfrac{qa^3}{24EI}(3a+4l)$

【例 9-13】 如图 9-22(a)所示，试用叠加法求悬臂梁自由端 B 截面的转角和挠度，其中 $F=ql$，设抗弯刚度 EI 为常数。

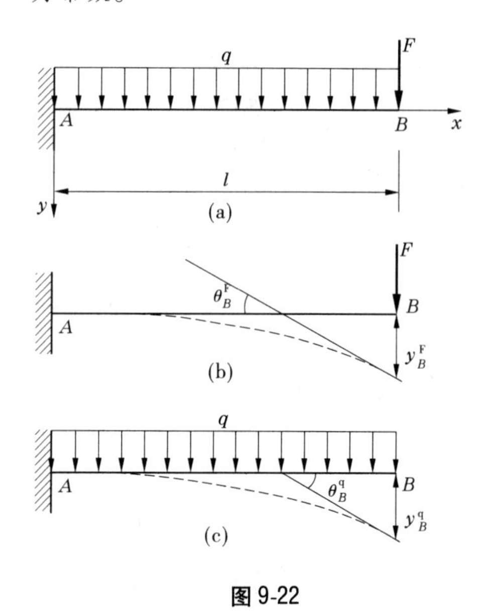

图 9-22

解 (1)将梁上的荷载分为集中荷载和均布荷载单独作用的情况，如图 9-22(b)、(c)所示。由表 9-2 查得悬臂梁在集中荷载和均布荷载单独作用下，B 截面的挠度和转角分别为

$$y_B^{\mathrm{F}} = \frac{Fl^3}{3EI} = \frac{ql^4}{3EI} \quad \theta_B^{\mathrm{F}} = \frac{Fl^2}{2EI} = \frac{ql^3}{2EI}$$

$$y_B^{\mathrm{q}} = \frac{ql^4}{8EI} \quad \theta_B^{\mathrm{q}} = \frac{ql^3}{6EI}$$

(2)求上述结果的代数和,得在两种荷载共同作用下的挠度和转角分别为

$$y_B = y_B^{\mathrm{F}} + y_B^{\mathrm{q}} = \frac{ql^4}{3EI} + \frac{ql^4}{8EI} = \frac{11ql^4}{24EI}(\downarrow)$$

$$\theta_B = \theta_B^{\mathrm{F}} + \theta_B^{\mathrm{q}} = \frac{ql^3}{2EI} + \frac{ql^3}{6EI} = \frac{2ql^3}{3EI}(\curvearrowright)$$

【例 9-14】 用叠加法求图 9-23(a)中简支梁在跨中处的最大挠度 $y_{\max}$。

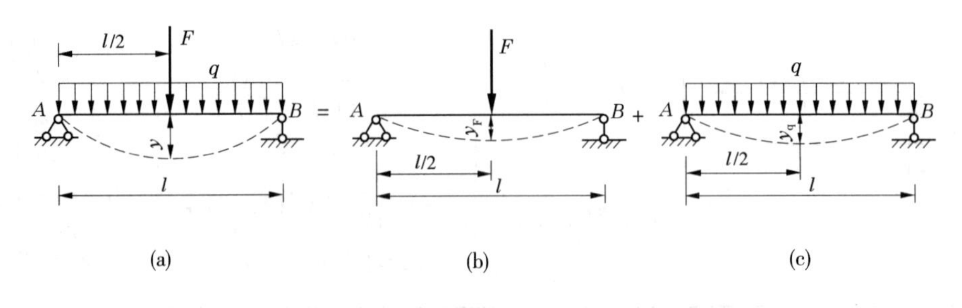

图 9-23

解 (1)将简支梁上的荷载分为集中荷载和均布荷载单独作用的情况,如图 9-23(b)、(c)所示,由表 9-2 查得简支梁在集中荷载和均布荷载单独作用下,跨中的挠度分别为

$$y_{\mathrm{F}} = \frac{Fl^3}{48EI}$$

$$y_{\mathrm{q}} = \frac{5ql^4}{384EI}$$

(2)应用叠加法得跨中的最大挠度为

$$y_{\max} = y_{\mathrm{q}} + y_{\mathrm{F}} = \frac{5ql^4}{384EI} + \frac{Fl^3}{48EI}(\downarrow)$$

【例 9-15】 如图 9-24(a)所示悬臂梁,承受均布荷载 q 和集中荷载 F,梁的抗弯刚度 EI 为常数。试用叠加法求悬臂梁 C 截面的挠度。

解 (1)将图 9-24(a)分为集中荷载 F 和均布荷载 q 单独作用在悬臂梁上的情况,如图 9-24(b)、(c)所示,利用表 9-2 分别查得悬臂梁单独承受集中荷载 F 和均布荷载 q 时的 C 截面挠度。

悬臂梁单独承受集中荷载 F 时,有

$$y_{\mathrm{F}} = -\frac{Fl^3}{3EI}$$

悬臂梁单独承受均布荷载 q 时,有

$$y_B = \frac{q\left(\frac{l}{2}\right)^4}{8EI} = \frac{ql^4}{128EI}$$

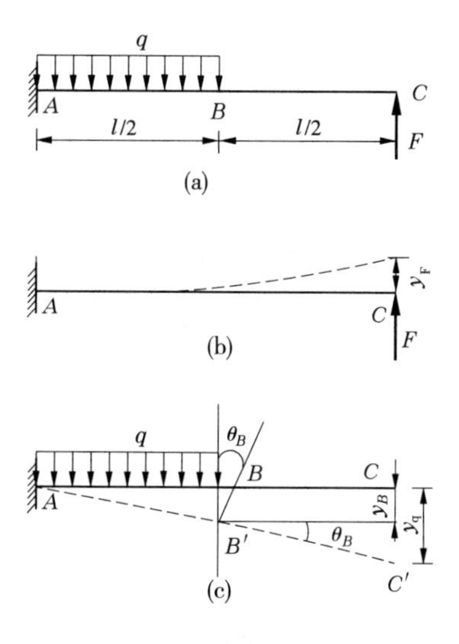

图 9-24

$$\theta_B = \frac{q\left(\frac{l}{2}\right)^3}{6EI} = \frac{ql^3}{48EI}$$

$$y_q = y_B + \theta_B \times \frac{l}{2} = \frac{ql^4}{128EI} + \frac{ql^3}{48EI} \times \frac{l}{2} = \frac{7ql^4}{384EI}$$

(2)最后叠加结果为

$$y_C = y_q + y_F = \frac{7ql^4}{384EI} - \frac{Fl^3}{3EI}$$

4　梁的刚度条件

梁的刚度条件是检查梁的变形是否在允许的范围内,即检查 $f = y_{max} \leqslant [f]$ 及 $\theta_{max} \leqslant [\theta]$ 条件,以保证梁能够正常地工作。在土建工程中一般只对构件挠度进行计算,常以允许的挠度与梁跨长的比值 $\left[\frac{f}{l}\right]$ 作为校核的标准。因此,梁的刚度条件可写为

$$\frac{f}{l} \leqslant \left[\frac{f}{l}\right] \tag{9-29}$$

$\left[\frac{f}{l}\right]$ 的值一般控制在 1/200 ~ 1/1 000 范围内,在有关规范中有具体规定。虽然梁必须同时满足强度条件和刚度条件,但在一般情况下,强度条件起主要的控制作用。因此,在设计梁时,一般先由强度条件进行计算,再用刚度条件来校核。若刚度条件校核不满足,则需重新按刚度条件进行设计。

【例 9-16】　矩形截面悬臂梁承受均布荷载 q,如图 9-25 所示。已知:$q = 8$ kN/m,$l = 3$ m,$E = 200$ GPa,$[\sigma] = 160$ MPa,$\left[\frac{f}{l}\right] = \frac{1}{250}$,截面高宽比为 2($h = 2b$)。试设计截面尺寸 b、h。

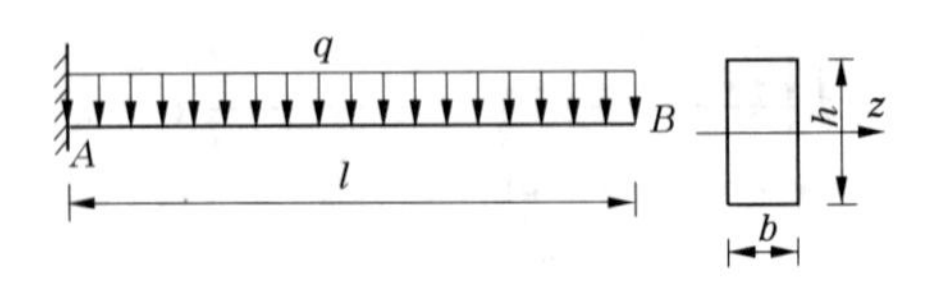

图 9-25

解 本题既要满足强度要求也要满足刚度要求。

(1)按强度条件设计。

由 $$\sigma_{max}=\frac{M_{max}}{W_z}\leqslant[\sigma]$$

$$|M_{max}|=\frac{ql^2}{2}=\frac{1}{2}\times 8\times 3^2=36(\mathrm{kN\cdot m})$$

$$W_z=\frac{bh^2}{6}=\frac{2b^3}{3}$$

$$b\geqslant\sqrt[3]{\frac{3M_{max}}{2[\sigma]}}=\sqrt[3]{\frac{3\times 36\times 10^6}{2\times 160}}=69.6(\mathrm{mm})$$

$$h=2b=2\times 69.6=139.2(\mathrm{mm})$$

(2)按刚度条件设计。

查表 9-2 知

$$y_{max}=y_B=\frac{ql^4}{8EI}$$

由题意$\left[\frac{f}{l}\right]=\frac{1}{250}$可得

$$\frac{y_{max}}{l}=\frac{ql^3}{8EI}\leqslant\left[\frac{f}{l}\right]=\frac{1}{250}$$

又知 $$I_z=\frac{bh^3}{12}=\frac{2b^4}{3}$$

则可导出 $$b\geqslant\sqrt[4]{\frac{3ql^3\times 250}{2\times 8E}}=\sqrt[4]{\frac{3\times 8\times 3\,000^3\times 250}{2\times 8\times 200\times 10^3}}=84.35(\mathrm{mm})$$

取 $b=90$ mm,$h=180$ mm。

(3)比较确定梁截面尺寸。比较(1)、(2)确定梁截面尺寸为

$$b\times h=90\text{ mm}\times 180\text{ mm}$$

【例 9-17】 对例 9-7 所示的工字钢悬臂梁,如图 9-14 所示。设许用单位跨度内的挠度值$\left[\frac{f}{l}\right]=1/200$,弹性模量 $E=210$ GPa,不计梁的自重。试用刚度条件来校核 45b 工字钢是否会满足刚度要求。若刚度条件不满足,则重新按刚度条件选择工字钢的型号。

解 (1)校核刚度条件。

在例 9-7 求解中已根据正应力强度条件,选择了 45b 工字钢。

查附录工字钢表,45b 工字钢的 $I=33\ 800\ \mathrm{cm}^4$。

从表9-2中查得悬臂梁在F作用下$f=y_B=\dfrac{Fl^3}{3EI}$，于是

$$\frac{f}{l}=\frac{Fl^2}{3EI}=\frac{40\times10^3\times6^2}{3\times210\times10^9\times33\ 759\times10^{-8}}=\frac{1}{147.7}>\left[\frac{f}{l}\right]=\frac{1}{200}$$

故不满足刚度条件。

(2)重新按刚度条件选择工字钢的型号。

由
$$\frac{f}{l}=\frac{Fl^2}{3EI}\leqslant\left[\frac{f}{l}\right]=\frac{1}{200}$$

得
$$I\geqslant\frac{200Fl^2}{3E}=\frac{200\times40\times10^3\times6^2}{3\times210\times10^9}=45\ 714\times10^{-8}(\mathrm{m}^4)=45\ 714\ \mathrm{cm}^4$$

故可选择50a工字钢，$I=46\ 500\ \mathrm{cm}^4$。

课题9.5　提高梁弯曲强度和刚度的措施

1　提高梁弯曲强度的措施

杆件的强度计算，除必须满足强度要求外，还需要考虑如何充分利用材料，使设计更合理。由于弯曲正应力常常是控制梁强度的主要因素，因此从梁的正应力强度条件考虑，可以采取以下措施来提高梁的强度。

1.1　改善梁的受力状况

合理安排梁的支座和荷载可以降低最大弯矩值M_{max}，从而改善梁的受力。当荷载一定时，梁的最大弯矩值M_{max}与梁的跨度有关，首先应当合理安排支座。如图9-26(a)所示受均布荷载作用的简支梁，其最大弯矩值$M_{max}=0.125ql^2$。若将两端支座各向中间移动$0.2l$，如图9-26(b)所示，则最大弯矩为$0.025ql^2$，仅为原来的1/5，可使截面的尺寸减小很多，建议学生对前后两种情况截面尺寸进行比较。

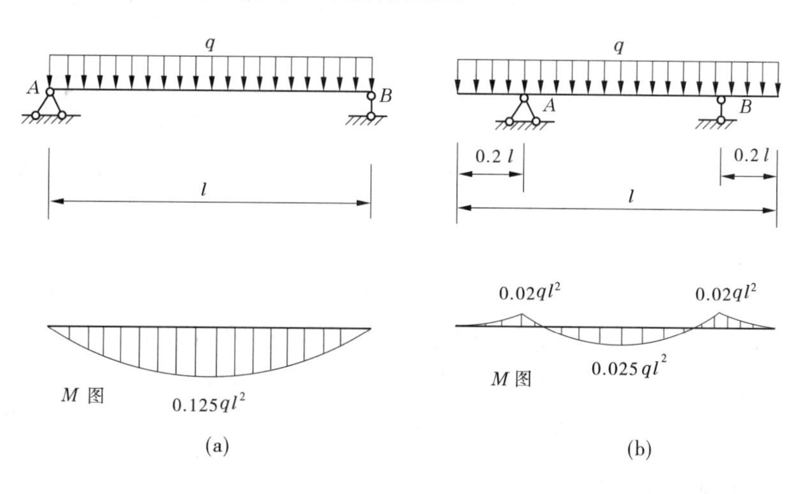

图9-26

如图 9-27 所示,把一个集中力分为两个较小的集中力,梁的最大弯矩就明显减小。因此,在工作条件允许的情况下,尽可能地把梁上的荷载合理布置,如分散布置等。

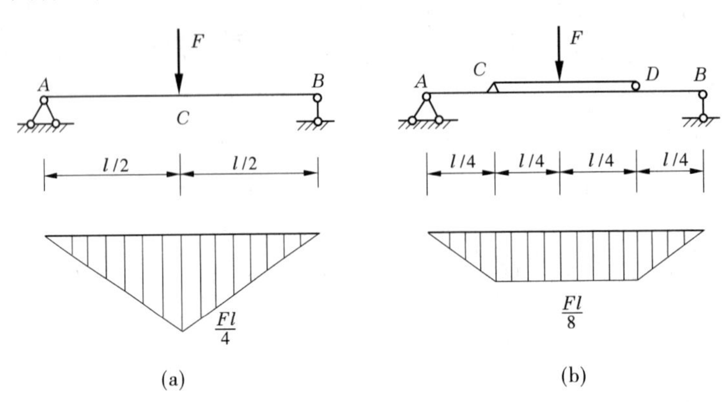

图 9-27

1.2 采用合理的截面形状

由式 $M_{max}=[\sigma]W_z$ 可知,梁所能承受的最大弯矩 M_{max} 与抗弯截面模量 W_z 成正比。所以,从强度角度看,当截面面积一定时,W_z 值愈大愈有利。通常用抗弯截面模量 W_z 与横截面面积 A 的比值来衡量梁的截面形状的合理性和经济性。

对各种不同形状的截面,可用 W_z/A 的值来比较它们的合理性,相同截面面积时优先选择 W_z/A 较大的截面。现比较圆形、矩形和工字形三种截面。为了便于比较,设三种截面的高度均为 h。对圆形截面,$W_z/A=0.125h$;对矩形截面,$W_z/A=0.167h$;对工字钢,$W_z/A=(0.27\sim0.34)h$。由此可见,矩形截面比圆形截面合理,工字形截面比矩形截面合理。

从梁的横截面上正应力沿梁高的分布看,因为离中性轴越远的点处,正应力越大,在中性轴附近的点处,正应力很小。所以,为了充分利用材料,应尽可能将材料移置到离中性轴较远的地方。上述三种截面中,工字形截面最好,圆形截面最差,道理就在于此。

在选择截面形式时,还要考虑材料的性能。例如,由塑性材料制成的梁,因拉伸和压缩的许用应力相同,宜采用中性轴为对称轴的截面。由脆性材料制成的梁,因许用拉应力远小于许用压应力,故宜采用 T 字形或 Π 形等中性轴为非对称轴的截面,并使最大拉应力发生在离中性轴较近的边缘上。

1.3 采用变截面梁

梁的截面尺寸可按最大弯矩设计并做成等截面。但是,等截面梁并不经济,因为在其他弯矩较小处,不需要这样大的截面。因此,为了节约材料和减轻重量,常常采用变截面梁。最合理的变截面梁是等强度梁。所谓等强度梁,就是指每个截面上的最大正应力都达到材料的许用应力的梁。常见的雨篷悬臂梁等就是近似地按等强度原理设计的。

2 提高梁弯曲刚度的措施

从表 9-2 中可以发现,梁的变形与梁的跨度 l 及荷载(q、F、M)成正比,与梁的抗弯刚

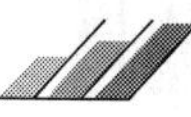

度 EI 成反比。因此,要提高梁的弯曲刚度可以从下面几方面考虑。

2.1　减小梁的跨度 l

梁的挠度和转角与梁的跨度 l 成正比。减小梁的跨度,将会有效地减小梁的变形。如均布荷载作用下的简支梁,在跨中的最大挠度为 f,如图 9-28(a)所示;若在跨中增加一支座,如图 9-28(b)所示,则梁的最大挠度 $f_1 \approx f/38$。

也可以考虑将简支梁的支座向中间适当移动,把简支梁变成外伸梁,如图 9-26(a)、(b)所示。这样,一方面减小了梁的跨度,从而减小跨中最大挠度;另一方面在梁外伸部分的荷载作用下,使梁跨中产生向上的挠度,从而使梁中间段在荷载作用下产生的向下的挠度被抵消一部分,减小了跨中的最大挠度值。

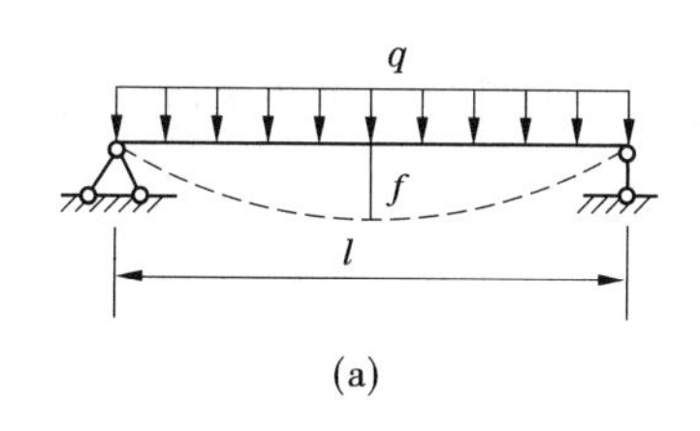

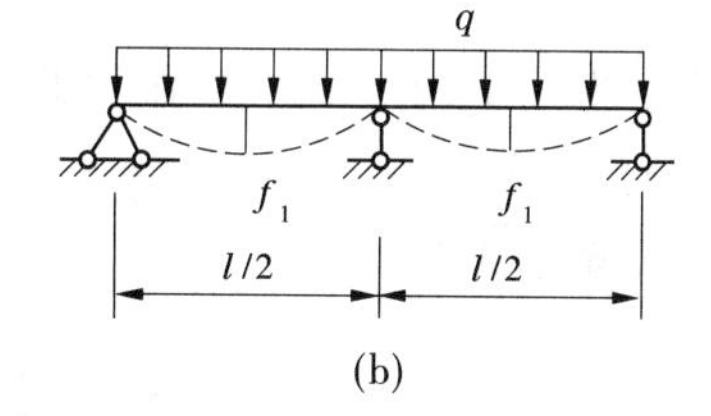

图 9-28

2.2　改善荷载的作用情况

梁的挠度和转角与梁的荷载大小及分布有关。在结构允许的条件下,合理地调整荷载的位置及分布情况,以降低弯矩,从而减小梁的变形。如图 9-27 所示,将集中力分散作用,甚至改为分布荷载,就能使最大的弯矩值变小,从而减小梁的变形。

2.3　增大梁的抗弯刚度 EI

梁的挠度和转角与 EI 成反比,增大梁的 EI 将使变形减小。增大梁的抗弯刚度的方法主要是设法增大梁截面的惯性矩。在截面面积不变的情况下,采用合理的截面形状,如采用工字形、箱形截面等,可有效增大梁的惯性矩。

小　结

(1)平面图形的几何性质,形心、面积矩、惯性矩、惯性半径的概念及计算公式。

截面形心是指截面的几何中心,其计算公式为

$$\left.\begin{aligned} y_c &= \frac{\sum_{i=1}^{n} y_i A_i}{\sum_{i=1}^{n} A_i} \\ z_c &= \frac{\sum_{i=1}^{n} z_i A_i}{\sum_{i=1}^{n} A_i} \end{aligned}\right\}$$

截面静矩是平面图形所有微面积对 z 轴(或 y 轴)的静矩之和,称为该平面图形对 z

轴(或 y 轴)的静矩,其计算公式为

$$\left.\begin{aligned} S_z &= \int_A \mathrm{d}S_z = \int_A y\mathrm{d}A \\ S_y &= \int_A \mathrm{d}S_y = \int_A y\mathrm{d}A \end{aligned}\right\} \quad 或 \quad \left.\begin{aligned} S_z &= Ay_c \\ S_y &= Az_c \end{aligned}\right\}$$

截面惯性矩是面积与其到 z 轴(或 y 轴)距离平方的乘积的总和,称为该图形对 z 轴(或 y 轴)的惯性矩,其计算公式为

$$\left.\begin{aligned} I_z &= \int_A y^2\mathrm{d}A \\ I_y &= \int_A z^2\mathrm{d}A \end{aligned}\right\}$$

将图形的惯性矩 $I_z(I_y)$ 除以截面面积 A,然后开方得出的值用 $i_z(i_y)$ 表示,称为截面对 $z(y)$ 轴的惯性半径。

惯性半径计算公式为

$$i_z = \sqrt{\frac{I_z}{A}} \quad i_y = \sqrt{\frac{I_y}{A}}$$

(2)横截面上的正应力计算公式为

$$\sigma = \frac{My}{I_z}$$

该公式是在纯弯曲时导出的,但可适用于剪切弯曲。正应力的大小沿截面高度呈线性变化,中性轴上各点为零,上、下边缘处最大。中性轴通过截面形心,并将截面分为受压区和受拉区。应力的正负号由弯矩的正负及点的位置直观判定。

(3)正应力强度条件为

$$\sigma_{\max} = \frac{M_{\max}}{W_z} \leqslant [\sigma]$$

该公式可解决梁弯曲时的三类问题。对常用截面,如矩形、圆形等的抗弯截面模量应熟练掌握。

梁强度计算的方法和步骤:画出梁的 Q 图、M 图,确定危险截面及相应的 Q、M 最大值;计算最大正应力的危险点,在弯矩最大截面上的上、下边缘处;必要时进行剪应力强度校核。

(4)横截面上的剪应力计算公式为

$$\tau = \frac{QS_z}{I_z b}$$

引入面积矩 $S_z = A^* y_c^* = \frac{b}{2}(\frac{h^2}{4} - y^2)$ 后,上式可改为

$$\tau = \frac{6Q}{bh^3}\left(\frac{h^2}{4} - y^2\right)$$

当 $y=0$ 时,$\tau = \tau_{\max}$,即中性轴上剪应力最大。

对于矩形截面

$$\tau_{max} = \frac{3}{2}\frac{Q}{A}$$

对于圆形截面

$$\tau_{max} = \frac{4}{3}\frac{Q}{A}$$

对于工字形截面

$$\tau_{max} = \frac{Q}{d(I_z/S_{zmax})}$$

(5)剪应力强度条件为

$$\tau_{max} = \frac{Q_{max}S_{zmax}}{I_z b} \leqslant [\tau]$$

应用该式可进行剪应力强度条件校核。

(6)梁弯曲时的挠度 y 和转角 θ 分别为

$$y = f(x)$$

$$\theta = \tan\theta = \frac{\mathrm{d}y}{\mathrm{d}x}$$

(7)梁的挠曲线近似微分方程为

$$\frac{\mathrm{d}^2 y}{\mathrm{d}x^2} = -\frac{M(x)}{EI}$$

其适用条件是小变形及梁在弹性范围内。

用积分法计算变形时,若弯矩要分段,则挠曲线近似微分方程也要随之分段列出。

(8)叠加法可简捷地求出单跨静定梁指定截面的挠度和转角。

(9)梁的刚度条件为

$$\frac{f}{l} \leqslant \left[\frac{f}{l}\right]$$

应用该式可进行刚度条件校核。

(10)提高梁弯曲强度和刚度可采取以下措施:①减小梁的跨度 l;②改善荷载的作用情况;③增大梁的抗弯刚度 EI。

思考与练习题

一、简答题

1. 矩形(立放)、正方形和圆形三种截面的面积均相同,试按截面关于水平形心轴的惯性矩的大小排列顺序。

2. 已知平面图形对其形心轴的面积矩 $S_z = 0$,问该图形的惯性矩是否也为零?为什么?

3. 什么是中性层?什么是中性轴?中性轴的位置是如何确定的?

4. 梁的正应力在横截面上如何分布?

5. 矩形截面梁的剪应力在横截面上怎样分布?

6. 用塑性材料和脆性材料制成的梁,在强度校核和合理截面形式的选择上有何不同?

7. 在何种情况下需要作梁的剪应力强度校核?

8. 在悬臂梁固定端约束处,梁的挠度与转角分别是多少? 简支梁和简支外伸梁在支座处的挠度是什么?

9. 提高梁弯曲强度的主要措施有哪些?

二、填空题

1. 截面形心是指截面的__________。

2. 通常截面图形的形心与匀质物体的______是一致的。

3. 截面图形关于某坐标轴的面积矩为零的充要条件是该坐标轴通过截面图形的______。

4. 只有弯矩而无剪力的平面弯曲变形称为____________。

5. 中性层上各点的正应力为____,在距中性轴等距离的各点处正应力相同。

6. 正应力沿截面高度呈线性分布,上、下边缘处数值______,中性轴处正应力为零。

7. 由于脆性材料的抗拉与抗压能力不同,所以最好选用上下不对称的截面,使中性轴靠近许用应力______的一边。

8. 切应力在截面上呈抛物线形分布,中性层处为______,在截面两外边缘处为____,离中性轴等距离各点的切应力______。

9. 梁内最大正应力与抗弯截面系数 W_z 成______,W_z 值越大,梁能够抵抗的弯矩也______。因此,经济合理的截面形状应该是在截面面积相同的情况下,取得最大______________的截面。

三、选择题

1. 在工程实际中,要保证杆件安全可靠工作,就必须使杆件内的最大应力 σ_{max} 满足条件(　　)。

A. $\sigma_{max} > [\sigma]$　　B. $\sigma_{max} < [\sigma]$　　C. $\sigma_{max} \geqslant [\sigma]$　　D. $\sigma_{max} \leqslant [\sigma]$

2. 应力的单位为帕斯卡(简称 Pa),1 Pa 等于(　　)。

A. 1 N/m^2　　B. 1 N/cm^2　　C. 1 kN/m^2　　D. 1 kN/cm^2

3. 如图 9-29 所示构件为矩形截面,截面对 z_1 轴的惯性矩为(　　)。

A. $\dfrac{bh^3}{12}$　　B. $\dfrac{bh^2}{6}$　　C. $\dfrac{bh^3}{4}$　　D. $\dfrac{bh^3}{3}$

4. 如图 9-30 所示构件为 T 形截面,其形心轴最有可能是(　　)。

A. z_1　　B. z_2　　C. z_3　　D. z_4

5. 如图 9-31 所示圆形截面直径为 d,其抗弯截面模量 W_z 为(　　)。

A. $\dfrac{\pi d^4}{64}$　　B. $\dfrac{\pi d^3}{32}$　　C. $\dfrac{\pi d^4}{32}$　　D. $\dfrac{\pi d^3}{16}$

6. 截面圆形直径为 d,其对通过圆心的 z 轴的惯性矩 I_z 为(　　)。

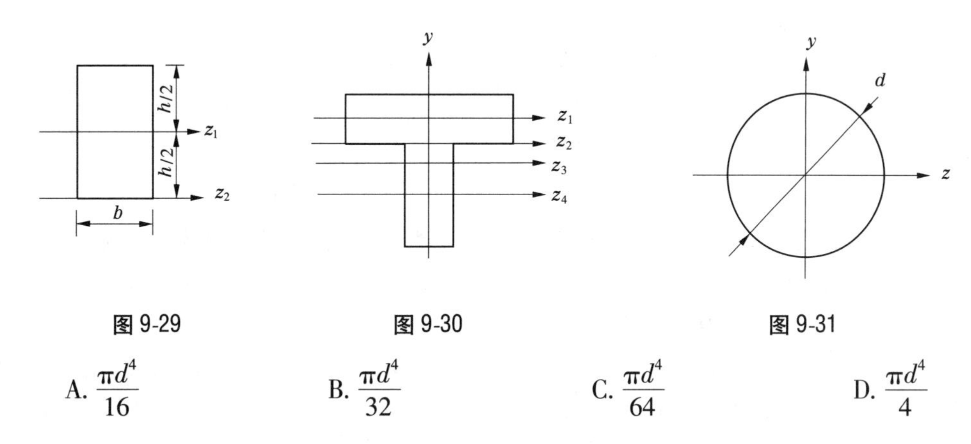

图 9-29　　图 9-30　　图 9-31

A. $\frac{\pi d^4}{16}$　　B. $\frac{\pi d^4}{32}$　　C. $\frac{\pi d^4}{64}$　　D. $\frac{\pi d^4}{4}$

四、解答题

1. 试计算如图 9-32 所示 T 形截面的形心坐标。

2. 如图 9-33 所示简支梁受均布荷载 q 作用,梁的许用应力$[\sigma]=7$ MPa。试求梁 D 截面 a、b、c 三点的正应力值,并试校核梁的正应力强度。

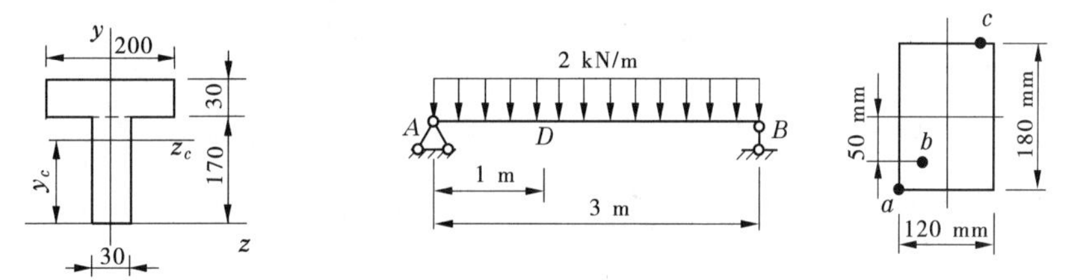

图 9-32　(单位:mm)　　图 9-33

3. 如图 9-34 示简支梁由两个槽钢组成,$F=60$ kN,钢材的许用应力$[\sigma]=170$ MPa,试按正应力强度条件选择槽钢型号。

4. 如图 9-35 所示一悬臂梁长 $l=1.5$ m,自由端受集中力 $F=32$ kN 作用,梁由 22a 工字钢制成,其抗弯截面模量 $W_z=309\ \text{cm}^3$,自重按 $q=0.33$ kN/m 计算,材料的许用应力$[\sigma]=160$ MPa。试校核梁的正应力强度。

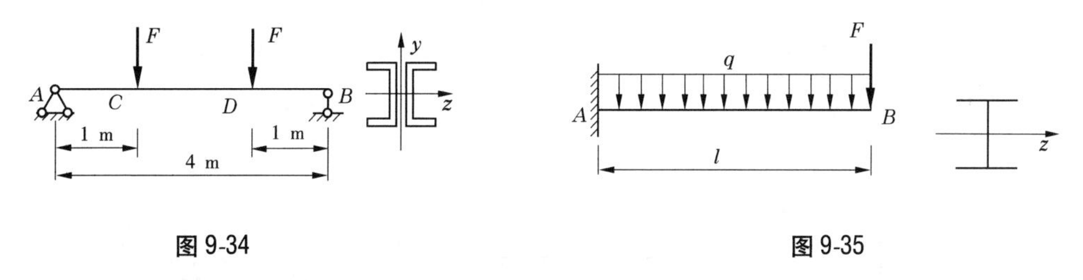

图 9-34　　图 9-35

5. 如图 9-36 所示,简支梁长 $l=4$ m,受均布荷载 $q=4$ kN/m 的作用,截面为宽度 $b=130$ mm,高 $h=200$ mm 的矩形,材料的许用应力为$[\sigma]=10$ MPa。试校核梁的正应力强度。

6. 一简支梁受力如图 9-37 所示,横截面为矩形 $b\times h=160\ \text{mm}\times 240\ \text{mm}$,已知材料的$[\sigma]=10$ MPa,$[\tau]=1.2$ MPa,试校核梁的强度。

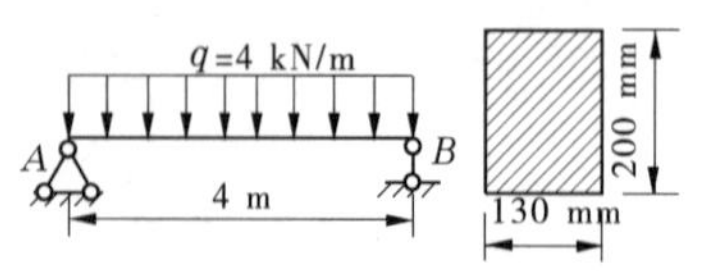

图 9-36

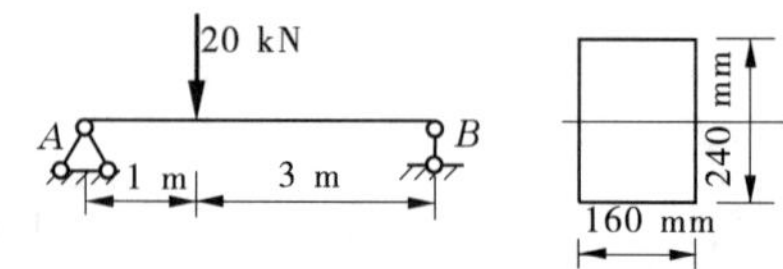

图 9-37

7. 如图 9-38 所示矩形截面简支木梁受均布荷载作用,已知材料的许用正应力$[\sigma]=10$ MPa,许用剪应力$[\tau]=2$ MPa,$q=3$ kN/m,$l=4$ m,$b=120$ mm,$h=180$ mm。试校核梁的正应力强度和剪应力强度。

8. 简支工字钢梁受荷载作用如图 9-39 所示,已知选用 45c 工字钢制成,其抗弯截面模量 $W_z=1\ 570\ \text{cm}^3$,$I_z/S_{\max}=37.6$ cm,腹板宽度 $d=15.5$ mm。材料的许用应力$[\sigma]=170$ MPa,许用剪应力$[\tau]=100$ MPa。试校核梁的正应力强度和剪应力强度。

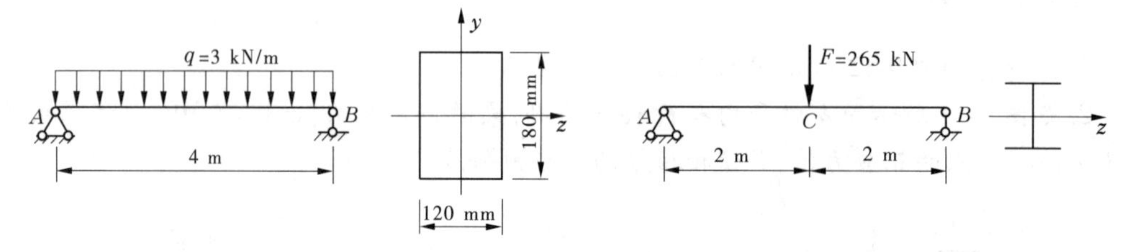

图 9-38　　图 9-39

9. 矩形截面梁受力如图 9-40 所示,已知材料的许用应力$[\sigma]=10$ MPa,$[\tau]=2$ MPa。试确定截面尺寸。

10. 如图 9-41 所示简支梁上作用着均布荷载 q,$l=6$ m,其截面为 20a 工字钢,许用应力$[\sigma]=160$ MPa。试求许用荷载$[q]$。

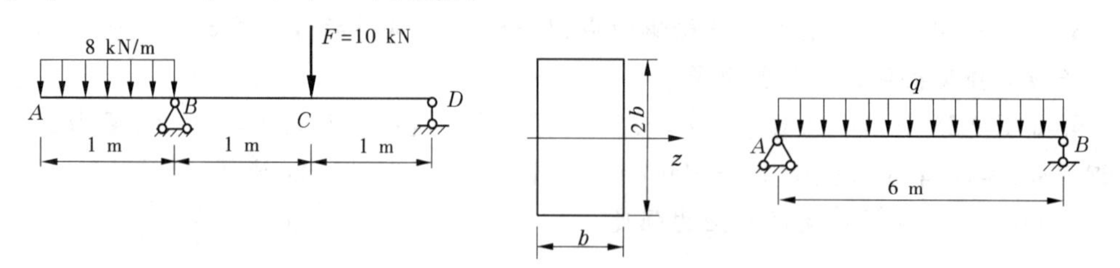

图 9-40　　图 9-41

11. 如图 9-42 所示简支外伸梁,已知$[\sigma]=10$ MPa,$[\tau]=2$ MPa,试确定梁截面高度 h。

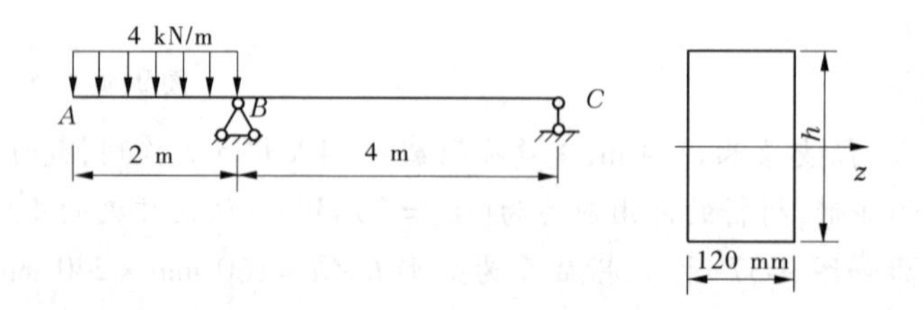

图 9-42

12. 如图9-43所示,用叠加法求图(a)简支梁跨中截面C的挠度和A截面的转角及图(b)悬臂梁B截面的挠度和转角。各梁EI为常数。

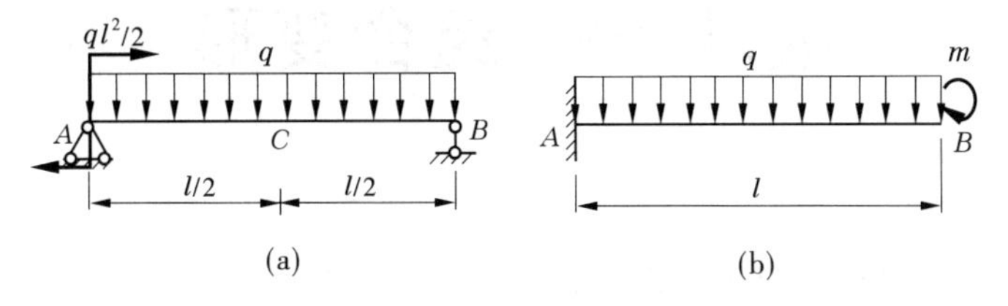

图9-43

13. 如图9-44所示,一简支梁用28b工字钢制成,已知$F=10$ kN,$q=1.5$ kN/m,$l=9$ m,材料的弹性模量$E=210$ GPa,许用挠跨比$\left[\frac{f}{l}\right]=\frac{1}{500}$。试校核梁的刚度。

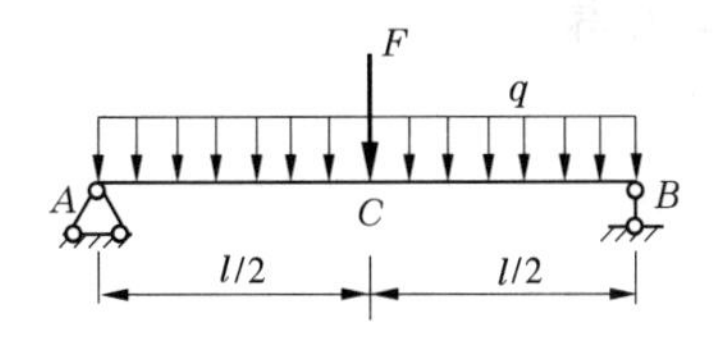

图9-44

模块 10　组合变形

【学习要求】

- 掌握等截面直杆组合变形的概念。
- 了解等截面直杆斜弯曲内力与应力分析、强度计算。
- 重点掌握等截面直杆压缩与弯曲的组合变形内力和应力分析、强度条件。

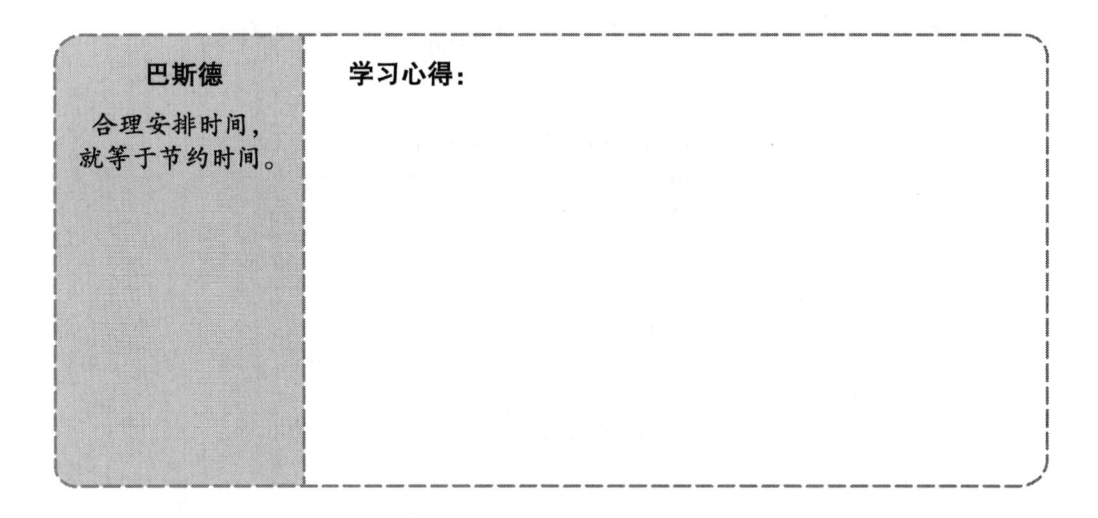

课题 10.1　概　述

1　组合变形的概念

前面各章已经讨论了杆件在轴向拉伸(压缩)、剪切与扭转和弯曲等基本变形时的强度和刚度计算。但是,在实际工程中,有些杆件的受力情况比较复杂,其变形不只是单一的基本变形,而是含有两种或两种以上基本变形。如图 10-1(a)所示的烟囱,除由自重引起的轴向压缩外,还有因水平方向的风力作用而产生的弯曲变形;如图 10-1(b)所示的厂房柱,由于受到偏心压力的作用,使柱子产生压缩和弯曲变形;如图 10-1(c)所示的屋架檩条,荷载不作用在纵向对称面内,所以檩条的弯曲不是平面弯曲,将檩条所受的荷载沿 y 轴和 z 轴分解后可见,檩条的变形是由两个互相垂直的平面弯曲组合而成的。

上述由两种或两种以上的基本变形同时发生在同一构件里所引起的变形,称为组合变形。

2　组合变形的分析方法

求解组合变形问题的基本方法是叠加法。分析问题的基本步骤为:①将杆件的组合

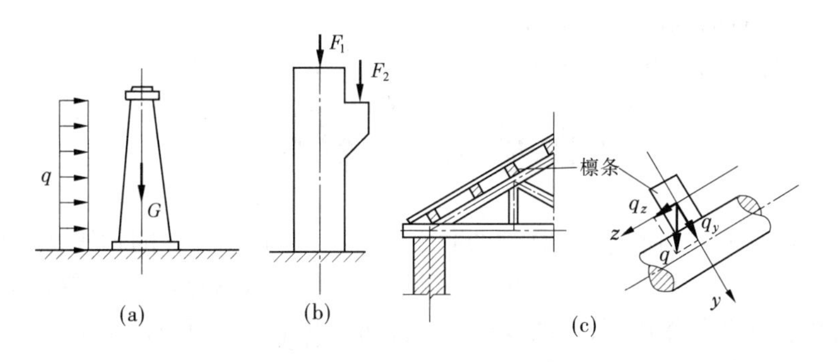

图 10-1

变形分解为基本变形；②计算杆件在每一种基本变形情况下所发生的应力、变形；③将计算结果进行叠加，有的是代数相加，有的是几何相加，最终得到构件的总应力和总变形。实践证明，只要杆件在小变形假设前提下，则材料在弹性范围内工作，由上述叠加法所计算的结果与实际情况是符合的。

前面研究了轴向拉伸（压缩）、剪切与扭转和弯曲等基本变形时的内力、应力、强度和刚度的计算。而工程实际中，很多构件的变形都比较复杂。如图 10-2 所示机器传动轴工作时齿轮上作用的啮合力向轴线简化后，得到作用于转轴上的力偶矩 m_1 和垂直于轴线的力 P。m_1 和 m 使轴产生扭转变形，P 使轴产生弯曲变形，因此圆轴产生弯曲和扭转的组合变形。如图 10-3（a）所示起重装置的横梁 AB，其受力图如图 10-3（b）所示。在轴向力 $N_{BC}\cos\alpha$ 和 R_{Ax} 作用下产生压缩变形，在垂直于轴线方向的力 R_{Ay}、P、$N_{BC}\sin\alpha$ 的作用下产生弯曲变形，因此 AB 杆件将会产生压缩与弯曲的组合变形。

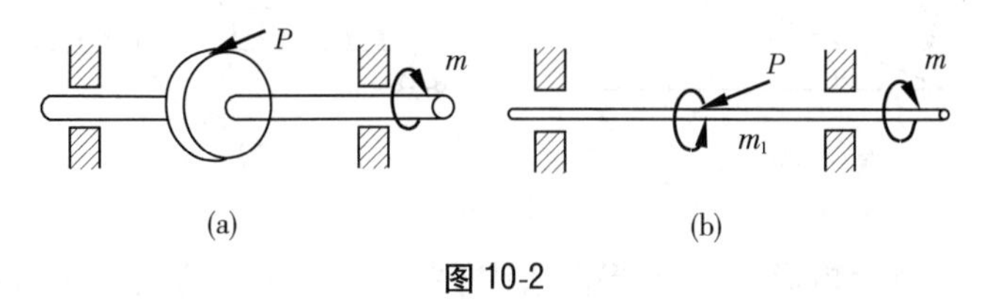

图 10-2

如图 10-4 所示的厂房建筑的边柱，吊车的轨道作用在柱子上的压力 P 并不沿柱子的轴线，柱子将会产生压缩和弯曲的组合变形，此变形称为偏心受压。

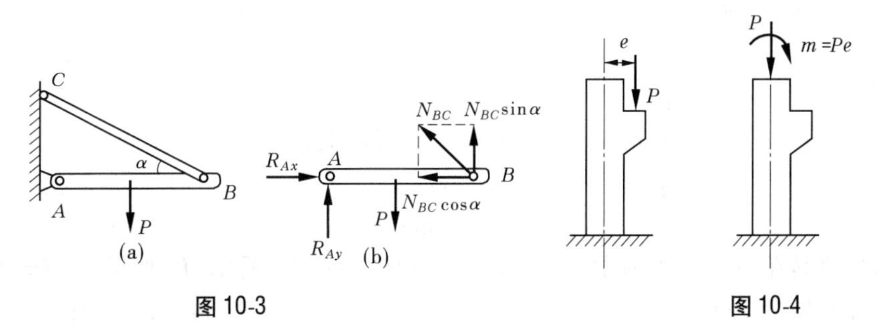

图 10-3　　　　图 10-4

在一般情况下，杆件的变形很小，在线弹性范围内，组合变形中的基本变形相互独立。所以，可以把组合变形分解为基本变形，分别分析其内力、应力和变形，然后叠加其应力和变形,即得组合变形时的应力和变形。

本章主要研究三种组合变形:斜弯曲、拉伸(压缩)与弯曲的组合变形和偏心压缩(拉伸)。

* 课题 10.2 斜弯曲

在许多实际工程中,荷载通过杆件的截面形心,且垂直于杆件的轴线,但荷载并不作用在杆件的纵向对称面内,如屋面的檩条(见图 10-5)。荷载的作用面与纵向对称面成一夹角 α。杆件在荷载的作用下,弯曲变形后的挠曲线并不位于荷载作用平面内,这种变形称为斜弯曲,也叫双向平面弯曲;计算图如图 10-5(b)所示。

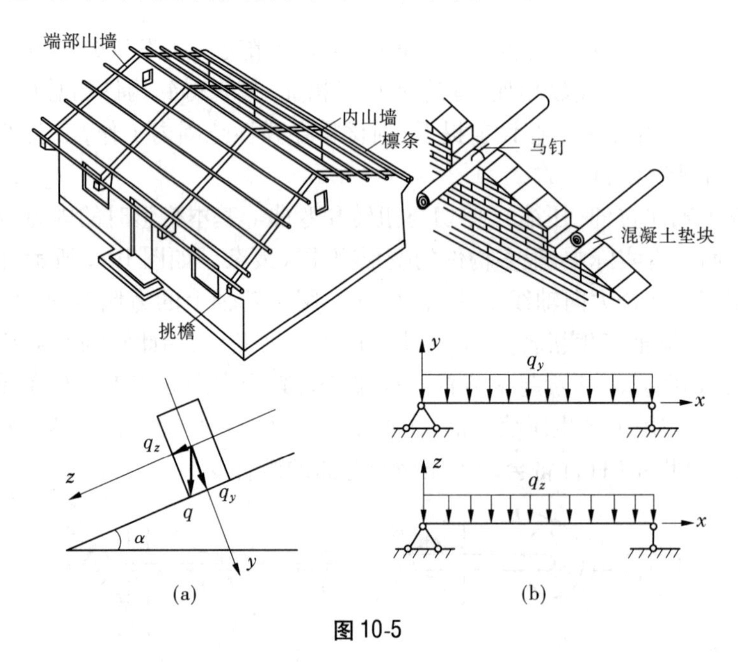

图 10-5

下面对图 10-6 所示矩形截面悬臂梁的斜弯曲进行内力和应力分析,说明强度计算的方法。

如图 10-6(a)所示发生斜弯曲变形的矩形截面悬臂梁,在其自由端受有集中力 F 的作用,F 与 y 轴的夹角为 φ。

1 外力分解

将外力 F 沿 y 轴、z 轴方向分解为两个分力 F_y 和 F_z,则有

$$F_y = F\cos\varphi$$
$$F_z = F\sin\varphi$$

其中 F_y 使梁在 xOy 平面内发生平面弯曲,如图 10-6(b)所示;F_z 使梁在 xOz 平面内发生平面弯曲,如图 10-6(c)所示。因此,该梁的变形为这两个平面弯曲变形的组合。

2 内力与应力

分别计算在被分解后的两个分力单独作用下的内力和应力,然后叠加得出组合变形

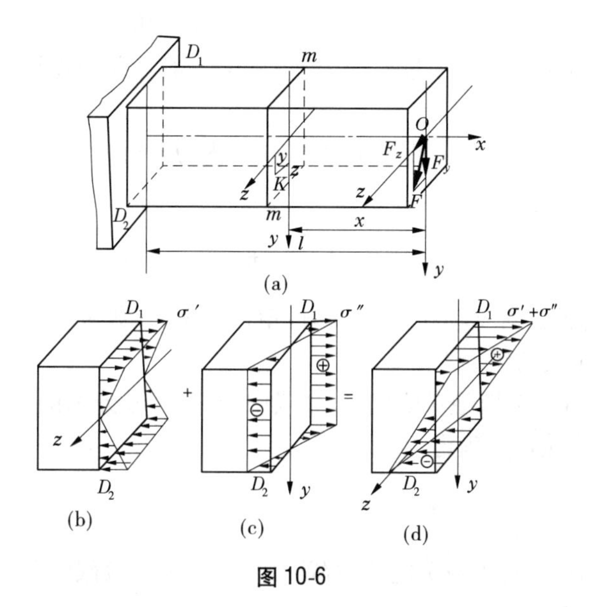

图10-6

时的内力和应力。梁发生平面弯曲时,横截面上有剪力和弯矩两种内力。剪力影响较小,可忽略其影响,故只计算弯矩。在距自由端距离为 x 处的 $m—m$ 截面处,F 的两个分力 F_z 和 F_y 所产生的弯矩分别记为 M_y 和 M_z。在截面 $m—m$ 上任取一点 K 来分析,其方法适用于截面上的任意一点。

2.1　**由 F_y 产生的内力和应力**

由 F_y 产生的弯矩 M_z 为

$$M_z = F_y x = Fx\cos\varphi = M\cos\varphi$$

由 M_z 在 K 点产生的正应力 σ' 为

$$\sigma' = -\frac{M_y z}{I_y}$$

2.2　**由 F_z 产生的内力和应力**

由 F_z 产生的弯矩 M_y 为

$$M_y = F_z x = Fx\sin\varphi = M\sin\varphi$$

由 M_y 在 K 点产生的正应力 σ'' 为

$$\sigma'' = -\frac{M_z y}{I_z}$$

2.3　**总的内力 M 和应力 σ**

$M = Fx = \sqrt{M_y^2 + M_z^2}$,为力 F 在 $m—m$ 上的总弯矩。

由于 F_y 和 F_z 使得 K 点都产生正应力,根据叠加原理,K 点的总应力 σ 即为这两个正应力 σ' 和 σ'' 的代数和,即

$$\sigma = \sigma' + \sigma'' = -\frac{M_y z}{I_y} - \frac{M_z y}{I_z}$$

同理,截面 $m—m$ 上其他点的应力也可用上述方法求出。σ'、σ'' 和 σ 的应力分布情

况分别如图 10-6(b)、(c)、(d)所示。图 10-6(d)是由图 10-6(b)、(c)叠加而得到的。由图 10-6(d)可知,截面的中性轴通过截面的形心,但一般与荷载作用线不垂直,此为斜弯曲变形的特点。

对于其他各点以及其他支承形式和荷载情况,内力分析方法与上述相同,故可得计算斜弯曲应力的一般公式为

$$\sigma = \pm \frac{M_y z}{I_y} \pm \frac{M_z y}{I_z} \tag{10-1}$$

式中:I_y 和 I_z 分别为截面对 y 轴和 z 轴的惯性矩;M_y、M_z 分别为 y、z 方向的弯矩;y 和 z 分别为 K 点到 z 轴和 y 轴的距离。

计算时,M_y、M_z、y、z 都取绝对值代入,公式中的正、负号分别由弯矩 M_y 和 M_z 在 K 点引起正应力的性质直接观察确定。

3 强度计算

在进行强度计算时,首先应确定危险截面,然后确定危险截面上的危险点。

3.1 危险截面的确定

由式(10-1)可知,危险截面即为最大弯矩所在的截面,图 10-6 中的固定端截面为危险截面。

3.2 危险点的确定

截面上的中性轴位置确定后,用两条平行于中性轴的直线与截面周边相切,则其切点为最大应力点,即危险点。

工程中的矩形和工字形截面梁具有两个对称轴且具有棱角,可直接由观察得出其危险点一定位于截面边缘的棱角上。如图 10-6 所示中危险截面上的最大正应力发生在角点 D_1、D_2 处,D_1 点为最大拉应力点,D_2 点为最大压应力点。

3.3 强度条件

图 10-6 中 D_1、D_2 两点离中性轴的距离相等,其正应力的绝对值也相等。

若材料的抗拉压强度相等,则其强度条件为

$$\sigma_{\max} = \frac{M_{y\max} z_{\max}}{I_y} + \frac{M_{z\max} y_{\max}}{I_z} = \frac{M_{y\max}}{W_y} + \frac{M_{z\max}}{W_z} \leqslant [\sigma] \tag{10-2}$$

若材料的抗拉(压)强度不相等,则其强度条件为

$$\left.\begin{aligned} \sigma_{\max}^{+} &= \frac{M_{y\max}}{W_y} + \frac{M_{z\max}}{W_z} \leqslant [\sigma]^{+} \\ |\sigma_{\max}^{-}| &= \left| -\frac{M_{y\max}}{W_y} - \frac{M_{z\max}}{W_z} \right| \leqslant [\sigma]^{-} \end{aligned}\right\} \tag{10-3}$$

其中:W_z 和 W_y 分别为截面对 z 轴和 y 轴的抗弯截面模量。一般情况下,在工程上,对于矩形截面取$\frac{W_z}{W_y}=1.2\sim2$,工字形截面取$\frac{W_z}{W_y}=8\sim10$。

【例 10-1】 如图 10-7(a)所示跨度为 4 m 的吊车梁,由 16 号工字钢制成。跨中作用集中力 $F=7$ kN,其与横截面铅直对称轴的夹角为 $\varphi=20°$,已知$[\sigma]=160$ MPa。试校核

梁的强度。

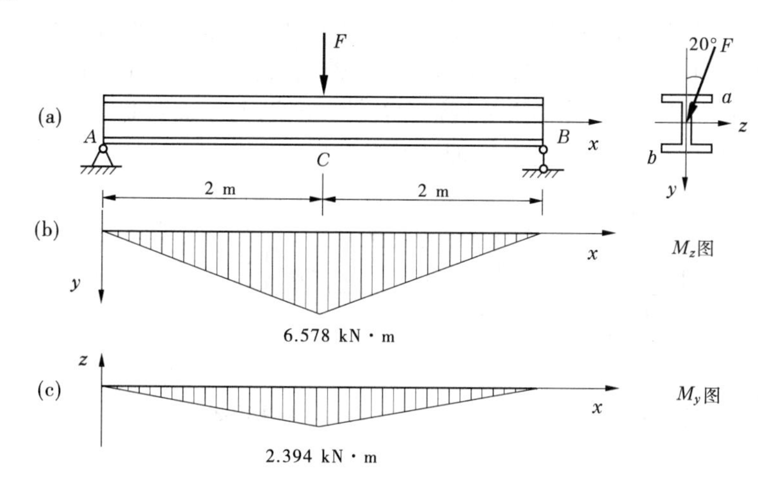

图10-7

解 (1)外力分解。将荷载分解为 xOy 平面弯曲和 xOz 平面弯曲，即

$$F_y = F\cos 20° = 7 \times 0.940 = 6.578(\text{kN})$$

$$F_z = F\sin 20° = 7 \times 0.342 = 2.394(\text{kN})$$

(2)作弯矩图，判定危险面。

分别作两组外力作用下的弯矩图。显然，在力 F_y 作用下的弯矩图如图10-7(b)所示，在力 F_z 荷载作用下的弯矩图如图10-7(c)所示。由两个对称弯曲的弯矩图可以看出，在跨中截面 C 处，以上两平面弯曲都有相当大的弯矩，因此这一截面为危险面，相应弯矩值分别为

$$M_{z\max} = \frac{F_y l}{4} = \frac{6.578 \times 4}{4} = 6.578(\text{kN}\cdot\text{m})$$

$$M_{y\max} = \frac{F_z l}{4} = \frac{2.394 \times 4}{4} = 2.394(\text{kN}\cdot\text{m})$$

(3)求危险面上的最大应力。查型钢表得，16号工字钢 $W_z = 141\ \text{cm}^3$，$W_y = 21.2\ \text{cm}^3$。危险点应为 a、b 两角点，a 点为压应力，b 点为拉应力。最大正应力为

$$\sigma_{\max} = \frac{M_{z\max}}{W_z} + \frac{M_{y\max}}{W_y} = \frac{6.578 \times 10^6}{141 \times 10^3} + \frac{2.394 \times 10^6}{21.2 \times 10^3} = 159.6(\text{MPa})$$

由于 $\sigma_{\max} = 159.6\ \text{MPa} < [\sigma] = 160\ \text{MPa}$，所以该梁满足强度条件。

课题10.3 拉伸(压缩)与弯曲的组合变形和偏心压缩(拉伸)

在工程实际中，常常会见到同时发生轴向拉伸(压缩)与弯曲的组合变形情况。如图10-8所示的挡土墙，墙会在自重的作用下发生轴向压缩变形，在土的推力作用下发生平面弯曲变形，即挡土墙同时发生压缩和弯曲的组合变形。

如图 10-9(a)所示的悬臂梁 AB,同时作用有垂直于杆件轴线方向的均布荷载 q 和沿着杆件轴线的轴向拉力 F 的作用。显然,梁在 q 的作用下发生弯曲变形,在 F 的作用下发生轴向拉伸变形,即该梁发生轴向拉伸与平面弯曲的组合变形,其横截面应力叠加过程如图 10-9(b)所示。下面用叠加法来分析轴向拉伸(压缩)与平面弯曲组合变形的内力和应力情况。其方法同样适用于压缩与弯曲的组合变形的情况。

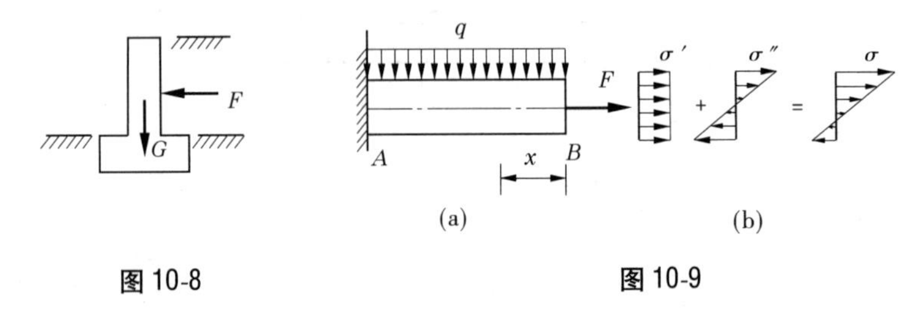

图 10-8　　　　图 10-9

1　内力和应力分析

轴向拉力 F 单独作用时,杆件发生轴向拉伸变形,各横截面上的内力即轴力都为 N,且 $N=F$,横截面上各点的正应力 σ'都相同,且

$$\sigma' = \pm\frac{N}{A} = \pm\frac{F}{A}$$

σ'的正负号由 F 确定。F 为拉力时,σ'取正号;F 为压力时,σ'取负号。σ'的分布情况如图 10-9(b)所示。图 10-9(a)中 F 为拉力,故图 10-9(b)中的 σ'取正号。

在均布荷载 q 的单独作用下,梁产生平面弯曲变形。横截面上的内力有剪力和弯矩。剪力忽略不计,只考虑弯矩 M_z,且 $M_z=\frac{1}{2}qx^2$。M_z 使横截面上产生正应力 σ'',且 $\sigma''=\pm\frac{M_z y}{I_z}$,$\sigma''$的分布情况如图 10-9(b)所示。$\sigma''$的正负号由观察确定。

根据叠加原理,横截面上任一点的正应力为

$$\sigma = \sigma' + \sigma'' = \pm\frac{F}{A} \pm \frac{M_z y}{I_z} \tag{10-4}$$

假设$|\sigma''_{\max}|>|\sigma'|$,则 σ 的应力分布情况如图 10-9(b)所示。可用相同的方法叠加绘出$|\sigma''_{\max}|=|\sigma'|$和$|\sigma''_{\max}|<|\sigma'|$时的应力分布图。$F$ 为轴向压力时 σ 的分布情况也可以用相同的方法绘出。

2　强度条件

最大正应力应发生在危险截面的上下边缘处。如图 10-9 所示梁的最大正应力发生在固定端截面的上下边缘处。对于轴向拉伸(或压缩)与平面弯曲的组合变形,其强度条件分别如下所述。

2.1　材料的抗拉(压)性能相同

(1)当 F 为轴向拉力时

$$\sigma_{max}=\sigma_{max}^{+}=\frac{F}{A}+\frac{M_{zmax}}{W_z}\leqslant[\sigma]^{+} \tag{10-5a}$$

(2)当 F 为轴向压力时

$$\sigma_{max}=|\sigma_{max}^{-}|=\left|-\frac{F}{A}-\frac{M_{zmax}}{W_z}\right|\leqslant[\sigma]^{-} \tag{10-5b}$$

2.2　材料的抗拉压性能不相同

在材料的抗压性能不相同的情况下,必须同时校核构件的抗拉(压)强度是否满足。

(1)当 F 为轴向拉力时

$$\left.\begin{aligned}\sigma_{max}^{+}&=\frac{F}{A}+\frac{M_{zmax}}{W_z}\leqslant[\sigma]^{+}\\|\sigma_{max}^{-}|&=\left|\frac{F}{A}-\frac{M_{zmax}}{W_z}\right|\leqslant[\sigma]^{-}\end{aligned}\right\} \tag{10-6a}$$

(2)当 F 为轴向压力时

$$\left.\begin{aligned}\sigma_{max}^{+}&=-\frac{F}{A}+\frac{M_{zmax}}{W_z}\leqslant[\sigma]^{+}\\|\sigma_{max}^{-}|&=\left|-\frac{F}{A}-\frac{M_{zmax}}{W_z}\right|\leqslant[\sigma]^{-}\end{aligned}\right\} \tag{10-6b}$$

3　偏心压缩(拉伸)

当外力作用线与杆件轴线平行而不重合时,杆件也将发生轴向压缩(拉伸)与弯曲的组合变形,称为偏心压缩(拉伸)。偏心压缩(拉伸)是工程中常见的一种压(拉)弯组合变形,因此在这里对它单独进行分析。如图 10-10 所示厂房建筑中的柱,作用在柱上的压力不与柱的轴线重合,但与柱的轴线平行,故柱的变形为偏心压缩,压力 F 称为偏心压力。

偏心压力 F 作用在截面的对称轴上且其作用线与杆件轴线平行时,称为单向偏心压缩,如图 10-10(a)所示。作用线与杆件轴线间的距离 e 称为偏心距。

3.1　力的平移

把偏心压力 F 平移到截面形心 O 处,附加一力偶。由于偏心压力 F 偏离截面的对称轴 z,因此附加力偶的矩为偏心力 F 对 z 轴的矩,记为 M_e,其大小为

$$M_e=Fe$$

3.2　基本变形的内力分析

如图 10-10(b)所示,杆的弯矩为

$$M_z=-M_e=-Fe$$

向 y 轴负向凸出变形,则弯矩为负值。

杆的轴力为

$$N=-F$$

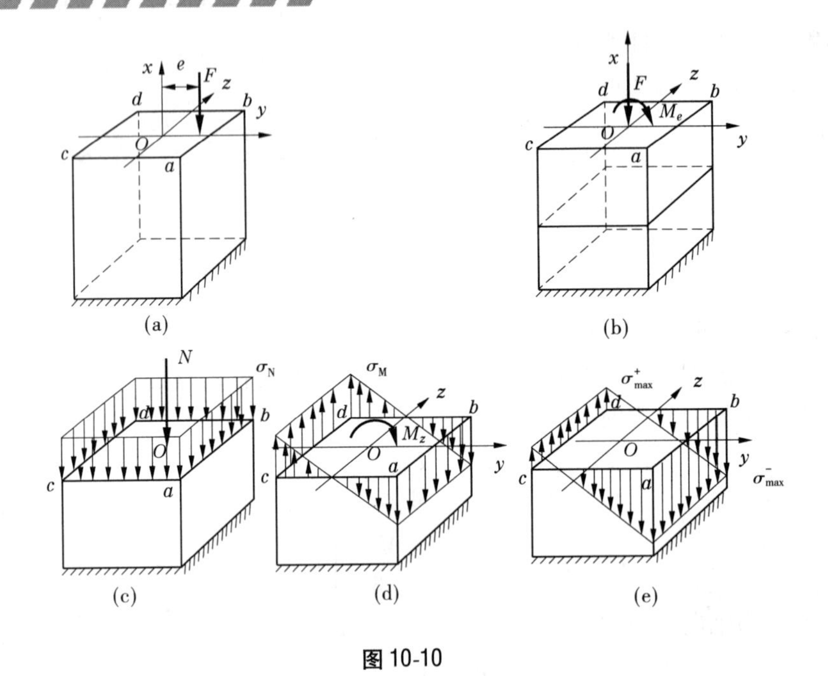

图 10-10

3.3 应力分析

杆横截面上任一点的正应力应为轴向压缩时产生的正应力 σ_N(见图 10-10(c))与弯曲时产生的正应力 σ_M(见图 10-10(d)),叠加得图 10-10(e),计算式为

$$\sigma = \sigma_M + \sigma_N = \pm \frac{M_z y}{I_z} \pm \frac{N}{A} \tag{10-7}$$

式(10-7)也适用于偏心拉伸。

3.4 极值应力分析

单向偏心压缩时,横截面上最大压应力发生在纯弯曲时的受压区且距中性轴最远(y_{max}^-)的各点,如图 10-10(e)中的 ab 边上。最大压应力为

$$\sigma_{max}^- = -\frac{M_{zmax} y_{max}^-}{I_z} - \frac{N}{A} \tag{10-8}$$

式中:N 表示轴力为压力,按绝对值代入。

单向偏心压缩时,最大拉应力作用在 cd 边,如图 10-10(e)所示,计算式为

$$\sigma_{max}^+ = \frac{M_{zmax} y_{max}^+}{I_z} - \frac{N}{A} \tag{10-9}$$

应用式(10-9)计算时:结果为正,即为最大拉应力;结果为负,即为最小压应力。

若偏心受压杆为矩形截面,则其截面面积 $A = bh$,$I_z = \frac{bh^3}{12}$,则可以把偏心受压杆应力计算式统一为

$$\sigma_{\substack{max \\ min}}^{\pm} = -\frac{F}{A} \pm \frac{M_z}{W_z} = -\frac{F}{bh} \pm \frac{6Fe}{bh^2} = -\frac{F}{bh}\left(1 \pm \frac{6e}{h}\right) \tag{10-10}$$

由式(10-10)可知,偏心压缩时,矩形截面上的应力分布有以下三种情况:

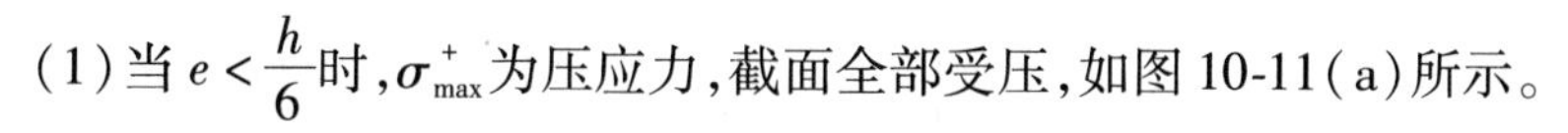

(1) 当 $e<\frac{h}{6}$ 时，σ_{max}^{+} 为压应力，截面全部受压，如图 10-11(a)所示。

(2) 当 $e=\frac{h}{6}$ 时，σ_{max}^{+} 为零，边缘上的应力为零，如图 10-11(b)所示。

(3) 当 $e>\frac{h}{6}$ 时，σ_{max}^{+} 为拉应力，截面部分受压、部分受拉，如图 10-11(c)所示。

也就是说，截面上的应力分布形式与 F 的大小无关，只与 F 离截面形心的距离 e 有关。当截面形状改变时，偏心距 e 的界限公式也改变。

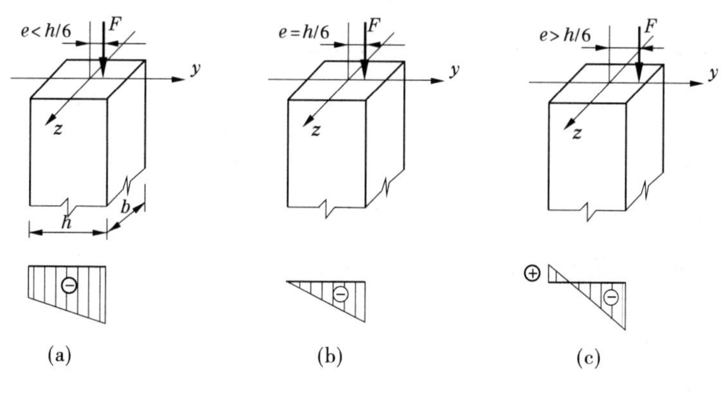

图 10-11

【例 10-2】　如图 10-12(a)所示一厂房的牛腿柱。由屋架传来的压力 $F_1=100$ kN，由吊车梁传来的压力 $F_2=30$ kN，F_2 与柱子轴线有一偏心距 $e=0.2$ m，如果柱横截面宽度 $b=180$ mm。试求当 h 为多少时，截面才不会出现拉应力，并求柱此时的最大压应力。

解　(1)外力计算。将 F_2 平移到柱轴线处，柱的受力如图 10-12(b)所示，附加力偶的力偶矩为

$$M_e = F_2 e = 30 \times 0.2 = 6(\text{kN}\cdot\text{m})$$

(2)内力分析。作柱的轴力图和弯矩图如图 10-12(c)、(d)所示。由内力图可知，危险面的轴力和弯矩分别为

$$N_{max} = F_1 + F_2 = 130\ \text{kN} \qquad M_{zmax} = M_e = 6\ \text{kN}\cdot\text{m}$$

(3)应力计算。使截面不出现拉应力的条件是截面上另一极值应力 σ_{max} 等于零，由式(10-9)可得

$$\frac{M_{zmax}}{W_z} - \frac{N}{A} = 0$$

则有

$$\frac{6\times10^6}{180\times h^2}\times 6 - \frac{130\times10^3}{180\times h} = 0$$

解得

$$h = \frac{6\times10^6\times6\times180}{180\times130\times10^3} = 277(\text{mm})$$

同理，由式(10-8)可求柱的最大压应力为

$$\sigma_{max}^{-} = -\frac{M_{zmax}}{W_z} - \frac{N}{A} = -\frac{6\times10^6}{180\times277^2}\times6 - \frac{130\times10^3}{180\times277} = -5.21(\text{MPa})$$

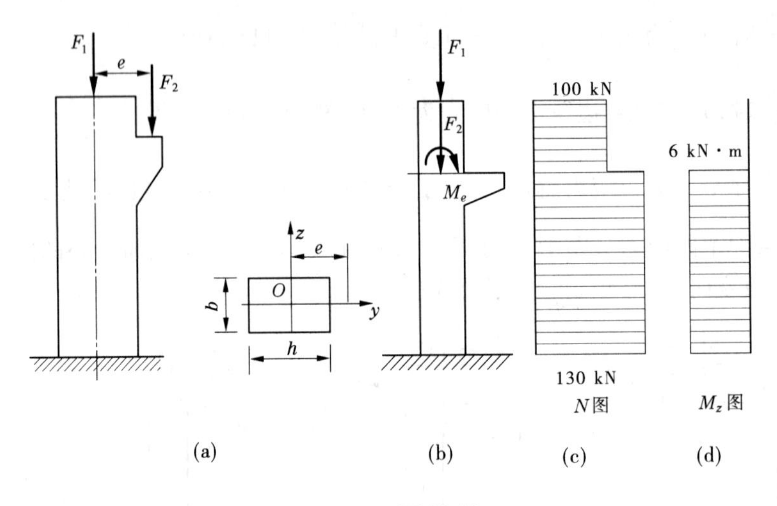

图 10-12

【例 10-3】 矩形截面如图 10-13 所示。其中 F_1 的作用线与杆的轴线重合,F_2 的作用线在 z 轴上。已知 $F_1 = F_2 = 80$ kN,$b = 24$ cm,$h = 30$ cm。试求柱的横截面上只出现压应力时的允许偏心距 e。

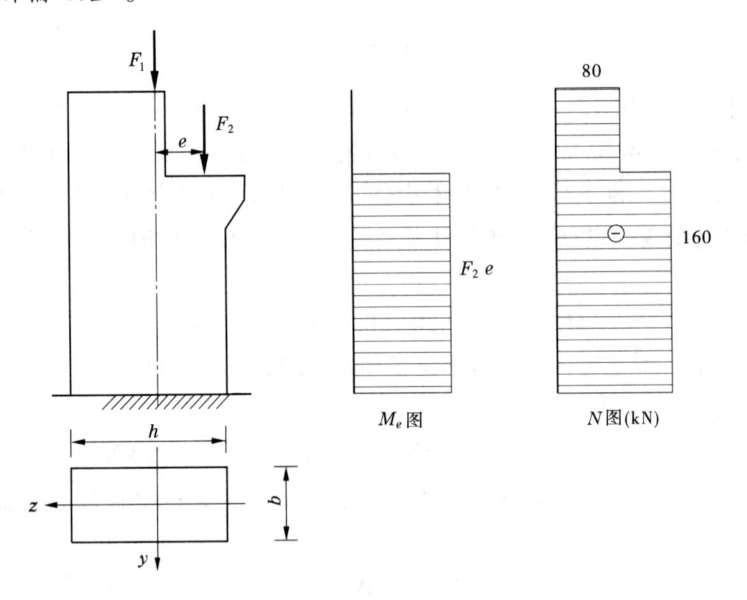

图 10-13

解 (1)将力 F_2 向截面形心简化后,梁上的外力有:轴向压力 $N = -F_1 - F_2 = -160$ kN,附加力偶矩 $M_e = F_2 e$,分别作内力图,如图 10-13 所示。

(2)判断危险截面和最大拉应力点。由内力图可判断:危险截面为柱底端截面,最大拉应力点为危险截面上左边缘各点。

(3)计算最大拉应力 $\sigma_{\max}^{+}$。先分别计算由轴力产生的压应力 σ' 和由弯矩产生的最大拉应力 σ'',有

$$\sigma' = -\frac{N}{A} = -\frac{160 \times 10^3}{0.24 \times 0.3} = -2.22 \times 10^6 (\mathrm{Pa})$$

$$\sigma'' = \frac{M_e}{W} = \frac{F_2 e}{\frac{bh^2}{6}} = \frac{6F_2 e}{bh^2} = \frac{6 \times 80 \times 10^3}{0.24 \times 0.3^2} e$$

然后叠加 σ' 和 σ''，得最大拉应力为

$$\sigma_{\max}^{+} = \sigma' + \sigma'' = -2.22 \times 10^6 + \frac{6 \times 80 \times 10^3}{0.24 \times 0.3^2} e$$

(4)根据横截面上不出现拉应力的条件确定偏心距 e，即

$$\sigma_{\max}^{+} = \sigma' + \sigma'' = -2.22 \times 10^6 + \frac{6 \times 80 \times 10^3}{0.24 \times 0.3^2} e \leqslant 0$$

$$e \leqslant \frac{2.22 \times 10^6 \times 0.24 \times 0.3^2}{6 \times 80 \times 10^3} = 0.10(\mathrm{m}) = 10\ \mathrm{cm}$$

即横截面上不出现拉应力时偏心距必须满足 $e \leqslant 10$ cm。

小　结

(1)组合变形是基本变形(拉伸、压缩、扭转、弯曲等)的组合。

(2)组合变形一般用叠加法进行内力和应力分析，从而得出强度条件。

(3)斜弯曲变形的强度如下所述。

若材料的抗拉(压)强度相等，则其强度条件为

$$\sigma_{\max} = \frac{M_{y\max} z_{\max}}{I_y} + \frac{M_{z\max} y_{\max}}{I_z} = \frac{M_{y\max}}{W_y} + \frac{M_{z\max}}{W_z} \leqslant [\sigma]$$

若材料的抗拉(压)强度不相等，则其强度条件为

$$\left.\begin{aligned} \sigma_{\max}^{+} &= \frac{M_{y\max}}{W_y} + \frac{M_{z\max}}{W_z} \leqslant [\sigma]^{+} \\ |\sigma_{\max}^{-}| &= \left| -\frac{M_{y\max}}{W_y} - \frac{M_{z\max}}{W_z} \right| \leqslant [\sigma]^{-} \end{aligned}\right\}$$

其中：W_z 和 W_y 分别为截面对 z 轴和 y 轴的抗弯截面模量。

(4)轴向拉伸(压缩)与弯曲组合变形的强度条件为：

当 F 为拉力时，有

$$\sigma_{\max}^{+} = \frac{F}{A} + \frac{M_{z\max}}{W_z} \leqslant [\sigma]^{+}$$

$$|\sigma_{\max}^{-}| = \left| \frac{F}{A} - \frac{M_{z\max}}{W_z} \right| \leqslant [\sigma]^{-}$$

当 F 为压力时，有

$$\sigma_{\max}^{+} = -\frac{F}{A} + \frac{M_{z\max}}{W_z} \leqslant [\sigma]^{+}$$

$$|\sigma_{\max}^{-}| = \left| -\frac{F}{A} - \frac{M_{z\max}}{W_z} \right| \leqslant [\sigma]^{-}$$

思考与练习题

一、简答题

1. 什么叫组合变形？如何计算组合变形杆件横截面上任一点的应力？
2. 斜弯曲变形与平面弯曲变形的受力变形特点有什么不同？
3. 叙述组合变形构件的解题原理和解题的基本思路。

二、填空题

1. 组合变形一般用______________方法分析其强度和变形。
2. 偏心压缩可根据外力作用线的位置分为______偏心压缩和______偏心压缩，外力作用线与杆件轴线间的距离 e 称为________。
3. 偏心压缩时，截面上的应力分布情况会因为偏心距 e 的大小不同而有 3 种情况，可分别以图表示为________、________和 ________。

三、选择题

1. 关于偏压构件为矩形截面时的应力分布情况，以下说法错误的是(　　)。

A. 当 $e<\frac{h}{6}$ 时，σ_{max}^{+} 为压应力，截面全部受压

B. 当 $e=\frac{h}{6}$ 时，σ_{max}^{+} 为零，截面也全部受压

C. 当 $e>\frac{h}{6}$ 时，σ_{max}^{+} 为压应力，且截面一定全部受压

D. 当 $e>\frac{h}{6}$ 时，σ_{max}^{+} 为拉应力，截面部分受压，部分受拉

2. 在用叠加法分析组合变形时，以下说法正确的是(　　)。

A. 先将组合变形分解为基本变形，分别分析基本变形的内力、应力和变形，叠加得出组合变形的应力和变形，再得出组合变形的强度条件，即先分解后叠加

B. 先将组合变形分解为基本变形，分别分析基本变形的内力、应力和变形，分别以各个基本变形的强度条件作为组合变形的强度条件

C. 在用叠加法分析组合变形时，一边分解，一边叠加

D. 在用叠加法分析组合变形时，只有分解，没有叠加

3. 构件的受力情况如图 10-14 所示，判断此构件的组合变形形式为(　　)。

A. 斜弯曲组合变形　　B. 弯曲与扭转组合变形

C. 压弯组合变形　　D. 拉弯组合变形

四、解答题

1. 如图 10-15 所示的屋架，间距 $l=4$ m，上弦杆的坡度 $\varphi=26°34'$，架于两屋架间的檩

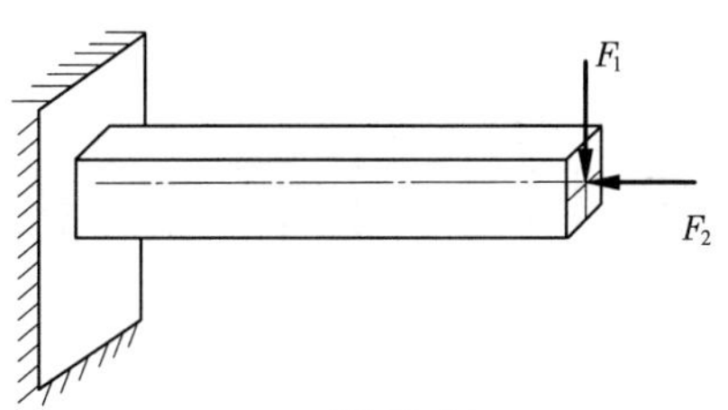

图 10-14

条受屋面传来的荷载为 $q=600$ N/m，木材的许用应力$[\sigma]=11$ MPa，弹性模量 $E=10$ GPa，截面的高宽比 $h/b=1.5$。试选择截面的尺寸。

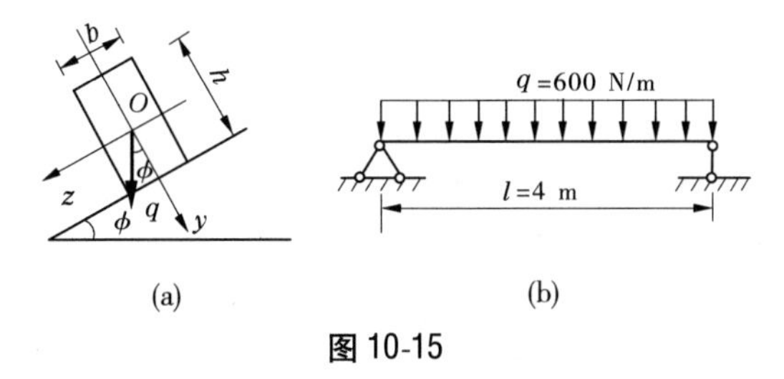

图 10-15

2. 正方形截面的悬臂梁如图 10-16 所示。已知 $F_1=F_2=F$。求最大正应力值。

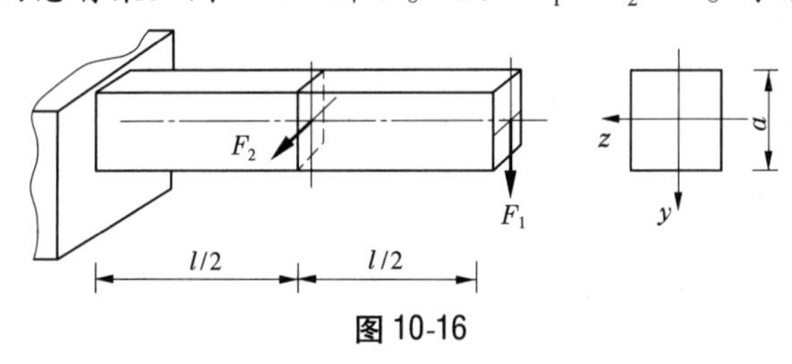

图 10-16

3. 如图 10-17 所示一楼梯木斜梁，$l=2.5$ m，梁的横截面为 100 mm×100 mm 的正方形，竖向荷载 $P=3\ 000$ N。试求梁的最大拉应力和最大压应力。

4. 如图 10-18 所示的柱子，已知 $F_1=100$ kN，$F_2=45$ kN，横截面尺寸 $b\times h=180$ mm×300 mm。试问 F_2 的偏心距 e 为多少时，截面才不会产生拉应力？

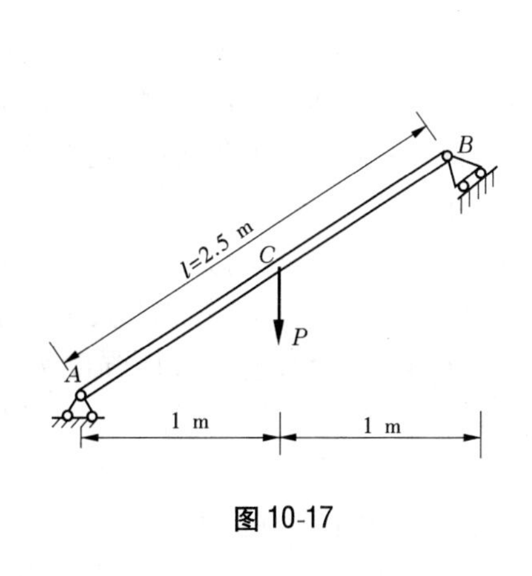

图 10-17

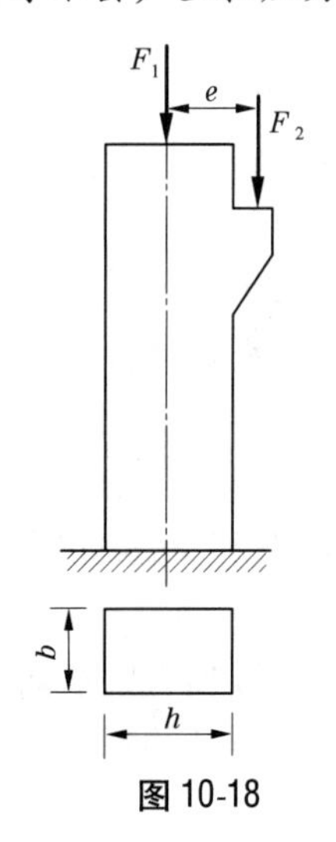

图 10-18

模块 11　压杆稳定

【学习要求】

- 掌握压杆稳定的概念。
- 掌握细长压杆的临界力计算。
- 重点掌握临界应力总图。
- 掌握压杆的稳定计算。
- 了解提高压杆稳定的措施。

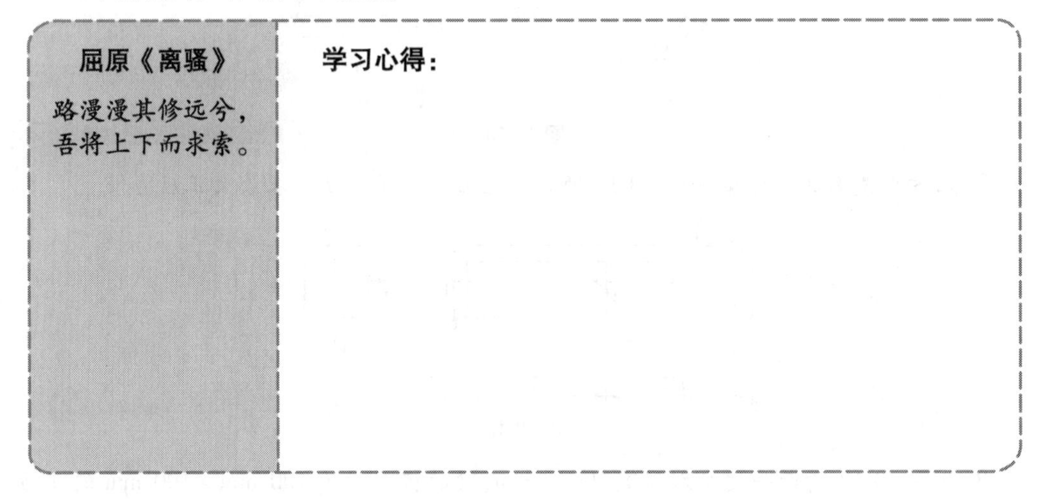

课题 11.1　压杆稳定的概念

工程中把承受轴向压力的直杆称为压杆，如柱、桁架中的受压杆、机械零件中的链杆、活塞杆等，都是承受轴向压力的压杆。在模块 6 中，对轴向拉（压）杆进行了强度计算，并建立了强度条件。在一般情况下，对于短而粗的轴向压杆，只要满足强度条件，就能满足安全使用要求，但对于细而长的轴向压杆而言，则并非如此。

实践告诉我们，细长压杆在轴向压力作用下，杆内的工作应力并没有达到材料的极限应力，甚至还远低于材料的比例极限时，就会突然引起杆件侧向弯曲而失稳丧失承载能力。例如，取一根宽 30 mm、厚 5 mm 的矩形松木条如图 11-1 所示，它的抗压强度为 40 MPa。若木条长仅为 30 mm，如图 11-1(a)所示，当压力达到 6 kN 时木条破坏。若木条长度为 1 m，如图 11-1(b)所示，把一端立在地面上，另一端用手加压，当压力达 30 N 时木条产生显著侧弯，若继续加力则横向挠度迅速增大，也就是说丧失了承载能力。

由此可见，细长压杆的承载能力并不取决于强度，而是压杆在一定压力作用下突然变

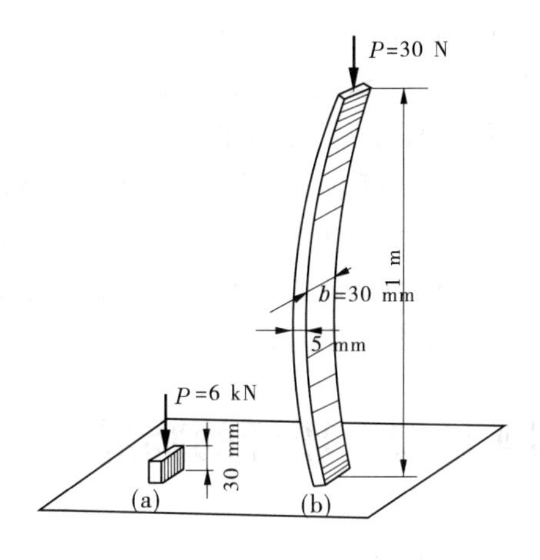

图 11-1

弯而导致破坏。这种在一定压力作用下,细长压杆突然丧失原有平衡状态的现象称为压杆丧失稳定性,简称压杆失稳。由于压杆丧失稳定性是突然发生的,故容易导致严重的事故。1907 年加拿大魁北克大桥在建造时突然倒塌,就是桁架中的压杆失稳所致。所以,细长压杆除考虑强度问题外,还必须考虑稳定性问题。

为了说明压杆稳定性的概念,下面取细长压杆为对象来研究。

以图 11-2(a)所示等直细长杆为例,在大小不等的轴向压力 P 作用下,观察压杆直线平衡状态所表现的不同特性。为了说明压杆稳定性,对压杆施加不大的侧向干扰力,使其发生微小的弯曲,然后撤去干扰力,发现压杆变形可能出现以下几种情况:

(1)当杆承受的轴向压力数值 P 小于某一数值 P_{cr} 时,撤去干扰力以后,杆能自动恢复到原有的直线平衡状态而保持平衡,如图 11-2(b)所示。这种能保持原有的直线平衡状态的平衡称为稳定平衡。

(2)当杆承受的轴向压力数值 P 等于某一数值 P_{cr} 时,撤去干扰力,杆不能恢复到原有的直线平衡状态,如图 11-2(c)所示,处于一种微弯平衡状态。此时的这种平衡称为临界平衡。

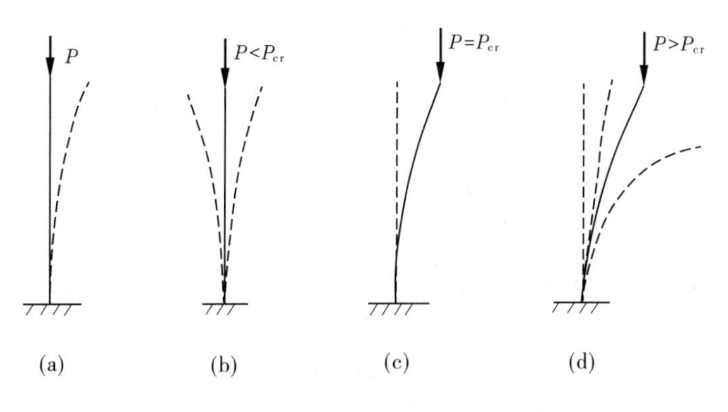

图 11-2

(3)当杆承受的轴向压力数值 P 超过某一数值 P_{cr} 时,随着力 P 继续增大,则杆继续弯曲,产生显著的变形,从而使压杆失去承载能力,如图 11-2(d)所示。这表明此压杆原有直线状态的平衡是不稳定的,即压杆丧失了稳定性。

上述现象表明,在轴向压力 P 由小逐渐增大的过程中,压杆由稳定平衡转变为不稳定平衡,即发生了压杆失稳现象。显然,压杆是否失稳取决于轴向压力的数值。压杆处于临界平衡状态时所对应的轴向压力称为压杆的临界压力或临界力,用 P_{cr} 表示。压杆的临界压力也为不稳定平衡时所受的最小轴向压力,研究压杆稳定问题的关键是确定临界力。

课题 11.2　压杆的临界力

1　两端铰支压杆的临界力·欧拉公式

如图 11-3(a)所示两端铰支的细长压杆,在临界力($P=P_{cr}$)作用下,压杆在 xOy 平面内处于微弯平衡状态。

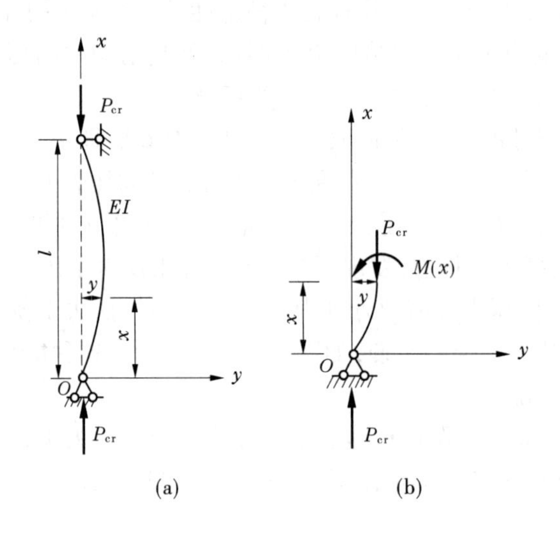

图 11-3

现用一截面将杆截开,画出受力图如图 11-3(b)所示,杆中任意 x 截面上的弯矩方程为

$$M(x) = P_{cr}y \tag{a}$$

式中:y 为 x 截面的挠度。

应用梁的挠曲线近似微分方程可得

$$EIy'' = -M(x) \tag{b}$$

将弯矩方程(a)代入梁的挠曲线近似微分方程中,可得

$$EIy'' = -M(x) = -P_{cr}y \tag{c}$$

若令
$$k^2 = \frac{P_{cr}}{EI} \tag{d}$$
则式(c)可改写为
$$y'' + k^2 y = 0 \tag{e}$$
式(e)是一个二阶常系数线性齐次微分方程,通解为
$$y = A\sin kx + B\cos kx \tag{f}$$
式(f)就是压杆的挠曲线方程,式中 A、B 是两个待定的积分常数。由于临界压力未知,所以式中 $k=\sqrt{\frac{P_{cr}}{EI}}$ 是一个未知数值。

根据此压杆两端的边界条件来确定积分常数。由图 11-3(a)所示压杆可见,在杆的下端,边界条件为 $x=0$ 时,$y=0$。代入式(f),可得 $B=0$。因此,挠曲线方程为
$$y = A\sin kx \tag{g}$$
在杆的上端,$x=l$ 时,$y=0$,代入式(g),可得
$$A\sin kl = 0$$
式中:$A\neq 0$,否则 $y\equiv 0$,即压杆各点处的挠度均为零,这显然与压杆处于微弯状态相矛盾。因此,只有 $\sin kl=0$,即 $kl=n\pi$ 或 $k=\frac{n\pi}{l}$,其中 $n=0,1,2,3,\cdots$

将 $k=\frac{n\pi}{l}$ 代入式(d)中,得
$$P_{cr} = \frac{n^2\pi^2 EI}{l^2}\ (n = 0,1,2,3,\cdots)$$
由压杆处于微弯状态平衡的假设及临界压力应为不稳定平衡时所受的最小轴向压力可得,$n=1$。由此可得两端铰支细长压杆的临界力公式为
$$P_{cr} = \frac{\pi^2 EI}{l^2} \tag{11-1}$$
式(11-1)又称为欧拉公式。

应当注意:两端支承在各方向相同时,杆的弯曲必然发生在抗弯能力(刚度)最小的平面内,所以应用式(11-1)时,惯性矩 I 应为压杆横截面的最小惯性矩;两端支承在各方向不同时,对两个形心轴分别计算,取其最小值作为压杆的临界力。

2　其他约束压杆的临界力

以上讨论了两端铰支细长压杆临界力的计算。对于两端用其他支承形式的压杆,仍可利用梁的挠曲线近似微分方程来推导细长压杆临界力及计算公式,也可以由压杆微弯后的挠曲线与两端铰支压杆微弯后的挠曲线相比拟的方法来确定。这里不作推导,仅把最终结果列入表 11-1 中。

由表 11-1 中可见,压杆的临界力除与压杆的材料、截面形状尺寸、杆长有关外,还与其杆端的约束情况有关。当杆端的约束发生改变,即边界条件发生改变时,临界力的数值就不同。把各种约束条件下压杆临界力公式写成统一形式为

表 11-1 各种杆端支承细长压杆的临界力公式及长度系数

支承情况	两端固定	一端固定一端铰支	两端铰支	一端固定一端自由
压杆计算简图				
临界力 P_{cr}	$P_{cr}=\frac{\pi^2EI}{(0.5l)^2}$	$P_{cr}=\frac{\pi^2EI}{(0.7l)^2}$	$P_{cr}=\frac{\pi^2EI}{l^2}$	$P_{cr}=\frac{\pi^2EI}{(2l)^2}$
计算长度	$0.5l$	$0.7l$	l	$2l$
长度系数	0.5	0.7	1	2

$$P_{cr}=\frac{\pi^2EI}{(\mu l)^2} \tag{11-2}$$

式中:μ 为长度系数,与杆端约束条件有关;μl 为计算长度(或相当长度)。

四种理想支承压杆的临界力计算公式、计算长度和长度系数列在表 11-1 中。

课题 11.3 压杆的临界应力

1 临界应力与柔度

为了分析压杆稳定问题,工程上常用临界应力的形式来表示。在临界力 P_{cr} 作用下,压杆横截面上的平均正应力称为压杆的临界应力,用 σ_{cr} 表示。若以 A 表示压杆的横截面面积,则由欧拉临界力得到临界应力公式为

$$\sigma_{cr}=\frac{P_{cr}}{A} \tag{a}$$

将式(11-2)代入式(a),得

$$\sigma_{cr}=\frac{\pi^2EI}{A(\mu l)^2} \tag{b}$$

若将压杆的惯性矩 I 用惯性半径 i 和截面面积 A 表示,即

$$I=i^2A \quad 或 \quad i=\sqrt{\frac{I}{A}} \tag{11-3}$$

则临界应力又可写为

$$\sigma_{cr}=\frac{\pi^2Ei^2}{(\mu l)^2}=\frac{\pi^2E}{\left(\frac{\mu l}{i}\right)^2} \tag{c}$$

令
$$\lambda = \frac{\mu l}{i} \tag{11-4}$$
于是推得压杆的临界应力欧拉公式为
$$\sigma_{cr} = \frac{\pi^2 E}{\lambda^2} \tag{11-5}$$
式(11-4)中 λ 称为压杆的柔度(或长细比)。柔度 λ 是一个无量纲的量,它与压杆两端的支承情况、杆长 l 及截面尺寸和形状等因素有关。压杆的柔度 λ 越大,表明压杆细而长,其临界应力越小,则压杆就越容易失稳;压杆的柔度 λ 越小,表明压杆短而粗,其临界应力越大,则压杆就越不容易失稳。所以,柔度 λ 是压杆稳定计算中的一个很重要的几何参数。

惯性半径 i 与压杆横截面的形状、尺寸有关。常用截面的惯性半径为

矩形
$$i_z = \frac{h}{\sqrt{12}} = 0.288\,7h$$
$$i_y = \frac{b}{\sqrt{12}} = 0.288\,7b$$

圆形
$$i = \frac{D}{4}\sqrt{1 + \alpha^2} \quad \left(\alpha = \frac{d}{D}\right)$$

2　欧拉公式的适用范围

式(11-2)、式(11-5)均称为欧拉公式,可以利用其计算压杆的临界力和临界应力。但是,应用时一定要注意这两个公式的适用范围。欧拉公式是根据挠曲线近似微分方程导出的,此微分方程只有在材料服从虎克定律的条件下才成立。因此,只有当压杆的临界应力 σ_{cr}不超过材料的比例极限 σ_p 时,才能用欧拉公式计算临界应力或临界力。于是,欧拉公式的适用条件为
$$\sigma_{cr} = \frac{\pi^2 E}{\lambda^2} \leqslant \sigma_p$$
即
$$\lambda \geqslant \pi\sqrt{\frac{E}{\sigma_p}}$$
令
$$\lambda_p = \pi\sqrt{\frac{E}{\sigma_p}} \tag{11-6}$$
式中:λ_p 为压杆的临界柔度,表示临界应力达到材料的比例极限时的柔度值,是能应用欧拉公式的最小柔度,即欧拉公式的适用范围为
$$\lambda \geqslant \lambda_p \tag{11-7}$$
当压杆的柔度大于或等于 λ_p 时,才可以应用欧拉公式计算临界力或临界应力,工程中把满足 $\lambda \geqslant \lambda_p$ 这一条件的压杆称为大柔度杆(或细长杆)。

从式(11-6)可知,λ_p 的值仅取决于材料性质,用不同材料制成的压杆,其 λ_p 不同。如 Q235 钢,$\sigma_p = 200$ MPa,$E = 200$ GPa,由式(11-6)可求得
$$\lambda_p = \pi\sqrt{\frac{E}{\sigma_p}} = \pi\sqrt{\frac{200 \times 10^3}{200}} = \pi\sqrt{1\,000} \approx 100$$

3　超比例极限时压杆的临界应力

实际工程中常用的压杆,其柔度往往小于λ_p。当压杆的柔度$\lambda < \lambda_p$时,说明此类压杆的临界应力已经超过材料的比例极限,此时欧拉公式不再适用。对这类压杆通常采用以试验结果为依据的经验公式计算临界力或者临界应力。常用的经验公式中,以直线型公式最为简单,此外还有抛物线型公式。

3.1　直线型经验公式

直线型经验公式可写成以下形式

$$\sigma_{cr} = a - b\lambda \tag{11-8}$$

对于塑性材料制成的压杆,公式适用于$\sigma_{cr} = a - b\lambda \leqslant \sigma_s$或$\lambda \geqslant \dfrac{a - \sigma_s}{b}$。

当压杆的临界应力等于屈服极限时,属于强度问题。因此,使用经验公式(11-8)的最小柔度极限值为

$$\lambda_s = \frac{a - \sigma_s}{b} \tag{11-9}$$

其中:a、b及λ_p、λ_s均是与材料有关的常数,由试验确定,常用材料可从表11-2中查出。

表11-2　几种常见材料的直线型公式系数a、b及λ_p、λ_s值

材料	a(MPa)	b(MPa)	λ_p	λ_s
A3钢 $\sigma_s = 235$ MPa $\sigma_b \geqslant 372$ MPa	304	1.12	100	61.4
优质碳素钢 $\sigma_s = 306$ MPa $\sigma_b \geqslant 471$ MPa	461	2.568	100	60
硅钢 $\sigma_s = 353$ MPa $\sigma_b \geqslant 510$ MPa	578	3.744	100	60
铬钼钢	980.7	5.296	55	
强铝	373	2.150	50	60
铸铁	332.2	1.454	80	
木材	28.7	0.190	110	40
松木	40	0.203	59	

工程中把$\lambda_s \leqslant \lambda < \lambda_p$的压杆称为中柔度杆(或中长杆),这类杆往往因稳定不够而破坏;而把$\lambda < \lambda_s$的杆件称为小柔度杆(或短粗杆),这类杆往往因强度不够而破坏,应按强度问题处理。其可用下式表示

$$\left.\begin{aligned}\sigma_{cr} &= \sigma_s \quad (\text{塑性材料})\\ \sigma_{cr} &= \sigma_b \quad (\text{脆性材料})\end{aligned}\right\} \tag{11-10}$$

3.2　临界应力总图

压杆按其柔度值的不同,分为大柔度杆($\lambda \geqslant \lambda_p$)、中柔度杆($\lambda_s \leqslant \lambda < \lambda_p$)和小柔度杆($\lambda < \lambda_s$),分别由式(11-5)、式(11-8)和式(11-10)计算其临界应力。如果把压杆的临界应力与柔度之间的函数关系绘制在 $\sigma_{cr} \sim \lambda$ 直角坐标系内,即可得到临界应力随柔度变化的曲线图形,称为压杆的临界应力总图,如图 11-4 所示。

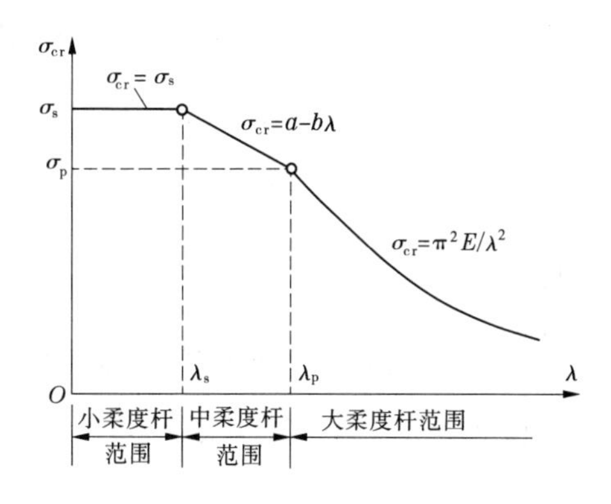

图 11-4

从临界应力总图中可以看出,小柔度杆的 σ_{cr} 与 λ 无关,而大柔度杆与中柔度杆的临界应力 σ_{cr} 则随着柔度 λ 的增大而减小。说明压杆柔度越大(杆越细长)就越容易失稳。

3.3　抛物线型经验公式

抛物线型经验公式可写成以下形式

$$\sigma_{cr} = a - b\lambda^2 \tag{11-11}$$

式中:a、b 为与材料力学的性能有关的两个常数,可以通过试验确定,使用时可从有关手册上查取。

对于 Q235 钢,$a = 235$ MPa,$b = 0.006\ 68$ MPa,则 $\sigma_{cr} = 235 - 0.006\ 68\lambda^2$;对于 16 锰钢,$a = 343$ MPa,$b = 0.014\ 2$ MPa,则 $\sigma_{cr} = 343 - 0.014\ 2\lambda^2$。

本教材以直线型经验公式为主。

【例 11-1】　如图 11-5 所示,一端固定另一端自由的细长压杆,其杆长 $l = 2$ m,截面形状为矩形,$b = 20$ mm、$h = 45$ mm,材料的弹性模量 $E = 200$ GPa,$\sigma_p = 130$ MPa。试求:

(1)此压杆的临界力。

(2)若把截面改为 $b = h = 30$ mm,而保持长度不变,则该压杆的临界力又为多大?

解　(1)计算该压杆的临界柔度。

$$\lambda_p = \pi\sqrt{\frac{E}{\sigma_p}} = 3.14 \times \sqrt{\frac{200 \times 10^9}{130 \times 10^6}} = 123$$

(2)当 $b = 20$ mm、$h = 45$ mm 时,可求得截面惯性半径、压杆的柔度分别为

$$i_{min} = \frac{b}{\sqrt{12}} = \frac{20}{\sqrt{12}} = 5.774(\text{mm})$$

$$\lambda = \frac{\mu l}{i_{min}} = \frac{2 \times 2\ 000}{5.774} = 692.8 > \lambda_p = 123$$

即压杆属于大柔度杆,故可由欧拉公式计算临界力。截面的最小惯性矩为

$$I_y = \frac{hb^3}{12} = \frac{45 \times 20^3}{12} = 3.0 \times 10^4 (\mathrm{mm}^4)$$

则临界力为

$$P_{\mathrm{cr}} = \frac{\pi^2 EI_y}{(\mu l)^2} = \frac{\pi^2 \times 200 \times 10^9 \times 3 \times 10^{-8}}{(2 \times 2)^2} = 3\ 701(\mathrm{N}) \approx 3.70\ \mathrm{kN}$$

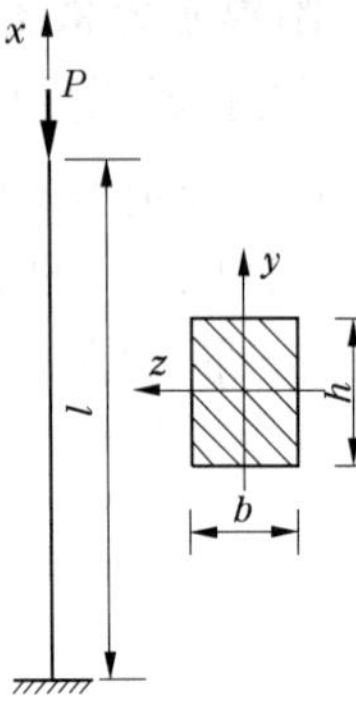

图11-5

(3)求截面改为 $b = h = 30$ mm 时的临界应力。

求截面惯性半径、压杆的柔度分别为

$$i_z = i_y = \frac{h}{\sqrt{12}} = \frac{30}{\sqrt{12}} = 8.66(\mathrm{mm})$$

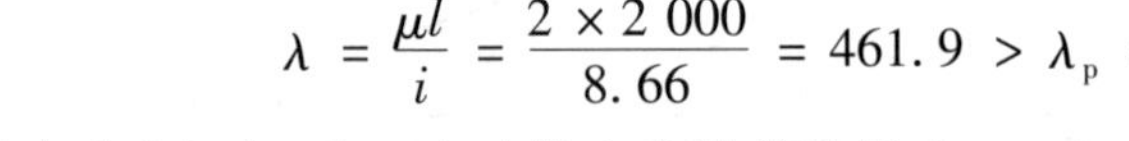

$$\lambda = \frac{\mu l}{i} = \frac{2 \times 2\ 000}{8.66} = 461.9 > \lambda_{\mathrm{p}} = 123$$

即压杆属于大柔度压杆,故可由欧拉公式计算临界力。

截面的惯性矩为

$$I_y = I_z = \frac{bh^3}{12} = \frac{30^4}{12} = 6.75 \times 10^4 (\mathrm{mm}^4)$$

则临界力为

$$P_{\mathrm{cr}} = \frac{\pi^2 EI}{(\mu l)^2} = \frac{\pi^2 \times 200 \times 10^9 \times 6.75 \times 10^{-8}}{(2 \times 2)^2} = 8\ 330(\mathrm{N}) \approx 8.30\ \mathrm{kN}$$

通过例11-1可见:压杆的材料、支承条件、横截面面积都相同,但是截面形状不同,得到的临界力不同,后者大于前者。可见,在材料用量相同的条件下,选择恰当的截面形式可以提高细长压杆的临界力,即提高细长压杆的承载能力。

【例11-2】 一截面为120 mm×200 mm的矩形松木柱,长 $l = 4$ m,其支承情况是:在最大刚度平面内弯曲时为两端铰支,如图11-6(a)所示;在最小刚度平面内弯曲时为两端固定,如图11-6(b)所示。木柱的弹性模量 $E = 10$ GPa,试求木柱的临界力和临界应力。

解 由表11-2查得松木的临界柔度为 $\lambda_{\mathrm{p}} = 59$。

(1)计算在最大刚度平面内弯曲时的临界力和临界应力。

相应的惯性半径为

$$i_z = \frac{h}{\sqrt{12}} = 0.288\ 7h = 0.288\ 7 \times 20 = 5.77(\mathrm{cm})$$

两端铰支时长度系数 $\mu = 1$,由式(11-4)算得其柔度为

$$\lambda = \frac{\mu l}{i_z} = \frac{1 \times 400}{5.77} = 69.3 > \lambda_{\mathrm{p}} = 59$$

即在最大刚度平面内弯曲时,木杆为大柔度杆件,其临界力、临界应力分别可采用欧拉公式计算

$$\sigma_{\mathrm{cr}} = \frac{\pi^2 E}{\lambda^2} = \frac{\pi^2 \times 10 \times 10^9}{69.3^2} = 20.55 \times 10^6 (\mathrm{Pa}) = 20.55\ \mathrm{MPa}$$

$$P_{\mathrm{cr}} = \sigma_{\mathrm{cr}} A = 20.55 \times 10^6 \times 0.12 \times 0.2 = 493.2 \times 10^3 (\mathrm{N}) = 493.2\ \mathrm{kN}$$

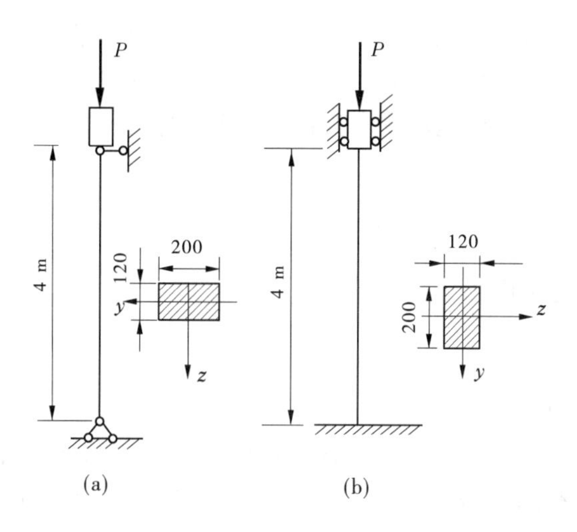

图 11-6　(单位:mm)

(2)计算在最小刚度平面内弯曲时的临界力和临界应力。

相应的惯性半径为

$$i_y = \frac{b}{\sqrt{12}} = 0.288\,7b = 0.288\,7 \times 12 = 3.46(\mathrm{cm})$$

两端固定时长度系数 $\mu = 0.5$,由式(11-4)算得其柔度为

$$\lambda = \frac{\mu l}{i_y} = \frac{0.5 \times 400}{3.46} = 57.8 < \lambda_p = 59$$

即在最小刚度平面内弯曲时,木杆为中柔度杆件,其临界力、临界应力可分别由经验公式计算。由表 11-2 查得,对于松木 $a = 40$ MPa,$b = 0.203$ MPa,则由式(11-8)得

$$\sigma_{cr} = a - b\lambda = 40 - 0.203 \times 57.8 = 28.27(\mathrm{MPa})$$

故其临界力为

$$P_{cr} = \sigma_{cr}A = 28.27 \times 10^6 \times 0.12 \times 0.2 = 678.5 \times 10^3(\mathrm{N}) = 678.5\ \mathrm{kN}$$

因此,此压杆的临界应力 $\sigma_{cr} = 20.55$ MPa,临界力 $P_{cr} = 493.2$ kN。

比较计算结果可知,压杆的失稳(临界应力小)不一定都发生在最小刚度平面内,要考虑压杆不同平面的支承情况。图 11-6(a)所示支承情况,压杆的刚度大,柔度也大,临界应力小,所以压杆失稳时将在最大刚度平面内产生弯曲。当压杆在不同方向有不同的支承情况时,应分别计算柔度,取柔度的最大值求得的临界应力最小,此值就是该压杆的临界应力。由此也得到:压杆失稳一定发生在柔度最大的平面内,当压杆在各方向支承情况相同时,柔度最大的平面也就是最小刚度平面。

课题 11.4　折减系数法

1　折减系数法基本原理

压杆的稳定问题实际就是压杆的承载能力问题,压杆的稳定取决于杆的全部情况,包

括杆的材料、形状、尺寸、约束等。失稳时不存在危险截面和危险点，而是杆件整体丧失承载能力。建筑结构中的受压杆件的破坏多数是由于失稳而引起的，所以为确保压杆的正常工作，并具有足够的稳定性，这就要求其横截面上的应力不能超过压杆的稳定许用应力$[\sigma_{cr}]$，即

$$\sigma = \frac{N}{A} \leqslant [\sigma_{cr}] \tag{11-12}$$

式中：$[\sigma_{cr}]$为压杆的稳定许用应力，其值为

$$[\sigma_{cr}] = \frac{\sigma_{cr}}{k_{st}} \tag{11-13}$$

式中：k_{st}为稳定安全系数。

稳定安全系数一般都大于强度计算时的安全系数，这是因为在确定稳定安全系数时，除应遵循确定安全系数的一般原则外，还必须考虑实际压杆并非理想的轴向压杆这一情况。例如，在制造过程中，杆件不可避免地存在微小的弯曲，同时外力的作用线也不可能绝对准确地与杆件的轴线相重合。另外，也必须考虑杆件的细长程度，杆件越细长，稳定的安全性矛盾就越重要，稳定安全系数应越大等，这些因素都应在稳定安全系数中加以考虑。

为了计算上的方便，引入折减系数，将稳定许用应力用折减系数和强度许用应力来表达，写成如下形式

$$\varphi = \frac{[\sigma_{cr}]}{[\sigma]} = \frac{\sigma_{cr}}{k_{st}[\sigma]} \tag{11-14}$$

$$[\sigma_{cr}] = \varphi[\sigma] \tag{11-15}$$

式中：$[\sigma]$为强度许用应力；φ称为折减系数，其值小于1。

由式(11-14)可知，当$[\sigma]$一定时，φ取决于σ_{cr}与k_{st}。由于临界应力σ_{cr}值随压杆的柔度λ（长细比）而改变，而不同柔度的压杆一般又规定不同的稳定安全系数，所以折减系数φ是柔度λ的函数。当材料一定时，φ值取决于柔度λ的值。表11-3给出了四种材料压杆的折减系数φ，以供查用。

表11-3　四种材料压杆的折减系数

λ	φ值			
	Q235钢	16锰钢	铸铁	木材
0	1.000	1.000	1.000	1.000
10	0.995	0.993	0.970	0.971
20	0.981	0.973	0.910	0.932
30	0.958	0.940	0.810	0.883
40	0.927	0.895	0.690	0.822
50	0.888	0.840	0.570	0.751
60	0.842	0.776	0.440	0.668
70	0.789	0.705	0.340	0.575

续表 11-3

λ	φ 值			
	Q 235钢	16 锰钢	铸铁	木材
80	0. 731	0. 627	0. 260	0. 470
90	0. 669	0. 546	0. 200	0. 370
100	0. 604	0. 462	0. 160	0. 300
110	0. 536	0. 384		0. 248
120	0. 466	0. 325		0. 208
130	0. 401	0. 279		0. 178
140	0. 349	0. 242		0. 153
150	0. 306	0. 213		0. 133
160	0. 272	0. 188		0. 117
170	0. 243	0. 168		0. 104
180	0. 218	0. 151		0. 093
190	0. 197	0. 136		0. 083
200	0. 180	0. 124		0. 075

$[\sigma_{cr}]$与$[\sigma]$虽然都是许用应力，但两者却有很大的不同。$[\sigma]$只与材料种类有关，当材料一定时，其值为定值；而$[\sigma_{cr}]$除与材料有关外，还与压杆的柔度 λ 有关，所以相同材料制成的不同（柔度）的压杆，其$[\sigma_{cr}]$值是不同的。

将式（11-15）代入式（11-12），可得

$$\sigma = \frac{N}{A} \leqslant \varphi[\sigma] \quad 或 \quad \sigma = \frac{N}{A\varphi} \leqslant [\sigma] \tag{11-16}$$

式（11-16）称为压杆的稳定条件。

由于折减系数 φ 可按 λ 的值直接从表 11-3 中查到，因此按式（11-16）的稳定条件对压杆进行稳定计算是十分方便的。这种计算压杆稳定问题的方法，称为折减系数法。

2　压杆的稳定计算

应用压杆的稳定条件，可以解决以下三个方面的问题。

2.1　稳定校核

已知压杆的几何尺寸、所用材料、支承条件以及承受的压力，验算是否满足式（11-16）的稳定条件，其计算步骤为：

（1）计算出压杆的柔度 λ。

（2）根据 λ 查出相应的折减系数 φ。

（3）按照式（11-16）进行校核。

2.2 确定许用荷载

已知压杆的几何形状和尺寸、所用材料及支承条件,按稳定条件计算其能够承受的许用荷载[P]值,其计算步骤为:

(1)一般也要首先计算出压杆的柔度 λ。

(2)根据 λ 查出相应的折减系数 φ。

(3)由稳定条件计算$[N]\leqslant A\varphi[\sigma]$。

(4)根据结构及荷载情况进一步确定许用荷载[P]。

2.3 截面设计

已知压杆的长度、所用材料、支承条件以及承受的外力 P,按照稳定条件计算压杆所需的截面尺寸。计算时一般采用试算法。这是因为在稳定条件式(11-16)中,折减系数 φ 是根据压杆的柔度 λ 查表得到的,而在压杆的截面尺寸尚未确定之前,压杆的柔度 λ 不能确定,所以也就不能确定折减系数 φ。因此,只能采用试算法,其计算步骤为:

(1)假定一折减系数 φ 值(0 与 1 之间,一般采用 0.45),由稳定条件计算所需要的截面面积 A。

(2)计算出压杆的柔度 λ。

(3)根据压杆的柔度 λ 查表得到折减系数 φ。

(4)按照式(11-16)验算是否满足稳定条件。

如果不满足稳定条件,则应重新假定折减系数 φ 值,重复上述过程,直到满足稳定条件。

应当注意,在稳定计算中,由于压杆的临界力是由整个压杆的弯曲变形来决定的,局部的截面削弱(如杆上开有小孔或沟槽)对临界力影响很小,所以在稳定条件中,仍用截面的毛面积。但是,在削弱截面上要按强度条件作补充校核,此时用的是净面积(A_j),强度条件为

$$\sigma = \frac{N}{A_j} \leqslant [\sigma]$$

【例 11-3】 如图 11-7(a)所示,构架由两根直径相同的圆杆构成,杆的材料为 Q235 钢,直径 $d=20$ mm,材料的许用应力$[\sigma]=170$ MPa,已知 $h=0.4$ m,作用力 $P=15$ kN。试校核杆 AB 和杆 AC 的稳定性。

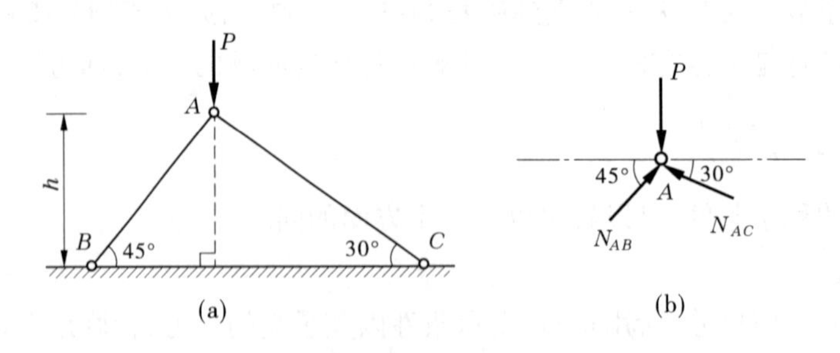

图 11-7

解 (1)计算各杆承受的压力。取结点 A 为研究对象,受力如图 11-7(b)所示。根据平衡条件列方程

$$\sum X = 0 \qquad N_{AB}\cos45° - N_{AC}\cos30° = 0 \tag{a}$$

$$\sum Y = 0 \qquad N_{AB}\sin45° + N_{AC}\sin30° - P = 0 \tag{b}$$

联立(a)、(b)解得

$$N_{AB} = 13.45\ \text{kN} \quad N_{AC} = 10.98\ \text{kN}$$

(2)计算两杆的柔度。

两杆的长度分别为

$$l_{AB} = \sqrt{2}h = \sqrt{2} \times 0.4 = 0.566(\text{m})$$

$$l_{AC} = 2h = 2 \times 0.4 = 0.8(\text{m})$$

求得两杆的柔度系数分别为

$$\lambda_{AB} = \frac{\mu l_{AB}}{i} = \frac{\mu l_{AB}}{\frac{d}{4}} = \frac{4 \times 1 \times 0.566}{0.02} = 113.2$$

$$\lambda_{AC} = \frac{\mu l_{AC}}{i} = \frac{\mu l_{AC}}{\frac{d}{4}} = \frac{4 \times 1 \times 0.8}{0.02} = 160$$

(3)根据柔度查折减系数得

$$\varphi_{AB} = \varphi_{113.2} = \varphi_{110} - \frac{\varphi_{110} - \varphi_{120}}{10} \times 3.2 = 0.536 - \frac{0.536 - 0.466}{10} \times 3.2 = 0.514$$

$$\varphi_{AC} = \varphi_{160} = 0.272$$

(4)按照稳定条件进行验算,可得:

杆 AB

$$\sigma_{AB} = \frac{N_{AB}}{A\varphi_{AB}} = \frac{13.45 \times 10^3}{\frac{20^2}{4}\pi \times 0.514} = 83.3(\text{MPa}) < [\sigma] = 170\ \text{MPa}$$

杆 AC

$$\sigma_{AC} = \frac{N_{AC}}{A\varphi_{AC}} = \frac{10.98 \times 10^3}{\frac{20^2}{4}\pi \times 0.272} = 128.49(\text{MPa}) < [\sigma] = 170\ \text{MPa}$$

由此可见,杆 AB 和杆 AC 都满足稳定条件,结构稳定。

【例 11-4】　如图 11-8(a)所示支架,杆 BD 为正方形截面的木杆,其长度 $l = 2$ m,截面边长 $a = 0.1$ m,木材的许用应力 $[\sigma] = 10$ MPa,试从满足杆 BD 的稳定条件考虑,确定该支架的许可荷载 $[P]$。

解　(1)计算杆 BD 的柔度为

$$l_{BD} = \frac{l}{\cos30°} = \frac{2}{\frac{\sqrt{3}}{2}} = 2.31(\text{m})$$

$$\lambda_{BD} = \frac{\mu l_{BD}}{i} = \frac{\mu l_{BD}}{\sqrt{\frac{I}{A}}} = \frac{\mu l_{BD}}{a\sqrt{\frac{1}{12}}} = \frac{1 \times 2.31}{0.1 \times \sqrt{\frac{1}{12}}} = 80$$

(2)求杆 BD 允许承受的许可轴力 $[N_{BD}]$。

根据柔度 λ_{BD} 查表,得 $\varphi_{BD}=0.470$,则杆 BD 能承受的最大压力为

$$[N_{BD}] = A\varphi[\sigma] = 0.1^2 \times 0.470 \times 10 \times 10^6 = 47.0 \times 10^3(\mathrm{N}) = 47.0\ \mathrm{kN} \quad (a)$$

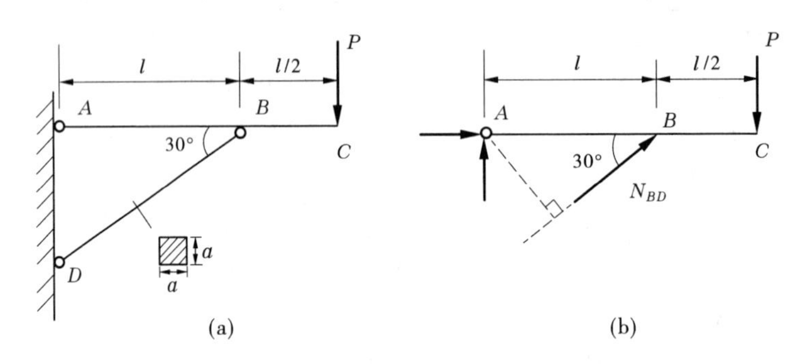

图 11-8

(3)确定该支架的许可荷载。取杆 AC 为研究对象,受力如图 11-8(b)所示。根据外力 P 与杆 BD 所承受压力之间的关系,考虑杆 AC 的平衡,由

$$\sum M_A = 0 \qquad N_{BD} \times \frac{l}{2} - P \times \frac{3}{2}l = 0$$

得

$$N_{BD} = 3P \quad (b)$$

根据题意有式(b) = 式(a),于是求得该支架能承受的最大荷载为

$$P = \frac{1}{3}[N_{BD}] = \frac{1}{3} \times 47 = 15.7\ \mathrm{kN}$$

最后确定该支架的许可荷载为

$$[P] = 15.7\ \mathrm{kN}$$

课题 11.5　提高压杆稳定性的措施

提高压杆的稳定性,关键在于提高压杆的临界应力或临界力。从压杆的临界应力公式 $\sigma_{cr}=\frac{\pi^2 E}{\lambda^2}$ 和 $\sigma_{cr}=a-b\lambda$ 可见,临界应力与压杆的柔度有关,柔度大,临界应力小,稳定性差,因此提高压杆的稳定性必须减小压杆的柔度。柔度 $\lambda=\frac{\mu l}{i}$,减小压杆柔度要从改变压杆的支承条件、压杆的长度、横截面形状及尺寸等因素入手。因此,可从以下几个方面考虑提高压杆的稳定性。

1　选择合理的截面形状

增大截面的惯性矩,可以增大截面的惯性半径,降低压杆的柔度,从而可以提高压杆的稳定性。在压杆的横截面面积相同的条件下,应尽可能使材料远离截面形心轴,以取得较大的惯性矩,从这个角度出发,空心截面要比实心截面合理,如图 11-9 所示。在工程实际中,若压杆的截面是用两根槽钢组成的,则应采用如图 11-10 所示的布置方式,可以取得较大的惯性矩或惯性半径。

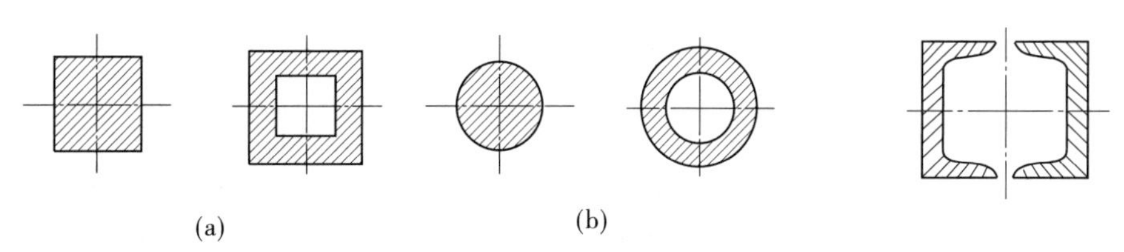

图 11-9　　　　图 11-10

另外,由于压杆总是在柔度较大(临界力较小)的纵向平面内首先失稳,所以应注意尽可能使压杆在各个纵向平面内的柔度都相同,以充分发挥压杆的稳定承载力。

2　减小压杆长度,改善约束条件

减小压杆长度可以降低压杆的柔度,有利于提高压杆的稳定性。在条件允许的情况下,应尽量减小压杆的长度或在压杆中间增加支承。同时,尽可能加强杆端的约束。从表 11-1可以看出,压杆端部越牢固,长度系数 μ 越小,压杆柔度 λ 越小,压杆稳定性越好。

3　合理选择材料

由欧拉公式 $\sigma_{cr}=\dfrac{\pi^2 E}{\lambda^2}$ 可知,大柔度压杆的临界应力与材料的弹性模量成正比。所以,选择大柔度杆应选弹性模量大的材料,可以提高大柔度杆的临界应力,即提高其稳定性。但是,对于钢材而言,各种钢的弹性模量大致相同,所以选用高强度钢并不能明显提高大柔度杆的稳定性。而对于中柔度杆(中长杆),临界应力 $\sigma_{cr}=a-b\lambda$,其与材料的强度有关,采用高强度钢材可以提高这类压杆抵抗失稳的能力。

小　结

构件的承载能力包括抵抗破坏的能力、抵抗变形的能力及维持原有平衡状态的能力。它也可以用强度、刚度和稳定性三个指标来表示。前面对构件强度和刚度作了研究,由于构件稳定性涉及的知识较广,本章仅对轴向受压杆件进行稳定性讨论。受压杆的稳定性对整体的安全具有重要意义,而解决压杆稳定的关键在于计算临界力。

一、压杆稳定的概念

当压杆的工作力小于临界力时,压杆能保持原来的直线平衡状态,称为稳定平衡状态。

当压杆的工作力大于等于临界力时,压杆不能保持原来的直线平衡状态,称为不稳定平衡状态。

二、临界力和临界应力的计算

(1) 当 $\lambda\geqslant\lambda_p$ 时,压杆为大柔度杆(细长杆),可用欧拉公式计算临界力及临界应力。其计算公式为

$$P_{cr} = \frac{\pi^2 EI}{(\mu l)^2}$$

$$\sigma_{cr} = \frac{\pi^2 E}{\lambda^2}$$

(2)当 $\lambda_s \leqslant \lambda < \lambda_p$ 时,压杆为中柔度杆(中长杆),可用经验公式计算临界力及临界应力。其计算公式为

$$P_{cr} = \sigma_{cr} A$$

$$\sigma_{cr} = a - b\lambda$$

(3)当 $\lambda < \lambda_s$ 时,压杆为小柔度杆(短粗杆),属于强度问题,应用轴向压缩相关知识求解。

三、压杆稳定条件

(1)折减系数法的稳定条件为

$$\sigma = \frac{N}{A} \leqslant \varphi[\sigma] \quad 或 \quad \sigma = \frac{N}{A\varphi} \leqslant [\sigma]$$

(2)压杆的稳定计算。根据压杆稳定条件可解决以下三类稳定计算问题:①压杆稳定校核;②计算许可荷载;③设计压杆的截面尺寸。

思考与练习题

一、简答题

1. 构件的强度、刚度和稳定性有什么区别?
2. 如何区别压杆的稳定平衡与不稳定平衡?
3. 什么叫临界力? 计算临界力的欧拉公式的应用条件是什么?
4. 什么叫柔度? 它与哪些因素有关?
5. 什么是临界柔度? 它与哪些因素有关? 与柔度的区别是什么?
6. 压杆根据什么分类? 分为哪几类?
7. 不同类型的压杆,其临界应力和临界力如何计算?
8. 压杆的稳定条件可以解决哪些问题?
9. 提高压杆稳定性可以采取哪些措施?
10. 如图11-11所示的4根压杆,其材料相同、截面相同,试分别计算它们的临界力,并将它们的承载能力按由大到小的顺序排列。

二、填空题

1. 细长杆临界力公式为__________,其中 l 含义为__________,μ 为__________,常见的 μ 取值有________________。

2. 细长杆临界应力公式为__________,其中 λ 称为______,其物理意义是

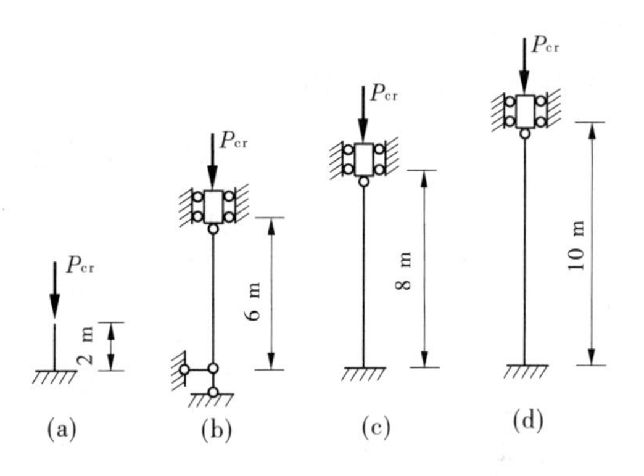

图 11-11

____。λ 值越大，压杆越______失稳。

3. 稳定计算中的折减系数 φ 取值与______和______有关。

4. 在压杆稳定计算时，因稳定性是对整个杆件的平衡状态考虑的，所以即使压杆截面局部削弱，截面面积仍采用________。但需对削弱截面进行______验算，并且截面面积采用________。

三、选择题

1. 轴心受压直杆，当 $P=P_{cr}$ 时，压杆可以在微弯状态下处于新的平衡，此压杆的平衡称为(　　)。

A. 稳定平衡状态　　B. 不稳定平衡状态　　C. 临界平衡状态

2. 当压杆在各弯曲平面内的支承情况相同时，为避免在最小刚度平面内先发生失稳，压杆应选用(　　)截面较合理。

A. 矩形　　B. 方形　　C. 工字形

3. 某矩形截面压杆，为了保证稳定，则在最小刚度平面内最好采用(　　)支承。

A. 两端铰支　　B. 两端固定　　C. 一端固定一端铰支

四、解答题

1. 木柱的弹性模量 $E=10$ GPa。试求柱长 $l=4$ m，截面为 200 mm×240 mm 的矩形木柱在下列支承条件下的临界荷载：

(1)一端固定一端自由。

(2)两端铰支。

(3)一端固定一端铰支。

(4)两端固定。

2. 如图 11-12 所示，已知柱的上端为铰支，下端为固定，外径 $D=200$ mm，内径 $d=100$ mm，柱长 $l=9$ m，材料为 Q235 钢，试求柱的临界应力。

3. 两端铰支压杆，杆长为 $l=5$ m，材料为 Q235 钢。横截面有 4 种形式，如图 11-13 所示，但其面积均为 $A = 3\ 200\ \mathrm{mm}^2$，$\lambda_p = 100$，试计算它们的临界力，并进行比较。已知弹性模量 $E = 200$ GPa，$a = 240$ MPa，$b = 0.006\ 82$ MPa。

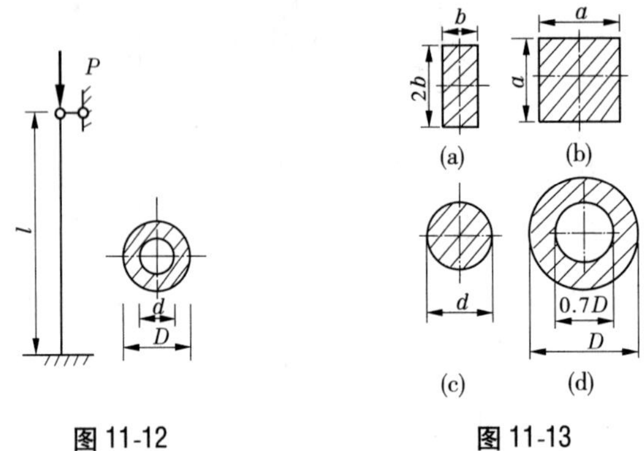

图 11-12　　图 11-13

4. 如图 11-14 所示结构中，两根杆的横截面均为 50 mm × 50 mm，材料的 $E = 70 \times 10^3$ MPa，试用欧拉公式确定结构失稳时的 P 值。

5. 如图 11-15 所示，$E = 200$ MPa，杆 BC 的直径 $d = 40$ mm。求杆 BC 的临界应力，并根据杆 BC 的临界荷载的 1/5 确定起吊重力 P 的许可值。

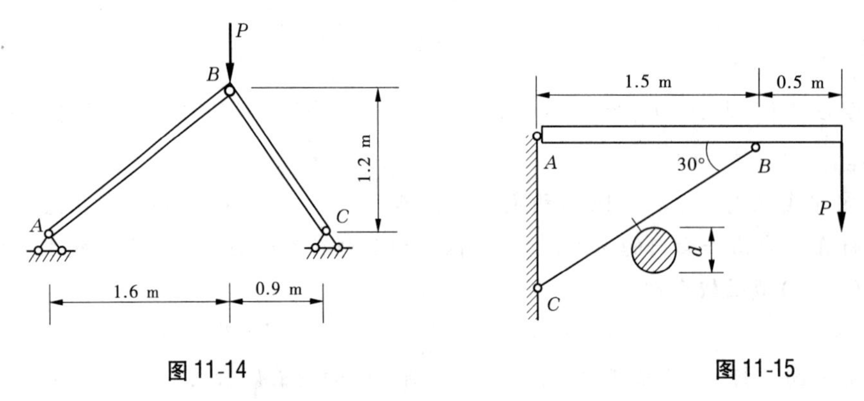

图 11-14　　图 11-15

6. 由 Q235 钢制成 $d = 40$ mm 的圆截面压杆，已知长度 $l = 575$ mm，其下端固定，上端自由，轴向压力 $P = 100$ kN，$[\sigma] = 170$ MPa，试校核压杆的稳定性。

提高篇

模块12　静定结构的内力计算

【学习要求】

- 掌握静定结构的基本类型。
- 熟练掌握静定结构内力求解基本方法。
- 熟练掌握单跨静定梁内力计算及内力图绘制。
- 了解多跨静定梁内力图绘制的基本原理。
- 掌握静定平面刚架的内力计算及内力图绘制。
- 掌握静定平面桁架的内力计算方法。
- 了解三铰拱的内力计算方法。

《孟子·告子下》

故天将降大任
于斯人也，
必先苦其心志，
劳其筋骨，
饿其体肤，
空乏其身，
行拂乱其所为，
所以动心忍性，
曾益其所不能。

学习心得：

课题12.1　静定结构的基本形式

在实际工程中，有许多结构可以简化为静定结构，常见几种典型静定结构如下所述。

1　静定梁结构

静定梁结构有吊车梁、摇臂钻的臂、火车轮轴、桥梁等，如图12-1(a)～(d)所示。

2　静定平面刚架结构

静定平面刚架示例如站台雨篷支撑,如图 12-1(e)所示。

3　静定拱

静定拱的常见形式是三铰拱桥,如图 12-1(f)所示。

4　平面静定桁架

平面静定桁架的常见形式是桁架桥,如图 12-1(g)所示。

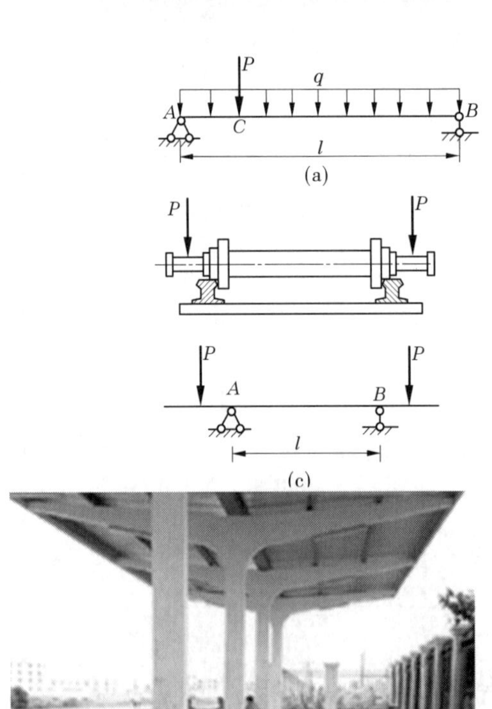

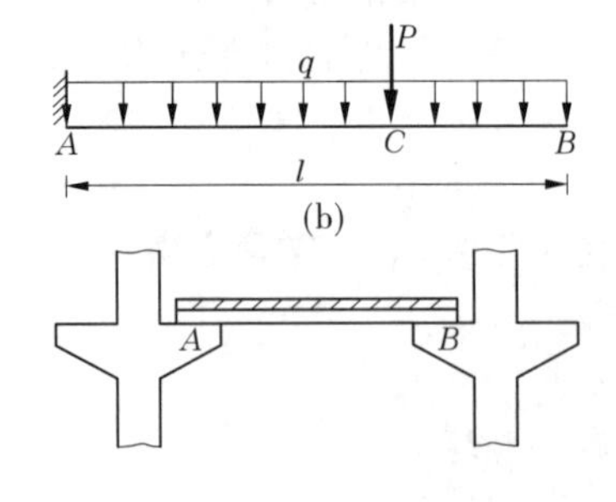

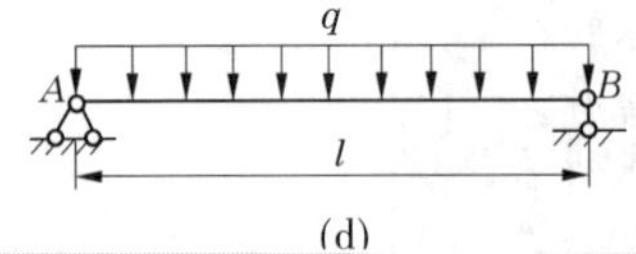

图 12-1

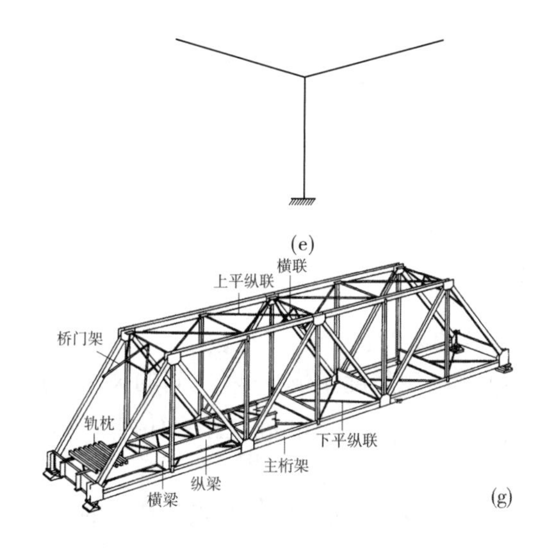

(e)

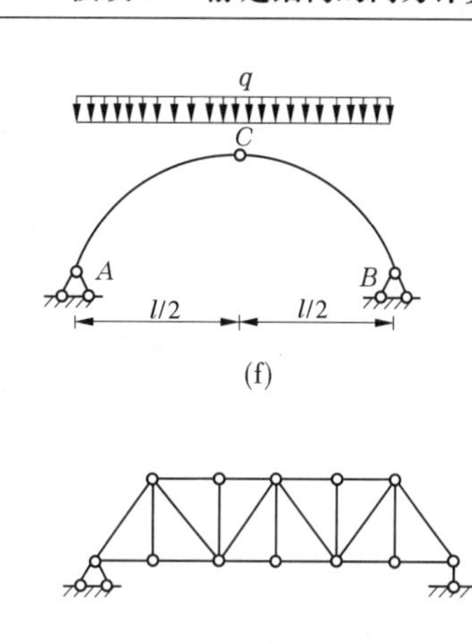

(f)

(g)

续图 12-1

课题 12.2　弯矩、剪力、分布荷载集度之间的关系

梁在荷载的作用下，横截面上将产生弯矩和剪力。若梁上的荷载是一分布荷载，而且沿梁长变化，其分布荷载的集度 q 为 x 的函数，可写为 $q(x)$ ，则弯矩、剪力和分布荷载的集度都是 x 的函数，它们之间存在着某种联系。找到弯矩、剪力和荷载集度之间的关系，将有助于内力的计算和内力图的绘制。

设梁上作用有任意的分布荷载 $q(x)$ ，如图 12-2(a) 所示，规定 $q(x)$ 向上为正，向下为负。坐标原点取在梁的左端。在距左端为 x 处，截取长度为 dx 微段梁如图 12-2(b) 所示进行研究。

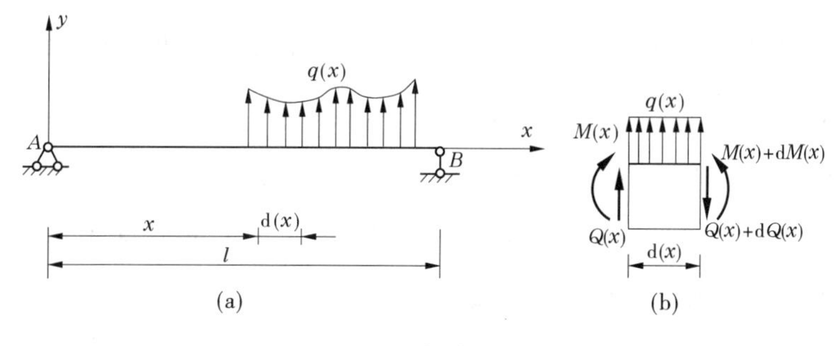

图 12-2

微段梁上作用有分布荷载 $q(x)$ 。因为 dx 很微小，在 dx 微段上可以将分布荷载看成是均匀分布的。微段左侧横截面上的剪力和弯矩分别为 $Q(x)$ 和 $M(x)$，微段右侧截面上的剪力和弯矩分别为 $Q(x)+\mathrm{d}Q(x)$ 和 $M(x)+\mathrm{d}M(x)$ 。当梁平衡时，该微段也处于平衡状态。微段上作用的力系为一平衡力系。由平衡方程得到一般情况 $M(x)$ 、$Q(x)$ 、$q(x)$

关系式如下

$$\frac{\mathrm{d}Q(x)}{\mathrm{d}x}=q(x) \tag{1}$$

$$\frac{\mathrm{d}M(x)}{\mathrm{d}x}=Q(x) \tag{2}$$

由式(1)和式(2)又可以得到

$$\frac{\mathrm{d}M^2(x)}{\mathrm{d}x^2}=q(x) \tag{3}$$

即弯矩对 x 的二阶导数等于梁上相应位置分布荷载的集度。

上述三个方程表明了弯矩 $M(x)$、剪力 $Q(x)$ 和荷载集度 $q(x)$ 三者之间的关系。按照高等数学,一阶导数的几何意义是曲线上某点切线的斜率,所以 $\frac{\mathrm{d}Q(x)}{\mathrm{d}x}$、$\frac{\mathrm{d}M(x)}{\mathrm{d}x}$ 分别代表剪力图和弯矩图上某点切线的斜率。$\frac{\mathrm{d}Q(x)}{\mathrm{d}x}=q(x)$ 表明:剪力图上某点处切线的斜率等于该点分布荷载的集度。$\frac{\mathrm{d}M(x)}{\mathrm{d}x}=Q(x)$ 表明:弯矩图上某点处切线的斜率等于该点处的剪力值。二阶导数 $\frac{\mathrm{d}M^2(x)}{\mathrm{d}x^2}=q(x)$ 可以用来判断弯矩图曲线的凹向。

根据弯矩、剪力和荷载集度之间的关系,可得出内力图的几种情况。

(1)当 $q(x)=0$ 时。当梁上某段没有分布荷载作用(无荷载段)时,可知 $\frac{\mathrm{d}Q(x)}{\mathrm{d}x}=q(x)=0$,即 $Q(x)=$ 常量。此段剪力图上各点的切线斜率均为零,所以剪力图为水平直线;由 $\frac{\mathrm{d}M(x)}{\mathrm{d}x}=Q(x)=$ 常量可知,$M(x)$ 为 x 的线性函数,此段弯矩图上各点的切线斜率都相同,所以弯矩图为一斜直线。

(2)当 $q(x)=$ 常量时。当梁上某段作用有均布荷载 $q(x)=$ 常量时,由 $\frac{\mathrm{d}Q(x)}{\mathrm{d}x}=q(x)=$ 常量可知,$Q(x)$ 为 x 的线性函数,此段剪力图上各点的切线斜率都相同,所以剪力图为一斜直线。由 $\frac{\mathrm{d}M(x)}{\mathrm{d}x}=Q(x)$ 可知,$M(x)$ 为 x 的二次曲线,所以弯矩图为二次抛物线。当均布荷载向下时,弯矩图曲线向下凸;当均布荷载向上时,弯矩图曲线向上凸。

(3)弯矩的极值。由 $\frac{\mathrm{d}M(x)}{\mathrm{d}x}=Q(x)$ 可知,令 $Q(x)=0$,得驻点,代入 $M(x)$ 取得极值,即在剪力等于零的截面上,弯矩具有极大值或极小值。

现将弯矩、剪力、荷载之间的关系,以及剪力图和弯矩图的一些规律列于表 12-1 中,以便于在绘制和校核剪力图、弯矩图时作为参考。

在掌握了表 12-1 中所列的内力图和荷载之间的关系后,可根据梁上作用荷载的情况,定出梁上几个控制截面的内力值,画出内力图。这样,画内力图时只需求几个控制截面的内力,而不需再列内力方程,使求解过程变得简单。

表 12-1　梁的荷载、剪力图、弯矩图之间关系

序号	梁上荷载情况	剪力图	弯矩图
1	无分布荷载 (q=0)	Q 图为水平直线 Q　Q=0　x Q　Q>0　⊕　x Q　Q<0　⊖　x	M图为斜直线 M<0　M=0　M>0　x　M x　M　下斜直线 x　M　上斜直线
2	均布荷载向上作用 q>0	Q　上斜直线　x	x　上凸曲线　M
3	均布荷载向下作用 q<0	Q　下斜直线　x	x　下凸曲线　M
4	集中力作用 F C	C 截面有突变 ⊕　⊖　F	C 截面有转折 C
5	集中力偶作用 m C	C 截面无变化	C截面有突变 C　m

控制截面的确定原则是:结构或构件的控制截面一般情况为支座处、集中荷载作用处、集中力偶作用处、线荷载起止处及刚结点处。

【例 12-1】 用求控制截面内力的方法绘制图 12-3 中简支外伸梁的弯矩图和剪力图。

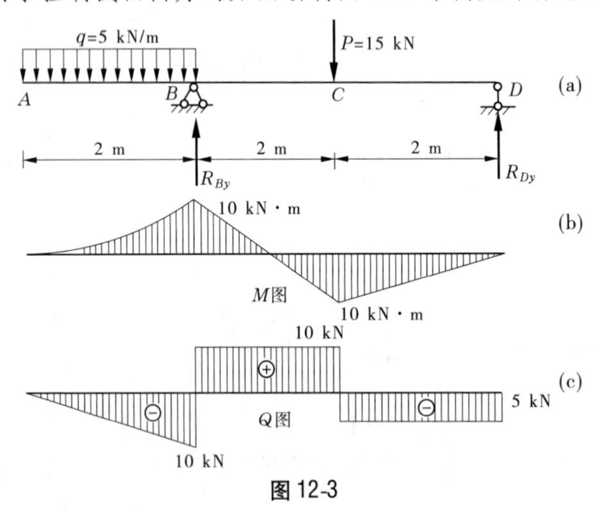

图 12-3

解 (1)求梁的支座反力。

$$R_{By} = 20 \text{ kN}(\uparrow) \quad R_{Dy} = 5 \text{ kN}(\uparrow)$$

(2)求控制截面内力。根据控制截面的确定原则,则 A、B、C、D 为控制截面,A、B、C、D 将此梁分为 AB、BC、CD 三段,逐段求出控制截面的内力并画出内力图。

①画剪力图。

AB 段作用有均布荷载,剪力图为斜直线,且

$$Q_A^{右} = 0 \quad Q_B^{左} = -2q = -2 \times 5 = -10(\text{kN})$$

画出此直线。

BC 段无外荷载作用,剪力图为水平线,且

$$Q_B^{右} = Q_B^{左} + R_{By} = -10 + 20 = 10(\text{kN})$$

画出此水平线。

CD 段无外荷载作用,剪力图为水平线,且

$$Q_D^{左} = -R_{Dy} = -5 \text{ kN}$$

画出此水平线。

最终剪力图如图 12-3(c)所示。

②弯矩图。

AB 段作用有均布荷载,弯矩图为二次抛物线,Q 方向向下,所以此段曲线下凸,由

$$M_A^{右} = 0 \quad M_B^{左} = -\frac{1}{2}ql^2 = -\frac{1}{2} \times 5 \times 2^2 = -10(\text{kN} \cdot \text{m})$$

画出此段曲线大致形状。

BC 段无外荷载作用,弯矩图为斜直线,且

$$M_B^{右} = -10(\text{kN} \cdot \text{m}) \quad M_C^{左} = R_{Dy} \times 2 = 5 \times 2 = 10(\text{kN} \cdot \text{m})$$

画出此直线。

CD 段无外荷载作用,弯矩图为斜直线,且

$$M_C^{右} = 10 \text{ kN·m} \quad M_D^{左} = 0$$

画出此直线。

最终弯矩图如图 12-3(b)所示。

【例 12-2】 一简支外伸梁如图 12-4(a)所示,已知 $q=5$ kN/m,$m=8$ kN·m,试画出该梁的内力图。

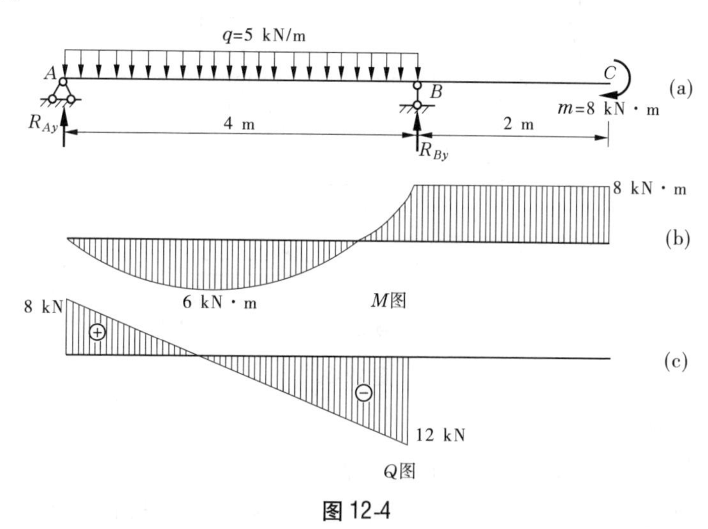

图 12-4

解 (1)求梁的支座反力。

$$R_{Ay} = 8 \text{ kN}(\uparrow) \quad R_{By} = 12 \text{ kN}(\uparrow)$$

(2)求控制截面内力。根据控制截面的确定原则,则 A、B、C 为控制截面,A、B、C 将此梁分为 AB、BC 二段,逐段求出控制截面的内力并画出内力图。

①剪力图。

AB 段作用有均布荷载,剪力图为斜直线,且

$$Q_A^{右} = 8 \text{ kN} \quad Q_B^{左} = -q \times 4 + 8 = -5 \times 4 + 8 = -12(\text{kN})$$

画出此斜直线。

BC 段有一集中力偶作用,剪力图为水平线,且

$$Q_B^{右} = Q_C^{左} = 0$$

画出此水平线。

最终剪力图如图 12-4(c)所示。

②弯矩图。

AB 段作用有均布荷载,弯矩图为二次抛物线,Q 方向向下,所以此段曲线下凸,由

$$M_A^{右} = 0 \quad M_B^{左} = 8 \times 4 - q \times 4 \times \frac{4}{2} = 8 \times 4 - 5 \times 4 \times \frac{4}{2} = -8(\text{kN·m})$$

画出此段曲线大致形状。

BC 段有一集中力偶作用,弯矩图为一水平直线,且

$$M_B^{右} = M_C^{左} = -8 \text{ kN·m}$$

画出此直线。

最终弯矩图如图 12-4(b)所示。

【例 12-3】 一简支梁如图 12-5(a)所示,已知 $q=5\ \text{kN/m}$,$m=10\ \text{kN}\cdot\text{m}$,试画出该梁的内力图。

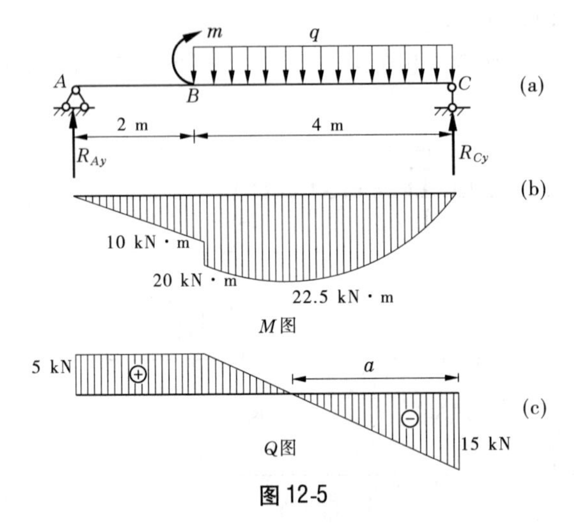

图 12-5

解 (1)求梁的支座反力。

$$R_{Ay}=5\ \text{kN}(\uparrow)\quad R_{Cy}=15\ \text{kN}(\uparrow)$$

(2)求控制截面内力。根据控制截面的确定原则,此梁有均布荷载 q、一个集中力偶 m,则 A、B、C 为控制截面,A、B、C 将此梁分为 AB、BC 两段,逐段求出控制截面的内力值并画出内力图。

①剪力图。

AB 段无外荷载作用,剪力图为水平直线,且

$$Q_A^{右}=R_{Ay}=5\ \text{kN}$$

画出此直线。

BC 段作用有均布荷载,剪力图为斜直线,且

$$Q_B^{左}=Q_A^{右}=5\ \text{kN}\quad Q_C^{左}=-R_{Cy}=-15\ \text{kN}$$

画出此斜直线。

最终剪力图如图 12-5(c)所示。

②弯矩图。

AB 段无外荷载作用,弯矩图为斜直线,且

$$M_A^{右}=0\quad M_B^{左}=R_{Ay}\times 2=5\times 2=10(\text{kN}\cdot\text{m})$$

画出此直线。

BC 段作用有均布荷载,Q 方向向下,弯矩图为凸的二次抛物线,且

$$M_B^{右}=M_B^{左}+m=10+10=20(\text{kN}\cdot\text{m})$$

$$M_C^{左}=0$$

可画出此段曲线大致形状。由剪力图可知,此段弯矩图中有极值点($Q=0$ 处)。设弯矩具有极值的截面距 C 端为 a,由该截面剪力等于零的条件可以求出 a 的值,即令 $Q=-R_{Cy}+qa=0$ 或根据剪力图形相似三角形关系得

$$a = \frac{R_{Cy}}{q} = \frac{15}{5} = 3(\mathrm{m})$$

则最大弯矩值为

$$M_{\max} = R_{Cy} \times a - q \times \frac{a^2}{2} = 15 \times 3 - 5 \times \frac{3^2}{2} = 22.5(\mathrm{kN \cdot m})$$

最终弯矩图如图 12-5(b)所示。

课题 12.3　多跨静定梁

在桥梁工程和房屋建筑工程中，我们经常用到多跨静定梁的结构形式，如图 12-6 所示的公路桥。

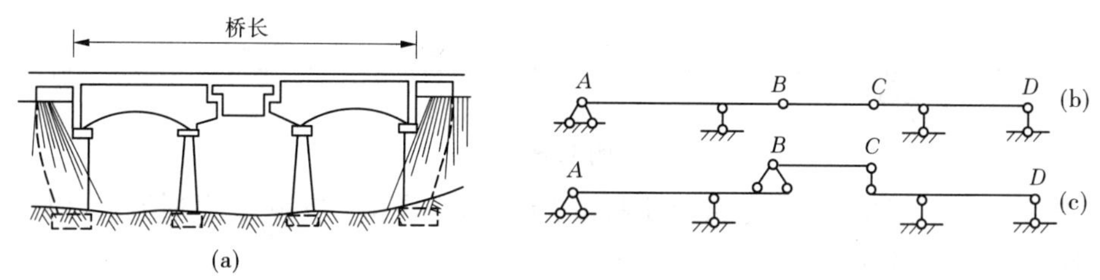

图 12-6

多跨静定梁基本的组成形式有两种。第一种如图 12-7(a)所示，是由伸出梁 *AB*、*CD* 和短梁 *BC* 用铰链连接而成的，这种形式的特点是无铰跨和两铰跨交互排列。第二种如图 12-7(b)所示，这种形式的特点是除第一跨为无铰跨外，其余每跨均有一铰链。根据这两种基本形式，可以组合成混合形式，如图 12-7(c)所示。

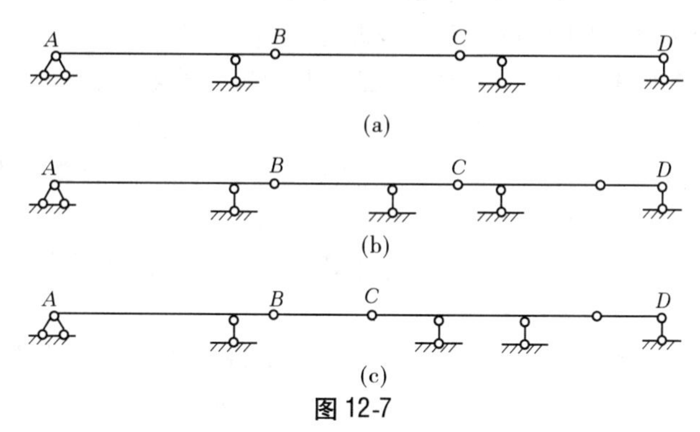

图 12-7

多跨静定梁的梁段之间是用铰链连接的，要想使它成为静定的几何不变体系，设计时必须满足下面两个条件：

(1)结构体系为稳定的几何不变体系，用平衡方程可以求解。

(2)铰位置要布置合理，必须符合静定结构特点，若铰布置不当，可能产生位移，不能作为结构使用，如图 12-8 所示。

图 12-7(a)所示的多跨静定梁，其中 *AB* 段与地面组成的基本简支梁结构，可以单独承受荷载，所以称其为基本部分。短梁 *BC* 则需依赖基本部分的支承才能承受荷载，所以

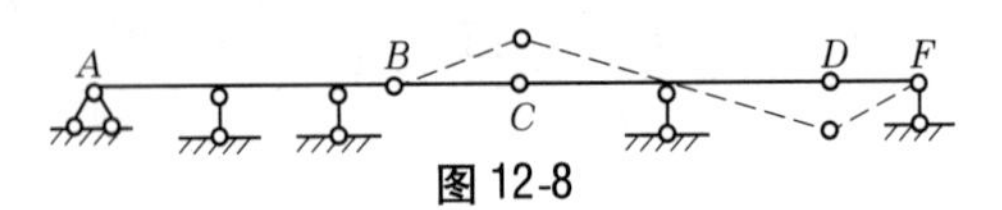

图 12-8

称其为附属部分。梁 CD 本身既能独立承受竖向荷载,又能支承 BC 梁,所以 CD 梁也称为基本部分。为了使上述关系更为明确,我们将图 12-6(b)所示的多跨静定梁的分层图画出,如图 12-6(c)所示。将图 12-7(b)、(c)所示的多跨静定梁的分层图画出,分别如图 12-9(a)、(b)所示。

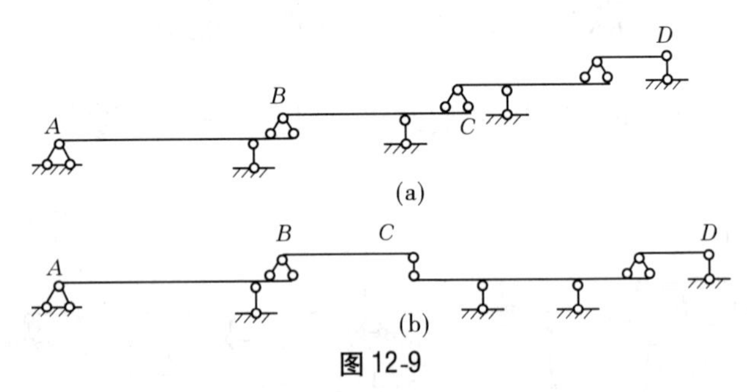

图 12-9

多跨静定梁分层图的目的是明确计算和绘制内力图顺序,按照分层图结构,计算顺序为先附属部分,后基本部分。

由于多跨静定梁是由短梁和外伸梁组成的,它的弯矩比一串简支梁的弯矩要小,而且沿梁长方向的分布较均匀,所以建造的材料较为节省。多跨静定梁可以在工厂预制再到工地直接装配,便于施工,节省工期。但是,多跨静定梁也有不足之处,如它的整体性不如连续梁,假如基本部分被破坏,将导致整个结构的破坏,中间铰的构造也比较困难。因此,在实际工程中是否采用多跨静定梁,应根据具体条件决定。

【例 12-4】 试作图 12-10(a)所示多跨静定梁的内力图。

解 (1)画出多跨静定梁的分层图,其目的是确定计算顺序,如图 12-10(b)所示。

(2)计算约束反力。把多跨梁拆成单跨梁,按先计算附属部分后计算基本部分的原则,*FD* 部分的 *D* 点反力求出后,反其方向就是梁 *DB* 的荷载;再计算梁 *DB*,梁 *DB* 部分 *B* 点的反力求出后,反其方向就是梁 *BA* 的荷载,如图 12-10(c)所示。

(3)作单跨梁的弯矩图、剪力图。分别计算各单跨梁控制截面的弯矩和剪力,分别画出单跨梁的弯矩图和剪力图,如图 12-10(d)所示。

(4)作多跨静定梁的弯矩图和剪力图。把各单跨梁的弯矩图和剪力图分别连在一起,就得到多跨静定梁的弯矩图和剪力图,如图 12-10(e)、(f)所示。

在多跨静定梁的内力计算中,除上述方法外,还可以利用中间铰处的弯矩为零的条件,求出各支座反力,可以很方便地作出多跨静定梁的内力图。现仍以本例说明如下。

首先,分别列出各中间铰处力矩为零的算式,由

$$\sum M_D = 0 \quad R_{Ey} \times 2a - P \times 3a = 0$$

得

$$R_{Ey} = \frac{3}{2}P$$

由

$$\sum M_B = 0 \quad R_{Cy} \times 2a - P \times 6a + \frac{3}{2}P \times 5a = 0$$

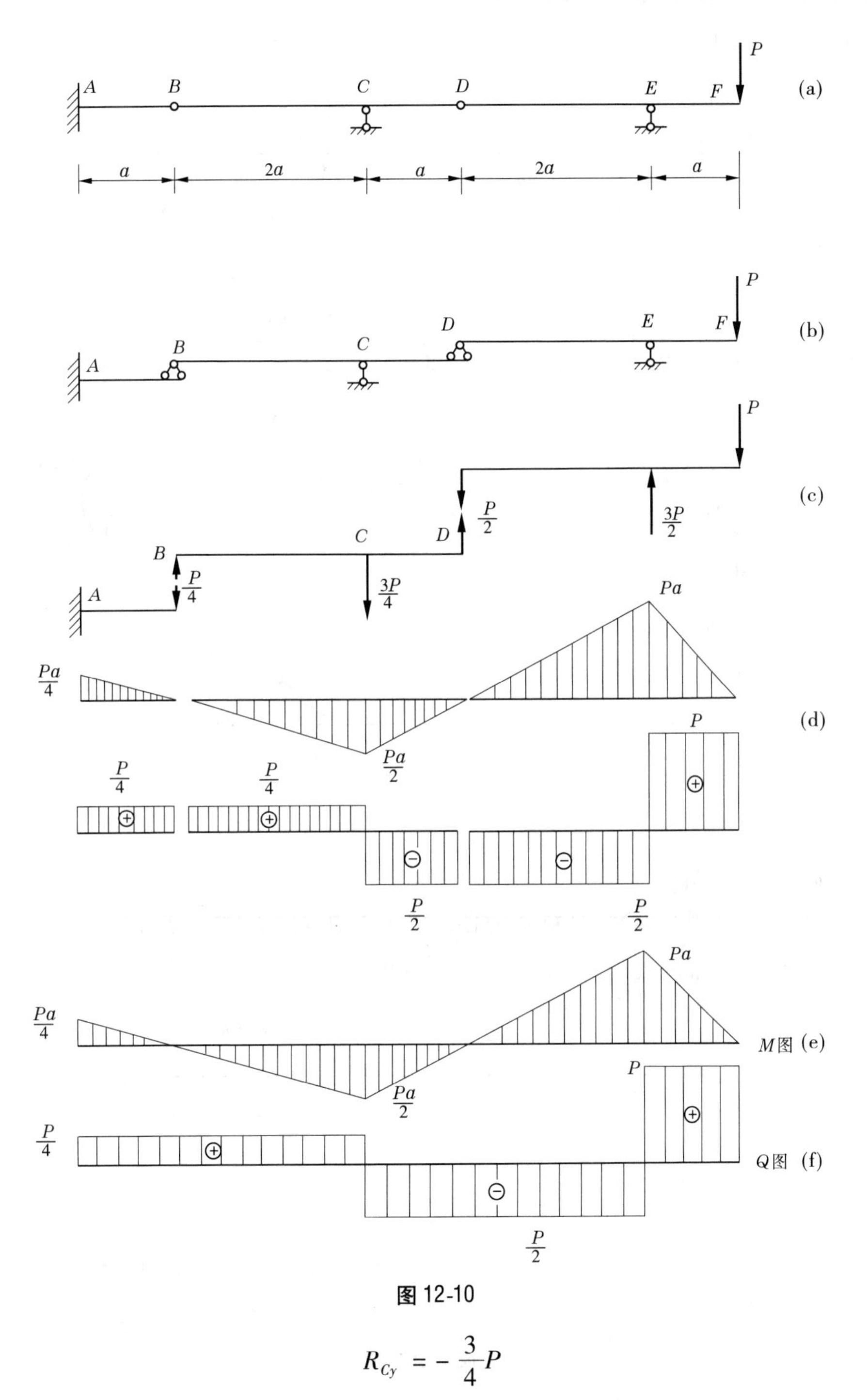

图 12-10

得
$$R_{Cy}=-\frac{3}{4}P$$

当支座反力已知后，即可根据各梁段的荷载和反力情况，直接画出多跨静定梁的弯矩图和剪力图，如图 12-10(e)、(f)所示。

【例 12-5】 试求图 12-11(a)所示多跨静定梁的支座反力，并作弯矩图和剪力图。

解　(1)画出多跨静定梁的分层图，其目的是确定计算顺序，其中 *ABCDE* 部分与 *GH*

部分为基本部分,*EFG* 部分为附属部分,如图 12-11(b)所示。

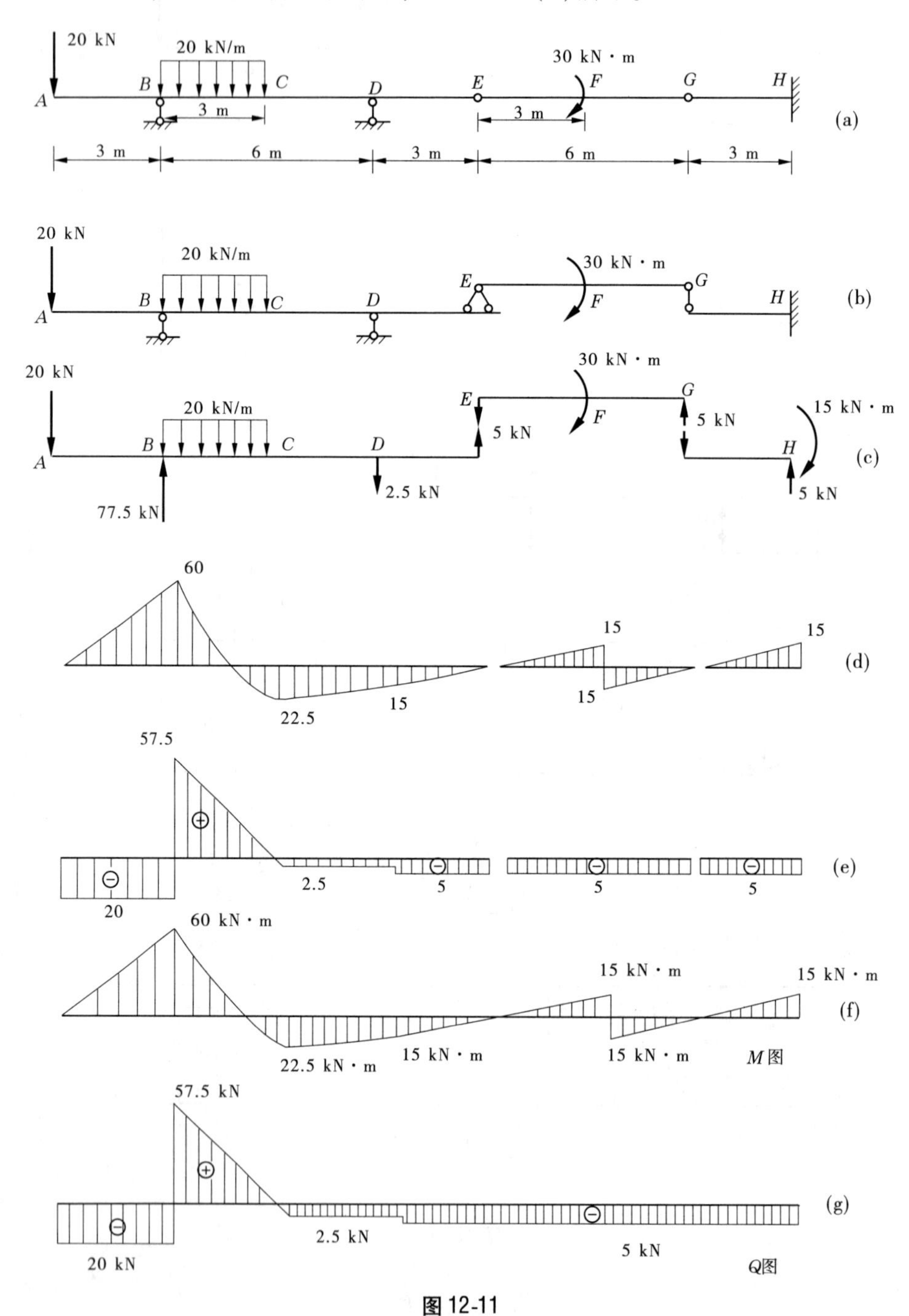

图 12-11

(2)计算约束反力。把多跨梁拆成单跨梁,按先计算附属部分后计算基本部分的原则,根据平衡方程求得多跨静定梁支座反力,其大小和方向如图 12-11(c)所示。

(3)作单跨梁的弯矩图和剪力图。分别计算各单跨梁控制截面的弯矩和剪力,分别画出单跨梁的弯矩图和剪力图,如图 12-11(d)、(e)所示。

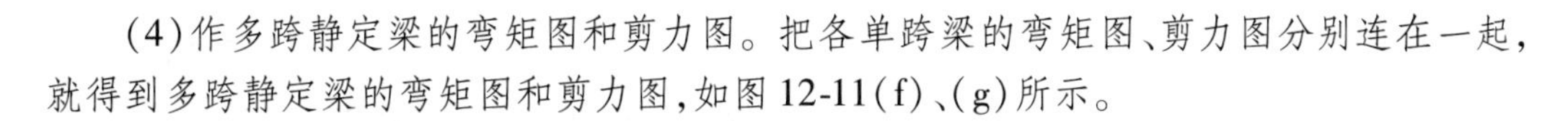

(4)作多跨静定梁的弯矩图和剪力图。把各单跨梁的弯矩图、剪力图分别连在一起，就得到多跨静定梁的弯矩图和剪力图，如图 12-11(f)、(g)所示。

课题 12.4 静定平面刚架

平面刚架是由梁和柱所组成的平面结构，梁和柱的轴线在同一平面内，其特点是在梁与柱的联接处为刚结点，当刚架受力而产生变形时，刚结点处各杆端之间的夹角始终保持不变，如图 12-12所示。由于刚结点能约束杆端的相对转动，故能承受和传递弯矩，从而使结构中弯矩的分布较均匀，峰值较小，与梁相比刚架具有减小弯矩极值的优点，可以节省材料，并能有较大的空间。在建筑工程中常采用刚架作为承重结构。

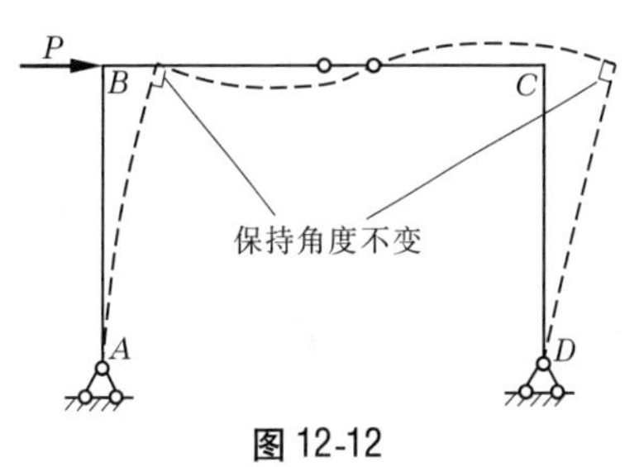

图 12-12

平面刚架一般分为静定平面刚架和超静定平面刚架。本节研究静定平面刚架的内力计算。常见的静定平面刚架有悬臂刚架、简支刚架、三铰刚架，分别如图 12-13(a)、(b)、(c)所示。

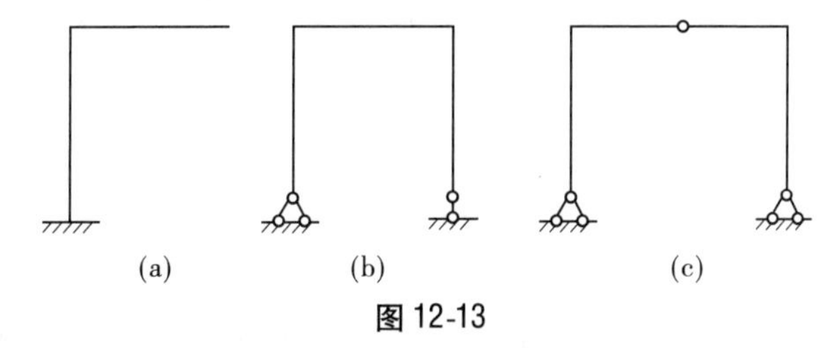

图 12-13

静定平面刚架内力计算的一般步骤如下：

(1)静定刚架支座反力的计算。在静定刚架的内力分析中，通常是先求支座反力(悬臂刚架可省略不求支座反力)。计算支座反力可按前面所介绍的方法进行。即刚架在外力作用下处于平衡状态，其约束反力可用平衡方程来确定。若刚架由一个构件组成，可列三个平衡方程求出其支座反力。若刚架由两个构件或多个构件组成，可按物体系统的平衡问题来求解。

(2)求控制截面的内力。截面法是求解梁的任一截面内力的基本方法，也是求解刚架的任一截面内力的基本方法。

(3)绘制内力图。刚架内力图时，一般由平衡条件先把每个杆件两端的内力求出来，然后利用杆端内力分别作出各杆件的内力图，将各杆的内力图合在一起就是刚架的内力图。

刚架内力的符号规定与梁相同：对于轴力来说，杆件受拉为正，受压为负；对于剪力来说，使研究对象(分离体)按顺时针方向转动为正，反之为负；弯矩则不作正负规定，但总是把弯矩图画在杆件受拉纤维一侧。

【例 12-6】 作图 12-14(a)所示悬臂刚架的内力图。

解 (1)悬臂刚架可不计算其支座反力，用截面法计算各杆端内力。

(2)确定控制截面：根据控制截面的确定原则，则 A、B、C 为控制截面，A、B、C 将此刚

架分为 AB 和 BC 两段。

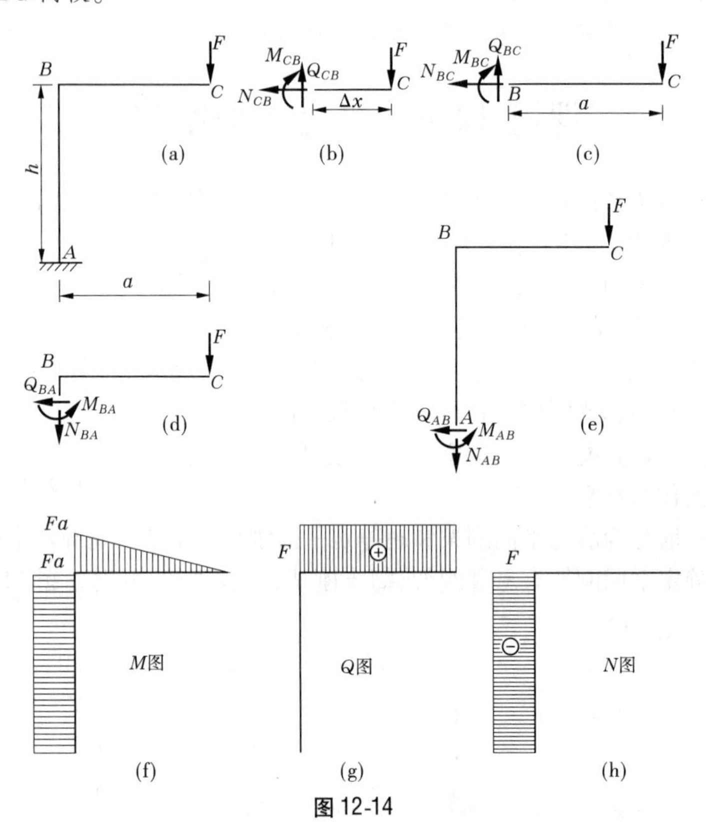

图 12-14

(3)计算各段的杆端内力值。

BC 杆:取研究对象(分离体)如图 12-14(b)、(c)所示,由平衡方程得(3)计算各段的杆端内力值。

$$M_{CB} = 0 \qquad M_{BC} = -Fa(\text{上侧受拉})$$

$$Q_{CB} = F \qquad Q_{BC} = F$$

$$N_{CB} = 0 \qquad N_{BC} = 0$$

AB 杆:取研究对象(分离体)如图 12-14(d)、(e)所示,由平衡方程得

$$M_{BA} = -Fa(\text{左侧受拉}) \qquad M_{AB} = -Fa(\text{左侧受拉})$$

$$Q_{BA} = 0 \qquad Q_{AB} = 0$$

$$N_{BA} = -F \qquad N_{AB} = -F$$

(4)绘内力图。根据求出的各杆杆端内力,按内力图特征,画内力图如图 12-14(f)、(g)、(h)所示,即为所求悬臂刚架的 M、Q、N 图。

【例 12-7】 如图 12-15(a)所示悬臂刚架,已知受均布荷载 q 作用,试作其内力图。

解 (1)悬臂刚架可不计算其支座反力,用截面法计算各杆端内力。

(2)确定控制截面:根据控制截面的确定原则,则 A、B、C 为控制截面,A、B、C 将此刚架分为 AB 和 BC 两段。

(3)计算各段的杆端内力值。

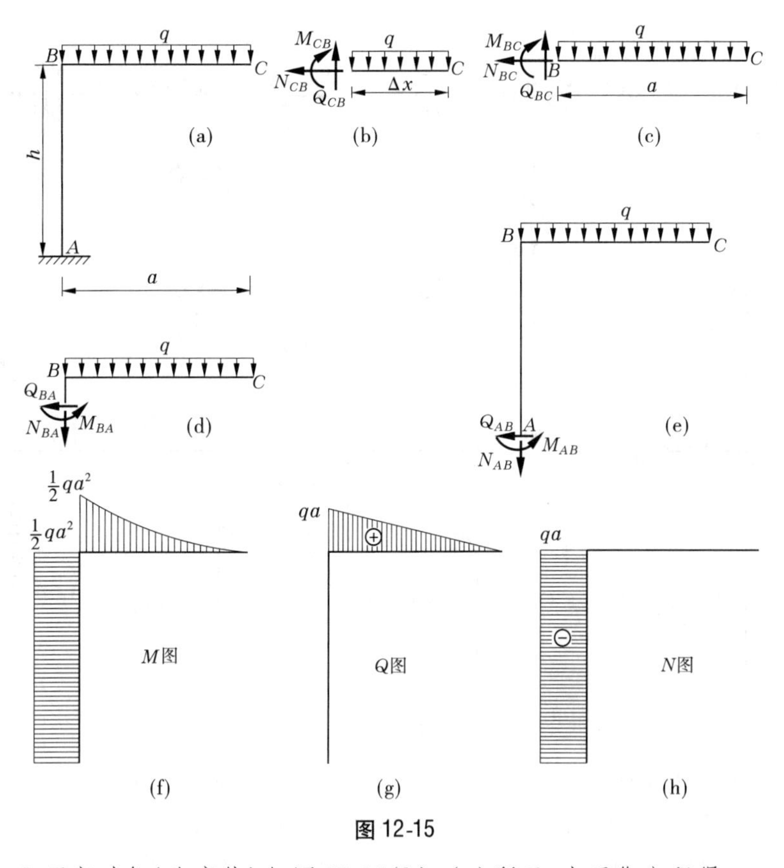

图 12-15

BC 杆：取研究对象（分离体）如图 12-15（b）、（c）所示，由平衡方程得

$$M_{CB}=0 \qquad M_{BC}=-\frac{1}{2}qa^2(\text{上侧受拉})$$

$$Q_{CB}=0 \qquad Q_{BC}=qa$$

$$N_{CB}=0 \qquad N_{BC}=0$$

AB 杆：取研究对象（分离体）如图 12-15（d）、（e）所示，由平衡方程得

$$M_{BA}=-\frac{1}{2}qa^2(\text{左侧受拉}) \qquad M_{AB}=-\frac{1}{2}qa^2(\text{左侧受拉})$$

$$Q_{BA}=0 \qquad Q_{AB}=0$$

$$N_{BA}=-qa \qquad N_{AB}=-qa$$

（4）绘内力图。根据求出的各杆杆端内力，按内力图特征，画内力图如图 12-15（f）、（g）、（h）所示，即为所求悬臂刚架的 *M*、*Q*、*N* 图。

【例 12-8】 如图 12-16（a）所示刚架，作用荷载如图所示，作此刚架的内力图。

解 （1）求支座反力。

$$R_{Ax}=40\ \text{kN}(\rightarrow)$$

$$R_{Ay}=75\ \text{kN}(\uparrow)$$

$$R_{Dy}=125\ \text{kN}(\uparrow)$$

（2）求控制截面内力。根据控制截面的确定原则，*A*、*B*、*C*、*D* 为控制截面，*A*、*B*、*C*、*D*

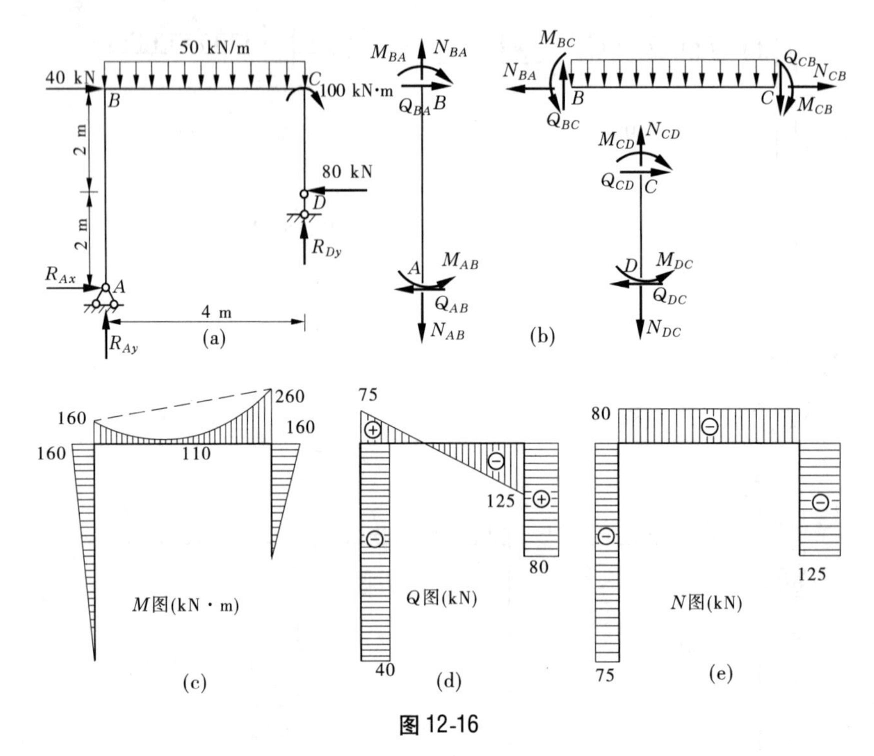

图 12-16

将此刚架分为 AB、BC、CD 三段,分别计算各段的杆端(控制截面)内力。

AB 杆:取研究对象(分离体)如图 12-16(b)所示,由平衡方程得

$M_{AB} = 0$　　$M_{BA} = 160$ kN · m(左侧受拉)

$Q_{AB} = -40$ kN　　$Q_{BA} = -40$ kN

$N_{AB} = -75$ kN　　$N_{BA} = -75$ kN

BC 杆:取研究对象(分离体)如图 12-16(b)所示,由平衡方程得

$M_{BC} = -160$ kN · m(上侧受拉)　　$M_{CB} = 260$ kN · m(上侧受拉)

$Q_{BC} = 75$ kN　　$Q_{CB} = -125$ kN

$N_{BC} = -80$ kN　　$N_{CB} = -80$ kN

CD 杆:取研究对象(分离体)如图 12-16(b)所示,由平衡方程得

$M_{CD} = -160$ kN · m(右侧受拉)　　$M_{DC} = 0$

$Q_{CD} = 80$ kN　　$Q_{DC} = 80$ kN

$N_{CD} = -125$ kN　　$N_{DC} = -125$ kN

(3)绘内力图。根据求出的各杆杆端内力,按内力图特征,绘制弯矩图、剪力图和轴力图分别如图 12-16(c)、(d)、(e)所示。

【例 12-9】 如图 12-17(a)所示刚架结构,刚架所受荷载如图所示,求作此刚架的内力图。

解 (1)求支座反力。

$$R_{Ax} = 100 \text{ kN}(\rightarrow)$$

$$R_{Ay} = 66.67 \text{ kN}(\uparrow)$$

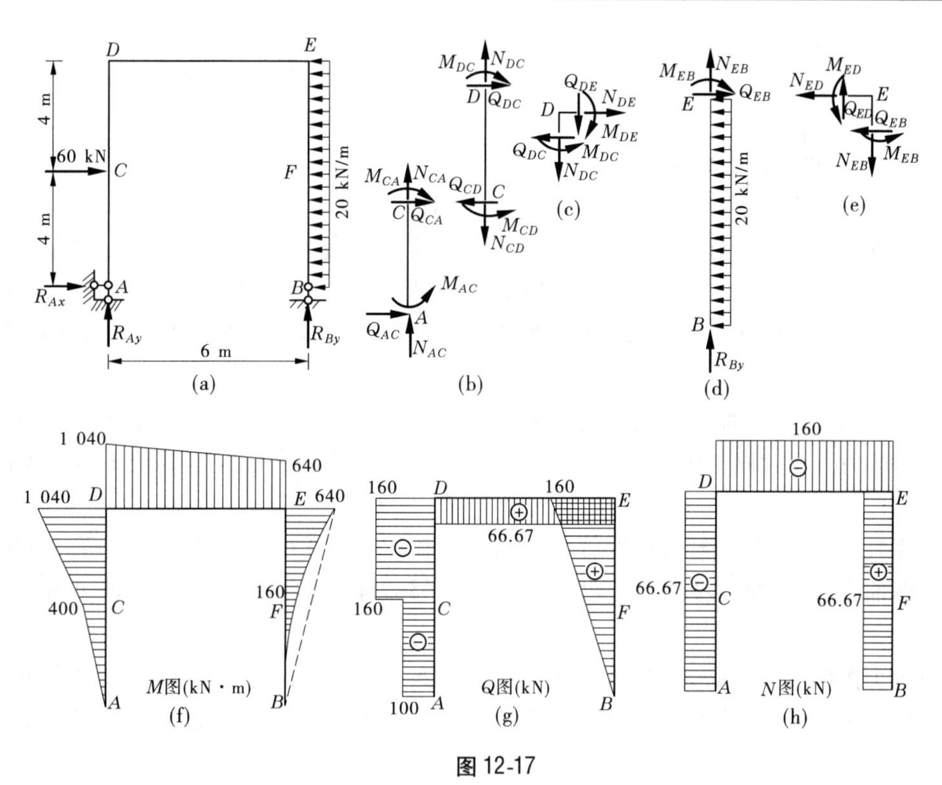

图 12-17

$$R_{By} = -66.67\ \text{kN}(\downarrow)$$

(2)求控制截面内力。根据控制截面的确定原则，A、C、D、E、B 为控制截面，A、C、D、E、B 将此刚架分为 AC、CD、DE、EB 四段。分别计算各段的杆端(控制截面)内力。

AC 杆：取研究对象(分离体)如图 12-17(b)所示，由平衡方程得

$M_{AC} = 0$　　　　$M_{CA} = -400\ \text{kN}\cdot\text{m}$(左侧受拉)

$Q_{AC} = -100\ \text{kN}$　　　　$Q_{CA} = -100\ \text{kN}$

$N_{AC} = -66.67\ \text{kN}$　　　　$N_{CA} = -66.67\ \text{kN}$

CD 杆：取研究对象(分离体)如图 12-17(b)所示，由平衡方程得

$M_{CD} = -400\ \text{kN}\cdot\text{m}$(左侧受拉)　　$M_{DC} = -640\ \text{kN}\cdot\text{m}$(左侧受拉)

$Q_{CD} = -160\ \text{kN}$　　　　$Q_{DC} = -160\ \text{kN}$

$N_{CD} = -66.67\ \text{kN}$　　　　$N_{DC} = -66.67\ \text{kN}$

DE 杆：取刚结点 D、E 为研究对象(分离体)，如图 12-17(c)、(e)所示，由平衡方程得

$M_{DE} = -640\ \text{kN}\cdot\text{m}$(上侧受拉)　　$M_{ED} = 640\ \text{kN}\cdot\text{m}$(上侧受拉)

$Q_{DE} = 66.67\ \text{kN}$　　　　$Q_{ED} = 66.67\ \text{kN}$

$N_{DE} = -160\ \text{kN}$　　　　$N_{ED} = -160\ \text{kN}$

EB 杆：取研究对象(分离体)如图 12-17(d)所示，由平衡方程得

$M_{EB} = 640\ \text{kN}\cdot\text{m}$(右侧受拉)　　$M_{BE} = 0$

$Q_{EB} = 160\ \text{kN}$　　　　$Q_{BE} = 0$

$N_{EB} = 66.67\ \text{kN}$　　　　$N_{BE} = 66.67\ \text{kN}$

(3)绘内力图。

根据求出的各杆杆端内力,按内力图特征绘制弯矩图、剪力图和弯矩图,分别如图 12-17(f)、(g)、(h)所示。

刚架内力图的绘制总结如下:

(1)求支座反力,其中悬臂刚架支座反力可以省略不求。

(2)根据控制截面的确定原则,确定控制截面,求控制截面的弯矩、剪力和轴力值。

(3)作弯矩图时,将控制截面的弯矩值画在控制截面的受拉纤维一侧,相邻截面间的弯矩值连以虚直线,再叠加上相邻截面间原有荷载作用下的对应简支梁弯矩图,叠加后描以实线为实际的弯矩图。

(4)作剪力图时,将控制截面的剪力值画在控制截面的任一侧,可规定剪力为负时画在外侧(则剪力为正时画在内侧),反之也行,将相邻截面的剪力值连以实线即可得实际的剪力图。

(5)作轴力图时,将控制截面的轴力值画在控制截面的任一侧,可规定轴力为正时画在内侧(则轴力为负时画在外侧),反之也行,将相邻截面的轴力值连以实线即可得实际的轴力图。

(6)内力图的校核是必要的,通常截取刚架的任一部分或结点为研究对象(分离体),作其受力分析图,验证其是否满足平衡条件,若满足平衡条件,则计算正确,若不满足平衡条件,则计算有误,需作进一步检查。

刚架内力图的绘制也可以用叠加法求解。

【例 12-10】 如图 12-18(a)所示悬臂刚架,已知悬臂刚架 ABC 所受荷载为 q、F,用叠加法作此刚架的弯矩图。

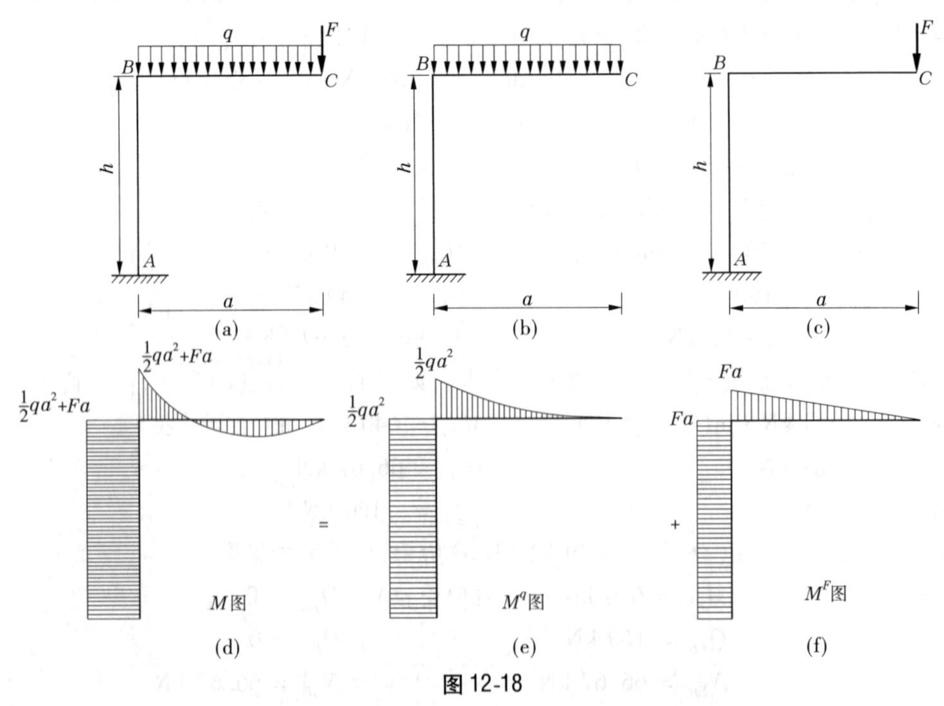

图 12-18

解 (1)先将计算简图分解,分别画出均布荷载 q 和集中荷载 F 单独作用在悬臂刚架 ABC 的计算简图,如图 12-18(b)、(c)所示。

(2)分别作刚架在图 12-18(b)、(c)所示荷载作用下的弯矩图,如图 12-18(e)、(f)所示,将图 12-18(e)、(f)所示弯矩图对应截面上弯矩数值求代数和,即可得叠加后该刚架的弯矩图,如图 12-18(d)所示。

课题 12.5 静定平面桁架

1 桁架的概念

由若干个直杆在两端用铰连接组成的结构称为桁架,组成桁架直杆的重量不计,若每个直杆的轴线与外荷载的作用线在同一平面内则称为平面桁架。

桁架在各种工程实际中的用途非常广泛,如图 12-19(a)所示桥梁,图 12-19(b)所示为国家体育场馆“鸟巢”;“鸟巢”被专家们认为在世界建筑设计史上具有开创性的意义,它是由一系列辐射式门式钢桁架围绕碗状坐席区旋转而成的,其结构科学简洁,设计新颖独特,在国际上极富特色的巨型建筑。

(a)

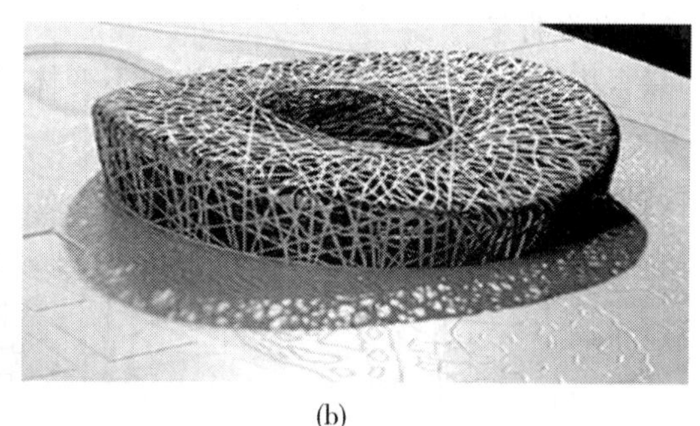

(b)

图 12-19

桁架是由许多直杆按一定方式相互结合起来的杆系结构,在桁架中,杆件互相结合的地方称为结点。桁架的杆件,由于所处的位置不同,分别有不同的名称。如图 12-20 所示的桁架,在上边的各杆称为上弦杆,在下边的各杆称为下弦杆,在中间的各杆称为腹杆(竖杆、斜杆)。我们把桁架两支座间的距离称为桁架的跨度,两个相邻结点间的距离称为节间长度,上弦杆与下弦杆轴线之间的最大距离称为桁架的高度。

2 桁架的分类

桁架是工程中常用的一种杆系结构,根据其组成方式可分为简单桁架、联合桁架和复杂桁架,根据整体受力特征可分为梁式桁架和拱式桁架,根据制造所用的材料可分为钢桁架、木桁架、钢筋混凝土桁架和钢木桁架。

2.1 根据组成方式分类

2.1.1 简单桁架

简单桁架是由一基本铰接三角形开始,依次增加二元体所组成的桁架,如图 12-21 所示。

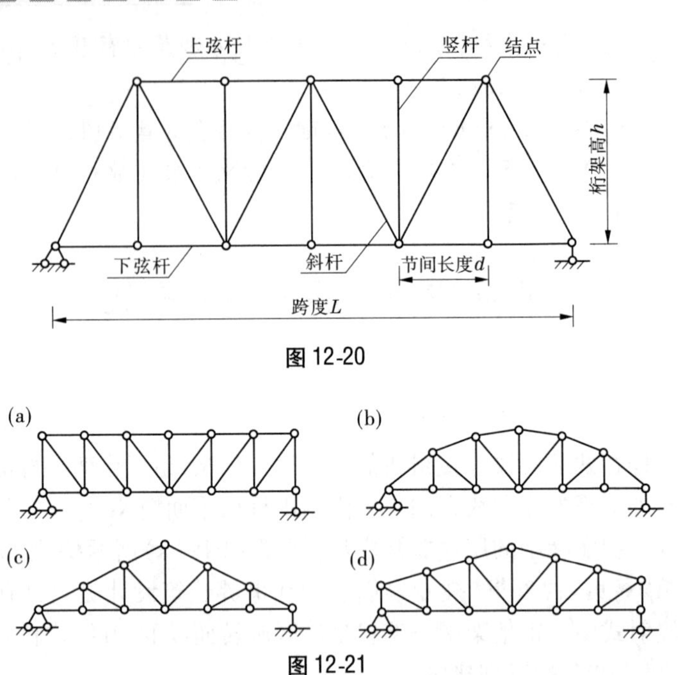

图 12-20

(a) (b) (c) (d)

图 12-21

2.1.2 联合桁架

联合桁架是由几个简单桁架按几何不变体系组成规则组成的桁架,如图 12-22(a)、(b)所示。

几何组成规则可参阅相关资料。

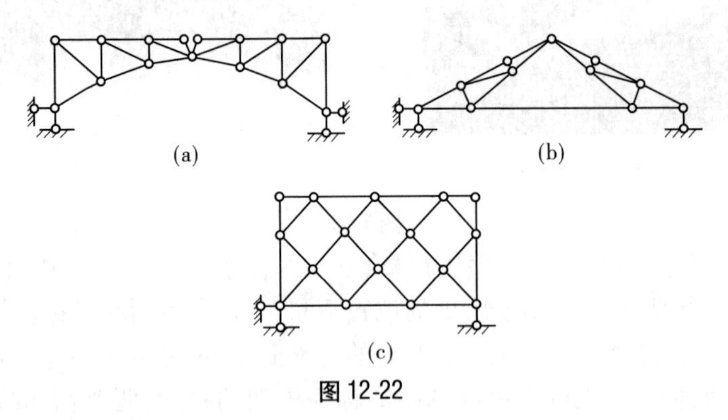

(a) (b)

(c)

图 12-22

2.1.3 复杂桁架

复杂桁架是不按上述两种方法组成的其他静定桁架,如图 12-22(c)所示。

应该注意的是:简单桁架也可认为是联合桁架,而联合桁架却不能认为是简单桁架。

2.2 根据整体受力特征分类

2.2.1 梁式桁架

梁式桁架在竖向荷载作用时支座无水平推力,如图 12-21 所示。

2.2.2 拱式桁架

拱式桁架在竖向荷载作用时支座有水平推力,如图 12-22(a)所示。

3　平面简单桁架的计算简图

工程实际中的桁架，其受力和构造都比较复杂，在计算中必须抓住主要矛盾，做一些必要的简化。通常在桁架的内力计算中作如下三个方面的假定：

(1)桁架的结点都是光滑的铰链，即所谓铰接。

(2)组成桁架的各杆均为等截面直杆，各杆的轴线都是直线并通过铰链中心。

(3)所有的外力(包括荷载和反力)都作用在结点上。

满足上述假定的桁架称为理想桁架。理想桁架在结点荷载作用下，其各杆中的内力只有轴力，而不产生弯矩和剪力。

根据上述假定可以画出某屋顶桁架的计算简图，如图12-23(a)所示，各杆均用轴线表示，结点均用铰链表示，荷载及反力都作用在结点上。

从这个桁架中任意取出一根杆件如图12-23(b)所示，因杆件自重不计，则杆只在两端受力并且处于静力平衡状态，由于结点不承受力矩，所以作用在杆件两端的力 N_{DG} 和 N_{GD} 必然是数值相等、方向相反，其作用线都与杆轴线重合。因此，杆件内力只是轴力。这种杆件只在两端受力，称为二力杆。桁架中其他杆件符合上述条件的均为二力杆，其轴力可能是拉力，也可能是压力，应由具体情况通过计算确定。

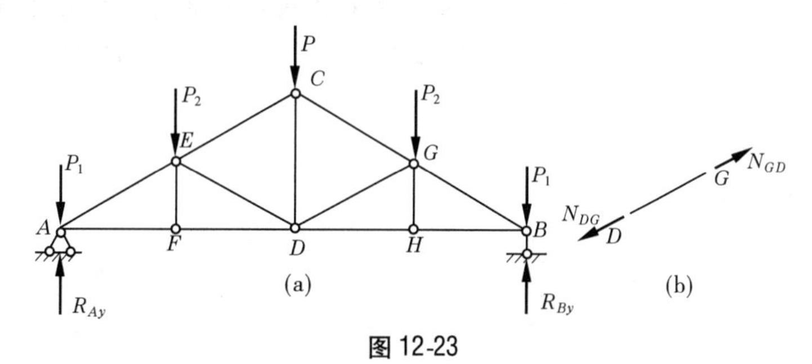

图12-23

应当指出，实际桁架与上述假定是有差别的。

但是，科学试验和工程实践证明，结点刚性、非结点荷载、结点偏心等影响因素，一般对桁架来说是次要的，按照上述假定计算，桁架各杆只受轴力作用，基本上能反映桁架的主要受力特征，完全能满足实际工程要求，并大大地简化了计算工作。

4　平面简单桁架的内力计算

桁架的内力计算有两种基本方法：结点法和截面法。为了求得桁架各杆的轴力，一般是根据桁架的计算简图，首先求出支座反力，然后截取桁架中的一部分为研究对象(分离体)，考虑研究对象(分离体)的平衡，建立平衡方程，由平衡方程解出各杆的轴力。

4.1　结点法

结点法就是按照一定的顺序截取桁架的结点为研究对象(分离体)，考虑结点平衡，从而求解桁架各杆内力的方法。因为杆件都汇交于结点的几何中心，每一结点上所作用的力都是平面汇交力系，在每一结点处只能列出两个独立的平衡方程，所以应用这个方法求解未知力时，应从未知力不超过两个的结点开始，并按照适当的次序截取结点(让每个截取的结点只包含至多两个未知力),直到求出桁架所有杆件的轴力。

在计算中,通常先假设杆的未知内力为拉力,在画结点的受力图时,使拉力的指向背离结点,如果计算的结果是正值,表明这个假设是正确的;如果计算的结果是负值,则表明实际的内力指向与假设的方向相反,即杆的内力是压力。

【例 12-11】 试求图 12-24(a)所示三角形屋架各杆的轴力。

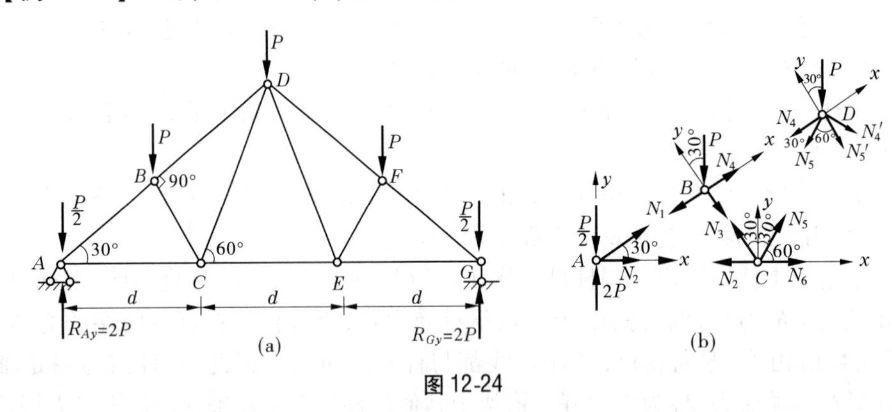

图 12-24

解 (1)根据此桁架所承受的荷载及结构的对称性,支座 A 及 G 的反力都等于 $2P$,左右两边的对称杆内力相同,因此只要计算桁架对称轴一侧的杆件内力即可。顺序将结点 A、B、C 分别取研究对象(分离体)如图 12-24(b)所示,设杆件 AB、AC、BC、BD、CD、CE 的内力分别为 N_1、N_2、N_3、N_4、N_5、N_6,并假定它们都是拉力。

(2)按结点法计算。

①取结点 A,按平面汇交力系平衡条件求解。

由 $$\sum Y = 0 \qquad 2P - \frac{P}{2} + N_1 \sin 30^\circ = 0$$

得 $$N_1 = -3P$$

由 $$\sum X = 0 \qquad N_1 \cos 30^\circ + N_2 = 0$$

得 $$N_2 = 2.598P$$

计算结果,N_1 为负值,表明 AB 杆为压力,N_2 为正值,表明 AC 杆为拉力。

②取结点 B,按平面汇交力系平衡条件求解。

由 $$\sum Y = 0 \qquad -P\cos 30^\circ - N_3 = 0$$

得 $$N_3 = -0.866P$$

由 $$\sum X = 0 \qquad N_4 - N_1 - P\sin 30^\circ = 0$$

得 $$N_4 = -2.5P$$

③取结点 C,按平面汇交力系平衡条件求解。

由 $$\sum Y = 0 \quad N_3 \cos 30^\circ + N_5 \sin 60^\circ = 0$$

得 $$N_5 = 0.866P$$

由 $$\sum X = 0 \quad N_6 + N_5 \cos 60^\circ - N_3 \sin 30^\circ - N_2 = 0$$

得 $$N_6 = 1.732P$$

在计算桁架杆件内力时，有时会遇到杆件的轴力为零的杆件，这种杆件称为零杆。在图 12-25所示的三种情形下，零杆可以很容易地直接判断出来。

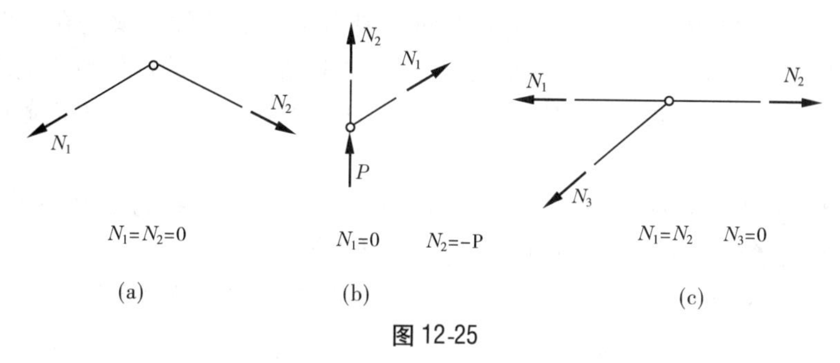

图 12-25

(1)不在一条直线上的二杆交于一个结点，且结点上没有外力作用时，此二杆都是零杆，如图 12-25(a)所示。因为根据二力平衡条件，当二力 N_1、N_2 平衡时，它们的作用线应在同一直线上，由于此二力的作用线不在同一直线上，所以它们的大小都必为零。

(2)不在同一直线上的二杆交于一个结点，若作用在此结点上的外力沿其中一杆的轴线方向，则另一杆件的轴力必为零，如图 12-25(b)所示。因为若取外力 P 和 N_2 的作用线为 y 轴，与 y 轴垂直的为 x 轴，根据平衡条件 $\sum X=0$，可知 $N_1=0$。

(3)若三杆交于一个结点，其中的二杆在一条直线上，且结点上没有外力作用，则第三杆必为零杆，如图 12-25(c)所示。因为若取二杆所在的直线为 x 轴，而与 x 轴垂直为 y 轴，根据平衡条件 $\sum Y=0$，可知 $N_3=0$。

掌握上述关于零杆的判断方法后，在桁架计算时首先把零杆找出来，这样可以大大简化桁架内力计算。

特别指出，在一定荷载作用下桁架有零杆出现，如果荷载改变了，它们就不一定是零杆了。因此，零杆并不是可有可无的杆件。为了适应荷载变化，以及保证结构形状的几何不变性，在特定荷载作用下的零杆，是不能任意去掉的，具体问题应具体分析。

【例 12-12】 按零杆判别方法找出图 12-26(a)、(b)所示结构中的零杆。

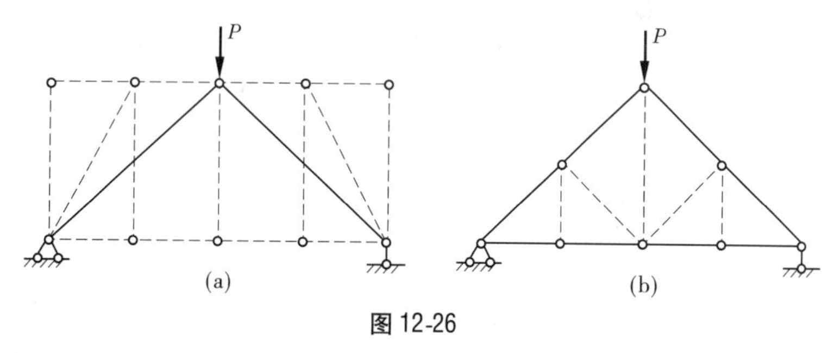

图 12-26

解　按结点平衡的特殊情况可以判别图 12-26(a)、(b)所示桁架中的零杆，即图中虚线所示杆件均为零杆。

4.2　截面法

用结点法计算桁架内力时，必须从只有两个未知内力的结点开始，按照一定顺序逐个地考虑结点平衡，求解出全部杆件内力。在桁架计算中，有时只需要求出某几个指定杆件的内力,采用结点法计算工作量大,容易出错,这时就可以采用截面法。

截面法就是用一假想截面将所求解内力的杆件截开,此时桁架被分为两个部分,并取其中任一部分为研究对象(分离体),按照平面一般力系平衡条件求解。在一般情况下,因为平面一般力系方程组只有三个平衡方程,所以被截断的待求的杆件数不应超过三根,但在特殊情况下,也可允许截断三根以上的杆件。所取的截面不一定是平面截面,也可以是曲面。

在计算时仍假设截开杆件的未知内力为拉力,如果计算的结果为正值,说明实际的轴力是拉力;如果计算结果为负值,则说明实际的轴力是压力。

【例 12-13】 求图 12-27(a)所示的桁架结构中指定杆 BD、BE、CE 的内力。

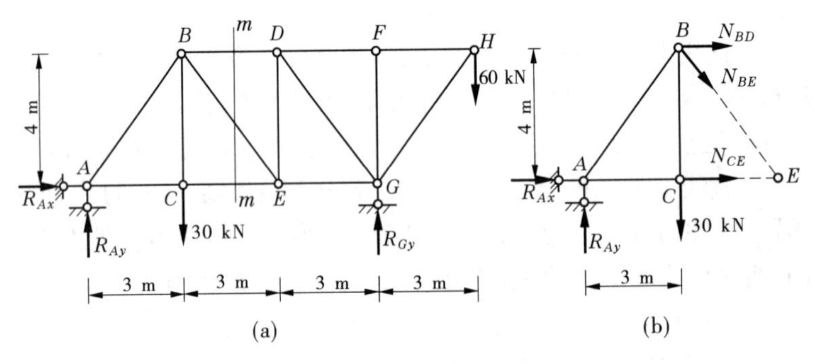

图 12-27

解 (1)求支座反力。此桁架为简支桁架,在 C 和 H 处各有竖向集中荷载作用。由平衡方程可求得

$$R_{Ax}=0 \qquad R_{Ay}=0$$

$$R_{Gy}=90\ \text{kN}(\uparrow)$$

(2)截面 m—m 截桁架为左右两部分,取左边为研究对象(分离体),如图 12-27(b)所示。该部分切开三根杆,按平面一般力系平衡条件求解。

由 $$\sum M_E=0 \qquad -N_{BD}\times 4+30\times 3=0$$

得 $$N_{BD}=22.5\ \text{kN}$$

由 $$\sum M_B=0 \qquad N_{CE}\times 4=0$$

得 $$N_{CE}=0$$

由 $$\sum Y=0 \qquad -N_{BE}\times\frac{4}{5}-30=0$$

得 $$N_{BE}=-37.5\ \text{kN}$$

计算结果,N_{BE} 为负值,表明该杆内力为压力;N_{BD} 为正值,表明该杆的内力是拉力。

* 课题 12.6 三铰拱

1 拱的特点及分类

构件的轴线为曲线且在竖向荷载作用下其支座处产生向内的水平反力的结构叫作

拱。根据作用力与反作用力公理可知，拱对支座必定有向外的水平推力，所以拱属于有水平推力结构。

拱应用广泛，如我国有名的赵州桥，如图 12-28 所示，又名安济桥，建于隋朝，距今已1 300多年，是著名匠师李春建造的，桥长 64.40 m，跨径 37.02 m，是当今世界上跨径最大、建造最早的单孔敞肩型石拱桥。经历了 10 次水灾、8 次战乱和多次地震，特别是 1966 年邢台发生的 7.6 级地震，邢台距赵州桥只有 40 多 km，当时该桥处也有四点几级地震，但赵州桥都没有被破坏。著名桥梁专家茅以升说，先不管桥的内部结构，仅就它能够存在 1 300 多年就说明了一切。据记载，赵州桥自建成至今共修缮 8 次，现仍在正常使用，该桥是世界造桥史的一个奇迹。

图 12-28

拱一般分为三铰拱（见图 12-29（a））、两铰拱（见图 12-29（b））、无铰拱（见图 12-29（c））。两铰拱和无铰拱都属于超静定结构，三铰拱属静定结构，本节只讨论三铰拱。

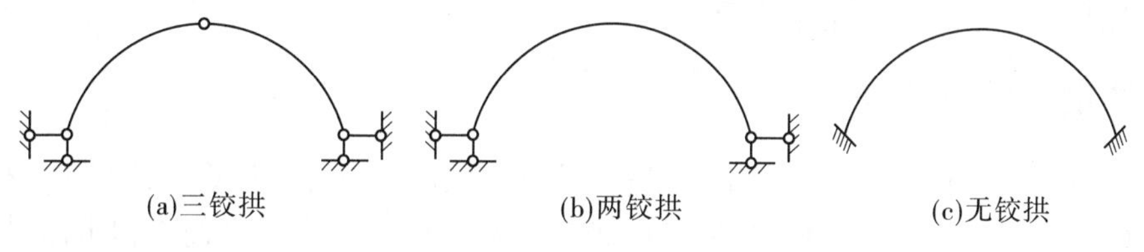

图 12-29

拱与前面研究过的梁或梁式结构不同，因为梁或梁式结构在竖向荷载作用下不会产生水平推力，如图 12-30 所示的结构称为曲梁，在竖向荷载作用下它对支座不会产生水平推力，支座对梁也就不会有水平反力，这是拱和梁的本质区别。

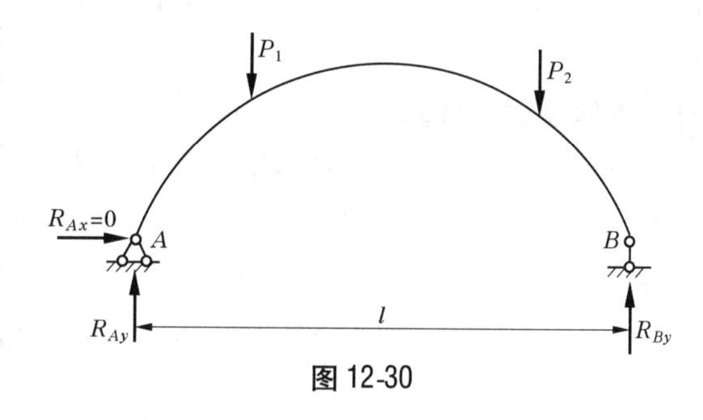

图 12-30

为了方便阐述，下面介绍拱式结构各部分的名称，如图 12-31 所示。组成拱的各横截面中心的连线叫作拱轴线，拱轴上的最高点叫作拱顶，三铰拱的中间铰通常设在拱顶叫作顶铰，拱的支座处叫作拱趾，拱趾之间的水平距离叫作拱的跨度（l），拱趾间的连线叫作起拱线，工程中大多数拱结构的两个拱脚在同一水平线上，拱顶至起拱线的竖直距离叫作拱高（矢高f），拱高与跨度之比称为高跨比或矢跨比。拱的主要力学性能与高跨比有关，在工程结构中常取这个比值为 $1 \sim \frac{1}{10}$。

拱结构的应用范围很广，这是因为在拱结构上由于水平反力的存在，拱的各个截面上主要承受压力，适于用砖、石、混凝土等抗压性能较好的材料来建造，便于就地取材；同时，由于拱轴是曲线，下面有较大的空间，与梁相比拱可以跨越较大的跨度，所以在水利工程、

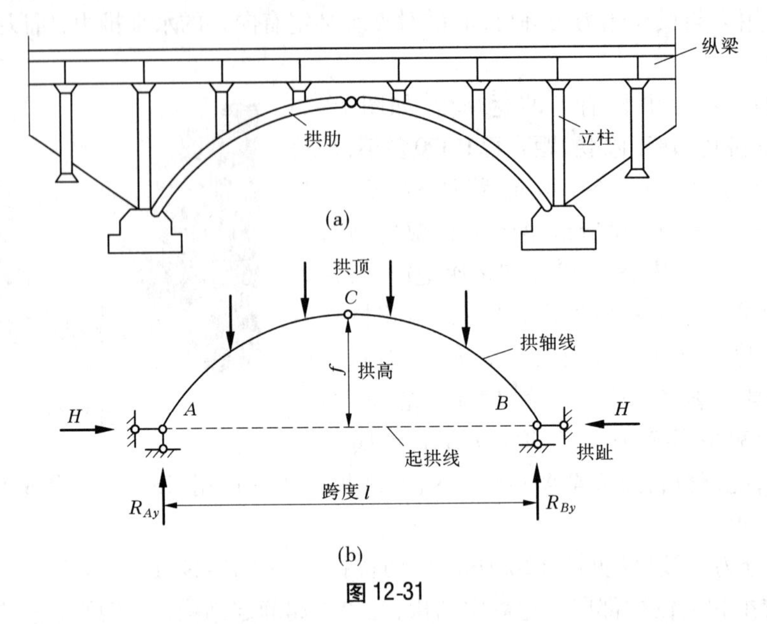

(b)

图 12-31

桥梁工程和房屋建筑中应用很广泛。

2 三铰拱的内力计算

三铰拱属拱结构中最基本的静定结构,计算三铰拱的内力与计算三铰刚架一样,首先求出拱的支座反力,然后用截面法通过取研究对象(分离体)和列平衡方程求出拱的各部分的内力。下面以工程中常见的在竖向荷载作用下的平拱为例,说明三铰拱的内力计算方法。

2.1 支座反力的计算

三铰拱有四个支座反力:R_{Ax}、R_{Ay}、R_{Bx}、R_{By},如图 12-32(a)所示,求解时需要列四个方程式,先整体列三个平衡方程,再以 AC 为研究对象列一补充方程。

由整体平衡,列平衡方程如下:

由
$$\sum M_A = 0 \quad R_{By}l - P_2a_2 - P_1a_1 = 0$$

得
$$R_{By} = \frac{P_1a_1 + P_2a_2}{l} = \frac{\sum P_ia_i}{l}$$

由
$$\sum M_B = 0 \quad -R_{Ay}l + P_1b_1 + P_2b_2 = 0$$

得
$$R_{Ay} = \frac{P_1b_1 + P_2b_2}{l} = \frac{\sum P_ib_i}{l}$$

$$\sum X = 0$$

得
$$R_{Ax} = R_{Bx} = H$$

以 AC 为研究对象列平衡方程如下

$$\sum M_C = 0 \quad R_{Ax}f - R_{Ay}\frac{l}{2} + P_1(\frac{l}{2} - a_1) = 0$$

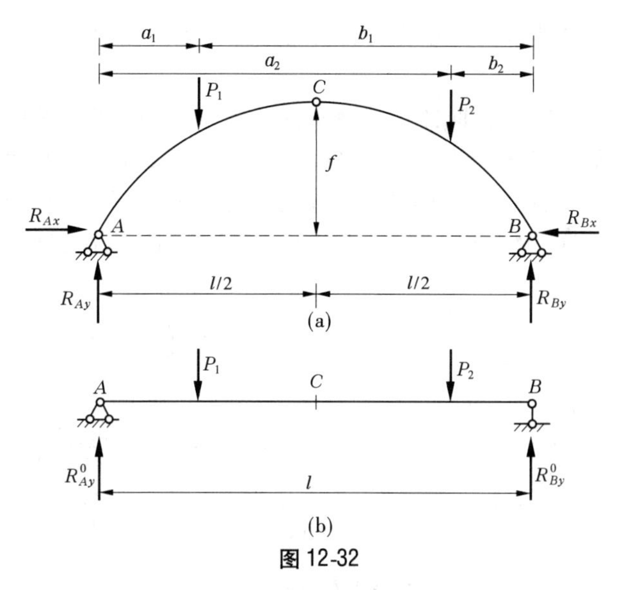

图 12-32

得
$$R_{Ax}=\frac{R_{Ay}\frac{l}{2}-P_1\left(\frac{l}{2}-a_1\right)}{f}=R_{Bx}=H$$

下面研究三铰拱的支座反力与同跨度、同荷载的简支梁的支座反力之间的关系,假设梁支座 A、B 的反力以 R_{Ay}^0、R_{By}^0 表示,如图12-32(b)所示,容易求出 R_{Ay}^0、R_{By}^0 和跨中弯矩 M_C^0,分别为

$$R_{By}^0=\frac{P_1a_1+P_2a_2}{l}=\frac{\sum P_ia_i}{l}$$

$$R_{Ay}^0=\frac{P_1b_1+P_2b_2}{l}=\frac{\sum P_ib_i}{l}$$

$$M_C^0=R_{Ay}\frac{l}{2}-P_1\left(\frac{l}{2}-a_1\right)$$

我们将上述两种结构支座反力计算结果作相应比较,可得出

$$\left.\begin{aligned}R_{Ay}&=R_{Ay}^0\\R_{By}&=R_{By}^0\\R_{Ax}&=R_{Bx}=\frac{M_C^0}{f}\end{aligned}\right\}\qquad(12\text{-}1)$$

将与拱同跨度、同荷载的简支梁称为代梁。三铰拱的支座反力可直接用代梁相应的支座反力代替和转换,即拱的竖向反力与代梁的竖向反力相等;两个水平(反力)推力大小相等、方向相反、其数值等于代梁上与拱顶相对应的截面 C 处弯矩 M_C^0 除以矢高 f,使计算更为简便。

2.2 内力的计算

三铰拱任一截面上也存在着弯矩、剪力和轴力三种内力,在计算中对弯矩和剪力正负号的规定仍与梁相同,对轴力正负号的规定则改为以压力为正,拉力为负,这是由于拱的轴力主要是压力的缘故。

如图 12-33(a)所示三铰拱,取任一截面 k,用垂直于拱轴的假想截面将三铰拱从 k 截面处截断,并取出其左边部分为研究对象(分离体),如图 12-33(b)所示。截面 k 的位置由该截面形心的坐标 (x_k, y_k) 以及拱轴在 k 处的切线倾角 φ_k 来决定。与刚架一样,在截面上按正号方向画出弯矩 M_k、剪力 Q_k 和轴力 N_k,然后分别计算这三种内力。

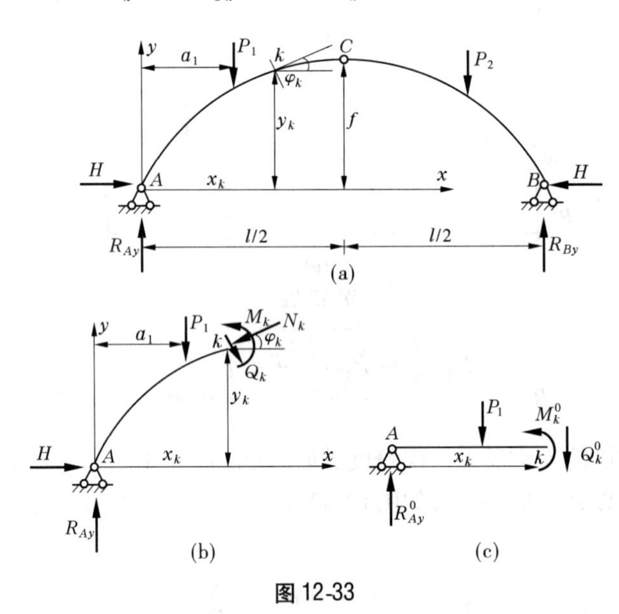

图 12-33

2.2.1 弯矩 M

根据图 12-33(b)所示的受力图,在 k 截面处,由

$$\sum M = 0 \quad M_k - R_{Ay}x_k + Hy_k + P_1(x_k - a_1) = 0$$

得

$$M_k = [R_{Ay}x_k - P_1(x_k - a_1)] - Hy_k$$

由式(12-1)中的 $R_{Ay} = R_{Ay}^0$ 可知,上式方括号的数值正好等于代梁上与三铰拱 k 截面相对应的 k 截面处的弯矩 M_k^0,表明三铰拱任一截面的弯矩等于代梁上对应截面的弯矩减去由于拱的推力引起的弯矩,即

$$M_k = M_k^0 - Hy_k \tag{12-2}$$

由此可见,拱由于推力的存在,三铰拱内的弯矩比相应的简支梁的弯矩要小得多,这就是工程实际中常以拱式结构代替梁式结构的主要原因。

2.2.2 剪力 Q

根据图 12-33(b)所示,将其上所有的力向截面 k 的切线方向投影得

$$\begin{aligned} Q_k &= R_{Ay}\cos\varphi_k - P_1\cos\varphi_k - H\sin\varphi_k \\ &= (R_{Ay} - P_1)\cos\varphi_k - H\sin\varphi_k \\ &= Q_k^0\cos\varphi_k - H\sin\varphi_k \end{aligned} \tag{12-3}$$

$R_{Ay} - P_1$ 等于代梁与拱相应 k 处的剪力值,用 Q_k^0 表示,φ_k 为截面 k 处拱轴切线的倾

角，一般规定所取截面 k 在左半拱时 φ_k 取正值，截面 k 在右半拱时 φ_k 取负值。

2.2.3 轴力 N

根据图 12-33(b)所示，将其上所有的力向截面 k 的法线方向投影得

$$N_k = -R_{Ay}\sin\varphi_k + P_1\sin\varphi_k - H\cos\varphi_k$$
$$= (-R_{Ay} + P_1)\sin\varphi_k - H\cos\varphi_k$$
$$= -Q_k^0\sin\varphi_k - H\cos\varphi_k \tag{12-4}$$

利用式(12-2)～式(12-4)即可求出竖向荷载作用下三铰拱任意截面的内力。

3 合理拱轴线

拱的截面上是否出现拉应力，主要取决于截面上的弯矩。在一定的荷载作用下，拱内所有截面的弯矩是否为零与拱轴线的形式有关。如果在一定的荷载作用下，某种形式的拱轴线能够使拱内所有截面的弯矩都为零，则拱的所有截面上都不会出现拉应力，我们把这种拱轴线叫作合理拱轴线。确定合理拱轴线的条件是任一截面的弯矩都等于零，则由

$$M_k = M_k^0 - Hy_k = 0$$

得

$$y_k = \frac{M_k^0}{H} \tag{12-5}$$

式(12-5)说明合理拱轴的纵坐标与相应的简支梁(代梁)跨中弯矩成正比。下面以例 12-14 为例说明确定合理拱轴线的基本步骤。

【例 12-14】 三铰拱结构受力如图 12-34 所示，试确定此拱的合理拱轴线。

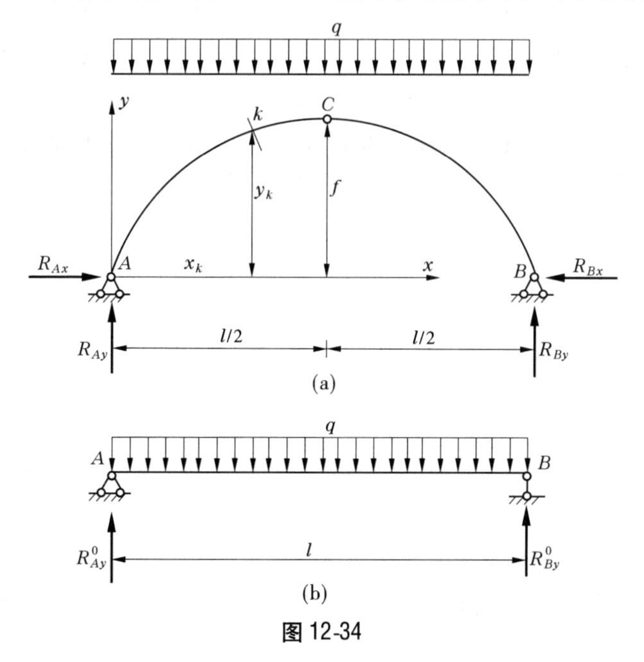

图 12-34

解 在图 12-34(a)中取支座 A 为坐标原点，建立坐标系如图所示。作出相应的简支代梁如图 12-34(b)所示，则有

$$R_{Ay}^0 = R_{By}^0 = \frac{1}{2}ql(\uparrow)$$

不难列出简支代梁的弯矩方程为

$$M_k^0 = \frac{1}{2}qlx - \frac{1}{2}qx^2$$

而三铰拱的水平推力为

$$H = \frac{M_C^0}{f} = \frac{1}{8}ql^2 \times \frac{1}{f} = \frac{ql^2}{8f}$$

由式(12-5)导得三铰拱的合理拱轴线方程为

$$y = \frac{M_k^0}{H} = \frac{\frac{1}{2}qlx - \frac{1}{2}qx^2}{\frac{ql^2}{8f}} = \frac{4f}{l^2}x(l-x)$$

此为三铰拱在竖向均布荷载作用下合理拱轴线，当拱跨和矢高确定时，它的合理拱轴线为一个确定的二次抛物线，这在房屋建筑中经常用到。

应注意的是，在工程实际中，作用在拱上的荷载是比较复杂的，对应不同的荷载有不同的合理拱轴线。

小　结

(1)构件某横截面的内力是以该截面为界，构件两部分之间的相互作用力。当构件所受的外力作用在通过构件轴线的同一平面内时，一般来说，横截面上的内力有轴力 N、剪力 Q 和弯矩 M，且 N、Q、M 都处在外力作用面内。

(2)求内力的基本方法是截面法。截面法就是第六章中讲述的求解平衡问题的方法：以假想截面截开构件(结构)为两部分，取其中一部分为研究对象(分离体)，用平衡方程求解截开面上的内力。

为计算方便，对内力的正负号作出了规定。画受力图时，内力先按假定的正方向画出。

(3)一般情况下，不同横截面的内力值不同。将横截面的内力沿构件轴线变化的情况用图形表示出来，此图形称为内力图。内力图是结构设计的依据。

①作内力图的基本方法是写出内力函数，作出函数图形，即以截面位置 x 作为变量，把内力表示为变量 x 的函数 $N(x)$、$Q(x)$、$M(x)$，画出其函数图形。

②应用弯矩、剪力和荷载集度的关系，以及应用叠加法，能够很方便地绘制出内力图。表 12-1 中所总结的规律应理解并掌握。

(4)作刚架内力图的基本方法也是截面法。首先将刚架中各杆件两端的杆端内力计算出来，分别作出各杆件的内力图，然后将各杆件的内力图合并在一起，得到刚架的内力图。

值得注意的是：

①刚架的弯矩不作符号规定，弯矩图一律画在杆件受拉一侧。刚架的剪力图、轴力图可画在刚架的内外侧的任意一侧，要求具有一致性，同一问题内外正负号不能交叉，剪力图、轴力图必须标出其正负号(⊕、⊖)。

②刚结点必须满足平衡条件。

(5)桁架是以轴力为内力的杆件组成的结构。求桁架内力的基本方法是结点法和截面法。前者以结点为研究对象,用平面汇交力系的平衡方程求解内力;后者以桁架的一部分为研究对象,用平面一般力系的平衡方程求解内力。

(6)三铰拱的内力计算就是用截面法求解其内力。为便于应用,拱的内力计算引用相应简支梁的弯矩和剪力计算。这样求三铰拱的内力归结为求水平推力和相应代梁的弯矩、剪力,然后代入式(12-2) ~ 式(12-4)即可。

思考与练习题

一、简答题

1. 什么是截面法? 截面内力符号是如何规定的?

2. 根据 $M(x)$、$Q(x)$、$q(x)$之间的微分关系如何作内力图并对内力图进行校核?

3. 刚架的刚结点有何力学特征? 如何利用结点的平衡条件来检查内力图绘制的正确性? 其理论根据是什么?

4. 桁架的内力特征是什么? 根据什么条件判断桁架中的零杆?

5. 计算静定平面桁架内力的基本方法有哪几种? 每种计算方法的计算要点是什么?

6. 拱式结构与梁式结构比较在力学特性上有何异同点?

7. 三铰拱与三铰刚架在支座反力与内力计算上有何异同点?

二、填空题

1. 静定结构常见的基本形式是________、________、________、________。

2. 内力是指____,常见的内力有________、________、________。内力的正方向规定________________,______________________________,______________________________。

3. 结构或构件内力的求解基本方法是________。

4. 内力方程是指____,内力图是指______________________________________。

5. 指定截面是指______________________,控制截面是指__________________________。

6. 静定平面刚架的特点是____。常见的静定平面刚架有__________、__________、__________。

7. 叠加法作弯矩图的含义是________________________________。

8. 桁架是指________________________________。其特点是__________________________。桁架内力计算三个基本假定是:____;__________________________________;________________________________。

9. 零杆是指________________________,零杆的作用是__________________________。

10. 拱是指______________________。常见的拱的形式有________、________、

________。拱的特点是____。

三、选择题

1. 静定结构在荷载与结构几何尺寸不变的情况下，其内力的大小(　　)。
   A. 与杆件材料的性质和截面的大小有关　　B. 与杆件材料和粗细无关
   C. 是可变的，与其他因素有关，如支座沉陷　　D. 与温度有关
2. 静定结构因支座移动(　　)。
   A. 会产生内力，但无位移　　B. 会产生位移，但无内力
   C. 内力和位移都不会产生　　D. 同时产生内力和位移
3. 一个平衡力系作用在静定结构的几何不变部分(刚片)上时，在支座处(　　)。
   A. 一定产生支座反力　　B. 不一定产生支座反力
   C. 支座反力等于零　　D. 支座反力小于零
4. 如图 12-35 所示桁架中内力为零的杆件有(　　)。

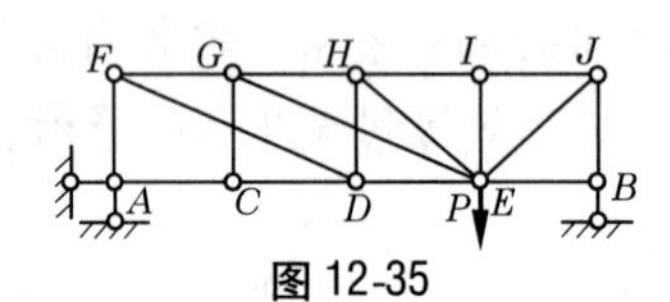

图 12-35

   A. AC、CD、EB　　B. AC、CD、CG
   C. CG、GE、IE　　D. AC、CD、CG、GE、IE、EB
5. 在确定的荷载作用下，三铰拱的反力(　　)。
   A. 与拱轴的形状有关　　B. 只与三个铰的位置有关
   C. 与三铰位置和拱轴形状均有关　　D. 与三铰位置和拱轴形状均无关

四、解答题

1. 求如图 12-36 所示各梁指定截面上的剪力和弯矩。

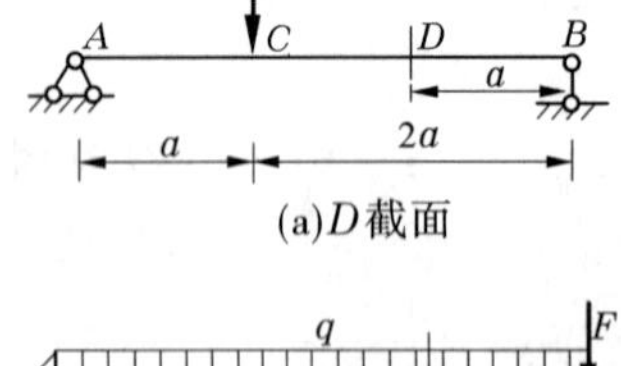

(a)D截面

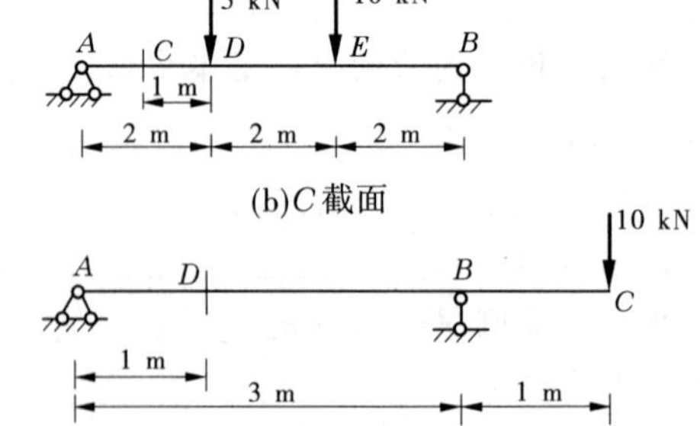

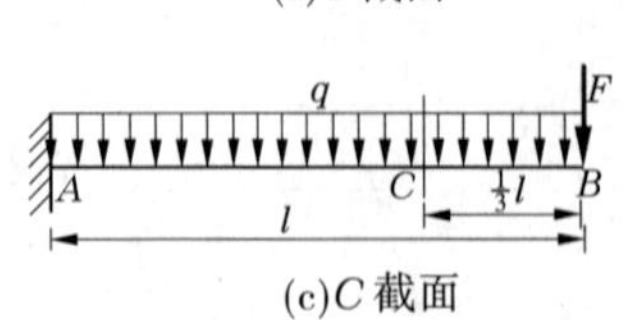

(c)C截面

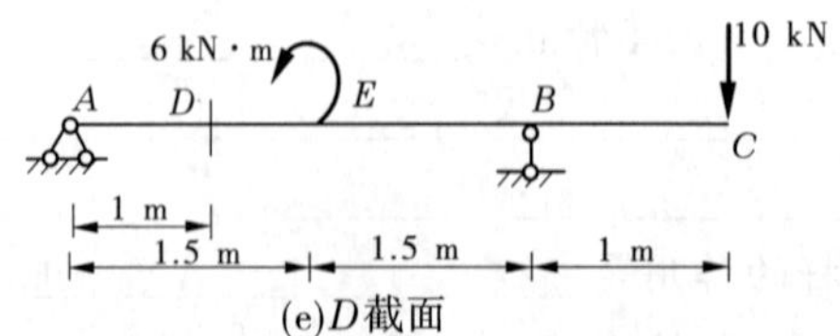

(e)D截面

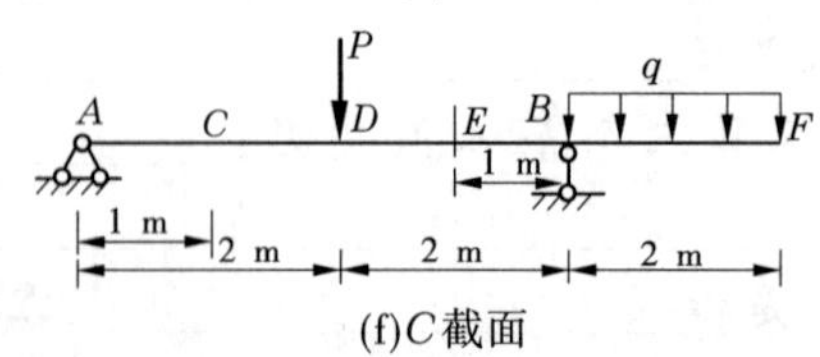

(f)C截面

图 12-36

2. 求如图 12-37 所示各梁 C 截面两侧 1—1、2—2 截面上的剪力和弯矩。

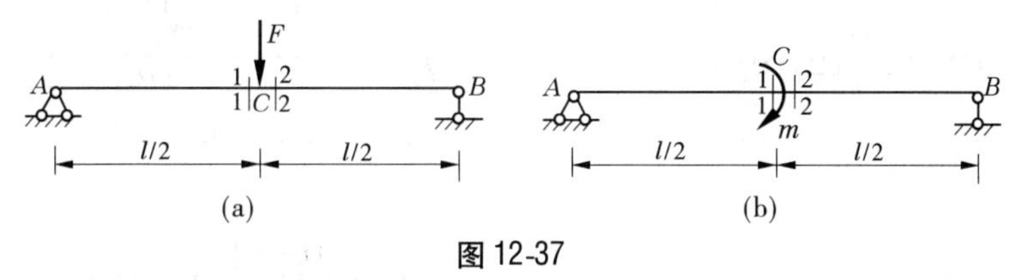

图 12-37

3. 用列内力方程的方法画如图 12-38 所示梁结构的剪力图和弯矩图。

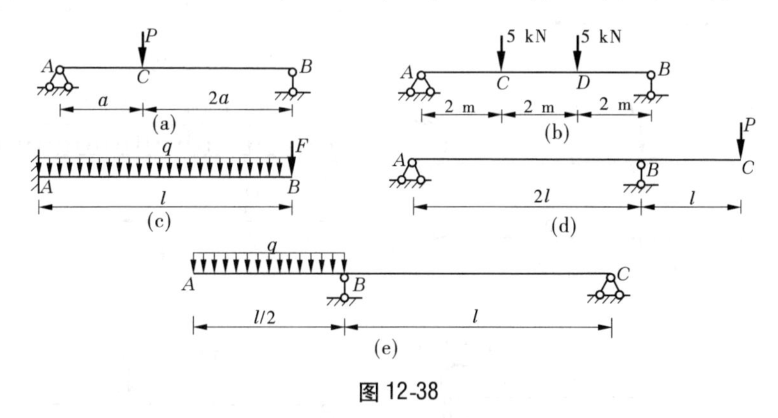

图 12-38

4. 作如图 12-39 所示梁结构的剪力图和弯矩图。

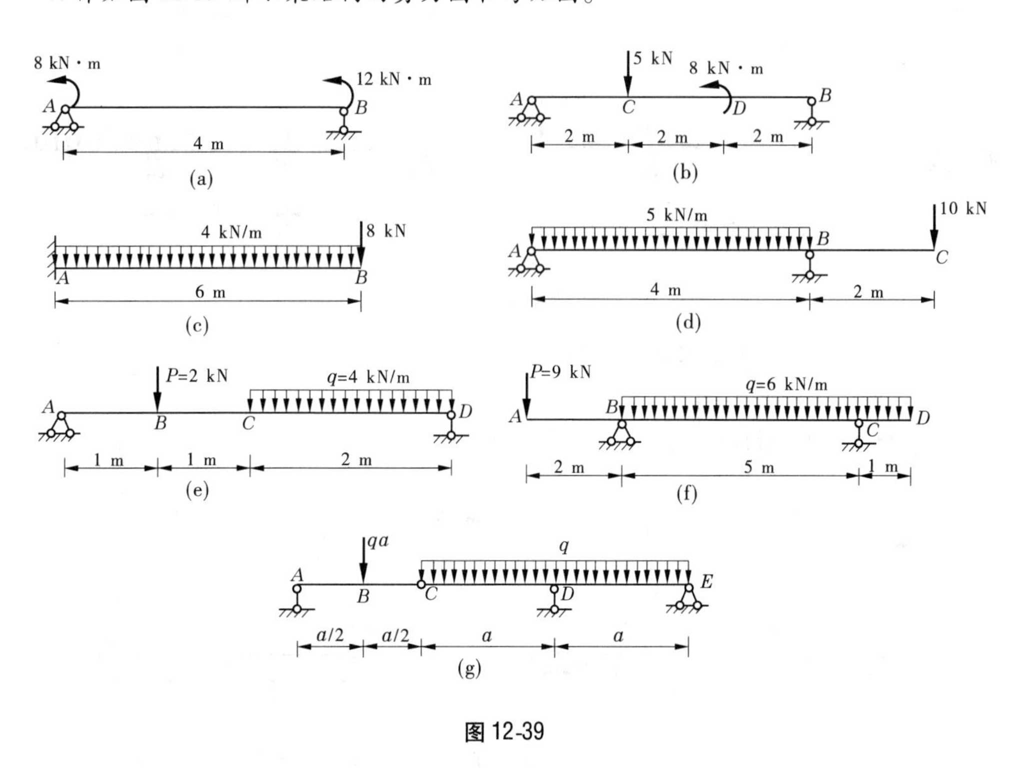

图 12-39

5. 用叠加法作如图 12-40 所示梁的弯矩图。

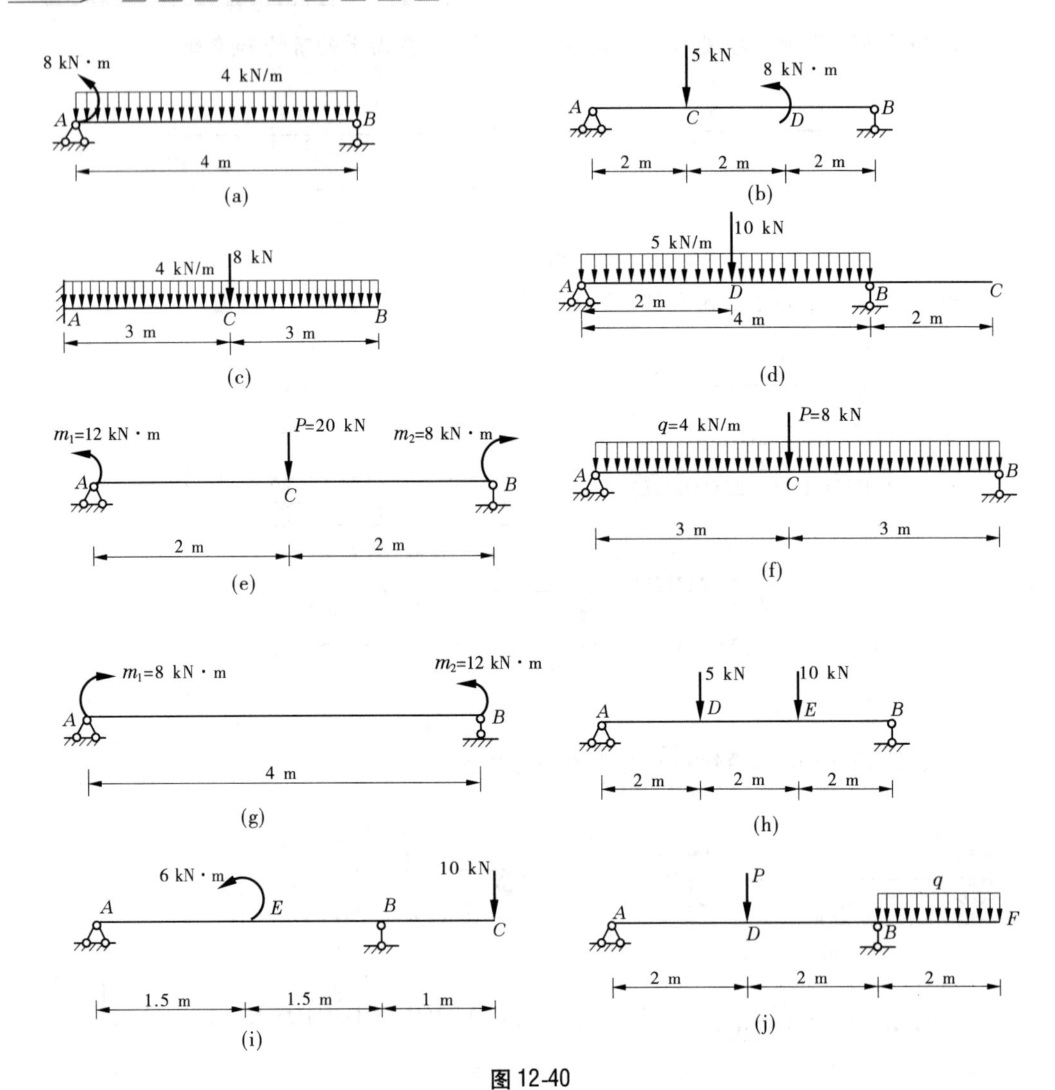

图 12-40

6. 作如图 12-41 所示刚架的内力图。

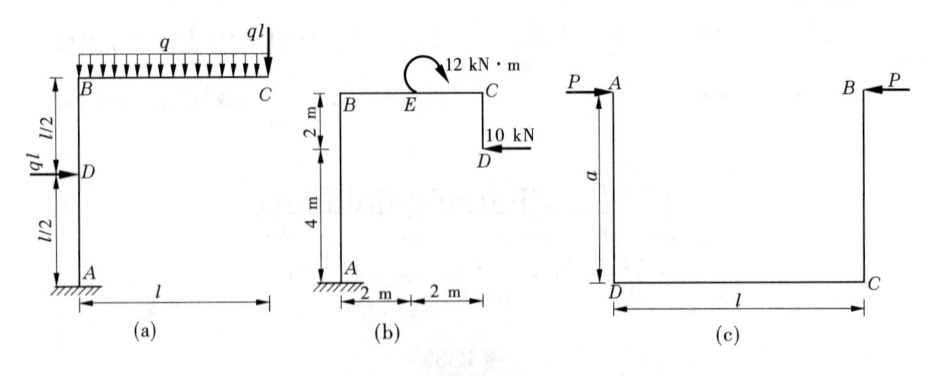

图 12-41

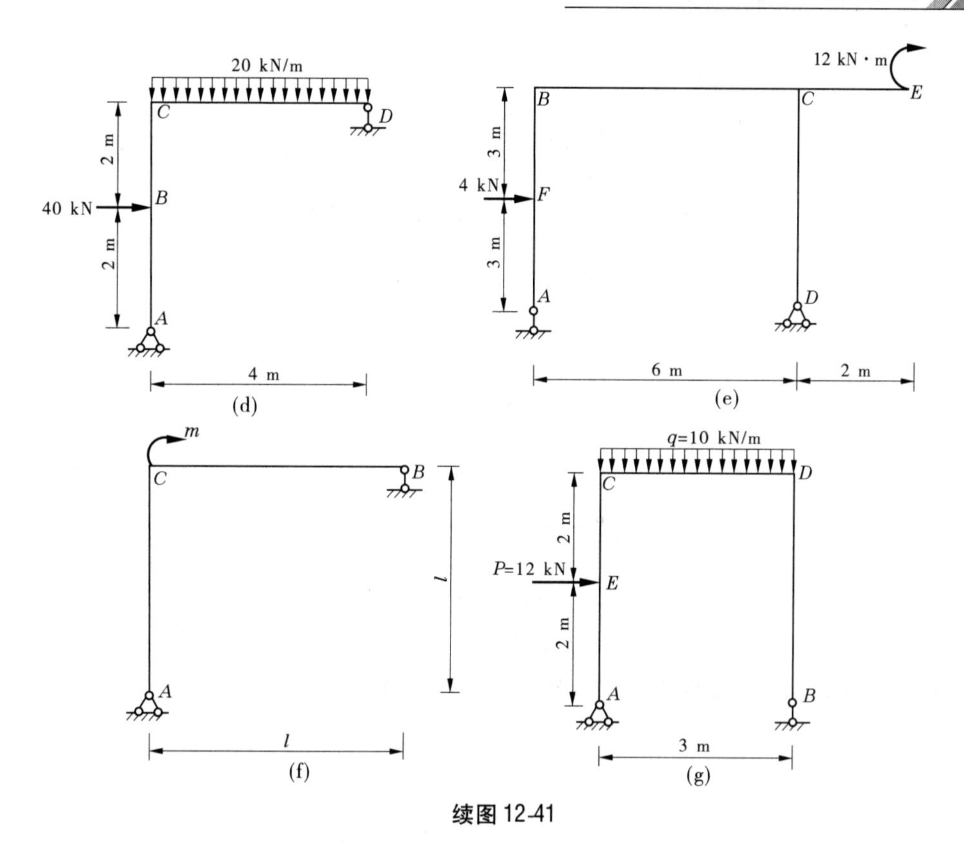

续图 12-41

7. 试求如图 12-42 所示三铰刚架内力图。

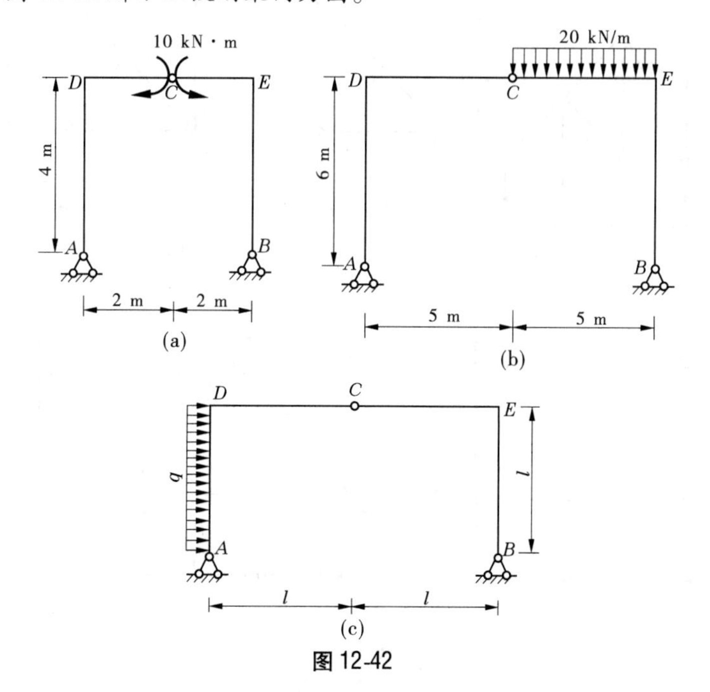

图 12-42

8. 试用结点法求如图 12-43 所示桁架各杆的内力。

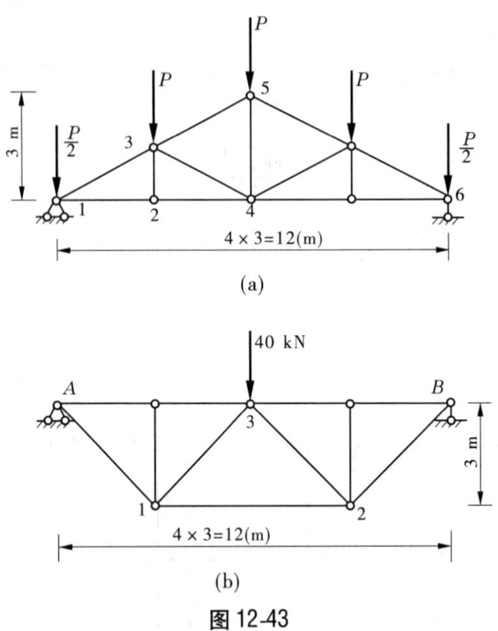

图 12-43

9. 试用截面法求如图 12-44 所示桁架指定杆件的内力。

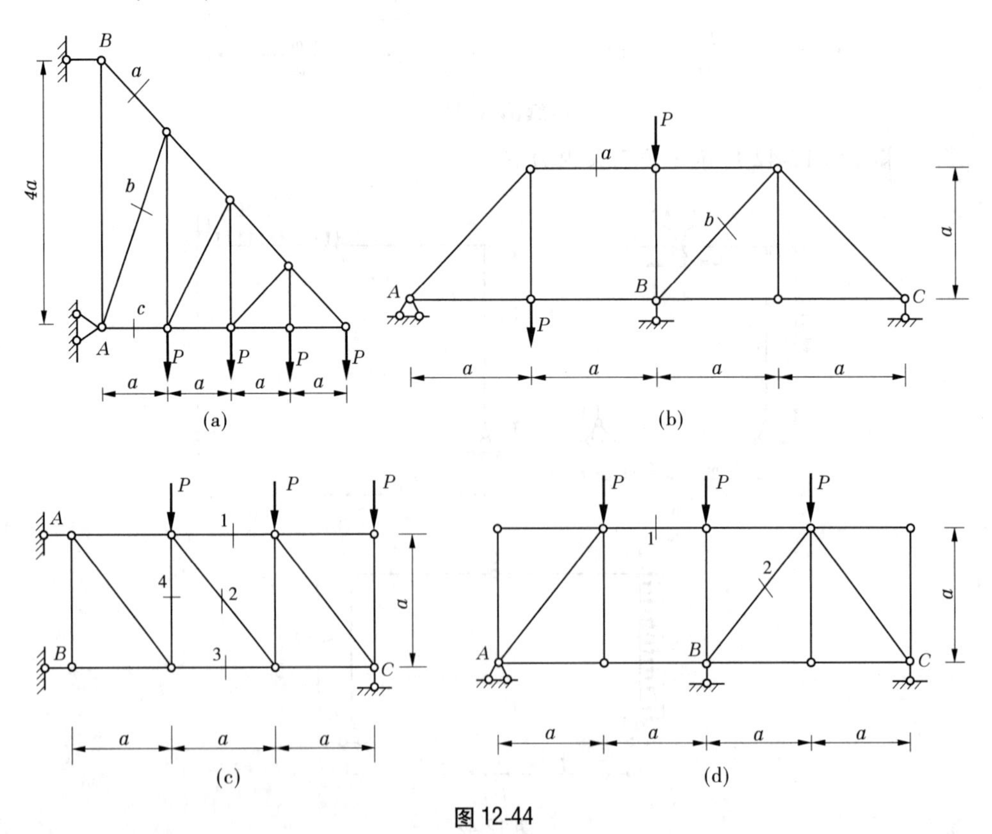

图 12-44

*10. 试求如图 12-45 所示三铰拱截面 D、E 的内力。已知拱轴线方程为：$y=\frac{4f}{l^2}x(l-x)$。

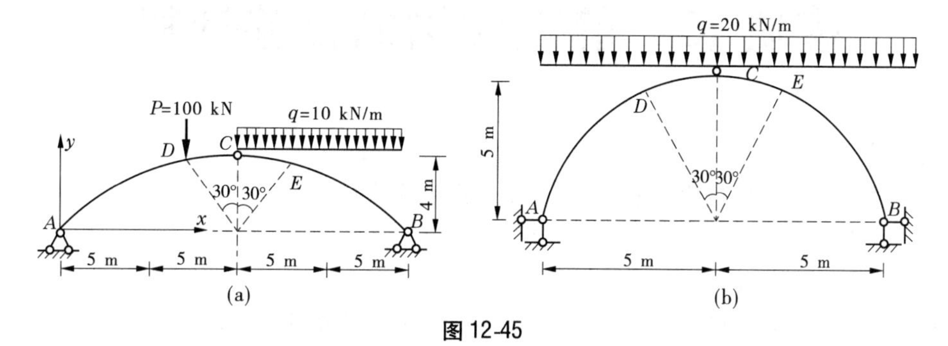

图 12-45

11. 试画出如图 12-46 所示结构的剪力图和弯矩图。

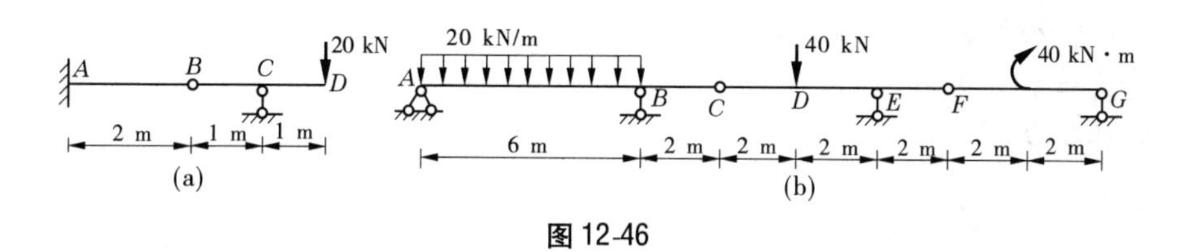

图 12-46

模块 13　静定结构的位移计算

【学习要求】

- 掌握引起结构位移的因素,理解计算结构位移的目的。
- 基本掌握梁的挠曲线近似微分方程及其应用。
- 掌握广义力、广义位移、实功以及虚功的概念。
- 理解变形体虚功原理,掌握结构在荷载作用下的位移计算公式。
- 掌握图乘法的适用条件,熟练掌握图乘法。

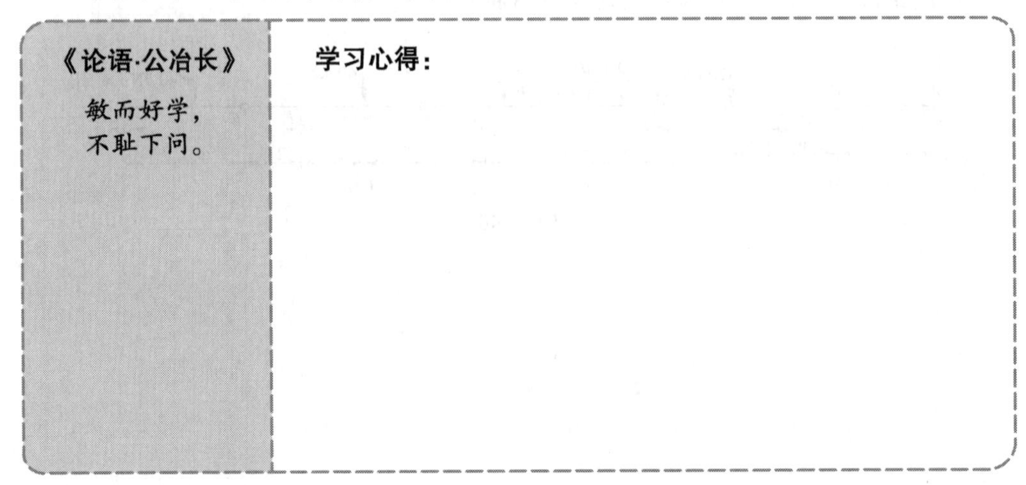

课题 13.1　概　述

本章研究静定梁等结构在外荷载、温度和支座移动等因素作用下的微小变形及变形后的位移计算。

1　位移计算的目的

(1)进行刚度验算,确保构件的变形符合使用要求。

(2)为超静定结构的内力分析作准备,超静定结构的内力计算需要以位移计算作为基础。

(3)便于结构或构件的制作和施工,结构或构件在制作、施工等过程中需要预先知道该结构或构件可能发生的位移,以便采取必要的措施(建筑起拱),确保结构或构件的正常使用。

2 位移计算的假定

求解结构位移时,为使计算简化,常作如下假定:

(1)结构的材料服从虎克定律,即应力与应变成线性关系。

(2)结构的变形(位移)是微小的。

(3)结构各部分之间为理想连接,不需要考虑摩擦阻力等影响。

满足上述条件的理想化体系,其位移与荷载之间为线性关系,也称为线性变形体系。对于此种体系,计算位移时可应用叠加原理。

如图 13-1 所示为悬臂梁在集中力偶作用下变形情况。如图 13-2(a)所示的悬臂梁,在纵向对称面内受集中荷载 P 的作用,AB 梁的轴线由图中的直线变成虚线,即图 13-2(b)所示的平面曲线。梁变形时,其上各横截面的位置发生了移动和转动,产生位移。位移用挠度和转角两个基本量来描述。如某横截面 C 的形心 c 沿与梁轴线垂直方向移动到 c',线位移 cc' 称为截面 C 的挠度(又称竖向线位移),以 y_C 表示,规定挠度以 x 轴线下方位移为正,反之为负;截面 C 在变形后绕中性轴转过一角度,截面 C 的转角 θ_C 称为角位移,如图 13-2(c)所示,规定角位移以顺时针旋转为正,反之为负。

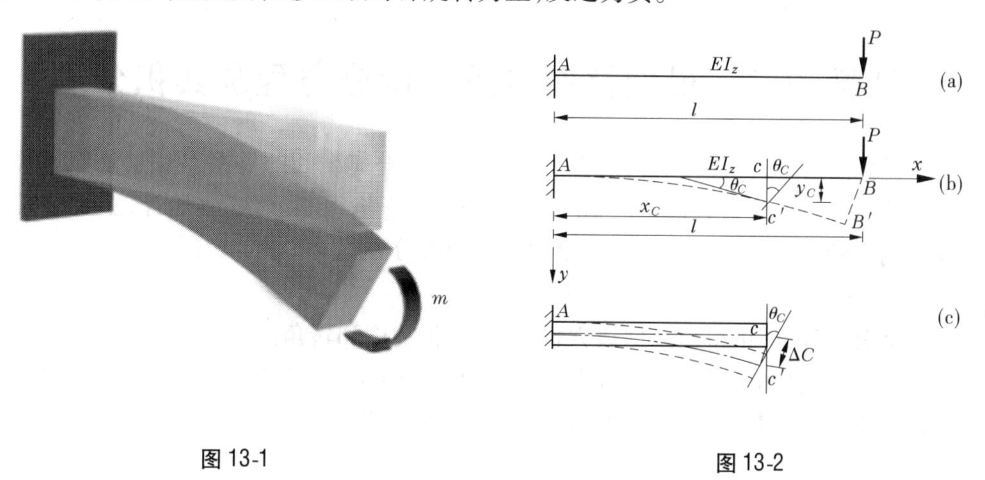

图 13-1　　图 13-2

图 13-2 中虚线所示梁的变形曲线称为挠曲线,其方程称为挠曲线方程,挠曲线方程数学表达式为

$$y = f(x)$$

式中:x 为截面坐标;y 为截面挠度。

截面挠度是截面位置的单值连续函数。在小变形情况下,截面转角为

$$\theta \approx \tan\theta = \frac{\mathrm{d}y}{\mathrm{d}x} = f'(x)$$

即挠曲线上任意点的切线斜率为该点处横截面的转角。

这样,研究梁的弯曲变形时,只要能确定挠曲线方程,构件变形后的任意横截面的挠度和转角都可以计算。

用挠曲线方程确定梁的位移是很方便的,但这种方法不适于求复杂结构的位移。如

图 13-3(a)所示的刚架,受荷载 P 作用产生图中虚线所示的变形,求解各构件的挠曲线方程是很麻烦的。

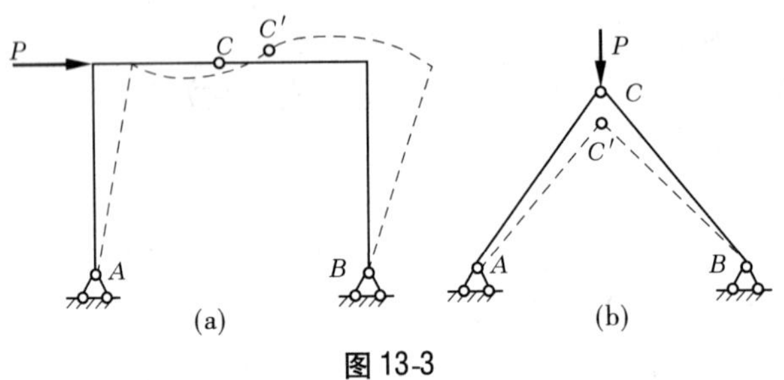

图 13-3

组成结构的各构件,除产生弯曲变形外,还可能有其他的变形形式。如图 13-3(b)所示的简单桁架,受荷载作用产生虚线所示的变形,结点 C 的位移是由构件轴向压缩所引起的,上述求弯曲变形的方法就不适用了。为此,本章还将介绍求结构位移的单位荷载法,并由单位荷载法引伸出图乘法。单位荷载法是以功的概念为基础建立起来的,用其计算结构的位移十分方便,不但适用于构件在荷载作用下各种变形形式,也可用于求解温度变化和支座移动等原因所引起的位移。

课题 13.2 梁的挠曲线近似微分方程及其积分

为了得到变形后的挠曲线方程,必须建立变形与外荷载间的关系。对于工程中常用的梁,大多数情况下,外荷载产生的剪力 Q 对变形的影响很小,可略去不计,主要是弯矩 M 对变形的影响很大。梁在弯曲时的挠曲线近似微分方程为

$$EI_z y'' = -M(x) \tag{13-1}$$

求解这一微分方程,即可得出挠曲线方程,从而求得挠度和转角。

在计算梁的变形时,可直接对挠曲线的近似微分方程进行积分。在抗弯刚度 EI_z 为常数的情况下,对式(13-1)积分一次,可得出转角方程,即

$$EI_z\theta = EI_z y' = EI_z\frac{\mathrm{d}y}{\mathrm{d}x} = -\int M(x)\mathrm{d}x + C \tag{13-2}$$

再积分一次,可得出挠曲线方程,即

$$EI_z y = \int\left(-\int M(x)\mathrm{d}x\right)\mathrm{d}x + Cx + D \tag{13-3}$$

式(13-2)和式(13-3)中出现的 C 和 D 是积分常数,其值可由梁产生变形前后的边界条件等来确定。积分常数 C、D 确定后,利用式(13-2)、式(13-3)便可计算出任一截面的转角和挠度。

【例 13-1】 一等截面悬臂梁如图 13-4 所示,自由端受一集中力 P 作用,梁的抗弯刚度为 EI_z,求自由端截面的转角和挠度。

解 (1)取坐标轴如图 13-4 所示,建立挠曲线近似微分方程如下:

梁的弯矩方程为

$$M(x) = -P(l-x)$$

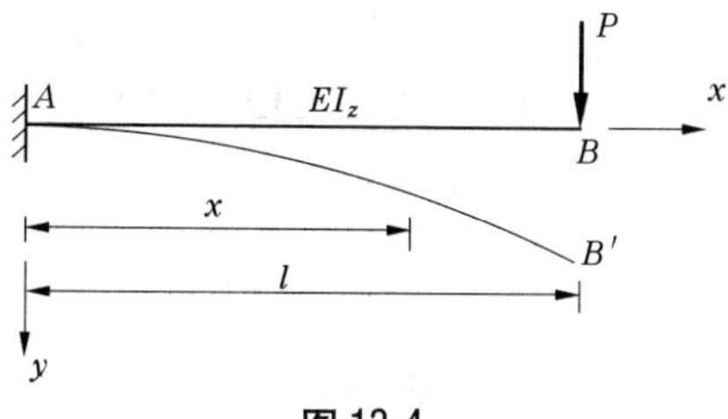

图 13-4

挠曲线近似微分方程为

$$EI_z y'' = -[-P(l-x)]$$

即

$$EI_z y'' = P(l-x)$$

(2)对微分方程二次积分,结果如下:

积分一次,得转角方程为

$$EI_z\theta = Plx - \frac{1}{2}Px^2 + C \tag{a}$$

再积分一次,得挠度方程为

$$EI_z y = \frac{1}{2}Plx^2 - \frac{1}{6}Px^3 + Cx + D \tag{b}$$

(3)利用边界条件确定积分常数。在固定端处,截面的转角和挠度均为零,即当 $x=0$ 时,有 $\theta_A=0, y_A=0$。将边界条件代入式(a)和式(b)得

$$C = 0 \quad D = 0$$

(4)写出转角方程和挠曲线方程。将所求得的积分常数 C、D 值代入式(a)和式(b),得梁的转角方程和挠曲线方程分别为

$$EI_z\theta = Plx - \frac{1}{2}Px^2 \tag{c}$$

$$EI_z y = \frac{1}{2}Plx^2 - \frac{1}{6}Px^3 \tag{d}$$

(5)求指定截面的转角和挠度值。将 $x = l$ 代入式(c)和式(d),可计算自由端截面的转角和挠度分别为

$$\theta_B = \frac{1}{EI_z}\left(Pl^2 - \frac{1}{2}Pl^2\right) = \frac{Pl^2}{2EI_z}(\curvearrowright)$$

$$y_B = \frac{1}{EI_z}\left(\frac{1}{2}Pl^3 - \frac{1}{6}Pl^3\right) = \frac{Pl^3}{3EI_z}(\downarrow)$$

转角 θ_B 为正,说明截面 B 是顺时针旋转的;挠度 y_B 为正,说明截面 B 挠度是向下的。

【例 13-2】 一等截面悬臂梁受均布荷载 q 的作用,如图 13-5 所示,梁的抗弯刚度为 EI_z,求自由端 B 截面的转角和挠度。

解 (1)取坐标轴如图 13-5 所示,建立挠曲线近似微分方程如下:

梁的弯矩方程为

$$M(x) = -\frac{1}{2}q(l-x)^2$$

挠曲线近似微分方程为

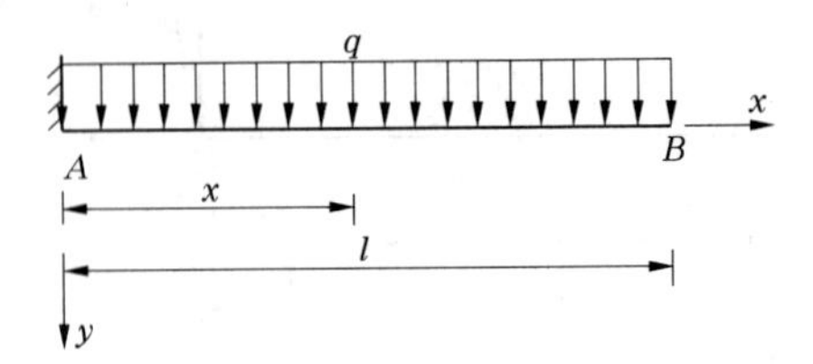

图 13-5

$$EI_zy'' = -\left[-\frac{1}{2}q(l-x)^2\right]$$

即
$$EI_zy'' = \frac{1}{2}q(l-x)^2$$

(2)对微分方程二次积分,结果如下:

积分一次,得转角方程为

$$EI_z\theta = \frac{1}{2}ql^2x - \frac{1}{2}qlx^2 + \frac{1}{6}qx^3 + C \tag{a}$$

再积分一次,得挠度方程为

$$EI_zy = \frac{1}{4}ql^2x^2 - \frac{1}{6}qlx^3 + \frac{1}{24}qx^4 + Cx + D \tag{b}$$

(3)利用边界条件确定积分常数。在固定端处,截面的转角和挠度均为零,即当 $x=0$ 时有

$$\theta_A = 0 \quad y_A = 0$$

将边界条件代入式(a)和式(b)得

$$C = 0 \quad D = 0$$

(4)给出转角方程和挠曲线方程。将所求得的积分常数 C、D 值代入式(a)和式(b),得梁的转角方程和挠曲线方程分别为

$$EI_z\theta = \frac{1}{2}ql^2x - \frac{1}{2}qlx^2 + \frac{1}{6}qx^3 \tag{c}$$

$$EI_zy = \frac{1}{4}ql^2x^2 - \frac{1}{6}qlx^3 + \frac{1}{24}qx^4 \tag{d}$$

(5)求指定截面的转角和挠度值。将 $x=l$ 代入式(c)和式(d),可计算自由端截面的转角和挠度分别为

$$\theta_B = \frac{1}{EI_z}\left(\frac{1}{2}ql^3 - \frac{1}{2}ql^3 + \frac{1}{6}ql^3\right) = \frac{ql^3}{6EI_z}(\curvearrowright)$$

$$y_B = \frac{1}{EI_z}\left(\frac{1}{4}ql^4 - \frac{1}{6}ql^4 + \frac{1}{24}ql^4\right) = \frac{ql^4}{8EI_z}(\downarrow)$$

转角 θ_B 为正,说明截面 B 是顺时针旋转的;挠度 y_B 为正,说明截面 B 挠度是向下的。

【例 13-3】 一承受均布荷载的等截面简支梁如图 13-6 所示,梁的抗弯刚度为 EI_z,求梁的最大挠度和 B 截面的转角。

解 (1)求支座反力。

$$R_{Ay} = R_{By} = \frac{1}{2}ql(\uparrow)$$

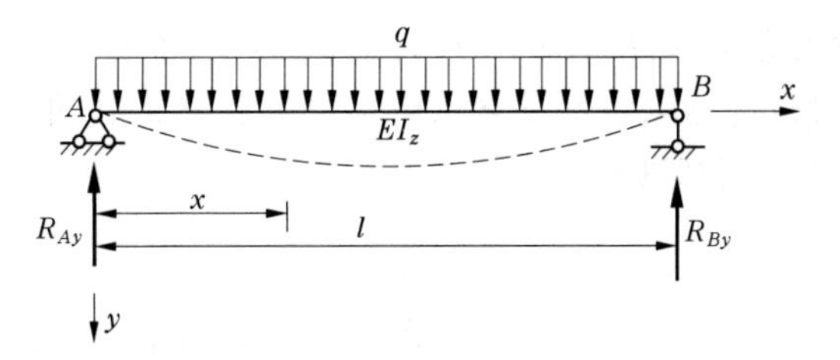

图 13-6

(2)建立坐标轴如图 13-6 所示,则梁的弯矩方程为

$$M(x) = \frac{1}{2}qlx - \frac{1}{2}qx^2$$

挠曲线近似微分方程为

$$EI_z y'' = -\frac{1}{2}qlx + \frac{1}{2}qx^2$$

(3)对微分方程二次积分,结果如下:

积分一次,得转角方程为

$$EI_z\theta = \frac{1}{6}qx^3 - \frac{1}{4}qlx^2 + C \tag{a}$$

再积分一次,得挠度方程为

$$EI_z y = \frac{1}{24}qx^4 - \frac{1}{12}qlx^3 + Cx + D \tag{b}$$

(4)利用边界条件确定积分常数。简支梁在两端处截面的挠度均为零,即

$$当\ x = 0\ 时\quad y_A = 0$$

$$当\ x = l\ 时\quad y_B = 0$$

将边界条件代入式(a)和式(b)得

$$C = \frac{1}{24}ql^3 \quad D = 0$$

(5)写出转角方程和挠曲线方程。将所求得的积分常数 C、D 值代入式(a)和式(b),得梁的转角方程和挠曲线方程分别为

$$EI_z\theta = \frac{q}{24}(4x^3 - 6lx^2 + l^3) \tag{c}$$

$$EI_z y = \frac{q}{24}(x^4 - 2lx^3 + l^3 x) \tag{d}$$

(6)求最大的挠度和 B 截面的转角。由于梁上荷载及梁是对称的,最大的挠度发生在跨中,将 $x = \frac{l}{2}$ 代入式(d)得

$$y_{\max} = \frac{5ql^4}{384EI_z}(\downarrow)$$

将 $x = l$ 代入式(c),可计算 B 端截面的转角为

$$\theta_B = -\frac{ql^3}{24EI_z}(↶)$$

挠度 y_{max} 为正,说明最大挠度是向下的;转角 θ_B 为负,说明 B 截面是逆时针旋转的。

【例 13-4】 如图 13-7 所示,一简支梁承受集中荷载 P 的作用,梁的抗弯刚度为 EI_z,求梁 C 截面的挠度和 A 截面的转角。

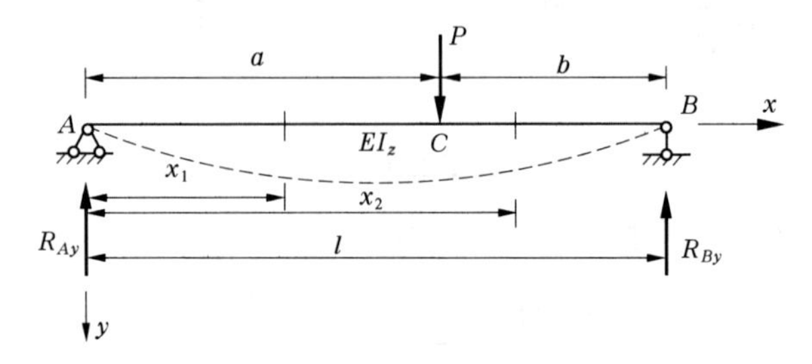

图 13-7

解 由于梁受集中荷载 P 作用,故梁 AB 的内力方程不能用一个方程表达,应分段列 AC、CB 段内力方程。

(1)根据梁整体平衡,求 A、B 支座的反力为

$$R_{Ay}=\frac{Pb}{l}(\uparrow)\quad R_{By}=\frac{Pa}{l}(\uparrow)$$

(2)取坐标轴如图 13-7 所示,则梁的弯矩方程为

AC 段

$$M(x_1)=\frac{Pb}{l}x_1\quad(0\leqslant x_1\leqslant a)$$

CB 段

$$M(x_2)=\frac{Pb}{l}x_2-P(x_2-a)\quad(a\leqslant x_2\leqslant l)$$

分别列挠曲线近似微分方程及积分如下:

AC 段

$$EI_z y''_1=-\frac{Pb}{l}x_1\quad(0\leqslant x_1\leqslant a)$$

$$EI_z\theta_1=-\frac{Pb}{2l}x_1^2+C_1\tag{a}$$

$$EI_z y_1=-\frac{Pb}{6l}x_1^3+C_1x_1+D_1\tag{b}$$

CB 段

$$EI_z y''_2=P(x_2-a)-\frac{Pb}{l}x_2$$

$$EI_z\theta_2=\frac{P}{2}(x_2-a)^2-\frac{Pb}{2l}x_2^2+C_2\tag{c}$$

$$EI_z y_2=\frac{P}{6}(x_2-a)^3-\frac{Pb}{6l}x_2^3+C_2x_2+D_2\tag{d}$$

(3)确定积分常数。在上述式(a)~式(d)中,有 4 个积分常数 C_1、D_1、C_2、D_2,确定这

4 个积分常数，除利用边界条件外，还需应用 AC、CB 两段梁的变形协调条件。

$$当\ x_1=0\ 时\quad y_1=y_A=0$$

$$当\ x_2=l\ 时\quad y_2=y_B=0$$

根据 AC、CB 两段梁的变形协调条件，在 C 截面处两侧有相同的转角和挠度，即当 $x_1=x_2=a$ 时，有

$$\theta_1=\theta_2\quad y_1=y_2$$

将上述条件代入式(a)～式(d)得

$$C_1=C_2=\frac{Pb}{6l}(l^2-b^2)$$

$$D_1=D_2=0$$

(4)写出转角方程和挠曲线方程。将所求得的积分常数值代入式(a)～式(d)得梁的转角方程和挠曲线方程分别为

AC 段

$$EI_z\theta_1=\frac{Pb}{6l}(l^2-b^2-3x_1^2)\tag{e}$$

$$EI_zy_1=\frac{Pb}{6l}x_1(l^2-b^2-x_1^2)\tag{f}$$

CB 段

$$EI_z\theta_2=\frac{Pb}{6l}(l^2-b^2-3x_2^2)+\frac{P(x_2-a)^2}{2}\tag{g}$$

$$EI_zy_2=\frac{Pbx_2}{6}(l^2-b^2-x_2^2)+\frac{P(x_2-a)^3}{6}\tag{h}$$

(5)求指定的截面的转角和挠度。

将 $x=a$ 代入式(h)，可计算 C 截面的挠度为

$$y_C=\frac{Pab}{6lEI_z}(l^2-a^2-b^2)(\downarrow)$$

将 $x=0$ 代入式(e)，截面 A 的转角为

$$\theta_A=\frac{Pb}{6lEI_z}(l^2-b^2)(\curvearrowright)$$

【例 13-5】　如图 13-8 所示，一简支梁承受集中力偶 m 的作用，梁的抗弯刚度为 EI_z，求梁 C 截面的挠度和 A 截面的转角。

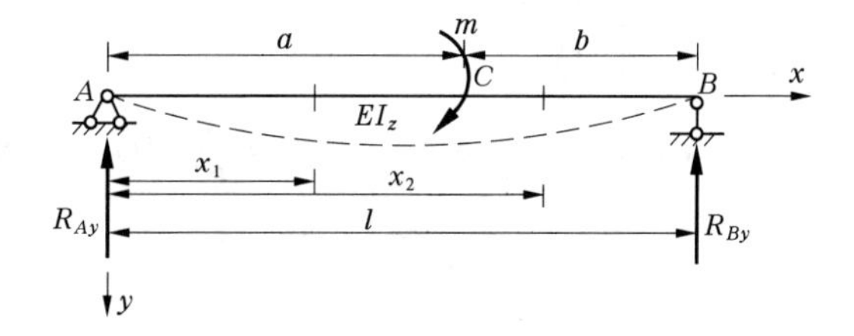

图 13-8

解 由于梁受集中力偶 m 作用,故梁 AB 内力方程不能用一个方程表达,应分段列 AC、CB 段的内力方程。

(1)根据梁整体平衡,求 A、B 支座的反力为

$$R_{Ay}=-\frac{m}{l}\quad R_{By}=\frac{m}{l}$$

(2)取坐标轴如图 13-8 所示,则梁的弯矩方程为

AC 段 $$M(x_1)=-\frac{m}{l}x_1\quad(0\leqslant x_1\leqslant a)$$

CB 段 $$M(x_2)=m-\frac{m}{l}x_2\quad(a\leqslant x_2\leqslant l)$$

挠曲线近似微分方程及积分如下:

AC 段

$$EI_z y''_1=\frac{m}{l}x_1\quad(0\leqslant x_1\leqslant a)$$

$$EI_z\theta_1=\frac{m}{2l}x_1^2+C_1\tag{a}$$

$$EI_z y_1=\frac{m}{6l}x_1^3+C_1x_1+D_1\tag{b}$$

CB 段

$$EI_z y''_2=\frac{m}{l}x_2-m\quad(a\leqslant x_2\leqslant l)$$

$$EI_z\theta_2=\frac{m}{2l}x_2^2-mx_2+C_2\tag{c}$$

$$EI_z y_2=\frac{m}{6l}x_2^3-\frac{1}{2}mx_2^2+C_2x_2+D_2\tag{d}$$

(3)确定积分常数。在上述式(a)~式(d)中,有 4 个积分常数 C_1、D_1、C_2、D_2,确定这 4 个积分常数,除利用边界条件外,还需应用 AC、CB 两段梁的变形协调条件。

$$\text{当 } x_1=0 \text{ 时}\quad y_1=y_A=0$$

$$\text{当 } x_2=l \text{ 时}\quad y_2=y_B=0$$

根据 AC、CB 两段梁的变形协调条件,在 C 截面处两侧有相同的转角和挠度,即当 $x_1=x_2=a$ 时,有

$$\theta_1=\theta_2\quad y_1=y_2$$

将上述条件代入式(a)~式(d)得

$$C_1=\frac{1}{6l}(2ml^2+3ma^2-6mal)\qquad C_2=\frac{1}{6l}(2ml^2+3ma^2)$$

$$D_1=0\qquad D_2=-\frac{1}{2}ma^2$$

(4)写出转角方程和挠曲线方程。将所求得的积分常数值代入式(a)~式(d)得梁的转角方程和挠曲线方程分别为

AC 段

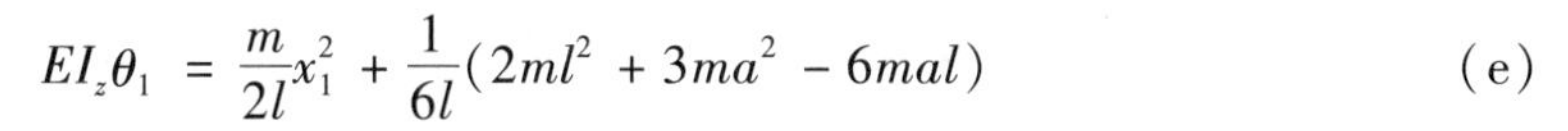

$$EI_z\theta_1 = \frac{m}{2l}x_1^2 + \frac{1}{6l}(2ml^2 + 3ma^2 - 6mal) \tag{e}$$

$$EI_zy_1 = \frac{m}{6l}x_1^3 + \frac{1}{6l}(2ml^2 + 3ma^2 - 6mal)x_1 \tag{f}$$

CB 段

$$EI_z\theta_2 = \frac{m}{2l}x_2^2 - mx_2 + \frac{1}{6l}(2ml^2 + 3ma^2) \tag{g}$$

$$EI_zy_2 = \frac{m}{6l}x_2^3 - \frac{1}{2}mx_2^2 + \frac{1}{6l}(2ml^2 + 3ma^2)x_2 - \frac{1}{2}ma^2 \tag{h}$$

(5)求指定截面的转角和挠度。将 $x = 0$ 代入式(e),截面 A 的转角为

$$\theta_A = \frac{m}{6EI_zl}(2l^2 + 3a^2 - 6al)(↻)$$

将 $x = a$ 代入式(h),可计算 C 截面的挠度为

$$y_C = \frac{m}{3EI_zl}(al^2 + 2a^3 - 3a^2l)(\downarrow)$$

课题 13.3　单位荷载法

梁的挠度和转角方程可以计算简单梁的位移,对于较复杂结构(如拱、刚架、桁架等)的位移求解就显得烦琐。因此,本节介绍适用于计算各种弹性杆系结构在荷载作用下所引起位移的一般计算方法——单位荷载法及单位荷载法的理论基础——虚功原理。

结构的位移有线位移与角位移两种。结构中杆件在外荷载等作用下某截面形心移动的距离,如图 13-9所示 A 截面在集中荷载 P 作用下移动至 A',Δ_A 即为 A 截面的线位移;结构杆件在外荷载等作用下某横截面产生了转动,转动的角度即为角位移,如图 13-9所示 θ_A 为 A 截面的角位移。研究结构位移除校核结构刚度外,另一个目的就是为计算超静定结构打下基础。在分析超静定结构的内力时,必须要考虑结构的变形条件,需要用到结构位移计算的相关知识。

1　虚功的概念

在物理学中已经知道功 W 用作用力 P 与位移 Δ 的乘积来表示,这里所指的力,其大小、方向不变,所指的位移是做功力方向上的位移,一般用下式表示

$$W = P\Delta \tag{13-4}$$

若位移 Δ 是做功的力 P 本身产生的,则称为实功。实功已在物理学中研究过,本模块中不再研究。若位移 Δ 是别的因素引起的,而不是做功的力 P 本身引起的,这样的功叫做虚功,如图 13-10 所示的结构,由于温度的变化,这时作用在 A 点的力 P 就在 Δ_A 上做虚功,Δ_A 不是力 P 引起的,而是温度的变化引起的。

2　变形体的虚功原理

变形体是指结构在外荷载等作用下能产生变形的物体。如图 13-11 所示简支梁在荷

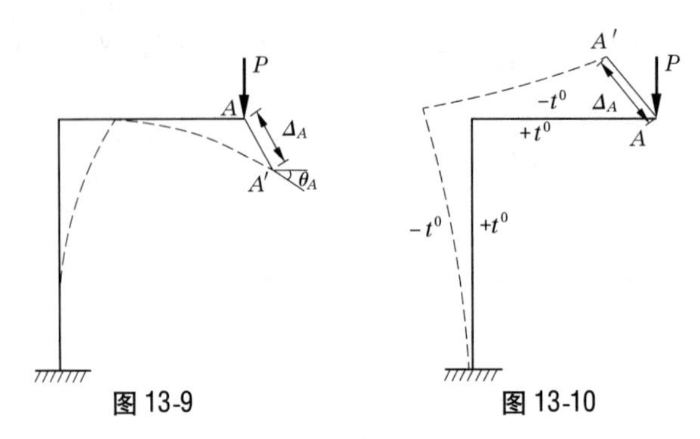

图 13-9　　　　图 13-10

载 P_k、P_i 作用下产生变形。本节将利用变形体的虚功原理,给出位移计算的基本公式。

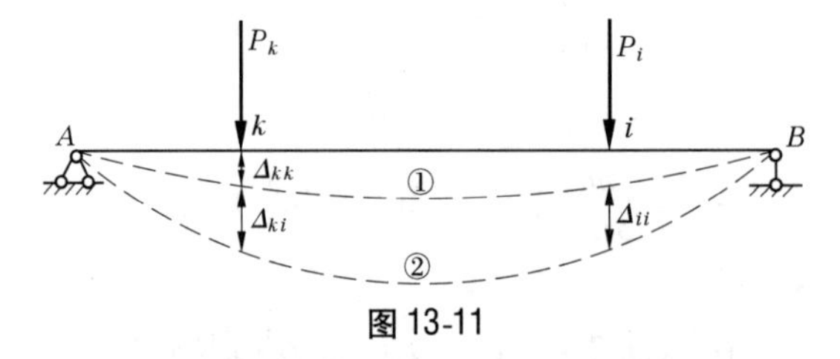

图 13-11

如图 13-11 所示简支梁 AB 在第一组荷载 P_k 作用下,在 P_k 作用点沿 P_k 方向产生的位移记为 Δ_{kk}。位移 Δ 的第一个下标表示发生位移的地点和方向,第二个下标表示引起位移的原因。Δ_{kk} 的两个下标表示位移 Δ 是在 P_k 作用点沿 P_k 方向,并且是由 P_k 的作用而引起的。当第一组荷载 P_k 作用于结构,并达到虚线①稳定平衡以后,在 i 处再加上第二组荷载 P_i,这时结构将继续发生微小的变形而达到图中所示虚线②位置,P_k 作用点沿 P_k 方向产生新的位移为 Δ_{ki},Δ_{ki} 表示由 P_i 引起的在 P_k 作用点沿 P_k 方向的位移。力 P_k 在对应的位移 Δ_{ki} 上所做的虚功为

$$W_{ki} = P_k \Delta_{ki} \tag{13-5}$$

式中: W_{ki} 为 P_k 力在 P_i 力所引起的位移上做的功,这种外荷载在其他因素(如其他力系、温度变化、支座位移或制造误差等)引起的沿位移方向上所做的功,统称为外力虚功。

同时,简支梁 AB 由于第一组荷载 P_k 作用产生的内力 $\overline{M}$、$\overline{Q}$ 和 $\overline{N}$ 在 P_i 力所引起的变形上(由实曲线到虚曲线)也做了虚功,用 W'_{ki} 表示,统称为内力虚功。

变形体虚功原理:结构的第一组外力在第二组外力所引起的位移上所做的外力虚功等于第一组内力在第二组外力引起的变形上所做的内力虚功,即

$$\text{外力虚功 } W_{ki} = \text{内力虚功 } W'_{ki} \tag{13-6}$$

在上述情况中,两组力 P_k 和 P_i 是彼此独立无关的,因此在计算位移时可设 $P_k = 1$,$P_k = 1$ 称为单位荷载,且 P_k 为广义荷载(广义荷载是指 $P_k = 1$ 既可看做单位集中力,也可以看做单位集中力偶)。

3　计算结构位移的一般公式

根据虚功原理,我们就可计算结构由于各种原因(荷载作用、温度变化、支座沉陷、制作安装不准确等)引起的位移,结构位移计算的一般公式为

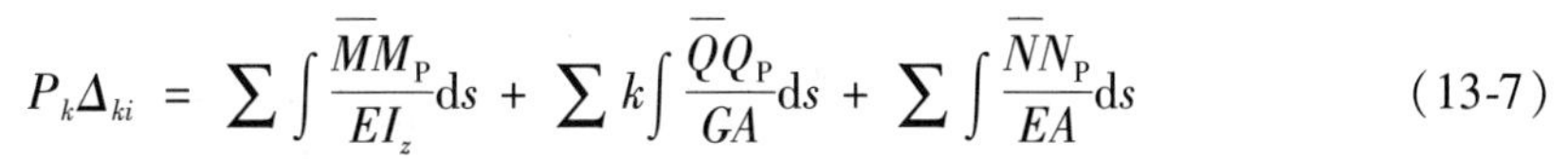

$$P_k\Delta_{ki} = \sum\int\frac{\overline{M}M_P}{EI_z}ds + \sum k\int\frac{\overline{Q}Q_P}{GA}ds + \sum\int\frac{\overline{N}N_P}{EA}ds \tag{13-7}$$

令 $P_k = 1$，则

$$\Delta_{ki} = \sum\int\frac{\overline{M}M_P}{EI_z}ds + \sum k\int\frac{\overline{Q}Q_P}{GA}ds + \sum\int\frac{\overline{N}N_P}{EA}ds \tag{13-8}$$

静定结构在荷载作用下，按结构变形情况，结构位移计算的一般公式可简化，简化一般分为两类，其相应的位移计算公式如下所述：

（1）梁或刚架以弯曲变形为主的位移计算公式为

$$P_k\Delta_{ki} = \sum\int\frac{\overline{M}M_P}{EI_z}ds$$

令 $P_k = 1$，则

$$\Delta_{ki} = \sum\int\frac{\overline{M}M_P}{EI_z}ds \tag{13-9}$$

式中：M_P 为梁或刚架在实际荷载作用下构件弯矩方程的表达式；$\overline{M}$ 为梁或刚架在虚设单位荷载 $P_k = 1$ 作用下构件弯矩方程的表达式；EI_z 为杆件的抗弯刚度。

（2）桁架以轴向拉（压）变形形式的位移计算公式为

$$P_k\Delta_{ki} = \sum\int\frac{\overline{N}N_P}{EA}ds = \sum\frac{\overline{N}N_P}{EA}l$$

令 $P_k = 1$，则

$$\Delta_{ki} = \sum\int\frac{\overline{N}N_P}{EA}ds = \sum\frac{\overline{N}N_P}{EA}l \tag{13-10}$$

式中：N_P 为桁架结构在实际荷载作用下各杆件的轴力；$\overline{N}$ 为桁架结构在虚设单位荷载 $P_k = 1$ 作用下各杆件的轴力；EA 为杆件的抗拉（压）刚度；l 为杆件的长度。

应特别强调的是：单位荷载必须根据所求位移而设定。如图 13-12（a）所示悬臂刚架，横梁上作用有竖向荷载，当求此结构在荷载作用下任意截面的不同位移时，其虚设单位荷载有以下几种不同的情况：

（1）欲求 C 截面的水平方向的线位移，应在 C 截面处沿水平方向加一单位集中力（$P_k = 1$），如图 13-12（b）所示。

（2）欲求 C 截面的角位移，应在 C 截面处加一个单位集中力偶（$P_k = 1$），如图 13-12（c）所示。

（3）欲求 C、D 两点的相对线位移（即 C、D 两点间相互靠拢或拉开的距离），应在 C、D 两点沿 CD 连线方向加一对反向的单位集中力（$P_k = 1$），如图 13-12（d）所示。

（4）欲求 C、D 两截面的相对角位移，应在 C、D 两截面处加一对反向的单位力偶（$P_k = 1$），如图 13-12（e）所示。

结构在荷载作用下的位移计算，不论属于哪种情况，虚设单位荷载必须是与所求位移相对应的单位力。

利用式（13-9）和式（13-10）计算结构位移的基本步骤是：

（1）在欲求位移处沿所求位移方向虚设单位力，然后分别列各杆段内力方程。

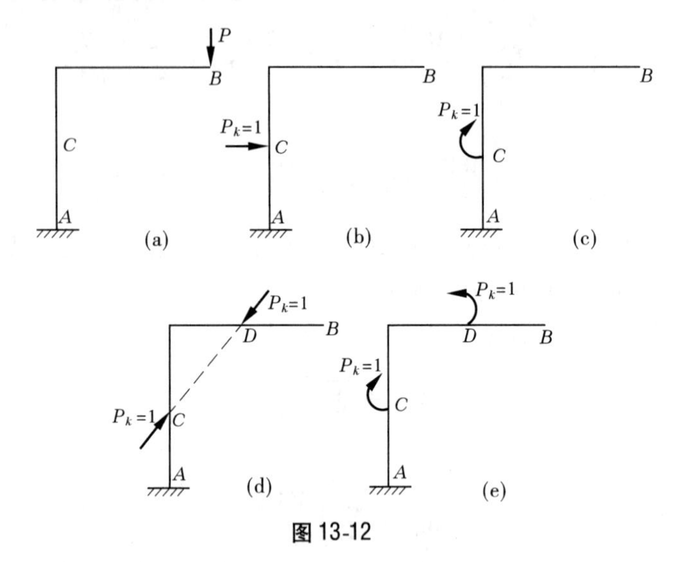

图 13-12

(2)列实际荷载作用下各杆段内力方程。

(3)根据所列内力方程或轴力值选择式(13-9)或式(13-10),积分求和即可计算出所求相应位移。

【例 13-6】 悬臂梁 AB 上作用均布荷载 q,如图 13-13(a)所示,EI_z 为常数。求 B 端的竖向线位移 Δ_{By}。

解 (1)在 B 端加一竖向单位力 $P_k=1$,如图 13-13(b)所示,设以 B 为坐标原点,则当 $0\leqslant x\leqslant l$ 时,弯矩方程式为

$$\overline{M}=-x \quad (0\leqslant x\leqslant l)$$

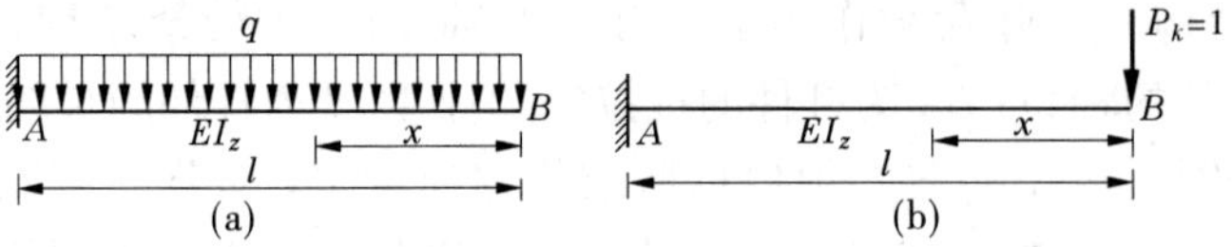

图 13-13

(2)列实际荷载作用下梁的弯矩方程时,应同取 B 为坐标原点,同时当 $0\leqslant x\leqslant l$ 时,弯矩方程为

$$M_{\mathrm{P}}=-\frac{1}{2}qx^2 \quad (0\leqslant x\leqslant l)$$

(3)将 $\overline{M}$、M_{P} 代入式(13-9)得

$$\Delta_{By}=\sum\int\frac{\overline{M}M_{\mathrm{P}}}{EI_z}\mathrm{d}s=\frac{1}{EI_z}\int_0^l(-x)\times\left(-\frac{1}{2}qx^2\right)\mathrm{d}x$$

$$=\frac{1}{EI_z}\left[\frac{qx^4}{8}\right]_0^l=\frac{ql^4}{8EI_z}(\downarrow)$$

计算结果为正值,说明 Δ_{By} 的实际方向与虚设单位力的方向一致,与例 13-2 计算结果一致。

【例 13-7】 简支梁 AB 作用均布荷载 q,如图 13-14(a)所示,梁的 EI_z 为常数。求跨中竖向线位移 Δ_{Cy}。

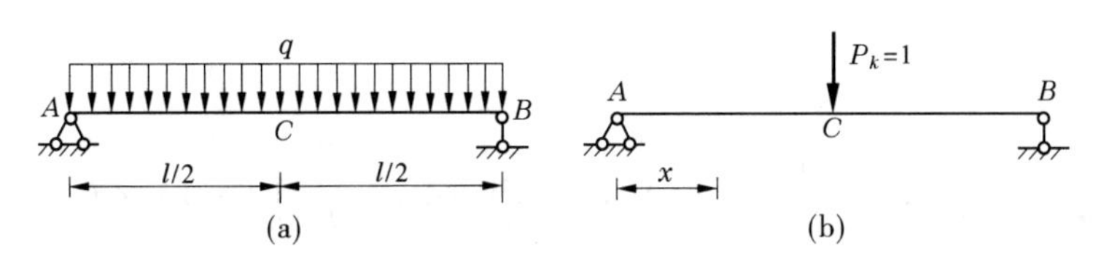

图 13-14

解　(1)在 C 截面处加一单位集中荷载 $P_k=1$，如图 13-14(b)所示。以 A 为坐标原点列弯矩方程。

AC 段
$$\overline{M}=\frac{1}{2}x \quad (0\leqslant x\leqslant\frac{l}{2})$$

(2)实际荷载作用下梁的弯矩方程为

AC 段
$$M_{\mathrm{P}}=\frac{ql}{2}x-\frac{qx^2}{2} \quad (0\leqslant x\leqslant\frac{l}{2})$$

(3)将 $\overline{M}$、M_{P} 代入式(13-9)，由于 $\overline{M}$、M_{P} 图均为对称图形，利用对称性可得

$$\Delta_{Cy}=\sum\int_0^l\frac{\overline{M}M_{\mathrm{P}}}{EI_z}\mathrm{d}s=2\times\frac{1}{EI_z}\int_0^{\frac{l}{2}}\frac{x}{2}\left(\frac{ql}{2}x-\frac{1}{2}qx^2\right)\mathrm{d}x$$
$$=\frac{q}{2EI_z}\int_0^{\frac{l}{2}}(lx^2-x^3)\mathrm{d}x=\frac{5ql^4}{384EI_z}(\downarrow)$$

计算结果为正值，说明 Δ_{Cy} 的实际方向与虚设单位力的方向相同，与例 13-3 计算结果一致。

【例 13-8】　悬臂刚架 ABC 在 C 端作用一集中荷载 P，如图 13-15(a)所示，刚架的 EI_z 为常数。求悬臂端 C 截面角位移 θ_C。

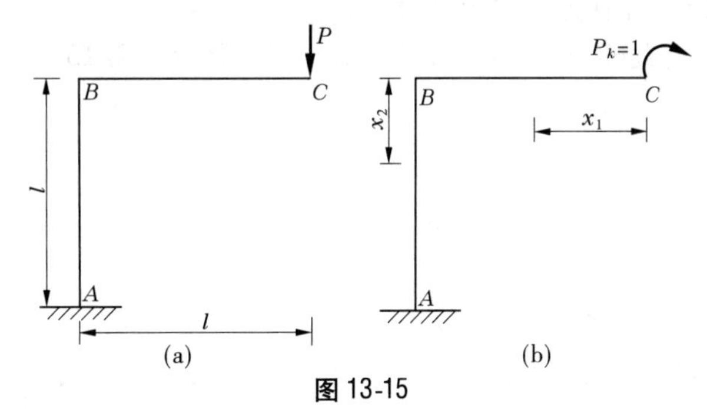

图 13-15

解　(1)因求 C 截面的角位移 θ_C，应在 C 截面处加一单位力偶，如图 13-15(b)所示。列弯矩方程时以使刚架内侧受拉弯矩为正弯矩，外侧受拉弯矩为负弯矩，BC 段以 C 为原点、AB 段以 B 为原点，列各杆段在单位荷载作用下的弯矩方程如下：

BC 段
$$\overline{M}=-1 \quad (0\leqslant x_1\leqslant l)$$

AB 段
$$\overline{M}=-1 \quad (0\leqslant x_2\leqslant l)$$

(2)实际荷载作用下各杆段的弯矩方程如下：

BC 段
$$M_{\mathrm{P}}=-Px_1 \quad (0\leqslant x_1\leqslant l)$$

AB 段 $\qquad M_P = -Pl \qquad (0 \leqslant x_2 \leqslant l)$

(3)将 $\overline{M}$、M_P 代入式(13-9)可得

$$\theta_C = \sum \int_0^l \frac{\overline{M}M_P}{EI_z} ds = \frac{1}{EI_z}\int_0^l (-1) \times (-Px_1) dx_1 + \frac{1}{EI_z}\int_0^l (-1) \times (-Pl) dx_2$$

$$= \frac{Pl^2}{2EI_z} + \frac{Pl^2}{EI_z} = \frac{3Pl^2}{2EI_z}(\curvearrowright)$$

计算结果为正值,说明 θ_C 的实际方向与虚设单位力偶的方向相同,按顺时针方向旋转。

【例 13-9】 已知对称桁架所受荷载如图 13-16 所示,杆件的截面面积 $A=0.1\ m^2$,$E=210$ GPa,求该桁架 D 点的竖向位移 Δ_{Dy}。

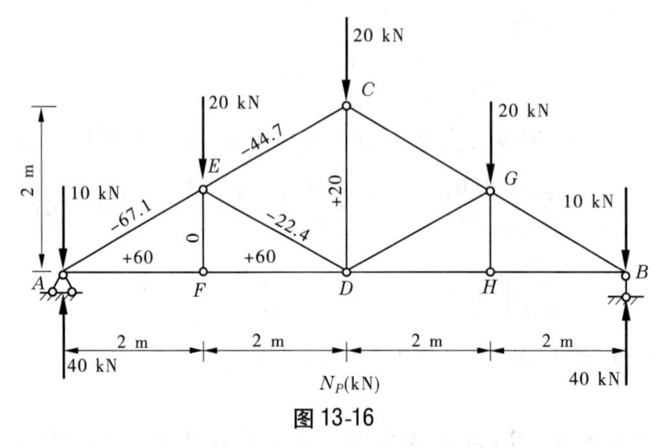

图 13-16

解 (1)求 D 铰处竖向线位移,在 D 处加一单位集中力 $P_k=1$,如图 13-17 所示,计算桁架在 $P_k=1$ 作用下各杆轴力 $\overline{N}$ 并标于图上。

(2)桁架在实际荷载作用下,各杆轴力 N_P,计算结果标于图 13-16 上。

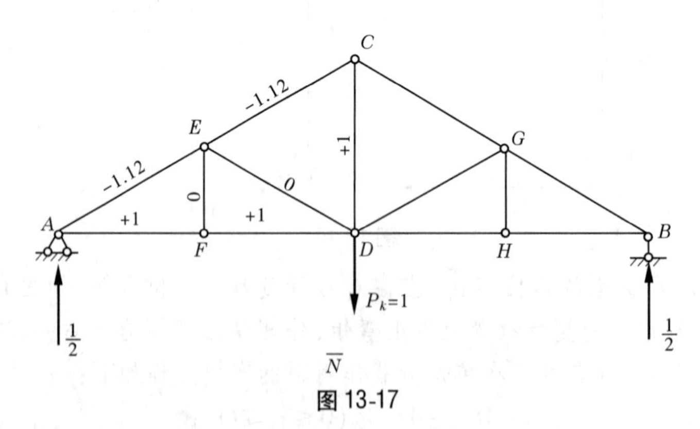

图 13-17

(3)将 $\overline{N}$,N_P 代入(13-10)得

$$\Delta_{Dy} = \sum \frac{\overline{N}N_P}{EA}l$$

$$= \frac{[(67.1 \times 1.12 \times \sqrt{5} + 44.7 \times 1.12 \times \sqrt{5} + 60 \times 1 \times 2 + 60 \times 1 \times 2) \times 2 + 20 \times 1 \times 2] \times 10^6}{210 \times 10^9 \times 0.1}$$

$= 5.14(\text{mm})(\downarrow)$

课题 13.4　图乘法

从上节学习中我们感到运用积分法计算结构的位移,当杆件数量较多或遇到变截面杆件时,运用积分运算比较麻烦,特别是当外荷载较多、结构较复杂时,积分运算更加繁杂,并且容易出错。于是,我们可以利用弯矩图来计算位移,此方法为图乘法。应用图乘法时,研究的结构为等截面直杆(EI_z 为常数),而且两个弯矩图中至少有一个为直线图形,如图 13-18 所示。

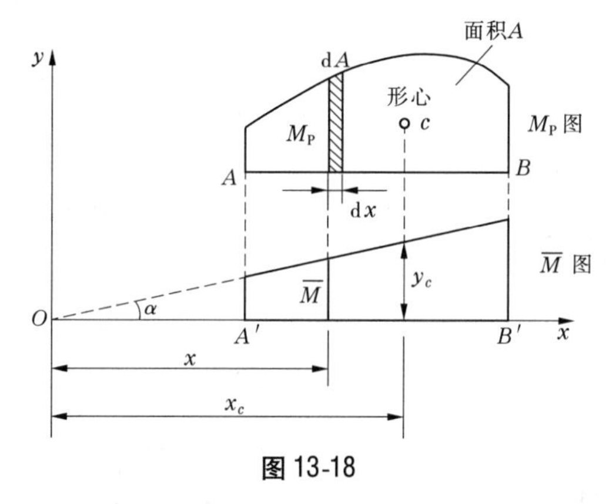

图 13-18

现从求弯曲变形引起的位移为例,导出图乘法计算公式。如求梁和刚架截面的位移,其位移公式为

$$\Delta_{kP} = \sum \int \frac{\overline{M}M_P}{EI_z} ds = \frac{1}{EI_z} \sum \int \overline{M}M_P ds$$

把弯矩图 $\overline{M}$ 的上下两边延长所得交点为坐标原点,则任一截面弯矩值应为

$$\overline{M} = x\tan\alpha$$

令

$$ds = dx$$

代入积分式中,可得

$$\Delta_{kP} = \frac{1}{EI_z} \sum \int \overline{M}M_P ds = \frac{1}{EI_z} \sum \int x\tan\alpha M_P dx$$

$$= \frac{\tan\alpha}{EI_z} \sum \int M_P x dx = \frac{\tan\alpha}{EI_z} \sum \int x dA$$

式中:dA 为 M_P 图中微面积;xdA 为 M_P 图中微面积对 y 轴的面积矩,且 $\int_A^B x dA = Ax_c$。

所以,计算位移的积分式可表示为

$$\Delta_{kP} = \sum \frac{1}{EI_z} Ax_c \tan\alpha$$

把 $x_c\tan\alpha = y_c$ 代入上式得

$$\Delta_{kP} = \sum \frac{Ay_c}{EI_z} \tag{13-11}$$

式(13-11)即为用图乘法计算位移的计算公式。用图乘法计算位移应注意以下几点:

(1)杆件应为等截面直杆,且 EI_z 为常数。

(2)$\overline{M}$ 图和 M_P 图中至少必须有一个是直线图,并且纵标 y_c 应在直线 $\overline{M}$(M_P)图中选取,如果 $\overline{M}$、M_P 图均为直线图,则 y_c 可取自任一直线弯矩图,而 A 则应为另一弯矩图的面积。

(3)两弯矩图均画在杆件受拉一侧,图乘时同侧图形(同侧是指图形面积形心与 y_c 位置在弯矩图基线的同一侧)相乘为正值,异侧图形相乘为负值。

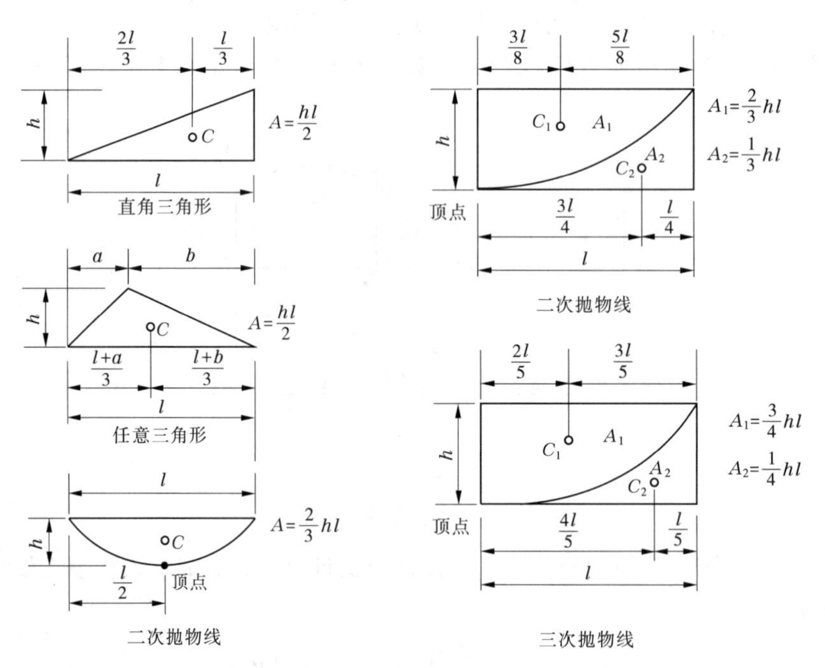

图 13-19

应用图乘法时,必须确定弯矩图面积及形心位置,图 13-19 绘出几种常用图形面积形心的位置及计算面积的公式。

除上述图形外,图乘时还经常出现梯形等较为不标准的图形,这里不再一一介绍,继续学习时可参考其他资料。

【例 13-10】 如图 13-20(a)所示一悬臂梁受一集中力 P 作用,EI_z 为常数。求 B 端的竖向线位移和转角。

解 (1)求 Δ_{By} 时在悬臂梁的悬臂端 B 处加一单位集中荷载 $P_k=1$,分别画出悬臂梁在 P 与 $P_k=1$ 作用下的弯矩图,如图 13-20(b)、(d)所示,M_P 与 $\overline{M}_1$ 图均是直线图形,任取一个弯矩图计算面积,则另一个弯矩图计算 y_c。

(2)取 M_P 图计算面积 A,$\overline{M}_1$ 图计算对应的 y_c,则 $A=\frac{1}{2}\times Pl\times l=\frac{1}{2}Pl^2$,$y_c=\frac{2}{3}l$,代入式(13-11)得

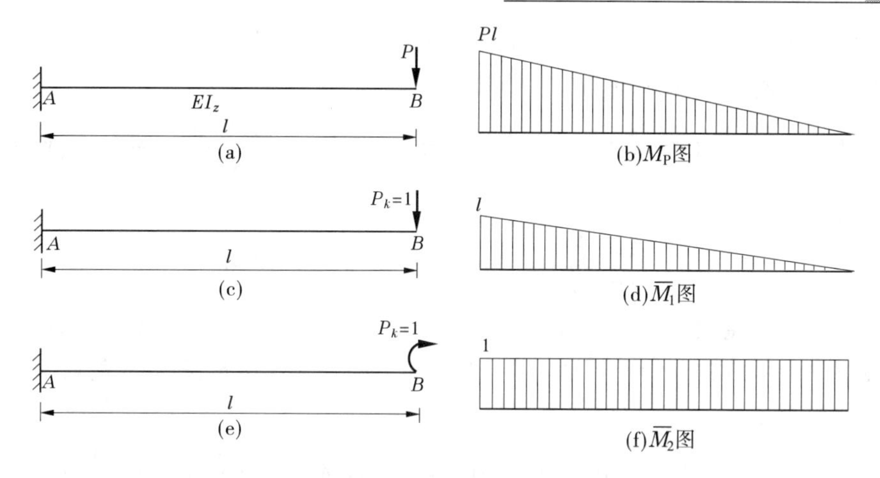

图 13-20

$$\Delta_{By} = \sum \frac{Ay_c}{EI_z} = \frac{1}{EI_z} \times \frac{1}{2}Pl^2 \times \frac{2}{3}l = \frac{Pl^3}{3EI_z}(\downarrow)$$

(3)求 θ_B 时在悬臂梁的悬臂端 B 处加一单位集中力偶 $P_k=1$(见图 13-20(e)),画出悬臂梁在 $P_k=1$ 作用下的弯矩图,如图 13-20(f)所示,M_P 与 $\overline{M}_2$ 图均是直线图形,任取一个弯矩图计算面积,则另一个弯矩图计算 y_c。

(4)取 M_P 图计算面积 A,$\overline{M}_2$ 图计算对应的 y_c,则 $A=\frac{1}{2}\times Pl\times l=\frac{1}{2}Pl^2$,$y_c=1$,代入式(13-11)得

$$\theta_B = \sum \frac{Ay_c}{EI_z} = \frac{1}{EI_z} \times \frac{1}{2}Pl^2 \times 1 = \frac{Pl^2}{2EI_z}(\curvearrowright)$$

【例 13-11】 如图 13-21(a)所示一悬臂梁受均布荷载 q 的作用,EI_z 为常数。求 B 端的竖向线位移和转角。

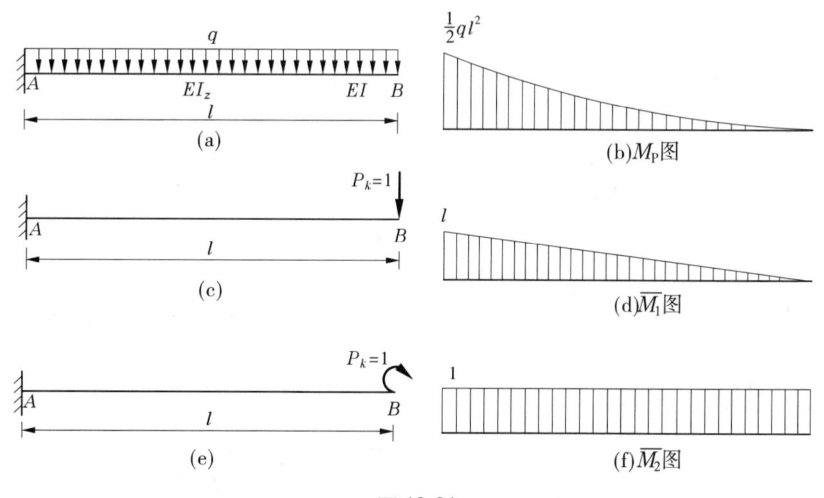

图 13-21

解 (1)求 Δ_{By} 时在悬臂梁的悬臂端 B 处加一单位集中荷载 $P_k=1$,分别画出悬臂梁

在 P 与 P_k 单独作用下的弯矩图,如图 13-21(b)、(d)所示,M_P 是曲线图形,$\overline{M}_1$ 是直线图形,所以只能取 M_P 图计算面积,$\overline{M}_1$ 图计算 y_c。

(2)取 M_P 图计算面积 A,$\overline{M}_1$ 图计算对应的 y_c,则 $A=\frac{1}{3}\times\frac{1}{2}ql^2\times l=\frac{1}{6}ql^3$,$y_c=\frac{3}{4}l$,代入式(13-11)得

$$\Delta_{By}=\sum\frac{Ay_c}{EI_z}=\frac{1}{EI_z}\times\frac{1}{6}ql^3\times\frac{3}{4}l=\frac{ql^4}{8EI_z}(\downarrow)$$

(3)求 θ_B 时在悬臂梁的悬臂端 B 处加一单位集中力偶 $P_k=1$,画出悬臂梁在 P_k 作用下的弯矩图,如图 13-21 (f)所示,M_P 是曲线图形,$\overline{M}_2$ 是直线图形,所以只能取 M_P 图计算面积,$\overline{M}_2$ 图计算 y_c。

(4)取 M_P 图计算面积 A,$\overline{M}_2$ 图计算对应的 y_c,则 $A=\frac{1}{3}\times\frac{1}{2}ql^2\times l=\frac{1}{6}ql^3$,$y_c=1$,代入式(13-11)得

$$\theta_B=\sum\frac{Ay_c}{EI_z}=\frac{1}{EI_z}\times\frac{1}{6}ql^3\times 1=\frac{ql^3}{6EI_z}(\curvearrowright)$$

【例 13-12】 求图 13-22(a)所示简支梁中点的竖向线位移,EI_z 为常数。

解 (1)在梁中点加一单位集中荷载 $P_k=1$,分别画出 P 与 P_k 作用下梁的弯矩图,如图 13-22(c)、(d)所示,M_P 与 $\overline{M}$ 图均是对称的,两个弯矩图的形心位置理应在跨中处,由于我们导出公式的前提条件是上下二边均必须为直线,而现在弯矩图跨中处有折线,故应将弯矩图分成左右两部分分别图乘,然后相加,因本例两弯矩图具有同轴对称关系,可只计算一半,然后乘以 2 即可得到计算结果。

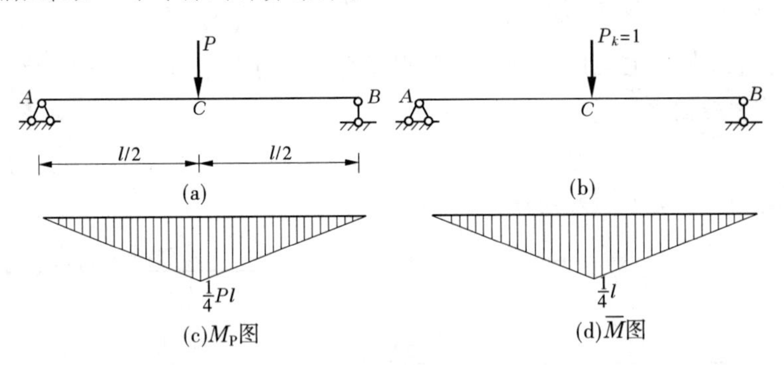

图 13-22

(2)取 M_P 图计算面积 A,$\overline{M}$ 图计算对应的 y_c,则 $A=\frac{1}{2}\times\frac{Pl}{4}\times\frac{l}{2}=\frac{Pl^2}{16}$,$y_c=\frac{2}{3}\times\frac{l}{4}=\frac{l}{6}$,代入式(13-11)得

$$\Delta_{cy}=\sum\frac{Ay_c}{EI_z}=2\times\frac{1}{EI_z}\times\frac{Pl^2}{16}\times\frac{l}{6}=\frac{Pl^3}{48EI_z}(\downarrow)$$

【例 13-13】 悬臂刚架 ABC 在 BC 杆上有一均布荷载 q 作用,如图 13-23(a)所示,刚架的 EI_z 为常数。用图乘法求悬臂端 C 截面的竖向线位移 Δ_{Cy} 和角位移 θ_C。

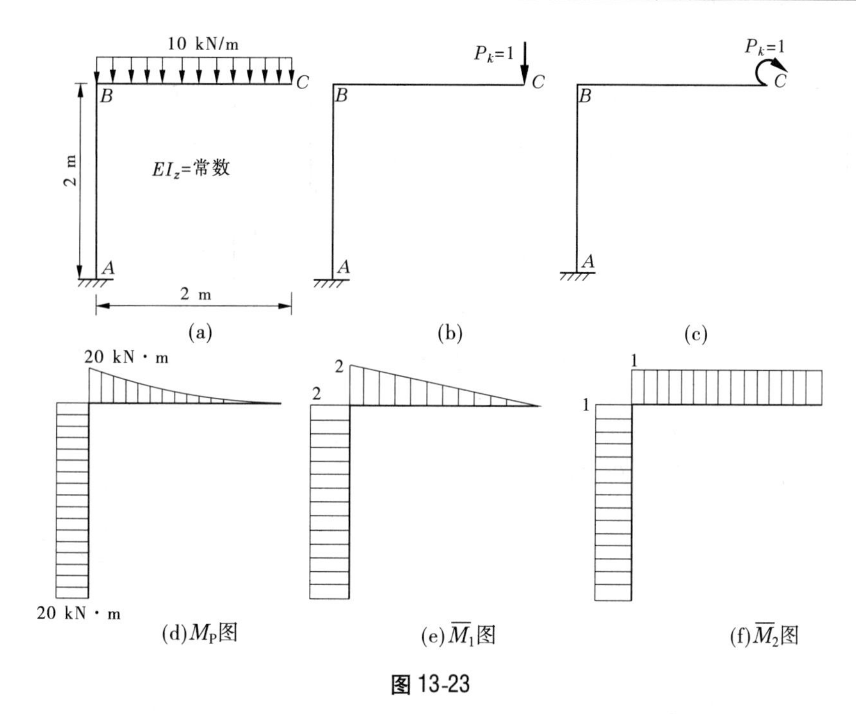

图 13-23

解 (1)求 Δ_{Cy} 时在悬臂刚架的悬臂端 C 处加一单位集中荷载 $P_k=1$，分别画出悬臂刚架在 q 与 P_k 作用下悬臂刚架的弯矩图，如图 13-23(d)、(e)所示，M_P 图中有曲线图形，$\overline{M}_1$ 是直线图形，所以只能取 M_P 图计算面积 A，$\overline{M}_1$ 图计算 y_c。

(2)取 M_P 图计算面积 A，$\overline{M}_1$ 图计算对应的 y_c，则 $A_1=\dfrac{1}{3}\times20\times2=\dfrac{40}{3}$，$y_{c1}=\dfrac{3}{4}\times2=\dfrac{3}{2}$，$A_2=2\times20=40$，$y_{c2}=2$，代入式(13-11)得

$$\Delta_{Cy}=\sum\frac{Ay_c}{EI_z}=\frac{1}{EI_z}\times\left(\frac{40}{3}\times\frac{3}{2}+40\times2\right)=\frac{100}{EI_z}(\downarrow)$$

(3)求 θ_C 时在悬臂刚架的悬臂端 C 处加一单位集中力偶 $P_k=1$，画出悬臂刚架在 P_k 作用下悬臂刚架的弯矩图，如图 13-23(f)所示，M_P 图中有曲线图形，$\overline{M}_2$ 是直线图形，所以只能取 M_P 图计算面积 A，$\overline{M}_2$ 图计算 y_{c2}。

(4)取 M_P 图计算面积 A，$\overline{M}_2$ 图计算对应的 y_c，则 $A_1=\dfrac{1}{3}\times20\times2=\dfrac{40}{3}$，$y_{c1}=1$，$A_2=2\times20=40$，$y_{c2}=1$，代入式(13-11)得

$$\theta_C=\sum\frac{Ay_c}{EI_z}=\frac{1}{EI_z}\times\left(\frac{40}{3}\times1+40\times1\right)=\frac{160}{3EI_z}(\curvearrowright)$$

【例 13-14】 悬臂刚架 $ABCD$ 如图 13-24(a)所示，在 D 处作用一水平荷载，求刚架 D 点的竖向线位移 Δ_{Dy}、水平线位移 Δ_{Dx} 和角位移 θ_D。

解 (1)在 D 点加竖向单位力 $P_k=1$，再分别画出 M_P、$\overline{M}_1$ 图，如图 13-24(b)、(c)所示，在计算时，因图 13-24(c)中 CD 杆无弯矩，故只将 AB、BC 两杆的弯矩图进行图乘即可。

(2)取 M_P 图计算面积 A，$\overline{M}_1$ 图计算对应的 y_c，代入式(13-11)得

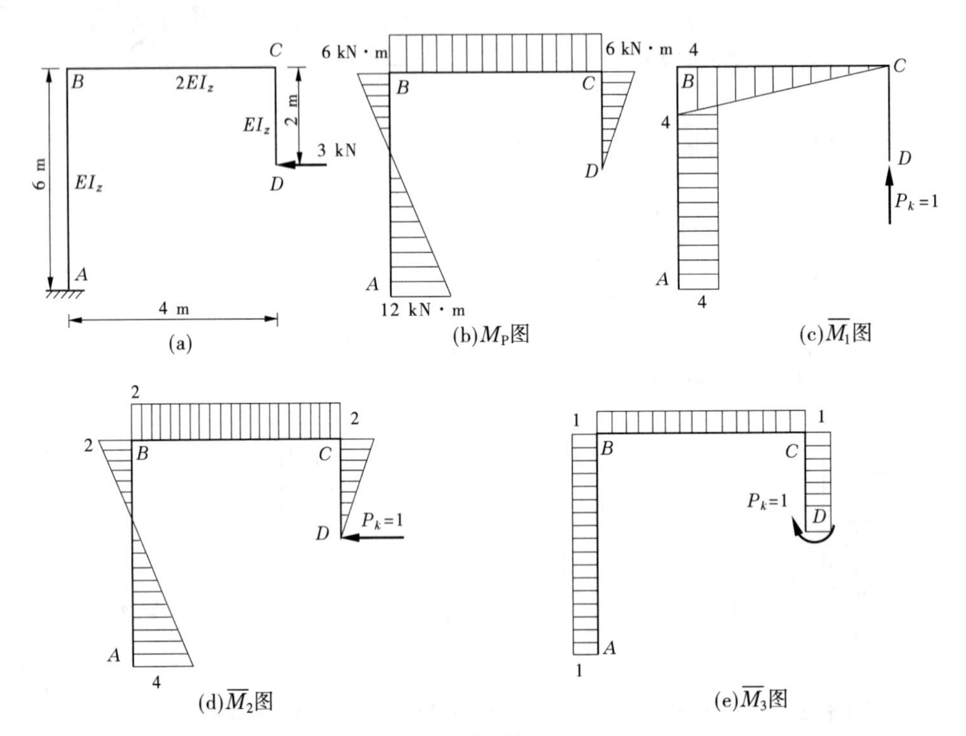

图 13-24

$$\Delta_{Dy} = \sum \frac{Ay_c}{EI_z} = -\frac{1}{2EI_z} \times (4 \times 6 \times 2) - \frac{1}{EI_z} \times (\frac{1}{2} \times 6 \times 2 \times 4) + \frac{1}{EI_z} \times \left(\frac{1}{2} \times 12 \times 4 \times 4\right) = \frac{48}{EI_z}(\uparrow)$$

（3）在 D 点加水平单位力 $P_k=1$，画出 $\overline{M}_2$ 图，如图 13-24(d)所示，在计算时将 M_P 图、$\overline{M}_2$ 图对应杆件相乘即可。

（4）取 M_P 图计算面积 A，$\overline{M}_2$ 图计算对应的 y_c，代入式(13-11)得

$$\Delta_{Dx} = \sum \frac{Ay_c}{EI_z} = \frac{1}{EI_z} \times (\frac{1}{2} \times 6 \times 2 \times \frac{2}{3} \times 2) + \frac{1}{2EI_z} \times (4 \times 6 \times 2) + \frac{1}{EI_z} \times (\frac{1}{2} \times 6 \times 2 \times \frac{2}{3} \times 2) + \frac{1}{EI_z} \times (\frac{1}{2} \times 12 \times 4 \times \frac{2}{3} \times 4) = \frac{104}{EI_z}(\leftarrow)$$

（5）在 D 点加单位力偶 $P_k=1$，画出 $\overline{M}_3$ 图，如图 13-24 (e)所示，在计算时将 M_P 图、$\overline{M}_3$ 图对应杆件相乘即可。

（6）取 M_P 图计算面积 A，$\overline{M}_3$ 图计算对应的 y_c，代入式(13-11)得

$$\theta_D = \sum \frac{Ay_c}{EI_z} = \frac{1}{EI_z} \times (\frac{1}{2} \times 6 \times 2 \times 1) + \frac{1}{2EI_z} \times (4 \times 6 \times 1) + \frac{1}{EI_z} \times (\frac{1}{2} \times 6 \times 2 \times 1) - \frac{1}{EI_z} \times (\frac{1}{2} \times 12 \times 4 \times 1) = 0$$

【例 13-15】　求图 13-25(a)所示刚架 D 点的水平线位移和角位移。

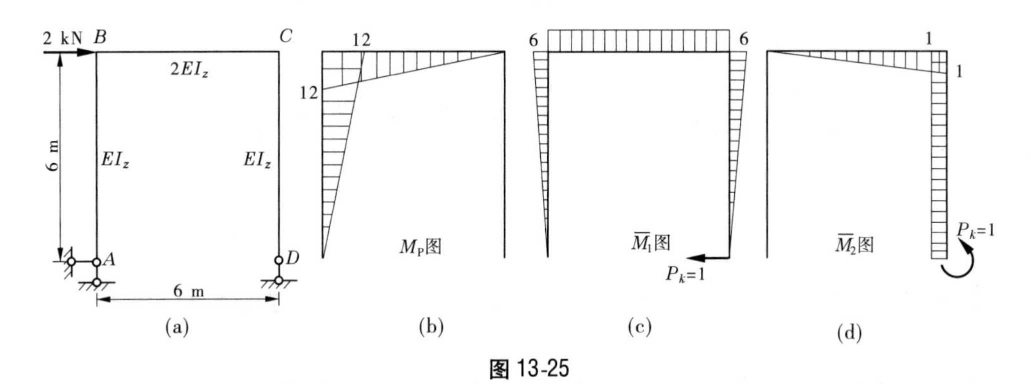

图 13-25

解　(1)在 D 点分别加水平方向的单位力($P_k=1$)与单位力偶($P_k=1$),分别画出荷载与单位力分别作用时的弯矩图,如图 13-25(b)、(c)、(d)所示。

(2)求 D 点的水平线位移,取 M_P 图计算面积 A,$\overline{M}_1$ 图计算对应的 y_c,代入式(13-11)得

$$\Delta_{Dx}=\sum\frac{Ay_c}{EI_z}=-\frac{1}{EI_z}\left(\frac{1}{2}\times6\times12\times\frac{2}{3}\times6\right)-\frac{1}{2EI_z}\left(\frac{1}{2}\times6\times12\times6\right)=-\frac{252}{EI_z}(\rightarrow)$$

负号表示实际位移方向是向右的。

(3)求 D 点的角位移,取 M_P 图计算面积 A,$\overline{M}_2$ 图计算对应的 y_c,代入式(13-11)得

$$\theta_D=\sum\frac{Ay_c}{EI_z}=\frac{1}{2EI_z}\left(\frac{1}{2}\times12\times6\times\frac{1}{3}\times1\right)=\frac{6}{EI_z}(\curvearrowleft)$$

【例 13-16】　矩形渡槽槽身计算简图如图 13-26(a)所示,槽中水深 $h=3$ m,槽底长 $l=4$ m,求槽身 C、D 两点的相对线位移,EI_z 为常数。

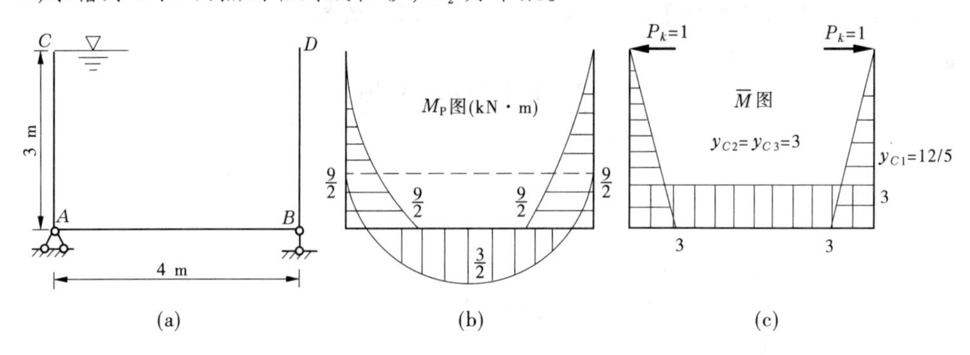

图 13-26

解　(1)在 C、D 两点加一对相反的单位力 $P_k=1$,再分别画出其 M_P 图与 $\overline{M}$ 图,如图 13-26(b)、(c)所示,其中 M_P 图两侧水压力产生的弯矩是三次抛物线。

(2)取 M_P 图计算面积 A,$\overline{M}$ 图计算对应的 y_c。

侧墙　　$A_1=\frac{1}{4}\times3\times\frac{9}{2}=\frac{27}{8}$　　$y_{c1}=\frac{4}{5}\times3=\frac{12}{5}$

底板　　矩形　$A_2=\frac{9}{2}\times4=18$　　$y_{c2}=3$

抛物线 $A_3=\frac{2}{3}\times\frac{12}{2}\times4=16$ $y_{c3}=3$

代入式(13-11)得

$$\Delta_{CD}=\sum\frac{Ay_c}{EI_z}=\frac{1}{EI_z}(2\times\frac{27}{8}\times\frac{12}{5}+18\times3-16\times3)=\frac{111}{5EI_z}(\leftarrow\ \rightarrow)$$

小　结

(1)构件和结构上各横截面的位移用线位移(水平线位移和竖直线位移)和角位移两个基本量来描述。

(2)对弯曲变形的构件,可建立挠曲线近似微分方程,通过积分运算求出转角方程$\theta(x)$和挠度方程$y(x)$。其中,正确地写出弯矩表达式、运用边界条件和变形协调条件确定积分常数是十分重要的。

(3)虚功原理是变形力学中重要的基本概念之一。单位荷载法是在这一概念的基础上建立的,它适用于求解各种变形形式(组合变形)构件的位移。求线位移时需写出在单位荷载作用下的内力表达式,求角位移时需写出单位力偶作用下的内力表达式。当表达式$M_P(x)$、$\overline{M}(x)$需要分段写出,或杆件为分段等截面杆件时,式(13-9)的积分应分段进行。

(4)在某些条件下,单位荷载中的积分运算可转化为单位弯矩图和荷载弯矩图两图形的图乘。图乘法是求指定截面位移的最基本方法之一。应用图乘法时,y_c必须在直线弯矩图上取得。当弯矩图形为折线,或杆件为分段等截面杆件时,图乘应分段进行。对复杂的图形,可分解为几个简单图形,分别图乘后再求代数和。

思考与练习题

一、简答题

1.什么是挠曲线?建立挠曲线方程的基本方法是什么?

2.位移分为哪几类?位移计算的目的是什么?

3.什么是虚功原理?

4.什么叫单位荷载法?简述应用单位荷载法求结构在荷载作用下位移的一般步骤?

5.应用图乘法计算位移的适用条件是什么?简述应用图乘法求结构在荷载作用下位移的一般步骤?

二、填空题

1.线位移是指__________________,线位移正方向规定:__________________。角位移是指__________________,角位移正方向规定:__________________。

2.挠曲线近似微分方程式为__________________。

3. 单位荷载法的理论基础是__________。

4. 单位荷载法求位移的步骤：____。

5. 图乘法求位移的注意事项是：____。

三、选择题

1. 挠曲线近似微分方程是(　　)。

A. $EI_zy'' = -M(x)$　　B. $EI_z\theta = EI_zy' = \frac{dy}{dx} = -\int M(x)dx + C$

C. $EI_zy = \int(-\int M(x)dx)dx + Cx + D$

2. 结构的位移是(　　)。

A. 线位移　　B. 角位移　　C. 线位移和角位移

3. 单位荷载法求位移时所使用的单位荷载是(　　)。

A. 单位集中荷载　　B. 单位集中力偶　　C. 根据所求位移具体情况确定

4. 虚功是(　　)。

A. 由荷载本身所做的功　　B. 由其他荷载所做的功

C. 由其他原因引起的在荷载方向上所做的功

5. 图乘法用于(　　)。

A. 求结构的线位移　　B. 求结构的角位移　　C. 求指定截面的位移

四、解答题

1. 用积分法求如图 13-27 所示结构指定截面处的挠度和转角，EI_z 为常数。

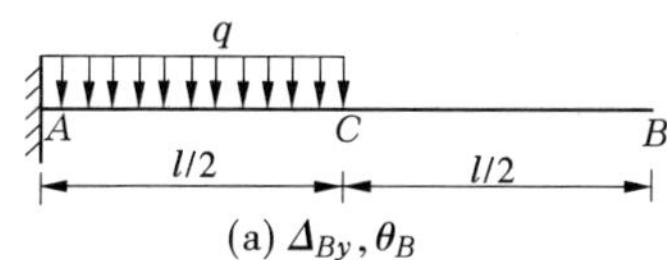

(a) Δ_{By}, θ_B

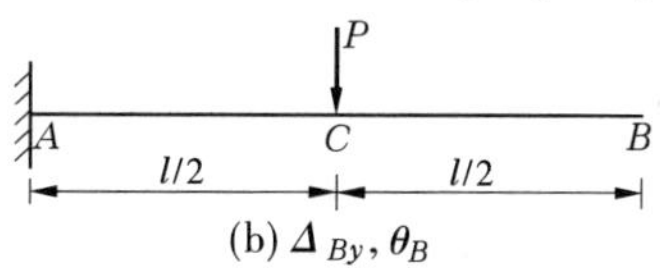

(b) Δ_{By}, θ_B

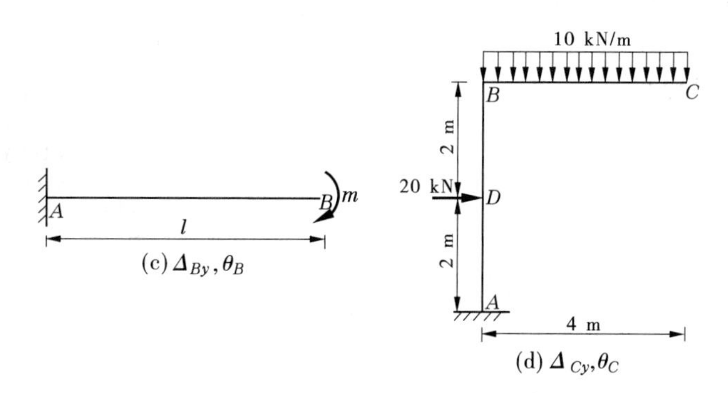

(c) Δ_{By}, θ_B　　(d) Δ_{Cy}, θ_C

图 13-27

2. 用积分法求如图 13-28 所示结构指定截面处的位移,EI_z 为常数。

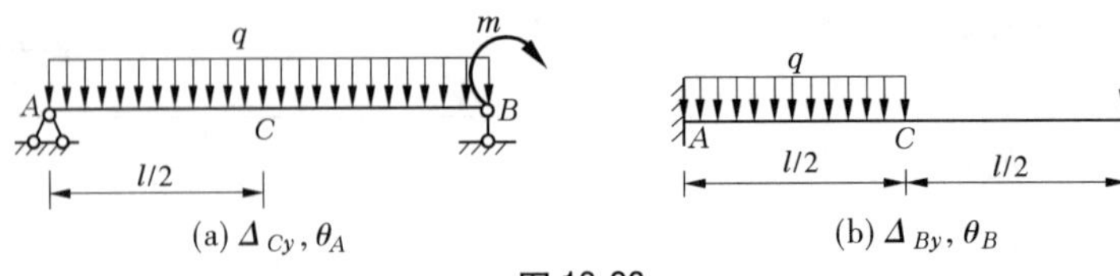

图 13-28

3. 用单位荷载法求如图 13-27 所示结构指定截面处的挠度和转角。

4. 图乘法求图 13-27 和图 13-28 所示结构指定截面处的位移。

5. 用图乘法求如图 13-29 所示梁的截面 C 竖向线位移 Δ_{Cy},已知 $I_z = 1\ 600\ \text{cm}^4$,$E =$ 210 GPa。

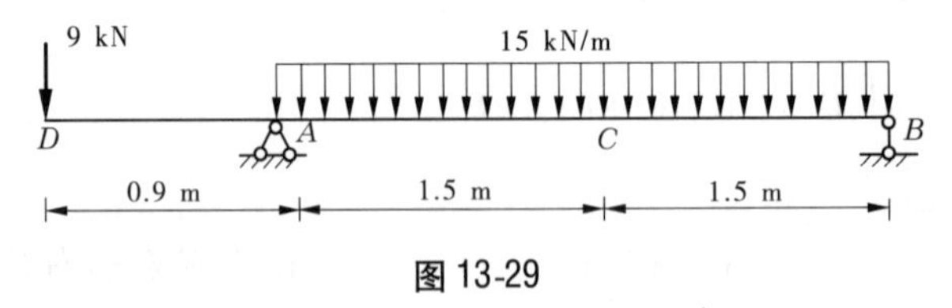

图 13-29

6. 如图 13-30 所示桁架各杆截面均为 $A = 20\ \text{cm}^2$,$E = 210$ GPa,$P = 40$ kN,$d = 2$ m,试求 C 点的竖向线位移 Δ_{Cy}。

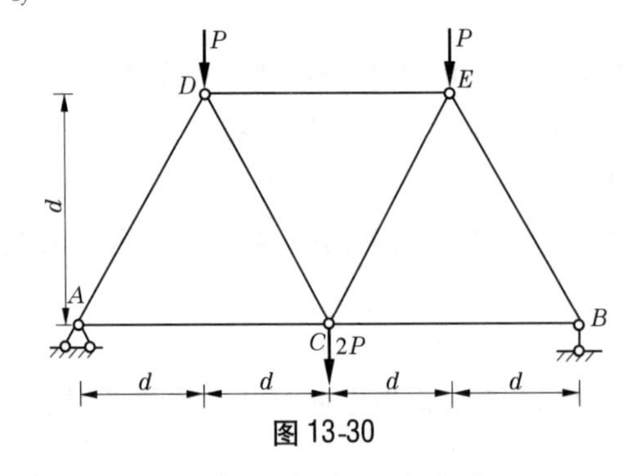

图 13-30

7. 用图乘法求如图 13-31 所示刚架指定截面的位移。

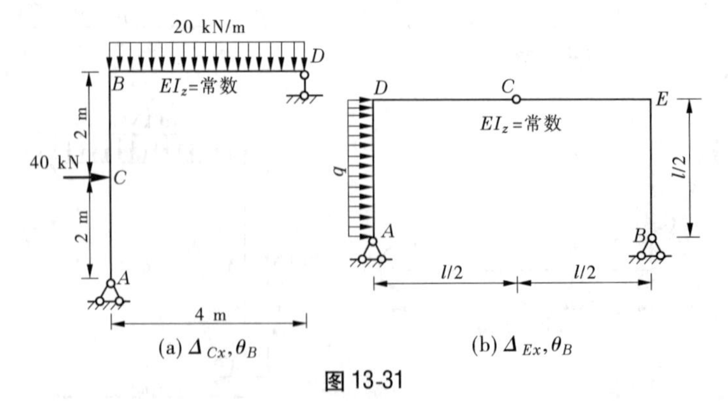

图 13-31

模块 14　力　法

【学习要求】

- 掌握超静定结构的概念及超静定次数的确定。
- 掌握力法的基本原理(力法的基本结构和基本未知量)。
- 掌握力法的典型方程(主系数、副系数和自由项)应用。
- 重点掌握用力法计算三次及以下超静定结构。
- 了解对称性利用及超静定结构的主要特性。

课题 14.1　超静定结构概述

1　超静定结构的概念

前面研究了静定结构,其计算特点是:结构的全部支座反力和截面内力都可以通过静力平衡方程求得。实际工程中普遍存在着另一类结构,如图 14-1(a)所示的连续梁,它有 4 个支座反力,而静力平衡方程只有 3 个。未知力的个数多于静力平衡方程的个数,结构的支座反力和各截面的内力不能完全由静力平衡方程唯一地确定,此类结构就称为超静定结构。

从平面结构的几何组成分析,静定结构是无多余约束的几何不变体系,而超静定结构则是有多余约束的几何不变体系。如图 14-1(a)所示连续梁,是具有一个多余约束的几何不变体系。所谓多余约束,是指在保持体系的几何不变的条件下可以去掉的约束。多余约束中产生的力叫多余约束力。如去掉图 14-1(a)所示连续梁中的 B 支座约束,而以

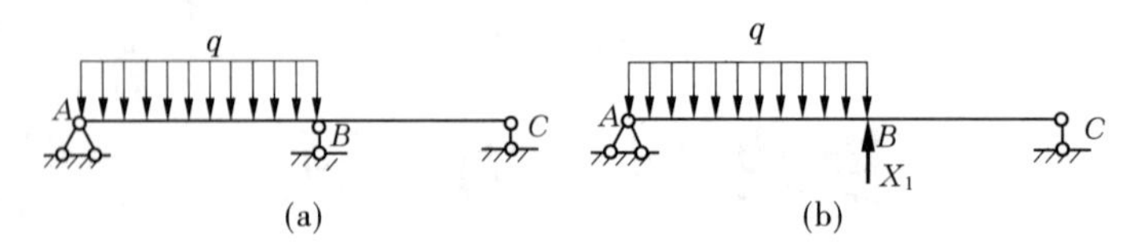

(a) (b)

图 14-1

相应的约束反力 X_1 代替,便成为图 14-1(b)所示的静定结构。X_1 用静力平衡方程不能直接求出,称为多余未知力。此结构的反力和内力已超出了静力平衡方程所能确定的范围,故称为超静定结构。

结构有外部多余约束的超静定称为外部超静定,结构有内部多余约束的超静定称为内部超静定。平面结构的支座约束多于 3 个的就是外部超静定结构,如图 14-2(a)、(b)、(c)所示;如果结构内部除保证几何不变体所必须的约束外,还有多余约束,就是内部超静定结构,如图 14-2(d)所示。

常见的超静定结构形式有超静定梁、超静定刚架、超静定拱、超静定桁架、超静定组合结构等,分别如图 14-2(a)、(b)、(c)、(d)、(e)所示。

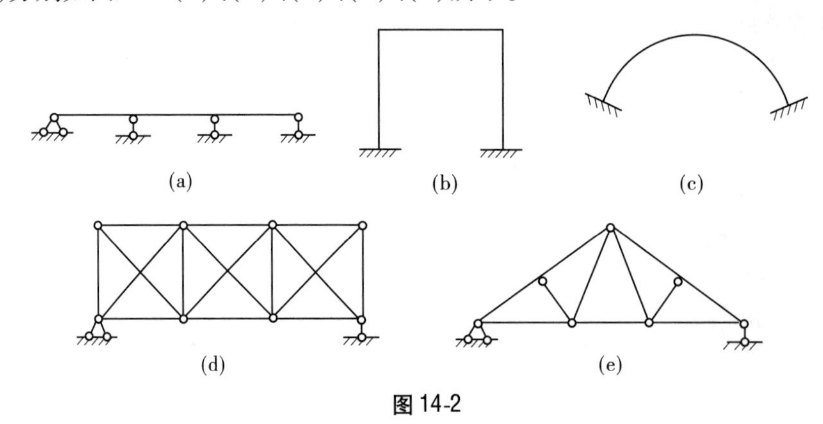
(a) (b) (c)
(d) (e)

图 14-2

超静定结构的基本特征是具有多余约束的几何不变体系,且反力和内力不能单独由静力平衡方程求得唯一确定的解答。

若要唯一地确定超静定结构的反力和内力,除静力平衡条件外,还要增加适当数量的位移协调补充条件,两种条件同时满足才能求解。

求解超静定结构的方法有多种,其中最基本方法是力法和位移法,此外还有各种派生出来的方法,如力矩分配法、矩阵位移法。本章将讨论用力法求解超静定结构。

2 超静定次数及其判定

2.1 超静定次数

超静定结构具有多余约束,因而具有相应的多余约束(未知)力。通常将多余约束的个数或多余约束(未知)力的个数称为超静定次数。从静力分析角度看,超静定次数等于未知力个数与平衡方程个数之差。

2.2 超静定次数的确定

确定超静定次数通常采用解除多余约束的方法。该方法是解除结构中的多余约束,

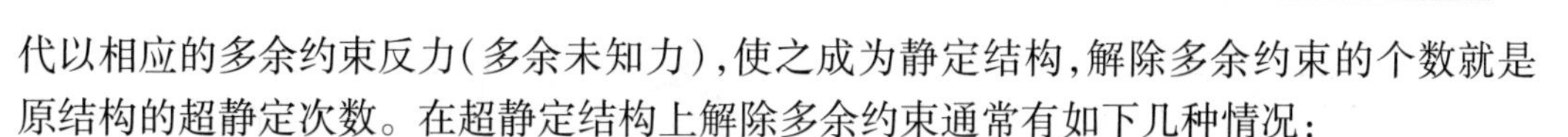

代以相应的多余约束反力(多余未知力),使之成为静定结构,解除多余约束的个数就是原结构的超静定次数。在超静定结构上解除多余约束通常有如下几种情况:

(1)去掉一根支座链杆(可动铰支座)或切断一根链杆,相当于去掉一个约束,如图14-3(a)、(b)所示。

(2)去掉一个固定铰支座或拆开一个单铰,相当于解除两个约束,如图14-3(c)、(d)所示。

(3)去掉一个固定端支座或切断一个梁式杆,相当于解除3个约束,如图14-3(e)所示。

(4)去掉联结 n 个杆的复铰,相当于拆开 $n-1$ 个单铰,解除 $2(n-1)$ 个约束,如图14-3(d)所示。

(5)一个闭合框是三次超静定,n 个闭合框是 $3n$ 次超静定,如图14-3(e)所示。

(6)将固定端支座改成铰支座,或在梁式杆上嵌入一个单铰,相当于解除一个约束,如图14-4所示。

采用上述去掉多余约束法可较方便地确定超静定结构的超静定次数,同时也为以后选取力法的基本结构奠定基础。

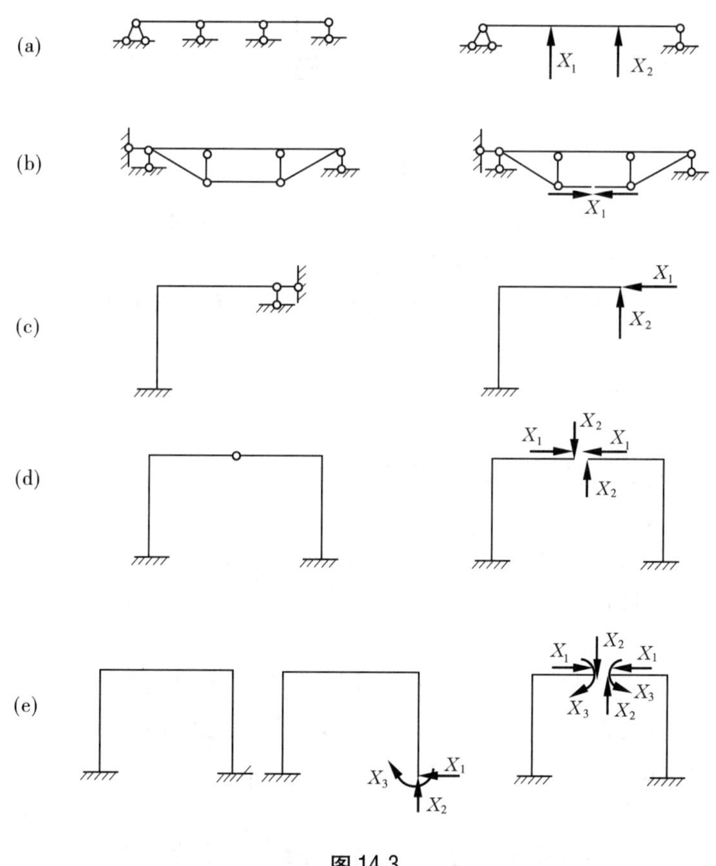

图14-3

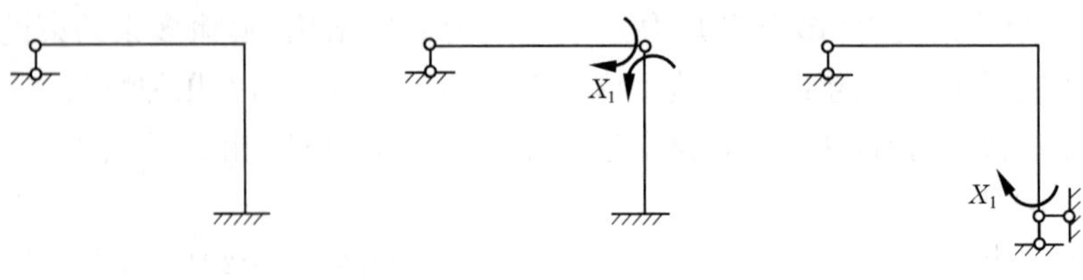

图 14-4

【例 14-1】 确定如图 14-5(a)所示结构的超静定次数。

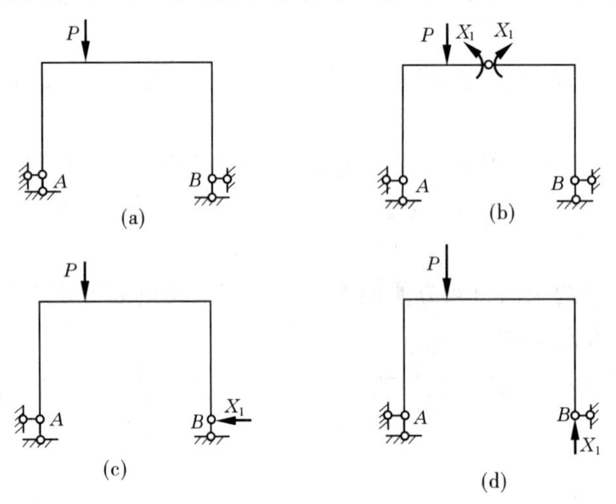

图 14-5

解 图 14-5(a)所示刚架,若将横梁中点加铰,得到图 14-5(b)所示的静定结构,即相当于去掉一个约束,故原结构是 1 次超静定。

若去掉支座 B 处的水平支杆,则得到图 14-5(c)所示的静定结构,即相当于去掉一个约束,故原结构也是 1 次超静定。

但是,若去掉支座 B 或支座 A 的竖向支杆,则得到图 14-5(d)所示的瞬变体系,显然这是不允许的。所以,此刚架支座处的竖向支杆不是多余约束,而是必要约束。

由以上分析可见,对于任一个超静定结构,去掉多余约束的方式可能是多样的,因而得到的静定结构形式相应也有多种形式。

采用解除多余约束的方法确定超静定次数时要注意以下几个方面:

(1)解除一个外部多余约束代以一个多余未知力,解除一个内部多余约束代以一对多余未知力。

(2)同一超静定结构,超静定次数是不会因为解除多余约束的方式不同而改变的。

(3)解除全部多余约束得到静定结构,而不能解除必要约束使结构变成几何可变体系,如图 14-5(d)所示。

课题 14.2 力法的基本原理

力法是分析超静定结构最悠久、最基本的一种计算方法。该方法适用于求解各种外

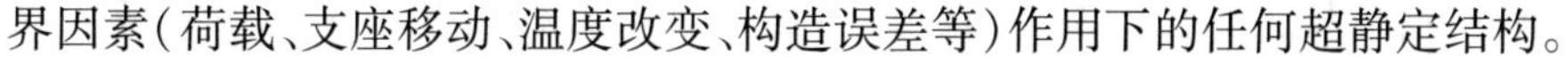

界因素(荷载、支座移动、温度改变、构造误差等)作用下的任何超静定结构。

力法的求解思路是由已知到未知,即利用我们已经熟悉的静定结构内力和位移计算,把超静定结构的计算转化为静定结构,以达到计算超静定结构的目的。力法的求解步骤如下:

(1)解除超静定结构中的多余约束,代以相应的多余约束(未知)力,使之成为静定结构。

(2)由该静定结构在解除多余约束处的位移与原结构位移相同的协调条件求出多余未知力。

(3)利用静力平衡方程求出多余反力和内力。

根据上述思路,下面以图14-6(a)所示的一次超静定梁为例,按力法求解思路和步骤,用图示表达可从中掌握力法的基本原理。

1　力法的基本结构

如图14-6(a)所示是一端固定、一端铰支的单跨超静定梁,该梁有一个多余的约束,是一次超静定结构。若将支座 B 作为多余约束去掉,代之竖向的约束反力 X_1,此时变成了在已知荷载 q 和未知反力 X_1 共同作用下的静定结构,如图14-6(d)所示。这种去掉多余约束,代以相应的未知力的静定结构称为力法的基本结构。基本结构是力法解题的桥梁,力法的计算都是在基本结构上进行的。

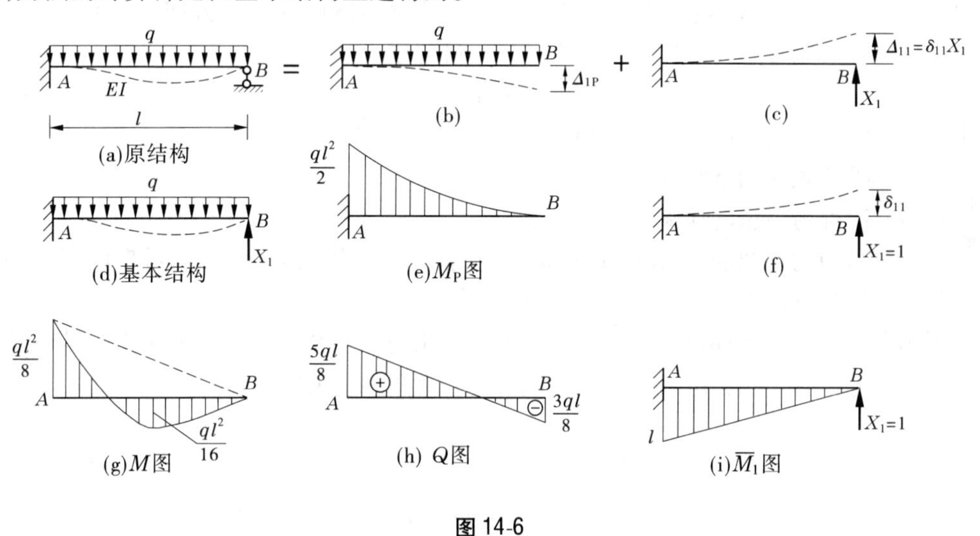

图14-6

2　力法的基本未知量

如图14-6(d)所示的基本结构中,若反力 X_1 已知,便可应用平衡条件求出结构反力和所有内力,超静定问题转化为静定问题。所以,解此类问题关键是如何求出多余约束的未知反力 X_1,把多余未知力 X_1 称为力法的基本未知量,这也是力法得名的由来。

3　力法的基本方程

对于如图14-6(d)所示的基本结构,求出多余未知力 X_1 是解题的关键,需要建立求力法基本未知量的方程,称为力法的基本方程。力法的基本方程是基本结构与原结构的等效条件,即基本结构的受力和变形状态与原结构保持一致,并且解答是唯一的。先从受力状态保持一致入手,原结构在荷载 q 作用下支座 B 处的反力具有固定的数值;而对基本结构来说,X_1 已成为主动力,其大小暂属未知,如果只考虑基本结构的平衡条件,则不论 X_1 取何值,基本结构恒满足平衡条件,解答不是唯一的,无法确定。因此,建立力法的基本方程只能从位移状态保持一致入手。由于力状态未知,要使两种结构同一位置的位移处处相等是办不到的,也只能从解除多余约束处的位移相等入手。原结构中支座 B 的竖向位移等于零($\Delta_1=0$);基本结构中对应不同的 X_1,B 点的竖向位移则会有不同值,为了使位移相等,应使基本结构中沿未知反力 X_1 方向的位移为0。基本结构中荷载 q 与未知反力 X_1 共同作用下在 B 点产生的竖向位移应用叠加法即可求得,叠加结果也应等于零。如图14-6(b)、(c)所示,即得

$$\Delta_1=\Delta_{11}+\Delta_{1P}=0 \tag{14-1}$$

式中:Δ_1 为基本结构沿 X_1 方向的总位移;Δ_{11} 为基本结构在未知力 X_1 作用下沿 X_1 方向上产生的位移;Δ_{1P} 为基本结构在外荷载作用下沿 X_1 方向上产生的位移。

这个等效条件就是 B 点竖向位移的协调条件,利用它便可求出基本未知量 X_1。

这里我们引用了两个脚标,第一个脚标表示产生位移的位置和方向,第二个脚标表示引起位移的原因。由于 X_1 是未知量,故 Δ_{11} 也是未知量,但它与 X_1 成正比。在弹性限度内,为了方便计算,设 δ_{11} 表示 $X_1=1$ 单独作用在基本结构上沿 X_1 方向的单位位移,如图14-6(f)所示,则 $\Delta_{11}=\delta_{11}X_1$。于是式(14-1)可写成

$$\delta_{11}X_1+\Delta_{1P}=0 \tag{14-2}$$

式中:δ_{11} 为 $X_1=1$ 单独作用在基本结构上沿 X_1 方向的单位位移;X_1 为多余未知力;Δ_{1P} 为基本结构在外荷载作用下沿 X_1 方向上产生的位移。

式(14-2)称为力法的典型方程。

式(14-2)中的系数项 δ_{11} 和自由项 Δ_{1P} 均为基本结构 X_1 方向的位移,可按静定结构单位荷载法计算位移。求得 δ_{11} 和 Δ_{1P} 之后,代入式(14-2)即可求得 X_1。

现用图乘法计算上述位移 δ_{11} 和 Δ_{1P}。分别绘出荷载 q 及 $X_1=1$ 单独作用于基本结构时的 M_P 图和 $\overline{M}_1$ 图,如图14-6(e)、(i)所示,然后由图乘法求得

$$\delta_{11}=\frac{1}{EI}\left(\frac{1}{2}\times l\times l\right)\times\left(\frac{2}{3}\times l\right)=\frac{l^3}{3EI}$$

$$\Delta_{1P}=-\frac{1}{EI}\left(\frac{1}{3}\times\frac{1}{2}ql^2\times l\right)\times\left(\frac{3}{4}\times l\right)=-\frac{ql^4}{8EI}$$

将所求 δ_{11} 和 Δ_{1P} 代入式(14-2),求得

$$X_1=-\frac{\Delta_{1P}}{\delta_{11}}=\frac{ql^4}{8EI}\times\frac{3EI}{l^3}=\frac{3}{8}ql(\uparrow)$$

求出 X_1 之后,即可按静定结构方法计算其余反力和内力,并作内力图。通常,作弯矩图时可利用已绘出的 $\overline{M}$ 图和 M_P 图相叠加。叠加公式为

$$M=\overline{M}_1X_1+M_P \tag{14-3}$$

例如:$M_A=\overline{M}_1X_1+M_P=l\times\frac{3}{8}ql-\frac{1}{2}ql^2=-\frac{1}{8}ql^2$(上部受拉)

$$M_{中} = \overline{M}_1 X_1 + M_P = \frac{1}{2}l \times \frac{3}{8}ql - \frac{1}{8}ql^2 = \frac{1}{16}ql^2（下部受拉）$$

作弯矩图如图14-6(g)所示，根据弯矩图及原结构所作用的对应荷载作剪力图，如图14-6(h)所示。

综上所述，力法的基本原理是以多余未知力作为基本未知量，取去掉多余约束后的静定结构为基本结构，并根据基本结构去掉多余约束处的位移与原结构已知位移相等的条件，建立以多余未知力表示的力法典型方程，解出多余未知力，将超静定结构的计算转化为对其静定的基本结构的计算。

应注意：解除的多余约束不同基本结构就不同，对应的基本未知量也不同。解除的是外部多余约束，对应的位移是绝对线位移和绝对角位移；解除的是内部多余约束，对应的位移是相对线位移和相对角位移。

【例14-2】 用力法计算图14-7(a)所示超静定平面刚架，并求作弯矩图。

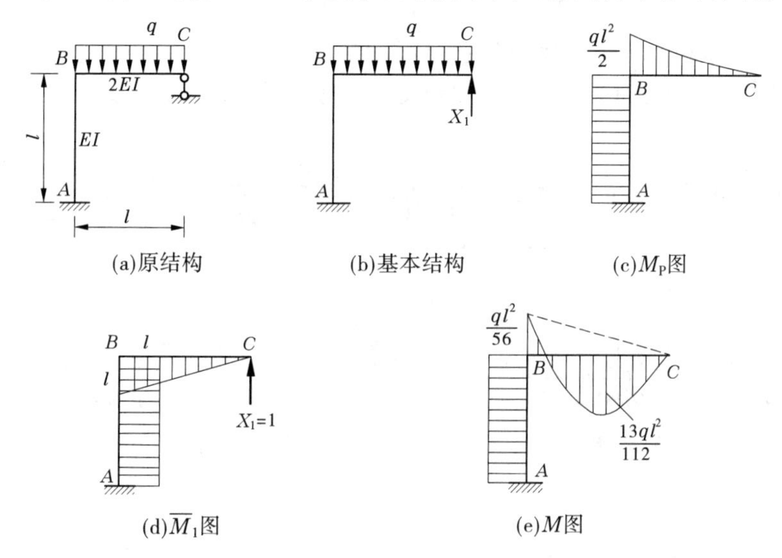

图14-7

解　(1)此刚架为一次超静定结构，选取力法的基本结构去掉C支座支杆，代之以多余未知力X_1，得到如图14-7(b)所示的基本结构。

(2)建立力法典型方程，基本结构在C点处无竖向位移(X_1方向位移$\Delta_1 = 0$)为条件，则力法典型方程为

$$\delta_{11} X_1 + \Delta_{1P} = 0$$

(3)计算系数项和自由项，分别绘出基本结构在荷载q及$X_1 = 1$单独作用下的M_P图和$\overline{M}_1$图，如图14-7(c)、(d)所示。由图乘法求得

$$\delta_{11} = \frac{1}{2EI}\left(\frac{1}{2} \times l \times l\right) \times \left(\frac{2}{3} \times l\right) + \frac{1}{EI}(l \times l) \times l = \frac{7l^3}{6EI}$$

$$\Delta_{1P} = -\frac{1}{2EI}\left(\frac{1}{3} \times \frac{1}{2}ql^2 \times l\right) \times \left(\frac{3}{4} \times l\right) - \frac{1}{EI}\left(\frac{ql^2}{2} \times l\right) \times l = -\frac{9ql^4}{16EI}$$

(4)求解多余未知力X_1。将所求的δ_{11}和Δ_{1P}代入力法典型方程，得

$$\frac{7l^3}{6EI}X_1-\frac{9ql^4}{16EI}=0$$

得
$$X_1=\frac{27}{56}ql(\uparrow)$$

从上可见,力法典型方程中系数项和自由项都含有 EI,故可消去。所以,荷载作用下超静定结构的多余未知力 X_1 和最后内力与各杆 EI 的绝对值无关,只与相对值有关。

(5)用叠加法求作弯矩图。

由 $M=\overline{M}_1X_1+M_P$,求得各控制截面的弯矩为

$$M_{AB}=M_{BA}=M_{BC}=\overline{M}_1X_1+M_P=-l\times\frac{27}{56}ql+\frac{ql^2}{2}=\frac{ql^2}{56}(\text{外侧受拉})$$

BC 梁跨中截面的弯矩为

$$M_{中}=\frac{l}{2}\times\frac{27ql}{56}-\frac{ql^2}{8}=\frac{13}{112}ql^2(\text{下侧受拉})$$

作出该刚架结构的弯矩图如图14-7(e)所示。

【例14-3】 试作图14-8(a)所示超静定梁的弯矩图,设 EI 为常数。

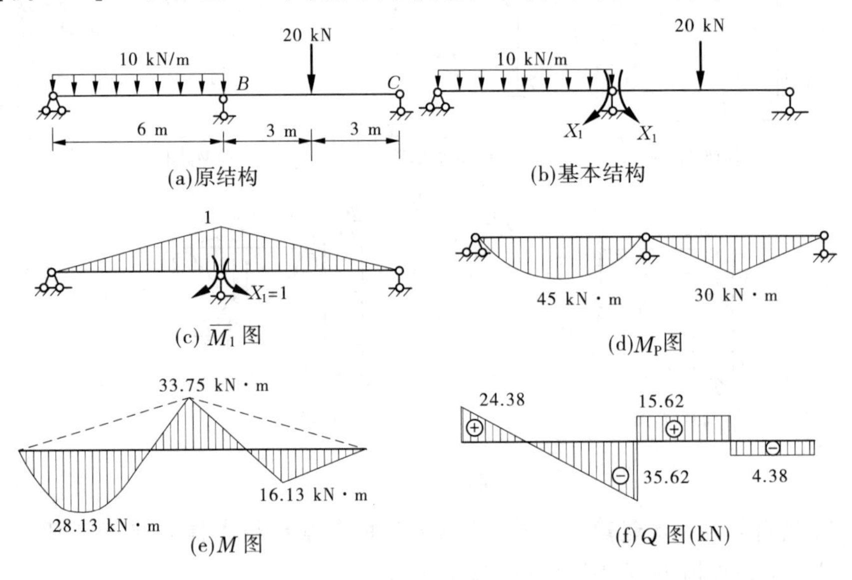

图14-8

解 (1)此梁具有一个多余约束,为一次超静定结构,解除 B 处转动约束用一对力偶 X_1 代替其作用,基本结构如图14-8(b)所示,根据支座 B 处相对角位移等于零的位移条件求解。

(2)建立力法方程如下

$$\delta_{11}X_1+\Delta_{1P}=0$$

(3)作基本结构在单位力 $X_1=1$ 及荷载作用下的弯矩图 $\overline{M}_1$、M_P 图,如图14-8(c)、(d)所示。

(4)计算系数项和自由项,设 $EI=1$,采用图乘法,得

$$\delta_{11} = 2 \times \left(\frac{1}{2} \times 1 \times 6\right) \times \frac{2}{3} = 4$$

$$\Delta_{1P} = -\left(\frac{2}{3} \times 45 \times 6\right) \times \frac{1}{2} - \left(\frac{1}{2} \times 30 \times 6\right) \times \frac{1}{2} = -135$$

代入力法方程得　$$4X_1 - 135 = 0$$

得　$$X_1 = \frac{135}{4} = 33.75(\text{kN} \cdot \text{m})$$

(5)多余力 X_1 求出后,利用平衡条件求原结构的支座反力,作弯矩图和剪力图如图 14-8(e)、(f)所示,或者由叠加法 $M = \overline{M}_1 X_1 + M_P$ 绘出最后弯矩图,根据弯矩图与荷载求控制截面的剪力作剪力图。

课题 14.3　力法的典型方程

通过上节讨论可知,用力法求解超静定问题的基本方法是:

(1)将超静定结构的多余约束去掉,代以相应的未知约束反力(力法基本未知量),这个静定结构称为力法的基本结构。

(2)考虑基本结构与原结构的位移相同的"协调条件",建立求力法基本未知量的补充方程式(力法的典型方程)。

(3)解方程求出多余未知力,超静定结构就转化为静定结构。

(4)根据平衡条件就可以求出结构的全部反力和内力。

用力法解算超静定结构的关键在于根据位移协调条件建立力法典型方程,以求解多余未知力。下面以图 14-9(a)所示刚架来说明如何建立力法典型方程。

图 14-9(a)所示刚架有 3 个多余约束,此结构为 3 次超静定结构。基本结构的形式可以有多种选择,现选择去掉 B 支座的 3 个约束,分别用多余未知力 X_1、X_2 和 X_3 代替其作用,得到图 14-9(b)所示的基本结构。考虑基本结构与原结构在解除多余约束处位移相等的协调条件,建立力法典型方程。

由于原结构支座 B 是固定端,不可能有任何位移,因此基本结构在给定的荷载 P 和多余未知力 X_1、X_2 和 X_3 共同作用下,在 B 点也必须满足这个位移条件,即 B 点沿 X_1 方向的角位移 Δ_1、沿 X_2 方向的水平位移 Δ_2 和沿 X_3 方向的竖向位移 Δ_3 都应分别等于零,也即

$$\left.\begin{aligned} \Delta_1 &= 0 \\ \Delta_2 &= 0 \\ \Delta_3 &= 0 \end{aligned}\right\} \quad (a)$$

若单位力 $X_1 = 1$ 单独作用,引起基本结构在 X_1 的作用下沿 X_1、X_2、X_3 方向的相应位移分别为 δ_{11}、δ_{21}、δ_{31},如图 14-9(c)所示,则未知力 X_1 单独作用时相应的位移为 $\delta_{11}X_1$、$\delta_{21}X_1$、$\delta_{31}X_1$。同理,若单位力 $X_2 = 1$ 单独作用,引起基本结构在 X_2 作用下沿 X_1、X_2、X_3 方向相应的位移分别为 δ_{12}、δ_{22}、δ_{32},如图 14-9(d)所示,则未知力 X_2 单独作用时相应的位移为 $\delta_{12}X_2$、$\delta_{22}X_2$、$\delta_{32}X_2$。同理,若单位力 $X_3 = 1$ 单独作用,引起基本结构在 X_3 的作用下沿

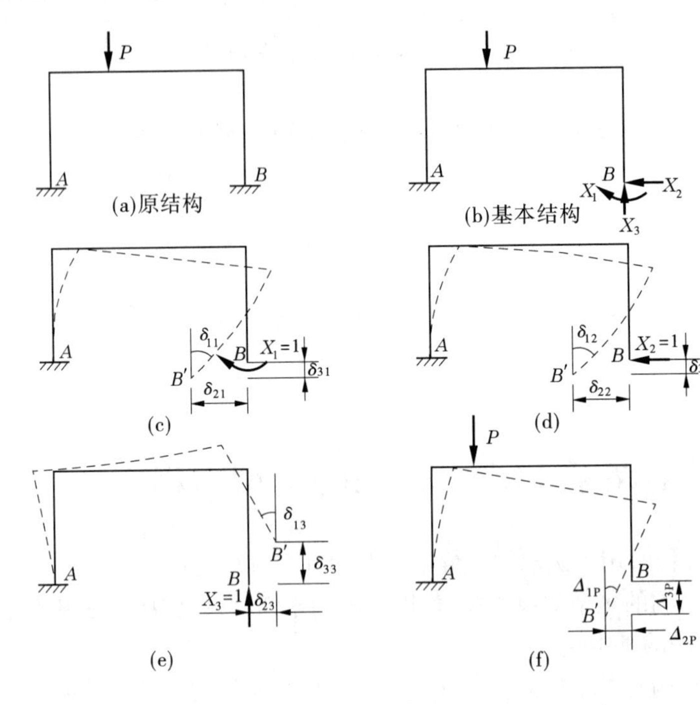

图 14-9

X_1、X_2、X_3 方向相应的位移分别为 δ_{13}、δ_{23}、δ_{33},如图 14-9(e)所示,则未知力 X_3 单独作用时相应的位移为 $\delta_{13}X_3$、$\delta_{23}X_3$、$\delta_{33}X_3$。基本结构在荷载 P 单独作用下,引起基本结构沿 X_1、X_2、X_3 方向相应的位移为 Δ_{1P}、Δ_{2P}、Δ_{3P},如图 14-9(f)所示。

为了清晰可见,现将多余未知力 X_1、X_2、X_3 和荷载 P 单独作用,分别沿 X_1、X_2、X_3 方向产生的位移列表,如表 14-1 所示。

表 14-1　力与位移关系

力	基本结构位移		
	X_1 方向的位移 Δ_1	X_2 方向的位移 Δ_2	X_3 方向的位移 Δ_3
X_1	$\Delta_{11}=\delta_{11}X_1$	$\Delta_{21}=\delta_{21}X_1$	$\Delta_{31}=\delta_{31}X_1$
X_2	$\Delta_{12}=\delta_{12}X_2$	$\Delta_{22}=\delta_{22}X_2$	$\Delta_{32}=\delta_{32}X_2$
X_3	$\Delta_{13}=\delta_{13}X_3$	$\Delta_{23}=\delta_{23}X_3$	$\Delta_{33}=\delta_{33}X_3$
P	Δ_{1P}	Δ_{2P}	Δ_{3P}
原结构各方向位移	$\Delta_1=0$	$\Delta_2=0$	$\Delta_3=0$

根据叠加原理,B 点沿 X_1、X_2 和 X_3 方向总的位移条件为

$$\left.\begin{aligned}\Delta_1 &= \Delta_{11} + \Delta_{12} + \Delta_{13} + \Delta_{1P} = 0\\ \Delta_2 &= \Delta_{21} + \Delta_{22} + \Delta_{23} + \Delta_{2P} = 0\\ \Delta_3 &= \Delta_{31} + \Delta_{32} + \Delta_{33} + \Delta_{3P} = 0\end{aligned}\right\} \tag{b}$$

将上述位移条件用多余未知力 X_1、X_2 和 X_3 表示为

$$\left.\begin{aligned}\delta_{11}X_1 + \delta_{12}X_2 + \delta_{13}X_3 + \Delta_{1P} &= 0\\ \delta_{21}X_1 + \delta_{22}X_2 + \delta_{23}X_3 + \Delta_{2P} &= 0\\ \delta_{31}X_1 + \delta_{32}X_2 + \delta_{33}X_3 + \Delta_{3P} &= 0\end{aligned}\right\} \tag{14-4}$$

式(14-4)就是求解三次超静定结构所需要建立的力法典型方程。

式中每项位移两个脚标的意义是:第一个脚标表示位移发生的地点和方向,第二个脚标表示产生该位移的原因。例如:δ_{11}、δ_{12}、Δ_{1P}分别表示 $X_1=1$、$X_2=1$ 和荷载 P 单独作用在基本结构上时,沿 X_1 方向的位移,如图 14-9(c)、(d)、(f)所示。

同理,对于 n 次超静定结构,则有 n 个多余未知力,因而对应有 n 个已知的位移条件,按此 n 个位移条件可建立 n 个方程,从而可解出 n 个多余未知力。其 n 个多余未知力表示的力法典型方程为

$$\left.\begin{aligned}\delta_{11}X_1 + \delta_{12}X_2 + \cdots + \delta_{1n}X_n + \Delta_{1P} &= \Delta_1\\ \delta_{21}X_1 + \delta_{22}X_2 + \cdots + \delta_{2n}X_n + \Delta_{2P} &= \Delta_2\\ &\vdots\\ \delta_{i1}X_1 + \delta_{i2}X_2 + \cdots + \delta_{in}X_n + \Delta_{iP} &= \Delta_i\\ &\vdots\\ \delta_{n1}X_1 + \delta_{n2}X_2 + \cdots + \delta_{nn}X_n + \Delta_{nP} &= \Delta_n\end{aligned}\right\} \tag{14-5}$$

当沿所有多余未知力方向的位移都等于零时,式(14-5)即为

$$\left.\begin{aligned}\delta_{11}X_1 + \delta_{12}X_2 + \cdots + \delta_{1n}X_n + \Delta_{1P} &= 0\\ \delta_{21}X_1 + \delta_{22}X_2 + \cdots + \delta_{2n}X_n + \Delta_{2P} &= 0\\ &\vdots\\ \delta_{i1}X_1 + \delta_{i2}X_2 + \cdots + \delta_{in}X_n + \Delta_{iP} &= 0\\ &\vdots\\ \delta_{n1}X_1 + \delta_{n2}X_2 + \cdots + \delta_{nn}X_n + \Delta_{nP} &= 0\end{aligned}\right\} \tag{14-6}$$

式(14-6)中:δ_{ii}为主系数,是位于方程组中主对角线上的系数(元素),δ_{ii}代表由单位力 $X_i=1$ 作用时,在其本身方向引起的位移。δ_{ii}与单位力 $X_i=1$ 的方向一致,所以主系数恒为正数。$\delta_{ij}(i\neq j)$为副系数,是位于主对角线两侧的系数(元素),代表单位力 $X_j=1$ 产生的沿 X_i 方向的位移,根据位移互等定理有 $\delta_{ij}=\delta_{ji}$。副系数的值可正、可负,也可能为零。Δ_{iP}为自由项,是位于各方程中的最后一列的元素,代表基本结构在荷载 P 作用下沿 X_i 方向产生的位移。自由项 Δ_{iP}可正、可负,也可为零。

式(14-6)称为 n 次超静定结构的力法典型方程。

因为基本结构是静定的,所以力法方程中的各系数项和自由项都可按模块 13 中求位

移的方法计算。

从力法典型方程中解出多余力 $X_i(i=1,2,\cdots,n)$ 后,就可用静定结构的计算方法求出其余反力和内力,或按下述叠加原理求出最后杆端弯矩,即

$$M=\overline{M}_1X_1+\overline{M}_2X_2+\cdots+\overline{M}_nX_n+M_P \tag{14-7}$$

求出弯矩,并绘出弯矩图,再根据弯矩图进而求作剪力图和轴力图。

无论是哪种类型的 n 次超静定结构,也不管基本结构是如何选取的,都可直接使用力法典型方程,计算结果是唯一的。

力法典型方程的物理意义是:基本结构在荷载及多余未知力共同作用下,沿每一个多余未知力方向的位移等于原结构在荷载作用下相应未知力方向的位移。

虽然方程中的系数和自由项都是基本结构的位移,但是基本未知量不同,位移是不同的,即位移与基本未知量有对应关系。基本未知量是反力,位移是指线位移;基本未知量是反力矩,位移是指角位移;基本未知量是剪力或轴力,位移是指相对线位移;基本未知量是弯矩,位移是指相对角位移。

利用力法典型方程,总可以求解全部多余未知力。只是超静定次数越高,方程组越难求解,这是力法求解超静定结构的主要缺点。

课题 14.4　力法典型方程的应用

力法可以计算任一种形式、在任何因素影响下的超静定结构。根据以上所述,用力法求解超静定结构的一般步骤可归纳如下:

(1)恰当选取力法基本结构。去掉原结构的多余约束,代之以相应的多余未知力,得到的静定结构是力法基本结构。对于一个超静定结构来说,基本结构可有多种取法,不同的基本结构在计算上有简繁之别,所以力法基本结构存在恰当选取的问题,应尽可能选取计算简便的基本结构,优先选择如悬臂梁、悬臂刚架为基本结构,其次选择如简支梁、简支刚架为基本结构。

(2)建立力法典型方程。根据基本结构在多余未知力和荷载共同作用下,在解除多余约束处的位移与原结构中相应的位移相同的条件,列出力法典型方程。注意力法典型方程的个数与超静定次数相等。

(3)求方程中的系数项和自由项。分别作出(或求出)基本结构在单位多余未知力和已知荷载作用下的弯矩图(或列内力表达式),用图乘法(或积分法)求系数项和自由项。

(4)求解各多余未知力。将所求系数项和自由项代入力法典型方程中,联立求解得多余未知力。

(5)求作原结构的内力图。当多余未知力确定后,可按静定结构的内力计算方法绘出原结构的内力图,也可利用已作好的基本结构的单位弯矩图和荷载弯矩图,按叠加法作出超静定结构的弯矩图。

1　超静定梁和刚架

超静定梁和刚架一般只考虑弯曲变形,用力法解算方程中的系数和自由项,可用图乘

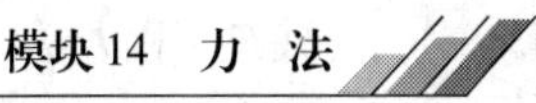

法计算,也可按式(14-7)计算。

【例 14-4】 用力法求解如图 14-10(a)所示单跨超静定梁,画出 M 图。

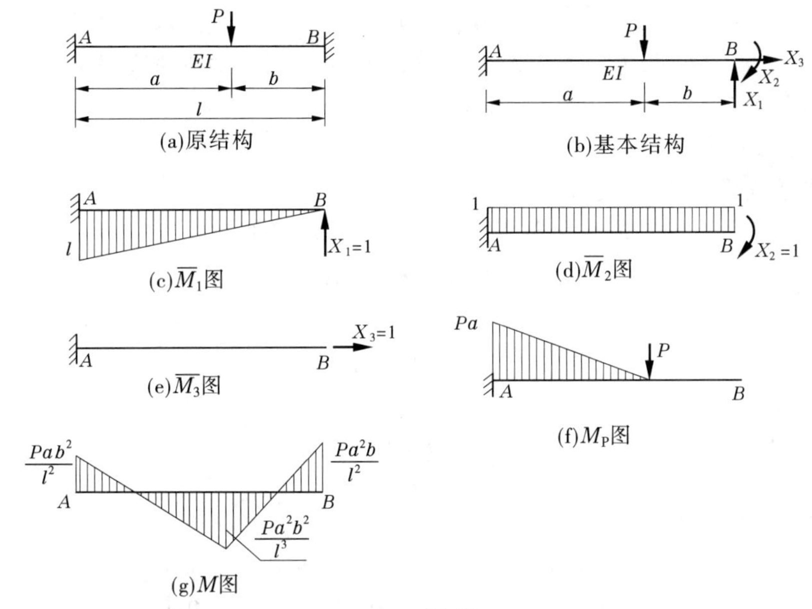

图 14-10

解 (1)选取基本结构。

此梁具有 3 个多余约束,取基本结构如图 14-10(b)所示。

(2)建立力法典型方程。

根据支座处位移为零的条件,得力法典型方程

$$\left.\begin{aligned}\delta_{11}X_1+\delta_{12}X_2+\delta_{13}X_3+\Delta_{1P}&=0\\ \delta_{21}X_1+\delta_{22}X_2+\delta_{23}X_3+\Delta_{2P}&=0\\ \delta_{31}X_1+\delta_{32}X_2+\delta_{33}X_3+\Delta_{3P}&=0\end{aligned}\right\}$$

其中:X_1、X_3 分别代表支座 B 的竖向反力和水平反力,X_2 代表支座 B 处的反力偶。

(3)求系数项和自由项。

作出基本结构在单位多余未知力及荷载作用下的弯矩 $\overline{M}_1$、$\overline{M}_2$、$\overline{M}_3$ 和 M_P 图,如图 14-10(c)、(d)、(e)、(f)所示。用图乘法求各系数项和自由项

$$\delta_{11}=\frac{1}{EI}\left(\frac{1}{2}\times l\times l\times\frac{2}{3}\times l\right)=\frac{l^3}{3EI}$$

$$\delta_{12}=\delta_{21}=-\frac{1}{EI}\left(\frac{1}{2}\times l\times l\times 1\right)=-\frac{l^2}{2EI}$$

$$\delta_{22}=\frac{1}{EI}(l\times 1\times 1)=\frac{l}{EI}$$

$$\delta_{13}=\delta_{31}=\delta_{23}=\delta_{32}=0$$

$$\Delta_{1P}=-\frac{1}{EI}\left[\frac{1}{2}\times Pa\times a\times\left(l-\frac{a}{3}\right)\right]=-\frac{Pa^2(3l-a)}{6EI}$$

$$\Delta_{2P}=\frac{1}{EI}\left(\frac{1}{2}\times Pa\times a\times 1\right)=\frac{Pa^2}{2EI}$$

$$\Delta_{3P}=0$$

关于 δ_{33} 的计算:不计轴力对变形的影响,$\delta_{33}=0$;若考虑轴力对变形的影响,则 $\delta_{33}\neq 0$,由力法方程的第三式均求得 X_3 的值为零。

(4)求多余未知力。

将以上各值同乘 $6EI$ 后,代入力法方程得

$$\left.\begin{aligned}2l^3X_1-3l^2X_2-Pa^2(3l-a)=0\\-3l^2X_1+6lX_2+3Pa^2=0\end{aligned}\right\}$$

解方程组得

$$X_1=\frac{Pa^2(l+2b)}{l^3}$$

$$X_2=\frac{Pa^2b}{l^2}$$

(5)用叠加法求作 M 图。

$$M=\overline{M}_1X_1+\overline{M}_2X_2+\overline{M}_3X_3+M_P$$

$$M_{AB}=l\times\frac{Pa^2(l+2b)}{l^3}-1\times\frac{Pa^2b}{l^2}-Pa=-\frac{Pab^2}{l^2}$$

$$M_{BA}=-1\times\frac{Pa^2b}{l^2}=-\frac{Pa^2b}{l^2}$$

绘制 M 图,如图 14-10(g)所示。

【例 14-5】 用力法解图 14-11(a)所示刚架,画 M、Q、N 图。设各杆长度均为 l,抗弯刚度 EI 如图所示。

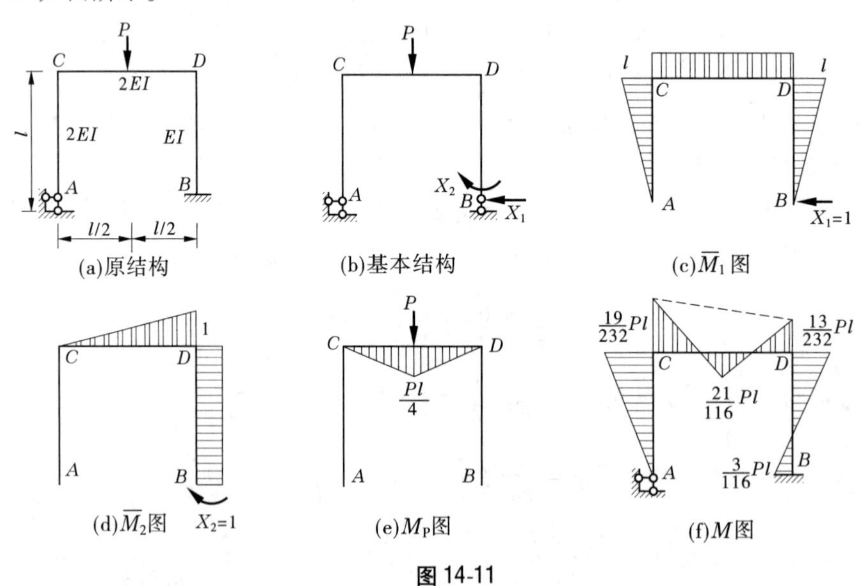

图 14-11

解 (1)选取基本结构。

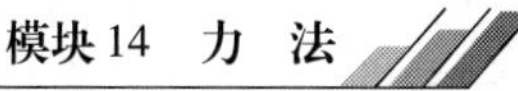

此刚架有两个多余约束,为二次超静定。取基本结构如图 14-11(b)所示。

(2)建立力法方程。

原刚架支座 B 为固定端支座,没有任何移动和转动,力法方程为

$$\left.\begin{aligned}\delta_{11}X_1+\delta_{12}X_2+\Delta_{1P}=0\\ \delta_{21}X_1+\delta_{22}X_2+\Delta_{2P}=0\end{aligned}\right\}$$

(3)求系数项和自由项。

分别绘出$\overline{M}_1$、$\overline{M}_2$、M_P 图,如图 14-11(c)、(d)、(e)所示。用图乘法求得各系数项及自由项如下

$$\delta_{11}=\frac{1}{2EI}(l\times l\times l)+\frac{1}{2EI}\left(\frac{1}{2}\times l\times l\times\frac{2}{3}\times l\right)+\frac{1}{EI}\left(\frac{1}{2}\times l\times l\times\frac{2}{3}\times l\right)=\frac{l^3}{EI}$$

$$\delta_{22}=\frac{1}{2EI}\left(\frac{1}{2}\times l\times 1\times\frac{2}{3}\times 1\right)+\frac{1}{EI}(1\times l\times 1)=\frac{7l}{6EI}$$

$$\delta_{12}=\delta_{21}=\frac{1}{2EI}\left(\frac{1}{2}\times 1\times l\times l\right)+\frac{1}{EI}\left(\frac{1}{2}\times l\times l\times 1\right)=\frac{3l^2}{4EI}$$

$$\Delta_{1P}=-\frac{1}{2EI}\left(\frac{1}{2}\times\frac{Pl}{4}\times l\times l\right)=-\frac{Pl^3}{16EI}$$

$$\Delta_{2P}=-\frac{1}{2EI}\left(\frac{1}{2}\times\frac{Pl}{4}\times l\times\frac{1}{2}\right)=-\frac{Pl^2}{32EI}$$

(4)求多余未知力。

将所求各系数项、自由项代入力法典型方程,得

$$\left.\begin{aligned}\frac{l^3}{EI}X_1+\frac{3l^2}{4EI}X_2-\frac{Pl^3}{16EI}=0\\ \frac{3l^2}{4EI}X_1+\frac{7l}{6EI}X_2-\frac{Pl^2}{32EI}=0\end{aligned}\right\}$$

解得

$$X_1=\frac{19P}{232}$$

$$X_2=-\frac{3Pl}{116}$$

(5)用叠加法求作 M 图。

据 $M=\overline{M}_1X_1+\overline{M}_2X_2+M_P$ 先计算刚架各杆两个端截面的弯矩值

$$M_{CA}=l\times\frac{19P}{232}=\frac{19Pl}{232}(\text{左拉})$$

$$M_{CD}=l\times\frac{19P}{232}=\frac{19Pl}{232}(\text{上拉})$$

$$M_{DC}=l\times\frac{19P}{232}+1\times\left(-\frac{3Pl}{116}\right)=\frac{13Pl}{232}(\text{上拉})$$

$$M_{DB}=l\times\frac{19P}{232}+1\times\left(-\frac{3Pl}{116}\right)=\frac{13Pl}{232}(\text{右拉})$$

$$M_{BD}=1\times\left(-\frac{3Pl}{116}\right)=-\frac{3Pl}{116}(\text{左拉})$$

求得以上各杆的杆端弯矩后,利用区段叠加作各杆的弯矩图,如图 14-11(f)所示。CD 杆跨中弯矩为

$$M_{中} = \frac{1}{4}Pl - \frac{1}{2} \times \left(\frac{19}{232} + \frac{13}{232}\right) \times Pl = \frac{21}{116}Pl(下拉)$$

(6)求作 Q 图和 N 图。将求得的多余未知力 X_1、X_2 作用在基本结构上,按静定结构作内力图的方法画出剪力图和轴力图,如图 14-12(a)、(b)所示。

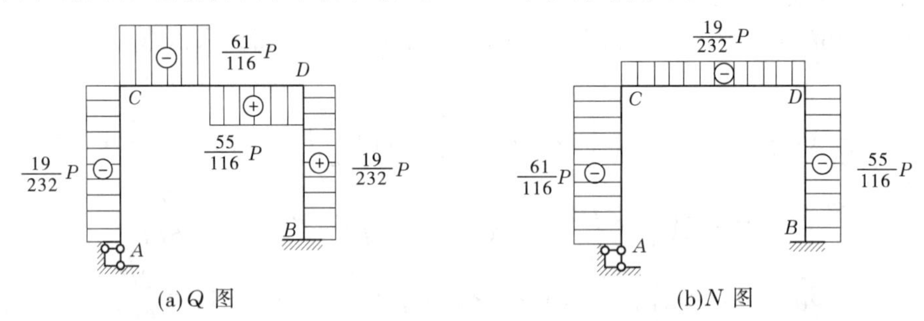

(a)Q 图　　(b)N 图

图 14-12

2　超静定桁架

在工程中,除遇到超静定梁和刚架外,还有超静定桁架,尤其是在桥梁建筑中使用较多,工业厂房的支承系统也做成超静定桁架。如图 14-13 所示的桁架就是建筑工程中常见的平行弦超静定桁架。

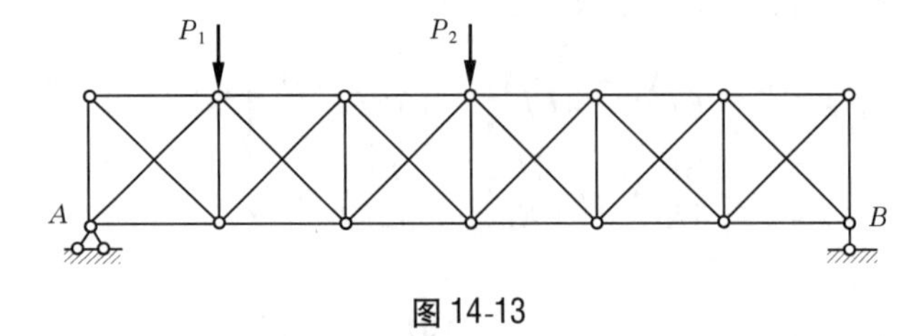

图 14-13

用力法计算超静定桁架,因为桁架只承受结点荷载,杆件只产生轴力,也仅考虑轴向变形引起的位移,故力法典型方程中的系数项和自由项的计算公式为

$$\left.\begin{aligned} \delta_{ii} &= \sum \frac{\overline{N}_i^2 l}{EA} \\ \delta_{ij} &= \sum \frac{\overline{N}_i \overline{N}_j l}{EA} \\ \delta_{iP} &= \sum \frac{\overline{N}_i N_P l}{EA} \end{aligned}\right\} \qquad (14\text{-}8)$$

式中:$\overline{N}_i$、$\overline{N}_j$ 和 N_P 分别表示基本结构在单位荷载和荷载单独作用在基本结构上时相应杆件的轴力;E 为材料弹性模量;A 为相应杆件横截面面积;l 为相应杆件的长度。

桁架各杆的最后轴力可按叠加法计算

$$N = X_1\overline{N}_1 + X_2\overline{N}_2 + \cdots + X_n\overline{N}_n + N_P \qquad (14\text{-}9)$$

【例 14-6】 试计算图 14-14(a)所示超静定桁架各杆的轴力。已知各杆的 EA 相同。

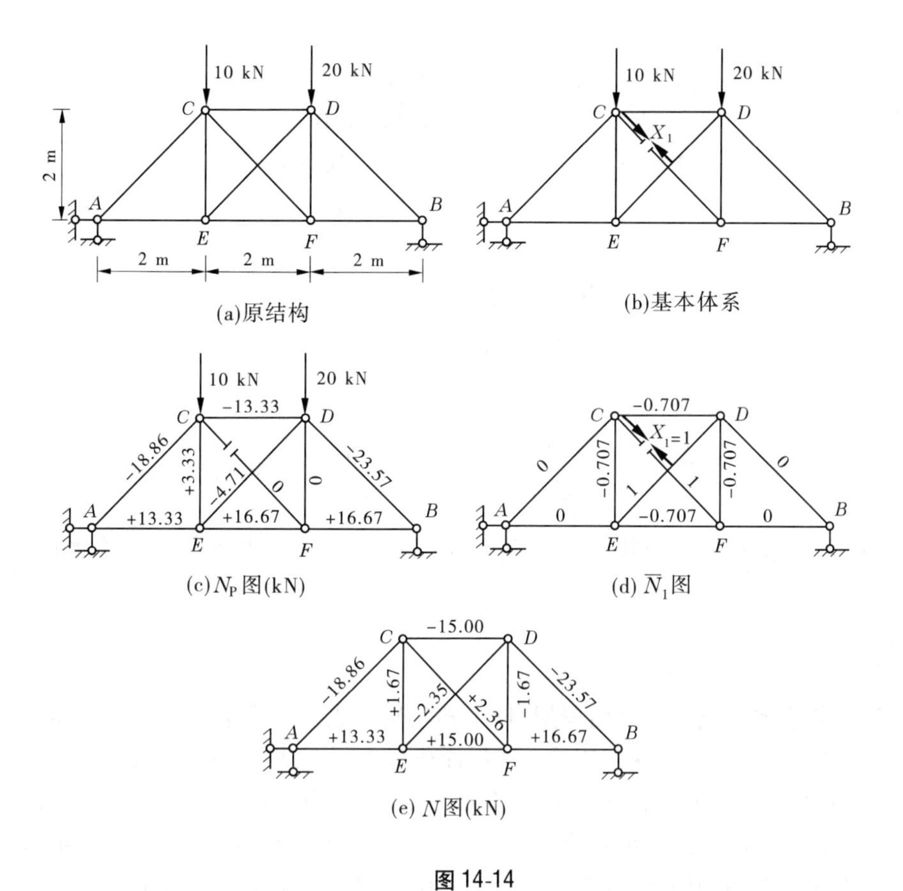

图 14-14

解　(1)此桁架是一次超静定结构,现切断 FC 杆,并用多余力 X_1 代替,基本结构如图 14-14(b)所示。

(2)根据切口两侧截面沿杆轴方向的相对线位移为零的条件,可建立力法方程为

$$\delta_{11}X_1+\Delta_{1P}=0$$

为了计算系数项和自由项,先分别计算基本结构在单位力 $X_1=1$ 和已知荷载作用下基本结构所产生的轴力,如图 14-14(c)、(d)所示。已知各杆的长度为

$$l_{AC}=l_{BD}=l_{CF}=l_{DE}=2.83\ \text{m}$$

$$l_{AE}=l_{BF}=l_{EF}=l_{CD}=l_{DF}=l_{CE}=2\ \text{m}$$

荷载作用引起的基本结构上的各杆轴力如图 14-14(c)所示。

$$N_{PAC}=-18.86\ \text{kN}$$

$$N_{PBD}=-23.57\ \text{kN}$$

$$N_{PCF}=N_{PDF}=0$$

$$N_{PDE}=-4.71\ \text{kN}$$

$$N_{PAE}=13.33\ \text{kN}$$

$$N_{PCD}=-13.33\ \text{kN}$$

$$N_{PBF}=N_{PEF}=16.67\ \text{kN}$$

$$N_{PCE} = 3.33\ \text{kN}$$

单位力 $X_1 = 1$ 作用在基本结构上引起各杆的轴力如图 14-14(d)所示。

$$\overline{N}_{AC} = \overline{N}_{DB} = \overline{N}_{AE} = \overline{N}_{BF} = 0$$

$$N_{EF} = N_{CD} = N_{DF} = N_{CE} = -0.707$$

$$N_{CF} = N_{DE} = 1$$

则

$$\sum N_P \overline{N}_1 l = -22.76$$

$$\sum \overline{N}_1^2 l = 9.66$$

由力法典型方程可求得

$$X_1 = -\frac{\Delta_{1P}}{\delta_{11}} = -\frac{\sum N_P \overline{N}_1 l}{\sum \overline{N}_1^2 l} = -\frac{-22.76}{9.66} = 2.36(\text{kN})$$

(3)用叠加法求桁架各杆轴力。由 $N = \overline{N}_1 X_1 + N_P$ 求得桁架各杆轴力值如图 14-14(e)所示。

3 排架计算

单层厂房的主要承重结构是由屋架、柱子和基础组成横向排架,如图 14-15(a)所示。柱与基础为刚接,屋架与柱顶视为铰接。在屋面荷载作用下,屋架按桁架计算。当柱承受荷载作用时,屋架对于柱顶只起联系作用,在取结构计算简图时,屋架常视为一根抗拉压刚度 $EA = \infty$ 的刚性链杆,称为排架的横梁。排架的立柱多为阶梯状,这是由于单层厂房常需放置吊车梁。取结构简图如图 14-15(b)所示,这种结构称为铰接排架。

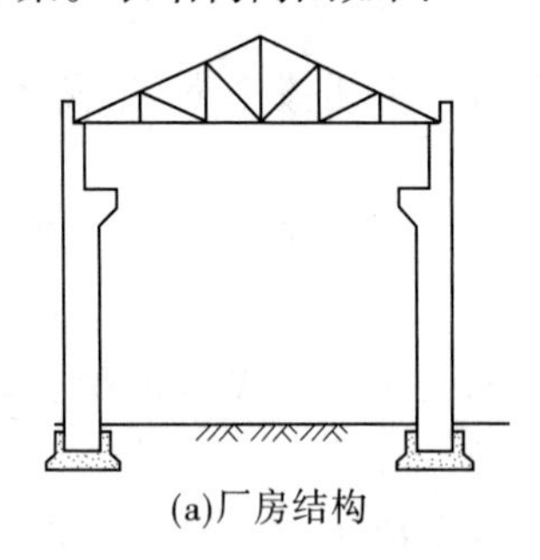

(a)厂房结构

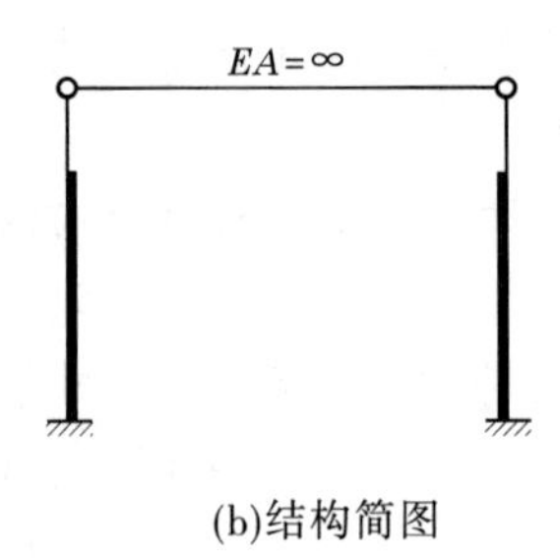

(b)结构简图

图 14-15

铰接排架是超静定结构,可用力法计算,其计算方法及步骤与计算刚架相同。其基本结构的取法通常是把横杆作为多余联系而切断,代之以多余未知力,利用切口两侧的相对位移(或链杆两端柱顶的相对位移)为零的条件建立力法方程。

【例 14-7】 单跨等高排架如图 14-16(a)所示,计算其内力,并作出弯矩图。

解 (1)此排架是一次超静定,截断 CD 杆件,加多余未知力 X_1,如图 14-16(b)所示的基本结构。根据柱顶水平相对位移等于零,建立力法方程为

$$\delta_{11} X_1 + \Delta_{1P} = 0$$

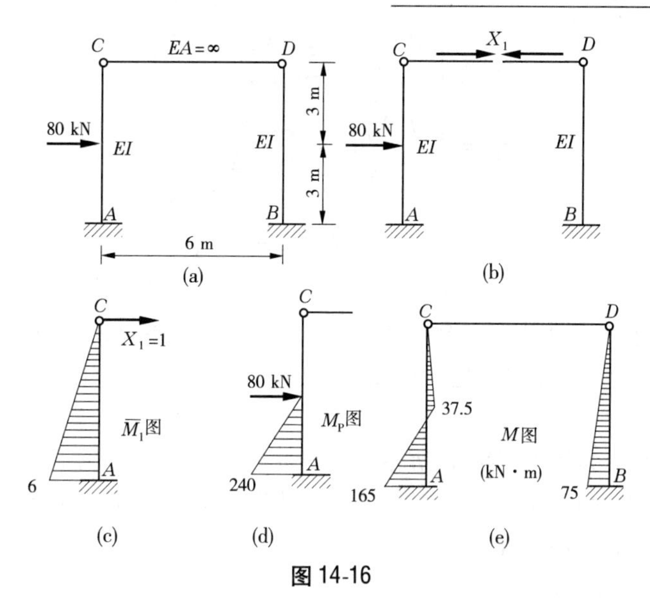

图 14-16

(2)计算系数项和自由项。为计算方程中的系数项和自由项,分别作出单位力 $X_1=1$ 和已知荷载作用下的单位弯矩图 $\overline{M}_1$ 及荷载弯矩图 M_P,如图 14-16(c)、(d)所示。

$$\delta_{11}=2\times\frac{1}{EI}\times\frac{1}{2}\times6\times6\times\frac{2}{3}\times6=\frac{144}{EI}(\text{计算左半跨乘以 }2)$$

$$\Delta_{1P}=\frac{1}{EI}\left(\frac{1}{2}\times240\times3\times5\right)=\frac{1\ 800}{EI}(\text{只计算左半跨})$$

代入方程解得

$$X_1=-\Delta_{1P}/\delta_{11}=-1\ 800/144=-12.5(\text{kN})$$

(3)根据叠加原理

$$M=\overline{M}_1X_1+M_P$$

作出最后 M 图如图 14-16(e)所示。

4 组合结构

在工程实际中,有时为了减小梁的挠度,降低弯矩峰值,常由一根实体梁和一些加劲杆件组成的加劲梁,这种结构称为组合结构,如图 14-17 所示。

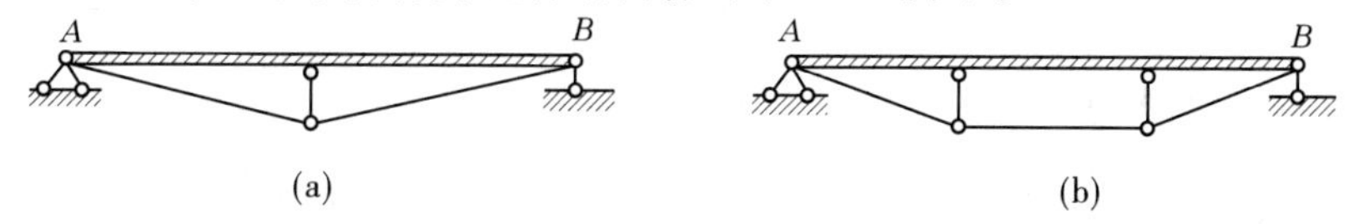

图 14-17

用力法计算组合结构的过程同其他结构相同。由于结构中既有梁式杆,又有轴力杆,所以力法方程中系数项和自由项应按式(14-10)计算

$$\left.\begin{aligned}\delta_{ii}&=\int\frac{\overline{M}_i^2}{EI}\mathrm{d}x+\sum\frac{\overline{N}_i^2}{EA}l\\\delta_{ij}&=\int\frac{\overline{M}_i\,\overline{M}_j}{EI}\mathrm{d}x+\sum\frac{\overline{N}_i\,\overline{N}_j}{EA}l\\\Delta_{iP}&=\int\frac{\overline{M}_i\,\overline{M}_P}{EI}\mathrm{d}x+\sum\frac{\overline{N}_i\,\overline{N}_P}{EA}\end{aligned}\right\}\tag{14-10}$$

式中:$\overline{N}_i$、$\overline{N}_j$、N_P 表示基本结构在多余未知力$N_i=1$、$N_j=1$ 和荷载单独作用下各链杆产生的轴力;$\overline{M}_i$、M_P 表示基本结构在多余未知力$N_i=1$ 和荷载单独作用下,梁式杆产生的单位弯矩和荷载弯矩。梁式杆主要考虑弯曲变形产生的位移,而链杆主要考虑轴向变形产生的位移。

【例 14-8】 计算如图 14-18(a)所示中超静定组合结构的内力,已知各杆数据如下:梁式杆 AB,$EI=1.40\times10^4\ \mathrm{kN\cdot m^2}$,$EA_1=1.99\times10^6\ \mathrm{kN}$;压杆 CD,$EA_2=2.02\times10^5\ \mathrm{kN}$;拉杆 AD、DB,$EA_3=2.56\times10^5\ \mathrm{kN}$。

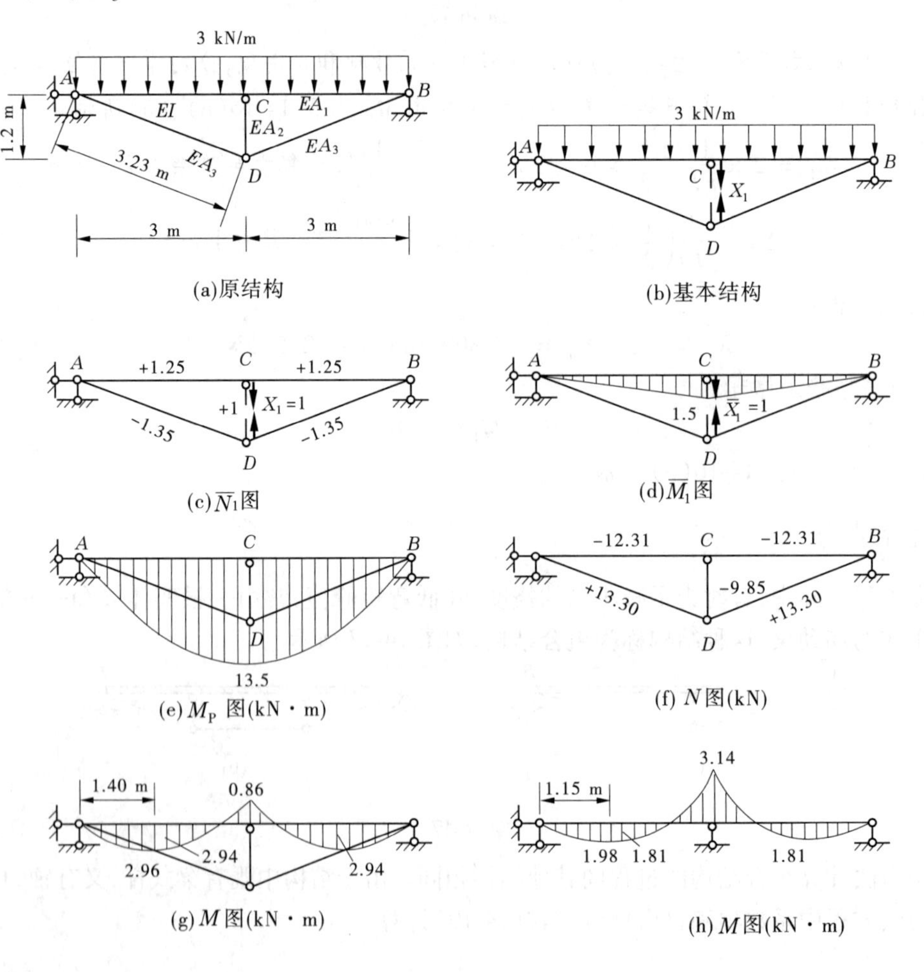

图 14-18

解　(1)此结构为一次超静定,切断多余杆件 CD 用多余力 X_1 代替,得到如图 14-18(b)所示的基本结构。由于切口处两截面的相对位移为零,建立力法典型方程

$$\delta_{11}X_1 + \Delta_{1P} = 0$$

(2)在单位力 $X_1 = 1$ 和荷载作用下,基本结构的弯矩图和轴力如图 14-18(c)、(d)、(e)所示,其系数项和自由项(考虑梁式杆轴力影响)计算如下

$$\begin{aligned}\delta_{11} &= \sum \frac{\overline{N}_1^2 l}{EA} + \sum \int \frac{\overline{M}_1^2}{EI}\mathrm{d}x = \frac{\sum \overline{N}_1^2 l}{EA_2} + \frac{\sum \overline{N}_1^2 l}{EA_3} + \frac{\overline{N}_1^2 l}{EA_1} + \frac{1}{EI}\int \overline{M}_1^2 \mathrm{d}x \\ &= \frac{2}{1.40 \times 10^4} \times \left(\frac{1}{2} \times 1.5 \times 3 \times \frac{2}{3} \times 1.5\right) + \frac{1}{1.99 \times 10^6} \times (1.25^2 \times 6) + \\ &\quad \frac{1}{2.02 \times 10^5} \times (1^2 \times 1.2) + \frac{2}{2.56 \times 10^5} \times (1.35^2 \times 3.23) = 3.78 \times 10^{-4}\end{aligned}$$

$$\Delta_{1P} = \sum \int \frac{\overline{M}_1 M_P}{EI}\mathrm{d}x = \frac{2}{1.4 \times 10^4} \times \left(\frac{2}{3} \times 13.5 \times 3 \times \frac{5}{8} \times 1.5\right) = 36.16 \times 10^{-4}$$

$$X_1 = -\frac{\Delta_{1P}}{\delta_{11}} = -\frac{36.16 \times 10^{-4}}{3.78 \times 10^{-4}} = -9.57(\mathrm{kN})$$

(3)最后弯矩由 $M = X_1\overline{M}_1 + M_P$ 计算,最后轴力由 $N = X_1\overline{N}_1 + N_P$ 计算,其结果如图 14-18(f)、(g)所示。

讨论:由图 14-18(g)看出,横梁 AB 在有下部桁架共同受力时,此时横梁最大弯矩为 2.96 kN·m,若没有下部桁架共同支承,则横梁为一简支梁,其弯矩图如图 14-18(e)所示,其最大弯矩为 13.5 kN·m。该超静定结构的内力分布与横梁和桁架的相对刚度有关。如果下部结构杆件的截面很小,即 EA_2 和 EA_3 都趋于零,则横梁的 M 图接近于简支梁的 M 图。如果下部杆件的截面很大,即 EA_2 和 EA_3 都趋于无穷大,则横梁的 M 图接近于多跨连续梁的 M 图,如图 14-18(h)所示。如果不计梁式杆 AB 的轴力影响,其结果与原结果之差仅为 0.6%。可见,对于梁式杆(即承受弯曲的杆件),通常均可不计轴力的影响。

课题 14.5　对称性利用

在实际工程中,很多结构是对称的。如果基本结构选取得好,对称结构可以利用对称性使计算得到简化。

1　对称结构

对称结构是指结构的几何形状和支承情况对某轴对称,各杆件的材料、截面的几何形状和尺寸(即 EI、EA、GA)也对此轴对称。如图 14-19(a)所示刚架是对称结构,平分对称结构的中心线称为对称轴。

如图 14-19(a)所示的对称刚架,可以取图 14-9(b)所示的切断刚架的基本结构,基本未知量是三个支座反力 X_1、X_2、X_3。力法的典型方程为

$$
\left.\begin{array}{l}
\delta_{11}X_1 + \delta_{12}X_2 + \delta_{13}X_3 + \Delta_{1P} = 0 \\
\delta_{21}X_1 + \delta_{22}X_2 + \delta_{23}X_3 + \Delta_{2P} = 0 \\
\delta_{31}X_1 + \delta_{32}X_2 + \delta_{33}X_3 + \Delta_{3P} = 0
\end{array}\right\}
$$

为了简化计算,对于对称结构宜选择对称的基本结构,并取对称力和反对称力作为多余未知力(基本未知量)。对于如图 14-19(a)所示的对称刚架,取沿对称轴将梁切开的基本结构,如图 14-19(b)所示。这时多余未知力包括三对内力:一对轴力 X_1、一对剪力 X_2、一对弯矩 X_3,其中 X_1、X_3 是对称力,X_2 是反对称力。绘出各单位未知力产生的弯矩图 $\overline{M}_i$,如图 14-19(c)、(d)、(e)所示。从图可见,正对称多余未知力 X_1、X_3 的单位弯矩图 $\overline{M}_1$、$\overline{M}_3$ 是正对称的,反对称未知力 X_2 的单位弯矩图 $\overline{M}_2$ 是反对称的。正对称的 $\overline{M}_1$、$\overline{M}_3$ 图与反对称的 $\overline{M}_2$ 图互乘其结果为零,即力法方程中的系数 $\delta_{12}=\delta_{21}=\delta_{23}=\delta_{32}=0$。于是,力法典型方程可简化为

$$
\left.\begin{array}{l}
\delta_{11}X_1 + \delta_{13}X_3 + \Delta_{1P} = 0 \\
\delta_{22}X_2 + \Delta_{2P} = 0 \\
\delta_{31}X_1 + \delta_{33}X_3 + \Delta_{3P} = 0
\end{array}\right\} \tag{14-11}
$$

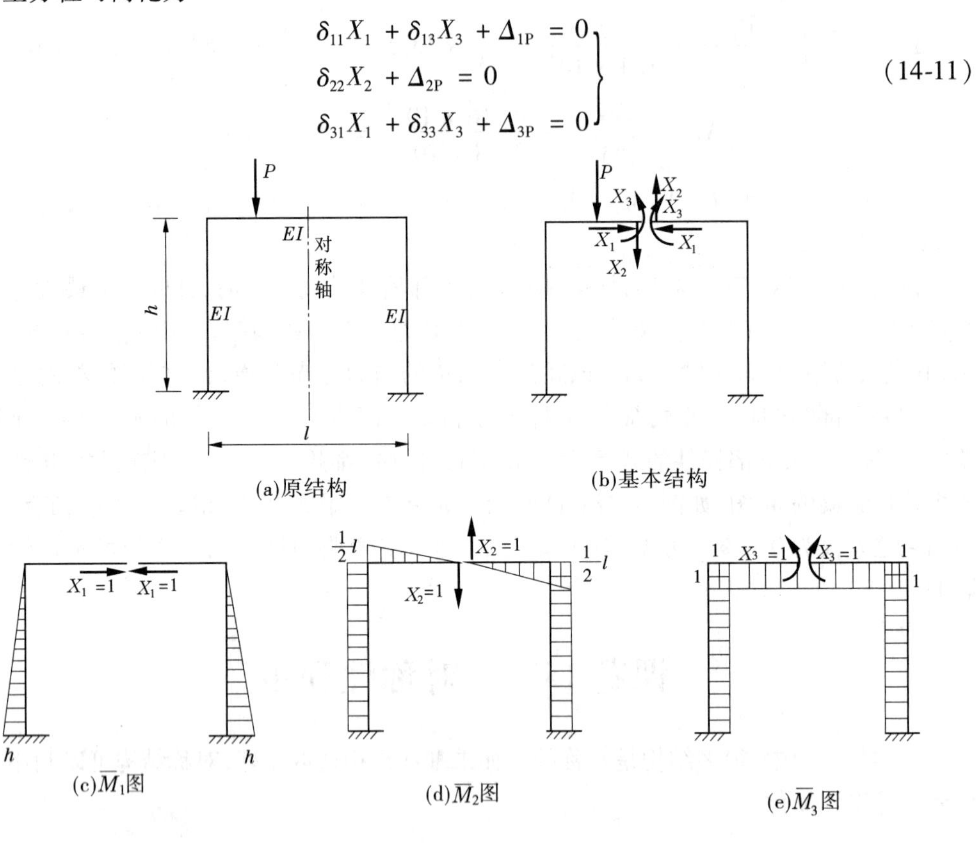

(a)原结构 (b)基本结构

(c)$\overline{M}_1$图 (d)$\overline{M}_2$图 (e)$\overline{M}_3$图

图 14-19

可见,取对称的基本结构,且多余未知力是对称力或反对称力,则力法方程将分成两组:一组只包含正对称未知力,另一组只包含反对称未知力。

2 荷载的对称性

作用在图 14-20(a)所示对称结构上的一般荷载,可以分解为正对称和反对称两种情

况，如图 14-20(b)、(c)所示。利用荷载的对称性将使计算得到进一步简化。

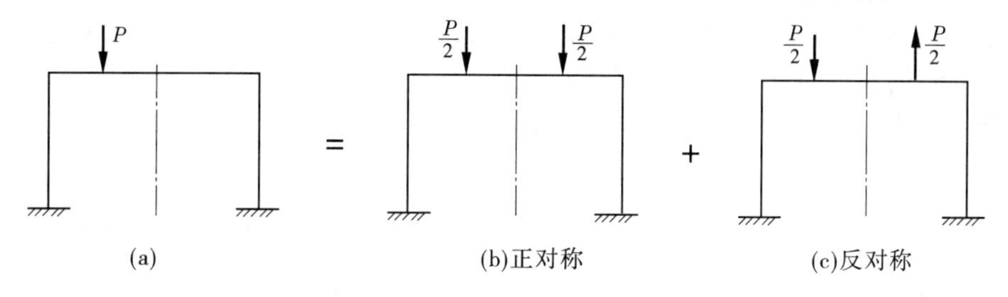

图 14-20

2.1　正对称荷载

正对称荷载如图 14-20(b)所示，取图 14-21(a)所示的基本结构。正对称荷载产生的弯矩图 M'_P 也是正对称的，如图 14-21(b)所示。由正对称的 M'_P 图与反对称的 $\overline{M}_2$ 图(见图 14-19(d))互乘，得自由项 $\Delta'_{2P}=0$。由力法典型方程可得反对称未知力为零($X_2=0$)。由此得结论：对称结构受正对称荷载作用，在对称轴的切口处反对称未知力 X_2(剪力)为零，只需求出正对称未知力 X_1、X_3(轴力、弯矩)。计算时直接取图 14-21(a)所示基本结构，用式(14-11)中求出 X_1、X_3。

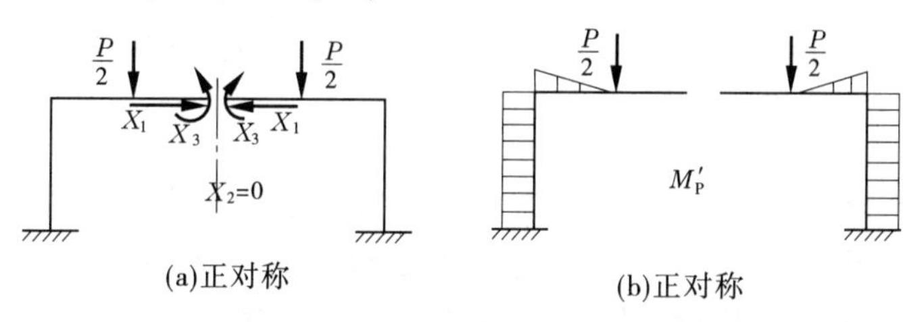

图 14-21

2.2　反对称荷载

反对称荷载作用如图 14-20(c)所示，取图 14-22(a)所示的基本结构。反对称荷载产生的弯矩图 M''_P 是反对称的，如图 14-22(b)所示。反对称的 M''_P 图与图 14-19(c)、(e)中正对称的单位弯矩图 $\overline{M}_1$、$\overline{M}_3$ 相图乘，得自由项 $\Delta''_{1P}=\Delta''_{3P}=0$。由力法典型方程可求得 $X_1=X_3=0$，即正对称未知力为零。由此得结论：对称结构在反对称荷载作用下，在对称轴的切口处正对称未知力 X_1(轴力)、X_3(弯矩)为零，只需求出反对称未知力 X_2(剪力)。计算直接取图 14-22(a)所示的基本结构。

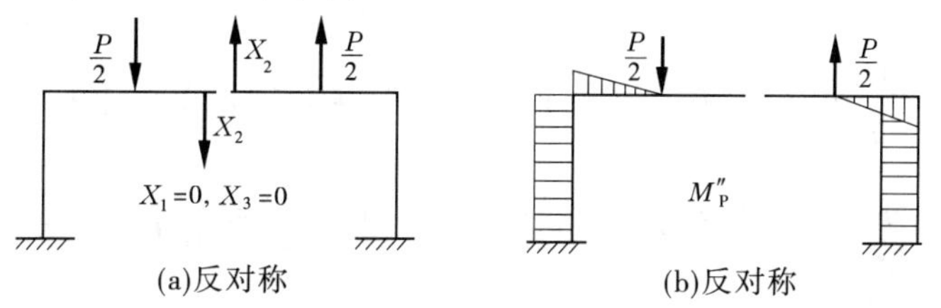

图 14-22

正对称和反对称荷载共同作用下，结构总弯矩图的叠加表达式为

$$M = \overline{M}_1X_1 + \overline{M}_2X_2 + \overline{M}_3X_3 + M'_P + M''_P \tag{14-12}$$

综合分析,可以得出对称结构的受力和变形特点:在正对称荷载作用下,反力、内力和变形是对称的;在反对称荷载作用下,反力、内力和变形是反对称的。

【例 14-9】 求作图 14-23(a)所示的刚架在水平力 P 作用下的弯矩图。

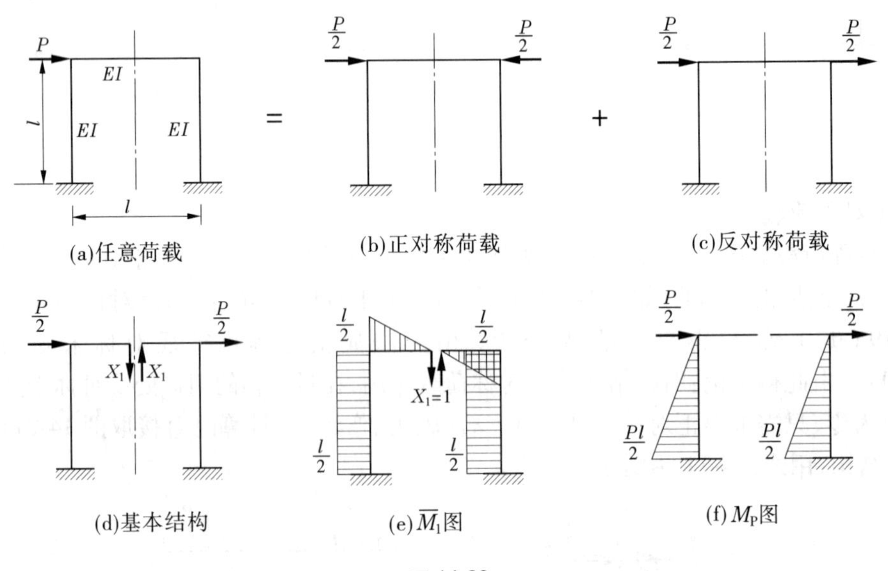

图 14-23

解 (1)利用对称性进行简化。把原结构的荷载分为正对称荷载(见图 14-23(b))和反对称荷载(见图 14-23(c))。因刚架结构在位移计算时不计杆件的轴向变形,则图 14-23(b)的刚架在正对称荷载作用下,横梁为轴向压缩变形,两立柱无侧移就不会发生弯曲,也就不会产生弯矩和剪力,只有轴向压力 $N = P/2$,图 14-23(b)这种状态称为无弯矩状态。因此,作原结构的弯矩图只须求作出图 14-23(c)所示反对称荷载作用下的弯矩图即可。

(2)选取基本结构。在反对称荷载作用下,选取对称的基本结构如图 14-23(d)所示。因为对称切口处的轴力和弯矩都等于零(正对称内力),所以只有对反对称未知力 X_1。

(3)建立力法典型方程。由对称轴切口处相对竖向位移等于零,则力法典型方程为

$$\delta_{11}X_1 + \Delta_{1P} = 0$$

(4)求系数项和自由项。作出$\overline{M}_1$、M_P 图,如图 14-23(e)、(f)所示,由图乘法求得

$$\delta_{11} = \frac{2}{EI} \times [(\frac{1}{2} \times \frac{l}{2} \times \frac{l}{2}) \times \frac{2}{3} \times \frac{l}{2} + (\frac{l}{2} \times l) \times \frac{l}{2}] = \frac{7l^3}{12EI}$$

$$\Delta_{1P} = \frac{2}{EI} \times (\frac{1}{2} \times \frac{Pl}{2} \times l) \times \frac{l}{2} = \frac{Pl^3}{4EI}$$

(5)求解多余未知力 X_1。

$$X_1 = -\frac{\Delta_{1P}}{\delta_{11}} = -\frac{Pl^3}{4EI} \times \frac{12EI}{7l^3} = -\frac{3}{7}P$$

(6)用叠加法作弯矩图。

$$M = \overline{M}_1 X_1 + M_P$$

作出 M 图，如图 14-24 所示。

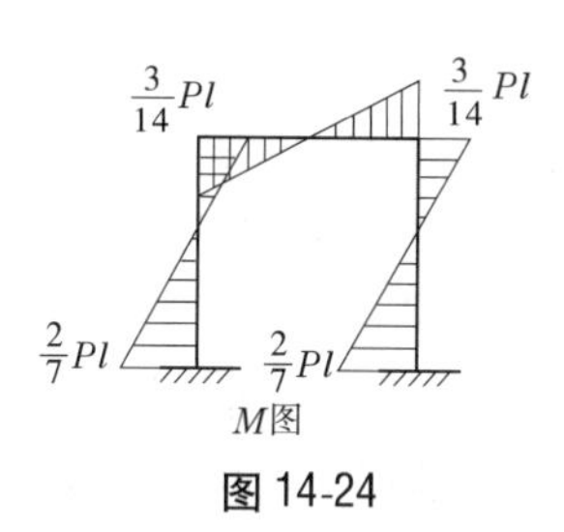

图 14-24

3 半结构法简介*

所谓半结构法，就是截取对称结构的一半进行分析计算。当对称结构受对称荷载或反对称荷载作用时，均可采用半结构法来简化计算。

截取对称结构的一半进行分析计算，移走的另一半对留下的作用，用一个相应支座来代替，这个支座一定要满足对称轴处原结构的内力和位移条件（或特点）。下面就对称结构分别受对称荷载与反对称荷载的情况直接给出半结构支座的设置方法。

（1）奇数跨对称结构受正对称荷载作用：截取对称结构的一半，在对称轴处加滑动支座（定向支座）或水平支杆，见表 14-2。

表 14-2 常用半结构选用

荷载	奇数跨对称结构	偶数跨对称结构
正对称荷载	C K D P P A B ⇨ C K P A P P C K D A B ⇨ P C K A	P P B C E A D F ⇨ P B C A P P B C E A D F ⇨ P B A
反对称荷载	C K D P P A B ⇨ C K P A	P P B EI_1 C EI_1 E EI_2 EI EI_2 A D F ⇨ P B EI_1 C EI_2 $\frac{EI}{2}$ A D

（2）奇数跨对称结构受反对称荷载作用：截取对称结构的一半，在对称轴处加可动铰支座（链杆支座），见表 14-2。

（3）偶数跨对称结构受正对称荷载作用：截取对称结构的一半，在对称轴处加固定端支座或固定铰支座，见表 14-2。

（4）偶数跨对称结构受反对称荷载作用：截取对称结构的一半，将对称轴处的立柱

(中间柱)劈开,该柱(新柱)的抗弯刚度 EI 为原来柱抗弯刚度的一半,见表 14-2。可以理解为:中间柱的一半承担左侧的力,另一半承担右侧的力。

常用半结构选用如表 14-2 所示。

综合上述分析可知,对称结构取一半计算,不仅图形比较简单,而且超静定次数减少了,从而使计算得到简化。在计算出半个结构的内力后,不难利用对称性确定另一半刚架的内力。

利用半结构法先作出结构一半的内力图,然后根据荷载的对称性及相应内力图的对称关系,作出结构另一半的内力图,即得整个结构的内力图。

【例 14-10】 用力法求作图 14-25(a)所示刚架的弯矩图,设各杆 EI 相同。

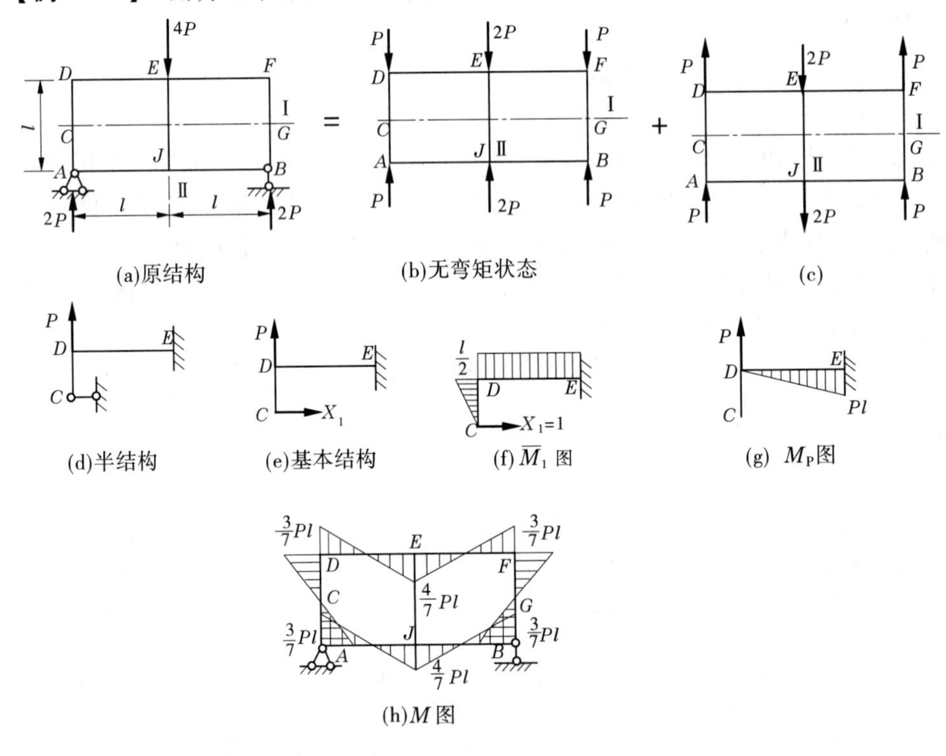

图 14-25

解 (1)利用对称性取半结构。

此刚架与基础相连是静定的,两个闭合框是六次超静定,故是内部超静定。结构具有两根对称轴,其中对称轴Ⅱ为竖轴,对称轴Ⅰ为水平轴。求出支座反力可见:外力对竖轴Ⅱ是正对称的,而对水平轴Ⅰ是不对称的。为利用其对称性,现将外力分解为正对称和反对称两组,如图 14-25(b)、(c)所示。

在图 14-25(b)中,每根立柱各受一对平衡压力作用,结构处于无弯矩状态。

在图 14-25(c)中,对于竖直对称轴Ⅱ来说,是一受正对称外力作用的偶数跨对称结构;而对于水平对称轴Ⅰ来说,是一受反对称外力作用的奇数跨对称结构。根据前面所述的半结构取法,可取$\frac{1}{4}$结构,如图 14-25(d)所示。

(2)选取力法的基本结构,如图14-25(e)所示。

(3)建立力法典型方程。

$$\delta_{11}X_1 + \Delta_{1P} = 0$$

(4)求系数项和自由项。

作出$\overline{M}_1$图、M_P图,如图14-25(f)、(g)所示,由图乘法求得

$$\delta_{11} = \frac{1}{EI} \times \left[\left(\frac{1}{2} \times \frac{l}{2} \times \frac{l}{2}\right) \times \frac{2}{3} \times \frac{l}{2} + \left(\frac{l}{2} \times l\right) \times \frac{l}{2} \right] = \frac{7l^3}{24EI}$$

$$\Delta_{1P} = -\frac{1}{EI} \times \left(\frac{1}{2} \times Pl \times l\right) \times \frac{l}{2} = -\frac{Pl^3}{4EI}$$

(5)将δ_{11}、Δ_{1P}代入力法典型方程,解得

$$X_1 = -\frac{\Delta_{1P}}{\delta_{11}} = \frac{Pl^3}{4EI} \times \frac{24EI}{7l^3} = \frac{6}{7}P(\rightarrow)$$

(6)采用叠加法作弯矩图。由$M = \overline{M}_1X_1 + M_P$利用正、反对称关系,作出整个刚架的$M$图如图14-25(h)所示。

课题14.6 超静定结构的特性

超静定结构是与静定结构相比较而言的,其具有以下一些重要特性:

(1)静定结构除荷载作用外,支座移动、温度变化等其他因素都不引起结构的内力;超静定结构由于具有多余约束,在上述因素影响下,结构的变形受到限制,因而产生了内力。

(2)静定结构的内力只通过平衡条件即可确定;而超静定结构的内力仅仅通过平衡条件则无法全部确定,还必须考虑变形条件才能确定。静定结构的内力与结构的材料性质和截面尺寸无关,而超静定结构的内力与材料的性质以及杆件尺寸都有关。

(3)静定结构是无多余约束的几何不变体系,一旦某个约束被破坏后,即丧失几何不变性,无法再承受荷载;而超静定结构是有多余约束的几何不变体系,若多余约束被破坏后,结构仍是几何不变体系,仍具有承载能力。

(4)局部荷载作用对静定结构比超静定结构影响的范围要大,在相同荷载作用下,静定结构的变形和弯矩的峰值都较超静定结构大。由此可以看出,超静定结构的内力分布要比静定结构均匀。

了解这些特性,有助于加深对超静定结构的认识,并更好地应用它们。

小 结

力法是解超静定结构的基本方法之一。力法以静定结构为基本结构,以多余未知力为基本未知量,力法基本方程是基本结构与原结构位移相等的位移协调条件。力法可以计算在任何因素作用下的超静定结构,工程应用极其广泛。

一、力法的基本未知量

解决超静定结构的关键是计算出结构多余约束的约束反力,因此定义超静定结构的

多余约束的约束反力为力法的基本未知量。一旦把这些未知量求出,超静定结构求解问题就转化为求解静定结构的问题了。

二、力法的基本结构

将超静定结构的多余约束去掉,代之以该约束的约束反力(即基本未知量),超静定结构变成静定结构,这个静定结构就称为该超静定结构的基本结构。力法的计算都是在基本结构上进行的。

三、力法的典型方程

力法典型方程的建立是力法求解的关键,建立力法典型方程是依据基本结构在荷载及多余未知力共同作用下,未知力作用点处沿其方向的位移应与原结构在该点的实际位移相同,这个条件称为位移协调条件。

四、相关名词

(1)超静定次数:超静定结构中多余约束的个数。

(2)力法:是以多余未知力为基本未知量,以多余未知力作用点处沿其方向的位移协调条件为补充方程来求解多余未知力的方法。

(3)自由项 Δ_{iP}:沿 X_i 方向由荷载产生的位移。

(4)系数项 δ_{ij}:沿 X_i 方向由单位力 $X_j=1$ 产生的位移,常称为系数。

(5)对称结构:是指结构的几何形状、支承情况、杆件截面和刚度对某轴对称的结构。

(6)对称荷载及反对称荷载:指结构所作用的荷载对某轴对称的荷载及反对称的荷载。

五、在超静定结构上去掉多余约束的基本方式

(1)撤去一根支杆或切断一根链杆,等于去掉1个约束。

(2)撤去一个铰支座或拆开一个单铰,等于去掉2个约束。

(3)撤去一个固定端或切断一个梁式杆,等于去掉3个约束。

(4)将一固定端支座改成铰支座,或在梁式杆上加单铰,等于去掉1个约束。

六、力法计算步骤

(1)确定原结构的超静定次数,选择合适的基本结构。

(2)根据基本结构建立力法典型方程。

(3)作基本结构在单位荷载作用下产生的弯矩图。

(4)计算系数项和自由项。

(5)将计算出的系数项和自由项代入力法典型方程,求解多余未知力。

(6)利用叠加法绘出原结构的弯矩图。

(7)根据弯矩图及原结构相应的荷载利用平衡方程求作剪力图和轴力图。

(8)内力图校核,既要满足平衡条件,又要满足位移条件。

思考与练习题

一、简答题

1. 超静定结构和静定结构各有何特征?
2. 何谓超静定结构? 如何确定超静定结构的超静定次数?
3. 何谓力法的基本结构? 如何优选超静定结构的基本结构?
4. 何谓力法的基本未知量? 力法的基本未知量与基本结构有何关系?
5. 力法典型方程是根据什么条件建立的?
6. 力法典型方程的意义是什么? 系数项和自由项的意义是什么? 应如何计算?
7. 超静定结构的内力与杆件的刚度有何关系?
8. 何谓对称结构、正对称荷载和反对称荷载? 对称结构在不同荷载作用下内力有何特点?
9. 试比较计算超静定刚架、桁架、组合结构、排架的异同。
10. 简述力法解超静定的一般步骤?

二、填空题

1. 力法的基本结构是________结构。
2. 如果把超静定结构的固定端支座或刚结点改成铰约束,相当于去掉________约束。
3. 力法方程的物理意义是表示________条件。
4. 力法方程中主系数的符号必为____ ,副系数和自由项的符号可能为__________。
5. 副系数 δ_{ij} 物理意义是表示____ 。
6. 超静定结构的内力除荷载作用引起外,还可由________________等其他原因引起。

三、选择题

1. 如图 14-26 所示两个结构的超静定次数为(　　)。

A. 1 次　　B. 2 次　　C. 3 次　　D. 4 次

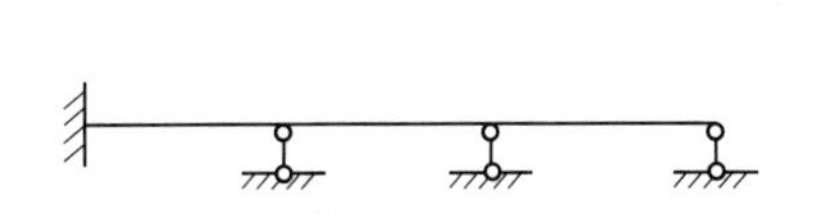
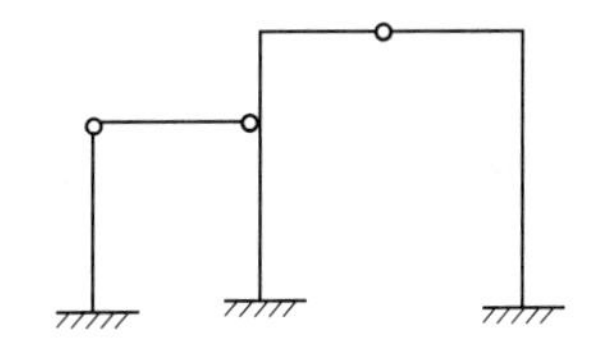

图 14-26

2. 力法的基本未知量是(　　)。

A. 内力　　B. 位移　　C. 约束反力　　D. 多余的约束力

3. 如图 14-27 所示两个结构的超静定次数为(　　)。

A. 1 次　　B. 2 次　　C. 3 次　　D. 4 次

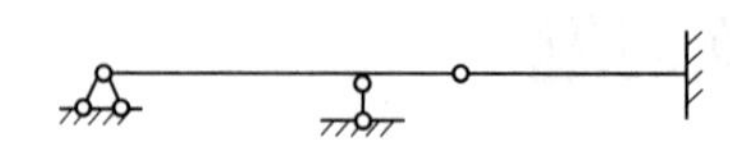
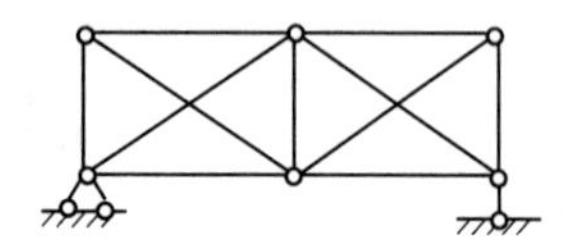

图 14-27

4. 在力法典型方程的系数项和自由项中,数值范围可为正、负或零的有(　　)。

　A. 主系数　　　　　B. 主系数和副系数

　C. 主系数和自由项　D. 副系数和自由项

5. 副系数 δ_{12} 表示(　　),主系数 δ_{22} 表示(　　)。

　A. 当 $X_1=1$ 单独作用于基本结构时,沿 X_2 方向的位移

　B. 当 $X_2=1$ 单独作用于基本结构时,沿 X_2 方向的位移

　C. 当 $X_1=1$ 单独作用于基本结构时,沿 X_1 方向的位移

　D. 当 $X_2=1$ 单独作用于基本结构时,沿 X_1 方向的位移

四、解答题

1. 试判断如图 14-28 所示结构的超静定次数。

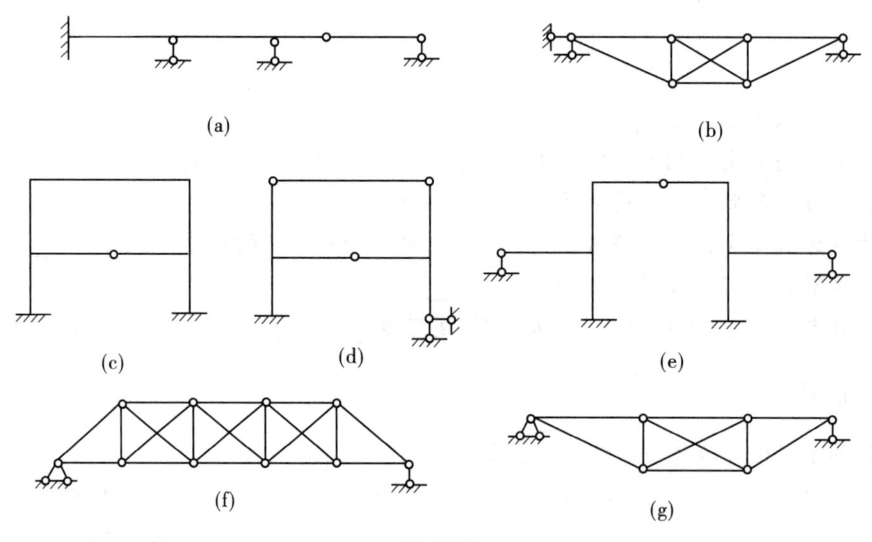

图 14-28

2. 试用力法计算如图 14-29 所示超静定梁,作内力图。

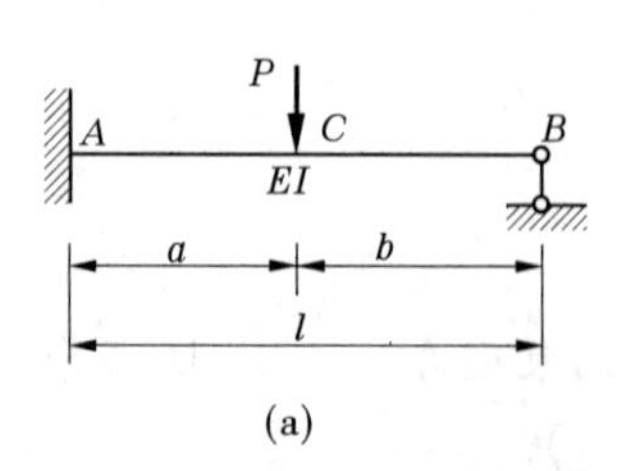

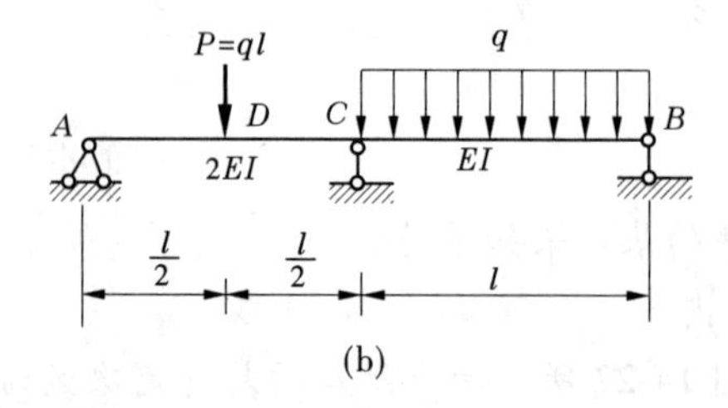

图 14-29

3. 试用力法计算如图14-30所示超静定刚架，并作内力图。

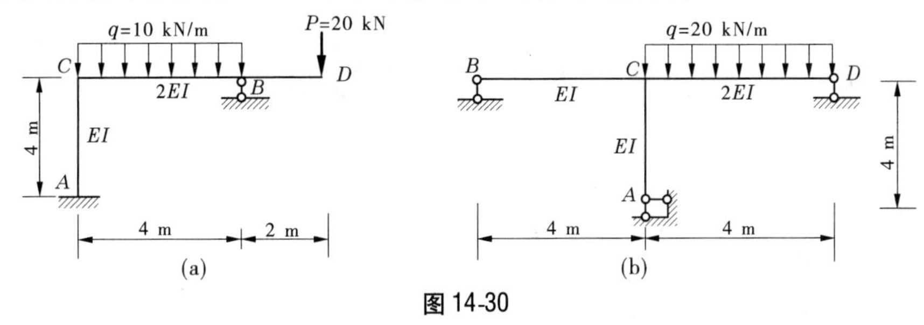

图14-30

4. 试用力法计算如图14-31所示超静定刚架，并作内力图。

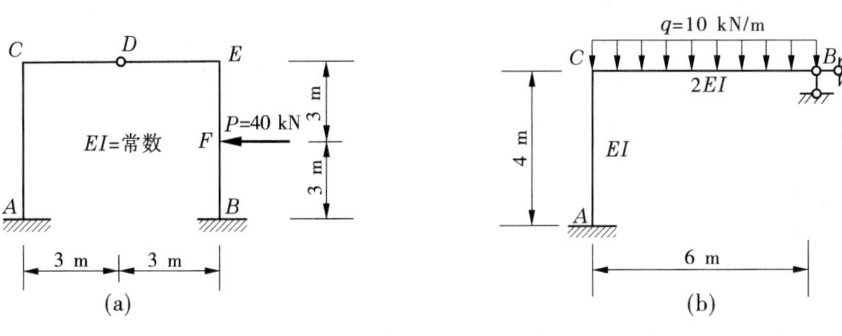

图14-31

5. 试用力法计算如图14-32所示超静定桁架各杆内力。各杆 EA 相同。

6. 试用力法计算如图14-33所示超静定组合结构的内力，作内力图。$EI=10EA$，桁架部分各杆 EA 相同。

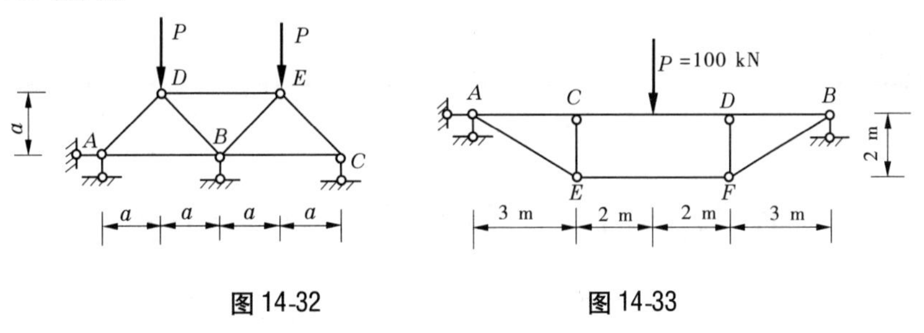

图14-32　　图14-33

7. 试用力法计算如图14-34所示排架结构杆件内力，并作弯矩图。

8. 利用对称性计算图14-35所示结构杆件内力，并画出内力图。

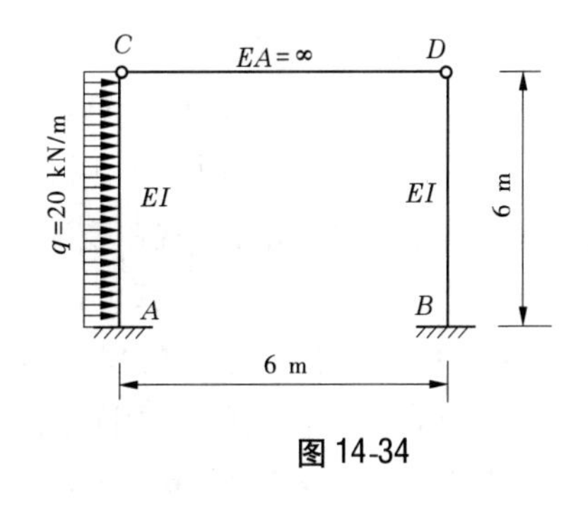

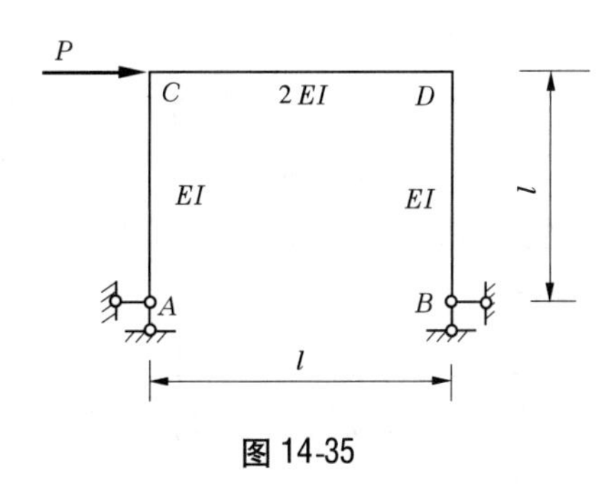

图14-34　　图14-35

模块15　力矩分配法

【学习要求】

- 掌握力矩分配法的概念。
- 掌握力矩分配法的基本要素(转动刚度、分配系数、传递系数)。
- 掌握力矩分配法的基本原理。
- 掌握用力矩分配法计算连续梁、无侧移刚架,绘制弯矩图。
- 了解无剪力分配法。

李白《将进酒》	学习心得:
天生我材必有用, 千金散尽还复来。	

课题15.1　力矩分配法基本概念

力法是分析超静定结构最基本的方法,它是以结构的多余未知力作为基本未知量,依据变形协调条件,将超静定结构转化为静定结构的一种计算方法。力法在19世纪末已经用于各种超静定结构受荷载及非荷载因素作用的内力计算中,随着钢筋混凝土结构的广泛使用,出现了框架结构,单用力法则难以解决这些高次超静定结构的计算问题。于是,在20世纪初便产生了计算高次超静定结构的位移法以及由它衍生的多种计算方法(如力矩分配法、迭代法、矩阵位移法等)。本章重点讨论力矩分配法在工程中的应用。

根据约束性质,单跨超静定梁有四种形式:两端固定梁,一端固定、一端铰支梁,一端固定、一端滑动(定向)支座梁,一端固定、一端自由悬臂梁。用力法可以计算单跨超静定梁在各种因素作用下的内力,现把单跨超静定梁杆端弯矩和杆端剪力成果列入表15-1中。这些成果不仅可以供设计时直接查用,而且在超静定结构其他计算方法时也可查用。习惯上把表中杆端发生单位位移引起的杆端内力(杆端弯矩和杆端剪力)称为形常数,荷

载作用或温度变化产生的杆端内力(杆端弯矩和杆端剪力)称为载常数。表中 $i=\frac{EI}{l}$ 称为杆件的线刚度。

查用计算成果表时,应注意以下事项:

(1)位移符号规定:杆端角位移以顺时针转动为正,反之为负;杆端线位移以使杆件顺时针转动为正,反之为负。

(2)杆端内力符号规定:杆端弯矩绕着杆端按顺时针转向为正,逆时针转向为负;杆端剪力正负号规定与前相同,即杆端剪力以使梁产生顺时针转动趋势为正,反之为负。

(3)当荷载或梁端单位位移与表中情况相反时,查得的杆端弯矩和杆端剪力要改变正负号。

(4)除两端固定梁外,其余两种单跨超静定梁的支座对调时,形常数不变,载常数变号。在竖向荷载作用下,一端固定、一端铰支梁,铰支端不论是可动铰支座还是固定铰支座,其杆端内力均相同。

表 15-1　等截面单跨超静定梁计算成果(形常数和载常数)

编号	简图	弯矩图 (绘于受拉边)	杆端弯矩值		杆端剪力值	
			M_{AB}	M_{BA}	Q_{AB}	Q_{BA}
1	$\varphi_A=1$, A, B, l	M_{AB}, A, B, M_{BA}, Q_{AB}, Q_{BA}	$\frac{4EI}{l}=4i$	$\frac{2EI}{l}=2i$	$-\frac{6EI}{l^2}=-\frac{6i}{l}$	$-\frac{6EI}{l^2}=-\frac{6i}{l}$
2	A, B, $\Delta=1$	M_{BA}, B, M_{AB}, A, Q_{AB}, Q_{BA}	$-\frac{6EI}{l^2}=-\frac{6i}{l}$	$-\frac{6EI}{l^2}=-\frac{6i}{l}$	$\frac{12EI}{l^3}=\frac{12i}{l^2}$	$\frac{12EI}{l^3}=\frac{12i}{l^2}$
3	a, F, b, A, B, C	M_{AB}, M_{BA}, A, C, B, Q_{AB}, Q_{BA}	$-\frac{Fab^2}{l^2}$	$\frac{Fa^2b}{l^2}$	$\frac{Fb^2}{l^2}(1+\frac{2a}{l})$	$-\frac{Fa^2}{l^2}(1+\frac{2b}{l})$
4	$\frac{l}{2}$, F, $\frac{l}{2}$, A, B, C	M_{AB}, M_{BA}, A, C, B, Q_{AB}, Q_{BA}	$-\frac{Fl}{8}$	$\frac{Fl}{8}$	$\frac{F}{2}$	$-\frac{F}{2}$
5	F, F, a, b, a, A, B, C, D	M_{AB}, M_{BA}, A, C, D, B, Q_{AB}, Q_{BA}	$-Fa(1-\frac{a}{l})$	$Fa(1-\frac{a}{l})$	F	$-F$
6	q, A, B	M_{AB}, M_{BA}, A, B, Q_{AB}, Q_{BA}	$-\frac{ql^2}{12}$	$\frac{ql^2}{12}$	$\frac{ql}{2}$	$-\frac{ql}{2}$

续表 15-1

编号	简图	弯矩图（绘于受拉边）	杆端弯矩值		杆端剪力值	
			M_{AB}	M_{BA}	Q_{AB}	Q_{BA}
7	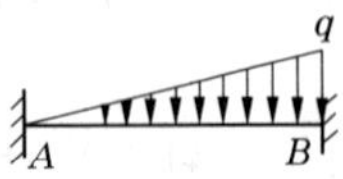	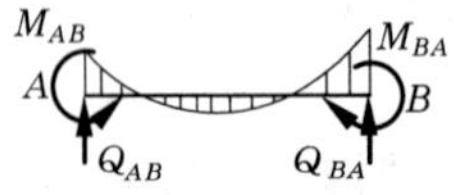	$-\frac{ql^2}{30}$	$\frac{ql^2}{20}$	$\frac{3ql}{20}$	$-\frac{7ql}{20}$
8	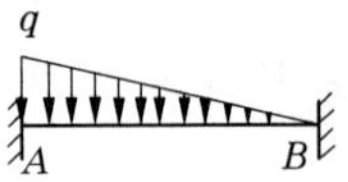	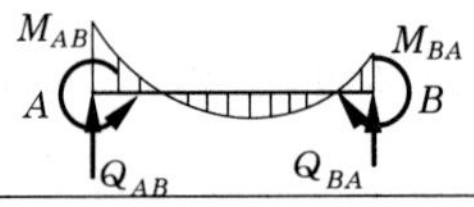	$-\frac{ql^2}{20}$	$\frac{ql^2}{30}$	$\frac{7ql}{20}$	$-\frac{3ql}{20}$
9	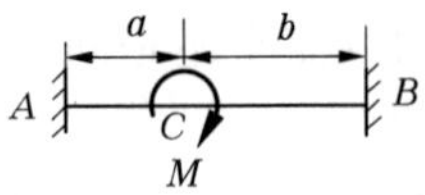	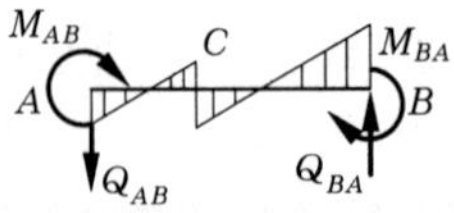	$\frac{Mb}{l^2}(2l-3b)$	$\frac{Ma}{l^2}(2l-3a)$	$-\frac{6ab}{l^3}M$	$-\frac{6ab}{l^3}M$
10	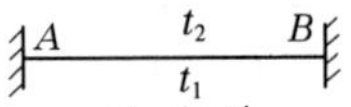 温度变化 t_2 t_1 $t_1-t_2=t'$	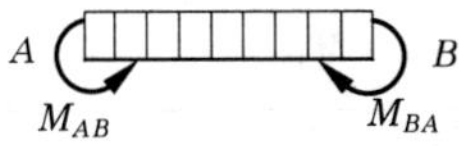	$-\frac{EI\alpha t'}{h}$ h——横截面高度 α——线膨胀系数	$\frac{EI\alpha t'}{h}$	0	0
11	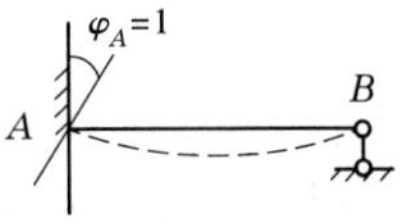	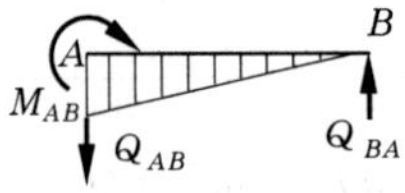	$\frac{3EI}{l}=3i$	0	$-\frac{3EI}{l^2}=-\frac{3i}{l}$	$-\frac{3EI}{l^2}=-\frac{3i}{l}$
12	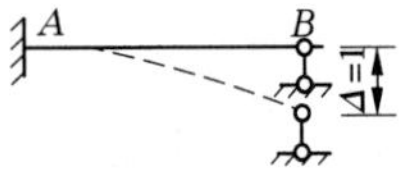	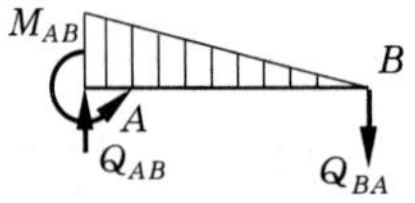	$-\frac{3EI}{l^2}=-\frac{3i}{l}$	0	$\frac{3EI}{l^3}=\frac{3i}{l^2}$	$\frac{3EI}{l^3}=\frac{3i}{l^2}$
13	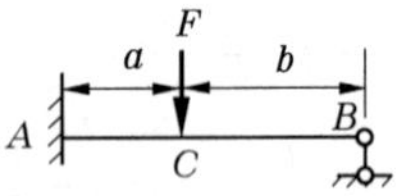	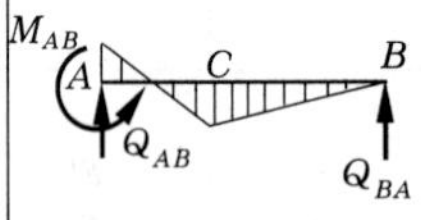	$-\frac{Fb(l^2-b^2)}{2l^2}$	0	$-\frac{Fb(3l^2-b^2)}{2l^3}$	$-\frac{Fa^2(3l-a)}{2l^3}$
14	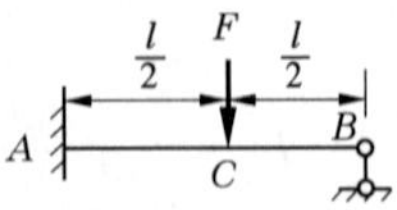	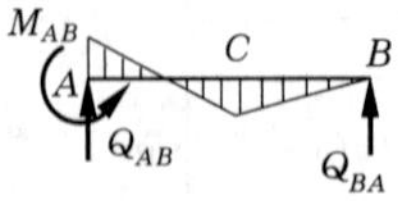	$-\frac{3Fl}{16}$	0	$\frac{11}{16}F$	$-\frac{5}{16}F$
15	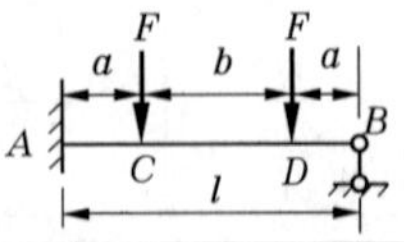	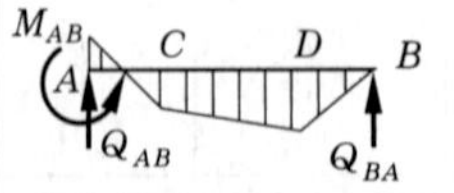	$-\frac{3Fa}{2}(1-\frac{a}{l})$	0	$F+\frac{3Fa(l-a)}{2l^2}$	$-F+\frac{3Fa(l-a)}{2l^2}$

续表 15-1

编号	简图	弯矩图（绘于受拉边）	杆端弯矩值		杆端剪力值	
			M_{AB}	M_{BA}	Q_{AB}	Q_{BA}
16	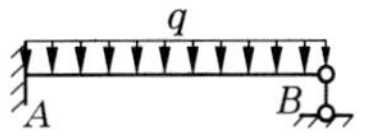	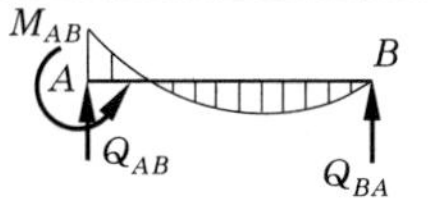	$-\frac{ql^2}{8}$	0	$\frac{5}{8}ql$	$-\frac{3}{8}ql$
17	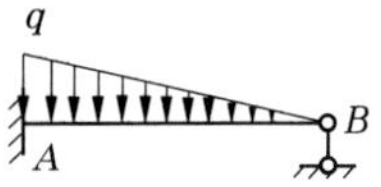	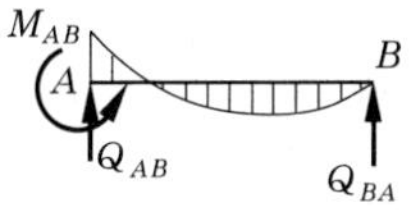	$-\frac{ql^2}{15}$	0	$\frac{2}{5}ql$	$-\frac{1}{10}ql$
18	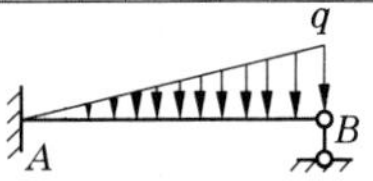	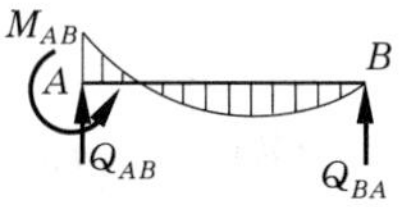	$-\frac{7ql^2}{120}$	0	$\frac{9}{40}ql$	$-\frac{11}{40}ql$
19	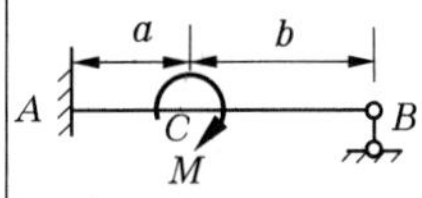	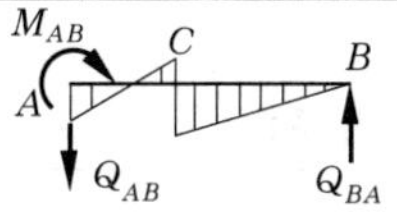	$\frac{M(l^2-3b^2)}{2l^2}$	0	$-\frac{3M(l^2-b^2)}{2l^3}$	$-\frac{3M(l^2-b^2)}{2l^3}$
20	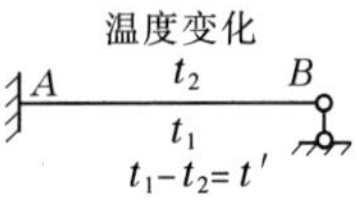	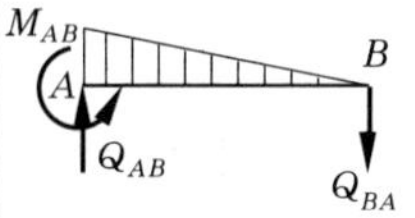	$-\frac{3EI\alpha t'}{2h}$ h——横截面高度 α——线膨胀系数	0	$\frac{3EI\alpha t'}{2hl}$	$\frac{3EI\alpha t'}{2hl}$
21	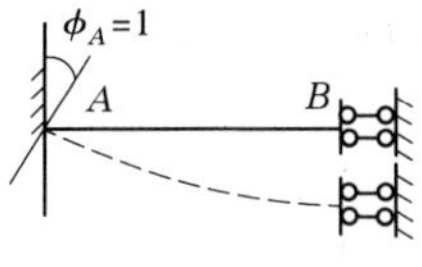	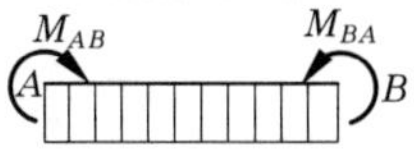	$\frac{EI}{l}=i$	$-\frac{EI}{l}=-i$	0	0
22	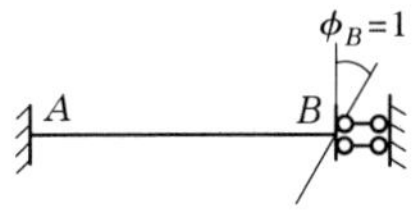	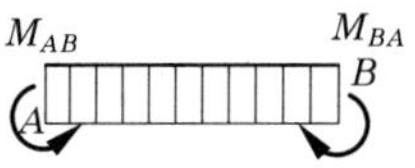	$-\frac{EI}{l}=-i$	$\frac{EI}{l}=i$	0	0
23	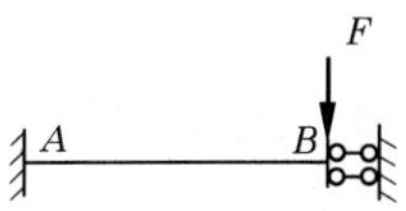	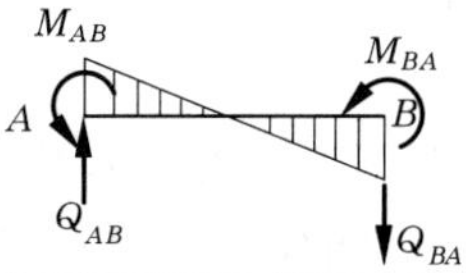	$-\frac{Fl}{2}$	$-\frac{Fl}{2}$	F	F
24	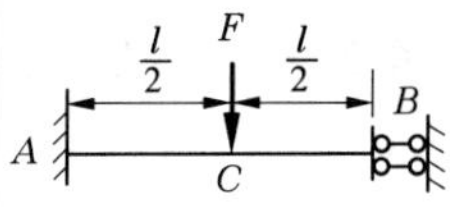	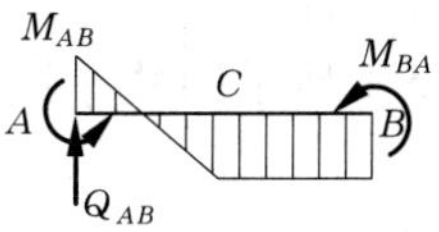	$-\frac{3Fl}{8}$	$-\frac{Fl}{8}$	F	0

续表 15-1

编号	简图	弯矩图（绘于受拉边）	杆端弯矩值		杆端剪力值	
			M_{AB}	M_{BA}	Q_{AB}	Q_{BA}
25	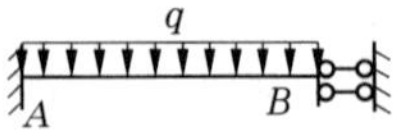	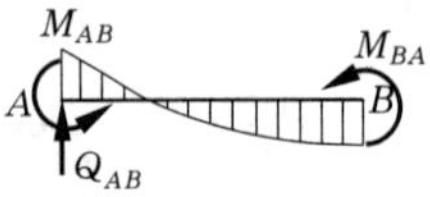	$-\frac{ql^2}{3}$	$-\frac{ql^2}{6}$	ql	0
26	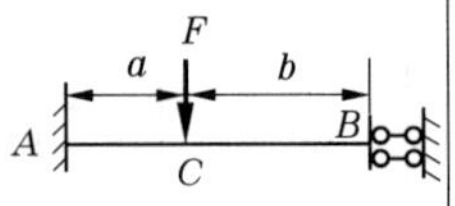	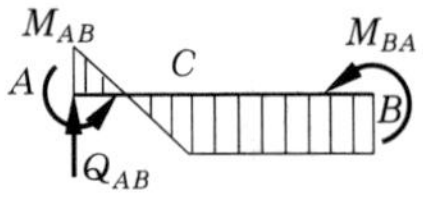	$-\frac{Fa(2l-a)}{2l}$	$-\frac{Fa^2}{2l}$	F	0
27	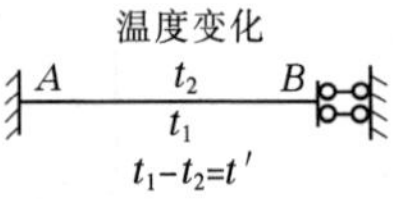 温度变化 t_2 t_1 $t_1-t_2=t'$	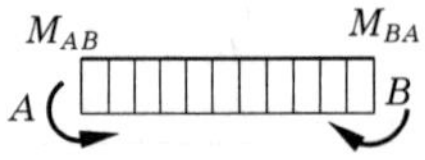	$-\frac{EI\alpha t'}{h}$ h——横截面高度 α——线膨胀系数	$\frac{EI\alpha t'}{h}$	0	0
28	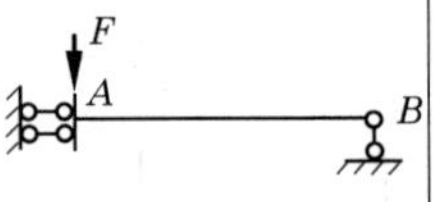	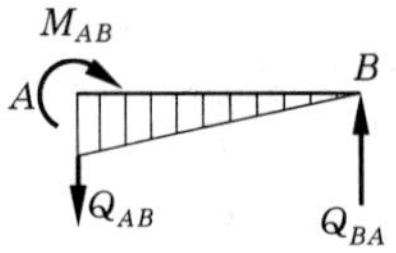	Fl	0	$-F$	$-F$
29	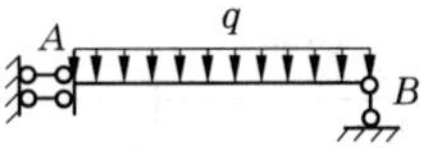	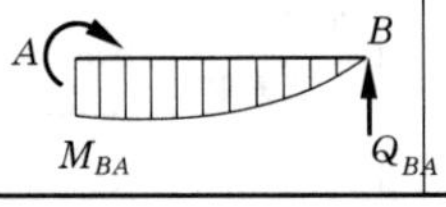	$\frac{ql^2}{2}$	0	0	$-ql$

注：图中梁的跨度均为 l。

课题 15.2　力矩分配法的基本原理

1　力矩分配法的几个名词

力矩分配法常用的几个名词：转动刚度、传递系数、分配系数等。

1.1　转动刚度

使杆端产生单位角位移时需要在杆端施加的力矩值，称为转动刚度，以 S 表示。它表示杆端抵抗转动的能力，数值等于杆端发生单位角位移时在杆端产生的弯矩。任一杆件 AB，其 A 端是截面被转动的施力端，称为近端，B 端称为远端，则 A 端转动刚度为 S_{AB}。转动刚度 S_{AB} 的数值与远端支承情况有关。图 15-1 所示四种等截面单跨超静定梁在 A 端的转动刚度 S_{AB} 的数值分别为

远端固定支座 $S_{AB}=4i$　　　远端铰支座 $S_{AB}=3i$

远端滑动支座 $S_{AB}=i$　　　远端自由 $S_{AB}=0$

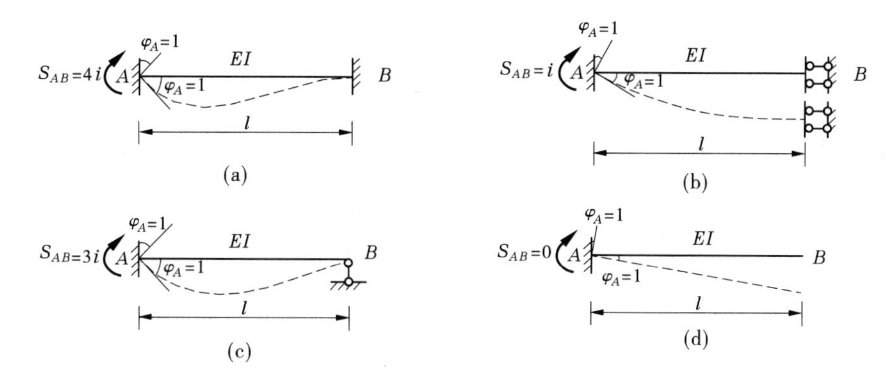

图 15-1

1.2　传递系数

杆端近端产生单位角位移时，远端弯矩与近端弯矩之比称为传递系数，用 C 表示。传递系数与远端支承情况有关。远端固定支座时，$C=\frac{1}{2}$；远端铰支座（自由）时，$C=0$；远端滑动支座时，$C=-1$。

1.3　分配系数、分配弯矩、传递弯矩

以图 15-2（a）所示刚架为例，介绍分配系数、分配弯矩、传递弯矩的概念和计算。

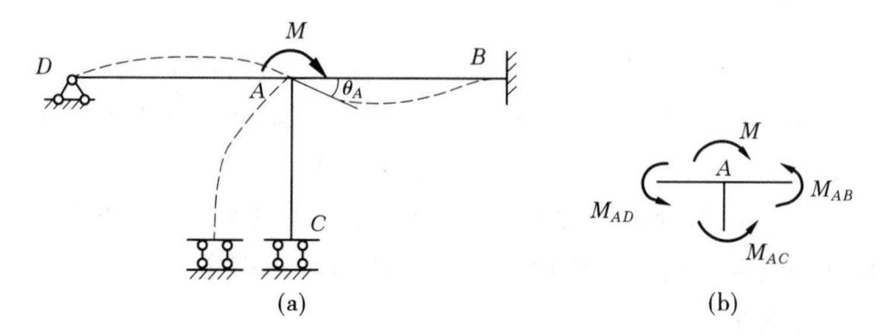

图 15-2

图 15-2（a）所示刚架在结点力矩 M 作用下发生图中虚线的变形，根据变形协调条件知，汇交于刚结点 A 的各杆端均发生相同的角位移 θ_A。假定将刚结点 A 固定，即视刚结点 A 为固定端，则每个杆都是单跨超静定梁，它们的 A 端发生顺时针转动的角位移 θ_A。根据表 15-1 和转动刚度的定义可得各杆近端弯矩为

$$\left.\begin{aligned} M_{AB} &= 4i_{AB}\theta_A = S_{AB}\theta_A \\ M_{AC} &= i_{AC}\theta_A = S_{AC}\theta_A \\ M_{AD} &= 3i_{AD}\theta_A = S_{AD}\theta_A \end{aligned}\right\} \tag{a}$$

截取刚结点 A，由于各杆端角位移 θ_A 是正的，各杆端弯矩也是正的，作用于结点 A 上的所有力矩，如图 15-2（b）所示。由力矩平衡条件 $\sum M_A=0$ 得

$$M - M_{AB} - M_{AC} - M_{AD} = 0$$

即

$$M = S_{AB}\theta_A + S_{AC}\theta_A + S_{AD}\theta_A = \theta_A(S_{AB}+S_{AC}+S_{AD}) = \theta_A\sum_A S \tag{b}$$

式中：$\sum_A S$ 为各杆 A 端转动刚度之和。

解式(b)得

$$\theta_A = \frac{M}{\sum_A S}$$

将 θ_A 代入式(a)得

$$\left.\begin{aligned} M_{AB} &= \frac{S_{AB}}{\sum_A S}M \\ M_{AC} &= \frac{S_{AC}}{\sum_A S}M \\ M_{AD} &= \frac{S_{AD}}{\sum_A S}M \end{aligned}\right\} \qquad \text{(c)}$$

若令

$$\mu_{Aj} = \frac{S_{Aj}}{\sum_A S} \qquad (15\text{-}1)$$

则

$$M_{Aj}^{\mu} = \mu_{Aj} M \qquad (15\text{-}2)$$

式中:M_{Aj}^{μ}称为分配弯矩,分配弯矩 = 分配系数 × 结点力矩;μ_{Aj}称为分配系数,A 表示杆的近端,j 表示杆的远端。

式(15-1)表明,杆件 Aj 在结点 A 的分配系数 μ_{Aj} 等于杆件 Aj 的转动刚度与汇交于 A 结点各杆转动刚度之和的比值。同一结点各杆分配系数之间存在下列关系

$$\mu_{AB} + \mu_{AD} + \mu_{AC} = 1$$

在图 15-2(a)中力矩 M 加于刚结点 A 上,使结点 A 产生转角 θ_A,各杆近端产生分配弯矩,同时也使杆件的远端获得一个弯矩。由表 15-1 可得远端弯矩如下:

AB 杆远端固定支座

$$M_{AB}^{\mu} = 4i_{AB}\theta_A$$

$$M_{BA}^{C} = 2i_{AB}\theta_A = \frac{1}{2}M_{AB}^{\mu} = C_{AB}M_{AB}^{\mu}$$

AC 杆远端滑动支座

$$M_{AC}^{\mu} = i_{AC}\theta_A$$

$$M_{CA}^{C} = -i_{AC}\theta_A = -M_{AC}^{\mu} = C_{AC}M_{AC}^{\mu}$$

AD 杆远端铰支座

$$M_{AD}^{\mu} = 3i_{AD}\theta_A$$

$$M_{DA}^{C} = 0 = C_{AD}M_{AD}^{\mu}$$

以上各杆远端弯矩计算的通式为

$$M_{jA}^{C} = C_{Aj}M_{Aj}^{\mu} \qquad (15\text{-}3)$$

式中:M_{jA}^{C}称为传递弯矩,传递弯矩 = 传递系数 × 分配弯矩。

【例 15-1】 两跨连续梁受结点力矩如图 15-3(a)所示,试计算其分配弯矩、传递弯矩,并绘出弯矩图。

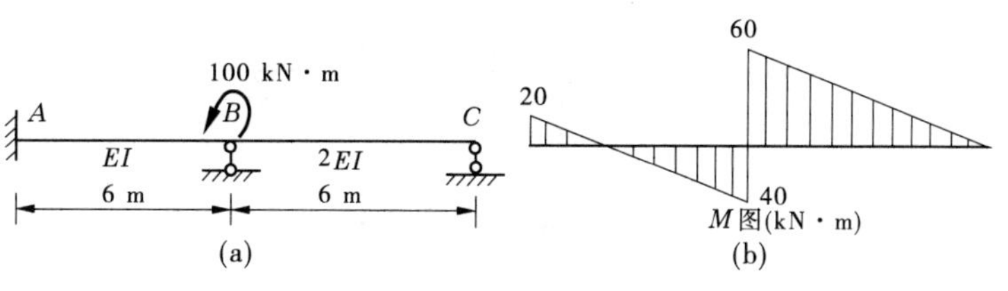

图 15-3

解　(1)计算各杆线刚度。设 $EI=6$,则 $i_{BA}=1,i_{BC}=2$。

(2)计算各杆 B 端的转动刚度。

$$S_{BA}=4i_{BA}=4$$

$$S_{BC}=3i_{BC}=6$$

则

$$\sum_B S=S_{BA}+S_{BC}=10$$

(3)计算各杆 B 端的分配系数。

$$\mu_{BA}=\frac{S_{BA}}{\sum_B S}=\frac{4}{10}=0.4$$

$$\mu_{BC}=\frac{S_{BC}}{\sum_B S}=\frac{6}{10}=0.6$$

(4)计算各杆 B 端的分配弯矩。

$$M_{BA}^{\mu}=\mu_{BA}M_B=0.4\times(-100)=-40(\mathrm{kN\cdot m})$$

$$M_{BC}^{\mu}=\mu_{BC}M_B=0.6\times(-100)=-60(\mathrm{kN\cdot m})$$

(5)计算各杆远端的传递弯矩。

$$M_{AB}^{C}=C_{BA}M_{BA}^{\mu}=0.5\times(-40)=-20(\mathrm{kN\cdot m})$$

$$M_{CB}^{C}=C_{BC}M_{BC}^{\mu}=0\times(-60)=0$$

(6)作弯矩图。根据各杆端弯矩,作出弯矩图如图 15-3(b)所示。需强调一点,杆端力矩以顺时针转动为正。

2　力矩分配法的基本原理

力矩分配法是直接求解杆端弯矩的一种方法,求出结构各杆的杆端弯矩,则结构中任何部分的内力就不难由平衡条件求得。因此,求结构各杆的杆端弯矩是计算超静定结构的关键,它适用于无侧移刚架和连续梁。上面以图 15-2(a)所示刚架和图 15-3(a)所示连续梁受结点力矩 M 为例,介绍分配系数、分配弯矩、传递弯矩的概念和计算。实际结构都是杆上受荷载作用,现以图 15-4(a)所示连续梁为例来说明力矩分配法的基本原理。

连续梁在荷载作用下其变形情况如图 15-4(a)中虚线所示,伴随着这个变形刚结点 B 产生结点角位移 θ_B,各杆也产生了杆端弯矩。这根梁只有一个刚结点,也就有一个角位移,属于一个单结点的力矩分配问题。在结点 B 处,AB 杆 B 端的杆端弯矩为 M_{BA},BC 杆 B 端的弯矩为 M_{BC}。取结点 B 为分离体,如图 15-4(d)所示,由结点力矩平衡可知,杆端弯矩 M_{BA}、M_{BC}应该平衡,其值是我们计算的目标,分析计算步骤如下。

首先在刚结点 B 处用一附加刚臂将此刚结点固定起来,即取基本结构如图 15-4(b)所

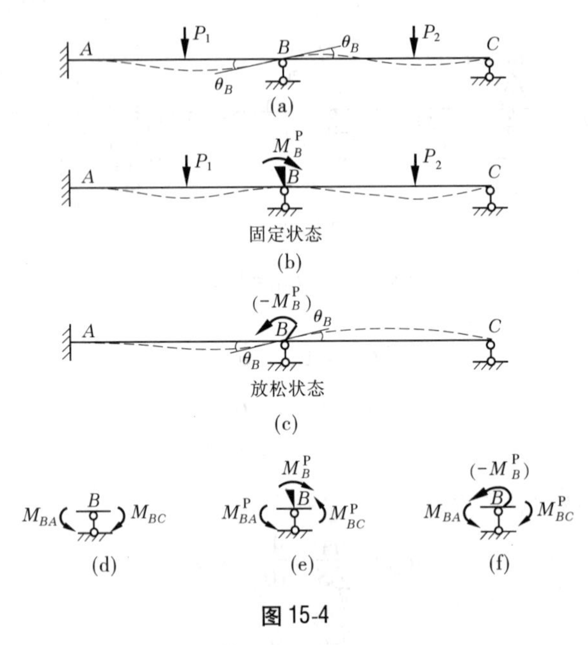

图 15-4

示，称为固定状态。结点 B 附加刚臂后，原连续梁 ABC 变成 AB、BC 梁，每个梁均看作 B 端为固定端约束，则都成为单跨超静定梁。在此情况下，各梁在各自荷载作用下发生图中虚线所示的变形，此时结点 B 无角位移。固定状态中荷载作用下各杆的杆端弯矩称为固端弯矩，用 M_B^P 表示。固端弯矩 M_{AB}^P、M_{BA}^P、M_{BC}^P、M_{CB}^P 可由表 15-1 中查得。在固定状态中，结点 B 是不动的，但两侧的固端弯矩 M_{BA}^P、M_{BC}^P 一般情况是不等的，说明刚臂对结点 B 施加了约束反力矩，也称为结点不平衡力矩，用 M_B^P 表示，并规定顺时针转向为正，反之为负。取结点 B 为分离体，如图 15-4(e)所示，由结点力矩平衡方程 $\sum M_B = 0$，得结点不平衡力矩为

$$M_B^P = M_{BA}^P + M_{BC}^P = \sum M_{Bj}^P$$

此式表明，结点固定时附加刚臂给结点的约束反力矩(结点不平衡力矩)等于汇交于该结点各杆端固端弯矩的代数和。

当结点 B 附加刚臂被固定后，图 15-4(b)与图 15-4(a)存在以下差异：①原结构结点 B 处无阻转刚臂，结点力矩是平衡的，不存在结点约束力矩 M_B^P 作用；②原结构结点 B 处有角位移 θ_B，而固定状态中结点 B 处没有角位移 θ_B。为了消除这两点差异，放松结点 B 处的阻转附加刚臂，使梁恢复原来状态。放松结点 B 的阻转约束，相当于在结点 B 处施加一个与约束力矩反方向的转动力矩($-M_B^P$)，结构发生的变形如图 15-4(c)所示，使结点 B 恢复了原结构的角位移 θ_B，此为放松状态。

放松结点 B 实际就是使结点 B 恢复原来的转角 θ_B，同时也是将结点 B 处的约束力矩变号后($-M_B^P$)分配给各杆端(这也是力矩分配法的名的由来)。各杆近端的分配弯矩为

$$M_{BA}^{\mu} = \mu_{BA}(-M_B^P)$$

$$M_{BC}^{\mu} = \mu_{BC}(-M_B^P)$$

各杆的远端的传递弯矩为

$$M_{AB}^{\mathrm{C}} = C_{BA} M_{BA}^{\mu}$$

$$M_{CB}^{\mathrm{C}} = C_{BC} M_{BC}^{\mu}$$

通过上述分析知,图 15-4(a)的受力和变形状态等于图 15-4(b)的受力和变形状态加上图 15-4(c)的受力和变形状态。

上面通过只有一个结点角位移的简单结构介绍了力矩分配法的基本原理。从中可以看出,用力矩分配法求杆端弯矩的三大步骤是:

(1)固定状态。将刚结点固定,求荷载作用下的固端弯矩和结点不平衡力矩(或结点约束力矩)。

(2)放松状态。求各杆的线刚度 i、转动刚度 S、分配系数 μ,确定传递系数 C,计算分配弯矩 M^{μ} 和传递弯矩 M^{C}。

分配弯矩 = 分配系数 × 负结点不平衡力矩

传递弯矩 = 传递系数 × 分配弯矩

(3)叠加计算。原结构的实际状态等于固定状态和放松状态相叠加,即

近端弯矩 = 固端弯矩 + 分配弯矩

远端弯矩 = 固端弯矩 + 传递弯矩

【例 15-2】　如图 15-5(a)所示连续梁,试用力矩分配法作该梁的弯矩图。

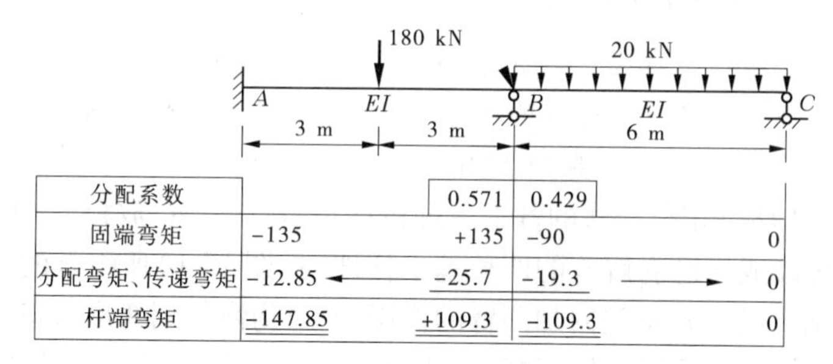

分配系数		0.571	0.429	
固端弯矩	-135	+135	-90	0
分配弯矩、传递弯矩	-12.85 ←	-25.7	-19.3 →	0
杆端弯矩	-147.85	+109.3	-109.3	0

(a)

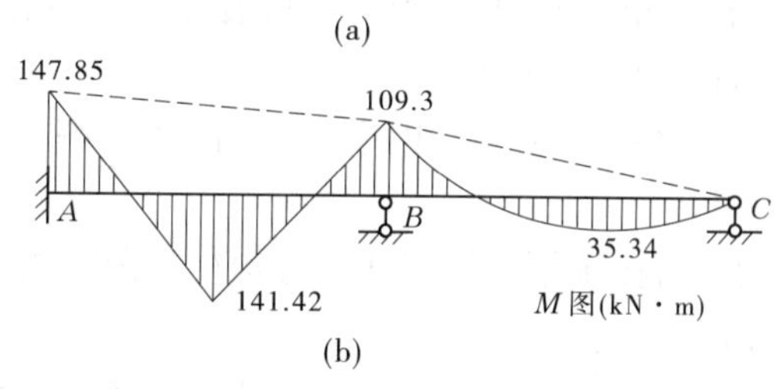

(b)

图 15-5

解　(1)取基本结构。在刚结点 B 附加刚臂,杆 AB 变成两端固定的杆,杆 BC 变成一端固定、另一端为链杆支座的杆。

(2)计算分配系数。杆 AB 和 BC 的线刚度相等,若令 $EI=6$,则杆 AB 和 BC 的线刚度 $i=\dfrac{EI}{l}=\dfrac{6}{6}=1$。各段分配系数分别为

$$\mu_{BA}=\frac{S_{BA}}{S_{BA}+S_{BC}}=\frac{4i}{4i+3i}=\frac{4\times 1}{4\times 1+3\times 1}=0.571$$

$$\mu_{BC}=\frac{S_{BC}}{S_{BA}+S_{BC}}=\frac{3i}{4i+3i}=\frac{3\times1}{4\times1+3\times1}=0.429$$

(3)计算固端弯矩。由表 15-1 可得

$$M_{AB}^{\mathrm{P}}=-\frac{180\times6}{8}=-135(\mathrm{kN\cdot m})$$

$$M_{BA}^{\mathrm{P}}=\frac{180\times6}{8}=135(\mathrm{kN\cdot m})$$

$$M_{BC}^{\mathrm{P}}=-\frac{20\times6^2}{8}=-90(\mathrm{kN\cdot m})$$

(4)放松结点,进行力矩分配与传递。这部分计算一般可在表格内进行。刚结点 B 处的不平衡力矩为

$$M_B^{\mathrm{P}}=M_{BA}^{\mathrm{P}}+M_{BC}^{\mathrm{P}}=135-90=45(\mathrm{kN\cdot m})$$

两杆端的分配弯矩分别为

$$M_{BA}^{\mu}=\mu_{BA}(-M_B^{\mathrm{P}})=0.571\times(-45)=-25.7(\mathrm{kN\cdot m})$$

$$M_{BC}^{\mu}=\mu_{BC}(-M_B^{\mathrm{P}})=0.429\times(-45)=-19.3(\mathrm{kN\cdot m})$$

分配弯矩应向各自的远端传递,传递弯矩为

$$M_{AB}^{\mathrm{C}}=C_{BA}M_{BA}^{\mu}=\frac{1}{2}\times(-25.7)=-12.85(\mathrm{kN\cdot m})$$

$$M_{CB}^{\mathrm{C}}=C_{BC}M_{BC}^{\mu}=0\times(-19.3)=0$$

(5)计算杆端弯矩。将同一杆端的固端弯矩、分配弯矩和传递弯矩叠加后得到最终弯矩。由最终弯矩绘出弯矩图如图 15-5(b)所示。

综上所述,可以将力矩分配法的基本原理概括为“固定”加“放松”。通过“固定”(附加刚臂)把原结构改成为已有解答的四种基本杆件(见图 15-1)所组合的基本结构,通过“放松”(允许刚结点转动),取消附加刚臂的作用,使结构恢复到变形状态。将结构在“固定”时的杆端弯矩与“放松”时的杆端弯矩对应叠加起来,就得到原结构的杆端弯矩。

力矩分配法求解用列表法计算。

由例 15-2 的解题过程可以总结出用力矩分配法求解连续梁或无结点线位移刚架的一般步骤为:

(1)确定刚结点数,在刚结点处附加刚臂均视为固定端,使原结构组成各杆均为单跨超静定梁(基本结构)。

(2)计算各杆的线刚度、转动刚度、分配系数,确定传递系数。

(3)查表 15-1 计算各杆端的固端弯矩,计算各刚结点的不平衡力矩。

(4)计算分配弯矩及传递弯矩。

(5)将同一杆端的固端弯矩、分配弯矩和传递弯矩叠加后得杆端最终弯矩值,作 M 图。

【例 15-3】 用力矩分配法作图 15-6(a)所示刚架的弯矩图。

解 (1)取基本结构,在刚结点 A 处附加刚臂,杆 AB 变成两端固定的杆,杆 AC 变成一端固定、另一端为链杆支座的杆,杆 AD 变成一端固定、另一端为定向链杆支座的杆。

(2)求各杆端的分配系数。为了计算方便,设 $EI=4$,则 $i_{AB}=i_{AC}=1$,$i_{AD}=2$。各段分配系数计算如下

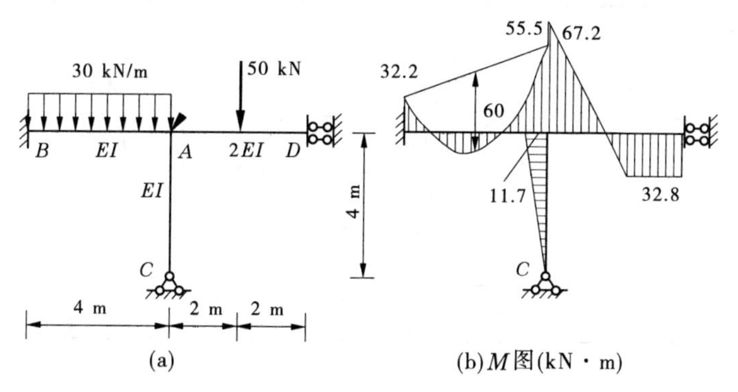

(a)　　(b) M 图(kN · m)

图 15-6

$$S_{AB} = 4i_{AB} = 4$$

$$S_{AC} = 3i_{AC} = 3$$

$$S_{AD} = i_{AD} = 2$$

$$\sum_{A} S = S_{AB} + S_{AC} + S_{AD} = 9$$

$$\mu_{AB} = \frac{S_{AB}}{\sum_{A} S} = \frac{4}{9} = 0.445$$

$$\mu_{AC} = \frac{S_{AC}}{\sum_{A} S} = \frac{3}{9} = 0.333$$

$$\mu_{AD} = \frac{S_{AD}}{\sum_{A} S} = \frac{2}{9} = 0.222$$

(3) 计算固端弯矩。根据表 15-1 得

$$M_{BA}^{\mathrm{P}} = \frac{-ql^2}{12} = \frac{-30 \times 4^2}{12} = -40(\mathrm{kN \cdot m})$$

$$M_{AB}^{\mathrm{P}} = \frac{ql^2}{12} = \frac{30 \times 4^2}{12} = 40(\mathrm{kN \cdot m})$$

$$M_{AD}^{\mathrm{P}} = \frac{-3Fl}{8} = \frac{-3 \times 50 \times 4}{8} = -75(\mathrm{kN \cdot m})$$

$$M_{DA}^{\mathrm{P}} = \frac{-Fl}{8} = -\frac{-50 \times 4}{8} = -25(\mathrm{kN \cdot m})$$

$$M_{AC}^{\mathrm{P}} = 0$$

$$M_{CA}^{\mathrm{P}} = 0$$

(4) 刚结点 A 的不平衡力矩为

$$M_{A}^{\mathrm{P}} = M_{AB}^{\mathrm{P}} + M_{AD}^{\mathrm{P}} + M_{AC}^{\mathrm{P}} = 40 - 75 + 0 = -35(\mathrm{kN \cdot m})$$

(5) 计算各杆端弯矩如下。

结点	B	A			D
杆端	BA	AB	AC	AD	DA
分配系数		0.445	0.333	0.222	
固端弯矩	-40	40	0	-75	-25
分配和传递弯矩	7.8 ←	15.5	11.7	7.8	→ -7.8
最后弯矩	-32.2	55.5	11.7	-67.2	-32.8

(6)作弯矩图如图 15-6(b)所示。

课题 15.3 用力矩分配法计算多跨连续梁和无侧移刚架

前面以只有一个刚结点的结构说明了力矩分配法的基本原理。对于单结点,放松一次即可消除阻转刚臂(结点不平衡力矩)的作用,就可以得到杆端弯矩结果。实际结构中经常遇到多刚结点问题。那么对于多刚结点又如何进行分配与传递呢?下面以连续梁为例介绍多刚结点的力矩分配法。对于具有多个刚结点角位移而无结点线位移(简称无侧移)的结构,力矩分配法的计算步骤与单结点的结构基本相同。

如图 15-7(a)所示的三跨连续梁,在给定荷载 P 作用下,其变形曲线如图中虚线所示,可见 B、C 刚结点分别发生角位移 θ_B 和 θ_C。按力矩分配法三大步骤进行计算如下。

1 固定状态及计算

在结点 B、C 处附加刚臂,将这两个结点都固定起来,形成固定状态,即取基本结构如图 15-7(b)所示。基本结构在给定荷载作用下,其变形如图中虚线所示。基本结构可视为 3 个单跨超静定梁的组合体,查表 15-1 可得各跨梁的固端弯矩,从而求得结点 B 和 C 的结点不平衡力矩为 M_B^P 和 M_C^P。

2 放松状态及计算

这是力矩分配法的关键。在这一过程中,首先计算各杆线刚度、转动刚度、分配系数及确定传递系数。由于力矩分配法是以一个可以转动的刚结点作为分配单元,因此采取轮流、逐次放松每个刚结点的方法来消除附加刚臂(结点不平衡力矩)的作用,逐渐得到各结点的实际角位移、各杆端分配弯矩和传递弯矩。具体做法是:

(1)刚结点 C 仍固定,放松刚结点 B,并在该结点上施加转动力矩($-M_B^P$),如图 15-7(c)所示。该刚结点在转动力矩($-M_B^P$)作用下发生角位移,因而产生分配弯矩,对此结点运用单结点的力矩分配法进行分配与传递计算,此时结点 B 的不平衡力矩 M_B^P 已消除。结点 B 的力矩现已平衡,同时也传递一个力矩 M_{CB}^{C1} 给 BC 梁的 C 端。

(2)将放松过的刚结点 B 重新固定,放松刚结点 C,并在该结点上施加转动力矩[$-(M_C^P+M_{CB}^{C1})$],如图 15-7(d)所示。对此结点又可运用单刚结点的力矩分配法进行分

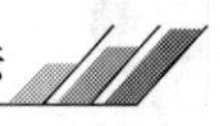

配与传递计算，此时刚结点 C 的不平衡力矩（$M_C^P + M_{CB}^{C1}$）被消除。刚结点 C 的力矩也达到平衡。同样也传递一个力矩 M_{BC}^{C2} 给 BC 梁的 B 端。

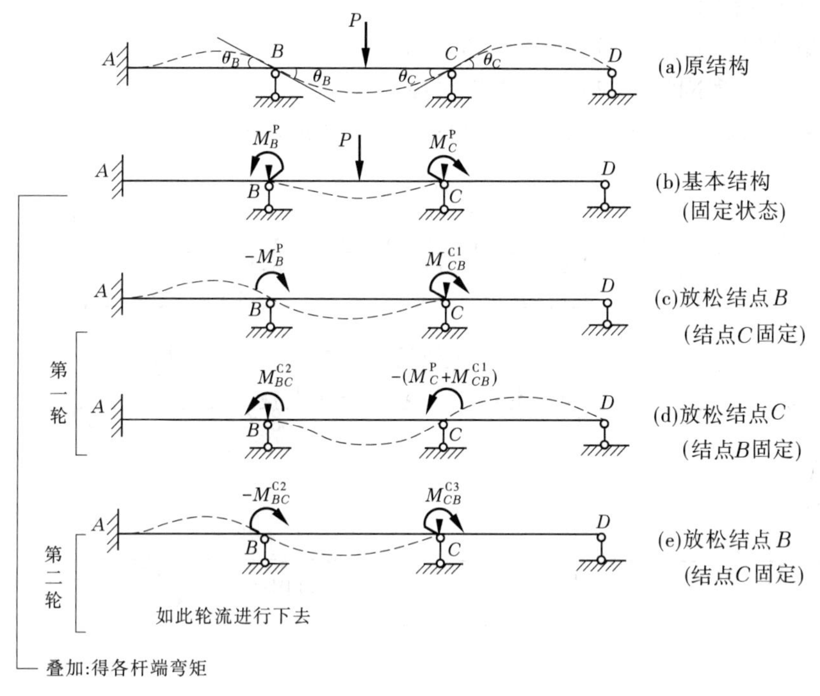

图 15-7

（3）重新固定刚结点 C，第二次放松刚结点 B。由于 BC 梁的 B 端获得传递力矩 M_{BC}^{C2} 而导致刚结点 B 的力矩又不平衡了，在刚结点 B 上施加转动力矩（$-M_{BC}^{C2}$），如图 15-7（e）所示，再运用单刚结点的力矩分配法进行分配与传递计算。这样，又消除了刚结点 B 的不平衡力矩 M_{BC}^{C2}，同时又传递一个力矩 M_{CB}^{C3} 给 BC 梁的 C 端。

重复上述运算步骤，继续进行力矩分配与传递计算。由于分配系数和传递系数都小于 1，经过几次放松，到传递弯矩达到 0.1 左右时，即可终止向下一个结点传递（远端是支座时要传），结束力矩分配与传递计算。

3　叠加计算

将固定状态和所有的放松状态对应弯矩叠加，结构的变形和内力就会恢复到原有的实际状态。通过这样叠加，就可求得原结构的杆端弯矩，即力矩分配法的基本未知量。

综上所述，多刚结点的力矩分配法是以单刚结点的力矩分配法作为基础，采用逐个结点轮流放松的方法，即对每个刚结点重复地运用单刚结点的力矩分配，最后将固定状态计算的固端弯矩和放松状态计算的分配弯矩、传递弯矩，三者代数相加，便可得原结构的杆端弯矩。

在放松过程中要注意以下几个方面：

（1）多刚结点的力矩分配法的计算成果与放松结点的次序无关。但为了加快收敛速度，先从不平衡力矩大的刚结点开始放松；当刚结点较多时，可以同时放松不相邻的多个刚结点(被放松结点相邻两侧的结点必须是固定的)。

(2)被放松后的刚结点力矩是平衡的,只要结点得到新的传递弯矩,力矩就不平衡,必须进行分配(或称放松)。

(3)力矩分配法是一种逐次渐近法,并非近似解法。

下面举例说明多刚结点的力矩分配的具体计算步骤。

【例 15-4】 试用力矩分配法作出图 15-8(a)所示连续梁的弯矩图。

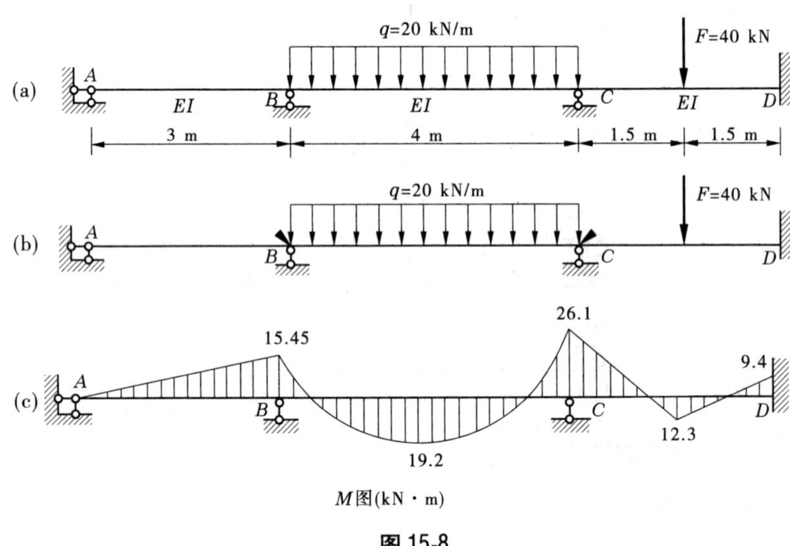

图 15-8

解 (1)取基本结构。在刚结点 B 和 C 附加刚臂,取基本结构如图 15-8(b)所示。

(2)计算固端弯矩。

$$M_{CB}^{P} = -M_{BC}^{P} = \frac{ql^2}{12} = \frac{20 \times 4^2}{12} = 26.7(\text{kN} \cdot \text{m})$$

$$M_{DC}^{P} = -M_{CD}^{P} = \frac{Pl}{8} = \frac{40 \times 3}{8} = 15(\text{kN} \cdot \text{m})$$

结点 B 的不平衡力矩为

$$M_{B}^{P} = M_{BA}^{P} + M_{BC}^{P} = 0 + (-26.7) = -26.7(\text{kN} \cdot \text{m})$$

结点 C 的不平衡力矩为

$$M_{C}^{P} = M_{CB}^{P} + M_{CD}^{P} = 26.7 - 15 = 11.7(\text{kN} \cdot \text{m})$$

(3)计算各杆转动刚度。

BA 杆为

$$S_{BA} = 3i_{BA} = 3 \times \frac{EI}{3} = EI$$

BC 杆为

$$S_{BC} = S_{CB} = 4i_{BC} = 4 \times \frac{EI}{4} = EI$$

CD 杆为

$$S_{CD}=S_{DC}=4i_{CD}=4\times\frac{EI}{3}=1.333EI$$

(4)计算各结点分配系数。

结点 B 为

$$\mu_{BA}=\frac{S_{BA}}{S_{BA}+S_{BC}}=\frac{EI}{EI+EI}=0.5$$

$$\mu_{BC}=\frac{S_{BC}}{S_{BA}+S_{BC}}=\frac{EI}{EI+EI}=0.5$$

结点 C 为

$$\mu_{CB}=\frac{S_{CB}}{S_{CB}+S_{CD}}=\frac{EI}{EI+1.333EI}=0.429$$

$$\mu_{CD}=\frac{S_{CD}}{S_{CB}+S_{CD}}=\frac{1.333EI}{EI+1.333EI}=0.571$$

上面的全部计算过程,可概括于如图 15-9 所示,计算时只需在图中进行分配与传递即可,不必列写出上述详细计算过程。

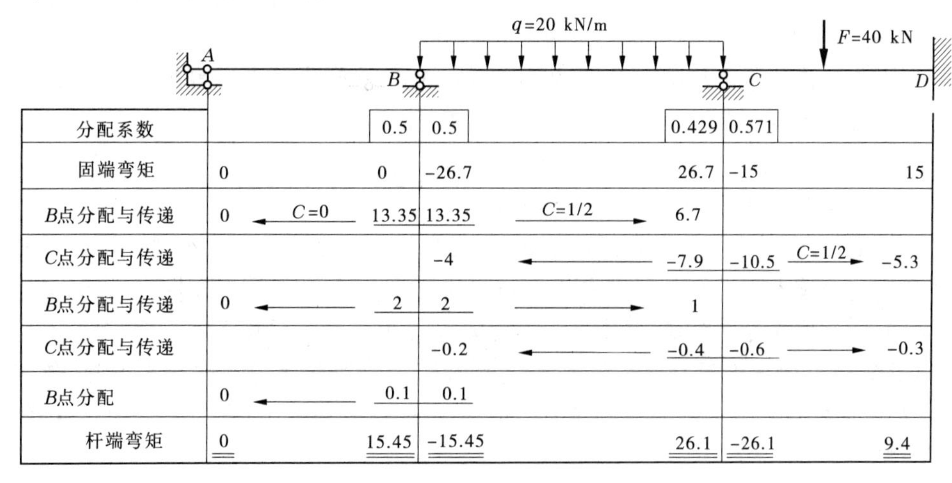

分配系数			0.5	0.5		0.429	0.571		
固端弯矩	0		0	-26.7		26.7	-15		15
B点分配与传递	0	← C=0	13.35	13.35	C=1/2 →	6.7			
C点分配与传递				-4	←	-7.9	-10.5	C=1/2 →	-5.3
B点分配与传递	0	←	2	2	→	1			
C点分配与传递				-0.2	←	-0.4	-0.6	→	-0.3
B点分配	0	←	0.1	0.1					
杆端弯矩	0		15.45	-15.45		26.1	-26.1		9.4

图 15-9

(5)分配和传递。

①因为结点 B 的不平衡力矩大于结点 C 的不平衡力矩,所以先放松结点 B,固定结点 C,按单结点力矩分配法在结点 B 进行力矩分配和传递。放松结点 B 等于在结点 B 处加不平衡力矩的负值(+26.7 kN·m),因此对杆端 BA 和 BC 的分配弯矩为

$$M_{BA}^{\mu}=\mu_{BA}(-M_B^{P})=0.5\times26.7=13.35(\text{kN}\cdot\text{m})$$

$$M_{BC}^{\mu}=\mu_{BC}(-M_B^{P})=0.5\times26.7=13.35(\text{kN}\cdot\text{m})$$

对杆端 BA 和 CB 的传递弯矩为

$$M_{AB}^{C1}=C_{BA}M_{BA}^{\mu}=0\times13.35=0$$

$$M_{CB}^{C1}=C_{BC}M_{BC}^{\mu}=\frac{1}{2}\times13.35=6.7(\text{kN}\cdot\text{m})$$

经过分配和传递,结点 B 的力矩已经平衡,可以在表格中分配弯矩的数字下面画一

横线,表示在该结点处的附加约束力矩已经被取消。带箭头的短线表示传递方向。

②重新固定结点 B,放松结点 C,同样按单结点力矩分配法在点 C 进行分配和传递。此时,在结点 C 的不平衡力矩,除杆端 CB 和 CD 的固端弯矩外,还要加上由结点 B 传来的传递弯矩 M_{CB}^{C1},因此

$$M_C^P = M_{CB}^P + M_{CD}^P + M_{CB}^{C1} = 26.7 - 15 + 6.7 = 18.4(\text{kN} \cdot \text{m})$$

放松结点 C 等于在结点 C 处加不平衡力矩的负值($-18.4\ \text{kN} \cdot \text{m}$),因此对杆端 CB 和 CD 的分配弯矩为

$$M_{CB}^{\mu} = \mu_{CB}(-M_C^P) = 0.429 \times (-18.4) = -7.9(\text{kN} \cdot \text{m})$$

$$M_{CD}^{\mu} = \mu_{CD}(-M_C^P) = 0.571 \times (-18.4) = -10.5(\text{kN} \cdot \text{m})$$

对杆端 BC 和 DC 的传递弯矩为

$$M_{BC}^{C2} = C_{CB} M_{CB}^{\mu} = \frac{1}{2} \times (-7.9) = -4(\text{kN} \cdot \text{m})$$

$$M_{DC}^{C2} = C_{CD} M_{CD}^{\mu} = \frac{1}{2} \times (-10.5) = -5.3(\text{kN} \cdot \text{m})$$

同样,经过分配和传递,结点 C 的力矩已经平衡,可以在表格中分配弯矩的数字下面画一横线,表示在该结点处的附加约束力矩已经被取消。

由于结点 B 接受了由结点 C 传来的传递弯矩 M_{BC}^{C2},在这个结点的力矩又不平衡了,也就是说附加刚臂对结点 B 又产生了新的约束力矩,需要再次地加以消除。

③再固定结点 C,第二轮放松结点 B。(略)

④再固定结点 B,放松结点 C。(略)

⑤再固定结点 C,放松结点 B。此时,在结点 B 处的约束力矩已减小到 $-0.2\ \text{kN} \cdot \text{m}$,在结点 B 进行分配和传递。为了使邻近的结点不再产生新的不平衡力矩,终止计算时不能向下一个可动结点传递弯矩,否则下一个可动结点力矩就不平衡了。

(6)计算最后的杆端弯矩值。将各杆端的固端弯矩和各次得到的分配弯矩、传递弯矩相加,就可以求得最后的杆端弯矩值。有了最后的杆端弯矩,利用区段叠加作弯矩图,进而求出其他内力。

(7)作弯矩图。根据求得的杆端弯矩作弯矩图,如图 15-8(c)所示。

*【例 15-5】 试用力矩分配法绘制图 15-10(a)所示刚架的弯矩图。

解 (1)取基本结构。在刚结点 B 和 C 附加刚臂即可得基本结构。

(2)刚结点 B、C 为分配结点,附加刚臂后其固端弯矩为

$$M_{AB}^P = -\frac{Pl}{8} = -\frac{20 \times 4}{8} = -10(\text{kN} \cdot \text{m})$$

$$M_{BA}^P = \frac{Pl}{8} = \frac{20 \times 4}{8} = 10(\text{kN} \cdot \text{m})$$

$$M_{BC}^P = -\frac{ql^2}{12} = -\frac{12 \times 4^2}{12} = -16(\text{kN} \cdot \text{m})$$

$$M_{CB}^P = \frac{ql^2}{12} = \frac{12 \times 4^2}{12} = 16(\text{kN} \cdot \text{m})$$

同理 $\quad M_{BE}^P = 0 \qquad M_{EB}^P = 0$

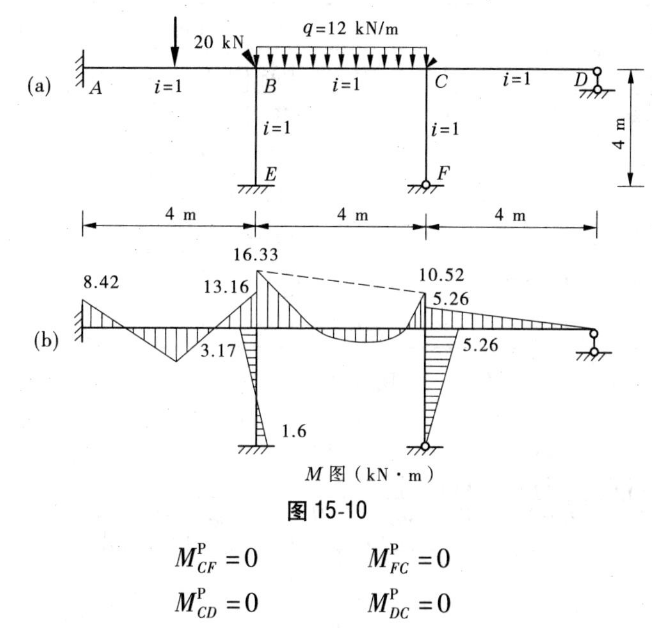

图 15-10

$$M_{CF}^{P}=0 \qquad M_{FC}^{P}=0$$

$$M_{CD}^{P}=0 \qquad M_{DC}^{P}=0$$

(3)计算转动刚度。

$$S_{BA}=4i=4$$
$$S_{BC}=4i=4$$
$$S_{BE}=4i=4$$
$$S_{CD}=3i=3$$
$$S_{CF}=3i=3$$
$$S_{CB}=4i=4$$

(4)计算各结点分配系数。

$$\mu_{BA}=\mu_{BC}=\mu_{BE}=\frac{1}{3}$$
$$\mu_{CB}=0.4$$
$$\mu_{CD}=0.3$$
$$\mu_{CF}=0.3$$

(5)杆端弯矩计算过程见图 15-11 所示，绘制弯矩图如图 15-10(b)所示。

【例 15-6】 试用力矩分配法绘制图 15-12(a)所示连续梁的弯矩图。

解 (1)此连续梁悬臂部分 EF 的内力是静定的，4 kN 的集中力对结构的作用可以利用力的平移定理简化到结点 E 处，附加一个力偶，其力偶矩为 4 kN · m，结点 E 化为铰支座，如图 15-12(b)所示。

为计算方便，设 $EI=4$，则 $i_{AB}=i_{DE}=0.8$，$i_{BC}=i_{CD}=1.0$。

(2)计算转动刚度。

$$S_{BA}=S_{DE}=3\times0.8=2.4$$
$$S_{BC}=S_{CB}=S_{CD}=S_{DC}=4\times1=4$$

(3)计算分配系数。

杆端		AB	BA	BE	BC	CB	CF	CD
分配系数			1/3	1/3	1/3	0.4	0.3	0.3
固端弯矩		-10	10	0	-16	16	0	0
分配传递	结点 C				-3.2 ←	-6.4	-4.8	-4.8
	结点 B	1.53 ←	3.06	3.07	3.07 →	1.53		
	结点 C				-0.31 ←	-0.61	-0.46	-0.46
	结点 B	0.05 ←	0.1	0.1	0.11			
杆端弯矩 M		-8.42	13.16	3.17	-16.33	10.52	-5.26	-5.26

图 15-11

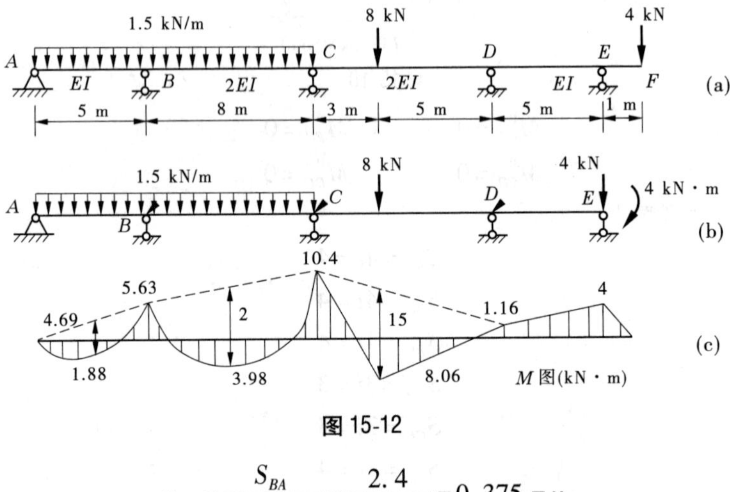

图 15-12

$$\mu_{BA}=\frac{S_{BA}}{S_{BA}+S_{BC}}=\frac{2.4}{2.4+4}=0.375=\mu_{DE}$$

$$\mu_{BC}=\frac{S_{BC}}{S_{BA}+S_{BC}}=\frac{4}{2.4+4}=0.625=\mu_{DC}$$

$$\mu_{CB}=\frac{S_{CB}}{S_{CB}+S_{CD}}=\frac{4}{4+4}=0.5=\mu_{CD}$$

(4)计算固端弯矩。DE 杆相当于一端固定、一端铰支的梁,在铰支座 E 处承受一集中力偶。而力偶 4 kN · m 所产生的固端弯矩由表 15-1 可得

$$M_{DE}^{\mathrm{P}}=\frac{4}{2}=2\ (\mathrm{kN\cdot m})$$

$$M_{ED}^{\mathrm{P}}=4(\mathrm{kN\cdot m})$$

对于 DE 杆的固端弯矩也可以利用力矩分配法的概念来求得。如图 15-13 所示,先不必去掉悬臂,而是将结点 E 也暂时固定,于是写出各固端弯矩如图所示。然后放松结点 E,由于 EF 为一悬臂,其 E 端的转动刚度为零,故知其分配系数 $\mu_{EF}=0$,而 $\mu_{ED}=1$。于是结点 E 的约束力矩变号后将全部分配给 DE 梁的 E 端,并传一半至 D 端。计算如图 15-13 所示,结果与前面相同。而结点 E 此次放松后不再重新固定,在以后的计算中则作为铰支座处理。

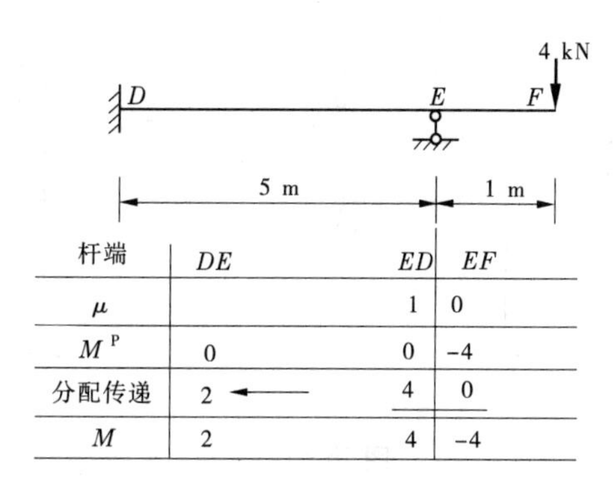

杆端	DE	ED	EF
μ		1	0
M^{P}	0	0	-4
分配传递	2 ←	4	0
M	2	4	-4

图 15-13

至于其余各固端弯矩均可按表 15-1 求得,毋须赘述。

(5)轮流放松各结点进行力矩分配和传递。为了使计算时力矩收敛速度加快,可以从不平衡力矩大的结点开始放松,也可以用是放松不相邻的多个结点(被放松结点相邻两侧必须是固定的)。对于本例,有 3 个可动结点,先同时放松结点 B、D,进行力矩分配和传递。再同时固定结点 B、D,放松结点 C,结点 C 的约束力矩等于两个固端弯矩、两个传递弯矩的代数和,即 $M_C^P = 8 - 9.38 + 1.03 - 2.38 = -2.73(\text{kN}\cdot\text{m})$,反号后进行力矩分配和传递。逐次轮流放松各结点,直至传递弯矩为零终止传递,计算过程如图 15-14 所示。

杆端	AB	BA	BC	CB	CD	DC	DE	ED	EF	FE
μ		0.375	0.625	0.5	0.5	0.625	0.375			
M^{P}	0	4.69	-8	8	-9.38	5.62	2	4	-4	0
分配与传递计算	0 ←	1.24	2.07 →	1.03	-2.38 ←	-4.76	-2.86 →	0		
			0.68 ←	1.37	1.36 →	0.68				
	0 ←	-0.25	-0.43 →	-0.21	-0.21 ←	-0.43	-0.25 →	0		
			0.11 ←	0.21	0.21 →	0.11				
	0 ←	-0.04	-0.07 →	-0.03	-0.03 ←	-0.07	-0.04 →	0		
			0.02 ←	0.03	0.03 →	0.02				
	0 ←	-0.01	-0.01			-0.01	-0.01 →	0		
M	0	5.63	-5.63	10.4	-10.4	1.16	-1.16	4	-4	0

图 15-14

(6)根据求得的杆端弯矩,利用区段叠加绘制弯矩图如图 15-12(c)所示。

* 课题 15.4　无剪力分配法

力矩分配法只能用来计算连续梁和无结点线位移刚架。但有些结构,由于构件的特殊性,虽然刚结点有侧移,力矩分配法仍然适用,如图 15-15 所示各刚架。

图 15-15 所示各刚架的受力和变形有如下特点:①各水平横梁虽有水平位移但两端结点并无相对线位移 ,这种杆件称为无侧移杆件;②各柱两端虽有相对侧移但剪力是静

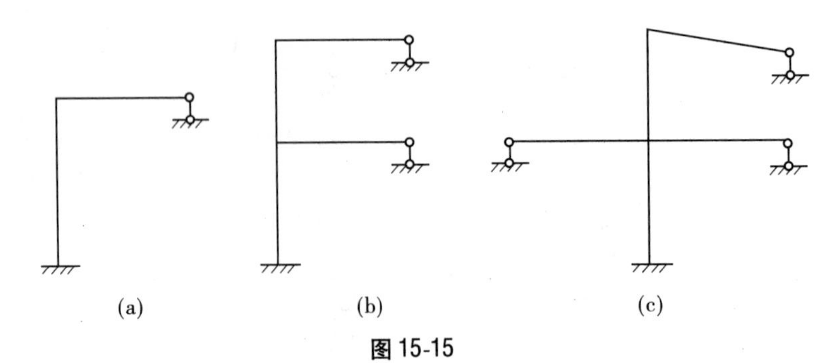

图 15-15

定的,即各立柱的剪力可根据平衡条件 $\sum X=0$ 直接求出,这种杆件称为剪力静定杆件。

无剪力分配法只适用于一些特殊的有侧移刚架,即刚架的一部分杆件是无侧移杆件,其余的杆件都是剪力静定杆件。从几何构造上看,无剪力分配法的应用条件是:

(1)每层刚架均只有一根立柱。

(2)立柱两侧横梁外端为可动铰支座,且与立柱平行。

下面以图 15-16(a)所示刚架来说明无剪力分配法的基本原理。无剪力分配法与力矩分配法的计算过程相同,即将原结构视为固定状态与放松状态的叠加。其不同之处如下所述。

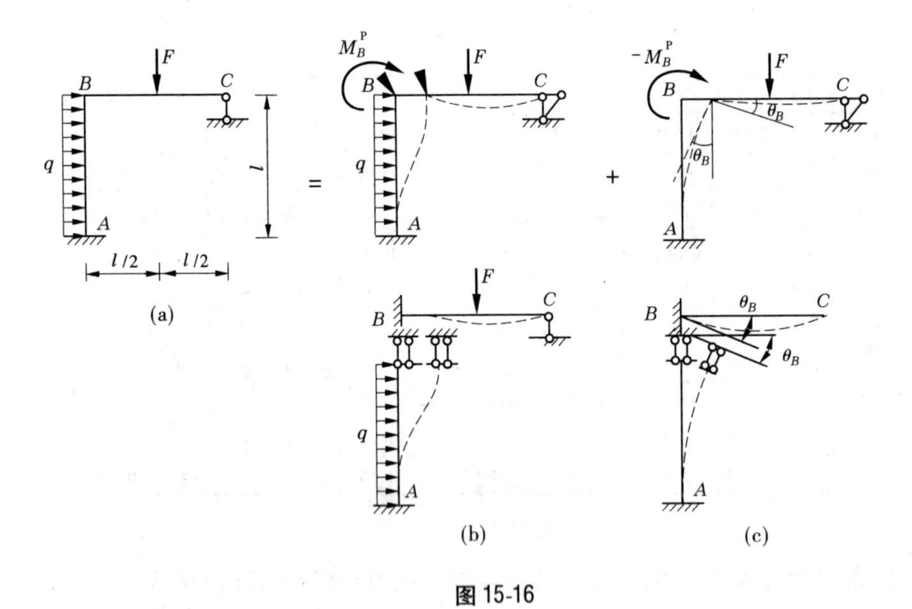

图 15-16

1 固定状态

此刚架虽有线位移,但固定时不附加水平链杆阻止结点发生线位移,只在刚结点 B 处附加刚臂阻止结点发生角位移,其刚架的变形如图 15-16(b)虚线所示。这样柱 AB 的上端虽不能转动但可以自由地水平滑动,故柱 AB 相当于下端固定、上端滑动的单跨超静定梁,并按此种梁查表 15-1 得固端弯矩为

$$M_{AB}^{\mathrm{P}} = -\frac{ql^2}{3}$$

$$M_{BA}^{\mathrm{P}} = -\frac{ql^2}{6}$$

横梁 BC 因水平移动并不影响其内力，仍视为一端固定、一端铰支的单跨超静定梁，并按此种梁查表 15-1 得固端弯矩为

$$M_{BC}^{\mathrm{P}} = -\frac{3}{16}Fl$$

$$M_{CB}^{\mathrm{P}} = 0$$

结点 B 的约束力矩仍等于汇交于该结点各杆端固端弯矩的代数和。

2　放松状态

为了消除附加刚臂上的约束力矩，现在放松结点 B，进行力矩分配和传递计算。此时，结点不仅产生与实际相同的转角 θ_B，同时也发生水平位移如图 15-16(c)所示。由于柱 AB 为下端固定、上端滑动，当上端转动时柱的剪力为零而处于纯弯曲状态，故转动刚度为 $S_{BA} = i_{BA}$，而传递系数 $C_{BA} = -1$。而横梁 BC 转动刚度仍为 $S_{BC} = 3i_{BC}$，传递系数等于零。至于分配系数、分配弯矩、传递弯矩的计算与力矩分配法完全相同。

将上述两步的结果叠加，即求得原刚架的最后杆端弯矩。

由于在力矩分配和传递过程中，立柱没有新的剪力产生（即剪力始终保持不变），故称此法为无剪力的力矩分配法，简称为无剪力分配法。

【例 15-7】 用无剪力分配法计算如图 15-17(a)所示刚架，作弯矩图。已知 $q = 20$ kN/m，$l = 4$ m。

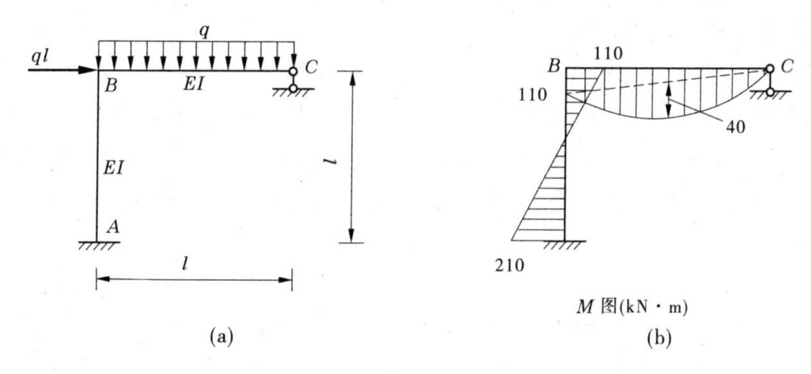

图 15-17

解　(1)计算转动刚度。

$$S_{AB} = i_{AB} = \frac{EI}{4} \qquad S_{BC} = 3i_{BC} = \frac{3EI}{4}$$

(2)计算结点 B 分配系数。

$$\mu_{BA} = \frac{1}{4} \qquad \mu_{BC} = \frac{3}{4}$$

(3)计算固端弯矩。

$$M_{AB}^{\mathrm{P}} = -\frac{ql^2}{2} = -\frac{20\times4^2}{2} = -160(\mathrm{kN\cdot m})$$

$$M_{BA}^{\mathrm{P}} = -\frac{ql^2}{2} = -\frac{20\times4^2}{8} = -160(\mathrm{kN\cdot m})$$

$$M_{BC}^{\mathrm{P}} = -\frac{ql^2}{8} = -\frac{20\times4^2}{8} = -40(\mathrm{kN\cdot m})$$

$$M_{CB}^{\mathrm{P}} = 0$$

(4)力矩分配和传递计算过程如图 15-18 所示。

杆端	AB	BA	BC	CB
分配系数		0.25	0.75	
固端弯矩	160	-160	-40	0
分配与传递	-50 ←	50	150 →	0
杆端弯矩	-210	-110	110	0

图 15-18

(5)根据杆端弯矩,利用区段叠加作出刚架 M 图如图 15-17(b)所示。

无剪力分配法主要用于单跨多层刚架反对称荷载作用下半结构计算。计算时应注意如下几点:

(1)每层刚架的立柱都按下端固定、上端滑动的单跨超静定梁来考虑。

(2)由于立柱剪力静定,其上层荷载要向下传递,即计算下层立柱的固端弯矩时,需将上层荷载对下层产生的剪力以集中力的形式作用在下层滑动支座杆端处,然后会同本柱的荷载相叠加计算固端弯矩。

【例 15-8】 作图 15-19(a)所示刚架在水平力作用下的弯矩图。

解 图 15-19(a)所示刚架是对称结构受反对称荷载作用,可以取半刚架计算如图 15-19(b)所示,横梁的长度减少 1/2,而线刚度增大 1 倍。半刚架符合无剪力分配法的应用条件,立柱 AB、BC 均按上端滑动、下端固定的单跨超静定梁求转动刚度,确定传递系数和计算固端弯矩。

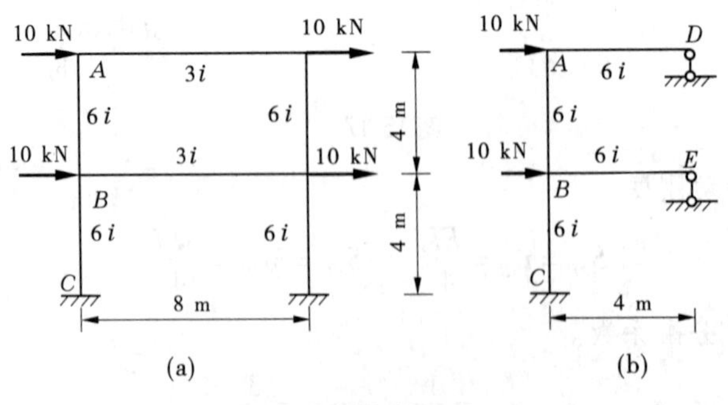

图 15-19

(1)计算各杆转动刚度。

$$S_{AD}=S_{BE}=18i$$

$$S_{AB}=S_{BC}=6i$$

(2)计算分配系数。各杆线刚度均为 $6i$,令 $i=1$,则有

$$\mu_{AD}=\frac{S_{AD}}{S_{AD}+S_{AB}}=\frac{18}{18+6}=0.75$$

$$\mu_{AB}=\frac{S_{AB}}{S_{AB}+S_{AD}}=\frac{6}{6+18}=0.25$$

$$\mu_{BA}=\frac{S_{BA}}{S_{BA}+S_{BE}+S_{BC}}=\frac{6}{6+18+6}=0.2$$

$$\mu_{BE}=\frac{S_{BE}}{S_{BA}+S_{BE}+S_{BC}}=\frac{18}{6+18+6}=0.6$$

$$\mu_{BC}=\frac{S_{BC}}{S_{BA}+S_{BE}+S_{BC}}=\frac{6}{6+18+6}=0.2$$

(3)求固端弯矩。

对于柱 AB,剪力为

$$Q_1=10\ \text{kN}$$

对于柱 BC,剪力为

$$Q_2=20\ \text{kN}$$

AB 杆固端弯矩为

$$M_{AB}^{P}=M_{BA}^{P}=-Q_1\cdot l/2=-10\times4/2=-20(\text{kN}\cdot\text{m})$$

BC 杆固端弯矩为

$$M_{BC}^{P}=M_{CB}^{P}=-Q_2\cdot l/2=-20\times4/2=-40(\text{kN}\cdot\text{m})$$

(4)力矩分配和传递计算结果如图 15-20 所示。

杆端	DA	AD	AB	BA	BE	BC	CB
μ		0.75	0.25	0.2	0.6	0.2	
M^{P}	0	0	-20	-20	0	-40	-40
分配与传递计算	0 ←	15	5 →	-5			
			-13 ←	13	39	13 →	-13
	0 ←	9.75	3.25 →	-3.25			
			-0.65 ←	0.65	1.95	0.65 →	-0.65
	0 ←	0.49	0.16 →	-0.16			
			-0.03 ←	0.03	0.10	0.03 →	-0.03
	0 ←	0.02	0.01				
M	0	25.26	-25.26	-14.73	41.05	-26.32	-53.68

图 15-20

(5)绘制弯矩图如图 15-21 所示。

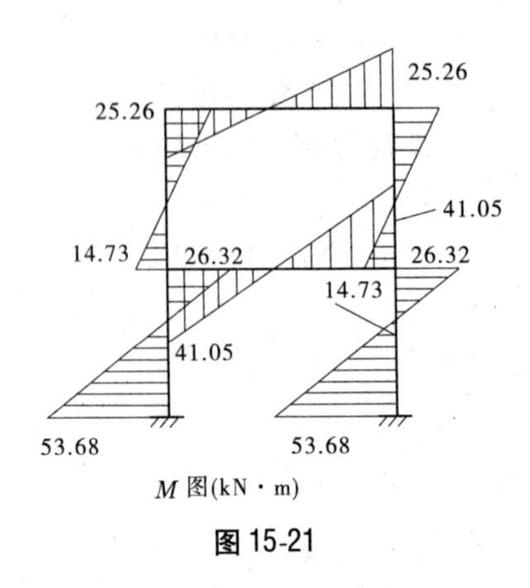

图 15-21

小 结

本章介绍了力矩分配法对超静定结构作内力进行分析。力法和位移法是求解超静定结构的两种基本方法,力矩分配法是一种以位移法为基础的渐近法。位移法没有介绍,建议学生参考其他资料。这三种计算方法有其共同之处:都是利用结构的平衡条件和变形协调条件来解决问题;分析的基本思路都是以基本结构作为"桥梁",即由已知向未知过渡,充分体现了认识的辩证法。而不同之处在于各自所取的基本未知量不同,所以基本结构还原于原结构的过程也就不同。为加深对三种计算方法的理解和掌握,现总结如下。

一、三种方法的区别

(1)基本未知量:力法是多余未知力,位移法是结点位移,力矩分配法是杆端弯矩 M。

(2)基本结构:力法是去掉多余约束后的静定结构;位移法和力矩分配法是在超静定结构上附加刚臂约束,成为以单跨超静定梁为组合体。

(3)力法典型法方程及其含意:力法典型方程 $\sum\delta_{ij}X_i+\Delta_{iP}=0$,即每个未知力方向的位移条件。位移法方程 $\sum r_{ij}z_i+R_{iP}=0$,即每个附加约束反力的平衡条件(建议大家自学)。力矩分配法无须建立方程,计算比较直观。

(4)计算特点:力法是从力法典型方程中求出多余未知力后,将超静定结构的问题转化为静定结构问题。位移法是从位移法典型方程中求出结点位移后,将超静定结构的内力计算转化为一些基本杆件的内力计算。力矩分配法是按汇交于结点各杆的转动刚度的比例对结点不平衡力矩的负值进行分配与传递,渐近推求杆端弯矩。

二、计算方法的选用

采用手算超静定结构的内力时,计算方法选用尤为重要。一般遵循下列原则选用:

(1)对连续梁和无侧移的刚架,应首选力矩分配法。

(2)对超静定次数较少,而结点位移多的超静定结构,应首选力法;对超静定次数多,而结点位移少,且有结点线位移的超静定结构,应首选位移法。

当计算对称的超静定结构时,无论选用哪种方法,均可利用结构的对称性取"半结

构”来计算,从而达到简化计算的目的。

三、名词解释

(1)线刚度:表示单位长度的刚度,即 $i=EI/l$。

(2)转动刚度:表示杆端抵抗转动的能力,它在数值上等于使杆端产生单位转角时需要施加的力矩。

(3)传递系数:远端传递弯矩与近端分配弯矩的比值。

(4)分配系数:杆端的转动刚度与汇交于该结点各杆转动刚度之和的比值,汇交于同一结点各杆分配系数之和等于1。

(5)形常数和载常数:单跨超静定梁在杆端发生单位位移时产生的杆端力称为形常数,荷载作用产生的杆端力称为载常数 。

四、用力矩分配法求解连续梁或无结点线位移刚架的计算步骤

(1)确定分配刚结点的数目及位置,引用附加刚臂将刚结点固定,不使其产生转动变形。

(2)计算各杆端的分配系数。

(3)查表 15-1 计算各杆端的固端弯矩。

(4)松开刚臂,使结点在不平衡力矩作用下发生转角。

(5)计算分配弯矩及传递弯矩。

(6)将同一杆端的固端弯矩、分配弯矩和传递弯矩叠加后得到最终弯矩。

(7)绘制弯矩图。

* 五、无剪力分配法的条件

(1)每层刚架均只有一根立柱。

(2)立柱两侧的横梁外端为可动铰支座,且链杆与立柱平行。

思考与练习题

一、简答题

1. 在力矩分配法计算中,常用的基本杆件有哪几种?
2. 何谓力矩分配法的基本结构?
3. 取力矩分配法的基本结构,在原结构上附加什么约束?其目的是什么?
4. 力矩分配法的基本未知量是什么?
5. 何谓转动刚度?转动刚度的物理意义是什么?它与哪些因素有关?
6. 何谓分配系数?分配系数与转动刚度有什么关系?
7. 何谓传递系数?其与哪些因素有关?
8. 什么是固端弯矩?如何计算?

9. 何谓刚结点约束力矩(结点不平衡力矩)？如何计算？

10. 什么是分配弯矩？如何计算分配弯矩？

11. 什么是传递弯矩？如何计算传递弯矩？

12. 简述力矩分配法的计算步骤。

13. 用力矩分配法计算多结点结构时，为什么要逐个结点放松和多次放松？

二、填空题

1. 转动刚度与________________和__________有关，它反映了杆端对______的抵抗能力。

2. 汇交于同一结点的各杆端分配系数之和应________。

3. 力矩分配法中规定杆端弯矩以________为正。

4. 图 15-22 所示结构中转动刚度、分配系数、传递系数：S_{BA} = _____，S_{BC} = _____；μ_{BA} = _____，μ_{BC} = _____；C_{BA} = _____，C_{BC} = _____。

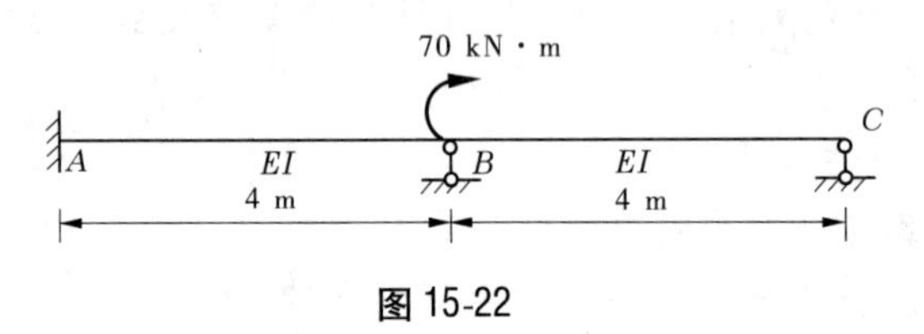

图 15-22

三、选择题

1. 力矩分配法中，传递系数的意义是指(　　)。

A. 远端弯矩与近端弯矩之比　　B. 结点分配力矩之比

C. 杆两端转动刚度之比　　D. 杆两端分配力矩之比

2. 图 15-23 所示单跨梁，$i=\frac{EI}{l}$，则杆件 AB 的转动刚度为(　　)，杆件 AB 的传递系数为(　　)。

A. i, 1　　B. $4i$, 0

C. $16i$, 0.5　　D. $8i$, −1

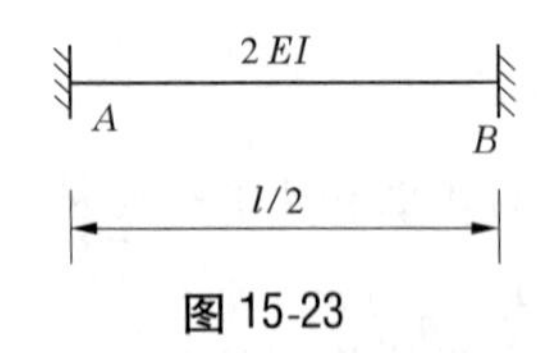

图 15-23

3. 图 15-24 所示结构中，AB 杆件的转动刚度为(　　)。

A. i　　B. $3i$　　C. $4i$　　D. $6i$

4. 图 15-25 所示结构中，杆件 AB 的 A 端分配系数为(　　)。

A. 0.1　　B. 0.3　　C. 0.6　　D. 0.8

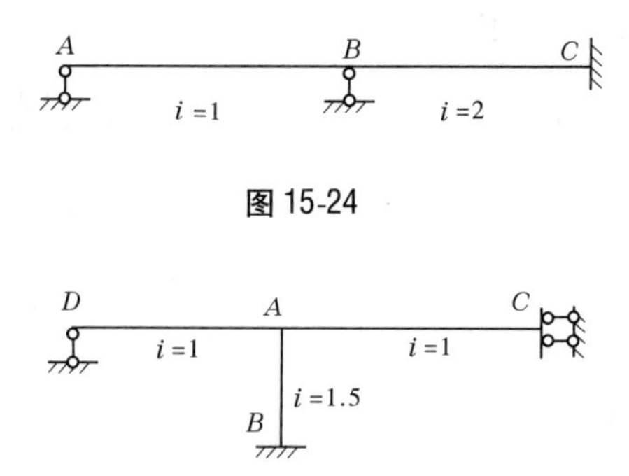

图 15-24

图 15-25

四、解答题

1. 试用力矩分配法计算图 15-26 所示连续梁，并绘制内力图。EI = 常数。

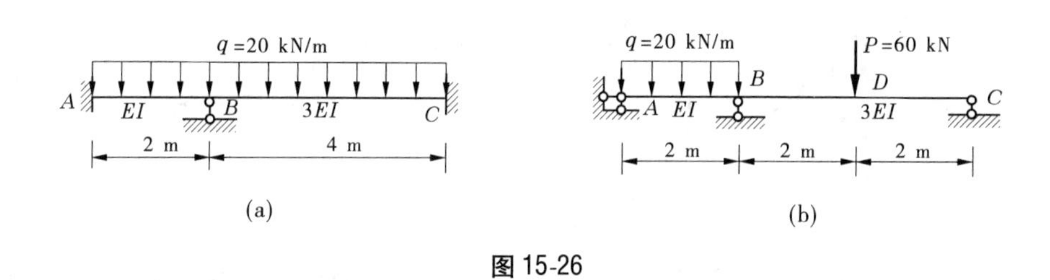

图 15-26

2. 试用力矩分配法计算图 15-27 所示连续梁，并绘出其弯矩图。

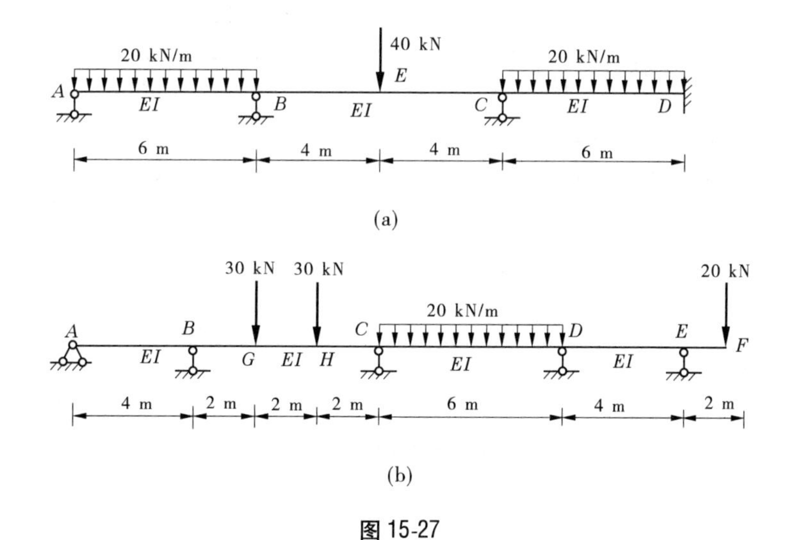

图 15-27

3. 试用力矩分配法计算图 15-28 所示刚架，并绘出其弯矩图。

4. 试用力矩分配法计算图 15-29 所示刚架，并绘出其弯矩图。

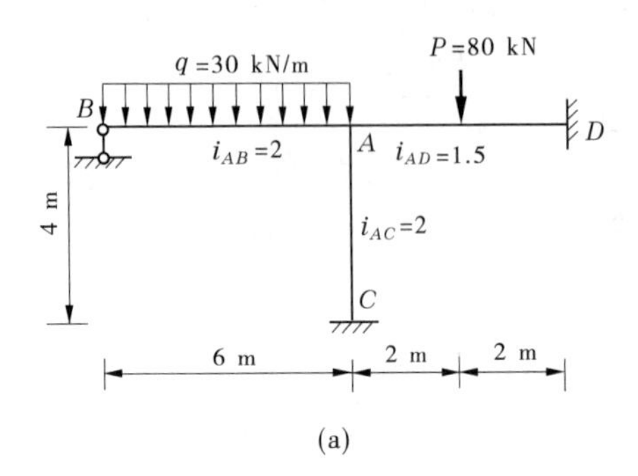

(a)

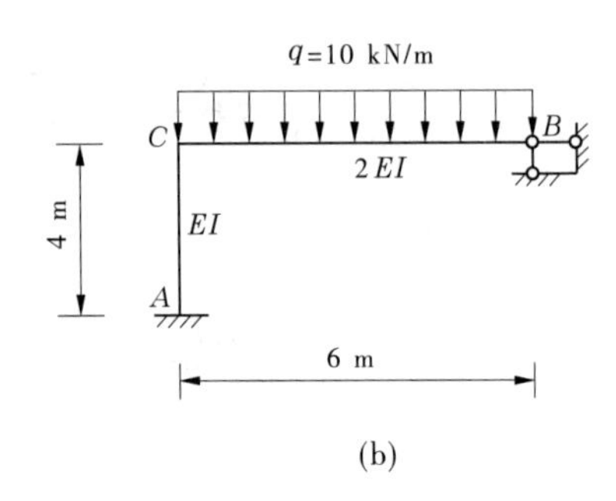

(b)

图 15-28

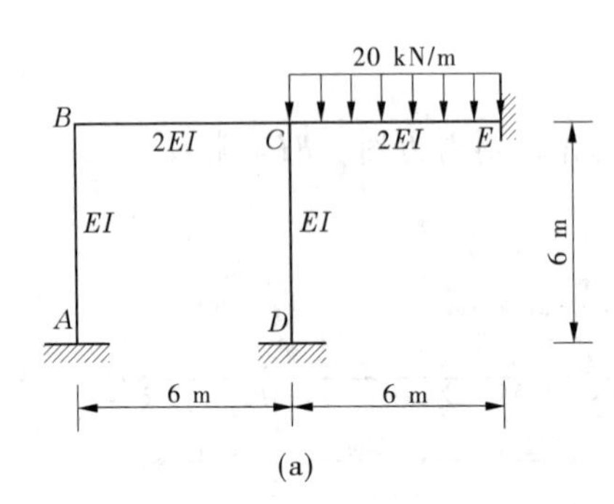

(a)

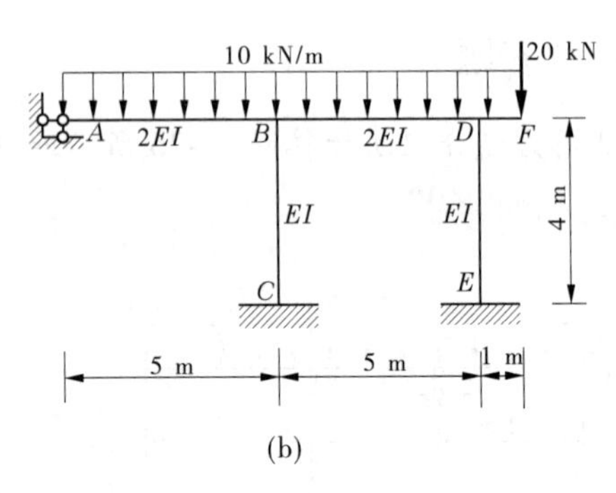

(b)

图 15-29

*5. 试用无剪力分配法计算图 15-30 所示刚架,并作出弯矩图(E=常数)。

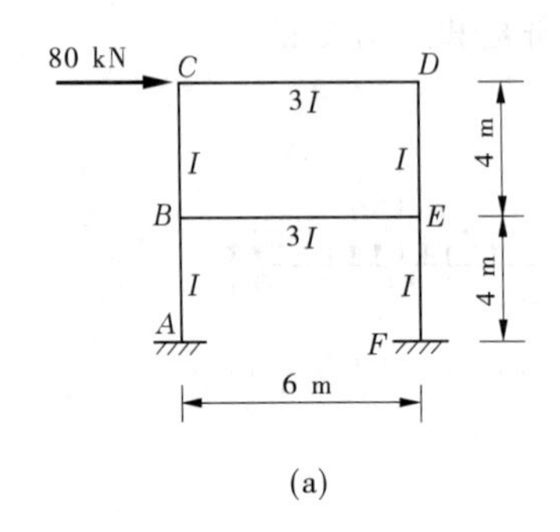

(a)

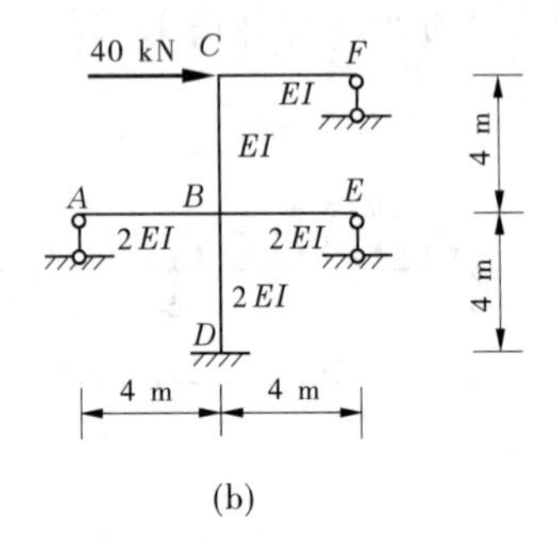

(b)

图 15-30

附录 型钢规格表

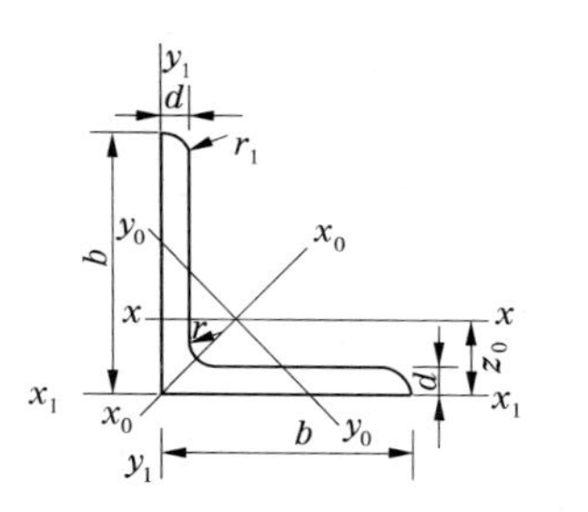

附表1 热轧等边角钢

符号意义：

b——边宽度；　　I——惯性矩；

d——边厚度；　　i——惯性半径；

r——内圆弧半径；　　W——截面系数；

r_1——边端内圆弧半径；　　z_0——重心距离。

角钢号数	尺寸(mm)			截面面积	理论质量	外表面积	参考数值										
							x—x			x_0—x_0			y_0—y_0			x_1—x_1	z_0 (cm)
	b	d	r	(cm²)	(kg/m)	(m²/m)	I_x (cm⁴)	i_x (cm)	W_x (cm³)	I_{x_0} (cm⁴)	i_{x_0} (cm)	W_{x_0} (cm³)	I_{y_0} (cm⁴)	i_{y_0} (cm)	W_{y_0} (cm³)	I_{x_1} (cm⁴)	
2	20	3	3.5	1.132	0.889	0.078	0.40	0.59	0.29	0.63	0.75	0.45	0.17	0.39	0.20	0.81	0.60
		4		1.459	1.145	0.077	0.50	0.58	0.36	0.78	0.73	0.55	0.22	0.38	0.24	1.09	0.64
2.5	25	3		1.432	1.124	0.098	0.82	0.76	0.46	1.29	0.95	0.73	0.34	0.49	0.33	1.57	0.73
		4		1.859	1.459	0.097	1.03	0.74	0.59	1.62	0.93	0.92	0.43	0.48	0.40	2.11	0.76
3.0	30	3	4.5	1.749	1.373	0.117	1.46	0.91	0.68	2.31	1.15	1.09	0.61	0.59	0.51	2.71	0.85
		4		2.276	1.786	0.117	1.84	0.90	0.87	2.92	1.13	1.37	0.77	0.58	0.62	3.63	0.89
3.6	36	3		2.109	1.656	0.141	2.58	1.11	0.99	4.09	1.39	1.61	1.07	0.71	0.76	4.68	1.00
		4		2.756	2.163	0.141	3.29	1.09	1.28	5.22	1.38	2.05	1.37	0.70	0.93	6.25	1.04
		5		3.382	2.654	0.141	3.95	1.08	1.56	6.24	1.36	2.45	1.65	0.70	1.09	7.84	1.07
4.0	40	3	5	2.359	1.852	0.157	3.59	1.23	1.23	5.69	1.55	2.01	1.49	0.79	0.96	6.41	1.09
		4		3.086	2.422	0.157	4.60	1.22	1.60	7.29	1.54	2.58	1.91	0.79	1.19	8.56	1.13
		5		3.791	2.976	0.156	5.53	1.21	1.96	8.76	1.52	3.10	2.30	0.78	1.39	10.74	1.17
4.5	45	3		2.659	2.088	0.177	5.17	1.40	1.58	8.20	1.76	2.58	2.14	0.89	1.24	9.12	1.22
		4		3.486	2.736	0.177	6.65	1.38	2.05	10.56	1.74	3.32	2.75	0.89	1.54	12.18	1.26
		5		4.292	3.369	0.176	8.04	1.37	2.51	12.74	1.72	4.00	3.33	0.88	1.81	15.25	1.30
		6		5.076	3.985	0.176	9.33	1.36	2.95	14.76	1.70	4.64	3.89	0.88	2.06	18.36	1.33

续附表 1

角钢号数	尺寸(mm)			截面面积	理论质量	外表面积	参考数值										
							x—x			x_0—x_0			y_0—y_0			x_1—x_1	z_0
	b	d	r	(cm^2)	(kg/m)	(m^2/m)	I_x (cm^4)	i_x (cm)	W_x (cm^3)	I_{x_0} (cm^4)	i_{x_0} (cm)	W_{x_0} (cm^3)	I_{y_0} (cm^4)	i_{y_0} (cm)	W_{y_0} (cm^3)	I_{x_1} (cm^4)	(cm)
5	50	3	5.5	2.971	2.332	0.197	7.18	1.55	1.96	11.37	1.96	3.22	2.98	1.00	1.57	12.50	1.34
		4		3.897	3.059	0.197	9.26	1.54	2.56	14.70	1.94	4.16	3.82	0.99	1.96	16.69	1.38
		5		4.803	3.770	0.196	11.21	1.53	3.13	17.79	1.92	5.03	4.64	0.98	2.31	20.90	1.42
		6		5.688	4.465	0.196	13.05	1.52	3.68	20.68	1.91	5.85	5.42	0.98	2.63	25.14	1.46
5.6	56	3	6	3.343	2.624	0.221	10.19	1.75	2.48	16.14	2.20	4.08	4.24	1.13	2.02	17.56	1.48
		4		4.390	3.446	0.220	13.18	1.73	3.24	20.92	2.18	5.28	5.46	1.11	2.52	23.43	1.53
		5		5.415	4.251	0.220	16.02	1.72	3.97	25.42	2.17	6.42	6.61	1.10	2.98	29.33	1.57
		8		8.367	6.568	0.219	23.63	1.68	6.03	37.37	2.11	9.44	9.89	1.09	4.16	47.24	1.68
6.3	63	4	7	4.978	3.907	0.248	19.03	1.96	4.13	30.17	2.46	6.78	7.89	1.26	3.29	33.35	1.70
		5		6.143	4.822	0.248	23.17	1.94	5.08	36.77	2.45	8.25	9.57	1.25	3.90	41.73	1.74
		6		7.288	5.721	0.247	27.12	1.93	6.00	43.03	2.43	9.66	11.20	1.24	4.46	50.14	1.78
		8		9.515	7.469	0.247	34.46	1.90	7.75	54.56	2.40	12.25	14.33	1.23	5.47	67.11	1.85
		10		11.657	9.151	0.246	41.09	1.88	9.39	64.85	2.36	14.56	17.33	1.22	6.36	84.31	1.93
7	70	4	8	5.570	4.372	0.275	26.39	2.18	5.14	41.80	2.74	8.44	10.99	1.40	4.17	45.74	1.86
		5		6.875	5.397	0.275	32.21	2.16	6.32	51.08	2.73	10.32	13.34	1.39	4.95	57.21	1.91
		6		8.160	6.406	0.275	37.77	2.15	7.48	59.93	2.71	12.11	15.61	1.38	5.67	68.73	1.95
		7		9.424	7.398	0.275	43.09	2.14	8.59	68.35	2.69	13.81	17.82	1.38	6.34	80.29	1.99
		8		10.667	8.373	0.274	48.17	2.12	9.68	76.37	2.68	15.43	19.98	1.37	6.98	91.92	2.03
7.5	75	5	9	7.412	5.818	0.295	39.97	2.33	7.32	63.30	2.92	11.94	16.63	1.50	5.77	70.56	2.04
		6		8.797	6.905	0.294	46.95	2.31	8.64	74.38	2.90	14.02	19.51	1.49	6.67	84.55	2.07
		7		10.160	7.976	0.294	53.57	2.30	9.93	84.96	2.89	16.02	22.18	1.48	7.44	98.71	2.11
		8		11.503	9.030	0.294	59.96	2.28	11.20	95.07	2.88	17.93	24.86	1.47	8.19	112.97	2.15
		10		14.126	11.089	0.293	71.98	2.26	13.64	113.92	2.84	21.48	30.05	1.46	9.56	141.71	2.22

续附表 1

角钢号数	尺寸(mm)			截面面积 (cm^2)	理论质量 (kg/m)	外表面积 (m^2/m)	参考数值										
							$x—x$			$x_0—x_0$			$y_0—y_0$			$x_1—x_1$	
	b	d	r				I_x (cm^4)	i_x (cm)	W_x (cm^3)	I_{x_0} (cm^4)	i_{x_0} (cm)	W_{x_0} (cm^3)	I_{y_0} (cm^4)	i_{y_0} (cm)	W_{y_0} (cm^3)	I_{x_1} (cm^4)	z_0 (cm)
8	80	5	9	7.912	6.211	0.315	48.79	2.48	8.34	77.33	3.13	13.67	20.25	1.60	6.66	85.36	2.15
		6		9.397	7.376	0.314	57.35	2.47	9.87	90.98	3.11	16.08	23.72	1.59	7.65	102.50	2.19
		7		10.860	8.525	0.314	65.58	2.46	11.34	104.07	3.10	18.40	27.09	1.58	8.58	119.70	2.23
		8		12.303	9.658	0.314	73.49	2.44	12.83	116.60	3.08	20.61	30.39	1.57	9.46	136.97	2.27
		10		15.126	11.874	0.313	88.43	2.41	15.64	140.09	3.04	24.76	36.77	1.56	11.08	171.74	2.35
9	90	6	10	10.637	8.350	0.354	82.77	2.79	12.61	131.26	3.51	20.63	34.28	1.80	9.95	145.87	2.44
		7		12.301	9.656	0.354	94.83	2.78	14.54	150.47	3.50	23.64	39.18	1.78	11.19	170.30	2.48
		8		13.944	10.946	0.353	106.47	2.76	16.42	168.97	3.48	26.55	43.97	1.78	12.35	194.80	2.52
		10		17.167	13.476	0.353	128.58	2.74	20.07	203.90	3.45	32.04	53.26	1.76	14.52	244.07	2.59
		12		20.306	15.940	0.352	149.22	2.71	23.57	236.21	3.41	37.12	62.22	1.75	16.49	293.76	2.67
10	100	6	12	11.932	9.366	0.393	114.95	3.01	15.68	181.98	3.90	25.74	47.92	2.00	12.69	200.07	2.67
		7		13.796	10.830	0.393	131.86	3.09	18.10	208.97	3.89	29.55	54.74	1.99	14.26	233.54	2.71
		8		15.638	12.276	0.393	148.24	3.08	20.47	235.07	3.88	33.24	61.41	1.98	15.75	267.09	2.76
		10		19.261	15.120	0.392	179.51	3.05	25.06	284.68	3.84	40.26	74.35	1.96	18.54	334.48	2.84
		12		22.800	17.898	0.391	208.90	3.03	29.48	330.95	3.81	46.80	86.84	1.95	21.08	402.34	2.91
		14		26.256	20.611	0.391	236.53	3.00	33.73	374.06	3.77	52.90	99.00	1.94	23.44	470.75	2.99
		16		29.627	23.257	0.390	262.53	2.98	37.82	414.16	3.74	58.57	110.89	1.94	25.63	539.80	3.06
11	110	7	12	15.196	11.928	0.433	177.16	3.41	22.05	280.94	4.30	36.12	73.38	2.20	17.51	310.64	2.96
		8		17.238	13.532	0.433	199.46	3.40	24.95	316.49	4.28	40.69	82.42	2.19	19.39	355.20	3.01
		10		21.261	16.690	0.432	242.19	3.38	30.60	384.39	4.25	49.42	99.98	2.17	22.91	444.65	3.09
		12		25.200	19.782	0.431	282.55	3.35	36.05	448.17	4.22	57.62	116.93	2.15	26.15	534.60	3.16
		14		29.056	22.809	0.431	320.71	3.32	41.31	508.01	4.18	65.31	133.40	2.14	29.14	625.16	3.24

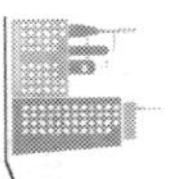

续附表 1

角钢号数	尺寸(mm)			截面面积 (cm²)	理论质量 (kg/m)	外表面积 (m²/m)	参考数值										
							$x—x$			$x_0—x_0$			$y_0—y_0$			$x_1—x_1$	z_0 (cm)
	b	d	r				I_x (cm⁴)	i_x (cm)	W_x (cm³)	I_{x_0} (cm⁴)	i_{x_0} (cm)	W_{x_0} (cm³)	I_{y_0} (cm⁴)	i_{y_0} (cm)	W_{y_0} (cm³)	I_{x_1} (cm⁴)	
12.5	125	8	14	19.750	15.504	0.492	297.03	3.88	32.52	470.89	4.88	53.28	123.16	2.50	25.86	521.01	3.37
		10		24.373	19.133	0.491	361.67	3.85	39.97	573.89	4.85	64.93	149.46	2.48	30.62	651.93	3.45
		12		28.912	22.696	0.491	423.16	3.83	41.17	671.44	4.82	75.96	174.88	2.46	35.03	783.42	3.53
		14		33.367	26.193	0.490	481.65	3.80	54.16	763.73	4.78	86.41	199.57	2.45	39.13	915.61	3.61
14	140	10		27.373	21.488	0.551	514.65	4.34	50.58	817.27	5.46	82.56	212.04	2.78	39.20	915.11	3.82
		12		32.512	25.522	0.551	603.68	4.31	59.80	958.79	5.43	96.85	248.57	2.76	45.02	1 099.28	3.90
		14		37.567	29.490	0.550	688.81	4.28	68.75	1 093.56	5.40	110.47	284.06	2.75	50.45	1 284.22	3.98
		16		42.539	33.393	0.549	770.24	4.26	77.46	1 221.81	5.36	123.42	318.67	2.74	55.55	1 470.07	4.06
16	160	10	16	31.502	24.729	0.630	779.53	4.98	66.70	1 237.30	6.27	109.36	321.76	3.20	52.76	1 365.33	4.31
		12		37.441	29.391	0.630	916.58	4.95	78.98	1 455.68	6.24	128.67	377.49	3.18	60.74	1 639.57	4.39
		14		43.296	33.987	0.629	1 048.36	4.92	90.95	1 665.02	6.20	147.17	431.70	3.16	68.24	1 914.68	4.47
		16		49.067	38.518	0.629	1 175.08	4.89	102.63	1 865.57	6.17	164.89	484.59	3.14	75.31	2 190.82	4.55
18	180	12		42.241	33.159	0.710	1 321.35	5.59	100.82	2 100.10	7.05	165.00	542.61	3.58	78.41	2 332.80	4.89
		14		48.896	38.383	0.709	1 514.48	5.56	116.25	2 407.42	7.02	189.14	625.53	3.56	88.38	2 723.48	4.97
		16		55.467	43.542	0.709	1 700.99	5.54	131.13	2 703.37	6.98	212.40	698.60	3.55	97.83	3 115.29	5.05
		18		61.955	48.634	0.708	1 875.12	5.50	145.61	2 988.24	6.94	234.78	762.01	3.51	105.14	3 502.43	5.13
20	200	14	18	54.642	42.894	0.788	2 103.55	6.20	144.70	3 343.26	7.82	236.40	863.83	3.98	111.82	3 734.10	5.46
		16		62.013	48.680	0.788	2 366.15	6.18	163.65	3 760.89	7.79	265.93	971.41	3.96	123.96	4 270.39	5.54
		18		69.301	54.401	0.787	2 620.64	6.15	182.22	4 146.54	7.75	295.48	1 076.74	3.94	135.52	4 808.13	5.62
		20		76.505	60.056	0.787	2 867.30	6.12	200.42	4 554.55	7.72	322.06	1 180.04	3.93	146.55	5 347.51	5.69
		24		90.661	71.186	0.785	3 338.25	6.07	236.17	5 294.97	7.64	374.41	1 381.53	3.90	166.65	6 457.16	5.87

注:截面图中的 $r_1 = 1/3d$ 及表中 r 值的数据用于孔形设计,不作为交货条件。

附表 2　热轧不等边角钢

符号意义：

B——长边宽度；　b——短边宽度；

d——边厚度；　r——内圆弧半径；

r_1——边端内圆弧半径；　I——惯性矩；

i——惯性半径；　W——截面系数；

x_0——重心距离；　y_0——重心距离。

角钢号数	尺寸(mm)				截面面积	理论质量	外表面积	参考数值													
								x—x			y—y			x_1—x_1		y_1—y_1		u—u			
	B	b	d	r	(cm²)	(kg/m)	(m²/m)	I_x (cm⁴)	i_x (cm)	W_x (cm³)	I_y (cm⁴)	i_y (cm)	W_y (cm³)	I_{x1} (cm⁴)	y_0 (cm)	I_{y1} (cm⁴)	x_0 (cm)	I_u (cm⁴)	i_u (cm)	W_u (cm³)	tanα
2.5/1.6	25	16	3	3.5	1.162	0.912	0.080	0.70	0.78	0.43	0.22	0.44	0.19	1.56	0.86	0.43	0.42	0.14	0.34	0.16	0.392
			4		1.499	1.176	0.079	0.88	0.77	0.55	0.27	0.43	0.24	2.09	0.90	0.59	0.46	0.17	0.34	0.20	0.381
3.2/2	32	20	3		1.492	1.171	0.102	1.53	1.01	0.72	0.46	0.55	0.30	3.27	1.08	0.82	0.49	0.28	0.43	0.25	0.382
			4		1.939	1.522	0.101	1.93	1.00	0.93	0.57	0.54	0.39	4.37	1.12	1.12	0.53	0.35	0.42	0.32	0.374
4/2.5	40	25	3	4	1.890	1.484	0.127	3.08	1.28	1.15	0.93	0.70	0.49	5.39	1.32	1.59	0.59	0.56	0.54	0.40	0.386
			4		2.467	1.936	0.127	3.93	1.26	1.49	1.18	0.69	0.63	8.53	1.37	2.14	0.63	0.71	0.54	0.52	0.381
4.5/2.8	45	28	3	5	2.149	1.687	0.143	4.45	1.44	1.47	1.34	0.79	0.62	9.10	1.47	2.23	0.64	0.80	0.61	0.51	0.383
			4		2.806	2.203	0.143	5.69	1.42	1.91	1.70	0.78	0.80	12.13	1.51	3.00	0.68	1.02	0.60	0.66	0.380
5/3.2	50	32	3	5.5	2.431	1.908	0.161	6.24	1.60	1.84	2.02	0.91	0.82	12.49	1.60	3.31	0.73	1.20	0.70	0.68	0.404
			4		3.177	2.494	0.160	8.02	1.59	2.39	2.58	0.90	1.06	16.65	1.65	4.45	0.77	1.53	0.69	0.87	0.402
5.6/3.6	56	36	3	6	2.743	2.153	0.181	8.88	1.80	2.32	2.42	1.03	1.05	17.54	1.78	4.70	0.80	1.73	0.79	0.87	0.408
			4		3.590	2.818	0.180	11.45	1.79	3.03	3.76	1.02	1.37	23.39	1.82	6.33	0.85	2.23	0.79	1.13	0.408
			5		4.415	3.466	0.180	13.86	1.77	3.71	4.49	1.01	1.65	29.25	1.87	7.94	0.88	2.67	0.78	1.36	0.404
6.3/4	63	40	4	7	4.508	3.185	0.202	16.49	2.02	3.87	5.23	1.14	1.70	33.30	2.04	8.63	0.92	3.12	0.88	1.40	0.398
			5		4.993	3.920	0.202	20.02	2.00	4.74	6.31	1.12	2.71	41.63	2.08	10.86	0.95	3.76	0.87	1.71	0.396
			6		5.908	4.638	0.201	23.36	1.98	5.59	7.29	1.11	2.43	49.98	2.12	13.12	0.99	4.34	0.86	1.99	0.393
			7		6.802	5.339	0.201	26.53	1.96	6.40	8.24	1.10	2.78	58.07	2.15	15.47	1.03	4.97	0.86	2.29	0.389

续附表 2

角钢号数	尺寸(mm)				截面面积	理论质量	外表面积	参考数值													
								$x—x$			$y—y$			$x_1—x_1$		$y_1—y_1$		$u—u$			
	B	b	d	r	(cm^2)	(kg/m)	(m^2/m)	I_x (cm^4)	i_x (cm)	W_x (cm^3)	I_y (cm^4)	i_y (cm)	W_y (cm^3)	I_{x_1} (cm^4)	y_0 (cm)	I_{y_1} (cm^4)	x_0 (cm)	I_u (cm^4)	i_u (cm)	W_u (cm^3)	$\tan\alpha$
7/4.5	70	45	4	7.5	4.547	3.570	0.226	23.17	2.26	4.86	7.55	1.29	2.17	45.92	2.24	12.26	1.02	4.40	0.98	1.77	0.410
			5		5.609	4.403	0.225	27.95	2.23	5.92	9.13	1.28	2.65	57.10	2.28	15.39	1.06	5.40	0.98	2.19	0.407
			6		6.647	5.218	0.225	32.54	2.21	6.95	10.62	1.26	3.12	68.35	2.32	18.58	1.09	6.35	0.98	2.59	0.404
			7		7.657	6.011	0.225	37.22	2.20	8.03	12.01	1.25	3.57	79.99	2.36	21.84	1.13	7.16	0.97	2.94	0.402
(7.5/5)	75	50	5	8	6.125	4.808	0.245	34.86	2.39	6.83	12.61	1.44	3.39	70.00	2.40	21.04	1.17	7.41	1.10	2.74	0.435
			6		7.260	5.699	0.245	41.12	2.38	8.12	14.70	1.42	3.88	84.30	2.44	25.37	1.21	8.54	1.08	3.19	0.435
			8		9.467	7.431	0.244	52.39	2.35	10.52	18.53	1.40	4.99	112.50	2.52	34.23	1.29	10.87	1.07	4.10	0.429
			10		11.590	9.098	0.244	62.71	2.33	12.79	21.96	1.38	6.04	140.80	2.60	43.43	1.36	13.10	1.06	4.99	0.423
8/5	80	50	5		6.375	5.005	0.255	41.96	2.56	7.78	12.82	1.42	3.32	85.21	2.60	21.06	1.14	7.66	1.10	2.74	0.388
			6		7.560	5.935	0.255	49.49	2.56	9.25	14.95	1.41	3.91	102.53	2.65	25.41	1.18	8.85	1.08	3.20	0.387
			7		8.724	6.848	0.255	56.16	2.54	10.58	16.96	1.39	4.48	119.33	2.69	29.82	1.21	10.18	1.08	3.70	0.384
			8		9.867	7.745	0.254	62.83	2.52	11.92	18.85	1.38	5.03	136.41	2.73	34.32	1.25	11.38	1.07	4.15	0.381
9/5.6	90	56	5	9	7.212	5.661	0.287	60.45	2.90	9.92	18.32	1.59	4.21	121.32	2.91	29.53	1.25	10.98	1.23	3.49	0.385
			6		8.557	6.717	0.286	71.03	2.88	11.74	21.42	1.58	4.96	145.59	2.95	35.58	1.29	12.90	1.23	4.15	0.384
			7		9.880	7.756	0.286	81.01	2.86	13.49	24.36	1.57	5.70	169.60	3.00	41.71	1.33	14.67	1.22	4.72	0.382
			8		11.183	8.779	0.286	91.03	2.85	15.27	27.15	1.56	6.41	194.17	3.04	47.93	1.36	16.34	1.21	5.29	0.380
10/6.3	100	63	6	10	9.617	7.550	0.320	99.06	3.21	14.64	30.94	1.79	6.35	199.71	3.24	50.50	1.43	18.42	1.38	5.25	0.394
			7		11.111	8.722	0.320	113.45	3.20	16.88	35.26	1.78	7.29	233.00	3.28	59.14	1.47	21.00	1.38	6.02	0.393
			8		12.584	9.878	0.319	127.37	3.18	19.08	39.39	1.77	8.21	266.32	3.32	67.88	1.50	23.50	1.37	6.78	0.391
			10		15.467	12.142	0.319	153.81	3.15	23.32	47.12	1.74	9.98	333.06	3.40	85.73	1.58	28.33	1.35	8.24	0.387
10/8	100	80	6		10.637	8.350	0.354	107.04	3.17	15.19	61.24	2.40	10.16	199.83	2.95	102.68	1.97	31.65	1.72	8.37	0.627
			7		12.301	9.656	0.354	122.73	3.16	17.52	70.08	2.39	11.71	233.20	3.00	119.98	2.01	36.17	1.72	9.60	0.626
			8		13.944	10.946	0.353	137.92	3.14	19.81	78.58	2.37	13.21	266.61	3.04	137.37	2.05	40.58	1.71	10.80	0.625
			10		17.167	13.476	0.353	166.87	3.12	24.24	94.65	2.35	16.12	333.63	3.12	172.48	2.13	49.10	1.69	13.12	0.622

续附表2

角钢号数	尺寸(mm)				截面面积	理论质量	外表面积	参考数值													
								x—x			y—y			x_1—x_1		y_1—y_1		u—u			
	B	b	d	r	(cm^2)	(kg/m)	(m^2/m)	I_x (cm^4)	i_x (cm)	W_x (cm^3)	I_y (cm^4)	i_y (cm)	W_y (cm^3)	I_{x_1} (cm^4)	y_0 (cm)	I_{y_1} (cm^4)	x_0 (cm)	I_u (cm^4)	i_u (cm)	W_u (cm^3)	tanα
11/7	110	70	6	10	10.637	8.350	0.354	133.37	3.54	17.85	42.92	2.01	7.90	265.78	3.53	69.08	1.57	25.36	1.54	6.53	0.403
			7		12.301	9.656	0.354	153.00	3.53	20.60	49.01	2.00	9.09	310.07	3.57	80.82	1.61	28.95	1.53	7.50	0.402
			8		13.944	10.946	0.353	172.04	3.51	23.30	54.87	1.98	10.25	354.39	3.62	92.70	1.65	32.45	1.53	8.45	0.401
			10		17.167	13.476	0.353	208.39	3.48	28.54	65.88	1.96	12.48	443.13	3.70	116.83	1.72	39.20	1.51	10.29	0.397
12.5/8	125	80	7	11	14.096	11.066	0.403	227.98	4.02	26.86	74.42	2.30	12.01	454.99	4.01	120.32	1.80	43.81	1.76	9.92	0.408
			8		15.989	12.551	0.403	256.77	4.01	30.41	83.49	2.28	13.56	519.99	4.06	137.85	1.84	49.15	1.75	11.18	0.407
			10		19.712	15.474	0.402	312.04	3.98	37.33	100.67	2.26	16.56	650.09	4.14	173.40	1.92	59.45	1.74	13.64	0.404
			12		23.351	18.330	0.402	364.41	3.95	44.01	116.67	2.24	19.43	780.39	4.22	209.67	2.00	69.35	1.72	16.01	0.400
14/9	140	90	8	12	18.038	14.160	0.453	365.64	4.50	38.48	120.69	2.59	17.34	730.53	4.50	195.79	2.04	70.83	1.98	14.31	0.411
			10		22.261	17.475	0.452	445.50	4.47	47.31	146.03	2.56	21.22	913.20	4.58	245.92	2.12	85.82	1.96	17.48	0.409
			12		26.400	20.724	0.451	521.59	4.44	55.87	169.79	2.54	24.95	1 096.09	4.66	296.89	2.19	100.21	1.95	20.54	0.406
			14		30.456	23.908	0.451	594.10	4.42	64.18	192.10	2.51	28.54	1 279.26	4.74	348.82	2.27	114.13	1.94	23.52	0.403
16/10	160	100	10	13	25.315	19.872	0.512	668.69	5.14	62.13	205.03	2.85	26.56	1 362.89	5.24	336.59	2.28	121.74	2.19	21.92	0.390
			12		30.054	23.592	0.511	784.91	5.11	73.49	239.06	2.82	31.28	1 635.56	5.32	405.94	2.36	142.33	2.17	25.79	0.388
			14		34.709	27.247	0.510	896.30	5.08	84.56	271.20	2.80	35.83	1 908.50	5.40	476.42	2.43	162.23	2.16	29.56	0.385
			16		39.281	30.835	0.510	1 003.04	5.05	95.33	301.60	2.77	40.24	2 181.79	5.48	548.22	2.51	182.57	2.16	33.44	0.382
18/11	180	110	10	14	28.373	22.273	0.571	956.25	5.80	78.96	278.11	3.13	32.49	1 940.40	5.89	447.22	2.44	166.50	2.42	26.88	0.376
			12		33.712	26.454	0.571	1 124.72	5.78	93.53	325.03	3.10	38.32	2 328.38	5.98	538.94	2.52	194.87	2.40	31.66	0.374
			14		38.967	30.589	0.570	1 286.91	5.75	107.76	369.55	3.08	43.97	2 716.60	6.06	631.95	2.59	222.30	2.39	36.32	0.372
			16		44.139	34.649	0.569	1 443.06	5.72	121.64	411.85	3.06	49.44	3 105.15	6.14	726.46	2.67	248.94	2.38	40.87	0.369
20/12.5	200	125	12		37.912	29.761	0.641	1 570.90	6.44	116.73	483.16	3.57	49.99	3 193.85	6.54	787.74	2.83	285.79	2.74	41.23	0.392
			14		43.867	34.436	0.640	1 800.97	6.41	134.65	550.83	3.54	57.44	3 726.17	6.62	922.47	2.91	326.58	2.72	47.34	0.390
			16		49.749	39.045	0.639	2 023.35	6.38	152.18	615.44	3.52	64.69	4 258.86	6.70	1 058.86	2.99	366.21	2.71	53.32	0.388
			18		55.526	43.588	0.639	2 238.30	6.35	169.33	677.19	3.49	71.74	4 792.00	6.78	1 197.13	3.06	404.83	2.70	59.18	0.385

注:1. 括号内型号不推荐使用。
2. 截面图中的 $r_1 = 1/3d$ 及表中 r 数据用于孔形设计,不作为交货条件。

附表3　热轧槽钢

符号意义：

h——高度；
b——腿宽度；
d——腰厚度；
t——平均腿宽度；
r——内圆弧半径；
r_1——腿端圆弧半径；
I——惯性矩；
W——惯性系数；
i——惯性半径；
z_0——y—y 轴与 y_1—y_1 轴间距。

型号	尺寸(mm)						截面面积	理论质量	参考数据							
									x—x			y—y			y_1—y_1	z_0(cm)
	h	b	d	t	r	r_1	(cm^2)	(kg/m)	W_x (cm^3)	I_x (cm^4)	i_x (cm)	W_y (cm^3)	I_y (cm^4)	i_y (cm)	I_{y_1} (cm^4)	
5	50	37	4.5	7.0	7.0	3.5	6.928	5.438	10.4	26.0	1.94	3.55	8.30	1.10	20.9	1.35
6.3	63	40	4.8	7.5	7.5	3.8	8.451	6.634	16.1	50.8	2.45	4.50	11.9	1.19	28.4	1.36
8	80	43	5.0	8.0	8.0	4.0	10.248	8.045	25.3	101	3.15	5.79	16.6	1.27	37.4	1.43
10	100	48	5.3	8.5	8.5	4.2	12.748	10.007	39.7	198	3.95	7.8	25.6	1.41	54.9	1.52
12.6	126	53	5.5	9.0	9.0	4.5	15.692	12.318	62.1	391	4.95	10.2	38.0	1.57	77.1	1.59
14a	140	58	6.0	9.5	9.5	4.8	18.516	14.535	80.5	564	5.52	13.0	53.2	1.70	107	1.71
14b	140	60	8.0	9.5	9.5	4.8	21.316	16.733	87.1	609	5.35	14.1	61.1	1.69	121	1.67
16a	160	63	6.5	10.0	10.0	5.0	21.962	17.240	108	866	6.28	16.3	73.3	1.83	144	1.80
16	160	65	8.5	10.0	10.0	5.0	25.162	19.752	117	935	6.10	17.6	83.4	1.82	161	1.75
18a	180	68	7.0	10.5	10.5	5.2	25.699	20.174	141	1 270	7.04	20.0	98.6	1.96	190	1.88
18	180	70	9.0	10.5	10.5	5.2	29.299	23.000	152	1 370	6.84	21.5	111	1.95	210	1.84
20a	200	73	7.0	11.0	11.0	5.5	28.837	22.637	178	1 780	7.86	24.2	128	2.11	244	2.01
20	200	75	9.0	11.0	11.0	5.5	32.837	25.777	191	1 910	7.46	25.9	144	2.09	268	1.95

续附表 3

型号	尺寸(mm)						截面面积(cm^2)	理论质量(kg/m)	参考数值							
									x—x			y—y			y_1—y_1	z_0(cm)
	h	b	d	t	r	r_1			W_x(cm^3)	I_x(cm^4)	i_x(cm)	W_y(cm^3)	I_y(cm^4)	i_y(cm)	I_{y_1}(cm^4)	
22a	220	77	7.0	11.5	11.5	5.8	31.846	24.999	218	2 390	8.67	28.2	158	2.23	298	2.10
22	220	79	9.0	11.5	11.5	5.8	36.246	28.453	234	2 570	8.42	30.1	176	2.21	326	2.03
25a	250	78	7.0	12.0	12.0	6.0	34.917	27.410	270	3 370	9.82	30.6	176	2.24	322	2.07
25b	250	80	9.0	12.0	12.0	6.0	39.917	31.335	282	3 530	9.41	32.7	196	2.22	353	1.98
25c	250	82	11.0	12.0	12.0	6.0	44.917	35.260	295	3 690	9.07	35.9	218	2.21	384	1.92
28a	280	82	7.5	12.5	12.5	6.2	40.034	31.427	340	4 760	10.9	35.7	218	2.33	388	2.10
28b	280	84	9.5	12.5	12.5	6.2	45.634	35.823	366	5 130	10.6	37.9	242	2.30	428	2.02
28c	280	86	11.5	12.5	12.5	6.2	51.234	40.219	393	5 500	10.4	40.3	268	2.29	463	1.95
32a	320	88	8.0	14.0	14.0	7.0	48.513	38.083	475	7 600	12.5	46.5	305	2.50	552	2.24
32b	320	90	10.0	14.0	14.0	7.0	54.913	43.107	509	8 140	12.2	49.2	336	2.47	593	2.16
32c	320	92	12.0	14.0	14.0	7.0	61.313	48.131	543	8 690	11.9	52.6	374	2.47	643	2.09
36a	360	96	9.0	16.0	16.0	8.0	60.910	47.814	660	11 900	14.0	63.5	455	2.73	818	2.44
36b	360	98	11.0	16.0	16.0	8.0	68.110	53.466	703	12 700	13.6	66.9	497	2.70	880	2.37
36c	360	100	13.0	16.0	16.0	8.0	75.310	59.118	746	13 400	13.4	70.0	536	2.67	948	2.34
40a	400	100	10.5	18.0	18.0	9.0	75.068	58.928	879	17 600	15.3	78.8	592	2.81	1 070	2.49
40b	400	102	12.5	18.0	18.0	9.0	83.068	65.208	932	18 600	15.0	82.5	640	2.78	1 140	2.44
40c	400	104	14.5	18.0	18.0	9.0	91.068	71.488	986	19 700	14.7	86.2	688	2.75	1 220	2.42

注：截面图和表中标注的圆弧半径 r、r_1 的数据用于孔形设计，不作为交货条件。

附表 4　热轧工字钢

符号意义：

h——高度；
b——腿宽度；
d——腰厚度；
t——平均腿宽度；
r——内圆弧半径；
r_1——腿端圆弧半径；
I——惯性矩；
W——截面系数；
i——惯性半径；
S——半截面的静矩。

型号	尺寸(mm)						截面面积	理论质量	参考数值						
									x—x				y—y		
	h	b	d	t	r	r_1	(cm^2)	(kg/m)	I_x (cm^4)	W_x (cm^3)	i_x (cm)	$I_x:S_x$ (cm)	I_y (cm^4)	W_y (cm^3)	i_y (cm)
10	100	68	4.5	7.6	6.5	3.3	14.345	11.261	245	49.0	4.14	8.59	33.0	9.72	1.52
12.6	126	74	5.0	8.4	7.0	3.5	18.118	14.223	488	77.5	5.20	10.8	46.9	12.7	1.61
14	140	80	5.5	9.1	7.5	3.8	21.516	16.890	712	102	5.76	12.0	64.4	16.1	1.73
16	160	88	6.0	9.9	8.0	4.0	26.131	20.513	1 130	141	6.58	13.8	93.1	21.2	1.89
18	180	94	6.5	10.7	8.5	4.3	30.756	24.143	1 660	185	7.36	15.4	122	26.0	2.00
20a	200	100	7.0	11.4	9.0	4.5	35.578	27.929	2 370	237	8.15	17.2	158	31.5	2.12
20b	200	102	9.0	11.4	9.0	4.5	39.578	31.069	2 500	250	7.96	16.9	169	33.1	2.06
22a	220	110	7.5	12.3	9.5	4.8	42.128	33.070	3 400	309	8.99	18.9	225	40.9	2.31
22b	220	112	9.5	12.3	9.5	4.8	46.528	36.524	3 570	325	8.78	18.7	239	42.7	2.27
25a	250	116	8.0	13.0	10.0	5.0	48.541	38.105	5 020	402	10.2	21.6	280	43.3	2.40
25b	250	118	10.0	13.0	10.0	5.0	53.541	42.03	5 280	423	9.94	21.3	309	52.4	2.40
28a	280	122	8.5	13.7	10.5	5.3	55.404	43.492	7 110	508	11.3	24.6	345	56.6	2.50
28b	280	124	10.5	13.7	10.5	5.3	61.004	47.888	7 480	534	11.1	24.2	379	61.2	2.49
32a	320	130	9.5	15.0	11.5	5.8	67.156	52.717	11 100	692	12.8	27.5	460	70.8	2.62
32b	320	132	11.5	15.0	11.5	5.8	73.556	57.741	11 600	726	12.6	27.1	502	76.0	2.61
32c	320	134	13.5	15.0	11.5	5.8	79.956	62.765	12 200	760	12.3	26.8	544	81.2	2.61

续附表 4

型号	尺寸(mm)						截面面积 (cm^2)	理论质量 (kg/m)	参考数值						
									$x—x$				$y—y$		
	h	b	d	t	r	r_1			I_x (cm^4)	W_x (cm^3)	i_x (cm)	$I_x:S_x$ (cm)	I_y (cm^4)	W_y (cm^3)	i_y (cm)
36a	360	136	10.0	15.8	12.0	6.0	76.480	60.037	15 800	875	14.4	30.7	552	81.2	2.69
36b	360	138	12.0	15.8	12.0	6.0	83.680	65.689	16 500	919	14.1	30.3	582	84.3	2.64
36c	360	140	14.0	15.8	12.0	6.0	90.880	71.341	17 300	962	13.8	29.9	612	87.4	2.60
40a	400	142	10.5	16.5	12.5	6.3	86.112	67.598	21 700	1 090	15.9	34.1	660	93.2	2.77
40b	400	144	12.5	16.5	12.5	6.3	94.112	73.878	22 800	1 140	15.6	33.6	692	96.2	2.71
40c	400	146	14.5	16.5	12.5	6.3	102.112	80.158	23 900	1 190	15.2	33.2	727	99.6	2.65
45a	450	150	11.5	18.0	13.5	6.8	102.446	80.420	32 200	1 430	17.7	38.6	855	114	2.89
45b	450	152	13.5	18.0	13.5	6.8	111.446	87.485	33 800	1 500	17.4	38.0	894	118	2.84
45c	450	154	15.5	18.0	13.5	6.8	120.446	94.550	35 300	1 570	17.1	37.6	938	122	2.79
50a	500	158	12.0	20.0	14.0	7.0	119.304	93.654	46 500	1 860	19.7	42.8	1 120	142	3.07
50b	500	160	14.0	20.0	14.0	7.0	129.304	101.504	48 600	1 940	19.4	42.4	1 170	146	3.01
50c	500	162	16.0	20.0	14.0	7.0	139.304	109.354	50 600	2 080	19.0	41.8	1 220	151	2.96
56a	560	166	12.5	21.0	14.5	7.3	135.435	106.316	65 600	2 340	22.0	47.7	1 370	165	3.18
56b	560	168	14.5	21.0	14.5	7.3	146.635	115.108	68 500	2 450	21.6	47.2	1 490	174	3.16
56c	560	170	16.5	21.0	14.5	7.3	157.835	123.900	71 400	2 550	21.3	46.7	1 560	183	3.16
63a	630	176	13.0	22.0	15.0	7.5	154.658	121.407	93 900	2 980	24.5	54.2	1 700	193	3.31
63b	630	178	15.0	22.0	15.0	7.5	167.258	131.298	98 100	3 160	24.2	53.5	1 810	204	3.29
63c	630	180	17.0	22.0	15.0	7.5	179.858	141.189	102 000	3 300	23.8	52.9	1 920	214	3.27

注:截面图和表中标注的圆弧半径 r、r_1 的数据用于孔形设计,不作为交货条件。

参考文献

[1]丁学所,凌卫宁,佟新,等.建筑工程力学[M].郑州:黄河水利出版社,2011.
[2] 吴大伟.结构力学[M].武汉:武汉工业大学出版社,2000.
[3] 贺良.结构力学[M].北京:水利电力出版社,1991.
[4] 陈永龙.建筑力学[M].北京:高等教育出版社,2002.
[5] 杜庆华.工程力学手册[M].北京:高等教育出版社,1994.
[6] 雷克昌.结构力学[M].北京:中国水利水电出版社,2002.
[7] 李舒瑶,赵云翔.工程力学[M].郑州:黄河水利出版社,2002.
[8] 陈送财,史怀飚,丁学所.工程力学[M].合肥:中国科学技术大学出版社,2006.
[9] 凌卫宁,梁秋生.建筑力学[M].北京:中国水利水电出版社,2009.
[10] 满广生,袁益民,凌卫宁.工程力学[M].北京:中国水利水电出版社,2008.
[11] 杨恩福,徐玉华.工程力学[M].北京:中国水利水电出版社,2005.
[12] 龙驭球,包世华.结构力学[M].北京:高等教育出版社,1999.
[13] 陈松筠,解爱国.工程力学[M].南京:河海大学出版社,1996.
[14] 孙文俊,杨海霞.结构力学[M].南京:河海大学出版社,1999.
[15] 李前程,安学敏.建筑力学[M].北京:建筑工业出版社,2000.